U0340583

国防工业出版社

"十二五"国家重点出版规划项目

《航天器和导弹制导、导航与控制》丛书

Spacecraft Guided Missile

国防科技图书出版基金

钟麦英　邢　琰　著

鲁棒故障检测方法及其在卫星姿态控制系统中的应用

Robust Fault Detection and Applications to Satellite Attitude Control Systems

国防工业出版社
National Defense Industry Press

图书在版编目(CIP)数据

鲁棒故障检测方法及其在卫星姿态控制系统中的应用/钟麦英,邢琰著. —北京:国防工业出版社,2017.10

(航天器和导弹制导、导航与控制)

ISBN 978-7-118-11339-6

Ⅰ.①鲁…　Ⅱ.①钟…　②邢…　Ⅲ.①鲁棒控制—故障检测—应用—卫星姿态—姿态控制　Ⅳ.①V412.4

中国版本图书馆 CIP 数据核字(2017)第 257910 号

鲁棒故障检测方法及其在卫星姿态控制系统中的应用

著　　者　钟麦英　邢　琰
责任编辑　肖　姝　王　华
出版发行　国防工业出版社(010-88540717　010-88540777)
地址邮编　北京市海淀区紫竹院南路 23 号,100048
经　　售　新华书店
印　　刷　北京嘉恒彩色印刷有限责任公司
开　　本　710×1000　1/16
印　　张　20½
印　　数　1-2000 册
字　　数　362 千字
版 印 次　2017 年 10 月第 1 版第 1 次印刷

定　　价　98.00 元　　　　(本书如有印装错误,我社负责调换)

致读者

本书由中央军委装备发展部**国防科技图书出版基金**资助出版。

为了促进国防科技和武器装备发展，加强社会主义物质文明和精神文明建设，培养优秀科技人才，确保国防科技优秀图书的出版，原国防科工委于 1988 年初决定每年拨出专款，设立国防科技图书出版基金，成立评审委员会，扶持、审定出版国防科技优秀图书。这是一项具有深远意义的创举。

国防科技图书出版基金资助的对象是：

1. 在国防科学技术领域中，学术水平高，内容有创见，在学科上居领先地位的基础科学理论图书；在工程技术理论方面有突破的应用科学专著。

2. 学术思想新颖，内容具体、实用，对国防科技和武器装备发展具有较大推动作用的专著；密切结合国防现代化和武器装备现代化需要的高新技术内容的专著。

3. 有重要发展前景和有重大开拓使用价值，密切结合国防现代化和武器装备现代化需要的新工艺、新材料内容的专著。

4. 填补目前我国科技领域空白并具有军事应用前景的薄弱学科和边缘学科的科技图书。

国防科技图书出版基金评审委员会在中央军委装备发展部的领导下开展工作，负责掌握出版基金的使用方向，评审受理的图书选题，决定资助的图书选题和资助金额，以及决定中断或取消资助等。经评审给予资助的图书，由中央军委装备发展部国防工业出版社出版发行。

国防科技和武器装备发展已经取得了举世瞩目的成就，国防科技图书承担着记载和弘扬这些成就，积累和传播科技知识的使命。开展好评审工作，使有限的基金发挥出巨大的效能，需要不断地摸索、认真地总结和及时地改进，更需要国防科技和武器装备建设战线广大科技工作者、专家、教授，以及社会各界朋友的热情支持。

让我们携起手来，为祖国昌盛、科技腾飞、出版繁荣而共同奋斗！

国防科技图书出版基金
评审委员会

国防科技图书出版基金
第七届评审委员会组成人员

《航天器和导弹制导、导航与控制》丛书编委会

注：人名有*者为院士。

总　序

航天器(Spacecraft)是指在地球大气层以外的宇宙空间(太空),按照天体力学的规律运行,执行探索、开发或利用太空及天体等特定任务的飞行器,例如人造地球卫星、飞船、深空探测器等。导弹(Guided Missile)是指携带有效载荷,依靠自身动力装置推进,由制导和导航系统导引控制飞行航迹,导向目标的飞行器,如战略/战术导弹、运载火箭等。

航天器和导弹技术是现代科学技术中发展最快、最引人注目的高新技术之一。它们的出现使人类的活动领域从地球扩展到太空,无论是从军事还是从和平利用空间的角度都使人类的认识发生了极其重大的变化。

制导、导航与控制(Guidance,Navigation and Control,GNC)是实现航天器和导弹飞行性能的系统技术,是飞行器技术最复杂的核心技术之一,是集自动控制、计算机、精密机械、仪器仪表以及数学、力学、光学和电子学等多领域于一体的前沿交叉科学技术。

中国航天事业历经50多年的努力,在航天器和导弹的制导、导航与控制技术领域取得了辉煌的成就,达到了世界先进水平。这些成就不仅为增强国防实力和促进经济发展起了重大作用,而且也促进了相关领域科学技术的进步和发展。

1987年出版的《导弹与航天丛书》以工程应用为主,体现了工程的系统性和实用性,是我国航天科技队伍30年心血凝聚的精神和智慧成果,是多种专业技术工作者通力合作的产物。此后20余年,我国航天器和导弹的制导、导航与控制技术又有了突飞猛进的发展,取得了许多创新性成果,这些成果是航天器和导弹的制导、导航与控制领域的新理论、新方法和新技术的集中体现。为适应新形势的需要,我们决定组织撰写出版《航天器和导弹制导、导航与控制》丛书。本丛书以基础性、前瞻性和创新性研究成果为主，突出工程应用中的关键技术。这套丛书不仅是新理论、新方法、新技术的总结与提炼，而且希望推动这些理论、方法和技术在工程中推广应用，更希望通过“产、学、研、用”相结合的方式使我国制导、导航与控制技术研究取得更大进步。

本丛书分两个部分：第一部分是制导、导航与控制的理论和方法；第二部分是制导、导航与控制的系统和器部件技术。

本丛书的作者主要来自北京航空航天大学、哈尔滨工业大学、西北工业大学、国防科学技术大学、清华大学、北京理工大学、华中科技大学和南京航空航天大学等高等学校，中国航天科技集团公司和中国航天科工集团公司所属的研究院所，以及“宇航智能控制技术”“空间智能控制技术”“飞行控制一体化技术”“惯性技术”“航天飞行力学技术”等国家级重点实验室，而且大多为该领域的优秀中青年学术带头人及其创新团队的成员。他们根据丛书编委会总体设计要求，从不同角度将自己研究的创新成果，包括一批获国家和省部级发明奖与科技进步奖的成果撰写成书，每本书均具有鲜明的创新特色和前瞻性。本丛书既可为从事相关专业技术研究和应用领域的工程技术人员提供参考，也可作为相关专业的高年级本科生和研究生的教材及参考书。

为了撰写好本丛书，特别聘请了本领域德高望重的陆元九院士、屠善澄院士和梁思礼院士担任丛书编委会顾问。编委会由本领域各方面的知名专家和学者组成，编著人员在组织和技术工作上付出了很多心血。本丛书得到了中央军委装备发展部国防科技图书出版基金资助和国防工业出版社的大力支持。在此一并表示衷心感谢！

期望这套丛书能对我国航天器和导弹的制导、导航与控制技术的人才培养及创新性成果的工程应用发挥积极作用，进一步促进我国航天事业迈向新的更高的目标。

丛书编委会

2010年8月

前　言

现代化复杂工程系统造价越来越高、规模越来越大,如航空航天、电网、石化、冶金、核电等系统。然而系统规模越大越容易发生故障,即使是微小的元器件故障,如果不能及时诊断出来并有效处理,也有可能传播、演化成严重的系统故障,甚至导致灾难性事故发生和重大经济损失。故障诊断为提高复杂工程系统安全性开辟了新的技术途径,已成为国际控制界的热点研究领域和国防现代化发展的重要战略需求。特别是,航天工程是一项高风险的复杂系统工程,由于卫星自身结构复杂、技术难度大、活动部件多以及工作环境恶劣等原因,在轨运行阶段难免会发生故障,且发生故障后地面干预能力有限,可能造成不可弥补的巨大损失。卫星控制系统是实现卫星可靠运行的关键,故障发生率和危害程度最高,提高在轨故障诊断能力一直是卫星控制系统的迫切需求与研究重点。

控制系统故障检测与诊断技术的发展迄今已经 40 多年,在理论研究及实际工程应用方面都取得了大量成果,研究方法大致可以分为三类:基于知识的方法、基于信号处理的方法和基于解析模型的方法。其中,基于解析模型的故障诊断通过建立系统的故障模型,对控制系统传感器、执行器和被控过程的多源故障诊断问题开展研究,其优点主要包括:可利用数学模型描述系统的动态变化过程,根据系统少量测量信息重构系统内部状态,挖掘系统深层知识用于故障分离与估计,因此更适用于动态系统故障诊断。然而,复杂工程系统通常难以获得精确数学模型,对故障诊断系统性能会产生严重影响,有关模型不确定系统鲁棒故障诊断问题的研究一直是国内外自动控制界的研究热点。

本书作者长期致力于模型不确定线性控制系统鲁棒故障诊断问题的

研究，围绕我国航空航天等领域的重大需求，凝练不确定环境下复杂工程系统安全性所面临的关键技术问题，瞄准故障诊断研究领域的国际前沿，在国家自然科学基金、教育部博士点基金等项目支持下，针对范数有界不确定系统、Polytopic 型不确定线性系统、马尔可夫跳跃系统等的故障诊断问题开展了系统深入研究，并取得了一系列控制系统故障诊断方面的原创性理论成果，相关学术论文在国内外期刊以及国际会议发表，其中的研究成果“控制系统实时故障检测、分离与估计理论和方法”获 2012 年国家自然科学二等奖。

本书内容是作者及其课题组成员十几年来相关研究成果的总结，以期为导航、制导与控制系统故障诊断、容错控制等领域的工程技术人员提供一本有价值的参考书，能够融合创新理论研究与实际工程应用，同时也作为高等学校相关学科研究生以及相关专业高年级本科生的专业课教材或者参考书。本书内容共分 10 章。

第 1 章由钟麦英和邢琰共同完成，简要概述了基于模型故障诊断技术与卫星姿态控制系统故障诊断技术的发展现状，介绍了全书内容的章节安排。邢琰撰写 1.3 节，其他部分由钟麦英完成。

第 2 章至第 7 章由钟麦英撰写。其中，第 2 章 鲁棒 H_∞ 故障检测的基本方法，简要介绍了基于 H_i/H_∞ 优化和 H_∞ 滤波的鲁棒故障检测方法，为后续章节提供了有力工具和基础知识。第 3 章至第 5 章重点介绍了针对几类典型模型不确定性系统鲁棒 H_∞ 故障检测问题取得的理论创新成果，提出的鲁棒故障检测滤波器设计模型匹配方法，曾在国际自动控制界顶级期刊公开发表，得到了国内外同行的高度评价，是 2012 年度国家自然科学二等奖获奖项目“控制系统实时故障检测、分离与估计理论和方法”的代表性成果之一。第 6 章、第 7 章重点介绍了针对几类典型马尔可夫(Markov)跳跃系统鲁棒故障检测问题的研究成果，给出了随机意义下的马尔可夫跳跃系统故障诊断问题描述，学术思想新颖，为解决一大类范数有界模型不确定系统以及马尔可夫跳跃系统鲁棒故障诊断问题提供了有效方法。

第 8 章至第 10 章由邢琰撰写，以卫星姿态控制系统的实际工程应用为背景，针对可测信息有限的闭环控制系统故障诊断问题，阐述了基于双观测器/滤波器的故障诊断方法及实际应用成果，书中相关研究成果具有重大工程应用价值和广泛的应用前景。

本书涉及的研究结果得到了重点科研机构的支持。其中特别感谢国家自然科学基金委员会资助的重点项目(61333005)、面上项目(60374021,60774071,61174121)和创新研究群体科学基金计划(61121003),感谢教育部资助的博士点基金项目。作者钟麦英自2000年以来,与德国杜伊斯堡-艾森大学Steven X Ding教授进行了长期的合作研究,得到了Ding教授的无私帮助与指导,受益匪浅。由钟麦英指导的博士研究生马传峰、李岳炀、丁强和陈莉参加了第2章~第7章部分成果的研究工作,邢琰指导的硕士研究生江耿丰参加了第10章部分成果的研究工作,在此一并表示感谢。感谢为本书的出版给予关心、支持和帮助的人们,并特别感谢国防工业出版社编辑同志的支持和辛勤劳动。

由于理论水平有限,以及所做研究工作的局限性,书中难免存在不妥之处,恳请广大读者批评指正。

作者

2017.5

目录
CONTENTS

第 1 章 绪论

1.1 研究背景及意义

随着对系统高性能指标、产品质量、生产能力以及低成本消耗等要求的不断提高,现代化工程技术系统正朝着大规模、复杂化的方向发展,这类系统一旦发生事故就可能造成人员和财产的巨大损失,因而人们对于设备和被控系统安全性、可靠性的要求日益提高。在装置设计建造时,采用可靠性设计技术,提高控制系统所采用的传感器、执行器、元器件以及仪器仪表的可靠性是提高整个系统可靠性的有效途径之一。但是,对于所有控制系统而言,都不可避免有发生故障的可能,难以确保“万无一失”。例如,1998 年 8 月到 1999 年 5 月的短短的十个月间,美国的三种运载火箭:“大力神”“雅典娜”“德尔塔”共发生了 5 次发射失败,造成了 30 多亿美元的重大损失,美国的航天航空计划也遭受了沉重的打击。因此,在装置投运以后,为了进一步提高系统运行的安全可靠性和可维护性,人们迫切需要建立一个监控系统对控制系统进行故障诊断,监控系统的运行状态,实时检测系统运行过程中发生的故障,并对故障原因、故障频率、故障特性以及故障的危害程度进行分析、判断,得出结论,采取必要的措施防止灾难性事故的发生。正是在此背景下故障诊断技术不断发展,并已成为国际控制界的热门科研领域之一[1-4]。

1971 年,美国麻省理工学院的 Beard 博士首先提出了用解析冗余替代硬件冗余,并通过系统自组织使系统闭环稳定,通过比较器的输出得到系统的故障信息的思想,标志着这门新兴科学技术的开端。1971 年 Beard 发表的博士论文[5]以及 Mehra 和 Peschon 在 Automatica 发表的第一篇论文[6]已经被公认为是基于解析模型故障诊断技术的起源。20 世纪 80 年代是控制系统故障诊断技术蓬勃发展的一个时期。在这期间,提出了很多新的思想和理论方法[7-8],如观测器方法、滤波器方法、系统辨识方法、等价空间方法、H_∞ 优化方法等,为故障诊断技术的进一步发展打下了坚实基础。进入 90 年代以后,科研工作者对于故障诊断技术的研究更加深入,各种方法的发展不再孤立,各种理论方法之间不断相互渗透融合,取得了大量研究成果[1],[9-13]。1993 年,国际自动控制联合会专门成立了技术过程的故障检测、监控和安全性专业技术委员会,并每三年举办一次国际性会议进行专门讨论。

我国对于控制系统故障诊断技术的研究相对较晚,始于 20 世纪 80 年代初。进入 90 年代我国在这个领域才真正活跃起来,并且取得了丰富的研究成果[14-22]。中国机械工程学会已经成立了故障诊断专业委员会,中国自动化学会成立了故障诊断与安全性专业委员会,并已定期召开故障诊断全国性学术会议,更加表明了我国对于控制系统故障诊断技术的重视。第六届 IFAC SAFEPROCESS 国际会议曾于 2006 年在我国的清华大学召开,这也表明了国际学术界对我国故障诊断技术研究地位的认可。总之,故障诊断技术发展至今,已经取得了丰硕的研究成果,并在航天航空、核反应堆、热电厂、石油输送、机器人、化工、铁路、船舶等一系列工程技术领域得到了初步的应用,获得了显著的经济和社会效益。

值得提出的是,随着系统复杂化程度的提高,建模误差、各类干扰、噪声、时滞因素等影响不可避免,基于模型的鲁棒故障诊断仍然是自动控制界的研究热点之一,目前仍有大量各类复杂系统的故障诊断问题尚待解决,具有重要的理论研究价值和广泛的实际应用前景。

1.2 基于模型鲁棒故障诊断方法简述

控制系统故障诊断的基本思想是利用系统的数学模型和输入、输出数据产生能够表征动态系统及其模型变化的残差信号,并通过对残差的分析与评价进行故障检测、分离与估计。自20世纪70年代发展至今,故障诊断技术已取得大量研究成果[1-4],[7-12],[15-19]。按照国际故障诊断领域的学术权威、德国的P. M. Frank教授的观点[4],故障诊断技术基本可以划分为:基于解析模型的方法、基于知识的方法、基于信号处理的方法。其中,基于模型的故障诊断通过建立系统的故障模型,对控制系统传感器、执行器和被控过程的多源故障诊断问题开展研究,其优点主要包括可利用数学模型描述系统的动态变化过程、根据系统少量测量信息重构系统内部状态、挖掘系统深层知识用于故障分离与估计,因此更适用于动态系统故障诊断。但是,对于航空航天等领域的大型工程系统,随着复杂性和不确定性的快速增加,呈现出的模型不确定性、系统非线性、多变量强耦合等特点更加突出,给控制系统故障诊断也带来了诸多挑战。

下面简要介绍基于解析模型的故障诊断方法,主要包括未知输入观测器方法、等价空间方法、鲁棒 H_∞ 故障检测方法、参数估计方法等。

1.2.1 未知输入观测器方法

观测器方法一直是故障诊断领域的一个研究热点,其基本思想是利用系统的定量模型和可测量信号重构系统状态(或状态的函数),将输出估计值与测量值之间的差值(或差值的函数)作为残差,用以检测和分离系统中的故障。在能够获得系统精确数学模型的情况下,基于观测器方法是一种最直接有效的方法。在一定条件下,应用未知输入观测器方法和特征结构配置方法可实现残差信号的未知输入全解耦,即理想的故障诊断[1]。然而,对一般实际系统而言,特别是考虑模型不确定性、时滞、建模误差等因素的情况下,未知输入全解耦难以实现。因此,定义残差对未知输入的鲁棒性指标以及残差对故障的灵敏度指标,实现残差对未知输入鲁棒性和残差对故障灵敏度的鲁棒故障诊断问题一直是多年来的研究热点[12,25]。

1.2.2 等价空间方法

等价空间法最初是由Chow和Willsky于1984年利用动态系统的解析冗余关系总结出来的[26]。该方法的基本思想是通过在一个有限的时间窗内,利用系统可测量的输入、输出信号来检验其解析数学模型的等价性(一致性),数学模型可以是各传感器输出值之间的约束,也可以是系统的状态空间或输入-输出描述[28-29]。其优点在于,残差的产生以及残差信号相对于故障和未知输入的动态特性均可表示成代数方程的形式,且可以实现残差信号与系统(初始)状态的解耦,残差产生器的设计仅需要简单的矩阵或代数运算即可实现[29]。等价空间方法的发展过程与观测器方法的发展过程相互独立,但彼此间又存在着一定的关系[30-31]。

1.2.3 鲁棒 H_∞ 故障检测方法

随着鲁棒 H_∞ 控制理论的发展,H_∞ 优化技术广泛应用于故障检测滤波器(Fault Detection Filter,FDF)的设计。纵观已经取得的研究成果,大致可以分为两类。其一,把从故障到残差的传递函数的 H_∞ 范数或非零最小奇异值(记做 H_-)作为故障灵敏度性能指标,从未知输入到残差的传递函数 H_∞ 范数作为未知输入鲁棒性性能指标,将 FDF 设计归结为最优化 H_∞/H_∞ 或 H_-/H_∞ 的问题,文献[25]给出了这类问题的 Riccati 方程统一解,即基于 H_i/H_∞ 优化的故障检测方法。其二,将 FDF 的设计归结为 H_∞ 滤波问题[32],即基于 H_∞ 滤波的故障检测。相比较而言,基于 H_i/H_∞ 优化的方法主要解决了线性定常(Linear Time Invariant,LTI)系统的鲁棒故障检测问题,给出了 FDF 问题的 Riccati 方程解析解,但不适用于存在建模误差的模型不确定系统[25]。基于 H_∞ 滤波的方法,适用于解决受模型不确定性影响的鲁棒故障检测问题,应用线性矩阵不等式(Linear Matrix Inequality,LMI)技术易于获得鲁棒 H_∞-FDF 的可行解,但保守性强,且不适合非最小相位系统[33]。

另一方面,模型不确定性是指系统模型与真实物理系统之间的差。对于模型不确定性的描述方法很多,如加性和乘性模型不确定性频域描述[34];从时域的角度将模型不确定性划分为多面体形不确定性、子多面体形不确定性、范数有界不确定性和分块对角不确定性[35];乘性随机不确定性;等等[36]。针对范数有界模型不确定性系统,文献[20]在文献[25]的研究基础上,提出了鲁棒故障检测的 H_∞ 模型匹配方法,得到了鲁棒 H_∞-FDF 设计的 LMI 求解方法。对于文献[34]描述的加性和乘性两类模型不确定系统,可将鲁棒 H_∞-FDF 设计描述为 H_∞ 滤波问题,并应用 H_∞ 优化技术求解。文献[37-40]则把

基于 H_∞ 滤波推广应用于 Polytopic 型不确定离散时间系统、乘性随机噪声影响的模型不确定系统和马尔可夫(Markov)跳跃系统。

1.2.4 参数故障估计方法

参数估计方法的基本思想是利用被控过程的输入、输出数据估计参数值,并通过与参数标称值的比较来判断模型或过程参数的故障发生与否,可用于处理发生在被控过程传感器、执行机构或元器件的故障。与基于观测器或滤波器的方法相比,参数估计方法进行故障估计具有故障信息多、便于故障分离[10,41-44],但是参数估计方法需要更多的在线计算,耗时多,且设计复杂。另外,目前取得的研究结果大都未考虑外部扰动和噪声等未知输入的影响。而对于一般实际系统来说,未知输入往往不可避免,必将大大影响参数估计精度。相比较而言,基于观测器的故障诊断方法,不但在线计算速度快,而且可以运用发展比较成熟的鲁棒控制理论方便地设计 FDF。

1.3 Markov 跳跃系统鲁棒故障检测技术发展现状

Markov 跳跃系统是一类可用来描述因环境的突然变化、系统内部各子系统间联结方式的改变、非线性对象工作点范围的变化等导致结构发生随机突变的系统,如生产制造系统、电力系统、通信系统、飞行目标跟踪以及制造系统中的最优控制等,因而国内外众多学者对其进行了广泛而深入的研究,并在稳定性分析、鲁棒控制和滤波等方面取得了大量的成果[45-49]。近年来,随着对系统安全性与可靠性要求的不断提高,关于 Markov 跳跃系统故障检测问题的研究受到了越来越多的重视,下面简单总结基于 H_i/H_∞ 优化和 H_∞ 滤波的研究方法[40,50-58]。

1. 随机 H_i/H_∞ 优化方法

文献[50]分别针对受 L_2 (l_2)范数有界未知输入影响的连续时间和离散时间 Markov 跳跃系统,定义了残差对故障灵敏度和残差对未知输入的鲁棒性指标,将 FDF 设计归结为随机意义下的 H_∞/H_∞ 或 H_∞/H_- 优化问题,推广了基于 H_i/H_∞ 优化的鲁棒故障检测方法,给出了问题求解的迭代 LMI 方法。文献[51]基于 T-S 模糊模型研究了含有常数时滞的 Markov 跳跃系统故障检测问题,并将鲁棒 FDF 设计归结为随机意义下的 H_∞/H_- 最小化问题。文献[52]针对一类具有常数时滞的非线性 Markov 跳跃系统,应用多层神经网络近似非线性项,将 FDF 的设计问题归结为两目标优化问题。文献[53]将具有长随机时滞的网络控制系统建模为 Markov 跳跃系统,并应用两目标优化方法研究了该系统的故障检测问题。文献[54]将 Markov 跳跃系统故障检测问题归结为随机 H_i/H_∞ 优化,给出了随机意义下 H_i/H_∞ – FDF 参数矩阵的 Riccati 方程解析解。

2. 随机 H_∞ 滤波方法

文献[55]研究了离散时间 Markov 跳跃系统的故障检测问题,将 FDF 的设计归结为随机 H_∞ 滤波问题,应用 LMI 给出了问题可解的充分条件。文献[56]基于 H_∞ 滤波方法研究了部分状态转移概率未知的离散时间 Markov 跳跃系统的故障检测问题。文献[57]基于 H_∞ 滤波方法研究了含有范数有界不确定性和模态依赖时滞离散时间 Markov 跳跃系统的鲁棒故障检测问题。文献[58]针对网络控制系统中存在的随机输出时滞和丢包现象,提出一种新的测量模型,将其建模 Markov 跳跃系统,进一步基于 H_∞ 滤波方法研究了该系统的故障检测问题。随机 H_∞ 滤波方法比较适用于解决受模型不确定性影响的 Markov 跳跃系统的鲁棒 FDF 设计问题,文献[40]将随机 H_∞ 滤波方法推广应用于 Polytopic 型不确定 Markov 跳跃系统的鲁棒故障检测。

1.4 卫星姿态控制系统故障诊断技术发展现状

卫星系统是一类大型复杂系统,运行环境特殊,不确定因素多。卫星在轨运行时始终承受着空间环境各种摄动力的作用,另外还有高温、低温、振动、电磁干扰、空间粒子辐射、流星体撞击、空间环境化学污染以及太阳、地球和月球杂散光的干扰,导致卫星上使用的元器件和部件的故障指数较实验室条件下成倍剧增,在轨故障难以避免。一方面,卫星发生故障后地面干预能力有限,因此卫星自主故障诊断尤为重要。另一方面,卫星星上资源和任务限制对故障诊断提出了严格要求,要求故障诊断与处理方法要简明有效,防止过分复杂导致正常运行模式的软件可靠性的下降,同时要避免过多消耗能源和燃料,影响卫星正常飞行任务需求。因此有效的故障诊断技术成为提高卫星可靠性的重点和难点。

卫星姿态控制系统由姿态敏感器、控制器和执行机构组成,承担着卫星姿态测量、姿态稳定和姿态机动控制等功能,是保障卫星正常执行飞行任务的重要系统之一[59]。卫星姿态控制系统的在轨故障发生概率和故障危害度都相对较高,因此故障诊断技术在此系统中的应用最广泛,也最具代表性,文献[60]对此给出了较全面综述,其中较多的研究是围绕基于观测器的故障诊断方法开展[61-63],文献[64]和[65]基于小波变换研究了卫星姿态控制系统故障诊断。然而,工程上采取的卫星控制系统故障诊断通常是对事先确定的需要检测的关键部件的输入、输出及整个系统的输入、输出进行采样,通过对采样数据的分析,确定该部件是否有故障,而对于事先未设置检测点的部件,则难以进行故障检测。

此外,目前的卫星故障诊断子系统一般都由星上和地面两大部分组成。卫星具有自主故障诊断的能力,能够自主检测并诊断大部分故障;地面测控中心建立地面监测和诊断系统,对遥测数据进行监测分析,能够在发生异常的情况下及时进行报警,显示故障诊断结果及处理措施,供地面专家进行决策。卫星姿态控制系统故障诊断技术可分为三类:星上自主故障诊断、地面监测与诊断系统以及基于安全模式的地面诊断。

1.4.1 星上自主故障诊断

迄今星上已得到成功应用的自主故障诊断技术主要分为六种类型,包括基于信号监测的门限值检验、基于单个部件功能的推断检验、冗余配置同类部件的表决检验或一致性检验、功能相关部件的相关性检验、基于解析冗余的故障诊断和基于定性模型的故障诊断方法。

1. 基于信号监测的门限值检验

门限值检验是根据系统的运行环境与特点,对系统的某些关键参数(如电压、电流、温度等)设置门限值,该门限值表示了正常情况下某些参数的有效范围。当参数超出门限值后认为发生故障。这种方法会受到各种干扰的影响。因此除在门限值的设定时考虑一定的裕量,通常的方法是当参数超出门限值一段时间后才进行报警。这种门限检查的方法虽然简便,却有严重缺点:其一是当存在噪声、输入波动或工作点变化时,会产生误警;其二是一个故障可能导致许多系统信号超出它们的界限,从而表现为多故障,使得故障定位很困难。

基于信号监测的门限值检验是一种比较直观的检测方法,在航天器上和地面监测中都有应用,也是早期卫星上应用的主要故障诊断技术。

2. 基于单个部件功能的推断检验

推断检验利用部件功能及固有规律检测部件故障。如果部件的输出不满足固有规律,一定时间后,则判定该部件发生故障。例如,圆锥扫描式红外地球敏感器的输出脉冲与轨道高度有关,因此可由红外地球敏感器的输出计算地球半径,若偏离正常值,则认为红外地球敏感器发生故障。

推断检验不需要多个同类或异类部件间的冗余关系,适用于单个部件的自主故障诊断,也是卫星姿控系统中最常用的自主故障诊断方法之一。

3. 冗余配置同类部件的表决检验或一致性检验

硬件冗余是以两个甚至多个部件来实现同一个功能,如采用多路传感器、执行器和软件来测量和/或控制一个变量。多测量之间的冗余关系为故障诊断提供了信息。

对一组信号进行一致性检验的方法可以消除门限值检验方法的故障定位问题,是提高系统故障检测和定位能力的一个重要途径,但需要反映各系统信号之间函数关系的数学模型,而且基于硬件冗余的诊断方法需要增加额外的设备和相应的维护费用。

4. 功能相关部件的相关性检验

冗余的部件可以是相同的部件,也可以是不同的部件完成相同或相关的功能。相同部件的故障检测可以采用表决检验或输出一致性检验,不同类型部件如果完成相同功能,可利用不同类型部件输出之间的解析关系来检测故障,即相关性检验,并确定故障在冗余系统部件中可能的位置。

5. 基于解析冗余的故障诊断

基于解析模型的诊断方法通过建立部件或系统的数学模型,利用模型输出与实际输出之间的解析冗余关系产生残差,基于一定评价标准对残差进行分析和评估后进行诊断。根据产生残差的不同方法可以分为奇偶向量方法、参数估计方法和状态估计方法三类。某一种单一的故障诊断方法难以适用所有情况。欧洲的措施是对不同方法进行有效集成,取长补短,建立一种集成的故障检测、隔离与重构软件系统,由航天器自主运行进行诊断。在自主故障诊断与处理方法不能及时诊断并处理的情况下,航天器能够自主转入故障与安全模式,此时由地面操作人员或地面计算机对遥测数据进行分析,确定故障并制定处理措施。这种方法的典型应用是法国的SPOT卫星和欧空局的SMART-1月球探测卫星[66]。

6. 基于定性模型的故障诊断方法

基于解析模型的故障诊断方法对于模型精确性的依赖程度很高,对复杂系统会存在建模困难和计算量增大的问题,为此NASA采用了定性建模和模型推理相结合的方法进行故障诊断。该方法把系统的每个部件视为一个时序状态机,而不是具体的数学方程,将整个系统视为一个时序状态机的集合。系统当前的表现,可以用每个部件的状态集合来表示,且这种表示关系是一一对应的。因此,可以通过检测系统当前的表现和当前部件状态集合的一致性来诊断故障,也可以通过监测当前所有部件的各种状态组合,判断系统是否还具有某项功能。

基于定性模型的方法也可归于基于人工智能的故障诊断方法一类,因为这种方法与神经网络、模糊推理、专家系统、模式识别、遗传算法一样,都不需要精确的数学模型,同时又克服了基于信号处理的诊断方法的缺点,引入了诊断对象的许多信息,特别是可以充分利用专家诊断知识等,因此适用范围广(尤其是在非线性领域的复杂系统)、鲁棒性强,但准确性较差,难以实时实现。对这类方法目前的研究重点是提高算法的准确性和实时性。

目前国外基于定性模型的故障诊断系统是NASA Ames Research Center建立的Livingstone软件系统,作为Remote Agent中的健康管理系统,Livingstone使航天器拥有了自主故障诊断和重构的能力,已应用于地球观测卫星一号和"深空"一号等航天器中[67-71]。

1.4.2 地面监测与诊断系统

故障诊断专家系统将航天专家关于故障的知识和经验以机器语言的形式表达出来,建立知识库、数据库和推理机制。知识库存储故障征兆、故障模式、故障成因和处理对策等内容,数据库存储诊断需要的各种数据。诊断过程是在知识库和数据库的支持下,综合运用各种规则,进行一系列推理,从而迅速获知最终故障和最有可能的故障。故障诊断专家系统的优点是不依赖于系统的数学模型，可汇集大量领域专家关于故障的知识和经验；知识表达直观、易于用户掌握；具有严密的逻辑推理能力，诊断结果可靠性高。其缺点是存在知识获取和表达的问题，知识库覆盖的故障模式有限，只能诊断已知的故障，对未出现过的和经验不足的故障无能为力。虽然现在专家系统的知识库都具有自学习的能力，但当知识库中没有相应的与征兆匹配的规则时，常会造成误诊或诊断失败。

基于专家系统的故障诊断方法在航天领域也有着广泛的应用，但目前主要应用于地面监控与诊断。日本已经开发了三代航天器地面专家系统ISACS - DOC，分别在 GEOTAIL 地磁观测卫星、“希望”号火星探测器和“隼鸟”号小行星探测器上得到成功应用。

此外，美国的空间站、航天飞机、载人飞船等载人航天器的重要分系统都设立了故障诊断专家系统，对航天器运行状态进行实时监测，及时将出现的“异常现象”显示出来，便于航天员掌握航天器运行状态和可能存在的故障或危险，并及时采取措施。这种专家系统虽然不是完全自主的（有可能需要人机交互），但也大大减轻了航天员的负担，使航天员能够将更多的精力用于执行飞行任务。欧空局也一直希望专家系统能在由人类操作的航天器地面站上扮演咨询角色，并希望随着硬件技术的改善，能把专家系统装到航天器上去，从而使航天器获得较多的自主。

1.4.3 基于安全模式的地面诊断

基于安全模式的地面诊断是当星上自主诊断与重构无法保证卫星安全时，卫星自主或由地面指令转入安全模式，在保证能源与通信的前提下，由地面专家进行会诊，诊断故障并提出处理措施。美国 20 世纪 90 年代之前的航天器以及欧洲的航天器上，安全模式都是必不可少的。即使在美国的 Livingstone MIR 系统中，模式重构也具有“待命于安全状态”的功能，在不能自主恢复到正常状态时，能自主使航天器处于一种安全状态下，等待上层规划机构或者地面操作小组的指令。

航天任务的新要求对卫星故障诊断技术提出了新的挑战。当前航天器正在向自主运行的方向发展，其目标是提高航天器在难以预料和多变环境下的自主运行能力,减少对地面测控网的依赖,增强其安全性并降低运行成本。因此,基于故障诊断的主动容错能力是对未来航天器的必然要求。

参考文献

[1] Chen J, Patton R J. Robust model-based fault diagnosis for dynamic systems[M]. Boston: Kluwer Academic Publishers, 1999.

[2] Patton R J, Frank P M, Clark R N. Issues of fault diagnosis for dynamic systems[M]. London: Springer-Verlag, 2000.

[3] Kinnaert M. Fault diagnosis based on analytical models for linear and nonlinear systems—a tutorial[C]. Washington D. C.: Proc. the IFAC SAFEPROCESS, 2003.

[4] Frank P M, Ding Steven X, Koppen-Seliger B. Current developments in the theory of FDI [C]. Budapest: Proc. the IFAC SAFEPROCESS, 2000.

[5] Beard R V. Failure accommodation in linear system through self-reorganization[D]. U S A: Masschusetts Institute of Technology, Masschusetts, 1971.

[6] Mehra R K, Peschon J. An innovations approach to fault detection and diagnosis in dynamic systems[J]. Automatica, 1971, 7(5): 637 - 640.

[7] Frank P M. Fault diagnosis in dynamic systems using analytical and knowledge-based redundancy-a survey and some new results[J]. Automatica, 1990, 26(3): 459 - 474.

[8] Frank P M, Ding Steven X. Survey of robust residual generation and evaluation methods in observer-based fault detection systems[J]. J. Process Control, 1997, 7(6): 403 - 424.

[9] Hwang I, Kim S, Kim Y, et al. A survey of fault detection, isolation, and reconfiguration methods[J]. IEEE Trans. Control Systems Technology, 2010, 18(3): 636 - 653.

[10] Isermann R. Fault diagnosis of machines via parameter estimation and knowledge processing-tutorial paper[J]. Automatica, 1993, 29(4): 815 - 835.

[11] Gertler J. Fault detection and diagnosis in engineering systems[M]. New York: Marcel Dekker, 1998.

[12] Ding S X. Model-based fault diagnosis techniques: design schemes, algorithms, and tools [M]. Berlin: Springer, 2013.

[13] Li X B. Fault detection filter design for linear systems[D]. Louisiana State University, Louisiana, USA, 2009.

[14] Ge W, Fang C Z. Detection of faulty components via robust observation[J]. Int. J. Control, 1988, 47(2): 581 - 599.

[15] 周东华,孙优贤. 控制系统的故障检测与诊断技术[M]. 北京:清华大学出版社,1994.

[16] 闻新,张洪钺,周露. 控制系统的故障诊断和容错控制[M]. 北京:机械工业出版社,1998.

[17] 周东华,叶银忠. 现代故障诊断与容错控制[M]. 北京:清华大学出版社,2000.

[18] 胡昌华,许化龙. 控制系统故障诊断与容错控制的分析和设计[M]. 北京:国防工业出版社,2000.

[19] 姜斌,冒泽慧,杨浩,等. 控制系统的故障诊断与故障调节[M]. 北京:国防工业出版社,2009.

[20] Zhong M, Ding S X, Lam J, et al. LMI approach to design robust fault detection filter for uncertain LTI systems[J]. Automatica, 39(3): 543 - 550, 2003.

[21] Fang H J, Ye H, Zhong M Y. Fault diagnosis of networked control systems[J]. Annual Reviews in Control, 2007, 31(1): 55 - 68.

[22] 张萍. 采样数据系统的故障检测方法[D]. 北京:清华大学,2002.

[23] Wuennenberg J. Observer-based fault detection in dynamic systems[D]. University of Duisburg, Duisburg, Germany, 1990.

[24] Ding S X, Guo L, Jeinsch T. On observer-based fault detection[C]. Hull, UK: Proc. the IFAC SAFEPROCESS, 1997.

[25] Ding Steven X, Jeinsch T, Frank P M, et al. A unified approach to the optimization of fault detection systems [J]. Int. J. Adaptive Control and Signal Processing, 2000, 14 (7): 725 - 745.

[26] Chow E Y, Willsky A S. Analytical redundancy and the design of robust failure detection systems[J]. IEEE Trans. Automatic Control, 1984, 29(7): 603 - 614.

[27] Patton R J, Chen J. Parity space approach to model-based fault diagnosis—a tutorial survey and some new results [C]. Baden-Baden, Germany: Proc. the IFAC SAFEPROCESS, Sep. 1991.

[28] Gertler J. Fault detection and isolation using parity relations [J]. Control Eng. Practice, 1997, 5(5): 653 - 661.

[29] Ding Steven X, Ding E L, Jeinsch T, et al. An approach to a unified design of FDI system [C]. Shanghai, China: Proc. the 3rd Asia Control Conference, 2000.

[30] Ding Steven X, Ding E L, Jeinsch T. An approach to analysis and design of observer and parity relation based FDI systems[C]. Beijing, China: Proc. the 14th World Congress of IFAC, 1999.

[31] Zhang P, Ye H, Ding Steven X, et al. On the relationship between parity space and H_2 approaches to fault detection[J]. Systems and Control Letters, 2006, 55(2): 94 - 100.

[32] Chen J, Patton R J. Standard H_∞ filtering formulation of robust fault detection[C]. Budapest, Hungary: Proc. the IFAC SAFEPROCESS, 2000.

[33] Niemann H, Stoustrup J. Fault diagnosis for non-minimum phase systems using H_∞ optimiza-

tion[C]. Arlington: Proc. the the American Control Conference, 2001.

[34] Zhou K M, Doyle John C. Essentials of robust control[M]. New Jersey: Prentice Hall, 1997.

[35] Gu K Q, Kharitonov Vladimir L, Chen J. Stability of time-delay systems[M]. Boston: Birkhäuser, 2003.

[36] Boyd S, Ghaoyi L El, Feron E. Linear matrix inequalities in systems and control theory[M]. Philadelphia: SIAM, 1994.

[37] 马传峰,钟麦英. 一类随机不确定线性系统鲁棒故障检测问题研究[J]. 控制与决策, 2007, 22(9): 1039 – 1043.

[38] Zhong M Y, Ye H, Ma C F, et al. Robust FDF for linear uncertain systems of the polytopic type[C]. Prague, Czech Republic: Proc. the 16th IFAC World Congress, 2005.

[39] 马传峰. 基于观测器的鲁棒 H_∞ 故障检测问题研究[D]. 济南:山东大学, 2007.

[40] 丁强. Markov 跳跃系统鲁棒故障检测问题研究[D]. 济南:山东大学, 2010.

[41] Isermann R. Process fault detection based on modeling and estimation methods-a survey [J]. Automatica, 1984, 20(4): 387 – 404.

[42] Isermann R. Fault diagnosis of machines via parameter estimation and knowledge processing-tutorial paper[J]. Automatica, 1993, 29(4): 815 – 835.

[43] Alcorta Garcia E, Frank P M. On the relationship between observer and parameter identification based approaches to fault detection[C]. San Francisco, USA: Proc. the 13th IFAC World Congress, 1996.

[44] 徐似春,萧德云. 一种新的基于参数估计的故障诊断方法[J]. 控制理论与应用, 2001, 18(4): 493 – 497.

[45] Ji Y D, Chizeck H J, Feng X, et al. Stability and control of discrete-time jump linear systems [J]. Control Theory and Advanced Technology, 1991, 7(2): 247 – 270.

[46] Costa O L V, Fragoso M D, Marques R P. Discrete-time Markov jump linear systems[M]. London: Springer, 2005.

[47] Zhang L X, Boukas E K. Stability and stabilization of Markovian jump linear systems with partly unknown transition probabilities[J]. Automatica, 2009, 45(2): 463 – 468.

[48] Xiong J L, Lam J. Robust H_2 control of Markovian jump systems with uncertain switching probabilities[J]. Int. J. Systems Science, 2009, 40(3): 255 – 265.

[49] Boukas E K. On reference model tracking for Markov jump systems[J]. Int. J. Systems Science, 2009, 40(4): 393 – 401.

[50] Zhong M Y, Lam J, Ding S X, et al. Robust fault detection of Markovian jump systems[J]. Circuits Systems Signal Processing, 2004, 23(5): 387 – 407.

[51] He S P, Liu F. Fuzzy model-based fault detection for Markov jump systems[J]. Int. J. Robust and Nonlinear Control, 2009, 19(11): 1248 – 1266.

[52] Luan X L, He S P, Liu F. Neural network-based robust fault detection for nonlinear jump

systems[J]. Chaos, Solitons, and Fractals, 2009, 42(2): 760 - 766.

[53] Mao Z, Jiang B, Shi P. H_∞ fault detection filter design for networked control systems modeled by discrete Markovian jump systems[J]. IET Control Theory Application, 2007, 1(5): 1336 - 1343.

[54] 李岳炀. 基于观测器的离散时变系统鲁棒故障检测问题研究[D]. 济南:山东大学,2011.

[55] Zhong M Y, Ye H, Shi P, et al. Fault detection for Markovian jump systems[J]. IEE Proc. Control Theory and Applications, 2005, 152(4): 397 - 402.

[56] Zhang L X, Boukas E K, Baron L. Fault detection for discrete-time Markov jump linear systems with partially known transition probabilities[C]. Cancun, Mexico: Proc. the 47th IEEE Conference on Decision and Control, 2008.

[57] Wang H R, Wang C H, Mou S S, et al. Robust fault detection for discrete-time Markovian jump systems with mode-dependent time-delays[J]. J. Control Theory and Applications, 2007, 5(2): 139 - 144.

[58] He X, Wang Z D, Ji Y D, et al. Network-based fault detection for discrete-time state-delay systems: A new measurement model[J]. Int. J. Adaptive Control and Signal Control, 2008, 22(5): 510 - 528.

[59] 屠善澄. 卫星姿态动力学与控制. 北京:宇航出版社,1999

[60] 李文博. 卫星控制系统故障可诊断性评价方法研究[R]. 北京:中国空间技术研究院,2015.

[61] Venkaterswran N, Siva M S. Analytical redundancy based fault detection of Gyroscopes in spacecraft applications[J]. Acta Astronautica, 2002, 50(9): 535 - 545.

[62] 王巍. 基于模型残差分析的航天器故障诊断技术研究[D]. 哈尔滨:哈尔滨工业大学,1999.

[63] 宋立辉. 基于模型的卫星姿控系统鲁棒故障诊断技术[D]. 哈尔滨:哈尔滨工业大学,2003.

[64] 吴丽娜,张迎春. 离散小波变换在卫星姿控系统故障诊断中的应用[J]. 仪器仪表学报,2006,27(6):407 - 409.

[65] 郝慧,王南华. 小波分析在载人飞船 GNC 系统故障诊断中的应用[J]. 第 24 届中国控制会议,广州,2005,1152 - 1155.

[66] Bodin P, Berge S, Bjork M, et al. Development, test and flight of the SMART-1 attitude and orbit control system[J]. AIAA Guidance, Navigation, & Control Conference & Exhibit, 2013, 30(1): 141 - 142.

[67] Bernard D, Dorais G, Gamble E, et. al. Spacecraft autonomy flight experience: the DS1 remote agent experiment[C]. Albuguergue, USA: Proc. the AIAA Space Technology conference & Exposition, 2013.

[68] Tafazoli S, Sun X. Inference techniques for diagnosis based on set operations[C]. Chicago, USA: AIAA the 1st Intelligent Systems Technical Conference, 2004.
[69] Anderson L, Cohen D. Subsystem testing of Galileo's attitude and articulation control, fault protection [C]. Las Vegas, USA: The 3rd Flight Testing Conference and Technical Display, 1986.
[70] Muscettola N, Nayak P, Brain C Williams, et al. Remote agent: to boldly go where no AI system has gone before[J]. Artificial Intelligence, 1998, 103: 5 - 47.
[71] 邢琰. 卫星闭环姿态控制系统的故障检测与隔离[D]. 北京: 中国空间技术研究院北京控制工程研究所, 2003.

第2章 鲁棒 H_∞ 故障检测的基本方法

2.1 引言

针对受 L_2(或 l_2)范数有界未知输入影响 LTI 系统,鲁棒 H_∞ 故障检测问题的研究已经比较成熟,并取得了大量创新性成果[1-2],其中最具代表性的研究成果包括基于 H_i/H_∞ 优化鲁棒故障检测的左互质分解统一方法[3]和基于 H_∞ 滤波的故障诊断问题描述[4]。其中,基于 H_i/H_∞ 优化鲁棒故障检测的核心思想是,把从故障到残差的传递函数 H_∞ 范数或非零最小奇异值(记做 H_-)作为故障灵敏度性能指标,而未知输入到残差传递函数的 H_∞ 范数作为未知输入鲁棒性指标,并将 FDF 设计归结为最小化 H_i/H_∞ 最优化问题,应用传递函数左互质分解技术得到了 H_i/H_∞ 优化 FDF 设计的统一解[2-3]。基于 H_∞ 滤波的故障检测本质上是 H_∞ 故障估计或某给定频率范围的 H_∞ 故障估计[4]。值得提出的是,基于 H_i/H_∞ 优化的方法得到了 FDF 问题的最优解,但不适用于模型不确定系统;基于 H_∞ 滤波的故障检测应用 LMI 技术易于求得 H_∞ - FDF 的可行解,但没有综合考虑残差的故障灵敏度以及未知输入鲁棒性问题,且保守性强。在文献[3-4]的研究基础上,针对模型不确定 LTI 系统、线性时变系统、Markov 跳跃系统、数据采样系统、网络控制系统等的鲁棒 H_∞ 故障检测,近年来也得到了更加深入的发展和完善,取得的研究成果参见文献[5－16]等。

作为后续章节的研究基础和预备知识，本章将简要介绍文献[3]基于 H_i/H_∞ 优化的LTI系统鲁棒FDF设计统一解和文献[4]基于 H_∞ 滤波的鲁棒故障检测方法，并把文献[3]和文献[4]的研究成果分别推广应用于一类离散时间LTI系统和奇异LTI系统。

2.2　基于 H_i/H_∞ 优化的故障检测方法

2.2.1　连续时间系统[3]

考虑如下频域描述的LTI系统：

$$\boldsymbol{y}(s)=\boldsymbol{G}_u(s)\boldsymbol{u}(s)+\boldsymbol{G}_d(s)\boldsymbol{d}(s)+\boldsymbol{G}_f(s)\boldsymbol{f}(s) \tag{2-1}$$

式中：$\boldsymbol{G}_u(s)$、$\boldsymbol{G}_d(s)$、$\boldsymbol{G}_f(s)$ 分别为从控制输入向量 $\boldsymbol{u}(s)\in\mathrm{R}^p$、未知输入向量 $\boldsymbol{d}(s)\in\mathrm{R}^k$ 和故障向量 $\boldsymbol{f}(s)\in\mathrm{R}^q$ 到输出向量 $\boldsymbol{y}(s)\in\mathrm{R}^m$ 的传递函数矩阵。

基于模型故障检测主要分为残差产生和残差评价两个阶段。首先考虑残差产生，选取如下残差产生器：

$$\begin{aligned}\boldsymbol{r}(s)&=\boldsymbol{H}_y(s)(\boldsymbol{y}(s)-\boldsymbol{G}_u(s)\boldsymbol{u}(s))\\&=\boldsymbol{H}_y(s)\boldsymbol{G}_f(s)\boldsymbol{f}(s)+\boldsymbol{H}_y(s)\boldsymbol{G}_d(s)\boldsymbol{d}(s)\end{aligned}$$

式中：$\boldsymbol{H}_y(s)$ 为故障检测滤波器，理想情况下 $\boldsymbol{H}_y(s)$ 应满足

$$\boldsymbol{H}_y(s)\boldsymbol{G}_d(s)=0$$

从而可得

$$\boldsymbol{r}(s)=\boldsymbol{H}_y(s)\boldsymbol{G}_f(s)\boldsymbol{f}(s)$$

即产生的残差只依赖于故障。然而实际工程系统难以实现扰动完全解耦，为此可将残差产生器设计归结为最小化问题：

$$J_{\infty/\infty}=\min_{H_y\in RH_\infty}\frac{\|\boldsymbol{H}_y(s)\boldsymbol{G}_d(s)\|_\infty}{\|\boldsymbol{H}_y(s)\boldsymbol{G}_f(s)\|_\infty} \tag{2-2}$$

或

$$J_{\infty/-}=\min_{H_y\in RH_\infty}\frac{\|\boldsymbol{H}_y(s)\boldsymbol{G}_d(s)\|_\infty}{\|\boldsymbol{H}_y(s)\boldsymbol{G}_f(s)\|_-} \tag{2-3}$$

式中：$\|\cdot\|_\infty$ 为 H_∞ 范数；$\|\cdot\|_-$ 为非零最小奇异值。

文献[3]基于传递函数矩阵的左互质分解，提出如下的残差产生器一般结

构形式：

$$r(s) = R(s)(\hat{M}_u(s)y(s) - \hat{N}_u(s)u(s))$$

式中：$\hat{M}_u(s)$、$\hat{N}_u(s)$ 为传递函数矩阵 $G_u(s)$ 的一个左互质分解；$R(s)$ 为后置滤波器。类似于式(2-2)和式(2-3)，进一步可将故障检测系统设计问题转化为如下多目标优化问题：

$$\text{Ⅰ}.\ J_{\infty/\infty} = \min_{R\in RH_\infty} \frac{\| R(s)\hat{M}_u(s)G_d(s) \|_\infty}{\| R(s)\hat{M}_u(s)G_f(s) \|_\infty} \tag{2-4}$$

$$\text{Ⅱ}.\ J_{\infty/-} = \min_{R\in RH_\infty} \frac{\| R(s)\hat{M}_u(s)G_d(s) \|_\infty}{\| R(s)\hat{M}_u(s)G_f(s) \|_-} \tag{2-5}$$

并将最小化问题式(2-4)和式(2-5)的统一解归结为如下引理 2.1。

引理 2.1 给定系统式(2-1)，如果存在 $\hat{M}_u(s)G_d(s)$ 的互内外分解(Co-inner-outer Factorization，CIOF) $\overline{G}_d(s) = G_{do}(s)G_{di}(s)$，则

$$R(s) = G_{do}^{-1}(s)$$

是最优化问题

$$\min_{R\in RH_\infty} \frac{\| R(s)\hat{M}_u(s)G_d(s) \|_\infty}{\| R(s)\hat{M}_u(s)G_f(s) \|_\infty} = \frac{\| G_{do}^{-1}(s)\overline{G}_d(s) \|_\infty}{\| G_{do}^{-1}(s)\overline{G}_f(s) \|_\infty} = \frac{1}{\| G_{do}^{-1}(s)\overline{G}_f(s) \|_\infty}$$

$$\min_{R\in RH_\infty} \frac{\| R(s)\hat{M}_u(s)G_d(s) \|_\infty}{\| R(s)\hat{M}_u(s)G_f(s) \|_-} = \frac{\| G_{do}^{-1}(s)\overline{G}_d(s) \|_\infty}{\| G_{do}^{-1}(s)\overline{G}_f(s) \|_-} = \frac{1}{\| G_{do}^{-1}(s)\overline{G}_f(s) \|_-}$$

的解，且标称解为

$$R(s) = \frac{G_{do}^{-1}(s)}{\| G_{do}^{-1}(s) \|_\infty}$$

对于状态空间方程描述的 LTI 系统：

$$\begin{cases} \dot{x}(t) = Ax(t) + Bu(t) + B_d d(t) + B_f f(t) \\ y(t) = Cx(t) + Du(t) + D_d d(t) + D_f f(t) \end{cases} \tag{2-6}$$

式中：$x(t) \in \mathbf{R}^n$、$u(t) \in \mathbf{R}^p$、$y(t) \in \mathbf{R}^m$、$d(t) \in \mathbf{R}^k$、$f(t) \in \mathbf{R}^q$ 分别为状态、控制输入、测量输出、未知输入、故障向量；A、B、B_d、B_f、C、D D_d、D_f 为适当维数的已知矩阵。假设 $d(t)$ 为 L_2 范数有界，(C,A) 可检测，$\begin{bmatrix} A - j\omega I & B_d \\ C & D_d \end{bmatrix}$ 对所有的 $\omega \in [0,\infty)$ 均为行满秩。

考虑如下基于观测器的 FDF 作为残差产生器：

$$
\begin{cases}
\dot{\hat{\boldsymbol{x}}}(t) = \boldsymbol{A}\hat{x}(t) + \boldsymbol{Bu}(t) + \boldsymbol{H}(\boldsymbol{y}(t) - \hat{\boldsymbol{y}}(t)) \\
\hat{\boldsymbol{y}}(t) = \boldsymbol{C}\hat{x}(t) + \boldsymbol{Du}(t) \\
\boldsymbol{r}(t) = \boldsymbol{R}(s)(\boldsymbol{y}(t) - \hat{\boldsymbol{y}}(t))
\end{cases}
\tag{2-7}
$$

式中：$\hat{\boldsymbol{x}}(t) \in \mathbf{R}^n$ 、$\hat{\boldsymbol{y}}(t) \in \mathbf{R}^m$ 为状态和测量输出估计；$\boldsymbol{r}(t)$ 为残差信号；观测器增益矩阵 $\boldsymbol{H}$ 和后置滤波器 $\boldsymbol{R}(s)$ 是待设计的参数矩阵（或向量）。

定义状态估计误差 $\boldsymbol{e}(t) = \boldsymbol{x}(t) - \hat{\boldsymbol{x}}(t)$，由式(2-6)和式(2-7)可得

$$
\begin{cases}
\dot{\boldsymbol{e}}(t) = (\boldsymbol{A} - \boldsymbol{HC})\boldsymbol{e}(t) + (\boldsymbol{B}_d - \boldsymbol{HD}_d)\boldsymbol{d}(t) + (\boldsymbol{B}_f - \boldsymbol{HD}_f)\boldsymbol{f}(t) \\
\boldsymbol{r}(t) = \boldsymbol{R}(s)(\boldsymbol{Ce}(t) + \boldsymbol{VD}_d\boldsymbol{d}(t) + \boldsymbol{VD}_f\boldsymbol{f}(t))
\end{cases}
$$

即

$$
\begin{aligned}
\boldsymbol{r}(s) &= \boldsymbol{G}_{rd}(s)\boldsymbol{d}(s) + \boldsymbol{G}_{rf}(s)\boldsymbol{f}(s) \\
&= \boldsymbol{R}(s)(\hat{\boldsymbol{M}}_u(s)\boldsymbol{G}_d(s)\boldsymbol{d}(s) + \hat{\boldsymbol{M}}_u(s)\boldsymbol{G}_f(s)\boldsymbol{f}(s))
\end{aligned}
$$

其中

$$
\begin{aligned}
\boldsymbol{G}_{rd}(s) &= \boldsymbol{R}(s)(\boldsymbol{C}(s\boldsymbol{I} - \boldsymbol{A} + \boldsymbol{HC})^{-1}(\boldsymbol{B}_d - \boldsymbol{HD}_d) + \boldsymbol{D}_d) \\
\boldsymbol{G}_{rf}(s) &= \boldsymbol{R}(s)(\boldsymbol{C}(s\boldsymbol{I} - \boldsymbol{A} + \boldsymbol{HC})^{-1}(\boldsymbol{B}_f - \boldsymbol{HD}_f) + \boldsymbol{D}_f) \\
\boldsymbol{G}_d(s) &= \hat{\boldsymbol{M}}_u^{-1}(s)\hat{\boldsymbol{N}}_d(s) \\
\hat{\boldsymbol{N}}_d(s) &= \boldsymbol{C}(s\boldsymbol{I} - \boldsymbol{A} + \boldsymbol{HC})^{-1}(\boldsymbol{B}_d - \boldsymbol{HD}_d) + \boldsymbol{D}_d \\
\hat{\boldsymbol{M}}_u(s) &= \boldsymbol{I} - \boldsymbol{C}(s\boldsymbol{I} - \boldsymbol{A} + \boldsymbol{HC})^{-1}\boldsymbol{H} \\
\boldsymbol{G}_f(s) &= \hat{\boldsymbol{M}}_u^{-1}(s)\hat{\boldsymbol{N}}_f(s) \\
\hat{\boldsymbol{N}}_f(s) &= \boldsymbol{C}(s\boldsymbol{I} - \boldsymbol{A} + \boldsymbol{HC})^{-1}(\boldsymbol{B}_f - \boldsymbol{HD}_f) + \boldsymbol{D}_f
\end{aligned}
$$

从而可将 FDF 设计问题归结为：求矩阵 $\boldsymbol{H}$ 和后置滤波器 $\boldsymbol{R}(s)$，使其满足 $(\boldsymbol{A} - \boldsymbol{HC})$ 渐近稳定，且最小化性能指标：

$$
J = \frac{\| \boldsymbol{G}_{rd}(s) \|_\infty}{\sigma_i(\boldsymbol{G}_{rf}(\mathrm{j}\omega))},\ \forall 0 \leqslant \omega < \infty \tag{2-8}
$$

式中：$\sigma_i(\cdot)$ 为传递函数矩阵的第 i 个非零奇异值。对于 σ_i 为最大奇异值，则 J 等价为 H_∞/H_∞ 性能指标 J_∞/J_∞；对于 σ_i 为非零最小奇异值，则 J 等价为 H_∞/H_- 性能指标 J_∞/J_-。根据引理2.1，进一步可得下面引理2.2和引理2.3。

引理2.2[2] 给定系统式(2-6)，假设$(\boldsymbol{C},\boldsymbol{A})$可检测，且$\begin{bmatrix} \boldsymbol{A} - \mathrm{j}\omega\boldsymbol{I} & \boldsymbol{B}_d \\ \boldsymbol{C} & \boldsymbol{D}_d \end{bmatrix}$对

所有的 $\omega \in [0,\infty)$ 均为行满秩,则 FDF 的最优解为

$$\boldsymbol{H} = (\boldsymbol{B}_d\boldsymbol{D}_d^{\mathrm{T}} + \boldsymbol{Y}\boldsymbol{C}^{\mathrm{T}})Q^{-1}, \boldsymbol{R}(s) = \boldsymbol{Q}^{-1/2}$$

且性能指标式(2-8)的最优值为

$$J_- = \frac{1}{\sigma_i(\boldsymbol{R}(\mathrm{j}\omega)\hat{\boldsymbol{M}}_u(\mathrm{j}\omega)\boldsymbol{G}_f(\mathrm{j}\omega))}, \forall 0 \leqslant \omega < \infty$$

其中,$\boldsymbol{Q} = \boldsymbol{D}_d\boldsymbol{D}_d^{\mathrm{T}}$,$\boldsymbol{Y} \geqslant 0$ 是 Riccati 方程的解:

$$\widetilde{\boldsymbol{A}}^{\mathrm{T}}\boldsymbol{Y} + \boldsymbol{Y}\widetilde{\boldsymbol{A}} - \boldsymbol{Y}\boldsymbol{C}^{\mathrm{T}}Q^{-1}\boldsymbol{C}\boldsymbol{Y} + \boldsymbol{B}_d(\boldsymbol{I} - \boldsymbol{D}_d^{\mathrm{T}}Q^{-1}\boldsymbol{D}_d)\boldsymbol{B}_d = 0, \widetilde{\boldsymbol{A}} = \boldsymbol{A} - \boldsymbol{B}_d\boldsymbol{D}_d^{\mathrm{T}}\boldsymbol{Q}^{-1}\boldsymbol{C}$$

引理 2.3[2] 对于任意使 $(\boldsymbol{A} - \boldsymbol{H}\boldsymbol{C})$ 稳定的观测器增益矩阵 $\boldsymbol{H}$,存在如下的后置滤波器:

$$\boldsymbol{R}_h(s) = \boldsymbol{Q}^{-1/2}(\boldsymbol{I} + \boldsymbol{C}(s\boldsymbol{I} - \boldsymbol{A} + \boldsymbol{H}^*\boldsymbol{C})^{-1}(\boldsymbol{H} - \boldsymbol{H}^*))$$

使 $(\boldsymbol{H}, \boldsymbol{R}_h(s))$ 也为最小化问题(2-10)的解,其中

$$\boldsymbol{H}^* = (\boldsymbol{B}_d\boldsymbol{D}_d^{\mathrm{T}} + \boldsymbol{Y}\boldsymbol{C}^{\mathrm{T}})Q^{-1}, \boldsymbol{Q} = \boldsymbol{D}_d\boldsymbol{D}_d^{\mathrm{T}}, \boldsymbol{Y} \geqslant 0$$

矩阵 $\boldsymbol{Y}$ 是 Riccati 方程的解。

2.2.2 离散时间系统[15]

考虑如下离散时间被控系统:

$$\begin{cases}\boldsymbol{x}(k+1) = \boldsymbol{A}\boldsymbol{x}(k) + \boldsymbol{B}\boldsymbol{u}(k) + \boldsymbol{B}_d\boldsymbol{d}(k) + \boldsymbol{B}_f\boldsymbol{f}(k) \\ \boldsymbol{y}(k) = \boldsymbol{C}\boldsymbol{x}(k) + \boldsymbol{D}\boldsymbol{u}(k) + \boldsymbol{D}_d\boldsymbol{d}(k) + \boldsymbol{D}_f\boldsymbol{f}(k)\end{cases} \tag{2-9}$$

式中:$\boldsymbol{x} \in \mathbf{R}^n$、$\boldsymbol{u} \in \mathbf{R}^p$、$\boldsymbol{y} \in \mathbf{R}^q$ 分别为状态向量、控制输入和测量输出;$\boldsymbol{f} \in \mathbf{R}^l$ 是要诊断和分离的故障信号向量;$\boldsymbol{d} \in \mathbf{R}^m$ 为不确定性未知输入信号,且不失一般性设 $\boldsymbol{d}$ 为 l_2范数有界信号;$\boldsymbol{A}$、$\boldsymbol{B}$、$\boldsymbol{C}$、$\boldsymbol{D}$ 、$\boldsymbol{B}_f$、$\boldsymbol{B}_d$、$\boldsymbol{D}_f$ 和 $\boldsymbol{D}_d$ 为适当维数的已知矩阵或向量,假设:

A1. $(\boldsymbol{A},\boldsymbol{B})$可控,$(\boldsymbol{C},\boldsymbol{A})$可检测;

A2. $\begin{bmatrix}\boldsymbol{A} - e^{\mathrm{j}\theta}\boldsymbol{I} & \boldsymbol{B}_d \\ \boldsymbol{C} & \boldsymbol{D}_d\end{bmatrix}$ 行满秩,$\forall \theta \in [0,\infty)$。

采用如下基于观测器的 FDF 作为残差产生器:

$$\begin{cases}\hat{\boldsymbol{x}}(k+1) = \boldsymbol{A}\hat{x}(k) + \boldsymbol{B}\boldsymbol{u}(k) + \boldsymbol{H}(\boldsymbol{y}(k) - \hat{\boldsymbol{y}}(k)) \\ \hat{\boldsymbol{y}}(k) = \boldsymbol{C}\hat{x}(k) + \boldsymbol{D}\boldsymbol{u}(k) \\ \boldsymbol{r}(k) = \boldsymbol{R}(z)(\boldsymbol{y}(k) - \hat{\boldsymbol{y}}(k))\end{cases} \tag{2-10}$$

式中:$\hat{\boldsymbol{x}}(k)$ 、$\hat{\boldsymbol{y}}(k)$ 、$\boldsymbol{r}(k)$分别为状态估计、输出估计和残差信号。观测器增益矩阵

$\boldsymbol{H}$ 和稳定的后滤波器 $\boldsymbol{R}(z)$ 是要设计的 FDF 参数。令 $\boldsymbol{e}(k)=\boldsymbol{x}(k)-\hat{\boldsymbol{x}}(k)$，则有

$$\begin{cases}\boldsymbol{e}(k+1)=(\boldsymbol{A}-\boldsymbol{HC})\boldsymbol{e}(k)+(\boldsymbol{B}_f-\boldsymbol{HD}_f)\boldsymbol{f}(k)+(\boldsymbol{B}_d-\boldsymbol{HD}_d)\boldsymbol{d}(k)\\ \boldsymbol{r}(k)=\boldsymbol{R}(z)(\boldsymbol{Ce}(k)+\boldsymbol{D}_f\boldsymbol{f}(k)+\boldsymbol{D}_d\boldsymbol{d}(k))\end{cases} \tag{2-11}$$

与连续时间 LTI 系统类似，可将离散时间系统鲁棒 FDF 设计问题归结为求 $\boldsymbol{R}(z)$ 和 $\boldsymbol{H}$ 使系统式(2-11)渐近稳定，且满足

$$\text{III. } J_{\infty/\infty}=\min_{R\in RH_\infty}\frac{\|\boldsymbol{R}(z)\hat{\boldsymbol{M}}_u(z)\boldsymbol{G}_d(z)\|_\infty}{\|\boldsymbol{R}(z)\hat{\boldsymbol{M}}_u(z)\boldsymbol{G}_f(z)\|_\infty} \tag{2-12}$$

$$\text{IV. } J_{\infty/-}=\min_{R\in RH_\infty}\frac{\|\boldsymbol{R}(z)\hat{\boldsymbol{M}}_u(z)\boldsymbol{G}_d(z)\|_\infty}{\|\boldsymbol{R}(z)\hat{\boldsymbol{M}}_u(z)\boldsymbol{G}_f(z)\|_-} \tag{2-13}$$

文献[15]有关离散时间 LTI 系统鲁棒 FDF 的设计方法总结如下。

引理 2.4[15]　给定稳定的离散时间系统 $\boldsymbol{G}(z)$，其最小状态空间实现为 $(\boldsymbol{A},\boldsymbol{B},\boldsymbol{C},\boldsymbol{D})$，$\boldsymbol{X}\geqslant 0$ 是如下 *Riccati* 方程的半正定解：

$$\boldsymbol{AXA}^{\mathrm{T}}+\boldsymbol{BB}^{\mathrm{T}}-\boldsymbol{X}=0$$

则 $\boldsymbol{G}(z)$ 是共轭内阵的充要条件是：

$$\boldsymbol{AXC}^{\mathrm{T}}+\boldsymbol{BD}^{\mathrm{T}}=0,\boldsymbol{CXC}^{\mathrm{T}}+\boldsymbol{DD}^{\mathrm{T}}=\boldsymbol{I}$$

引理 2.5[15]　给定如下离散时间 LTI 系统 $\hat{M}_i(z)\ (i=1,2)$，

$$\hat{\boldsymbol{M}}_1(z)=\boldsymbol{V}_1-\boldsymbol{V}_1\boldsymbol{C}(z\boldsymbol{I}-\boldsymbol{A}+\boldsymbol{H}_1\boldsymbol{C})\boldsymbol{H}_1$$

$$\hat{\boldsymbol{M}}_2(z)=\boldsymbol{V}_2-\boldsymbol{V}_2\boldsymbol{C}(z\boldsymbol{I}-\boldsymbol{A}+\boldsymbol{H}_2\boldsymbol{C})\boldsymbol{H}_2$$

式中：$\boldsymbol{A}-\boldsymbol{H}_1\boldsymbol{C}$ 和 $\boldsymbol{A}-\boldsymbol{H}_2\boldsymbol{C}$ 稳定，且 $\boldsymbol{V}_1$ 和 $\boldsymbol{V}_2$ 是可逆矩阵。则一定存在稳定的 $\boldsymbol{Q}(z)$ 使满足：

$$\boldsymbol{Q}(z)\hat{\boldsymbol{M}}_1(z)=\hat{\boldsymbol{M}}_2(z)$$

其中

$$\boldsymbol{Q}(z)=\boldsymbol{V}_2(\boldsymbol{I}+\boldsymbol{C}(z\boldsymbol{I}-\boldsymbol{A}+\boldsymbol{H}_2\boldsymbol{C})^{-1}(\boldsymbol{H}_1-\boldsymbol{H}_2))\boldsymbol{V}_1^{-1}$$

引理 2.6 给出了一种 FDF 最优设计问题的求解方法。

引理 2.6[15]　给定离散时间系统式(2-9)，假设条件 A1、A2 成立，则存在如下的稳定后滤波器和状态观测器增益矩阵：

$$\boldsymbol{H}=(\boldsymbol{B}_d\boldsymbol{D}_d^{\mathrm{T}}+\boldsymbol{AXC}^{\mathrm{T}})\boldsymbol{Q}^{-1},\ \boldsymbol{R}(z)=\boldsymbol{Q}^{-1/2},\ \boldsymbol{Q}=\boldsymbol{CXC}^{\mathrm{T}}+\boldsymbol{D}_d\boldsymbol{D}_d^{\mathrm{T}}$$

使满足式(2-12)、式(2-13)，且 $\boldsymbol{T}_{rd}(z)=\boldsymbol{R}(z)\hat{\boldsymbol{M}}_u(z)\boldsymbol{G}_d(z)$ 为共轭内矩阵，其中 $\boldsymbol{X}\geqslant 0$ 是如下 Riccati 方程的解：

$$AXA^{\mathrm{T}} - (B_d D_d^{\mathrm{T}} + AXC^{\mathrm{T}})(CXC^{\mathrm{T}} + D_d D_d^{\mathrm{T}})^{-1}(D_d B_d^{\mathrm{T}} + CXA^{\mathrm{T}}) + B_d B_d^{\mathrm{T}} - X = 0$$

2.3 基于 H_∞ 滤波的故障检测方法[4]

考虑状态空间模型式(2-6)描述的连续时间 LTI 系统,文献[4]给出了鲁棒故障检测的标准 H_∞ 滤波问题描述,即设计稳定的 FDF 作为残差产生器,使残差 $\boldsymbol{r}(t)$ 满足如下性能指标:

$$\sup_{w\neq 0}\frac{\|\boldsymbol{r}-\bar{\boldsymbol{f}}\|_2}{\|\boldsymbol{w}\|_2} < \gamma,\ \gamma > 0 \tag{2-14}$$

其中,$\boldsymbol{w} = [\boldsymbol{d}^{\mathrm{T}}\quad \boldsymbol{f}^{\mathrm{T}}]^{\mathrm{T}}$,$\bar{\boldsymbol{f}}(s) = \boldsymbol{W}_f(s)\boldsymbol{f}(s)$ 。$\boldsymbol{W}_f(s) \in RH_\infty$ 为加权函数矩阵。当 $\boldsymbol{W}_f(s) = \boldsymbol{I}$ 时,满足式(2-14)的故障检测又称为 H_∞ 故障估计。

构造如下基于观测器的残差产生器:

$$\begin{cases}\dot{\hat{\boldsymbol{x}}}(t) = \boldsymbol{A}\hat{\boldsymbol{x}}(t) + \boldsymbol{B}\boldsymbol{u}(t) + \boldsymbol{H}(\boldsymbol{y}(t) - \hat{\boldsymbol{y}}(t))\\ \hat{\boldsymbol{y}}(t) = \boldsymbol{C}\hat{\boldsymbol{x}}(t) + \boldsymbol{D}\boldsymbol{u}(t)\\ \boldsymbol{r}(t) = \boldsymbol{V}(\boldsymbol{y}(t) - \hat{\boldsymbol{y}}(t))\end{cases} \tag{2-15}$$

式中:$\boldsymbol{H}$、$\boldsymbol{V}$ 分别为待设计的观测器增益矩阵和残差加权矩阵。

定义状态估计误差 $\boldsymbol{e}(t) = \boldsymbol{x}(t) - \hat{\boldsymbol{x}}(t)$,由式(2-6)、式(2-15)可得

$$\begin{cases}\dot{\boldsymbol{e}}(t) = (\boldsymbol{A} - \boldsymbol{H}\boldsymbol{C})\boldsymbol{e}(t) + (\boldsymbol{B}_d - \boldsymbol{H}\boldsymbol{D}_d)\boldsymbol{d}(t) + (\boldsymbol{B}_f - \boldsymbol{H}\boldsymbol{D}_f)\boldsymbol{f}(t)\\ \boldsymbol{r}(t) = \boldsymbol{V}\boldsymbol{C}\boldsymbol{e}(t) + \boldsymbol{V}\boldsymbol{D}_d\boldsymbol{d}(t) + \boldsymbol{V}\boldsymbol{D}_f\boldsymbol{f}(t)\end{cases} \tag{2-16}$$

下面将给出一种方法,通过求解 LMI,设计满足式(2-14)的 FDF 参数矩阵(或向量) $\boldsymbol{H}$、$\boldsymbol{V}$ 。

引理 2.7[17] 考虑如下连续时间 LTI 系统:

$$\begin{cases}\dot{\boldsymbol{x}}(t) = \boldsymbol{A}\boldsymbol{x}(t) + \boldsymbol{B}\boldsymbol{w}(t)\\ \boldsymbol{y}(t) = \boldsymbol{C}\boldsymbol{x}(t) + \boldsymbol{D}\boldsymbol{w}(t)\end{cases}$$

式中:$\boldsymbol{x}(t) \in \mathbf{R}^n$、$\boldsymbol{y}(t) \in \mathbf{R}^q$、$\boldsymbol{w}(t) \in \mathbf{R}^m$ 分别为状态、输出、未知输入向量;$\boldsymbol{A}$、$\boldsymbol{B}$、$\boldsymbol{C}$、$\boldsymbol{D}$ 为适当维数的已知矩阵。假设 $\boldsymbol{w}(t)$ 为 L_2 范数有界。给定 $\gamma > 0$,如果存在对称正定矩阵 $\boldsymbol{P}$ 使得如下 LMI 成立:

$$\begin{bmatrix}\boldsymbol{A}^{\mathrm{T}}\boldsymbol{P} + \boldsymbol{P}\boldsymbol{A} & \boldsymbol{P}\boldsymbol{B} & \boldsymbol{C}^{\mathrm{T}}\\ \boldsymbol{B}^{\mathrm{T}}\boldsymbol{P} & -\gamma^2\boldsymbol{I} & \boldsymbol{D}^{\mathrm{T}}\\ \boldsymbol{C} & \boldsymbol{D} & -\boldsymbol{I}\end{bmatrix} < 0$$

则该系统渐近稳定且满足 $\|\boldsymbol{y}\|_2 < \gamma \|\boldsymbol{w}\|_2$。

假定 $\bar{\boldsymbol{f}}(s) = \boldsymbol{W}_f(s)\boldsymbol{f}(s)$ 的一个最小状态空间实现为

$$\begin{cases}\dot{\boldsymbol{x}}_f(t) = \boldsymbol{A}_{Wf}\boldsymbol{x}_f(t) + \boldsymbol{B}_{Wf}\boldsymbol{f}(t) \\ \bar{\boldsymbol{f}}(t) = \boldsymbol{C}_{Wf}\boldsymbol{x}_f(t) + \boldsymbol{D}_{Wf}\boldsymbol{f}(t)\end{cases} \tag{2-17}$$

式中：$\boldsymbol{x}_f(t) \in \mathbf{R}^{n_f}$ 为状态；$\boldsymbol{A}_{Wf}$、$\boldsymbol{B}_{Wf}$、$\boldsymbol{C}_{Wf}$、$\boldsymbol{D}_{Wf}$ 为适当维数的已知矩阵。

定义加权故障估计误差为 $\boldsymbol{r}_e = \boldsymbol{r} - \bar{\boldsymbol{f}}$，则根据式(2-16)、式(2-17)可得如下增广系统：

$$\begin{cases}\dot{\boldsymbol{\eta}}(t) = \bar{\boldsymbol{A}}\boldsymbol{\eta}(t) + \bar{\boldsymbol{B}}\boldsymbol{w}(t) \\ \boldsymbol{r}_e(t) = \bar{\boldsymbol{C}}\boldsymbol{\eta}(t) + \bar{\boldsymbol{D}}\boldsymbol{w}(t)\end{cases} \tag{2-18}$$

其中

$$\boldsymbol{\eta}(t) = [e^{\mathrm{T}}(t) \quad x_f^{\mathrm{T}}(t)]^{\mathrm{T}}, w(t) = [d^{\mathrm{T}}(t) \quad f^{\mathrm{T}}(t)]^{\mathrm{T}}$$

$$\bar{\boldsymbol{A}} = \begin{bmatrix}\boldsymbol{A} - \boldsymbol{HC} & 0 \\ 0 & \boldsymbol{A}_{Wf}\end{bmatrix}, \bar{\boldsymbol{B}} = \begin{bmatrix}\boldsymbol{B}_d - \boldsymbol{HD}_d & \boldsymbol{B}_f - \boldsymbol{HD}_f \\ 0 & \boldsymbol{B}_{Wf}\end{bmatrix}$$

$$\bar{\boldsymbol{C}} = [\boldsymbol{VC} \quad -\boldsymbol{C}_{Wf}], \quad \bar{\boldsymbol{D}} = [\boldsymbol{VD}_d \quad \boldsymbol{VD}_f - \boldsymbol{D}_{Wf}]$$

对于系统式(2-18)，应用引理2.7可直接得到如下引理2.8，证明略。

引理2.8　对于给定的 $\gamma > 0$，如果存在对称正定矩阵 $\boldsymbol{P}_1$、$\boldsymbol{P}_2$ 和矩阵 $\boldsymbol{Q}$、$\boldsymbol{V}$ 满足如下LMI：

$$\begin{bmatrix}\boldsymbol{A}^{\mathrm{T}}\boldsymbol{P}_1 + \boldsymbol{P}_1\boldsymbol{A} - \boldsymbol{QC} - \boldsymbol{C}^{\mathrm{T}}\boldsymbol{Q}^{\mathrm{T}} & 0 & \boldsymbol{P}_1\boldsymbol{B}_d - \boldsymbol{QD}_d & \boldsymbol{P}_1\boldsymbol{B}_f - \boldsymbol{QD}_f & \boldsymbol{C}^{\mathrm{T}}\boldsymbol{V}^{\mathrm{T}} \\ 0 & \boldsymbol{A}_{Wf}^{\mathrm{T}}\boldsymbol{P}_2 + \boldsymbol{P}_2\boldsymbol{A}_{Wf} & 0 & \boldsymbol{P}_2\boldsymbol{B}_{Wf} & -\boldsymbol{C}_{Wf}^{\mathrm{T}} \\ \boldsymbol{B}_d^{\mathrm{T}}\boldsymbol{P}_1 - \boldsymbol{D}_d^{\mathrm{T}}\boldsymbol{Q}^{\mathrm{T}} & 0 & -\gamma^2\boldsymbol{I} & 0 & \boldsymbol{D}_d^{\mathrm{T}}\boldsymbol{V}^{\mathrm{T}} \\ \boldsymbol{B}_f^{\mathrm{T}}\boldsymbol{P}_1 - \boldsymbol{D}_f^{\mathrm{T}}\boldsymbol{Q}^{\mathrm{T}} & \boldsymbol{B}_{Wf}^{\mathrm{T}}\boldsymbol{P}_2 & 0 & -\gamma^2\boldsymbol{I} & \boldsymbol{D}_f^{\mathrm{T}}\boldsymbol{V}^{\mathrm{T}} - \boldsymbol{D}_{Wf}^{\mathrm{T}} \\ \boldsymbol{VC} & -\boldsymbol{C}_{Wf} & \boldsymbol{VD}_d & \boldsymbol{VD}_f - \boldsymbol{D}_{Wf} & -\boldsymbol{I}\end{bmatrix} < 0$$

则增广系统式(2-18)渐近稳定且满足 $\|\boldsymbol{r}_e\|_2 < \gamma \|\boldsymbol{w}\|_2$。同时，观测器增益矩阵 $\boldsymbol{H}$ 可由 $\boldsymbol{H} = \boldsymbol{P}_1^{-1}\boldsymbol{Q}$ 给出。

2.4　奇异系统 H_∞ 故障检测方法[16]

2.4.1　问题描述

考虑一类奇异系统：

$$\begin{cases} \boldsymbol{E}\dot{\boldsymbol{x}}(t) = \boldsymbol{A}\boldsymbol{x}(t) + \boldsymbol{B}\boldsymbol{u}(t) + \boldsymbol{B}_f\boldsymbol{f}(t) + \boldsymbol{B}_d\boldsymbol{d}(t) \\ \boldsymbol{y}(t) = \boldsymbol{C}\boldsymbol{x}(t) + \boldsymbol{D}_f\boldsymbol{f}(t) + \boldsymbol{D}_d\boldsymbol{d}(t) \end{cases} \tag{2-19}$$

式中：$\boldsymbol{x}(t) \in \mathbf{R}^n$、$\boldsymbol{u}(t) \in \mathbf{R}^{n_u}$、$\boldsymbol{y}(t) \in \mathbf{R}^{n_y}$、$\boldsymbol{f}(t) \in \mathbf{R}^{n_f}$ 和 $\boldsymbol{d}(t) \in \mathbf{R}^{n_d}$ 分别为状态、控制输入、测量输出、故障和未知输入向量。假设 $u(t)$、$f(t)$ 和 $d(t)$ 均为 L_2 范数有界的信号。$\mathrm{rank}\boldsymbol{E} = p$，$0 < p < n$。$\boldsymbol{E}$、$\boldsymbol{A}$、$\boldsymbol{B}$、$\boldsymbol{C}$、$\boldsymbol{B}_\mathrm{f}$、$\boldsymbol{B}_\mathrm{d}$、$\boldsymbol{D}_\mathrm{f}$ 和 $\boldsymbol{D}_d$ 为具有适当维数的已知实常数矩阵。不失一般性，假设 $\boldsymbol{u}(t) = \boldsymbol{0}$、$\boldsymbol{f}(t) = \boldsymbol{0}$ 和 $\boldsymbol{d}(t) = 0$ 时，系统式(2-19)渐近稳定，且 $\boldsymbol{E} = \mathrm{diag}(\boldsymbol{I},\boldsymbol{0})$。

将基于 H_∞ 滤波的故障检测方法推广应用于奇异系统式(2-19)，选择基于观测器的 FDF 作为残差产生器，即设计一个渐近稳定的 FDF，使满足：

$$\|\boldsymbol{r} - \boldsymbol{W}_f(s)\boldsymbol{f}\|_2 < \gamma \|\boldsymbol{w}\|_2 \tag{2-20}$$

式中：$\gamma > 0$ 是给定的标量；$\boldsymbol{r}(t)$ 为产生的残差信号；$\boldsymbol{w}(t) = [\boldsymbol{u}^\mathrm{T}(t) \quad \boldsymbol{f}^\mathrm{T}(t) \quad \boldsymbol{d}^\mathrm{T}(t)]^\mathrm{T}$，$\boldsymbol{W}_f(s)$ 为给定的稳定加权矩阵。

假设系统满足如下条件：

(A1) $\mathrm{rank}\begin{bmatrix} s\boldsymbol{E} - \boldsymbol{A} \\ \boldsymbol{C} \end{bmatrix} = n$，$\forall s \in \mathscr{C}$；

(A2) $\mathrm{rank}\begin{bmatrix} \boldsymbol{E} \\ \boldsymbol{C} \end{bmatrix} = n$。

采用如下 FDF 作为残差产生器：

$$\begin{cases} \dot{\boldsymbol{z}}(t) = \hat{\boldsymbol{A}}\boldsymbol{z}(t) + \hat{\boldsymbol{B}}\boldsymbol{y}(t) + \hat{\boldsymbol{H}}\boldsymbol{u}(t) \\ \hat{\boldsymbol{x}}(t) = \hat{\boldsymbol{C}}\boldsymbol{z}(t) + \hat{\boldsymbol{D}}\boldsymbol{y}(t) \\ \hat{\boldsymbol{y}}(t) = \boldsymbol{C}\hat{\boldsymbol{x}}(t) \\ \boldsymbol{r}(t) = \boldsymbol{V}(\boldsymbol{y}(t) - \hat{\boldsymbol{y}}(t)) \end{cases} \tag{2-21}$$

式中：$\boldsymbol{z}(t) \in R^s$；$\hat{\boldsymbol{x}}(t)$ 是 $\boldsymbol{x}(t)$ 的估计；$\hat{\boldsymbol{y}}(t)$ 是 $\boldsymbol{y}(t)$ 的估计；$\hat{\boldsymbol{A}}$、$\hat{\boldsymbol{B}}$、$\hat{H}$、$\hat{\boldsymbol{C}}$、$\hat{\boldsymbol{D}}$ 和 $\boldsymbol{V}$ 是要设计的参数矩阵，并且满足条件：

(B1) $\hat{\boldsymbol{A}}$ 稳定；

(B2)存在矩阵 $\hat{\boldsymbol{M}} \in \mathbf{R}^{s\times n}$ 使下列矩阵方程成立：

$$\begin{cases} \hat{\boldsymbol{A}}\hat{\boldsymbol{M}}\boldsymbol{E} + \hat{\boldsymbol{B}}\boldsymbol{C} = \hat{\boldsymbol{M}}\boldsymbol{A} \\ \hat{\boldsymbol{H}} = \hat{\boldsymbol{M}}\boldsymbol{B} \\ \hat{\boldsymbol{C}}\hat{\boldsymbol{M}}\boldsymbol{E} + \hat{\boldsymbol{D}}\boldsymbol{C} = \boldsymbol{I} \end{cases}$$

令 $\boldsymbol{e}(t)=\hat{\boldsymbol{M}}\boldsymbol{E}\boldsymbol{x}(t)-\boldsymbol{z}(t)$，由式(2-19)、式(2-21)和条件(B2)可得

$$\begin{cases}\dot{\boldsymbol{e}}(t)=\hat{\boldsymbol{A}}\boldsymbol{e}(t)+(\hat{\boldsymbol{M}}\boldsymbol{B}_f-\hat{\boldsymbol{B}}\boldsymbol{D}_f)\boldsymbol{f}(t)+(\hat{\boldsymbol{M}}\boldsymbol{B}_d-\hat{\boldsymbol{B}}\boldsymbol{D}_d)\boldsymbol{d}(t)\\ \boldsymbol{r}(t)=\boldsymbol{V}\boldsymbol{C}\hat{\boldsymbol{C}}\boldsymbol{e}(t)+\boldsymbol{V}(\boldsymbol{D}_f-\boldsymbol{C}\hat{\boldsymbol{D}}\boldsymbol{D}_f)\boldsymbol{f}(t)+\boldsymbol{V}(\boldsymbol{D}_d-\boldsymbol{C}\hat{\boldsymbol{D}}\boldsymbol{D}_d)\boldsymbol{d}(t)\end{cases} \tag{2-22}$$

因此，当条件(B1)成立，且 $\boldsymbol{f}(t)=0$ 和 $\boldsymbol{d}(t)=0$ 时，有 $\boldsymbol{r}(t)\rightarrow 0$，$t\rightarrow\infty$。

不失一般性，假设 $\boldsymbol{W}_f(s)$ 的一个最小实现为

$$\begin{cases}\dot{\boldsymbol{x}}_f(t)=\boldsymbol{A}_W\boldsymbol{x}_f(t)+\boldsymbol{B}_W\boldsymbol{f}(t),\boldsymbol{x}_f(0)=0\\ \boldsymbol{r}_f(t)=\boldsymbol{C}_W\boldsymbol{x}_f(t)\end{cases} \tag{2-23}$$

其中，$\boldsymbol{x}_f(t)\in\mathbf{R}^{n_W}$，$\boldsymbol{r}_f(t)\in\mathbf{R}^{n_f}$，$\boldsymbol{A}_W$、$\boldsymbol{B}_W$ 和 $\boldsymbol{C}_W$ 是已知常数矩阵。

令 $\bar{\boldsymbol{e}}(t)=[\boldsymbol{e}^{\mathrm{T}}(t)\quad \boldsymbol{x}_f^{\mathrm{T}}(t)]^{\mathrm{T}}$，$\boldsymbol{r}_e(t)=\boldsymbol{r}(t)-\boldsymbol{r}_f(t)$。由则式(2-22)、式(2-23)可得如下增广系统：

$$\begin{cases}\dot{\bar{\boldsymbol{e}}}(t)=\overline{\boldsymbol{A}}\bar{\boldsymbol{e}}(t)+\overline{\boldsymbol{B}}\boldsymbol{w}(t)\\ \boldsymbol{r}_e(t)=\overline{\boldsymbol{C}}\bar{\boldsymbol{e}}(t)+\overline{\boldsymbol{D}}\boldsymbol{w}(t)\end{cases} \tag{2-24}$$

其中

$$\overline{\boldsymbol{A}}=\begin{bmatrix}\hat{\boldsymbol{A}} & 0\\ 0 & \boldsymbol{A}_W\end{bmatrix},\overline{\boldsymbol{B}}=\begin{bmatrix}0 & \hat{\boldsymbol{M}}\boldsymbol{B}_f-\hat{\boldsymbol{B}}\boldsymbol{D}_f & \hat{\boldsymbol{M}}\boldsymbol{B}_d-\hat{\boldsymbol{B}}\boldsymbol{D}_d\\ 0 & \boldsymbol{B}_W & 0\end{bmatrix}$$

$$\overline{\boldsymbol{C}}=[\boldsymbol{V}\boldsymbol{C}\hat{\boldsymbol{C}}\quad -\boldsymbol{C}_W],\overline{\boldsymbol{D}}=[0\quad \boldsymbol{V}\boldsymbol{D}_f-\boldsymbol{V}\boldsymbol{C}\hat{\boldsymbol{D}}\boldsymbol{D}_f\quad \boldsymbol{V}\boldsymbol{D}_d-\boldsymbol{V}\boldsymbol{C}\hat{\boldsymbol{D}}\boldsymbol{D}_d]$$

从而可将奇异系统鲁棒故障检测问题描述为：设计形如系统式(2-21)的鲁棒 H_∞-FDF，使其满足：

(1) $\boldsymbol{w}(t)=0$ 时，系统式(2-24)渐近稳定；

(2)给定标量 $\gamma>0$，在零初始条件下，满足 H_∞ 性能指标 $\|\boldsymbol{r}_e\|_2<\gamma\|\boldsymbol{w}\|_2$。

2.4.2　鲁棒 H_∞-FDF 设计

在设计 FDF 的参数矩阵之前，先给出如下引理 2.9。

引理 2.9　若假设(A2)成立，则存在非奇异矩阵 $\widetilde{\boldsymbol{E}}$ 和矩阵 $\widetilde{\boldsymbol{C}}$，使满足：

$$\widetilde{\boldsymbol{E}}\boldsymbol{E}+\widetilde{\boldsymbol{C}}\boldsymbol{C}=\boldsymbol{I} \tag{2-25}$$

证明: 由假设(A2)知 $\begin{bmatrix} \boldsymbol{E} \\ \boldsymbol{C} \end{bmatrix}$ 列满秩,则 $\boldsymbol{E}^{\mathrm{T}}\boldsymbol{E}+\boldsymbol{C}^{\mathrm{T}}\boldsymbol{C}$ 满秩。令 $\widetilde{\boldsymbol{E}}=(\boldsymbol{E}^{\mathrm{T}}\boldsymbol{E}+\boldsymbol{C}^{\mathrm{T}}\boldsymbol{C})^{-1}$,则有

$$\widetilde{\boldsymbol{E}}(\boldsymbol{E}^{\mathrm{T}}\boldsymbol{E}+\boldsymbol{C}^{\mathrm{T}}\boldsymbol{C})=\boldsymbol{I}$$

由于 $\boldsymbol{E}=\mathrm{diag}(\boldsymbol{I},\boldsymbol{0})$,故 $\boldsymbol{E}^{\mathrm{T}}\boldsymbol{E}=\boldsymbol{E}$,则有

$$\widetilde{\boldsymbol{E}}\boldsymbol{E}+\widetilde{\boldsymbol{E}}\boldsymbol{C}^{\mathrm{T}}\boldsymbol{C}=\boldsymbol{I}$$

再令 $\widetilde{\boldsymbol{C}}=\widetilde{\boldsymbol{E}}\boldsymbol{C}^{\mathrm{T}}$,即有式(2-25)成立。

当假设(A2)成立时,将 FDF 式(2-21)的参数矩阵 $\hat{\boldsymbol{C}}$、$\hat{\boldsymbol{D}}$ 和条件(B2)中的矩阵 $\hat{\boldsymbol{M}}$ 设计为

$$\hat{\boldsymbol{C}}=\boldsymbol{I},\ \hat{\boldsymbol{D}}=\widetilde{\boldsymbol{C}},\ \hat{\boldsymbol{M}}=\widetilde{\boldsymbol{E}}$$

则由引理 2.9 知

$$\hat{\boldsymbol{C}}\hat{\boldsymbol{M}}\boldsymbol{E}+\hat{\boldsymbol{D}}\boldsymbol{C}=\widetilde{\boldsymbol{E}}\boldsymbol{E}+\widetilde{\boldsymbol{C}}\boldsymbol{C}=\boldsymbol{I}$$

再令

$$\hat{\boldsymbol{H}}=\hat{\boldsymbol{M}}\boldsymbol{B}=\widetilde{\boldsymbol{E}}\boldsymbol{B}$$

则条件(B2)中的后两式皆满足。

下面设计 FDF(2-21)的参数矩阵 $\hat{\boldsymbol{A}}$ 和 $\hat{\boldsymbol{B}}$,使其满足条件(B1)和(B2)中的第一式。要使 $\hat{\boldsymbol{A}}$ 和 $\hat{\boldsymbol{B}}$ 满足条件(B2)中的第一式,即

$$\hat{\boldsymbol{A}}\hat{\boldsymbol{M}}\boldsymbol{E}+\hat{\boldsymbol{B}}\boldsymbol{C}=\hat{\boldsymbol{M}}\boldsymbol{A}$$

即要满足

$$\hat{\boldsymbol{A}}\widetilde{\boldsymbol{E}}\boldsymbol{E}+\hat{\boldsymbol{B}}\boldsymbol{C}=\widetilde{\boldsymbol{E}}\boldsymbol{A}$$

上式即为

$$\hat{\boldsymbol{A}}(\boldsymbol{I}-\widetilde{\boldsymbol{C}}\boldsymbol{C})+\hat{\boldsymbol{B}}\boldsymbol{C}=\widetilde{\boldsymbol{E}}\boldsymbol{A}$$

即

$$\hat{\boldsymbol{A}}+(\hat{\boldsymbol{B}}-\hat{\boldsymbol{A}}\widetilde{\boldsymbol{C}})\boldsymbol{C}=\widetilde{\boldsymbol{E}}\boldsymbol{A}$$

令 $\boldsymbol{F}=\hat{\boldsymbol{B}}-\hat{\boldsymbol{A}}\widetilde{\boldsymbol{C}}$,则有

$$\hat{\boldsymbol{A}}=\widetilde{\boldsymbol{E}}\boldsymbol{A}-\boldsymbol{F}\boldsymbol{C} \tag{2-26}$$

则参数矩阵 $\hat{\boldsymbol{A}}$ 和 $\hat{\boldsymbol{B}}$ 的设计问题转化为寻找矩阵 $\boldsymbol{F}$,使条件(B1)满足。

保证矩阵 $\boldsymbol{F}$ 存在的充要条件由如下引理给出。

引理 2.10 当假设(A2)成立时,假设(A1)成立当且仅当 $(\widetilde{\boldsymbol{E}}\boldsymbol{A},\boldsymbol{C})$ 能观。

证明 由引理 2.9 知,当假设(A2)成立时可得

$$\tilde{E}E + \tilde{C}C = I$$

所以,

$$sI - \tilde{E}A = s(\tilde{E}E + \tilde{C}C) - \tilde{E}A = \tilde{E}(sE - A) + s\tilde{C}C = [\tilde{E} \quad s\tilde{C}]\begin{bmatrix} sE - A \\ C \end{bmatrix}$$

注意到 $\tilde{E}$ 非奇异,则有

$$\operatorname{rank}\begin{bmatrix} sI - \tilde{E}A \\ C \end{bmatrix} = \operatorname{rank}\left\{\begin{bmatrix} \tilde{E} & s\tilde{C} \\ 0 & I \end{bmatrix}\begin{bmatrix} sE - A \\ C \end{bmatrix}\right\} = \operatorname{rank}\begin{bmatrix} sE - A \\ C \end{bmatrix}, \ \forall s \in \mathscr{C}$$

故结论成立。

由引理2.10知,当假设(A1)、(A2)成立时,$(\tilde{E}A, C)$ 能观,则使 $\hat{A}$ 稳定的矩阵 F 一定存在。当确定矩阵 F 后,可由式(2-26)计算矩阵 $\hat{A}$,而矩阵 $\hat{B}$ 为

$$\hat{B} = \hat{A}\tilde{C} + F = \tilde{E}A\tilde{C} - FC\tilde{C} + F \tag{2-27}$$

基于上述分析,可将FDF参数矩阵 $\hat{A}$ 、$\hat{B}$ 的设计转化为矩阵 F 的求解,应用引理2.7,可得如下定理2.1。

定理2.1 给定标量 $\gamma > 0$,在(A1)、(A2)成立的假设条件下,如果存在矩阵 Y 、V 和正定矩阵 P_1 、P_2 使满足如下LMI:

$$\begin{bmatrix} \omega_{11} & 0 & \omega_{13} & \omega_{14} & \omega_{15} \\ * & \omega_{22} & \omega_{23} & 0 & \omega_{25} \\ * & * & -\gamma I & 0 & \omega_{35} \\ * & * & * & -\gamma I & \omega_{45} \\ * & * & * & * & -\gamma I \end{bmatrix} < 0 \tag{2-28}$$

其中,

$$\omega_{11} = A^{\mathrm{T}}\tilde{E}^{\mathrm{T}}P_1 + P_1\tilde{E}A - C^{\mathrm{T}}Y^{\mathrm{T}} - YC, \omega_{13} = P_1\tilde{E}B_f - P_1\tilde{E}A\tilde{C}D_f + YC\tilde{C}D_f - YD_f$$

$$\omega_{14} = P_1\tilde{E}B_d - P_1\tilde{E}A\tilde{C}D_d + YC\tilde{C}D_d - YD_d, \ \omega_{15} = C^{\mathrm{T}}V^{\mathrm{T}}, \ \omega_{22} = A_W^{\mathrm{T}}P_2 + P_2A_W$$

$$\omega_{23} = P_2B_W, \ \omega_{25} = -C_W^{\mathrm{T}}, \ \omega_{35} = (VD_f - VC\tilde{C}D_f)^{\mathrm{T}}, \ \omega_{45} = (VD_d - VC\tilde{C}D_d)^{\mathrm{T}}$$

$$\tilde{C} = \tilde{E}C^{\mathrm{T}}, \ \tilde{E} = (E^{\mathrm{T}}E + C^{\mathrm{T}}C)^{-1}$$

则满足式(2-20)的 H_∞ -FDF存在,且参数矩阵可选择为

$$\hat{A} = \tilde{E}A - FC, \ \hat{B} = \hat{A}\tilde{C} + F = \tilde{E}A\tilde{C} - FC\tilde{C} + F$$

其中 $F = P_1^{-1}Y$ 。

证明:由引理2.7知,若存在矩阵 Y 、V 和正定矩阵 $P = \operatorname{diag}(P_1, P_2)$,满足如下LMI:

$$\begin{bmatrix} \bar{A}^{\mathrm{T}}P + P\bar{A} & P\bar{B} & \bar{C}^{\mathrm{T}} \\ \bar{B}^{\mathrm{T}}P & -\gamma I & \bar{D}^{\mathrm{T}} \\ \bar{C} & \bar{D} & -\gamma I \end{bmatrix} < 0 \tag{2-29}$$

则系统式(2－24)渐近稳定且满足 H_∞ 性能指标 $\|r_e\|_2 < \gamma\|w\|_2$。将矩阵 $\bar{A}$、$\bar{B}$、$\bar{C}$ 和 $\bar{D}$ 的表达式代入式(2－29),并令

$$\hat{C} = I, \hat{M} = \tilde{E}, \hat{D} = \tilde{C}, \hat{A} = \tilde{E}A - FC, \hat{B} = \tilde{E}A\tilde{C} - FC\tilde{C} + F, Y = P_1F$$

整理即得式(2－28)。

2.4.3 仿真算例

考虑奇异系统式(2－19),给定参数如下:

$$E = \begin{bmatrix} 1 & 0 \\ 0 & 0 \end{bmatrix}, A = \begin{bmatrix} -1 & 0 \\ 1 & -2 \end{bmatrix}, B = \begin{bmatrix} 0.5 \\ 0.2 \end{bmatrix}, B_f = \begin{bmatrix} 0.9 \\ 0.4 \end{bmatrix}$$

$$B_d = \begin{bmatrix} 0.2 \\ 0.1 \end{bmatrix}, C = \begin{bmatrix} 1 & 0 \\ 1 & 1 \end{bmatrix}, D_f = \begin{bmatrix} 0.7 \\ 0.5 \end{bmatrix}, D_d = \begin{bmatrix} 0.1 \\ 0.1 \end{bmatrix}$$

容易验证,假设条件(A1)、(A2)成立。取 $\gamma = 0.6$, $W_f(s) = \dfrac{1}{s+1}$,即 $A_W = -1$, $B_W = 1$, $C_W = 1$。应用定理2.1可得

$$F = \begin{bmatrix} 1.3065 & 0.4402 \\ -0.3202 & -0.0978 \end{bmatrix}, \hat{A} = \begin{bmatrix} -2.7467 & 0.5598 \\ 2.4180 & -2.9022 \end{bmatrix}$$

$$\hat{B} = \begin{bmatrix} -0.3468 & 1.0000 \\ 2.3399 & -3.0000 \end{bmatrix}, \hat{H} = \begin{bmatrix} 0.15 \\ 0.05 \end{bmatrix}$$

$$\hat{C} = \begin{bmatrix} 1 & 0 \\ 0 & 1 \end{bmatrix}, \hat{D} = \begin{bmatrix} 0.5 & 0 \\ -0.5 & 1 \end{bmatrix}, V = [1.3861 \quad -0.4595]$$

在零初始条件下,取 $u(t) = 0$。未知输入信号 $d(t)$ 是能量为0.1的白噪声信号,如图2－1所示。阶跃故障信号 $f_1(t)$ 及产生的残差信号 $r_1(t)$ 如图2－2所示。正弦故障信号 $f_2(t)$ 及产生的残差信号 $r_2(t)$ 如图2－3所示。选择残差评价函数和阈值为

$$J(r) = \left[\int_{t_1}^{t_2} r^{\mathrm{T}}(t)r(t)\mathrm{d}t\right]^{1/2}, \ T = t_2 - t_1$$

$$J_{th} = \sup_{d \in \mathscr{L}_2, f=0} \|r(t)\|_2 = 1$$

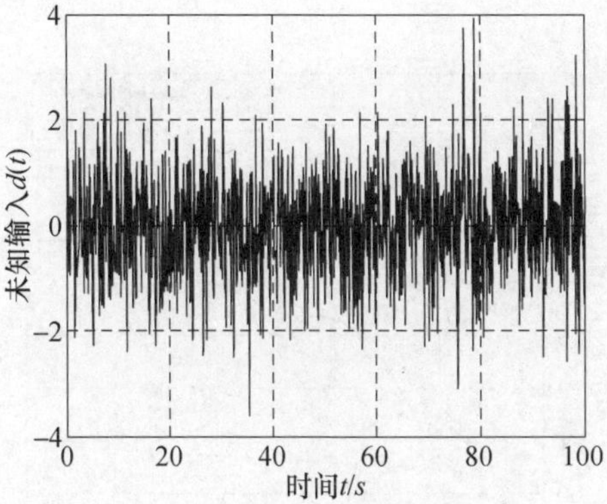

图2-1　未知输入信号 $d(t)$

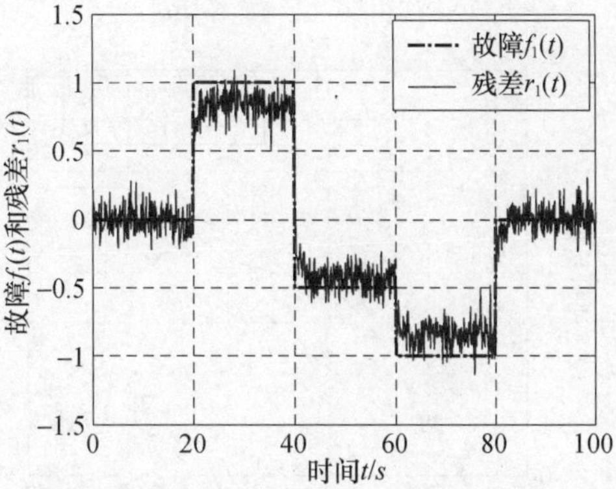

图2-2　故障信号 $f_1(t)$ 和残差信号 $r_1(t)$

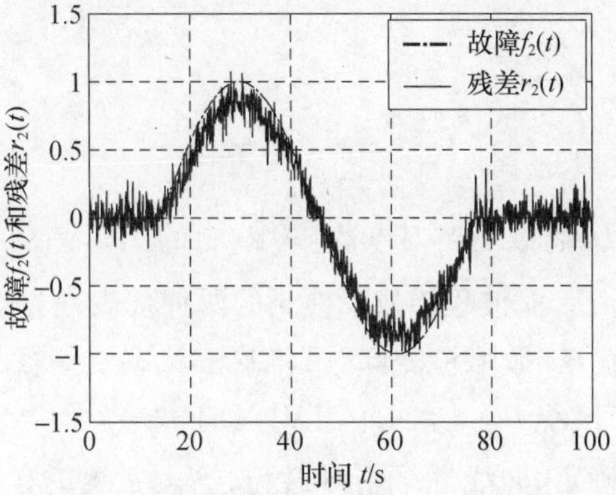

图2-3　故障信号 $f_2(t)$ 和残差信号 $r_2(t)$

残差评价函数 $J(r_1)$ 和 $J(r_2)$ 如图2-4和图2-5所示,其中虚线表示无故障发生时的残差评价函数,实线表示有故障发生时的残差评价函数。进一步,应用如下逻辑关系判断是否有故障发生:

$$J(\boldsymbol{r}) > J_{th} \Rightarrow \text{故障} \Rightarrow \text{报警};$$

$$J(\boldsymbol{r}) \leqslant J_{th} \Rightarrow \text{无故障}。$$

令 $T = 5$ s。对阶跃故障信号 $f_1(t)$,由图2-4的仿真结果知,对 $t_1 = 18$ s 和 $t_2 = 23$ s,有 $J(r_1) \approx 1.1 > 1$。仿真结果表明,阶跃故障信号 $f_1(t)$ 可在其发生3 s后被检测出。对正弦故障信号 $f_2(t)$,由图2-5的仿真结果知,对 $t_1 = 21$ s 和 $t_2 = 26$ s,有 $J(r_2) \approx 1.05 > 1$。这说明正弦故障信号 $f_2(t)$ 可在其发生

11 s 后被检测出。

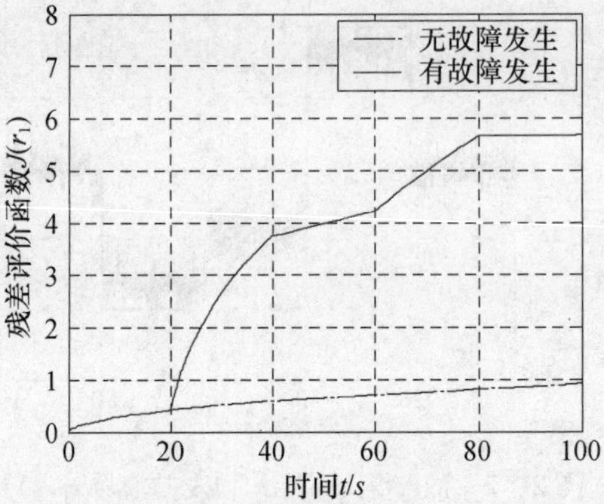

图 2－4　残差评价函数 $J(r_1)$

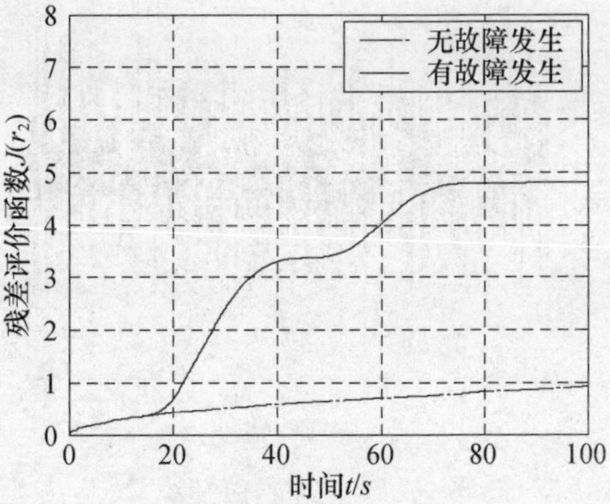

图 2－5　残差评价函数 $J(r_2)$

2.5　小结

首先针对受 L_2 范数有界未知输入影响的 LTI 系统，简要介绍了基于 H_i/H_∞ 优化和基于 H_∞ 滤波鲁棒故障检测的两种代表性方法。在此基础上，研究了一类奇异系统 H_∞ 故障检测问题，将基于状态观测器的 FDF 设计归结为 H_∞ 滤波，给出奇异系统 H_∞ －FDF 的 LMI 设计方法。但是，实际工程系统中的建模误差、参数不确定、非线性等不可避免，这类系统的鲁棒故障诊断问题面临诸多挑战，本章介绍的方法将为解决此类鲁棒故障检测问题提供有利工具。

参考文献

[1] Chen J, Patton R J. Robust model－based fault diagnosis for dynamic systems[M]. Boston: Kluwer Academic Publishers, 1999.

[2] DingS X. Model－based fault diagnosis techniques: design schemes, algorithms, and tools, (Second Edition)[M]. London: Springer, 2013.

[3] Ding Steven X, Jeinsch T, Frank P M, et al. A unified approach to the optimization of fault detection systems [J]. Int. J. Adaptive Control and Signal Processing, 2000, 14(7): 725－745.

[4] Chen J, Patton R J. Standard H_∞ filtering formulation of robust fault detection[C]. Budapest,

Hungary: Proc. the IFAC SAFEPROCESS, 2000.

[5] Zhong M, Ding S X, Lam J, et al. LMI approach to design robust fault detection filter for uncertain LTI systems[J]. Automatica, 2003, 39(3): 543 - 550.

[6] Li X B. Fault detection filter design for linear systems[D]. Louisiana State University, Louisiana, USA, 2009.

[7] Zhong M Y, Zhou D H, Ding S X. On designing H_∞ fault detection filter for linear discrete time - varying systems[J]. IEEE Trans. Automatic Control, 2010, 55(7): 1689 - 1695.

[8] Zhong M Y, Lam J, Ding S X, et al. Robust fault detection of Markovian jump systems[J]. Circuits Systems Signal Processing, 2004, 23(5): 387 - 407.

[9] 张萍. 采样数据系统的故障检测方法[D]. 北京:清华大学, 2002.

[10] Fang H J, Ye H, Zhong M Y. Fault diagnosis of networked control systems[J]. Annual Reviews in Control, 2007, 31(1): 55 - 68.

[11] He X, Wang Z, Zhou D H. Robust fault detection for networked systems with communication delay and data missing[J]. Automatica, 2009, 45(11): 2634 - 2639.

[12] Mao Z H, Jiang B, Shi P. Fault detection for a class of nonlinear networked control systems [J]. Int. J. Adaptive Control and Signal Processing, 2010, 24(7): 610 - 622.

[13] Dong H L, Wang Z D, Gao H. Fault detection for Markovian jump systems with sensor saturations and randomly varying nonlinearities[J]. IEEE Trans. Circuits and Systems I, 2012, 59(10): 2354 - 2362.

[14] Wang H, Yang G H. Integrated fault detection and control for LPV systems [J]. Int. J. Robust Nonlinear Control, 2009, 19(3): 341 - 363.

[15] 钟麦英, Ding S X, 汤兵勇, 等. 一类不确定离散时间系统的鲁棒故障诊断滤波器优化设计方法[J]. 控制与决策, 2003, 18(5): 600 - 603.

[16] 陈莉. 奇异系统鲁棒故障检测方法研究[D]. 济南:山东大学, 2010.

[17] Boyd S, Ghaoyi L E, Feron E. Linear matrix inequalities in systems and control theory[M]. Philadelphia: SIAM, 1994.

第 3 章 模型不确定连续时间系统鲁棒 H_∞ 故障检测

3.1 引言

自 20 世纪 701 年代至今，基于观测器的故障诊断方法得到了国际学者的广泛关注，并取得了大量研究成果，其中基于未知输入观测器的故障检测是早期最具代表性的研究成果之一[1-7]。由于实际系统中建模误差、多源扰动等现象不可避免，期望的未知输入全解耦难以实现，甚至导致严重的故障误报率与漏报率。因此，如何提高故障诊断系统对模型不确定性的鲁棒性，同时确保对可能发生故障的灵敏度，成为鲁棒故障诊断面临的挑战性难题。特别是，随着鲁棒 H_∞ 控制理论发展，H_i/H_∞ 优化与 H_∞ 滤波技术广泛应用于模型不确定系统的鲁棒故障检测系统设计[5-11]，文献[11]针对上述两种基于 H_∞ 范数的故障检测方法进行了分析与比较。本章主要是针对一类范数有界模型不确定性 LTI 系统和受乘性故障影响的 LTI 系统，研究基于观测器的鲁棒故障检测问题，提出鲁棒 FDF 的 LMI 设计方法。

3.2　范数有界模型不确定系统鲁棒 H_∞ 故障检测

3.2.1　问题描述

考虑如下模型不确定 LTI 系统：

$$\begin{cases}\dot{\boldsymbol{x}} = (\boldsymbol{A} + \Delta\boldsymbol{A})\boldsymbol{x} + (\boldsymbol{B} + \Delta\boldsymbol{B})\boldsymbol{u} + \boldsymbol{B}_f \boldsymbol{f} + \boldsymbol{B}_d\boldsymbol{d} \\ \boldsymbol{y} = \boldsymbol{C}\boldsymbol{x} + \boldsymbol{D}\boldsymbol{u} + \boldsymbol{D}_f \boldsymbol{f} + \boldsymbol{D}_d\boldsymbol{d}\end{cases} \tag{3-1}$$

式中：$\boldsymbol{x} \in \mathbf{R}^n$ 、$\boldsymbol{u} \in \mathbf{R}^p$ 、$\boldsymbol{y} \in \mathbf{R}^q$ 分别为状态向量、控制输入和测量输出；$\boldsymbol{d} \in \mathrm{R}^m$ 、$\boldsymbol{f} \in \mathrm{R}^l$ 分别为 L_2 范数有界未知输入和故障；$\boldsymbol{A}$、$\boldsymbol{B}$、$\boldsymbol{C}$、$\boldsymbol{D}$、$\boldsymbol{B}_f$、$\boldsymbol{B}_d$、$\boldsymbol{D}_f$、$\boldsymbol{D}_d$为已知参数矩阵；$\Delta\boldsymbol{A}$、$\Delta\boldsymbol{B}$ 为建模误差，

$$[\Delta\boldsymbol{A} \quad \Delta\boldsymbol{B}] = [\boldsymbol{E}_1\boldsymbol{\Sigma}_1\boldsymbol{F}_1 \quad \boldsymbol{E}_2\boldsymbol{\Sigma}_2\boldsymbol{F}_2],\boldsymbol{\Sigma}_1^{\mathrm{T}}\boldsymbol{\Sigma}_1 \leqslant \boldsymbol{I},\boldsymbol{\Sigma}_2^{\mathrm{T}}\boldsymbol{\Sigma}_2^{\mathrm{T}} \leqslant \boldsymbol{I}$$

其中 $\boldsymbol{E}_1$、$\boldsymbol{E}_2$、$\boldsymbol{F}_1$、$\boldsymbol{F}_2$ 是已知常数矩阵。定义：

$$\Omega_1 = \{\Delta\boldsymbol{A} \mid \Delta\boldsymbol{A} = \boldsymbol{E}_1\boldsymbol{\Sigma}_1\boldsymbol{F}_1,\boldsymbol{\Sigma}_1^{\mathrm{T}}\boldsymbol{\Sigma}_1 \leqslant \boldsymbol{I}\}$$

$$\Omega_2 = \{\Delta\boldsymbol{B} \mid \Delta\boldsymbol{B} = \boldsymbol{E}_2\boldsymbol{\Sigma}_2\boldsymbol{F}_2,\boldsymbol{\Sigma}_2^{\mathrm{T}}\boldsymbol{\Sigma}_2 \leqslant \boldsymbol{I}\}$$

假设 $(\boldsymbol{C},\boldsymbol{A})$ 可检测，$\begin{bmatrix}\boldsymbol{A} - \mathrm{j}\omega\boldsymbol{I} & \boldsymbol{B}_d \\ \boldsymbol{C} & \boldsymbol{D}_d\end{bmatrix}$ 行满秩。

基于观测器的鲁棒 FD 主要包括残差产生和残差评价两个阶段，首先考虑残差的产生。应用如下基于观测器的鲁棒 FDF 作为残差产生器：

$$\begin{cases}\dot{\hat{\boldsymbol{x}}} = (\boldsymbol{A} - \boldsymbol{H}\boldsymbol{C})\hat{\boldsymbol{x}} + (\boldsymbol{B} - \boldsymbol{H}\boldsymbol{D})\boldsymbol{u} + \boldsymbol{H}\boldsymbol{y} \\ \hat{\boldsymbol{y}} = \boldsymbol{C}\hat{\boldsymbol{x}} + \boldsymbol{D}\boldsymbol{u} \\ \boldsymbol{r} = \boldsymbol{V}(\boldsymbol{y} - \hat{\boldsymbol{y}})\end{cases} \tag{3-2}$$

式中：$\hat{\boldsymbol{x}} \in \mathbf{R}^n$、$\hat{\boldsymbol{y}} \in \mathbf{R}^p$ 分别为状态估计向量和输出估计向量；$\boldsymbol{r}$ 为残差；观测器增益矩阵 $\boldsymbol{H}$ 和加权矩阵 $\boldsymbol{V}$ 为待设计的鲁棒 FDF 参数。令 $\boldsymbol{e} = \boldsymbol{x} - \hat{\boldsymbol{x}}$，可得到如下残差系统：

$$\begin{cases}\dot{\boldsymbol{e}} = (\boldsymbol{A} - \boldsymbol{H}\boldsymbol{C})\boldsymbol{e} + \Delta\boldsymbol{A}\boldsymbol{x} + \Delta\boldsymbol{B}\boldsymbol{u} + (\boldsymbol{B}_f - \boldsymbol{H}\boldsymbol{D}_f)\boldsymbol{f} + (\boldsymbol{B}_d - \boldsymbol{H}\boldsymbol{D}_d)\boldsymbol{d} \\ \boldsymbol{r} = \boldsymbol{V}\boldsymbol{C}\boldsymbol{e} + \boldsymbol{V}\boldsymbol{D}_f\boldsymbol{f} + \boldsymbol{V}\boldsymbol{D}_d\boldsymbol{d}\end{cases} \tag{3-3}$$

注意到，残差信号的动态性能不仅依赖于 $\boldsymbol{f}$、$\boldsymbol{d}$ 和 $\boldsymbol{u}$，还依赖于状态 $\boldsymbol{x}$。基于观测器的鲁棒 FDF 设计问题可以描述为求矩阵 $\boldsymbol{H}$ 和 $\boldsymbol{V}$，使满足：

(1) $A - HC$ 渐近稳定；

(2)残差 r 对故障 f 敏感，对未知输入 d 、控制输入 u 和模型不确定性 ΔA、ΔB 鲁棒。

当不考虑建模误差 ΔA、ΔB 时，根据 2.2 节所述，可将 FDF 设计归结为最优化问题：

$$\min_{H,V} \frac{\| G_{rd}(s) \|_\infty}{\| G_{rf}(s) \|_\infty} \tag{3-4}$$

$$\min_{H,V} \frac{\| G_{rd}(s) \|_\infty}{\| G_{rf}(s) \|_-} \tag{3-5}$$

或者

$$\min_{H,V} \frac{\| G_{rd}(s) \|_\infty}{\sigma_i(G_{rf}(j\omega))}, \quad \forall \omega \in [0,\infty) \tag{3-6}$$

其中，$G_{rf}(s)$ 、$G_{rd}(s)$ 分别为从 f 、d 到 r 的传递函数矩阵：

$$\begin{cases} G_{rf}(s) = V(C(sI - A + HC)^{-1}(B_f - HD_f) + D_f) \\ G_{rd}(s) = V(C(sI - A + HC)^{-1}(B_d - HD_d) + D_d) \end{cases}$$

式中：$\sigma_i(G_{rf}(j\omega))$ 为 $G_{rf}(j\omega)$ 的第 i 个非零奇异值。

注意到，在不考虑模型不确定性时，应用引理 2.1、引理 2.2 和引理 2.3 可得到满足式(3-4)~式(3-5)或式(3-6)的 H 和 V。但是，建模误差的不确定性导致最优化问题式(3-4)~式(3-5)或式(3-6)无解，已有针对 LTI 系统的 H_i/H_∞ 优化故障检测方法不再适用。为此，文献[12]提出将 H_∞ 模型匹配思想推广应用于模型不确定系统鲁棒 FDF 设计，具体包括如下两个阶段。

首先，引入如下参考残差模型用于描述期望的残差性能：

$$r_f(s) = W_f(s)f(s) + W_d(s)d(s)$$

其中，$W_f(s) \in RH_\infty, W_d(s) \in RH_\infty$ 。其次，设计鲁棒 FDF，使其在 H_∞ 范数意义下逼近参考残差模型，从而将鲁棒 FDF 设计归结为 H_∞ 模型匹配问题：给定 $\gamma > 0$ ，求 H 和 V 使系统式(3-3)渐近稳定，且满足：

$$\sup_{\substack{w \in L_2 \\ w \neq 0}} \frac{\| r - r_f \|_2}{\| w \|_2} < \gamma \tag{3-7}$$

其中，$w = [u^T \quad f^T \quad d^T]^T$ 。

残差评价是故障检测的另一重要任务，主要包括残差评价函数和阈值的

设定。与LTI系统类似,定义 L_2 范数型评价函数:

$$\| \boldsymbol{r} \|_{2,T} = \left[\int_{t_1}^{t_2} \boldsymbol{r}^{\mathrm{T}}(t)\boldsymbol{r}(t)\mathrm{d}t \right]^{1/2}, T = t_2 - t_1 \tag{3-8}$$

对于给定的阈值 J_{th} ,应用逻辑关系判断是否有故障发生:

$$\| \boldsymbol{r} \|_{2,T} > J_{th} \Rightarrow \text{有故障发生} \Rightarrow \text{报警} \tag{3-9}$$

$$\| \boldsymbol{r} \|_{2,T} \leqslant J_{th} \Rightarrow \text{无故障发生} \tag{3-10}$$

3.2.2 鲁棒FDF的 H_∞ 模型匹配设计思想

将鲁棒FDF设计归结为最优化问题式(3-7),从本质上讲是基于 H_∞ 滤波故障检测方法的推广。在已有研究成果中,通常选择 $\boldsymbol{r}_f(s)$ 为

$$\boldsymbol{r}_f(s) = \boldsymbol{W}(s)\boldsymbol{f}(s) \tag{3-11}$$

其中, $\boldsymbol{W}(s) \in RH_\infty$ 。很显然,期望的残差 $r_f(s)$ 只对故障敏感,并且与控制输入、扰动完全解耦。但是,模型不确定系统通常难以实现残差对未知输入 d 的完全解耦,即使在模型精确已知的条件下,由式(3-11)描述的参考残差模型也并非是残差系统的可行解。文献[12]提出的基于 H_∞ 模型匹配的鲁棒FDF设计新思想,本质上是把鲁棒故障检测问题归结为最优残差参考模型和鲁棒FDF设计两个方面,即:

(1)在 $\Delta\boldsymbol{A} = 0$、$\Delta\boldsymbol{B} = 0$ 的假设下,针对系统式(3-1)设计基于 H_i/H_∞ 优化的FDF,并将该可行解作为鲁棒FDF设计的参考残差模型;

(2)建立最小化模型匹配误差的复合型目标函数,将满足式(3-7)的鲁棒FDF设计归结为 H_∞ 模型匹配问题,并应用LMI技术求解鲁棒FDF参数矩阵 $\boldsymbol{H}$ 和 $\boldsymbol{V}$ 。

3.2.3 主要结论

1. 参考残差模型

应用引理2.2和引理2.3,设计基于 H_i/H_∞ 优化的标称系统FDF,即未考虑建模误差情况下满足式(3-4)~式(3-5)或式(3-6)的最优FDF,并将得到的 H_i/H_∞ -FDF作为最优参考残差模型。

定理3.1 考虑系统式(3-1),假设 $\Delta\boldsymbol{A} = 0, \Delta\boldsymbol{B} = 0$,$(\boldsymbol{C},\boldsymbol{A})$ 可检测,$\begin{bmatrix} \boldsymbol{A} - \mathrm{j}\omega\boldsymbol{I} & \boldsymbol{B}_d \\ \boldsymbol{C} & \boldsymbol{D}_d \end{bmatrix}$ 行满秩,则满足式(3-4)~式(3-6)的最优FDF参数矩阵为

$$H^* = (B_d D_d^{\mathrm{T}} + YC^{\mathrm{T}})Q^{-1}, V^* = Q^{-1/2}$$

其中，$Q = D_d D_d^{\mathrm{T}}$，$Y \geqslant 0$ 为如下代数 Riccati 方程的解：

$$Y(A - B_d D_d^{\mathrm{T}} Q^{-1} C)^{\mathrm{T}} + (A - B_d D_d^{\mathrm{T}} Q^{-1} C)Y - YC^{\mathrm{T}} Q^{-1} CY + B_d (I - D_d^{\mathrm{T}} Q^{-1} D_d)^2 B_d^{\mathrm{T}} = 0$$

从而可得如下的最优参考残差模型：

$$\begin{cases} \dot{x}_f = (A - H^* C)x_f + (B_f - H^* D_f)f + (B_d - H^* D_d)d \\ r_f = V^* C x_f + V^* D_f f + V^* D_d d \end{cases} \tag{3-12}$$

证明：在满足 $\Delta A = 0, \Delta B = 0$，$(C, A)$ 可检测，$\begin{bmatrix} A - \mathrm{j}\omega I & B_d \\ C & D_d \end{bmatrix}$ 行满秩的假设条件下，应用引理 2.2 可知，$H = H^*$ 和 $V = V^*$ 是最优化问题式(3－4)～式(3－6)的解，即参数矩阵为 (H^*, V^*) 的 FDF(3－2)式是系统(3－1)式的最优 H_i/H_∞ －FDF。$H = H^*$ 和 $V = V^*$ 代入式(3－2)可得式(3－12)。因此，在标称情况下 $\Delta A = 0, \Delta B = 0$，式(3－2)作为系统式(3－1)的残差产生器实现了式(3－4)～式(3－6)意义下残差对未知输入鲁棒性和残差对故障灵敏度的最优折中。综上所述，式(3－12)可作为基于 H_∞ 模型匹配鲁棒 FDF 设计的最优参考残差模型。

2. 鲁棒 FDF 设计

将鲁棒 FDF 设计归结为 H_∞ 模型匹配问题，并应用 LMI 技术求解满足式(3－7)的参数矩阵 H 和 V。令

$$A_o = A - H^* C, B_{of} = B_f - H^* D_f, B_{od} = B_d - H^* D_d$$

$$C_o = V^* C, D_{of} = V^* D_f, D_d = V^* D_d$$

代入式(3－12)，可将参考残差模型进一步表示为

$$\begin{cases} \dot{x}_f = A_o x_f + B_{of} f + B_{od} d \\ r_f = C_o x_f + D_{of} f + D_{od} d \end{cases} \tag{3-13}$$

由式(3－1)、式(3－3)和式(3－13)可得如下增广系统：

$$\begin{cases} \dot{\tilde{x}} = (\tilde{A} + \Delta\tilde{A})\tilde{x} + (\tilde{B}_w + \Delta\tilde{B}_w)w \\ r_e = \tilde{C}\tilde{x} + \tilde{D}_w w \end{cases} \tag{3-14}$$

其中，

$$\tilde{x} = [e^{\mathrm{T}} \quad x_f^{\mathrm{T}} \quad x^{\mathrm{T}}]^{\mathrm{T}}, w = [u^{\mathrm{T}} \quad f^{\mathrm{T}} \quad d^{\mathrm{T}}]^{\mathrm{T}}$$

$$\widetilde{A}=\begin{bmatrix}A-HC & 0 & 0\\ 0 & A_o & 0\\ 0 & 0 & A\end{bmatrix},\widetilde{B}=\begin{bmatrix}0\\0\\B\end{bmatrix},\widetilde{B}_d=\begin{bmatrix}B_d-HD_d\\ B_{od}\\ B_d\end{bmatrix},\widetilde{B}_f=\begin{bmatrix}B_f-HD_f\\ B_{of}\\ B_f\end{bmatrix}$$

$$\widetilde{B}_w=[\widetilde{B}\quad \widetilde{B}_f\quad \widetilde{B}_d],\widetilde{C}=[VC\quad -C_o\quad 0],\Delta\widetilde{A}=\widetilde{E}_1\Sigma_1\widetilde{F}_1,\Delta\widetilde{B}_w=\widetilde{E}_2\Sigma_2\widetilde{F}_2,$$

$$\widetilde{E}_1=[E_1^{\mathrm{T}}\quad 0\quad E_1^{\mathrm{T}}]^{\mathrm{T}},\widetilde{E}_2=[E_2^{\mathrm{T}}\quad 0\quad E_2^{\mathrm{T}}]^{\mathrm{T}},\widetilde{F}_1=[0\quad 0\quad F_1]$$

$$\widetilde{F}_2=[F_2\quad 0\quad 0],\widetilde{D}_w=[0\quad \widetilde{D}_f\quad \widetilde{D}_d],\widetilde{D}_f=VD_f-D_{of},\widetilde{D}_d=VD_d-D_{od}$$

从而可将鲁棒 FDF 设计归结为：求 H 和 V 使系统(3－14)式渐近稳定，且满足：

$$\sup_{\Delta A\in\Omega_1,\Delta B\in\Omega_2}\frac{\|r_e\|_2}{\|w\|_2}<\gamma \tag{3-15}$$

其中，$r_e=r-r_f$ 表示残差与期望参考残差之间的误差，$\gamma>0$ 表示残差产生器与参考残差模型的逼近程度。因此，满足式(3－15)的鲁棒 FDF 称为 γ 次优鲁棒 FDF。$\gamma\to$ 无穷小时，对应的 FDF 又称之为最优鲁棒 FDF。下面从实际工程系统的需求出发，应用 LMI 技术给出 γ 次优鲁棒 FDF 的设计方法。

引理 3.1[13]　考虑如下不确定 LTI 系统：

$$\begin{cases}\dot{x}=(A+\Delta A)x+(B+\Delta B)w\\ y=Cx+Dw\end{cases} \tag{3-16}$$

其中，$\Delta A\in\Omega_1,\Delta B\in\Omega_2$。对于给定的 $\gamma>0$，如果存在标量 $\varepsilon_1>0,\varepsilon_2>0$ 和矩阵 $P>0$ 使得 LMI 成立：

$$\begin{bmatrix}PA+A^{\mathrm{T}}P+\varepsilon_1F_1^{\mathrm{T}}F_1 & PB & C^{\mathrm{T}} & PE_1 & PE_2\\ B^{\mathrm{T}}P & -\gamma^2I+\varepsilon_2F_2^{\mathrm{T}}F_2 & D^T & 0 & 0\\ C & D & -I & 0 & 0\\ E_1^{\mathrm{T}}P & 0 & 0 & -\varepsilon_1I & 0\\ E_2^{\mathrm{T}}P & 0 & 0 & 0 & -\varepsilon_2I\end{bmatrix}<0 \tag{3-17}$$

则系统式(3－16)渐近稳定，且满足：

$$\|y\|_2<\gamma\|w\|_2$$

应用引理3.1，如下的定理3.2 给出了满足 H_∞ 性能指标式(3－15)的一个充分条件，证明过程略。

定理 3.2 给定 $\gamma > 0$，如果存在 $P_1 > 0$、$P_2 > 0$、$P_3 > 0$、$\varepsilon_1 > 0$、$\varepsilon_2 > 0$ 和 Y_1、V 使得如下 LMI 成立：

$$[N_{ij}]_{9\times 9} < 0 \tag{3-18}$$

其中，

$N_{11} = P_1A + A^{\mathrm{T}}P_1 - Y_1C - C^{\mathrm{T}}Y_1, N_{15} = P_1B_f - Y_1D_f, N_{16} = P_1B_d - Y_1D_dN_{17} = C^{\mathrm{T}}V^{\mathrm{T}}$,
$N_{18} = P_1E_1, N_{19} = P_1E_2, N_{22} = P_2A_o + A_o^{\mathrm{T}}P_2, N_{25} = P_2B_{of}, N_{26} = P_2B_{od}, N_{27} = -C_o^{\mathrm{T}}$,
$N_{33} = P_3A + A^{\mathrm{T}}P_3 + \varepsilon_1F_1^{\mathrm{T}}F_1, N_{34} = P_3B, N_{35} = P_3B_f, N_{36} = P_3B_d, N_{38} = P_3E_1$,
$N_{39} = P_3E_2, N_{44} = -\gamma^2I + \varepsilon_2F_2^{\mathrm{T}}F_2, N_{55} = -\gamma^2I, N_{57} = D_f^{\mathrm{T}}V^{\mathrm{T}} - D_{of}^{\mathrm{T}}, N_{66} = -\gamma^2I$,
$N_{67} = D_d^{\mathrm{T}}V^{\mathrm{T}} - D_{od}^{\mathrm{T}}, N_{77} = -I, N_{88} = -\varepsilon_1I, N_{99} = -\varepsilon_2I, N_{ij} = 0$

则系统式(3-14)渐近稳定，且满足 H_∞ 性能指标式(3-15)，同时观测器增益矩阵为

$$H = P_1^{-1}Y_1$$

给定 $\gamma > 0$，定理 3.2 给出了不确定 LTI 系统式(3-1)满足性能指标式(3-15)的充分条件以及观测器增益矩阵 H 和加权矩阵 V 的可行解，其中 $\gamma > 0$ 反映了残差 r 与期望值 r_f 的逼近程度。重复应用定理 3.2，可以在式(3-15)可解的前提下，通过迭代计算得到使 γ 充分小的 H 和 V。

3.2.4 自适应阈值设计

对于如下残差产生器：

$$\begin{cases} \dot{x} = Ax + Bu + B_ff + B_dd + \Delta Bu + \Delta Ax \\ \dot{e} = (A - HC)e + (B_d - HD_d)d + \Delta Ax + \Delta Bu + (B_f - HD_f)f \\ r = VCe + VD_ff + VD_dd \end{cases} \tag{3-19}$$

应用式(3-8)定义的残差评价函数，可得

$$\| r \|_{2,T} = \| r_d(t) + r_u(t) + r_f(t) \|_{2,T}$$

其中，

$$r_d(t) = r(t)|_{u=0,f=0}, r_u(t) = r(t)|_{d=0,f=0}, r_f(t) = r(t)|_{d=0,u=0}$$

在故障为 $f(t)=0$ 的情况下残差评价函数满足：

$$\| r_d + r_u \|_{2,T} \leqslant \| r_d \|_{2,T} + \| r_u \|_{2,T} \leqslant J_{th,d} + J_{th,u}$$

其中，

$$J_{th,d} = \sup_{\Delta A \in \Omega_1, \Delta B \in \Omega_2, d \in L_2} \| r_d \|_{2,T}, J_{th,u} = \sup_{\Delta A \in \Omega_1, \Delta B \in \Omega_2} \| r_u \|_{2,T}$$

假设未知输入 $\boldsymbol{d} \in L_2$ 上确界为已知，$\boldsymbol{u}$ 在线可得，则阈值 J_{th} 可选择如下：

$$J_{th} = J_{th,d} + J_{th,u}$$

其中，$J_{th,d}$ 为离线可确定的常数，$J_{th,u}$ 可以在线计算如下：

$$J_{th,u} = \gamma_u \ \|\boldsymbol{u}\|_{2,T}, \gamma_u = \sup_{\Delta A \in \Omega_1, \Delta B \in \Omega_2} \frac{\|\boldsymbol{r}_u\|_2}{\|\boldsymbol{u}\|_2}$$

进一步，假设无故障发生时满足：

$$\sup_{\Delta A \in \Omega_1, \Delta B \in \Omega_2, d \in L_2} \|\boldsymbol{r}_d(t)\|_{2,T} = M_T (M_T > 0)$$

则阈值可计算如下：

$$J_{th} = M_T + \gamma_u \ \|\boldsymbol{u}\|_{2,T} \tag{3-20}$$

进一步，可以应用式(3-9)～式(3-10)判别是否有故障发生。由于无故障条件下残差评价函数满足 $\|\boldsymbol{r}\|_{2,T} \leqslant J_{th}$，所以以此获得的故障误报率为零。另外，由于阈值中常数 M_T 和与 u 有关且 $J_{th,u}$ 可以在线计算，因此阈值与控制输入有关。所以，由式(3-20)确定 J_{th} 的残差评价策略又称为自适应阈值调节。

注意到，在设计残差产生器和阈值时，考虑了最坏情况下的建模误差和未知输入，基于式(3-9)～式(3-10)和式(3-20)的残差评价获得的故障误报率为零。很显然，由此将不可避免导致了"最坏情况"的故障漏报率。在实际的工程应用中，通常选择适当小于 J_{th} 的阈值，使得在可接受的一定故障误报率前提下，降低故障漏报率，实现一定程度故障漏报率与误报率的均衡设计。

3.2.5 仿真算例

考虑由式(3-1)描述的模型不确定线性时不变系统，选取参数矩阵为

$$\boldsymbol{A} = \begin{bmatrix} 0 & 1 & 0 & 0 \\ 6.52 & 24.77 & 33.82 & 35.56 \\ 0 & 0 & 0 & 1 \\ -12.56 & -49.71 & -56.25 & -68.50 \end{bmatrix}, \boldsymbol{B}_d = \begin{bmatrix} 0 & 0 & 0 \\ 0 & 0 & -1 \\ 0 & 0 & 0 \\ 0 & 0 & 0.5 \end{bmatrix}, \boldsymbol{B}_f = \begin{bmatrix} 0 \\ 0.5 \\ 0 \\ -0.5 \end{bmatrix},$$

$$\boldsymbol{C} = \begin{bmatrix} 1 & 0 & 0 & 0 \\ 0 & 1 & 0 & 0 \end{bmatrix}, \boldsymbol{D}_d = \begin{bmatrix} 1 & 0 & 0 \\ 0 & 1 & 0 \end{bmatrix}, \boldsymbol{D} = 0, \boldsymbol{D}_f = 0,$$

$$\boldsymbol{E} = [0 \quad 0.1 \quad 0 \quad 0.1]^{\mathrm{T}}, \boldsymbol{F}_1 = [0.2 \quad 0.1 \quad 0.1 \quad 0.1], \boldsymbol{F}_2 = 0.1$$

应用定理3.1，可得如下的参考残差模型参数矩阵：

$$H^* = \begin{bmatrix} 0.0843 & -0.0410 \\ 0.0044 & -0.0164 \\ -0.0410 & 0.0249 \\ 0.0119 & 0.0011 \end{bmatrix}, V^* = \begin{bmatrix} 1 & 0 \\ 0 & 1 \end{bmatrix}$$

取 $\gamma = 0.75$，应用定理 3.2，求解 LMI 得到鲁棒 FDF 的参数矩阵 $\boldsymbol{H}$ 和 $\boldsymbol{V}$ 如下：

$$H = \begin{bmatrix} 0.5999 & -0.3239 \\ -1.2208 & 0.5737 \\ -0.3059 & 0.2596 \\ 0.8665 & -0.8228 \end{bmatrix}, V = \begin{bmatrix} 0.94 & 0.08 \\ 0.08 & 1.13 \end{bmatrix}$$

3.3 基于观测器的参数故障检测

3.3.1 问题描述

考虑如下 LTI 系统：

$$\begin{cases} \dot{\boldsymbol{x}}(t) = \boldsymbol{A}(\theta)\boldsymbol{x}(t) + \boldsymbol{B}(\theta)\boldsymbol{u}(t) + \boldsymbol{B}_d\boldsymbol{d}(t) \\ \boldsymbol{y}(t) = \boldsymbol{C}(\theta)\boldsymbol{x}(t) + \boldsymbol{D}(\theta)\boldsymbol{u}(t) + \boldsymbol{D}_d\boldsymbol{d}(t) \end{cases} \tag{3-21}$$

式中：$\boldsymbol{x}(t) \in R^n$、$\boldsymbol{y}(t) \in R^m$、$\boldsymbol{u}(t) \in R^p$、$\boldsymbol{d}(t) \in R^q$ 分别为系统的状态、测量输出、控制输入和未知输入向量；$\boldsymbol{A}(\theta)$、$\boldsymbol{B}(\theta)$、$\boldsymbol{C}(\theta)$、$\boldsymbol{D}(\theta)$ 依赖于参数 $\theta \in R^{l_x+l_u}$，θ 为可能发生故障的参数向量，即 $\Delta\theta = \theta - \theta_0 \neq 0$ 时表示有参数发生故障，其中 θ_0 为标称值。

一般来讲，$\boldsymbol{A}(\theta)$、$\boldsymbol{B}(\theta)$、$\boldsymbol{C}(\theta)$、$\boldsymbol{D}(\theta)$ 与 θ 为非线性关系，为简单起见，将其近似表示为

$$\boldsymbol{A}(\theta) = \boldsymbol{A} + \sum_{i=1}^{l_x} s_{x,i}\boldsymbol{A}_i, \boldsymbol{B}(\theta) = \boldsymbol{B} + \sum_{j=1}^{l_u} s_{u,j}\boldsymbol{B}_j$$

$$\boldsymbol{C}(\theta) = \boldsymbol{C} + \sum_{i=1}^{l_x} s_{x,i}\boldsymbol{C}_i, \boldsymbol{D}(\theta) = \boldsymbol{D} + \sum_{j=1}^{l_u} s_{u,j}\boldsymbol{D}_j$$

其中，$\boldsymbol{A}$、$\boldsymbol{B}$、$\boldsymbol{C}$、$\boldsymbol{D}$、$\boldsymbol{A}_i$、$\boldsymbol{B}_j$、$\boldsymbol{C}_i$、$\boldsymbol{D}_j$ $(i = 1,2,\cdots,l_x; j = 1,2,\cdots,l_u)$ 为适当维数的已知矩阵，且 $\theta = \theta_0$ 时对应的参数矩阵为

$$\boldsymbol{A} = \boldsymbol{A}(\theta_0), \boldsymbol{B} = \boldsymbol{B}(\theta_0), \boldsymbol{C} = \boldsymbol{C}(\theta_0), \boldsymbol{D} = \boldsymbol{D}(\theta_0)$$

$$\Delta\theta = \begin{bmatrix} s_{x,1} & \cdots & s_{x,l_x} & s_{u,1} & \cdots & s_{u,l_u} \end{bmatrix}^{\mathrm{T}}$$

不失一般性,假设系统式(3-21)渐近稳定且 $(\boldsymbol{C},\boldsymbol{A})$ 可检测,文献[14]提出了基于观测器的参数故障检测方法。

采用如下基于观测器的 FDF 作为残差产生器:

$$\begin{cases}\dot{\hat{\boldsymbol{x}}}(t)=\boldsymbol{A}\hat{\boldsymbol{x}}(t)+\boldsymbol{B}\boldsymbol{u}(t)+\boldsymbol{H}(y(t)-\hat{\boldsymbol{y}}(t))\\ \hat{\boldsymbol{y}}(t)=\boldsymbol{C}\hat{\boldsymbol{x}}(t)+\boldsymbol{D}\boldsymbol{u}(t)\\ \boldsymbol{\varepsilon}(t)=\boldsymbol{y}(t)-\hat{\boldsymbol{y}}(t)\\ \boldsymbol{r}(s)=\boldsymbol{R}(s)\boldsymbol{\varepsilon}(s)\end{cases}\tag{3-22}$$

式中: $\hat{\boldsymbol{x}}(t)$、$\hat{\boldsymbol{y}}(t)$、$\boldsymbol{\varepsilon}(t)$、$\boldsymbol{r}(t)$ 分别为状态估计值、测量输出估计值、输出估计误差和残差信号;观测器增益矩阵 $\boldsymbol{H}$ 和后置滤波器 $\boldsymbol{R}(s)\in RH_\infty$ 为要设计的参数矩阵。记 $\boldsymbol{e}(t)=\boldsymbol{x}(t)-\hat{\boldsymbol{x}}(t)$,由式(3-21)和式(3-22)可得

$$\begin{cases}\dot{\boldsymbol{x}}(t)=(\boldsymbol{A}+\sum_{i=1}^{l_x}s_{x,i}\boldsymbol{A}_i)\boldsymbol{x}(t)+(\boldsymbol{B}+\sum_{j=1}^{l_u}s_{u,j}\boldsymbol{B}_j)\boldsymbol{u}(t)+\boldsymbol{B}_d\boldsymbol{d}(t)\\ \dot{\boldsymbol{e}}(t)=(\boldsymbol{A}-\boldsymbol{HC})\boldsymbol{e}(t)+\sum_{i=1}^{l_x}s_{x,i}(\boldsymbol{A}_i-\boldsymbol{HC}_i)\boldsymbol{x}(t)+\\ \qquad\sum_{j=1}^{l_u}s_{u,j}(\boldsymbol{B}_j-\boldsymbol{HD}_j)\boldsymbol{u}(t)+(\boldsymbol{B}_d-\boldsymbol{HD}_d)\boldsymbol{d}(t)\\ \boldsymbol{\varepsilon}(t)=\boldsymbol{Ce}(t)+\sum_{i=1}^{l_x}s_{x,i}\boldsymbol{C}_i\boldsymbol{x}(t)+\sum_{j=1}^{l_u}s_{u,j}\boldsymbol{D}_j\boldsymbol{u}(t)+\boldsymbol{D}_d\boldsymbol{d}(t)\\ \boldsymbol{r}(s)=\boldsymbol{R}(s)\boldsymbol{\varepsilon}(s)\end{cases}\tag{3-23}$$

给出参数故障的如下加性信号表征:

$$\boldsymbol{f}(t)=[\boldsymbol{f}_1^{\mathrm{T}}(t)\quad \boldsymbol{f}_2^{\mathrm{T}}(t)\quad\cdots\quad \boldsymbol{f}_L^{\mathrm{T}}(t)]$$

$$f_l(t)=\begin{cases}s_{x,l}\boldsymbol{x}(t), & \text{当 } l\leqslant l_x \text{ 时}\\ s_{u,l-l_x}\boldsymbol{u}(t), & \text{当 } l>l_x \text{ 时}\end{cases}$$

令

$$\boldsymbol{B}_f=[\boldsymbol{A}_1\quad\cdots\quad\boldsymbol{A}_{l_x}\quad\boldsymbol{B}_1\quad\cdots\quad\boldsymbol{B}_{l_u}],\boldsymbol{D}_f=[\boldsymbol{C}_1\quad\cdots\quad\boldsymbol{C}_{l_x}\quad\boldsymbol{D}_1\quad\cdots\quad\boldsymbol{D}_{l_u}]\tag{3-24}$$

由式(3-23)可得

$$\boldsymbol{r}(s)=\boldsymbol{R}(s)[\boldsymbol{G}_{\varepsilon d}(s)\boldsymbol{d}(s)+\boldsymbol{G}_{\varepsilon f}(s)\boldsymbol{f}(s)]=\boldsymbol{G}_{rd}(s)\boldsymbol{d}(s)+\boldsymbol{G}_{rf}(s)\boldsymbol{f}(s)\tag{3-25}$$

其中，

$$G_{\varepsilon d}(s) = C(sI - A + HC)^{-1}(B_d - HD_d) + D_d$$

$$G_{\varepsilon f}(s) = C(sI - A + HC)^{-1}(B_f - HD_f) + D_f$$

$$G_{rd}(s) = R(s)G_{\varepsilon d}(s), G_{rf}(s) = R(s)G_{\varepsilon f}(s)$$

从而可将基于观测器的参数故障检测归结为一类加性故障诊断问题。注意到，

$$f_l(t) = \begin{cases} 0, \text{如果 } s_l = 0 \\ \neq 0, \text{如果 } s_{x,l}x \neq 0 \text{ 或 } s_{u,l-l_x}u \neq 0 \end{cases}$$

所以，$f(t)$不仅与参数故障$s_{x,i}$和$s_{u,j}$有关，而且受状态$x(t)$和控制输入$u(t)$影响。如果$x(t) \equiv 0$，则矩阵A中的参数故障不可检测；如果控制输入$u(t) \equiv 0$，则矩阵B中的参数故障不可检测。

定义 3.1[15]　令

$$s_l = \begin{cases} s_{x,l}, \text{如果 } l \leqslant l_x \\ s_{u,\, l-l_x}, \text{如果 } l > l_x \end{cases}$$

如果当发生参数故障s_l时，故障信号为$f_l(t) \neq 0$，即$s_l \neq 0 \Rightarrow f_l(t) \neq 0$，则称系统式(3－21)为参数故障$\Delta\theta$可激活。

定义 3.2[15]　考虑只有单个参数故障s_l发生的情形，称s_l为独立可检测，如果存在$R(S) \in RH_\infty$和观测器增益矩阵H使$(A - HC)$的特征根在左半平面且残差信号r满足

(1) $r(t) = 0$，当$s_l = 0$以及对任意的控制输入u和未知输入d；

(2) $r(t) \neq 0$，当$s_l \neq 0$以及对任意的控制输入u和未知输入d。

定义 3.3[15]　考虑可能多个参数故障同时发生的情形，称为多参数故障，$\Delta\theta$可同时检测，如果存在$R(S) \in RH_\infty$，且观测器增益矩阵H使$(A - HC)$的特征根在左半平面且残差信号r满足：

(1) $r(t) = 0$，当$\Delta\theta = 0$以及对任意的控制输入u和未知输入d；

(2) $r(t) \neq 0$，当$\Delta\theta \neq 0$以及对任意的控制输入u和未知输入d。

基于观测器乘性故障检测的核心思想是：首先将乘性故障表示为加性故障的形式，然后设计基于观测器的 FDF。与加性故障诊断类似，要求残差信号必须同时满足残差对故障灵敏和对未知输入鲁棒。应用$\| G_{rd}(s) \|_\infty$表示残

差对未知输入的鲁棒性，$\|G_{rf}(s)\|_\infty$ 或 $\|G_{rf}(s)\|_-$ 表示残差对参数故障的灵敏度，从而可将残差产生器设计问题归结为最优化问题：

$$\max_{H,V}\frac{\|G_{rf}(s)\|_\infty}{\|G_{rd}(s)\|_\infty} \tag{3-26}$$

$$\max_{H,V}\frac{\|G_{rf}(s)\|_-}{\|G_{rd}(s)\|_\infty} \tag{3-27}$$

与传统的加性故障检测类似，残差评价主要包括残差评价函数的选取与阈值设定。选用式(3-8)定义的 L_2 范数型残差评价函数如下：

$$\|r\|_e = \|r\|_{2,\tau} = \sqrt{\int_{t_1}^{t_2} r^{\mathrm{T}}(t)r(t)\,\mathrm{d}t} \tag{3-28}$$

式中：t_1 为初始时刻，$\tau = t_2 - t_1$。在零故障误报率约束条件下，可将阈值 J_{th} 设定为

$$J_{th} = \sup_{\Delta\theta=0,\, d\in L_2}\|r\|_e \tag{3-29}$$

从而可以利用如下逻辑关系判断故障是否发生：

$$\|r\|_e > J_{th} \Rightarrow \text{有故障发生} \Rightarrow \text{报警} \tag{3-30}$$

$$\|r\|_e \leqslant J_{th} \Rightarrow \text{无故障发生} \tag{3-31}$$

3.3.2 主要结论

1. 鲁棒 FDF 设计

针对式(3-25)描述的残差产生器，故障检测系统设计的主要任务是求观测器增益矩阵 H 和后置滤波器 $R(s)$ 使满足最优化问题式(3-26)和式(3-27)。应用引理 2.2 和引理 2.3，可得到满足式(3-26)和式(3-27)的鲁棒 FDF 最优解。

定理 3.3 考虑残差产生系统式(3-22)，如果 (C,A) 可检测且满足条件：

$$\operatorname{rank}\begin{bmatrix} A - sI & B_d \\ C & D_d \end{bmatrix} = n + m \tag{3-32}$$

则如下 $(H,R(s))$ 为最优化问题式(3-26)～式(3-27)的解：

$$H = H^* = (B_dD_d^{\mathrm{T}} + YC^{\mathrm{T}})Q^{-1} \tag{3-33}$$

$$R(s) = R^*(s) = Q^{-1/2},\ Q = D_dD_d^{\mathrm{T}} \tag{3-34}$$

且 $\boldsymbol{G}_{rd}(s)$ 为互内矩阵。其中，$\boldsymbol{Y} \geqslant 0$ 是如下代数 Riccati 方程的解：

$$\boldsymbol{Y}(\boldsymbol{A}-\boldsymbol{B}_d\boldsymbol{D}_d^{\mathrm{T}}\boldsymbol{Q}^{-1}\boldsymbol{C})^{\mathrm{T}}+(\boldsymbol{A}-\boldsymbol{B}_d\boldsymbol{D}_d^{\mathrm{T}}\boldsymbol{Q}^{-1}\boldsymbol{C})\boldsymbol{Y}-$$
$$\mathrm{YC}^{\mathrm{T}}\boldsymbol{Q}^{-1}\boldsymbol{C}\boldsymbol{Y}+\boldsymbol{B}_d(\boldsymbol{I}-\boldsymbol{D}_d^{\mathrm{T}}\boldsymbol{Q}^{-1}\boldsymbol{D}_d)^2\boldsymbol{B}_d^{\mathrm{T}}=0$$

证明：直接应用引理 2.2 可得，证明略。

定理 3.4 对于任意使 $\boldsymbol{A}-\boldsymbol{HC}$ 渐近稳定的观测器增益矩阵 $\boldsymbol{H}$，如果 $(\boldsymbol{C},\boldsymbol{A})$ 可检测且满足条件式(3-32)，则存在动态后置滤波器：

$$\boldsymbol{R}_h(s)=\boldsymbol{Q}^{-1/2}(\boldsymbol{I}+\boldsymbol{C}(s\boldsymbol{I}-\boldsymbol{A}+\boldsymbol{H}^*\boldsymbol{C})^{-1}(\boldsymbol{H}-\boldsymbol{H}^*)) \qquad (3-35)$$

使 $(\boldsymbol{H},\boldsymbol{R}_h(s))$ 为最优化问题式(3-26)~式(3-27)的解，其中 $\boldsymbol{H}^*$、$\boldsymbol{Q}$ 由定理 3.3 给出。

证明：直接应用引理 2.3 可得，证明略。

2. 残差评价

当无故障发生时，由式(3-25)知，残差信号为

$$\boldsymbol{r}(s)=\boldsymbol{R}_h(s)\boldsymbol{G}_{\varepsilon d}(s)\boldsymbol{d}(s)$$

且 $\boldsymbol{R}_h(s)\boldsymbol{G}_{\varepsilon d}(s)$ 为互内矩阵。当未知输入的 L_2 范数有界且 $\|\boldsymbol{d}\|_2 \leqslant M\,(M>0)$ 时，分别应用式(3-28)、式(3-29)确定残差评价函数和阈值，可得

$$J_{th}=\sup_{\Delta\theta=0,d\in L_2}\|\boldsymbol{r}\|_e=\|\boldsymbol{R}_h(s)\boldsymbol{G}_{\varepsilon d}(s)\|_\infty M=M \qquad (3-36)$$

从而可以根据式(3-30)~式(3-31)判断是否有故障 $\boldsymbol{f}(t)$ 发生。

3.3.3 仿真算例

考虑如下 LTI 系统：

$$\begin{cases}\dot{\boldsymbol{x}}(t)=\begin{bmatrix}0&1&0\\0&0&1\\-1&-a_1&-a_2\end{bmatrix}\boldsymbol{x}(t)+\begin{bmatrix}b_1\\0\\0\end{bmatrix}u(t)+\boldsymbol{d}(t)\\[2ex]\boldsymbol{y}(t)=\begin{bmatrix}1&0&0\\0&1&0\end{bmatrix}\boldsymbol{x}(t)+\begin{bmatrix}0&0.1&0\\0&0&0.1\end{bmatrix}\boldsymbol{d}(t)\end{cases}$$

其中，参数 a_1、a_2 和 b_1 的标称值分别为 $a_1=2$、$a_2=3$、$b_1=1$。令

$$\boldsymbol{A}_1=\begin{bmatrix}0&0&0\\0&0&0\\0&1&0\end{bmatrix},\boldsymbol{A}_2=\begin{bmatrix}0&0&0\\0&0&0\\0&0&1\end{bmatrix},\boldsymbol{B}_1=\begin{bmatrix}1\\0\\0\end{bmatrix}$$

应用定理3.4设计基于观测器的残差产生器，可得参数矩阵可行解如下：

$$\boldsymbol{R}^*(s) = \begin{bmatrix} 10 & 0 \\ 0 & 10 \end{bmatrix}, \boldsymbol{H}^* = \begin{bmatrix} 8.2914 & -4.67091 \\ 5.3209 & 7.6232 \\ 0.8247 & 3.2126 \end{bmatrix}$$

假设未知输入信号为图3－1所示的白噪声扰动信号，控制输入为幅值等于2的阶跃信号。考虑参数 a_1、a_2、b_1 分别发生如下故障的三种情形：

(1) a_1 在 $t=5$s 时变为1.9；

(2) a_2 在 $t=10$s 时变为1.0；

(3) b_1 在 $t=15$s 时变为1.1。

假设 $M = 0.45$、$t_1 = 0$，在有限时间窗 $\tau = 60$ s 内，取 $J_{th} = 0.45$。图3－2和图3－3给出了 a_1 发生故障时残差响应曲线；图3－4和图3－5给出了 a_2 发生故障时残差响应曲线；图3－6和图3－7给出了 b_1 发生故障时残差响应曲线；图3－8给出了 a_1、a_2、b_1 分别发生故障的残差评价函数，其中实线表示 a_2 发生故障时的残差评价函数变化曲线，虚线表示只有 a_1 发生故障时的残差评价函数变化曲线，点线给出了只有 b_1 发生故障时的残差评价函数变化曲线，水平点划直线为阈值。从图3－8的仿真结果可以看出参数 a_2 发生的故障不可检测，而 a_1 和 b_1 发生的故障可检测。图3－9和图3－10给出了 a_1 和 b_1 均发生故障时残差响应曲线，图3－11中实线和虚线分别给出了无故障以及 a_1 和 b_1 均发生故障两种情况的残差评价函数变化曲线，仿真结果表明在此情况下故障仍然可检测。

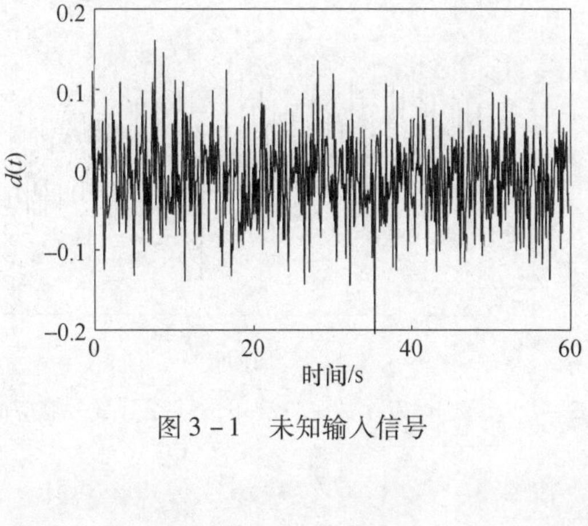

图3－1　未知输入信号

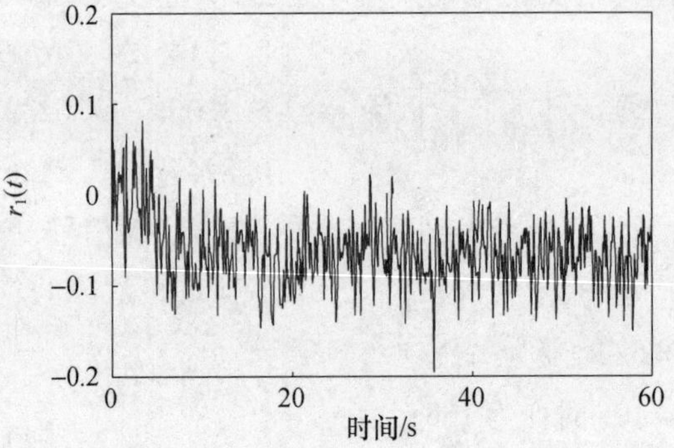

图 3-2　参数 a_1 发生故障情况下的残差分量 1 响应曲线

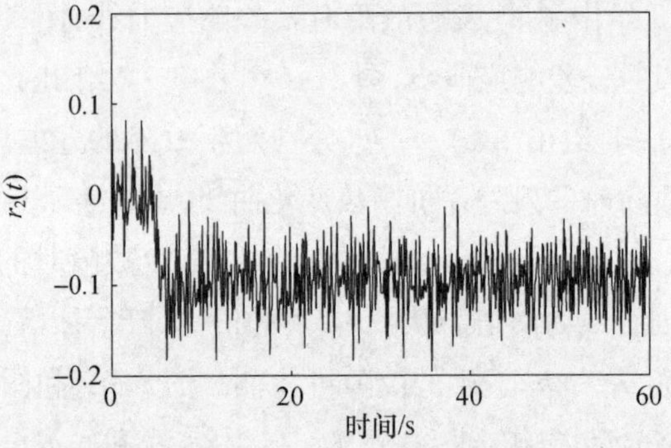

图 3-3　参数 a_1 发生故障情况下的残差分量 2 响应曲线

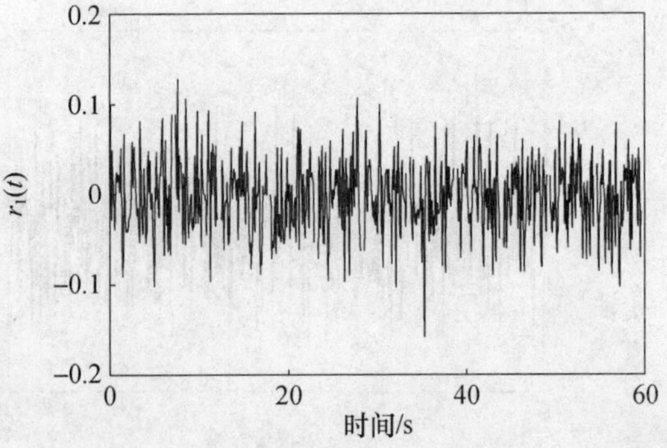

图 3-4　参数 a_2 发生故障情况下的残差分量 1 响应曲线

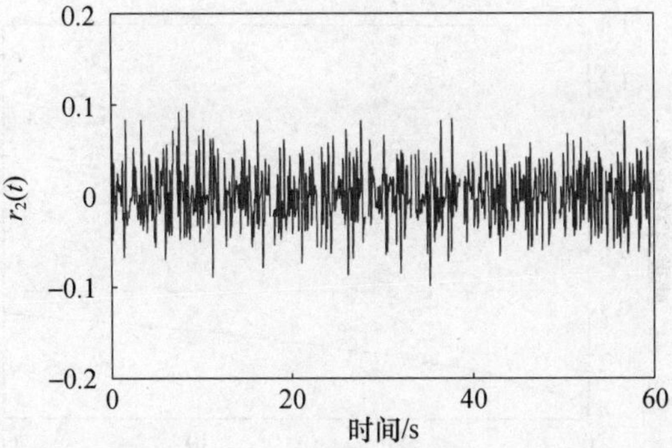

图 3－5　参数 a_2 发生故障情况下的残差分量 2 响应曲线

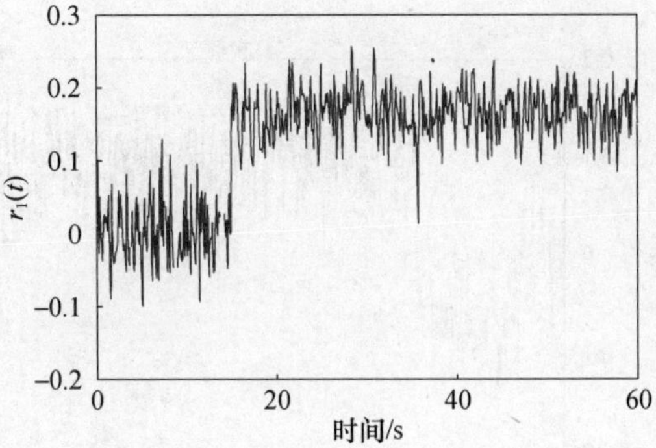

图 3－6　参数 b_1 发生故障情况下的残差分量 1 响应曲线

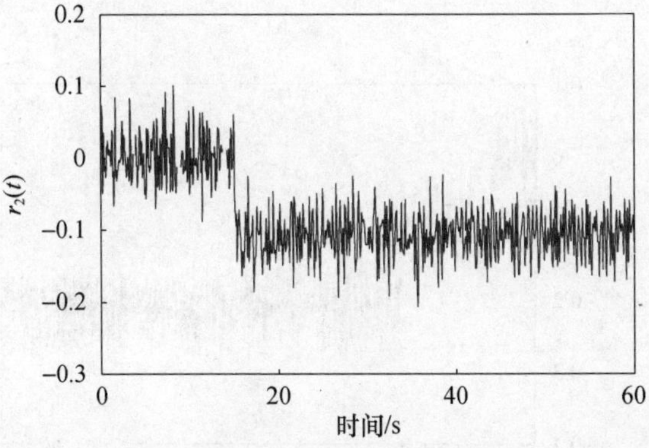

图 3－7　参数 b_1 发生故障情况下的残差分量 2 响应曲线

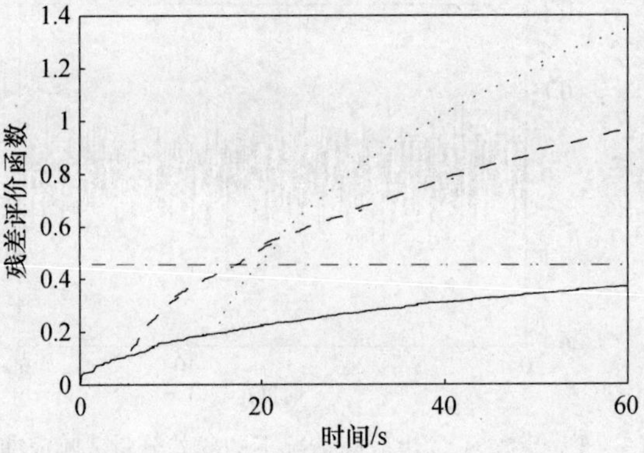

图 3-8　参数 a_1、a_2、b_1 分别发生故障情况下的残差评价函数

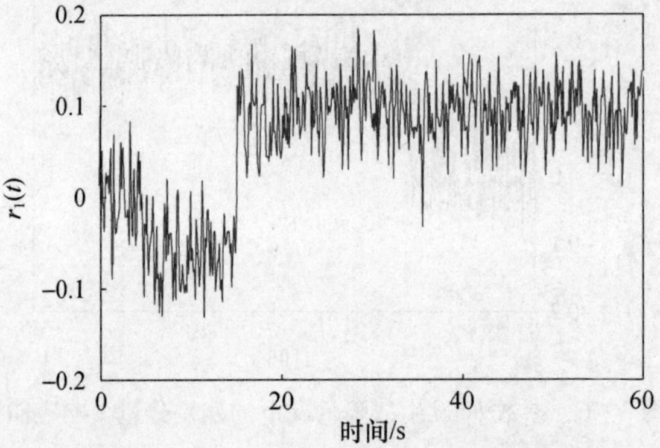

图 3-9　参数 a_1、b_1 均发生故障情况下的残差分量 1 响应曲线

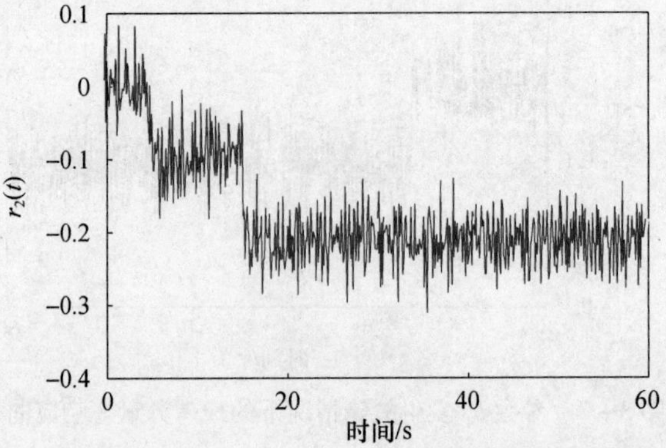

图 3-10　参数 a_1、b_1 均发生故障情况下的残差分量 2 响应曲线

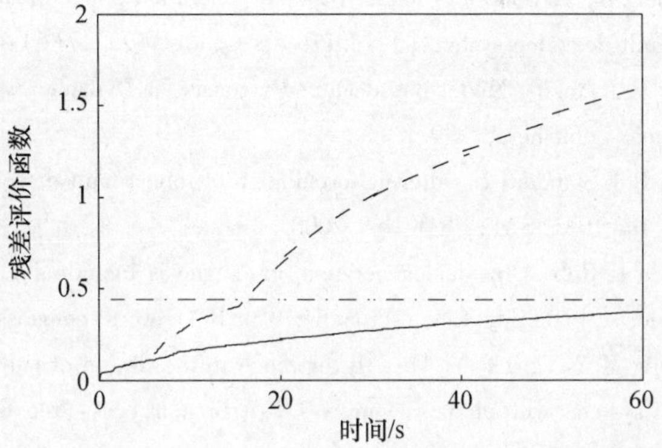

图3-11 参数 a_1 、b_1 均发生故障情况下的残差评价函数

3.4 小结

本章重点研究了受 L_2 范数有界扰动影响的模型不确定连续时间系统鲁棒故障检测问题。首先针对一类存在建模误差模型不确定系统,提出了鲁棒FDF 的 H_∞ 模型匹配设计方法,引入期望的标称系统 H_i/H_∞ 优化可行解作为参考残差模型,建立了最小化模型匹配误差的复合型目标函数,强迫最优逼近理想残差系统模型,通过求解 LMI 设计了鲁棒 FDF 的参数矩阵,该方法综合了基于 H_i/H_∞ 优化和 H_∞ 滤波故障检测方法的优点,解决了鲁棒故障检测的模型不确定性问题。然后,针对一类受 L_2 范数有界扰动影响的参数故障检测问题,分析了可表征为加性故障的可激励条件,并将基于 H_i/H_∞ 优化的故障检测方法推广应用,设计了基于观测器的参数故障检测滤波器,与传统的参数辨识方法比较,基于观测器的方法计算简单,工程上易于实现,但是该方法仅适用于可激励的参数故障,且受系统状态和控制输入影响。

参考文献

[1] Frank P M. Enhancement of robustness in observer - based fault detection[J]. Int. J. Control, 1994,59(4),955 - 981.

[2] Frank P M, Ding S X, Koppen-Seliger B. Current developments in the theory of FDI[C]. Budapest, Hungary: Proc. the IFAC SAFEPROCESS, 2000.

[3] Frank P M, and Ding X. Survey of robust residual generation and evaluation methods in observer-based fault detection systems[J]. J. Process Control, 1997, 7(6):403 - 424.

[4] Chen J, Patton R J. Robust Model-Based Fault Diagnosis for Dynamic Systems[M]. Boston: Kluwer Academic Publishers, 1999.

[5] Chen J, Patton R J. Standard H_∞ filtering formulation of robust fault detection[C]. Budapest, Hungary: Proc. the IFAC SAFEPROCESS, 2000.

[6] Frisk E, Nielsen L. Robust residual generation for diagnosis including a reference model for residual behavior[C]. Beijing, China: Proc. the 14th IFAC world congress, 1999.

[7] Ding S X, Zhong M Y, Tang B Y. An LMI approach to the design of fault detection filter for time-delay LTI systems with unknown inputs[C]. Arlington, USA: Proc. the American control conference, 2001.

[8] Ding S X, Jeinsch T, Frank P M, et al. A unified approach to the optimization of Fault detection systems[J]. Int. J. Adaptive Control Signal Process, 2000, 14(7):725 - 745.

[9] Li X B. Fault detection filter design for linear systems[D]. Louisiana State University, Louisiana, USA, 2009.

[10] Ding S X. Model-based fault diagnosis techniques: design schemes, algorithms, and tools [M]. Berlin: Springer, 2013.

[11] Niemann H, Stoustrup J. Fault diagnosis for non-minimum phase systems using H_∞ optimization[C]. Arlington, USA: Proc. the American Control Conference, 2001.

[12] Zhong M, Ding S X, Lam J, et al. LMI approach to design robust fault detection filter for uncertain LTI systems[J]. Automatica, 2003, 39(3):543 - 550.

[13] Boyd S, El Ghaoui L, Feron E, et al. Linear matrix inequalities in systems and control theory [M]. PA: SIAM: Philadelphia, 1994.

[14] Zhong M Y, Ma C F, Ding S X. Design of parametric fault detection systems: an H_∞ optimization approach[J]. 控制理论与应用(英文版), 2005, 3(1):35 - 41.

[15] Niemann H, Stoustrup J. Detection of parametric faults[C]. Barcelona, Spain: Proc. the 15th IFAC World Congress, 2002.

第 4 章
模型不确定离散时间系统鲁棒 H_∞ 故障检测

4.1 引言

随着计算机与网络技术的迅猛发展,越来越多的工业系统通过计算机控制来实现,离散时间系统故障诊断问题的研究越来越受重视,并取得了大量研究成果,例如基于卡尔曼滤波的故障诊断方法、基于等价空间的故障诊断方法、鲁棒 H_∞ 故障检测方法等[1-5]。本章针对一类 Polytopic 型线性离散时间系统和受乘性随机噪声影响的模型不确定离散时间系统,重点研究基于 H_∞ 滤波的故障检测问题[6-7],并应用线性矩阵不等式技术给出鲁棒 H_∞ - FDF 存在的充分条件以及参数矩阵的求解方法。

4.2 Polytopic 型不确定系统

4.2.1 问题描述

考虑如下的线性离散时间系统:

$$\begin{cases} \boldsymbol{x}(k+1) = \boldsymbol{A}(\zeta)\boldsymbol{x}(k) + \boldsymbol{B}(\zeta)\boldsymbol{u}(k) + \boldsymbol{B}_d\boldsymbol{d}(k) + \boldsymbol{B}_f\boldsymbol{f}(k) \\ \boldsymbol{y}(k) = \boldsymbol{C}\boldsymbol{x}(k) + \boldsymbol{D}\boldsymbol{u}(k) + \boldsymbol{D}_d\boldsymbol{d}(k) + \boldsymbol{D}_f\boldsymbol{f}(k) \end{cases} \tag{4-1}$$

式中：$\boldsymbol{x}(k) \in R^n$ 、$\boldsymbol{u}(k) \in R^p$ 、$\boldsymbol{y}(k) \in R^q$ 、$\boldsymbol{d}(k) \in R^m$ 、$\boldsymbol{f}(k) \in R^l$ 分别为状态、控制输入、测量输出、未知输入、故障向量；$\boldsymbol{d}(k)$ 、$\boldsymbol{f}(k)$ 均为 l_2 范数有界；$\boldsymbol{C}$、$\boldsymbol{D}$、$\boldsymbol{B}_d$、$\boldsymbol{B}_f$、$\boldsymbol{D}_d$、$\boldsymbol{D}_f$ 为相应维数的已知矩阵；$\boldsymbol{A}(\zeta)$ 、$\boldsymbol{B}(\zeta)$ 为 Polytopic 型不确定矩阵，即 $[\boldsymbol{A}(\zeta)\boldsymbol{B}(\zeta)] \in \Omega(\zeta)$ ，$\Omega(\zeta)$ 定义如下：

$$\Omega(\zeta) = \left\{[\boldsymbol{A}(\zeta)\boldsymbol{B}(\zeta)] = \sum_{i=1}^{N}\zeta_i[\boldsymbol{A}_i\boldsymbol{B}_i], \sum_{i=1}^{N}\zeta_i = 1, \zeta_i > 0\right\} \quad (4-2)$$

式中：$\boldsymbol{A}_i$ 、$\boldsymbol{B}_i (i = 1,\cdots,N)$ 为相应维数的已知矩阵，N 为给定正整数，又称系统式(4－1)为 Polytopic 型不确定系统。

与连续时间 LTI 系统类似，基于观测器故障检测的首要任务是残差产生。应用如下基于观测器的 FDF 作为残差产生器：

$$\begin{cases}\boldsymbol{\eta}(k+1) = \boldsymbol{A}_\eta\boldsymbol{\eta}(k) + \boldsymbol{M}_1\boldsymbol{u}(k) + \boldsymbol{B}_\eta\boldsymbol{y}(k) \\ \boldsymbol{r}(k) = \boldsymbol{C}_\eta\boldsymbol{\eta}(k) + \boldsymbol{M}_2\boldsymbol{u}(k) + \boldsymbol{D}_\eta\boldsymbol{y}(k)\end{cases} \quad (4-3)$$

式中：$\boldsymbol{\eta}(k) \in R^n$ 为状态向量；$\boldsymbol{r}(k) \in \boldsymbol{R}^l$ 为残差；$\boldsymbol{A}_\eta \in \boldsymbol{R}^{n\times n}$ 、$\boldsymbol{B}_\eta \in \boldsymbol{R}^{n\times q}$ 、$\boldsymbol{C}_\eta \in \boldsymbol{R}^{l\times n}$ 、$\boldsymbol{D}_\eta \in \boldsymbol{R}^{l\times q}$ 、$\boldsymbol{M}_1 \in \boldsymbol{R}^{n\times p}$ 和 $\boldsymbol{M}_2 \in \boldsymbol{R}^{l\times p}$ 是待设计的参数矩阵。

给定 $\gamma > 0$ ，基于 H_∞ 滤波的鲁棒故障检测问题可描述为：求矩阵 $\boldsymbol{A}_\eta$、$\boldsymbol{B}_\eta$、$\boldsymbol{C}_\eta$、$\boldsymbol{D}_\eta$、$\boldsymbol{M}_1$ 和 $\boldsymbol{M}_2$ ，使系统式(4－3)渐近稳定，且在零初始条件下满足：

$$\sup_{\|\boldsymbol{w}\|_2\neq 0}\frac{\|\boldsymbol{r} - \boldsymbol{W}_f(z)\boldsymbol{f}\|_2}{\|\boldsymbol{w}\|_2} < \gamma, \forall[\boldsymbol{A}(\zeta) \quad \boldsymbol{B}(\zeta)] \in \Omega(\zeta) \quad (4-4)$$

式中：$\boldsymbol{w}(k) = [\boldsymbol{u}^{\mathrm{T}}(k) \quad \boldsymbol{d}^{\mathrm{T}}(k) \quad \boldsymbol{f}^{\mathrm{T}}(k)]^{\mathrm{T}}$ ；$\boldsymbol{W}_f(z)$ 为加权函数矩阵。

注意到，基于 H_∞ 滤波 FDF 设计的主要目标是确保残差渐近跟踪加权故障 $\hat{\boldsymbol{f}}(z) = \boldsymbol{W}_f(z)\boldsymbol{f}(z)$ ，当 $\boldsymbol{W}_f(z) = \boldsymbol{I}$ 时，又称之为 H_∞ 故障辨识。但是，对于非最小相位系统而言，通常难以获得 H_∞ 故障辨识的全频范围可行解[2]。不失一般性，假设 $\boldsymbol{W}_f(z)$ 为一稳定加权传递函数矩阵，$\hat{\boldsymbol{f}}(z) = \boldsymbol{W}_f(z)\boldsymbol{f}(z)$ 的最小状态空间实现为

$$\begin{cases}\boldsymbol{x}_f(k+1) = \boldsymbol{A}_{Wf}\boldsymbol{x}_f(k) + \boldsymbol{B}_{Wf}\boldsymbol{f}(k) \\ \hat{\boldsymbol{f}}(k) = \boldsymbol{C}_{Wf}\boldsymbol{x}_f(k) + \boldsymbol{D}_{Wf}\boldsymbol{f}(k) \\ \boldsymbol{x}_f(0) = 0\end{cases} \quad (4-5)$$

式中：$\boldsymbol{x}_f(k) \in R^{n_f}$ ；$\boldsymbol{A}_{Wf}$ 、$\boldsymbol{B}_{Wf}$ 、$\boldsymbol{C}_{Wf}$ 、$\boldsymbol{D}_{Wf}$ 为适当维数的已知矩阵。令 $\boldsymbol{r}_e(k) = \boldsymbol{r}(k) - \hat{\boldsymbol{f}}(k)$ ，由式(4－1)、式(4－3)和式(4－5)可得

$$\begin{cases} \boldsymbol{x}(k+1) = \boldsymbol{A}(\zeta)\boldsymbol{x}(k) + \boldsymbol{B}(\zeta)\boldsymbol{u}(k) + \boldsymbol{B}_d\boldsymbol{d}(k) + \boldsymbol{B}_f\boldsymbol{f}(k) \\ \eta(k+1) = \boldsymbol{B}_\eta\boldsymbol{C}\boldsymbol{x}(k) + \boldsymbol{A}_\eta\eta(k) + (\boldsymbol{M}_1 + \boldsymbol{B}_\eta\boldsymbol{D})\boldsymbol{u}(k) + \boldsymbol{B}_\eta\boldsymbol{D}_d\boldsymbol{d}(k) + \boldsymbol{B}_\eta\boldsymbol{D}_f\boldsymbol{f}(k) \\ \boldsymbol{x}_f(k+1) = \boldsymbol{A}_{Wf}\boldsymbol{x}_f(k) + \boldsymbol{B}_{Wf}\boldsymbol{f}(k) \\ \boldsymbol{r}_e(k) = \boldsymbol{D}_\eta\boldsymbol{C}\boldsymbol{x}(k) - \boldsymbol{C}_{Wf}\boldsymbol{x}_f(k) + \boldsymbol{C}_\eta\eta(k) + (\boldsymbol{M}_2 + \boldsymbol{D}_\eta\boldsymbol{D})\boldsymbol{u}(k) + \\ \qquad \boldsymbol{D}_\eta\boldsymbol{D}_d\boldsymbol{d}(k) + (\boldsymbol{D}_\eta\boldsymbol{D}_f - \boldsymbol{D}_{Wf})\boldsymbol{f}(k) \end{cases} \tag{4-6}$$

令

$$\xi(k) = [\boldsymbol{x}^{\mathrm{T}}(k)\ \boldsymbol{\eta}^{\mathrm{T}}(k)\boldsymbol{x}_f^{\mathrm{T}}(k)]^{\mathrm{T}}, \boldsymbol{w}(k) = [\boldsymbol{u}^{\mathrm{T}}(k)\boldsymbol{d}^{\mathrm{T}}(k)\boldsymbol{f}^{\mathrm{T}}(k)]^{\mathrm{T}}$$

$$\widetilde{\boldsymbol{A}}(\zeta) = \begin{bmatrix} \boldsymbol{A}(\zeta) & 0 & 0 \\ \boldsymbol{B}_\eta C & \boldsymbol{A}_\eta & 0 \\ 0 & 0 & \boldsymbol{A}_{Wf} \end{bmatrix}, \widetilde{\boldsymbol{B}}_w(\zeta) = \begin{bmatrix} \boldsymbol{B}(\zeta) & \boldsymbol{B}_d & \boldsymbol{B}_f \\ \boldsymbol{M}_1 + \boldsymbol{B}_\eta\boldsymbol{D} & \boldsymbol{B}_\eta\boldsymbol{D}_d & \boldsymbol{B}_\eta\boldsymbol{D}_f \\ 0 & 0 & \boldsymbol{B}_{Wf} \end{bmatrix}$$

$$\widetilde{\boldsymbol{C}} = [\boldsymbol{D}_\eta\boldsymbol{C}\quad \boldsymbol{C}_\eta\quad -\boldsymbol{C}_{Wf}], \widetilde{\boldsymbol{D}}_w = [\boldsymbol{M}_2 + \boldsymbol{D}_\eta\boldsymbol{D}\quad \boldsymbol{D}_\eta\boldsymbol{D}_d\quad \boldsymbol{D}_\eta\boldsymbol{D}_f - \boldsymbol{D}_{Wf}]$$

则系统式(4-6)可进一步表示为

$$\begin{cases} \xi(k+1) = \widetilde{\boldsymbol{A}}\xi(k) + \widetilde{\boldsymbol{B}}_w\boldsymbol{w}(k) \\ \boldsymbol{r}_e(k) = \widetilde{\boldsymbol{C}}\xi(k) + \widetilde{\boldsymbol{D}}_w\boldsymbol{w}(k) \end{cases} \tag{4-7}$$

因此,Polytopic 型不确定系统的鲁棒 H_∞ -FDF 设计问题可进一步归结为:求参数矩阵 $\boldsymbol{A}_\eta$、$\boldsymbol{B}_\eta$、$\boldsymbol{C}_\eta$、$\boldsymbol{D}_\eta$、$\boldsymbol{M}_1$ 和 $\boldsymbol{M}_2$,使系统式(4-7)渐近稳定且满足

$$\sup_{[\boldsymbol{A}(\zeta)\boldsymbol{B}(\zeta)] \in \Omega(\zeta)} \| \boldsymbol{G}_{r_ew}(z) \|_\infty < \gamma \tag{4-8}$$

其次,残差评价是故障检测的另一重要任务,主要包括残差评价函数和阈值选取。与第3章所述的连续时间系统鲁棒 H_∞ 故障检测相似,选用如下有限时间窗口的 l_2 范数型残差评价函数:

$$J_r(k) = \left[\sum_{i=k-K_T}^{k} \boldsymbol{r}^{\mathrm{T}}(i)\boldsymbol{r}(i) \right] \frac{1}{2} \tag{4-9}$$

式中:K_T为有限时间窗口的步长。因此,对于给定的阈值 J_{th},可进一步采用如下逻辑关系判断是否有故障发生:

$$\begin{cases} J_r(k) \leqslant J_{th} \Rightarrow \text{无故障报警} \\ J_r(k) > J_{th} \Rightarrow \text{发出故障报警} \end{cases}$$

4.2.2 鲁棒 H_∞ -FDF 设计

引理 4.1[10] 对于离散时间 LTI 系统:

$$\begin{cases}\boldsymbol{x}(k+1)=\boldsymbol{A}\boldsymbol{x}(k)+\boldsymbol{B}\boldsymbol{d}(k)\\ \boldsymbol{y}(k)=\boldsymbol{C}\boldsymbol{x}(k)+\boldsymbol{D}\boldsymbol{d}(k)\\ \boldsymbol{x}(0)=\boldsymbol{x}_0\end{cases}$$

给定 $\gamma>0$,当且仅当存在矩阵 $\boldsymbol{P}>0$ 满足如下 LMI 时,

$$\begin{bmatrix}\boldsymbol{P} & \boldsymbol{A}\boldsymbol{P} & \boldsymbol{B} & 0\\ \boldsymbol{P}\boldsymbol{A}^{\mathrm{T}} & \boldsymbol{P} & 0 & \boldsymbol{P}\boldsymbol{C}^{\mathrm{T}}\\ \boldsymbol{B}^{\mathrm{T}} & 0 & \gamma^2\boldsymbol{I} & \boldsymbol{D}^{\mathrm{T}}\\ 0 & \boldsymbol{C}\boldsymbol{P} & \boldsymbol{D} & \boldsymbol{I}\end{bmatrix}>0$$

系统渐近稳定且满足 $\|\boldsymbol{G}_{yd}(z)\|_\infty<\gamma$ 。

引理 4.2 [10] 当且仅当存在矩阵 $\boldsymbol{P}>0$ 和 $\boldsymbol{\Phi}$ 满足如下 LMI 时,

$$\begin{bmatrix}\boldsymbol{P} & \boldsymbol{A}\boldsymbol{\Phi} & \boldsymbol{B} & 0\\ \boldsymbol{\Phi}\boldsymbol{A}^{\mathrm{T}} & \boldsymbol{\Phi}+\boldsymbol{\Phi}^{T}-\boldsymbol{P} & 0 & \boldsymbol{\Phi}^{T}\boldsymbol{C}^{\mathrm{T}}\\ \boldsymbol{B}^{\mathrm{T}} & 0 & \gamma^2\boldsymbol{I} & \boldsymbol{D}^{T}\\ 0 & \boldsymbol{C}\boldsymbol{\Phi} & \boldsymbol{D} & \boldsymbol{I}\end{bmatrix}>0$$

引理 4.1 中的 LMI 成立。

根据引理 4.1 和引理 4.2 可得系统式(4-7)渐近稳定且满足性能指标式(4-8)的充分条件,即如下的定理 4.1。

定理 4.1 给定 $\gamma>0$,如果存在矩阵 $\boldsymbol{P}_i$ 、$\boldsymbol{J}_i$ 、$\boldsymbol{H}_i$ 、$\boldsymbol{Z}$ 、$\boldsymbol{Y}$ 、$\boldsymbol{F}$ 、$\boldsymbol{R}$ 、$\boldsymbol{L}$ 、$\boldsymbol{Q}$ 、$\boldsymbol{S}$ 及 $\boldsymbol{P}_f>0$ 使如下的 LMIs 成立,

$$\begin{bmatrix}\boldsymbol{P}_i & \boldsymbol{J}_i & \boldsymbol{Z}^{\mathrm{T}}\boldsymbol{A}_i & \boldsymbol{Z}^{\mathrm{T}}\boldsymbol{A}_i & \boldsymbol{Z}^{\mathrm{T}}\boldsymbol{B}_{\omega i} & 0 & 0 & 0\\ * & \boldsymbol{H}_i & \phi_{23,i} & \phi_{24,i} & \phi_{25,i} & 0 & 0 & 0\\ * & * & \phi_{33,i} & \phi_{34,i} & 0 & \phi_{36,i} & 0 & 0\\ * & * & * & \phi_{44,i} & 0 & \hat{\boldsymbol{C}}_0^{\mathrm{T}}\boldsymbol{R}^{\mathrm{T}} & 0 & 0\\ * & * & 0 & 0 & \gamma^2\boldsymbol{I} & \phi_{56,i} & \hat{\boldsymbol{B}}_{Wf}^{\mathrm{T}} & 0\\ * & * & * & * & * & \boldsymbol{I} & 0 & -\boldsymbol{C}_{Wf}\boldsymbol{P}_f\\ * & * & 0 & 0 & * & 0 & \boldsymbol{P}_f & \boldsymbol{A}_{Wf}\boldsymbol{P}_f\\ * & * & 0 & 0 & 0 & * & * & \boldsymbol{P}_f\end{bmatrix}>0 \quad (4-10)$$

$$\begin{bmatrix} \boldsymbol{P}_i & \boldsymbol{J}_i \\ \boldsymbol{J}_i^{\mathrm{T}} & \boldsymbol{H}_i \end{bmatrix} > 0,\ i = 1,2,\cdots,N \tag{4-11}$$

其中,

$$\phi_{23,i} = \boldsymbol{Q} + \boldsymbol{Y}^{\mathrm{T}}\boldsymbol{A}_i + \boldsymbol{F}\hat{\boldsymbol{C}}_0, \phi_{24,i} = \boldsymbol{Y}^{\mathrm{T}}\boldsymbol{A}_i + \boldsymbol{F}\hat{\boldsymbol{C}}_0$$

$$\phi_{25,i} = \boldsymbol{Y}^{\mathrm{T}}\boldsymbol{B}_{w,i} + \boldsymbol{F}\boldsymbol{D}_{yw}, \phi_{33,i} = \boldsymbol{Z} + \boldsymbol{Z}^{\mathrm{T}} - \boldsymbol{P}_i$$

$$\phi_{34,i} = \boldsymbol{Z}^{\mathrm{T}} + \boldsymbol{Y} + \boldsymbol{S}^{\mathrm{T}} - \boldsymbol{J}_i, \phi_{36,i} = \boldsymbol{L}^{\mathrm{T}} + \hat{\boldsymbol{C}}_0^{\mathrm{T}}\boldsymbol{R}^{\mathrm{T}}$$

$$\phi_{44,i} = \boldsymbol{Y} + \boldsymbol{Y}^{\mathrm{T}} - \boldsymbol{H}_i, \phi_{56,i} = \boldsymbol{D}_{\eta w}^{\mathrm{T}}\boldsymbol{R}^{\mathrm{T}}$$

$$\boldsymbol{B}_{wi} = [\boldsymbol{B}_i \quad \boldsymbol{B}_d \quad \boldsymbol{B}_f], \hat{\boldsymbol{B}}_{Wf} = [0 \quad 0 \quad \boldsymbol{B}_{Wf}], \hat{\boldsymbol{C}}_0 = \begin{bmatrix} \boldsymbol{C} \\ 0 \end{bmatrix}$$

$$\boldsymbol{D}_{yw} = \begin{bmatrix} \boldsymbol{D} & \boldsymbol{D}_d & \boldsymbol{D}_f \\ \boldsymbol{I} & 0 & 0 \end{bmatrix}, \boldsymbol{D}_{\eta w} = [0 \quad 0 \quad -\boldsymbol{D}_{Wf}]$$

则系统式(4-7)渐近稳定且满足性能指标式(4-8),同时鲁棒 H_∞ -FDF 式(4-3)的参数矩阵给定如下:

$$\boldsymbol{A}_\eta = (\boldsymbol{V}^{\mathrm{T}})^{-1}\boldsymbol{Q}\boldsymbol{S}^{-1}\boldsymbol{V}^{\mathrm{T}}, [\boldsymbol{B}_\eta \quad \boldsymbol{M}_1] = (\boldsymbol{V}^{\mathrm{T}})^{-1}\boldsymbol{F}$$

$$\boldsymbol{C}_\eta = \boldsymbol{L}\boldsymbol{S}^{-1}\boldsymbol{V}^{\mathrm{T}}, [\boldsymbol{D}_\eta \quad \boldsymbol{M}_2] = \boldsymbol{R}$$

其中 $\boldsymbol{V} \in \mathbf{R}^{n \times n}$ 为任意的可逆矩阵。

证明:给定 $\gamma > 0$,应用引理 4.1,如果存在矩阵 $\widetilde{\boldsymbol{P}}(\zeta) = \begin{bmatrix} \boldsymbol{P}(\zeta) & 0 \\ 0 & \boldsymbol{P}_f \end{bmatrix} > 0$,使如下 LMI 成立,

$$\begin{bmatrix} \widetilde{\boldsymbol{P}}(\zeta) & \widetilde{\boldsymbol{A}}(\zeta)\widetilde{\boldsymbol{P}}(\zeta) & \widetilde{\boldsymbol{B}}_w(\zeta) & 0 \\ \widetilde{\boldsymbol{P}}(\zeta)\widetilde{\boldsymbol{A}}^{\mathrm{T}}(\zeta) & \widetilde{\boldsymbol{P}}(\zeta) & 0 & \widetilde{\boldsymbol{P}}(\zeta)\widetilde{\boldsymbol{C}}^{\mathrm{T}} \\ \widetilde{\boldsymbol{B}}_w^{\mathrm{T}}(\zeta) & 0 & \gamma^2\boldsymbol{I} & \widetilde{\boldsymbol{D}}_w^{\mathrm{T}} \\ 0 & \widetilde{\boldsymbol{C}}\widetilde{\boldsymbol{P}}(\zeta) & \widetilde{\boldsymbol{D}}_w & \boldsymbol{I} \end{bmatrix} > 0 \tag{4-12}$$

则系统式(4-7)式渐近稳定,且满足性能指标式(4-8)。

进一步,将不等式(4-12)表示为

$$\begin{bmatrix} \boldsymbol{P}(\zeta) & \hat{\boldsymbol{A}}(\zeta)\boldsymbol{P}(\zeta) & \hat{\boldsymbol{B}}_w(\zeta) & 0 & 0 & 0 \\ \boldsymbol{P}(\zeta)\hat{\boldsymbol{A}}^{\mathrm{T}}(\zeta) & \boldsymbol{P}(\zeta) & 0 & \boldsymbol{P}(\zeta)\hat{\boldsymbol{C}}^{\mathrm{T}} & 0 & 0 \\ \hat{\boldsymbol{B}}_w^{\mathrm{T}}(\zeta) & 0 & \gamma^2\boldsymbol{I} & \widetilde{\boldsymbol{D}}_w^{\mathrm{T}} & \hat{\boldsymbol{B}}_{Wf}^{\mathrm{T}} & 0 \\ 0 & \hat{\boldsymbol{C}}\boldsymbol{P}(\zeta) & \widetilde{\boldsymbol{D}}_w & \boldsymbol{I} & 0 & -\boldsymbol{C}_{Wf}\boldsymbol{P}_f \\ 0 & 0 & \hat{\boldsymbol{B}}_{Wf} & 0 & \boldsymbol{P}_f & \boldsymbol{A}_{Wf}\boldsymbol{P}_f \\ 0 & 0 & 0 & -\boldsymbol{P}_f\boldsymbol{C}_{Wf}^{\mathrm{T}} & \boldsymbol{P}_f\boldsymbol{A}_{Wf}^{\mathrm{T}} & \boldsymbol{P}_f \end{bmatrix} > 0 \tag{4-13}$$

其中，

$$\hat{\boldsymbol{A}}(\zeta) = \begin{bmatrix} \boldsymbol{A}(\zeta) & 0 \\ \boldsymbol{B}_\eta\boldsymbol{C} & \boldsymbol{A}_\eta \end{bmatrix}, \hat{\boldsymbol{C}} = [\boldsymbol{D}_\eta\boldsymbol{C} \quad \boldsymbol{C}_\eta]$$

$$\hat{\boldsymbol{B}}_w(\zeta) = \begin{bmatrix} \boldsymbol{B}(\zeta) & \boldsymbol{B}_d & \boldsymbol{B}_f \\ \boldsymbol{M}_1 + \boldsymbol{B}_\eta\boldsymbol{D} & \boldsymbol{B}_\eta\boldsymbol{D}_d & \boldsymbol{B}_\eta\boldsymbol{D}_f \end{bmatrix}$$

根据引理 4.2，当且仅当存在矩阵 $\boldsymbol{P}(\zeta) > 0$、$\boldsymbol{P}_f > 0$ 及 $\boldsymbol{\Phi}$ 使满足：

$$\begin{bmatrix} \boldsymbol{P}(\zeta) & \hat{\boldsymbol{A}}(\zeta)\boldsymbol{\Phi} & \hat{\boldsymbol{B}}_w(\zeta) & 0 & 0 & 0 \\ \boldsymbol{\Phi}\hat{\boldsymbol{A}}^{\mathrm{T}}(\zeta) & \boldsymbol{\Phi}+\boldsymbol{\Phi}^{\mathrm{T}}-\boldsymbol{P}(\zeta) & 0 & \boldsymbol{\Phi}^{\mathrm{T}}\hat{\boldsymbol{C}}^{\mathrm{T}} & 0 & 0 \\ \hat{\boldsymbol{B}}_w^{\mathrm{T}}(\zeta) & 0 & \gamma^2\boldsymbol{I} & \widetilde{\boldsymbol{D}}_w^{\mathrm{T}} & \hat{\boldsymbol{B}}_{Wf}^{\mathrm{T}} & 0 \\ 0 & \hat{\boldsymbol{C}}\boldsymbol{\Phi} & \widetilde{\boldsymbol{D}}_w & I & 0 & -\boldsymbol{C}_{Wf}\boldsymbol{P}_f \\ 0 & 0 & \hat{\boldsymbol{B}}_{Wf} & 0 & \boldsymbol{P}_f & \boldsymbol{A}_{Wf}\boldsymbol{P}_f \\ 0 & 0 & 0 & -\boldsymbol{P}_f\boldsymbol{C}_{Wf}^{\mathrm{T}} & \boldsymbol{P}_f\boldsymbol{A}_{Wf}^{\mathrm{T}} & \boldsymbol{P}_f \end{bmatrix} > 0 \tag{4-14}$$

时，不等式(4-13)成立。

对于任意非奇异矩阵 $\boldsymbol{U}$、$\boldsymbol{V}$ 和 $\boldsymbol{S} = \boldsymbol{V}^{\mathrm{T}}\boldsymbol{U}\boldsymbol{Z}$，令

$$\boldsymbol{\Phi} = \begin{bmatrix} \boldsymbol{Z}^{-1} & * \\ \boldsymbol{U} & * \end{bmatrix}, \boldsymbol{\Phi}^{-1} = \begin{bmatrix} \boldsymbol{Y} & * \\ \boldsymbol{V} & * \end{bmatrix}, \boldsymbol{\Gamma} = \begin{bmatrix} \boldsymbol{Z} & \boldsymbol{Y} \\ 0 & \boldsymbol{V} \end{bmatrix} \tag{4-15}$$

$$\begin{bmatrix} \boldsymbol{Q} & \boldsymbol{F} \\ \boldsymbol{L} & \boldsymbol{R} \end{bmatrix} = \begin{bmatrix} \boldsymbol{V}^{\mathrm{T}} & 0 \\ 0 & \boldsymbol{I} \end{bmatrix}\begin{bmatrix} \boldsymbol{A}_\eta & [\boldsymbol{B}_\eta \quad \boldsymbol{M}_1] \\ \boldsymbol{C}_\eta & [\boldsymbol{D}_\eta \quad \boldsymbol{M}_2] \end{bmatrix}\begin{bmatrix} \boldsymbol{U}\boldsymbol{Z} & 0 \\ 0 & \boldsymbol{I} \end{bmatrix} \tag{4-16}$$

$$\begin{bmatrix} \boldsymbol{P}(\zeta) & \boldsymbol{J}(\zeta) \\ \boldsymbol{J}^{\mathrm{T}}(\zeta) & \boldsymbol{H}(\zeta) \end{bmatrix} = \boldsymbol{\Gamma}^{\mathrm{T}}\widetilde{\boldsymbol{P}}(\zeta)\boldsymbol{\Gamma} \tag{4-17}$$

从而可得

$$\boldsymbol{\Gamma}^{\mathrm{T}}\hat{\boldsymbol{A}}(\zeta)\boldsymbol{\Phi}\boldsymbol{\Gamma}=\begin{bmatrix}\boldsymbol{Z}^{\mathrm{T}}\boldsymbol{A}(\zeta) & \boldsymbol{Z}^{\mathrm{T}}\boldsymbol{A}(\zeta)\\ \boldsymbol{Y}^{\mathrm{T}}\boldsymbol{A}(\zeta)+\boldsymbol{F}\hat{\boldsymbol{C}}_0+\boldsymbol{Q} & \boldsymbol{Y}^{\mathrm{T}}\boldsymbol{A}+\boldsymbol{F}\hat{\boldsymbol{C}}_0\end{bmatrix} \tag{4-18}$$

$$\boldsymbol{\Gamma}^{\mathrm{T}}\hat{\boldsymbol{B}}_w(\zeta)=\begin{bmatrix}\boldsymbol{Z}^{\mathrm{T}}\boldsymbol{B}_w(\zeta)\\ \boldsymbol{Y}^{\mathrm{T}}\boldsymbol{B}_w(\zeta)+\boldsymbol{F}\boldsymbol{D}_{yw}\end{bmatrix} \tag{4-19}$$

$$\hat{\boldsymbol{C}}\boldsymbol{\Phi}\boldsymbol{\Gamma}=[\boldsymbol{R}\hat{\boldsymbol{C}}_0+\boldsymbol{L}\quad \boldsymbol{R}\hat{\boldsymbol{C}}_0],\ \tilde{\boldsymbol{D}}_w=\boldsymbol{D}_{\eta w}+\boldsymbol{R}\boldsymbol{D}_{yw} \tag{4-20}$$

$$\boldsymbol{\Gamma}^{\mathrm{T}}(\boldsymbol{\Phi}+\boldsymbol{\Phi}^{\mathrm{T}}-\boldsymbol{P}(\zeta))\boldsymbol{\Gamma}=-\begin{bmatrix}\boldsymbol{P}(\zeta) & \boldsymbol{J}(\zeta)\\ \boldsymbol{J}^{\mathrm{T}}(\zeta) & \boldsymbol{H}(\zeta)\end{bmatrix}+\begin{bmatrix}\boldsymbol{Z}+\boldsymbol{Z}^{\mathrm{T}} & \boldsymbol{Z}^{\mathrm{T}}+\boldsymbol{Y}+\boldsymbol{S}^{\mathrm{T}}\\ \boldsymbol{Z}+\boldsymbol{Y}^{\mathrm{T}}+\boldsymbol{S} & \boldsymbol{Y}^{\mathrm{T}}+\boldsymbol{Y}\end{bmatrix} \tag{4-21a}$$

进一步,由式(4－14)～式(4－21a)可得

$$\boldsymbol{\Sigma}^{\mathrm{T}}\boldsymbol{\Xi}(\zeta)\boldsymbol{\Sigma}=\boldsymbol{\Phi}(\zeta)$$

其中,

$$\boldsymbol{\Sigma}=\mathrm{diag}\{\boldsymbol{\Gamma},\boldsymbol{\Gamma},\boldsymbol{I},\boldsymbol{I},\boldsymbol{I},\boldsymbol{I}\}$$

$$\boldsymbol{\Xi}(\zeta)=\begin{bmatrix}\boldsymbol{P}(\zeta) & \hat{\boldsymbol{A}}(\zeta)\boldsymbol{\Phi} & \hat{\boldsymbol{B}}_w(\zeta) & 0 & 0 & 0\\ * & \boldsymbol{\Phi}+\boldsymbol{\Phi}^{\mathrm{T}}-\boldsymbol{P}(\zeta) & 0 & \boldsymbol{\Phi}^{\mathrm{T}}\hat{\boldsymbol{C}}^{\mathrm{T}} & 0 & 0\\ * & * & \gamma^2\boldsymbol{I} & \tilde{\boldsymbol{D}}_w^{\mathrm{T}} & \hat{\boldsymbol{B}}_{Wf}^{\mathrm{T}} & 0\\ * & * & * & \boldsymbol{I} & 0 & -\boldsymbol{C}_{Wf}\boldsymbol{P}_f\\ * & * & * & * & \boldsymbol{P}_f & \boldsymbol{A}_{Wf}\boldsymbol{P}_f\\ * & * & * & * & * & \boldsymbol{P}_f\end{bmatrix}$$

$$\boldsymbol{\Phi}(\zeta)=\begin{bmatrix}\boldsymbol{P}(\zeta) & \boldsymbol{J}(\zeta) & \boldsymbol{Z}^{\mathrm{T}}\boldsymbol{A}(\zeta) & \boldsymbol{Z}^{\mathrm{T}}\boldsymbol{A}(\zeta) & \boldsymbol{Z}^{\mathrm{T}}B_w(\zeta) & 0 & 0 & 0\\ * & \boldsymbol{H}(\zeta) & \boldsymbol{\phi}_{23}(\zeta) & \boldsymbol{\phi}_{24}(\zeta) & \boldsymbol{\phi}_{25}(\zeta) & 0 & 0 & 0\\ * & * & \boldsymbol{\phi}_{33}(\zeta) & \boldsymbol{\phi}_{34}(\zeta) & 0 & \boldsymbol{\phi}_{36} & 0 & 0\\ * & * & * & \boldsymbol{\phi}_{44}(\zeta) & 0 & \hat{\boldsymbol{C}}_0^{\mathrm{T}}\boldsymbol{R}^{\mathrm{T}} & 0 & 0\\ * & * & * & * & \gamma^2\boldsymbol{I} & \boldsymbol{\phi}_{56} & \hat{\boldsymbol{B}}_{Wf}^{\mathrm{T}} & 0\\ * & * & * & * & * & \boldsymbol{I} & 0 & -\boldsymbol{C}_{Wf}\boldsymbol{P}_f\\ * & * & * & * & * & * & \boldsymbol{P}_f & \boldsymbol{A}_{Wf}\boldsymbol{P}_f\\ * & * & * & * & * & * & * & \boldsymbol{P}_f\end{bmatrix}$$

$$\boldsymbol{\phi}_{23}(\zeta)=\boldsymbol{Q}+\boldsymbol{Y}^{\mathrm{T}}\boldsymbol{A}(\zeta)+\boldsymbol{F}\hat{\boldsymbol{C}}_0,\boldsymbol{\phi}_{24}(\zeta)=\boldsymbol{Y}^{\mathrm{T}}\boldsymbol{A}(\zeta)+\boldsymbol{F}\hat{\boldsymbol{C}}_0$$

$$\boldsymbol{\phi}_{25}(\zeta)=\boldsymbol{Y}^{\mathrm{T}}\boldsymbol{B}_w(\zeta)+\boldsymbol{F}\boldsymbol{D}_{yw},\boldsymbol{\phi}_{33}(\zeta)=\boldsymbol{Z}+\boldsymbol{Z}^{\mathrm{T}}-\boldsymbol{P}(\zeta)$$

$$\boldsymbol{\phi}_{34}(\zeta)=\boldsymbol{Z}^{\mathrm{T}}+\boldsymbol{Y}+\boldsymbol{S}^{\mathrm{T}}-\boldsymbol{J}(\zeta),\boldsymbol{\phi}_{36}=\boldsymbol{L}^{\mathrm{T}}+\hat{\boldsymbol{C}}_0^{\mathrm{T}}\boldsymbol{R}^{\mathrm{T}}$$

$$\boldsymbol{\phi}_{44}(\zeta)=\boldsymbol{Y}+\boldsymbol{Y}^{\mathrm{T}}-\boldsymbol{H}(\zeta),\boldsymbol{\phi}_{56}=\boldsymbol{D}_{\eta w}^{\mathrm{T}}+\boldsymbol{D}_{yw}^{\mathrm{T}}\boldsymbol{R}^{\mathrm{T}}$$

如果存在矩阵 $\boldsymbol{P}_i$、$\boldsymbol{J}_i$、$\boldsymbol{H}_i$、$\boldsymbol{Z}$、$\boldsymbol{Y}$、$\boldsymbol{F}$、$\boldsymbol{R}$、$\boldsymbol{L}$、$\boldsymbol{Q}$、$\boldsymbol{S}$ 和 $\boldsymbol{P}_f>0$，使 LMIs 式(4-10)~式(4.11)成立，则对任意 $[\boldsymbol{A}(\zeta)\quad \boldsymbol{B}(\zeta)]\in\Omega(\zeta)$，$\Phi(\zeta)>0$ 都成立，同时满足：

$$\boldsymbol{P}(\zeta)=\sum_{i=1}^{N}(\zeta_i\boldsymbol{P}_i),\boldsymbol{J}(\zeta)=\sum_{i=1}^{N}(\zeta_i\boldsymbol{J}_i),\boldsymbol{H}(\zeta)=\sum_{i=1}^{N}(\zeta_i\boldsymbol{H}_i),\sum_{i=1}^{N}\zeta_i=1$$

即式(4-13)和式(4-15)成立。

另外，由 $\boldsymbol{\phi}_{33,i}$、$\boldsymbol{\phi}_{34,i}$、$\boldsymbol{\phi}_{44,i}$ 以及 $\begin{bmatrix}\boldsymbol{P}_i & \boldsymbol{J}_i\\ \boldsymbol{J}_i^{\mathrm{T}} & \boldsymbol{H}_i\end{bmatrix}>0,i=1,2,\cdots,N$ 可得

$$\begin{bmatrix}\boldsymbol{Z}+\boldsymbol{Z}^{\mathrm{T}} & \boldsymbol{Z}^{\mathrm{T}}+\boldsymbol{Y}+\boldsymbol{S}^{\mathrm{T}}\\ \boldsymbol{Z}+\boldsymbol{Y}^{\mathrm{T}}+\boldsymbol{S} & \boldsymbol{Y}+\boldsymbol{Y}^{\mathrm{T}}\end{bmatrix}>0$$

进一步，

$$[\boldsymbol{I}\quad -\boldsymbol{I}]\begin{bmatrix}\boldsymbol{Z}+\boldsymbol{Z}^{\mathrm{T}} & \boldsymbol{Z}^{\mathrm{T}}+\boldsymbol{Y}+\boldsymbol{S}^{\mathrm{T}}\\ \boldsymbol{Z}+\boldsymbol{Y}^{\mathrm{T}}+\boldsymbol{S} & \boldsymbol{Y}+\boldsymbol{Y}^{\mathrm{T}}\end{bmatrix}\begin{bmatrix}\boldsymbol{I}\\ -\boldsymbol{I}\end{bmatrix}=-\boldsymbol{S}-\boldsymbol{S}^{\mathrm{T}}>0$$

所以，S 为非奇异矩阵。由 $S=V^{\mathrm{T}}UZ$ 和式(4-16)可得

$$\boldsymbol{A}_\eta=(\boldsymbol{V}^{\mathrm{T}})^{-1}\boldsymbol{Q}\boldsymbol{S}^{-1}\boldsymbol{V}^{\mathrm{T}},[\boldsymbol{B}_\eta\quad \boldsymbol{M}_1]=(\boldsymbol{V}^{\mathrm{T}})^{-1}\boldsymbol{F}$$

$$\boldsymbol{C}_\eta=\boldsymbol{L}\boldsymbol{S}^{-1}V^{\mathrm{T}},[\boldsymbol{D}_\eta\quad \boldsymbol{M}_2]=\boldsymbol{R}$$

定理 4.1 得证。

综上分析，对于 Polytopic 型不确定系统式(4-1)，定理 4.1 给出了鲁棒 H_∞-FDF 存在的充分条件，通过求解 LMIs 式(4-10)~式(4-11)，可以得到满足性能指标式(4-4)的可行解。另外，作为 $N=1$ 的特例，Polytopic 型不确定系统式(4-1)则简化成为一般 LTI 系统，鲁棒 H_∞-FDF 式(4-3)的参数矩阵可选择为

$$\boldsymbol{A}_\eta=\boldsymbol{A}-\boldsymbol{B}_\eta\boldsymbol{C},\ \boldsymbol{M}_1=\boldsymbol{B},\ \boldsymbol{C}_\eta=-\boldsymbol{D}_\eta\boldsymbol{C},\ \boldsymbol{M}_2=-\boldsymbol{D}_\eta\boldsymbol{D},\ \boldsymbol{D}_\eta=\boldsymbol{I}$$

在此情况下，只有 $\boldsymbol{B}_\eta$ 为待定参数矩阵，即为 FDF 的观测器增益矩阵。将残差

系统式(4-6)简化为

$$\begin{cases} \boldsymbol{e}(k+1) = (\boldsymbol{A} - \boldsymbol{B}_\eta \boldsymbol{C})\boldsymbol{e} + (\boldsymbol{B}_d - \boldsymbol{B}_\eta \boldsymbol{D}_d)\boldsymbol{d}(k) + (\boldsymbol{B}_f - \boldsymbol{B}_\eta \boldsymbol{D}_f)\boldsymbol{f}(k) \\ \boldsymbol{x}_f(k+1) = \boldsymbol{A}_{Wf}\boldsymbol{x}_f(k) + \boldsymbol{B}_{Wf}\boldsymbol{f}(k) \\ \boldsymbol{r}_e(k) = \boldsymbol{C}\boldsymbol{e}(k) - \boldsymbol{C}_{Wf}\boldsymbol{x}_f(k) + \boldsymbol{D}_d\boldsymbol{d}(k) + (\boldsymbol{D}_f - \boldsymbol{D}_{Wf})\boldsymbol{f}(k) \end{cases}$$

应用引理 4.1,可得离散 LTI 系统 H_∞ -FDF 存在的充分条件以及矩阵 B_η 的解,将文献[11]基于 H_∞ 滤波的故障检测推广应用于离散时间 LTI 系统,可得如下结论。

定理 4.2 给定 $\gamma > 0$,如果存在矩阵 $\boldsymbol{P}$、$\boldsymbol{H}$ 及 $\boldsymbol{P}_f > 0$ 使得如下 LMI 成立:

$$\begin{bmatrix} \boldsymbol{P} & 0 & \boldsymbol{PA}-\boldsymbol{HC} & 0 & \boldsymbol{PB}_d-\boldsymbol{HD}_d & \boldsymbol{PB}_f-\boldsymbol{HD}_f & 0 \\ * & \boldsymbol{P}_f & 0 & \boldsymbol{A}_{Wf}\boldsymbol{P}_f & 0 & \boldsymbol{B}_{Wf} & 0 \\ * & * & \boldsymbol{P} & 0 & 0 & 0 & \boldsymbol{C}^{\mathrm{T}} \\ * & * & * & \boldsymbol{P}_f & 0 & 0 & -\boldsymbol{P}_f\boldsymbol{C}_{Wf}^{\mathrm{T}} \\ * & * & * & * & \gamma^2\boldsymbol{I} & 0 & D_d^{\mathrm{T}} \\ * & * & * & * & * & \gamma^2\boldsymbol{I} & \boldsymbol{D}_f^{\mathrm{T}}-\boldsymbol{D}_{Wf}^{\mathrm{T}} \\ * & * & * & * & * & * & \boldsymbol{I} \end{bmatrix} > 0$$

则当 $N=1$ 时,满足式(4-8)的鲁棒 H_∞ -FDF 设计问题可解,且 FDF 参数矩阵给定如下:

$$\boldsymbol{B}_\eta = \boldsymbol{P}^{-1}\boldsymbol{H},\ \boldsymbol{A}_\eta = \boldsymbol{A} - \boldsymbol{B}_\eta\boldsymbol{C}, \boldsymbol{M}_1 = \boldsymbol{B}, \boldsymbol{C}_\eta = -\boldsymbol{D}_\eta\boldsymbol{C}, \boldsymbol{M}_2 = -\boldsymbol{D}_\eta\boldsymbol{D}, \boldsymbol{D}_\eta = \boldsymbol{I}$$

4.2.3 残差评价

当无故障发生时,可将残差产生系统描述为

$$\begin{cases} \boldsymbol{x}(k+1) = \boldsymbol{A}\boldsymbol{x}(k) + \boldsymbol{B}\boldsymbol{u}(k) + \boldsymbol{B}_d\boldsymbol{d}(k) \\ \boldsymbol{\eta}(k+1) = \boldsymbol{B}_\eta\boldsymbol{C}\boldsymbol{x}(k) + \boldsymbol{A}_\eta\boldsymbol{\eta}(k) + (\boldsymbol{M}_1 + \boldsymbol{B}_\eta\boldsymbol{D})\boldsymbol{u}(k) + \boldsymbol{B}_\eta\boldsymbol{D}_d\boldsymbol{d}(k) \\ \boldsymbol{r}(k) = \boldsymbol{D}_\eta\boldsymbol{C}\boldsymbol{x}(k) + \boldsymbol{C}_\eta\boldsymbol{\eta}(k) + (\boldsymbol{M}_2 + \boldsymbol{D}_\eta\boldsymbol{D})\boldsymbol{u}(k) + \boldsymbol{D}_\eta\boldsymbol{D}_d\boldsymbol{d}(k) \end{cases}$$

给定 $\gamma_d > 0$,假设如下条件成立:

$$\sum_{k=0}^{\infty}\boldsymbol{r}^{\mathrm{T}}(k)\boldsymbol{r}(k) \leqslant \gamma_d^2\sum_{k=0}^{\infty}[\boldsymbol{u}^{\mathrm{T}}(k)\boldsymbol{u}(k) + \boldsymbol{d}^{\mathrm{T}}(k)\boldsymbol{d}(k)] \quad (4-21\text{b})$$

且存在常数 M_d 使满足 $\left[\sum_{k=0}^{\infty}\boldsymbol{d}^{\mathrm{T}}(k)\boldsymbol{d}(k)\right]^{\frac{1}{2}} \leqslant M_d$。另外，不等式(4－21b)成立的 γ_d 最小可行解为 $\gamma_{d\min}$。由式(4－21b)可得

$$\sum_{k=k_0}^{k_0+K_T}\boldsymbol{r}^{\mathrm{T}}(k)\boldsymbol{r}(k) \leqslant \gamma_{d\min}^2\left[\sum_{k=k_0}^{k_0+K_T}\boldsymbol{u}^{\mathrm{T}}(k)\boldsymbol{u}(k) + M_d^2\right] \tag{4-22}$$

因此，零故障误报率阈值可选择为

$$J_{th} = \gamma_{d\min}\left(M_d^2 + U_{K_T}^2\right)^{\frac{1}{2}} \tag{4-23}$$

其中，

$$U_{K_T} = \left[\sum_{k=k_0}^{k_0+K_T}\boldsymbol{u}^{\mathrm{T}}(k)\boldsymbol{u}(k)\right]^{\frac{1}{2}}$$

注意到，J_{th} 与控制输入有关，所以阈值 J_{th} 又称为自适应阈值。另外，由于零故障误报率阈值导致的故障漏报率通常较高，为实现一定程度的故障误报率与故障漏报率均衡设计，一种可行的方法是选取常数 $0 < \rho < 1$，并将阈值更新为

$$J_{thn} = \rho\gamma_{d\min}\left(M_d^2 + U_{K_T}^2\right)^{\frac{1}{2}}$$

4.2.4 仿真算例

考虑如下线性离散时间 Polytopic 型系统：

$$\begin{cases}\boldsymbol{x}(k+1) = \sum_{i=1}^{3}\zeta_i\boldsymbol{A}_i\boldsymbol{x}(k) + \sum_{i=1}^{3}\zeta_i\boldsymbol{B}_i\boldsymbol{u}(k) + \boldsymbol{B}_f\boldsymbol{f}(k) + \boldsymbol{B}_d\boldsymbol{d}(k)\\ \boldsymbol{y}(k) = \boldsymbol{C}\boldsymbol{x}(k) + \boldsymbol{D}_d\boldsymbol{d}(k)\end{cases}$$

其中，各参数矩阵分别为

$$\boldsymbol{A}_1 = \begin{bmatrix}0.1 & 0\\ 0 & -0.01\end{bmatrix},\boldsymbol{A}_2 = \begin{bmatrix}-0.1 & 0\\ 0.1 & -0.2\end{bmatrix},\boldsymbol{A}_3 = \begin{bmatrix}0.5 & 0.1\\ 0 & 0.015\end{bmatrix}$$

$$\boldsymbol{B}_1 = \begin{bmatrix}0.2\\ 0.5\end{bmatrix},\boldsymbol{B}_2 = \begin{bmatrix}0.1\\ 0.8\end{bmatrix},\boldsymbol{B}_3 = \begin{bmatrix}0.2\\ 0.3\end{bmatrix},\boldsymbol{B}_d = \begin{bmatrix}0.1\\ 0.1\end{bmatrix},\boldsymbol{B}_f = \begin{bmatrix}0.5\\ 0.3\end{bmatrix}$$

$$\boldsymbol{C} = [1 \quad 1],\boldsymbol{D}_d = 0.1,\sum_{i=1}^{3}\zeta_i = 1$$

选取加权传递函数矩阵为 $\boldsymbol{W}_f(z) = \dfrac{0.5z}{z-0.5}$，且 $\boldsymbol{W}_f(z)$ 的状态空间实现为

$$\begin{cases}\boldsymbol{x}_f(k+1)=0.5\boldsymbol{x}_f(k)+0.25\boldsymbol{f}(k)\\ \hat{\boldsymbol{f}}(k)=\boldsymbol{x}_f(k)+0.5\boldsymbol{f}(k)\end{cases}$$

给定 $\gamma=1.01$，应用定理4.1，可得 FDF 参数矩阵为

$$\boldsymbol{A}_\eta=\begin{bmatrix}0.4072 & 0.2094\\ -0.4540 & -0.2369\end{bmatrix},\boldsymbol{B}_\eta=\begin{bmatrix}-0.0154\\ 0.0166\end{bmatrix}$$

$$\boldsymbol{C}_\eta=[-0.0164 \quad -0.0037],\boldsymbol{D}_\eta=0.0009$$

$$\boldsymbol{M}_1=\begin{bmatrix}0.0226\\ -0.0271\end{bmatrix},\boldsymbol{M}_2=0.0057$$

假设未知输入如图4-1所示，在 $k\in[20,40]$ 和 $k\in[60,80]$ 时故障分别为1和-1（其余时刻为零）。取 $\zeta_1=0.3$，$\zeta_2=0.3$，$\zeta_3=0.4$，$k_0=0$，图4-2和图4-3分别给出了控制输入为零时的 $r(k)$ 和 $J_r(k)$ 变化曲线，取阈值为 $J_{th}=0.00097$，仿真结果表明故障发生1个节拍后即可发出故障报警。图4-4和图4-5分别给出了控制输入为单位阶跃信号时的情况，取阈值为 $J_{th}(k)=0.0008+0.0063(\sum_{i=0}^{k}u^2(i))$，仿真结果表明故障发生2个节拍后即可发生故障报警。图4-6为正弦故障信号，图4-7和图4-8分别给出了控制输入为零时的残差时间响应和残差评价函数的变化曲线，仿真结果表明故障发生2个节拍后即可发出故障报警。图4-9和图4-10分别给出了控制输入为阶跃信号时的情况，仿真结果表明故障发生4个节拍后即可发生故障报警。

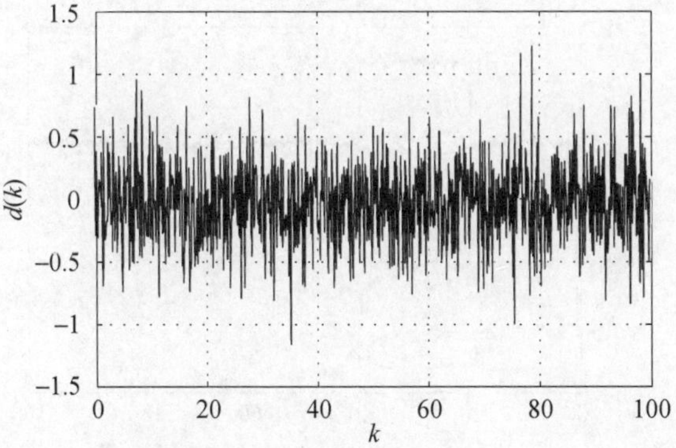

图4-1 未知输入 $d(k)$

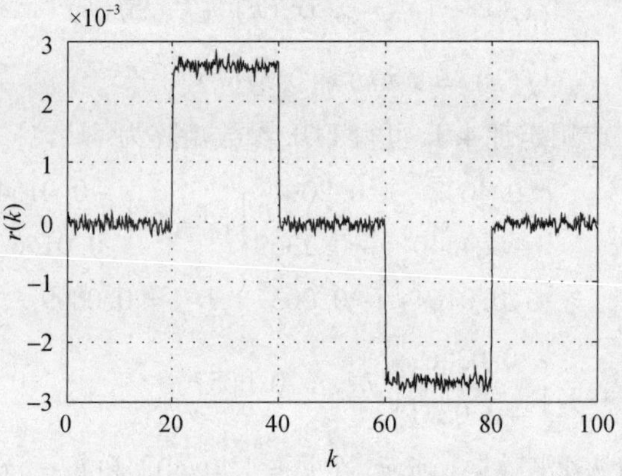

图 4-2　在 $\boldsymbol{u}=0$、$\boldsymbol{f}\neq 0$ 情况下的残差信号

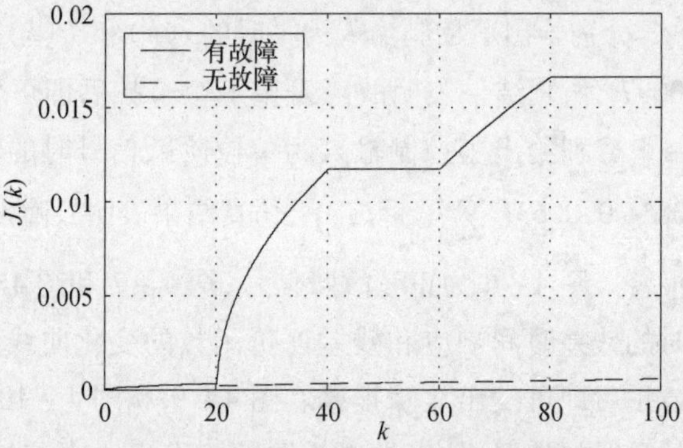

图 4-3　在 $\boldsymbol{u}=0$ 情况下的残差评价

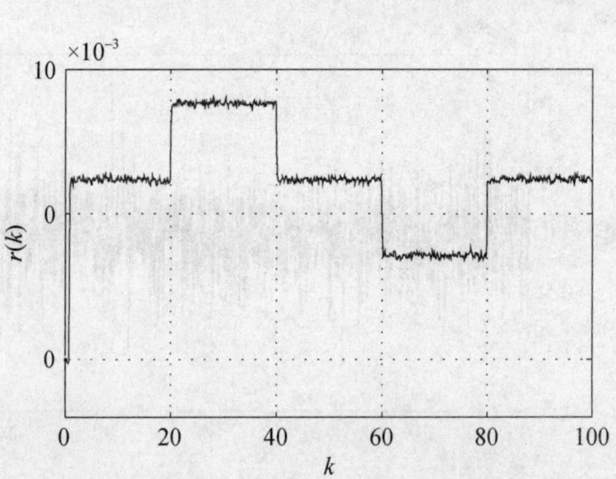

图 4-4　在 $\boldsymbol{u}\neq 0$、$\boldsymbol{f}\neq 0$ 情况下的残差信号

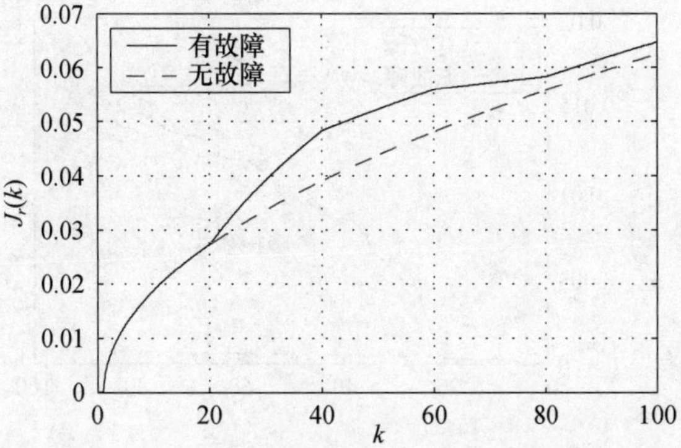

图 4 - 5　单位阶跃输入情况下的残差评价信号

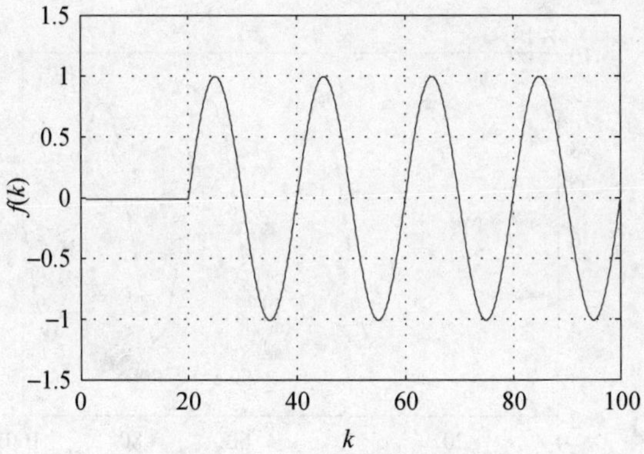

图 4 - 6　正弦故障信号

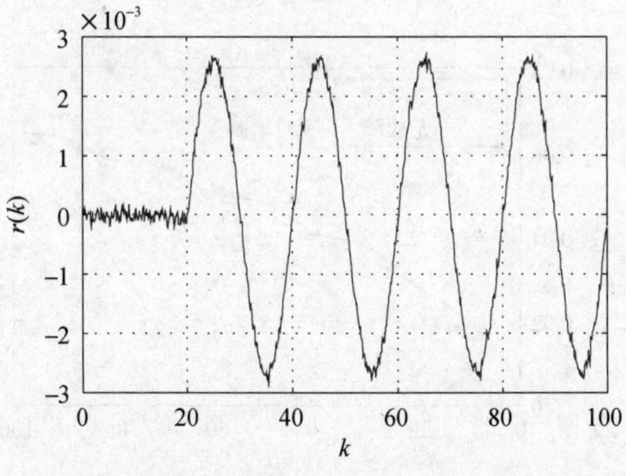

图 4 - 7　在 $\boldsymbol{u} = 0$ 、$\boldsymbol{f} \neq 0$ 情况下的残差信号

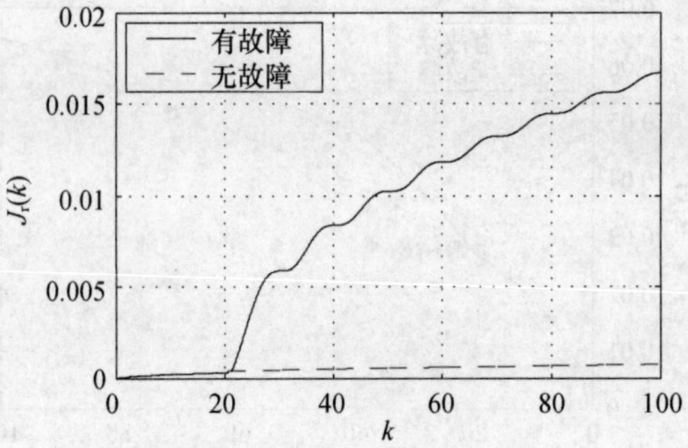

图 4－8　在 $\boldsymbol{u}=0$ 情况下的残差评价

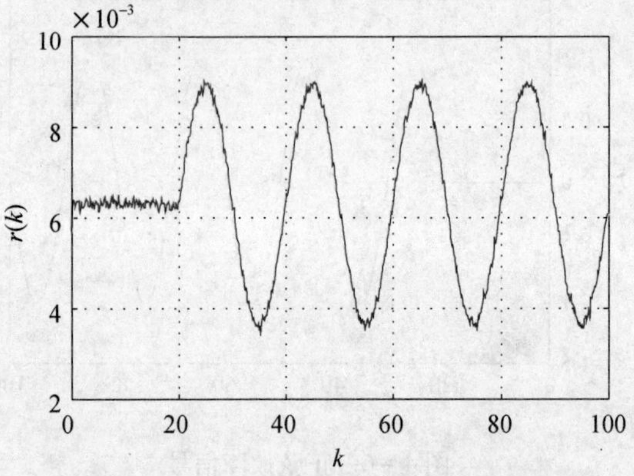

图 4－9　在 $\boldsymbol{u}\neq 0$、$\boldsymbol{f}\neq 0$ 情况下的残差信号

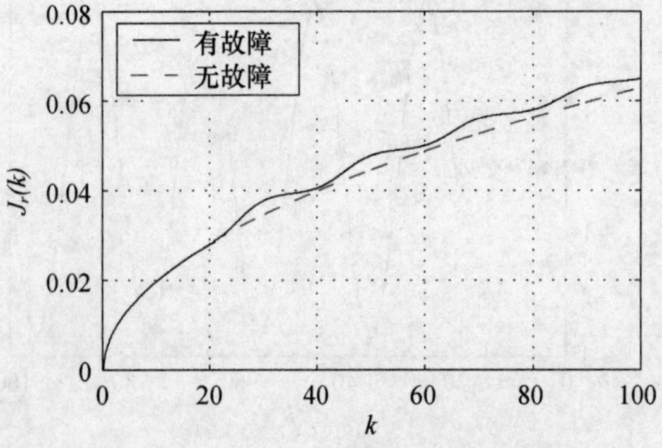

图 4－10　单位阶跃输入情况下的残差评价信号

4.3 随机乘性不确定离散时间系统

4.3.1 问题描述

考虑如下受随机乘性噪声影响的线性离散时间系统：

$$\begin{cases} \boldsymbol{x}(k+1) = \boldsymbol{A}\boldsymbol{x}(k) + \boldsymbol{B}_u\boldsymbol{u}(k) + \boldsymbol{B}_d\boldsymbol{d}(k) + \boldsymbol{B}_f\boldsymbol{f}(k) \\ \qquad\qquad + \sum_{i=1}^{L}(\boldsymbol{A}_i\boldsymbol{x}(k) + \boldsymbol{B}_{ui}\boldsymbol{u}(k) + \boldsymbol{B}_{di}\boldsymbol{d}(k) + \boldsymbol{B}_{fi}\boldsymbol{f}(k))p_i(k) \\ \boldsymbol{y}(k) = \boldsymbol{C}\boldsymbol{x}(k) + \boldsymbol{D}_d\boldsymbol{d}(k) + \boldsymbol{D}_f\boldsymbol{f}(k) \\ \qquad\qquad + \sum_{i=1}^{L}(\boldsymbol{C}_i\boldsymbol{x}(k) + \boldsymbol{D}_{di}\boldsymbol{d}(k) + \boldsymbol{D}_{fi}\boldsymbol{f}(k))p_i(k) \end{cases} \tag{4-24}$$

式中：$\boldsymbol{x}(k) \in R^n$、$\boldsymbol{y}(k) \in R^m$、$\boldsymbol{u}(k) \in R^p$、$\boldsymbol{d}(k) \in R^q$、$\boldsymbol{f}(k) \in R^l$ 分别为状态、测量输出、控制输入、未知输入和故障信号；$p_i(0), p_i(1), \cdots$，是具有相同概率分布的独立随机变量，且满足：

$$E\{p_i(k)\} = 0 \quad (i = 1,2,\cdots,L)$$

$$E\left\{\begin{bmatrix} p_1(k) \\ \vdots \\ p_L(k) \end{bmatrix}[p_1(k) \quad \cdots \quad p_L(k)]\right\} = \mathrm{diag}\{\sigma_1^2,\cdots,\sigma_L^2\}$$

初始状态 $\boldsymbol{x}(0)$、控制输入 $\boldsymbol{u}(k)$、未知输入 $\boldsymbol{d}(k)$ 和故障 $\boldsymbol{f}(k)$ 均独立于随机变量 $p_i(k)(i = 1,2,\cdots,L;k = 0,1,\cdots)$，$\boldsymbol{A}$、$\boldsymbol{B}_u$、$\boldsymbol{B}_d$、$\boldsymbol{B}_f$、$\boldsymbol{A}_i$、$\boldsymbol{B}_{ui}$、$\boldsymbol{B}_{di}$、$\boldsymbol{B}_{fi}$、$\boldsymbol{C}$、$\boldsymbol{D}_d$、$\boldsymbol{D}_f$、$\boldsymbol{C}_i$、$\boldsymbol{D}_{di}$、$\boldsymbol{D}_{fi}$ 为适当维数的已知矩阵。

首先介绍如下的定义4.1和引理4.3。

定义4.1[12] 在 $\boldsymbol{u}(k) = 0$、$\boldsymbol{d}(k) = 0$、$\boldsymbol{f}(k) = 0$ 条件下，如果对于任意非零初始状态 $\boldsymbol{x}(0)$，均满足 $\lim\limits_{k\to\infty}E\{\|\boldsymbol{x}(k)\|\} = 0$，则称系统式(4-24)为均方稳定。

引理4.3[13] 考虑如下随机不确定系统：

$$\begin{cases} \boldsymbol{x}(k+1) = \boldsymbol{A}\boldsymbol{x}(k) + \boldsymbol{B}_d\boldsymbol{d}(k) + \sum_{i=1}^{L}(\boldsymbol{A}_i\boldsymbol{x}(k) + \boldsymbol{B}_{di}\boldsymbol{d}(k))p_i(k) \\ \boldsymbol{y}(k) = \boldsymbol{C}\boldsymbol{x}(k) + \boldsymbol{D}_d\boldsymbol{d}(k) + \sum_{i=1}^{L}(\boldsymbol{C}_i\boldsymbol{x}(k) + \boldsymbol{D}_{di}\boldsymbol{d}(k))p_i(k) \end{cases}$$

其中，$\boldsymbol{x}(k)$、$\boldsymbol{y}(k)$、$\boldsymbol{d}(k)$、$p_i(k)$、$\boldsymbol{A}$、$\boldsymbol{B}_d$、$\boldsymbol{C}$、$\boldsymbol{D}_d$、$\boldsymbol{A}_i$、$\boldsymbol{B}_{di}$ 和 $\boldsymbol{D}_{di}$ 如系统式(5-1)所述。给定 $\gamma > 0$，当且仅当存在正定矩阵 P 满足如下 LMI 时，

$$\begin{bmatrix} \boldsymbol{A} & \boldsymbol{B}_d \\ \boldsymbol{C} & \boldsymbol{D}_d \end{bmatrix}^{\mathrm{T}} \begin{bmatrix} \boldsymbol{P} & 0 \\ 0 & \boldsymbol{I} \end{bmatrix} \begin{bmatrix} \boldsymbol{A} & \boldsymbol{B}_d \\ \boldsymbol{C} & \boldsymbol{D}_d \end{bmatrix} - \begin{bmatrix} \boldsymbol{P} & 0 \\ 0 & \gamma^2\boldsymbol{I} \end{bmatrix}$$

$$+ \sum_{i=1}^{L}\sigma_i^2 \begin{bmatrix} \boldsymbol{A}_i & \boldsymbol{B}_{di} \\ \boldsymbol{C}_i & \boldsymbol{D}_{di} \end{bmatrix}^{\mathrm{T}} \begin{bmatrix} \boldsymbol{P} & 0 \\ 0 & \boldsymbol{I} \end{bmatrix} \begin{bmatrix} \boldsymbol{A}_i & \boldsymbol{B}_{di} \\ \boldsymbol{C}_i & \boldsymbol{D}_{di} \end{bmatrix} < 0$$

系统均方稳定且在零初始条件下满足：

$$\sup_{\|d\|_2 \neq 0} \frac{E\{\|\boldsymbol{y}\|_2\}}{\|\boldsymbol{d}\|_2} < \gamma$$

众所周知，对于可以用加性信号表征的线性离散时间系统执行器、传感器故障，是否发生故障以及故障发生时间往往是事先未知的，故障信号常见的形式包括突变型、渐变型、间歇型等。如果部分故障先验知识已知，则可以应用外系统模型表征潜在的故障动态行为，并在此基础上研究故障估计问题。例如，对于大小和发生时刻未知的突变型常数故障，通常可描述为

$$f(k) = \begin{cases} 0, k \leqslant k_f \\ \beta_1, k > k_f \end{cases}$$

其中，$k_f + 1$ 和 β_1 分别为故障发生的时间以及故障的幅值。因此，这类故障动态模型可描述为

$$\begin{cases} x_f(k+1) = x_f(k) + f_0(k) \\ f(k) = x_f(k) \\ x_f(0) = 0 \end{cases} \tag{4-25}$$

其中，$x_f(k) \in \mathbf{R}^1$ 为状态，$f_0(k)$ 为虚拟信号且满足：

$$f_0(k) = \begin{cases} 0, k \neq k_f \\ \beta_1, k = k_f \end{cases}$$

对于缓慢漂移型故障，如斜坡故障，其动态行为可描述为

$$
\begin{cases}
\boldsymbol{x}_f(k+1) = \begin{bmatrix} 1 & 0 \\ 1 & 1 \end{bmatrix}\boldsymbol{x}_f(k) + \begin{bmatrix} 1 \\ 1 \end{bmatrix} f_0(k) \\
f(k) = [0 \quad 1]\boldsymbol{x}_f(k) \\
\boldsymbol{x}_f(0) = 0
\end{cases}
\tag{4-26}
$$

其中，$\boldsymbol{x}_f(k) \in R^2$，$f_0(k)$ 为虚拟信号且满足：

$$
f_0(k) = \begin{cases} 0, & k \neq k_f \\ \beta_2, & k = k_f \end{cases}
$$

$k_f + 1$ 为故障发生的时间，β_2 指斜坡故障的斜率。因此，系统式(4-26)可用于缓慢漂移故障信号的外系统模型。

如果故障为更具一般性的有限频率范围不确定信号，则故障可描述为 $\boldsymbol{f} = \boldsymbol{W}_f(z)f_0$，其中 $\boldsymbol{W}_f(z)$ 为给定的一阶低通滤波器，故障频率范围由 $\boldsymbol{W}_f(z)$ 限定。假设 $\boldsymbol{f} = \boldsymbol{W}_f(z)f_0$ 的最小状态空间实现为

$$
\begin{cases}
\boldsymbol{x}_f(k+1) = \boldsymbol{A}_{wf}\boldsymbol{x}_f(k) + \boldsymbol{B}_{wf}\boldsymbol{f}_0(k) \\
\boldsymbol{f}(k) = \boldsymbol{C}_{wf}\boldsymbol{x}_f(k)
\end{cases}
\tag{4-27}
$$

式中：$\boldsymbol{x}_f(k) \in \mathbf{R}^{n_f}$ 为状态向量；$\boldsymbol{A}_{wf}$、$\boldsymbol{B}_{wf}$、$\boldsymbol{C}_{wf}$ 为适当维数的常数矩阵。由式(4-25)、式(4-26)可知，式(4-27)可用于描述可能发生故障动态行为的外系统模型。

针对式(4-24)、式(4-27)构成的增广系统，构造如下基于观测器的 FDF：

$$
\begin{cases}
\hat{\boldsymbol{x}}(k+1) = \boldsymbol{A}\hat{\boldsymbol{x}}(k) + \boldsymbol{B}_u\boldsymbol{u}(k) + \boldsymbol{B}_f\hat{\boldsymbol{f}}(k) + \boldsymbol{H}_1(\boldsymbol{y}(k) - \hat{\boldsymbol{y}}(k)) \\
\hat{\boldsymbol{x}}_f(k+1) = \boldsymbol{A}_{Wf}\hat{\boldsymbol{x}}_f(k) + \boldsymbol{H}_2(\boldsymbol{y}(k) - \hat{\boldsymbol{y}}(k)) \\
\hat{\boldsymbol{y}}(k) = \boldsymbol{C}\hat{\boldsymbol{x}}(k) + \boldsymbol{D}_f\hat{\boldsymbol{f}}(k) \\
\hat{\boldsymbol{f}}(k) = \boldsymbol{C}_{Wf}\hat{\boldsymbol{x}}_f(k)
\end{cases}
\tag{4-28}
$$

式中：$\hat{\boldsymbol{x}}(k) \in \mathbf{R}^n$、$\hat{\boldsymbol{x}}_f(k) \in \mathbf{R}^{n_f}$、$\hat{\boldsymbol{y}}(k) \in \mathbf{R}^m$、$\hat{\boldsymbol{f}}(k) \in \mathbf{R}^l$ 分别为 $\boldsymbol{x}(k)$、$\boldsymbol{x}_f(k)$、$\boldsymbol{y}(k)$、$\boldsymbol{f}(k)$ 的估计；$\boldsymbol{H}_1$、$\boldsymbol{H}_2$ 为待设计的观测器增益矩阵。由于随机乘性噪声的影响，系统式(4-24)严格来讲是一类随机不确定系统，作为基于 H_∞ 滤波故障检测方法的推广应用，可将故障检测滤波器式(4-28)的设计描述为均方 H_∞ 故障估计问题，即求观测器增益矩阵 $\boldsymbol{H}_1$ 和 $\boldsymbol{H}_2$，使系统式(4-28)均方稳定，且在零初始条件下满足：

$$\sup_{w \in l_2, \|w\|_2 \neq 0} \frac{\mathrm{E}\{\|\boldsymbol{f} - \hat{\boldsymbol{f}}\|_2\}}{\|\boldsymbol{w}\|_2} < \gamma$$

其中 $\gamma > 0$，$\boldsymbol{w}(k) = [\boldsymbol{u}^{\mathrm{T}}(k) \quad \boldsymbol{d}^{\mathrm{T}}(k) \quad \boldsymbol{f}^{\mathrm{T}}(k)]^{\mathrm{T}}$。

定义如下误差向量：

$$\boldsymbol{e}(k) = \boldsymbol{x}(k) - \hat{\boldsymbol{x}}(k),\ \boldsymbol{e}_f(k) = \boldsymbol{x}_f(k) - \hat{\boldsymbol{x}}_f(k),\ \tilde{\boldsymbol{f}}(k) = \boldsymbol{f}(k) - \hat{\boldsymbol{f}}(k)$$

由式(4－24)、式(4－27)、式(4－28)可得

$$\begin{cases} \boldsymbol{\zeta}(k+1) = \boldsymbol{A}_\zeta \boldsymbol{\zeta}(k) + \boldsymbol{B}_\zeta \boldsymbol{w}(k) + \sum_{i=1}^{L} (\boldsymbol{A}_{\zeta i} \boldsymbol{\zeta}(k) + \boldsymbol{B}_{\zeta i} \boldsymbol{w}(k)) p_i(k) \\ \tilde{\boldsymbol{f}}(k) = \boldsymbol{C}_\zeta \zeta(k) + \boldsymbol{D}_\zeta \boldsymbol{w}(k) \end{cases} \tag{4-29}$$

其中，

$$\boldsymbol{\zeta}(k) = [\boldsymbol{x}^{\mathrm{T}}(k) \quad \boldsymbol{x}_f^{\mathrm{T}}(k) \quad \boldsymbol{e}^{\mathrm{T}}(k) \quad \boldsymbol{x}_f^{\mathrm{T}}(k)]^{\mathrm{T}}$$

$$\boldsymbol{A}_\zeta = \begin{bmatrix} \boldsymbol{A} & \boldsymbol{B}_f \boldsymbol{C}_{Wf} & 0 & 0 \\ 0 & \boldsymbol{A}_{Wf} & 0 & 0 \\ 0 & 0 & \boldsymbol{A} - \boldsymbol{H}_1 \boldsymbol{C} & (\boldsymbol{B}_f - \boldsymbol{H}_1 \boldsymbol{D}_f) \boldsymbol{C}_{Wf} \\ 0 & 0 & -\boldsymbol{H}_2 \boldsymbol{C} & \boldsymbol{A}_{Wf} - \boldsymbol{H}_2 \boldsymbol{D}_f \boldsymbol{C}_{Wf} \end{bmatrix}$$

$$\boldsymbol{B}_\zeta = \begin{bmatrix} \boldsymbol{B}_u & \boldsymbol{B}_d & \boldsymbol{B}_f \boldsymbol{D}_{Wf} \\ 0 & 0 & \boldsymbol{B}_{Wf} \\ 0 & \boldsymbol{B}_d - \boldsymbol{H}_1 \boldsymbol{D}_d & (\boldsymbol{B}_f - \boldsymbol{H}_1 \boldsymbol{D}_f) \boldsymbol{D}_{Wf} \\ 0 & -\boldsymbol{H}_2 \boldsymbol{D}_d & \boldsymbol{B}_{Wf} - \boldsymbol{H}_2 \boldsymbol{D}_f \boldsymbol{D}_{Wf} \end{bmatrix}$$

$$\boldsymbol{A}_{\zeta i} = \begin{bmatrix} \boldsymbol{A}_i & \boldsymbol{B}_{fi} \boldsymbol{C}_{Wf} & 0 & 0 \\ 0 & 0 & 0 & 0 \\ \boldsymbol{A}_i - \boldsymbol{H}_1 \boldsymbol{C}_i & (\boldsymbol{B}_{fi} - \boldsymbol{H}_1 \boldsymbol{D}_{fi}) \boldsymbol{C}_{Wf} & 0 & 0 \\ -\boldsymbol{H}_2 \boldsymbol{C}_i & -\boldsymbol{H}_2 \boldsymbol{D}_{fi} \boldsymbol{C}_{Wf} & 0 & 0 \end{bmatrix}$$

$$\boldsymbol{B}_{\zeta i} = \begin{bmatrix} \boldsymbol{B}_{ui} & \boldsymbol{B}_{di} & \boldsymbol{B}_{fi} \boldsymbol{D}_{Wf} \\ 0 & 0 & 0 \\ \boldsymbol{B}_{ui} & \boldsymbol{B}_{di} - \boldsymbol{H}_1 \boldsymbol{D}_{di} & (\boldsymbol{B}_{fi} - \boldsymbol{H}_1 \boldsymbol{D}_{fi}) \boldsymbol{D}_{Wf} \\ 0 & -\boldsymbol{H}_2 \boldsymbol{D}_{di} & \boldsymbol{B}_{Wf} - \boldsymbol{H}_2 \boldsymbol{D}_{fi} \boldsymbol{D}_{Wf} \end{bmatrix}$$

$$\boldsymbol{C}_\zeta = [0 \quad 0 \quad 0 \quad \boldsymbol{C}_{Wf}], \boldsymbol{D}_\zeta = [0 \quad 0 \quad \boldsymbol{D}_{Wf}]$$

从而可将均方 H_∞ 故障估计问题进一步归结为：求 $\boldsymbol{H}_1$ 和 $\boldsymbol{H}_2$，使系统式(4-29)均方稳定，且在零初始条件下满足：

$$\sup_{w \in l_2, \|w\|_2 \neq 0} \frac{\mathrm{E}\{\|\tilde{\boldsymbol{f}}\|_2\}}{\|\boldsymbol{w}\|_2} < \gamma \tag{4-30}$$

应用引理4.3，可得均方 H_∞ 故障估计问题可解的充分条件及可行解。

定理4.3 给定 $\gamma > 0$，如果存在矩阵 $\boldsymbol{Y}_1$、$\boldsymbol{Y}_2$、$\boldsymbol{P}_1 > 0$、$\boldsymbol{P}_2 > 0$ 和 $\boldsymbol{P} > 0$ 满足如下LMI：

$$\begin{bmatrix}
\Xi_{11} & * & * & * & * & * & * & * & * & * \\
0 & \Xi_{22} & * & * & * & * & * & * & * & * \\
0 & 0 & \Xi_{33} & * & * & * & * & * & * & * \\
\Xi_{41} & 0 & \Xi_{43} & \Xi_{44} & * & * & * & * & * & * \\
0 & \Xi_{52} & \Xi_{53} & 0 & \Xi_{55} & * & * & * & * & * \\
0 & \Xi_{62} & \Xi_{63} & 0 & 0 & \Xi_{66} & * & * & * & * \\
\Xi_{71} & 0 & \Xi_{73} & 0 & 0 & 0 & \Xi_{77} & * & * & * \\
\Xi_{81} & 0 & \Xi_{83} & 0 & 0 & 0 & 0 & \Xi_{88} & * & * \\
\vdots & \vdots & \vdots & \vdots & \vdots & \vdots & \vdots & \vdots & \ddots & * & * \\
\Xi_{2(L+2)+1,1} & 0 & \Xi_{2(L+2)+1,3} & 0 & 0 & 0 & 0 & 0 & \cdots & \Xi_{2(L+2)+1,2(L+2)+1} & * \\
\Xi_{2(L+2)+2,1} & 0 & \Xi_{2(L+2)+2,3} & 0 & 0 & 0 & 0 & 0 & \cdots & 0 & \Xi_{2(L+2)+2,2(L+2)+2}
\end{bmatrix} < 0 \tag{4-31}$$

其中，

$$\boldsymbol{\Xi}_{11} = -\boldsymbol{P}, \boldsymbol{\Xi}_{22} = -\mathrm{diag}\{P_1, P_2\}, \boldsymbol{\Xi}_{33} = -\gamma^2 \boldsymbol{I}$$

$$\boldsymbol{\Xi}_{41} = \boldsymbol{P}\begin{bmatrix} \boldsymbol{A} & \boldsymbol{B}_f \boldsymbol{C}_{Wf} \\ 0 & A_{Wf} \end{bmatrix}, \boldsymbol{\Xi}_{43} = \boldsymbol{P}\begin{bmatrix} \boldsymbol{B}_u & \boldsymbol{B}_d & \boldsymbol{B}_f \boldsymbol{D}_{Wf} \\ 0 & 0 & \boldsymbol{B}_{Wf} \end{bmatrix}, \boldsymbol{\Xi}_{44} = -P$$

$$\boldsymbol{\Xi}_{52} = \begin{bmatrix} \boldsymbol{P}_1 \boldsymbol{A} - \boldsymbol{Y}_1 \boldsymbol{C} & (\boldsymbol{P}_1 \boldsymbol{B}_f - \boldsymbol{Y}_1 \boldsymbol{D}_f) \boldsymbol{C}_{Wf} \\ -\boldsymbol{Y}_2 \boldsymbol{C} & \boldsymbol{P}_2 \boldsymbol{A}_{Wf} - \boldsymbol{Y}_2 \boldsymbol{D}_f \boldsymbol{C}_{Wf} \end{bmatrix}$$

$$\boldsymbol{\Xi}_{53} = \begin{bmatrix} 0 & \boldsymbol{P}_1 \boldsymbol{B}_d - \boldsymbol{Y}_1 \boldsymbol{D}_d & (\boldsymbol{P}_1 \boldsymbol{B}_f - \boldsymbol{Y}_1 \boldsymbol{D}_f) \boldsymbol{D}_{Wf} \\ 0 & -\boldsymbol{Y}_2 \boldsymbol{D}_d & \boldsymbol{P}_2 \boldsymbol{B}_{Wf} - \boldsymbol{Y}_2 \boldsymbol{D}_f \boldsymbol{D}_{Wf} \end{bmatrix}$$

$$\boldsymbol{\Xi}_{55} = -\mathrm{diag}\{\boldsymbol{P}_1, \boldsymbol{P}_2\}, \boldsymbol{\Xi}_{62} = [0 \quad \boldsymbol{C}_{Wf}], \boldsymbol{\Xi}_{63} = [0 \quad 0 \quad \boldsymbol{D}_{Wf}], \boldsymbol{\Xi}_{66} = -I$$

$$\boldsymbol{\Xi}_{2(i+2)+1,1} = \sigma_i \boldsymbol{P}\begin{bmatrix} \boldsymbol{A}_i & \boldsymbol{B}_{fi} \boldsymbol{C}_{Wf} \\ 0 & 0 \end{bmatrix}, \boldsymbol{\Xi}_{2(i+2)+1,3} = \sigma_i \boldsymbol{P}\begin{bmatrix} \boldsymbol{B}_{ui} & \boldsymbol{B}_{di} & \boldsymbol{B}_{fi} \boldsymbol{D}_{Wf} \\ 0 & 0 & 0 \end{bmatrix}$$

$$\Xi_{2(i+2)+1,2(i+2)+1} = -P, \Xi_{2(i+2)+2,1} = \sigma_i \begin{bmatrix} P_1 A_i - Y_1 C_i & (P_1 B_{fi} - Y_1 D_{fi}) C_{Wf} \\ -Y_2 C_i & -Y_2 D_{fi} C_{Wf} \end{bmatrix}$$

$$\Xi_{2(i+2)+2,3} = \sigma_i \begin{bmatrix} P_1 B_{ui} & P_1 B_{di} - Y_1 D_{di} & (P_1 B_{fi} - Y_1 D_{fi}) D_{Wf} \\ 0 & -Y_2 D_{di} & P_2 B_{Wf} - Y_2 D_{fi} D_{Wf} \end{bmatrix}$$

$$\Xi_{2(i+2)+2,2(i+2)+2} = -\operatorname{diag}\{P_1, P_2\}, i = 1, 2, \cdots, L$$

则系统式(4－24)的均方 H_∞ 故障估计问题可解,且观测器增益矩阵为

$$H_1 = P_1^{-1} Y_1,\ H_2 = P_2^{-1} Y_2$$

证明:应用引理4.3,如果存在矩阵 $P_\zeta = \operatorname{diag}(P, P_1, P_2)$ 使满足如下矩阵不等式:

$$\begin{bmatrix} A_\zeta & B_\zeta \\ C_\zeta & D_\zeta \end{bmatrix}^{\mathrm{T}} \begin{bmatrix} P_\zeta & 0 \\ 0 & I \end{bmatrix} \begin{bmatrix} A_\zeta & B_\zeta \\ C_\zeta & D_\zeta \end{bmatrix} - \begin{bmatrix} P_\zeta & 0 \\ 0 & \gamma^2 I \end{bmatrix}$$
$$+ \sum_{i=1}^{L} \sigma_i^2 \begin{bmatrix} A_{\zeta i} & B_{\zeta i} \\ 0 & 0 \end{bmatrix}^{\mathrm{T}} \begin{bmatrix} P_\zeta & 0 \\ 0 & I \end{bmatrix} \begin{bmatrix} A_{\zeta i} & B_{\zeta i} \\ 0 & 0 \end{bmatrix} < 0$$

则系统式(4－29)在 $w(k)=0$ 条件下均方稳定,且对所有 $w(k) \in l_2[0,\infty)$ 满足性能指标式(4－30)。进一步,应用Schur补引理,并令 $P_1 H_1 = Y_1$ 和 $P_2 H_2 = Y_2$,从而可得LMI式(4－31)。

4.3.2 鲁棒 H_∞ －FDF设计

对于故障先验知识未知的更一般情形,将文献[11]基于 H_∞ 滤波的故障检测方法推广应用于受随机乘性噪声影响的线性离散时间系统(4－24)式,设计均方意义下的鲁棒 H_∞ －FDF,并将均方意义下的鲁棒 H_∞ －FDF设计描述为:设计基于观测器的FDF,使产生的残差信号 r 在零初始条件下满足:

$$\sup_{w \in l_2, \|w\|_2 \neq 0} \frac{\mathrm{E}\{\|r - W_f(z) f\|_2\}}{\|w\|_2} < \gamma \tag{4-32}$$

其中 $\gamma > 0$,$w(k) = [u^{\mathrm{T}}(k)\quad d^{\mathrm{T}}(k)\quad f^{\mathrm{T}}(k)]^{\mathrm{T}}$,$W_f(z)$ 为稳定的加权矩阵。

假设 $r_f(z) = W_f(z) f(z)$ 的一个最小状态空间实现给定如下:

$$\begin{cases} x_f(k+1) = A_{Wf} x_f(k) + B_{Wf} f(k) \\ r_f(k) = C_{Wf} x_f(k) + D_{Wf} f(k) \\ x_f(0) = 0 \end{cases} \tag{4-33}$$

式中：$\boldsymbol{x}_f(k) \in R^{n_f}$；$\boldsymbol{A}_{Wf}$、$\boldsymbol{B}_{Wf}$、$\boldsymbol{C}_{Wf}$、$\boldsymbol{D}_{Wf}$ 为适当维数已知矩阵。

由式(4-24)和式(4-33)可得如下增广系统：

$$\begin{cases}\boldsymbol{\xi}(k+1) = \boldsymbol{A}_\xi\boldsymbol{\xi}(k) + \boldsymbol{B}_{\xi w}\boldsymbol{w}(k) + \sum_{i=1}^{L}(\boldsymbol{A}_{\xi i}\boldsymbol{\xi}(k) + \boldsymbol{B}_{\xi wi}\boldsymbol{w}(k))p_i(k) \\ \boldsymbol{y}(k) = \boldsymbol{C}_\xi\boldsymbol{\xi}(k) + \boldsymbol{D}_w\boldsymbol{w}(k) + \sum_{i=1}^{L}(\boldsymbol{C}_{\xi i}\boldsymbol{\xi}(k) + \boldsymbol{D}_{wi}\boldsymbol{w}(k))p_i(k) \\ \boldsymbol{r}_f(k) = \boldsymbol{C}_{\xi f}\boldsymbol{\xi}(k) + \boldsymbol{D}_{\xi w}\boldsymbol{w}(k)\end{cases} \tag{4-34}$$

其中，

$$\boldsymbol{\xi}(k) = [\boldsymbol{x}^{\mathrm{T}}(k)\quad \boldsymbol{x}_f^{\mathrm{T}}(k)]^{\mathrm{T}},\ \boldsymbol{w}(k) = [\boldsymbol{u}^{\mathrm{T}}(k)\quad \boldsymbol{d}^{\mathrm{T}}(k)\quad \boldsymbol{f}^{\mathrm{T}}(k)]^{\mathrm{T}}$$

$$\boldsymbol{A}_\xi = \begin{bmatrix}\boldsymbol{A} & 0\\ 0 & \boldsymbol{A}_{Wf}\end{bmatrix},\ \boldsymbol{A}_{\xi i} = \begin{bmatrix}A_i & 0\\ 0 & 0\end{bmatrix},\ \boldsymbol{B}_{\xi w} = \begin{bmatrix}B_w\\ \hat{B}_{Wf}\end{bmatrix},\ \boldsymbol{B}_{\xi wi} = \begin{bmatrix}B_{wi}\\ 0\end{bmatrix}$$

$$\hat{\boldsymbol{B}}_{Wf} = [0\quad 0\quad \boldsymbol{B}_{Wf}],\ \boldsymbol{B}_w = [\boldsymbol{B}_u\quad \boldsymbol{B}_d\quad \boldsymbol{B}_f],\ B_{wi} = [\boldsymbol{B}_{ui}\quad \boldsymbol{B}_{di}\quad \boldsymbol{B}_{fi}]$$

$$\boldsymbol{C}_\xi = [\boldsymbol{C}\quad 0],\ \boldsymbol{D}_w = [0\quad \boldsymbol{D}_d\quad \boldsymbol{D}_f],\ \boldsymbol{C}_{\xi i} = [\boldsymbol{C}_i\quad 0]$$

$$\boldsymbol{C}_{\xi f} = [0\quad \boldsymbol{C}_{Wf}],\ \boldsymbol{D}_{wi} = [0\quad \boldsymbol{D}_{di}\quad \boldsymbol{D}_{fi}],\ \boldsymbol{D}_{\xi w} = [0\quad 0\quad \boldsymbol{D}_{Wf}]$$

构造如下基于观测器的 FDF 作为残差产生器：

$$\begin{cases}\hat{\boldsymbol{\xi}}(k+1) = \boldsymbol{A}_\xi\hat{\boldsymbol{\xi}}(k) + \boldsymbol{B}_{u\xi}\boldsymbol{u}(k) + \boldsymbol{H}(y(k) - \boldsymbol{C}_\xi\hat{\boldsymbol{\xi}}(k)) \\ \boldsymbol{r}(k) = \boldsymbol{C}_{\xi f}\hat{\boldsymbol{\xi}}(k)\end{cases} \tag{4-35}$$

式中：$\boldsymbol{B}_{u\xi} = [\boldsymbol{B}_u^{\mathrm{T}}\quad 0]^{\mathrm{T}}$；$\boldsymbol{r}(k)$ 为残差；$\boldsymbol{H}$ 为要设计的观测器增益矩阵。

令

$$\boldsymbol{e}(k) = \boldsymbol{\xi}(k) - \hat{\boldsymbol{\xi}}(k),\ \boldsymbol{r}_e(z) = \boldsymbol{r}(z) - \boldsymbol{W}_f(z)\boldsymbol{f}(z)$$

由式(4-24)、式(4-34)和式(4-35)可得

$$\begin{cases}\boldsymbol{x}(k+1) = \boldsymbol{A}\boldsymbol{x}(k) + \boldsymbol{B}_w\boldsymbol{w}(k) + \sum_{i=1}^{L}(\boldsymbol{A}_i\boldsymbol{x}(k) + \boldsymbol{B}_{wi}\boldsymbol{w}(k))p_i(k) \\ \boldsymbol{e}(k+1) = (\boldsymbol{A}_\xi - \boldsymbol{H}\boldsymbol{C}_\xi)\boldsymbol{e}(k) + (\hat{\boldsymbol{B}}_w - \boldsymbol{H}\boldsymbol{D}_w)\boldsymbol{w}(k) + \sum_{i=1}^{L}((\hat{\boldsymbol{A}}_i - \boldsymbol{H}\boldsymbol{C}_i)\boldsymbol{x}(k) \\ \qquad + (\boldsymbol{B}_{\xi wi} - \boldsymbol{H}\boldsymbol{D}_{wi})\boldsymbol{w}(k))p_i(k) \\ \boldsymbol{r}_e(k) = \boldsymbol{C}_{\xi f}e(k) - \boldsymbol{D}_{\xi w}\boldsymbol{w}(k)\end{cases} \tag{4-36}$$

其中，

$$\hat{\boldsymbol{A}}_i = \begin{bmatrix} \boldsymbol{A}_i \\ 0 \end{bmatrix}, \hat{\boldsymbol{B}}_w = \begin{bmatrix} 0 & \boldsymbol{B}_d & \boldsymbol{B}_f \\ 0 & 0 & \boldsymbol{B}_{Wf} \end{bmatrix}$$

进一步,可将均方意义下的鲁棒 H_∞ – FDF 设计问题归结为:给定 $\gamma > 0$,求观测器增益矩阵 $\boldsymbol{H}$,使系统式(4 – 36)在 $\boldsymbol{w}(k) = 0$ 情况下为均方稳定,且满足:

$$\sup_{w \in l_2, \|w\|_2 \neq 0} \frac{\mathrm{E}\{\|\boldsymbol{r}_e\|_2\}}{\|\boldsymbol{w}\|_2} < \gamma \tag{4-37}$$

记

$$\tilde{\boldsymbol{e}}(k) = \begin{bmatrix} \boldsymbol{x}(k) \\ \boldsymbol{e}(k) \end{bmatrix}, \tilde{\boldsymbol{A}}_e = \begin{bmatrix} \boldsymbol{A} & 0 \\ 0 & \boldsymbol{A}_\xi \end{bmatrix}, \tilde{\boldsymbol{B}}_w = \begin{bmatrix} \boldsymbol{B}_w \\ \hat{\boldsymbol{B}}_w \end{bmatrix}$$

$$\tilde{\boldsymbol{A}}_{ei} = \begin{bmatrix} \boldsymbol{A}_i & 0 \\ \hat{\boldsymbol{A}}_i & 0 \end{bmatrix}, \tilde{\boldsymbol{B}}_{wi} = \begin{bmatrix} \boldsymbol{B}_{wi} \\ \boldsymbol{B}_{\xi wi} \end{bmatrix}, \tilde{\boldsymbol{H}} = \begin{bmatrix} 0 \\ \boldsymbol{H} \end{bmatrix}$$

$$\tilde{\boldsymbol{C}}_e = [0 \quad \boldsymbol{C}_\xi], \tilde{\boldsymbol{C}}_{ef} = [0 \quad \boldsymbol{C}_{\xi f}], \tilde{\boldsymbol{C}}_{ei} = [\boldsymbol{C}_i \quad 0]$$

从而可将系统式(4 – 36)表示为

$$\begin{cases} \tilde{\boldsymbol{e}}(k+1) = (\tilde{\boldsymbol{A}}_e - \tilde{\boldsymbol{H}}\tilde{\boldsymbol{C}}_e)\tilde{\boldsymbol{e}}(k) + (\tilde{\boldsymbol{B}}_w - \tilde{\boldsymbol{H}}\boldsymbol{D}_w)\boldsymbol{w}(k) \\ \qquad + \sum_{i=1}^{L} ((\tilde{\boldsymbol{A}}_{ei} - \tilde{\boldsymbol{H}}\tilde{\boldsymbol{C}}_{ei})\tilde{\boldsymbol{e}}(k) + (\tilde{\boldsymbol{B}}_{wi} - \tilde{\boldsymbol{H}}\boldsymbol{D}_{wi})\boldsymbol{w}(k))p_i(k) \\ \boldsymbol{r}_e(k) = \tilde{\boldsymbol{C}}_{ef}\tilde{\boldsymbol{e}}(k) - \boldsymbol{D}_{\xi w}\boldsymbol{w}(k) \end{cases} \tag{4-38}$$

进一步,应用引理 4.3 可得系统式(4 – 38)均方稳定且满足式(4 – 37)的充分条件,并给出均方意义下的鲁棒 H_∞ – FDF 可行解。

定理 4.4 给定 $\gamma > 0$,如果存在矩阵 $\boldsymbol{P}_1 > 0$、$\boldsymbol{P}_2 > 0$ 和矩阵 $\boldsymbol{Y}$ 满足如下 LMI:

$$\begin{bmatrix} \Omega_{1,1} & \Omega_{2,1}^{\mathrm{T}} & \Omega_{3,1}^{\mathrm{T}} & \cdots & \Omega_{(L+2),1}^{\mathrm{T}} \\ \Omega_{2,1} & \Omega_{2,2} & 0 & \cdots & 0 \\ \Omega_{3,1} & 0 & \ddots & \ddots & \vdots \\ \vdots & \vdots & \ddots & \ddots & 0 \\ \Omega_{(L+2),1} & 0 & \cdots & 0 & \Omega_{(L+2),(L+2)} \end{bmatrix} < 0 \tag{4-39}$$

其中，

$$\Omega_{2,1}=\begin{bmatrix} P_1A & 0 & P_1B_w \\ 0 & P_2A_\xi - YC_\xi & P_2\hat{B}_w - YD_w \\ 0 & C_{\xi f} & D_{\xi w} \end{bmatrix}$$

$$\Omega_{(i+2),1}=\sigma_i\begin{bmatrix} P_1A_i & 0 & P_1B_{wi} \\ P_2\hat{A}_i - YC_{\xi i} & 0 & P_2B_{wi} - YD_{wi} \\ 0 & 0 & 0 \end{bmatrix}$$

$$\Omega_{1,1}=-\mathrm{diag}\{P_1,P_2,\gamma^2 I\},\ \Omega_{j,j}=-\mathrm{diag}\{P_1,P_2,I\}$$

$$i=1,2,\cdots,L;\ j=2,3,\cdots,L+2$$

则系统式(4-24)在均方意义下的鲁棒 H_∞ -FDF 问题可解，且 $H=P_2^{-1}Y$。

证明:应用引理4.3，如果存在矩阵 $P=\mathrm{diag}(P_1,P_2)>0$ 使得如下矩阵不等式：

$$\begin{bmatrix} \tilde{A}_e - \tilde{H}\tilde{C}_e & \tilde{B}_w - \tilde{H}D_w \\ \tilde{C}_{ef} & -D_{\xi w} \end{bmatrix}^{\mathrm{T}}\begin{bmatrix} P & 0 \\ 0 & I \end{bmatrix}\begin{bmatrix} \tilde{A}_e - H\tilde{C}_e & \tilde{B}_w - \tilde{H}D_w \\ \tilde{C}_{ef} & -D_{\xi w} \end{bmatrix}-\begin{bmatrix} P & 0 \\ 0 & \gamma^2 I \end{bmatrix}$$
$$+\sum_{i=1}^{L}\sigma_i^2\begin{bmatrix} \tilde{A}_{ei} - \tilde{H}\tilde{C}_{ei} & \tilde{B}_{wi} - \tilde{H}D_{wi} \\ 0 & 0 \end{bmatrix}^{\mathrm{T}}\begin{bmatrix} P & 0 \\ 0 & I \end{bmatrix}\begin{bmatrix} \tilde{A}_{ei} - \tilde{H}\tilde{C}_{ei} & \tilde{B}_{wi} - \tilde{H}D_{wi} \\ 0 & 0 \end{bmatrix}<0 \tag{4-40}$$

成立，则系统式(4-38)在 $w(k)=0$ 条件下均方稳定且对所有 $w(k)\in l_2[0,\infty)$ 满足性能指标式(4-37)，即上述均方意义下的鲁棒 H_∞ -FDF 问题可解。应用 Schur 补引理，矩阵不等式(4-40)等价于：

$$\begin{bmatrix} \phi_{1,1} & \phi_{2,1}^{\mathrm{T}} & \phi_{3,1}^{\mathrm{T}} & \cdots & \phi_{(L+2),1}^{\mathrm{T}} \\ \phi_{2,1} & \phi_{2,2} & 0 & \cdots & 0 \\ \phi_{3,1} & 0 & \ddots & \ddots & \vdots \\ \vdots & \vdots & \ddots & \ddots & 0 \\ \phi_{(L+2),1} & 0 & \cdots & 0 & \phi_{(L+2),(L+2)} \end{bmatrix}<0 \tag{4-41}$$

其中，

$$\phi_{1,1}=\begin{bmatrix} -P & 0 \\ 0 & -\gamma^2 I \end{bmatrix},\ \phi_{2,1}=\begin{bmatrix} \tilde{A}_e - \tilde{H}\tilde{C}_e & \tilde{B}_w - \tilde{H}D_w \\ \tilde{C}_{ef} & D_{\xi w} \end{bmatrix}$$

$$\phi_{j,j}=\begin{bmatrix} -P & 0 \\ 0 & -I \end{bmatrix},\ \phi_{(i+2),1}=\sigma_i\begin{bmatrix} P(\tilde{A}_{ei} - \tilde{H}\tilde{C}_{ei}) & P(\tilde{B}_{wi} - \tilde{H}D_{wi}) \\ 0 & 0 \end{bmatrix}$$

$$i = 1,2,\cdots,L;j = 2,3,\cdots,L+2$$

令 $\boldsymbol{P}_2\boldsymbol{H} = \boldsymbol{Y}$，则矩阵不等式(4－41)可进一步表示成 LMI 式(4－39)，并且 $\boldsymbol{H} = \boldsymbol{P}_2^{-1}\boldsymbol{Y}$。

4.3.3 残差评价

与一般 LTI 类似，主残差评价主要包括残差评价函数与阈值的确定。选择有限时间移动窗口 $k \in [k_0, k_0 + K]$，定义如下残差评价函数：

$$J(\boldsymbol{r}) = \|\boldsymbol{r}\|_{2,K} = \left[\sum_{k=k_0}^{k_0+K} \boldsymbol{r}^{\mathrm{T}}(k)\boldsymbol{r}(k)\right]^{1/2}$$

其中，k_0 表示初始时刻，正整数 K 表示有限步长。对于选定的阈值 $J_{th} > 0$，应用如下假设检验判断是否有故障发生，即

$$\begin{cases} J(\boldsymbol{r}) \leqslant J_{th} \Rightarrow \text{无故障报警} \\ J(\boldsymbol{r}) > J_{th} \Rightarrow \text{发出故障报警} \end{cases}$$

则故障误报率 FAR 为

$$\begin{aligned} \mathrm{FAR} &= \Pr\{J(\boldsymbol{r}) > J_{th} \mid \boldsymbol{f} = 0\} \\ &= 1 - \Pr\{J(\boldsymbol{r}) \leqslant J_{th} \mid \boldsymbol{f} = 0\} \\ &\leqslant 1 - \Pr\{\sup_{d \in l_2[0,\infty)} J(\boldsymbol{r}) \leqslant J_{th} \mid \boldsymbol{f} = 0\} \end{aligned}$$

与连续时间 LTI 系统类似，零 FAR 阈值可选择为

$$J_{th} = \sup_{f=0} J(\boldsymbol{r})$$

但是，对于乘性随机噪声影响的离散时间系统式(4－24)而言，即使未知输入 L_2 范数上界已知，应用有界实引理计算零 FAR 阈值的方法不再适用。不失一般性，可以选择一定的乘性随机噪声样本，应用有界实引理获得相应的零 FAR 阈值，并基于此确定适当的阈值 J_{th}。注意到，如此选择的 J_{th} 不可避免地存在非零 FAR，下面将给出一种随机化算法，在概率意义下分析由此产生的 FAR。

引理 4.4[14] 考虑如下线性时变系统：

$$\begin{cases} \boldsymbol{x}(k+1) = \boldsymbol{A}_k\boldsymbol{x}(k) + \boldsymbol{B}_k\boldsymbol{d}(k) \\ \boldsymbol{y}(k) = \boldsymbol{C}_k\boldsymbol{x}(k) + \boldsymbol{D}_k\boldsymbol{d}(k) \\ \boldsymbol{x}(0) = \boldsymbol{x}_0 \end{cases}$$

式中：$\boldsymbol{x}(k)$、$\boldsymbol{y}(k)$、$\boldsymbol{d}(k)$ 如系统式(4－1)所述；$\boldsymbol{A}_k$、$\boldsymbol{B}_k$、$\boldsymbol{C}_k$、$\boldsymbol{D}_k$ 为适当维数的

时变参数矩阵。如果存在非负定矩阵 $\boldsymbol{P}_k$ 使得

$$\begin{aligned}\boldsymbol{P}_k &= \boldsymbol{A}_k^{\mathrm{T}}\boldsymbol{P}_{k+1}\boldsymbol{A}_k + \boldsymbol{C}_k^{\mathrm{T}}\boldsymbol{C}_k \\ &\quad + (\boldsymbol{B}_k^{\mathrm{T}}\boldsymbol{P}_{k+1}\boldsymbol{A}_k + \boldsymbol{D}_k^{\mathrm{T}}\boldsymbol{C}_k)^{\mathrm{T}}(\gamma^2\boldsymbol{I} - \boldsymbol{B}_k^{\mathrm{T}}\boldsymbol{P}_{k+1}\boldsymbol{B}_k - \boldsymbol{D}_k^{\mathrm{T}}\boldsymbol{D}_k)^{-1}(\boldsymbol{B}_k^{\mathrm{T}}\boldsymbol{P}_{k+1}\boldsymbol{A}_k + \boldsymbol{D}_k^{\mathrm{T}}\boldsymbol{C}_k)\\ \boldsymbol{P}_M &= 0, k = 0,1,\cdots,M-1\end{aligned}$$

成立,其中 M 为已知正整数,则该系统渐近稳定且对于给定 $\gamma > 0$ 满足:

$$\sum_{k=0}^{M}\boldsymbol{y}^{\mathrm{T}}(k)\boldsymbol{y}(k) < \gamma^2\sum_{k=0}^{M}\boldsymbol{d}^{\mathrm{T}}(k)\boldsymbol{d}(k)$$

对于随机变量 p_i 的第 j 个样本 $p_i^{(j)}(i = 1,2,\cdots,L;j = 1,2,\cdots,N)$,其中 N 为充分大正整数,无故障发生时 FDF 为如下线性时变系统:

$$\begin{cases}\boldsymbol{x}(k+1) = (\boldsymbol{A} + \sum_{i=1}^{L}\boldsymbol{A}_i p_i^{(j)}(k))\boldsymbol{x}(k) + (\boldsymbol{B}_u + \sum_{i=1}^{L}\boldsymbol{B}_{u,i}p_i^{(j)}(k))\boldsymbol{u}(k)\\ \qquad + (\boldsymbol{B}_d + \sum_{i=1}^{L}\boldsymbol{B}_{d,i}p_i^{(j)}(k))\boldsymbol{d}(k)\\ \hat{\boldsymbol{\xi}}(k+1) = \boldsymbol{H}(\boldsymbol{C} + \sum_{i=1}^{L}\boldsymbol{C}_i)\boldsymbol{x}(k) + (\boldsymbol{A}_\xi - \boldsymbol{H}\boldsymbol{C}_\xi)\hat{\boldsymbol{\xi}}(k) + \boldsymbol{B}_{u\xi}\boldsymbol{u}(k)\\ \qquad + \boldsymbol{H}(\boldsymbol{D}_d + \sum_{i=1}^{L}\boldsymbol{D}_{di})\boldsymbol{d}(k)\\ \boldsymbol{r}(k) = \boldsymbol{C}_{\xi f}\hat{\boldsymbol{\xi}}(k)\end{cases}$$

根据引理 4.4 可知,一定存在 $\gamma_u^{(j)} > 0$, $\gamma_d^{(j)} > 0$ 使满足:

$$\|\boldsymbol{r}\|_{2,K}^{(j)} < \gamma_u^{(j)}\ \|\boldsymbol{u}\|_{2,K} + \gamma_d^{(j)}\ \|\boldsymbol{d}\|_{2,K} \tag{4-42}$$

取

$$J_s^{(j)}(\boldsymbol{r}) = \sup_d\{\gamma_{u,\inf}^{(j)}\ \|\boldsymbol{u}\|_{2,K} + \gamma_{d,\inf}^{(j)}\ \|\boldsymbol{d}\|_{2,K}\}$$

其中, $\gamma_{u,\inf}^{(j)}$ 和 $\gamma_{d,\inf}^{(j)}$ 分别为满足约束条件式(4.42)的 $\gamma_u^{(j)}$ 和 $\gamma_d^{(j)}$ 的下确界。很显然,当 $J_s^{(j)}(r) \leqslant J_{th}$ 时,对应的 FAR 为 $FAR^{(j)} = 0$ 。

定义

$$\mu^{(j)} = \begin{cases}0, 当\ J_s^{(j)}(\boldsymbol{r}) > J_{th}\\ 1, 当\ J_s^{(j)}(\boldsymbol{r}) \leqslant J_{th}\end{cases} \tag{4-43}$$

$$\mathrm{FAR}_s = \sup_{p_i(k)}\mathrm{FAR}$$

则系统 FAR_s 的估计值 FAR_e 可取为

$$\mathrm{FAR}_e = 1 - \frac{1}{N}\sum_{j=1}^{N}\mu^{(j)} \tag{4-44}$$

由以上分析,下面将文献[15]中鲁棒控制的随机化方法推广应用于故障误报率分析,给出如下故障误报率 FAR_s 分析的随机化算法。

算法 4.1:

步骤 1. 对给定 $\delta > 0$ 和 $\varepsilon > 0$,随机产生 $\{p_1,\cdots,p_L\}$ 的 N 个样本(参见文献[15]),其中样本个数 N 满足 $N \geqslant \dfrac{\log\dfrac{2}{\delta}}{2\varepsilon^2}$;

步骤 2. 对 $p_i(k)$ 的第 j 个样本,计算 $J_s^{(j)}(\boldsymbol{r}) = \gamma_{u,\inf}^{(j)}\|\boldsymbol{u}\|_2 + \gamma_{d,\inf}^{(j)}M_d$,其中 M_d 为满足 $\|\boldsymbol{d}\|_2 \leqslant M_d$ 的某常数;

步骤 3. 如式(4-43)定义 $\mu^{(j)}$,则故障误报率估计值 FAR_e 可由式(4-44)计算,且计算的故障误报率 FAR_e 与实际 FAR_s 之间的误差满足:

$$\Pr\{|\mathrm{FAR}_s - \mathrm{FAR}_e| < \varepsilon\} \geqslant 1 - \delta \tag{4-45}$$

另外,假设容许的故障误报率为 FAR_a,基于如下算法可确定合适阈值 J_{th} 使实际的故障误报率满足 $\mathrm{FAR} = \Pr\{J(\boldsymbol{r}) > J_{th} | f = 0\} \leqslant \mathrm{FAR}_a$。

算法 4.2:

步骤 1. 产生随机序列 $\{p_1,\cdots,p_L\}$ 的 N 个样本;

步骤 2. 对 p_i 的第 j 个样本 $p_i^{(j)}(k_0), p_i^{(j)}(k_0+1),\cdots,p_i^{(j)}(k_0+K)$,计算 $J_s^{(j)}(r)$;

步骤 3. 选取一个阈值使得 $\dfrac{1}{N}\sum_{j=1}^{N}\mu^{(j)} \geqslant 1 - \mathrm{FAR}_a$,其中 $\mu^{(j)}$ 根据式(4-43)计算,误报率 FAR 满足式(4-45)。

4.3.4 仿真算例

考虑如下受乘性随机噪声影响的离散时间系统:

$$\begin{cases}\boldsymbol{x}(k+1) = \begin{bmatrix}0 & 1\\ -0.1 & -0.3\end{bmatrix}\boldsymbol{x}(k) + \begin{bmatrix}0.2\\0.3\end{bmatrix}d(k) \\ \qquad\qquad + \begin{bmatrix}0\\1\end{bmatrix}f(k) + p_1(k)\begin{bmatrix}-0.1 & 0\\ 0 & -0.2\end{bmatrix}\boldsymbol{x}(k) \\ y(k) = [1 \quad 0]\boldsymbol{x}(k)\end{cases}$$

其中 $p_1(k)$ 在 $[-0.5,0.5]$ 上服从均匀分布，即均值为0，方差为0.0833。给定 $\gamma=0.67$，应用定理4.4设计如式(4-35)所示的残差产生器，可得

$$H=[-1.0251\quad 0.2062\quad 0.3059]^{\mathrm{T}}$$

进一步，取 $N=100$，在 $\|d\|_{2,K}=1$ 的假设条件下，可计算对应于100个 $p_1(k)$ 样本的残差评价函数值 $J_s^{(j)}(\boldsymbol{r}),j=1,2,\cdots,100$。分别应用算法4.1和算法4.2计算：如果取 $J_{th}=0.4651$，则按照式(4-44)计算的 FAR_e 为10%；如果 FAR_a 设置为15%，则 J_{th} 可选取为0.4621。采用的未知输入如图4-11所示，图4-12和图4-13分别为单位阶跃故障信号及残差响应，图4-14和图4-15分别为斜坡故障信号及残差响应，图4-16和图4-17分别为正弦故障信号及残差响应。

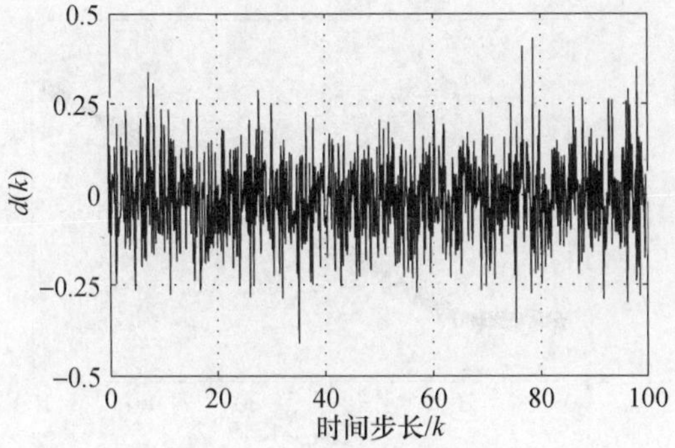

图4-11　未知输入信号

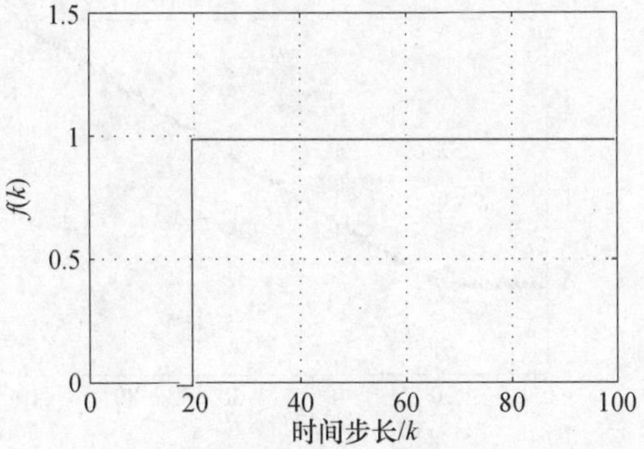

图4-12　单位阶跃故障信号

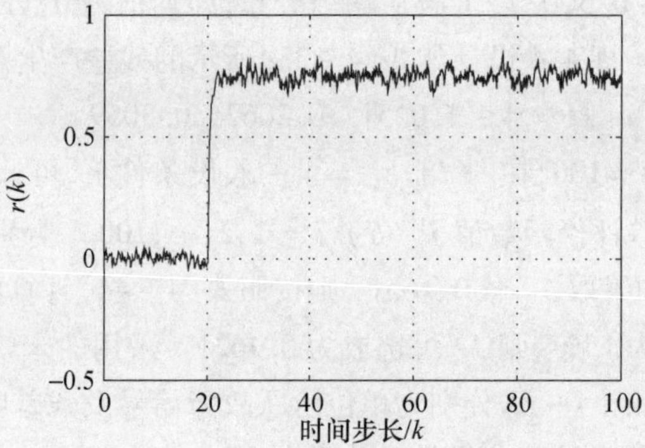

图 4－13　单位阶跃故障时残差响应

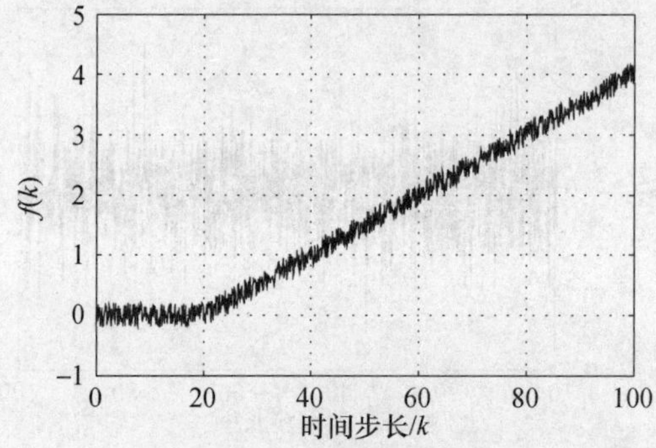

图 4－14　斜坡故障信号

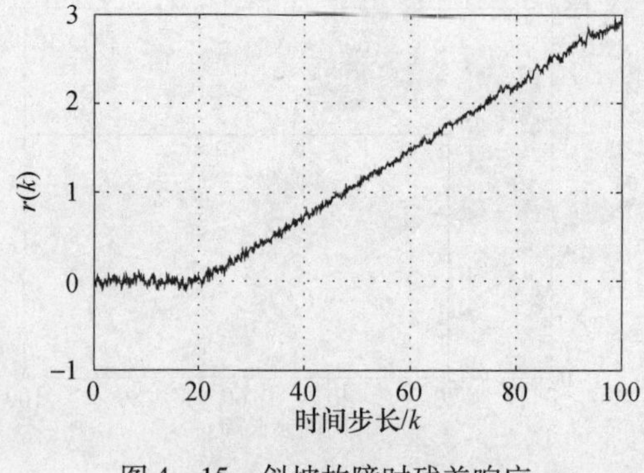

图 4－15　斜坡故障时残差响应

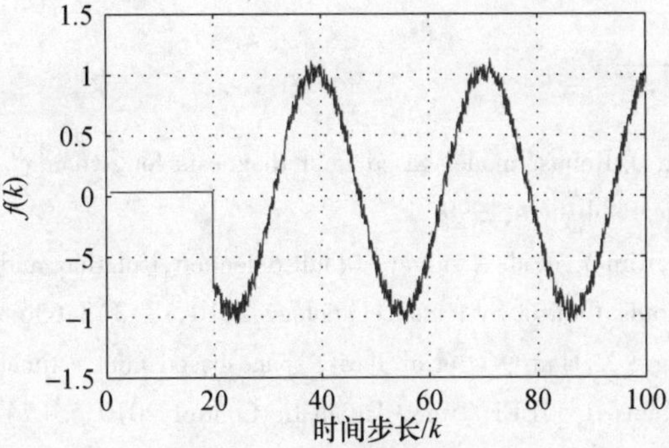

图 4－16　正弦故障信号

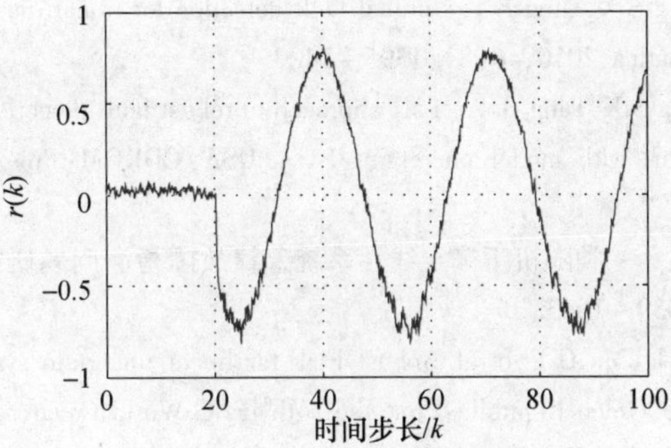

图 4－17　正弦故障时残差响应

4.4　小结

本章研究了 Polytopic 型不确定性线性离散时间系统和受乘性随机噪声影响线性离散时间系统鲁棒故障问题。首先，将基于 H_∞ 滤波的故障检测方法推广应用于 Polytopic 型不确定性离散时间系统，设计了基于观测器的参数化 FDF，应用 LMIs 技术得到了鲁棒 FDF 存在的充分条件，给出 FDF 参数矩阵的可行解。然后，针对一类受乘性随机噪声影响的离散时间系统，分别给出了随机意义下 H_∞ 故障估计和基于 H_∞ 滤波鲁棒故障检测的问题描述，应用 LMIs 技术设计了均方稳定 H_∞ －FDF，使残差能够在均方意义下与故障(或加权故障)误差最小化。另外，针对受乘性随机噪声影响的离散时间系统残差评价问题也进行了探索性研究，给出了故障误报率分析的随机化算法。

参考文献

[1] Chen J, Patton R J. Robust model-based fault diagnosis for dynamic systems[M]. Boston: Kluwer Academic Publishers, 1999.

[2] Hwang I, Kim S, Kim Y, et al. A survey of fault detection, isolation, and reconfiguration methods[J]. IEEE Trans. Control Systems Technology, 2010, 18(3)3: 636 - 653.

[3] Zhong M Y, Ding S X, Han Q-L, et al. Parity space-based fault estimation for linear discrete time-varying systems[J]. IEEE Trans. Automatic Control, 2010, 55(7): 1726 - 1731.

[4] Li X B. Fault detection filter design for linear systems[D]. Louisiana, USA: Louisiana State University, 2009.

[5] Zhong M Y, Ding S X, Ding E L. Optimal fault detection for linear discrete time-varying systems[J]. Automatica, 2010, 46(8): 1395 - 1400.

[6] Zhong M Y, Ding S X, Tang B. An LMI approach to robust fault detection filter design for discrete-time systems with model uncertainty[C]. USA, CDROM: Proc. the 40th IEEE CDC conference,

[7] 马传峰,钟麦英. 一类随机不确定线性系统鲁棒故障检测问题研究[J]. 控制与决策, 2007, 22(9): 1039 - 1043.

[8] Zhong M Y, Ye H, Ma C F, et al. Robust FDF for linear uncertain systems of the polytopic type[C]. Prague, Czech Republic: Proc. the 16th IFAC World Congress, 2005.

[9] 马传峰. 基于观测器的鲁棒 H_∞ 故障检测问题研究[D]. 济南:山东大学, 2007.

[10] De Oliveira M C, Geromel J C, Bernussou J. Extend H_2 and H_∞ norm characterizations and controller parameterizations for discrete-time systems[J]. Int. J. Control, 2002, 75(9): 666 - 679.

[11] Chen J, Patton R J. Standard H_∞ filtering formulation of robust fault detection[C]. Budapest, Hungary: Proc. the IFAC SAFEPROCESS, 2000.

[12] Costa O, Marques R. Mixed H_2/H_∞-control of discrete-time Markovian jump linear systems[J]. IEEE Trans. Automatic Control, 1998, 43(1): 95 - 100.

[13] Boyd S, Ghaoyi L El, Feron E. Linear matrix inequalities in systems and control theory[M]. Philadelphia: SIAM, 1994.

[14] Kailath T, Sayed A H, Hassibi B. Linear Estimation[M]. Englewood: Prentice Hall, 2000.

[15] Tempo R, Calafiore G, Dabbene F. Randomized Algorithms for Analysis and Control of Uncertain Systems: With Applications (Second Edition)[M]. London: Springer, 2012.

第 5 章 线性离散时变系统鲁棒 H_∞ 故障检测

5.1 引言

随着鲁棒 H_∞ 控制理论的发展，H_∞ 优化技术被广泛应用于 FDF 设计，纵观近 20 年来取得的研究成果[1-13]。正如第 2 章所述，针对线性定常系统，最具代表性的成果包括基于 H_i/H_∞ 优化和基于 H_∞ 滤波的鲁棒故障检测方法[1-4]。文献[5-8]针对几类典型的模型不确定 LTI 系统，研究了基于 H_i/H_∞ 优化和 H_∞ 滤波的模型不确定系统鲁棒故障检测问题。文献[9-10]针对线性离散时变(Iinear Discrete Time Varying, LDTV)系统，研究了基于 H_i/H_∞ 优化的鲁棒故障检测问题，得到了基于 Riccati 方程的 H_i/H_∞-FDF 设计方法。文献[11-12]应用 Krein 空间投影技术，给出了 LDTV 系统基于 H_∞ 滤波的 H_∞-FDF 设计方法。但是，文献[9-12]的研究成果不适用于存在模型不确定性的情况。本章将重点研究受乘性噪声影响 LDTV 系统和存在数据丢包 LDTV 系统的故障检测问题[13-15]，将基于鲁棒 FDF 设计归结为一类随机时变系统的 H_∞ 滤波问题，利用 Lyapunov 方法和伴随算子理论，推导并证明 H_∞-FDF 存在的充分必要条件，并通过求解 Riccati 方程，给出 FDF 参数矩阵的可行解。

5.2 乘性不确定性 LDTV 系统

5.2.1 问题描述

考虑如下 LDTV 系统：

$$\begin{cases}\boldsymbol{x}(k+1)=(\boldsymbol{A}(k)+\boldsymbol{A}_v(k)v(k))\boldsymbol{x}(k)+(\boldsymbol{B}_f(k)+\boldsymbol{B}_{fv}(k)v(k))\boldsymbol{f}(k)\\ \qquad\qquad +(\boldsymbol{B}_d(k)+\boldsymbol{B}_{dv}(k)v(k))d(k)\\ \boldsymbol{y}(k)=(\boldsymbol{C}(k)+\boldsymbol{C}_v(k)v(k))\boldsymbol{x}(k)+(\boldsymbol{D}_f(k)+\boldsymbol{D}_{fv}(k)v(k))\boldsymbol{f}(k)\\ \qquad\qquad +(\boldsymbol{D}_d(k)+\boldsymbol{D}_{dv}(k)v(k))\boldsymbol{d}(k)\\ \boldsymbol{x}(0)=\boldsymbol{x}_0\end{cases} \tag{5-1}$$

式中：$\boldsymbol{x}(k)\in R^{n}$、$\boldsymbol{y}(k)\in R^{n_y}$、$\boldsymbol{d}(k)\in R^{n_d}$ 和 $\boldsymbol{f}(k)\in R^{n_f}$ 分别为系统状态、测量输出、未知输入和故障向量；$\boldsymbol{d}(k)\in l_2[0,N]$；$\boldsymbol{f}(k)\in l_2[0,N]$；$\boldsymbol{A}(k)$、$\boldsymbol{B}_f(k)$、$\boldsymbol{B}_d(k)$、$\boldsymbol{C}(k)$、$\boldsymbol{D}_f(k)$、$\boldsymbol{D}_d(k)$、$\boldsymbol{A}_v(k)$、$\boldsymbol{B}_{fv}(k)$、$\boldsymbol{B}_{dv}(k)$、$\boldsymbol{C}_v(k)$、$\boldsymbol{D}_{fv}(k)$ 和 $\boldsymbol{D}_{dv}(k)$ 为适当维数的已知矩阵。

定义 5.1[16]　对于系统式(5-1)，若在 $f(k)=0$ 和 $d(k)=0$ 时存在常数 $c\geqslant 0$ 和常数 $q\in(0,1)$，使得如下不等式成立：

$$\mathrm{E}\{\|\boldsymbol{x}(k)\|^2\}\leqslant cq^k\|\boldsymbol{x}(0)\|^2$$

则称该系统为均方指数稳定。

不失一般性，假设系统式(5-1)满足如下条件：

(1) $C(k)$ 行满秩；

(2) $\{v(k)\}$ 为零均值白噪声序列，且有 $E\{v(i)v(j)\}=\varepsilon\delta_{ij}$，其中 ε 为一已知正常数，δ_{ij} 为 Kronecker 函数；

(3) 在有限时间域 $[0,N]$ 内，系统式(5-1)为均方指数稳定。

采用如下基于观测器的 FDF 作为残差产生器：

$$\begin{cases}\hat{\boldsymbol{x}}(k+1)=\boldsymbol{A}(k)\hat{\boldsymbol{x}}(k)+\boldsymbol{L}(k)(\boldsymbol{y}(k)-\boldsymbol{C}(k)\hat{\boldsymbol{x}}(k))\\ \boldsymbol{r}(k)=\boldsymbol{V}(k)(\boldsymbol{y}(k)-\boldsymbol{C}(k)\hat{\boldsymbol{x}}(k))\\ \hat{\boldsymbol{x}}(0)=\hat{\boldsymbol{x}}_0\end{cases} \tag{5-2}$$

式中：$\hat{\boldsymbol{x}}(k)$ 为状态估计；$\boldsymbol{r}(k)\in R^{r}$ 为残差；$\hat{\boldsymbol{x}}_0$ 为滤波器初始状态，观测器增

益矩阵 $\boldsymbol{L}(k)$ 和后置滤波器 $\boldsymbol{V}(k)$ 为待设计参数。令：

$$\boldsymbol{e}(k)=\boldsymbol{x}(k)-\hat{\boldsymbol{x}}(k),\ \boldsymbol{\eta}(k)=[\boldsymbol{x}^{\mathrm{T}}(k)\quad \boldsymbol{e}^{\mathrm{T}}(k)]^{\mathrm{T}}$$

$$\boldsymbol{r}_e(k)=\boldsymbol{r}(k)-\boldsymbol{f}(k),\ \boldsymbol{w}(k)=[\boldsymbol{f}^{\mathrm{T}}(k)\quad \boldsymbol{d}^{\mathrm{T}}(k)]^{\mathrm{T}}$$

则由式(5－1)、式(5－2)可得

$$\begin{cases}\boldsymbol{\eta}(k+1)=(\boldsymbol{A}_\eta(k)+\boldsymbol{A}_{\eta v}(k)v(k))\boldsymbol{\eta}(k)+(\boldsymbol{B}_\eta(k)+\boldsymbol{B}_{\eta v}(k)v(k))\boldsymbol{w}(k)\\ \boldsymbol{r}_e(k)=(\boldsymbol{C}_\eta(k)+\boldsymbol{C}_{\eta v}(k)v(k))\boldsymbol{\eta}(k)+(\boldsymbol{D}_\eta(k)+\boldsymbol{D}_{\eta v}(k)v(k))\boldsymbol{w}(k)\end{cases}\tag{5-3}$$

其中，

$$\boldsymbol{A}_\eta(k)=\begin{bmatrix}\boldsymbol{A}(k) & 0\\ 0 & \boldsymbol{A}(k)-\boldsymbol{L}(k)\boldsymbol{C}(k)\end{bmatrix},$$

$$\boldsymbol{A}_{\eta v}(k)=\begin{bmatrix}\boldsymbol{A}_v(k) & 0\\ \boldsymbol{A}_v(k)-\boldsymbol{L}(k)\boldsymbol{C}_v(k) & 0\end{bmatrix}$$

$$\boldsymbol{B}_\eta(k)=\begin{bmatrix}\boldsymbol{B}_f(k) & \boldsymbol{B}_d(k)\\ \boldsymbol{B}_f(k)-\boldsymbol{L}(k)\boldsymbol{D}_f(k) & \boldsymbol{B}_d(k)-\boldsymbol{L}(k)\boldsymbol{D}_d(k)\end{bmatrix}$$

$$\boldsymbol{B}_{\eta v}(k)=\begin{bmatrix}\boldsymbol{B}_{fv}(k) & \boldsymbol{B}_{dv}(k)\\ \boldsymbol{B}_{fv}(k)-\boldsymbol{L}(k)\boldsymbol{D}_{fv}(k) & \boldsymbol{B}_{dv}(k)-\boldsymbol{L}(k)\boldsymbol{D}_{dv}(k)\end{bmatrix}$$

$$\boldsymbol{C}_\eta(k)=[0\quad \boldsymbol{V}(k)\boldsymbol{C}(k)],\ \boldsymbol{C}_{\eta v}(k)=[\boldsymbol{V}(k)\boldsymbol{C}_v(k)\quad 0]$$

$$\boldsymbol{D}_\eta(k)=[\boldsymbol{V}(k)\boldsymbol{D}_f(k)-\boldsymbol{I}\quad \boldsymbol{V}(k)\boldsymbol{D}_d(k)],$$

$$\boldsymbol{D}_{\eta v}(k)=[\boldsymbol{V}(k)\boldsymbol{D}_{fv}(k)\quad \boldsymbol{V}(k)\boldsymbol{D}_{dv}(k)]$$

将基于 H_∞ 滤波的故障检测方法推广应用于设计 FDF，其核心思想是使产生的残差与故障之差在均方意义最小。因此可将 FDF 设计问题归结为：给定 $\gamma>0$，求参数矩阵 $\boldsymbol{L}(k)$ 和 $\boldsymbol{V}(k)$，使系统式(5－3)均方指数稳定，且满足如下 H_∞ 性能指标：

$$\sup_{\|w(k)\|_{2,N}\neq 0}\frac{\|\boldsymbol{r}_e(k)\|_{2,\mathrm{E}}^2}{\boldsymbol{\eta}^{\mathrm{T}}(0)\boldsymbol{S}\boldsymbol{\eta}(0)+\|\boldsymbol{w}(k)\|_2^2}<\gamma^2\tag{5-4}$$

式中：$\boldsymbol{S}>0$ 为给定的初始状态加权矩阵。

5.2.2 H_∞ 性能指标分析

引理 5.1 当且仅当存在正定矩阵 $\boldsymbol{P}(k)$ 使得如下不等式成立时：

$$A_{\eta}^{\mathrm{T}}(k)P(k+1)A_{\eta}(k)+\varepsilon A_{\eta v}^{\mathrm{T}}(k)P(k+1)A_{\eta v}(k)-P(k)<0 \quad (5-5)$$

系统式(5-3)均方指数稳定。

证明 (1)充分性。令 F_k 表示由 $\{v(k),0\leqslant k\leqslant N\}$ 产生的 Borel σ -代数域。假设式(5-5)成立,对于 $P(k)>0$,则存在 $\kappa_1(k)>0$ 和 $\kappa_2(k)>0$ 使满足:

$$\kappa_1(k)I\leqslant P(k)\leqslant\kappa_2(k)I$$

$$\kappa_1(k)\mathrm{E}\{\eta^{\mathrm{T}}(k)\eta(k)\}\leqslant\mathrm{E}\{\eta^{\mathrm{T}}(k)P(k)\eta(k)\}\leqslant\kappa_2(k)\mathrm{E}\{\eta^{\mathrm{T}}(k)\eta(k)\}$$

从而可得

$$\begin{aligned}&\mathrm{E}\{\eta^{\mathrm{T}}(k+1)P(k+1)\eta(k+1)\mid F_k\}\\&=\mathrm{E}\{\eta^{\mathrm{T}}(k)(A_{\eta}^{\mathrm{T}}(k)P(k+1)A_{\eta}(k)+\varepsilon A_{\eta v}^{\mathrm{T}}(k)P(k+1)A_{\eta v}(k)\\&\quad-P(k))\eta(k)\}+\mathrm{E}\{\eta^{\mathrm{T}}(k)P(k)\eta(k)\}\end{aligned}$$

另外,当式(5-5)成立时,存在 $0<\kappa_3(k)<\kappa_2(k)$ 使得如下不等式成立:

$$\begin{aligned}&\mathrm{E}\{\eta^{\mathrm{T}}(k+1)P(k+1)\eta(k+1)\}\\&\leqslant-\kappa_3(k)\mathrm{E}\{\eta^{\mathrm{T}}(k)\eta(k)\}+\mathrm{E}\{\eta^{\mathrm{T}}(k)P(k)\eta(k)\}\\&\leqslant\frac{-\kappa_3(k)}{\kappa_2(k)}\mathrm{E}\{\eta^{\mathrm{T}}(k)P(k)\eta(k)\}+\mathrm{E}\{\eta^{\mathrm{T}}(k)P(k)\eta(k)\}\\&=\left(1-\frac{\kappa_3(k)}{\kappa_2(k)}\right)\mathrm{E}\{\eta^{\mathrm{T}}(k)P(k)\eta(k)\}\end{aligned}$$

从而可得

$$\begin{aligned}&\kappa_1(k+1)\mathrm{E}\{\eta^{\mathrm{T}}(k+1)\eta(k+1)\}\\&\leqslant\mathrm{E}\{\eta^{\mathrm{T}}(k+1)P(k+1)\eta(k+1)\}\leqslant\left(1-\frac{\kappa_3(k)}{\kappa_2(k)}\right)\mathrm{E}\{\eta^{\mathrm{T}}(k)P(k)\eta(k)\}\\&\leqslant\left(1-\frac{\kappa_3(k)}{\kappa_2(k)}\right)\left(1-\frac{\kappa_3(k-1)}{\kappa_2(k-1)}\right)\times\mathrm{E}\{\eta^{\mathrm{T}}(k-1)P(k-1)\eta(k-1)\}\\&\leqslant\cdots\leqslant\left(1-\frac{\kappa_3(k)}{\kappa_2(k)}\right)\cdots\left(1-\frac{\kappa_3(0)}{\kappa_2(0)}\right)\mathrm{E}\{\eta^{\mathrm{T}}(0)P(0)\eta(0)\}\end{aligned}$$

令 $q_1=\max\left\{\left(1-\frac{\kappa_3(k)}{\kappa_2(k)}\right),\cdots,\left(1-\frac{\kappa_3(0)}{\kappa_2(0)}\right)\right\}$,进一步得到

$$\begin{aligned}\mathrm{E}\{\eta^{\mathrm{T}}(k+1)P(k+1)\eta(k+1)\}&\leqslant q_1^{k+1}\mathrm{E}\{\eta^{\mathrm{T}}(0)P(0)\eta(0)\}\\&=q_1^{k+1}\eta^{\mathrm{T}}(0)P(0)\eta(0)\end{aligned}$$

即

$$\kappa_1(k+1)\mathrm{E}\{\boldsymbol{\eta}^{\mathrm{T}}(k+1)\boldsymbol{\eta}(k+1)\} \leqslant \kappa_2(0)q_1^{k+1} \ \|\boldsymbol{\eta}(0)\|^2$$

$$\mathrm{E}\{\|\boldsymbol{\eta}(k)\|^2\} \leqslant cq^k \ \|\boldsymbol{\eta}(0)\|^2$$

其中,

$$c = \frac{\kappa_2(0)}{\kappa_1(k)} > 0 \ , q = \max\left\{\left(1 - \frac{\kappa_3(k-1)}{\kappa_2(k-1)}\right), \cdots, \left(1 - \frac{\kappa_3(0)}{\kappa_2(0)}\right)\right\} \in (0,1)$$

(2)必要性。考虑如下函数:

$$g(k) = \boldsymbol{\eta}^{\mathrm{T}}(k)\boldsymbol{P}(k)\boldsymbol{\eta}(k): = \mathrm{E}\{\sum_{i=k}^{N}\boldsymbol{\eta}^{\mathrm{T}}(i)\boldsymbol{\Psi}(i)\boldsymbol{\eta}(i) \mid F_k\}$$

式中:$\boldsymbol{\Psi}(i)$ ($i = 1,\cdots,N$)为任意正定矩阵;F_k 为由 $\boldsymbol{\eta}(i)$ ($i = 1,\cdots,N$) 产生的 Borel $-\ \sigma$ 代数域。则由 $\mathrm{E}\{\boldsymbol{\eta}^{\mathrm{T}}(k)\boldsymbol{\eta}(k)\} \leqslant cq^k \ \|q(0)\|^2$ 知,$\mathrm{E}\{\boldsymbol{\eta}^{\mathrm{T}}(i)\boldsymbol{\Psi}(i)\boldsymbol{\eta}(i)\} > 0$ 且有界,从而有 $\boldsymbol{P}(k) > 0$ 。定义:

$$g(k+1) = \boldsymbol{\eta}^{\mathrm{T}}(k+1)\boldsymbol{P}(k+1)\boldsymbol{\eta}(k+1): = \mathrm{E}\{\sum_{i=k+1}^{N}\boldsymbol{\eta}^{\mathrm{T}}(i)\boldsymbol{\Psi}(i)\boldsymbol{\eta}(i) \mid F_{k+1}\}$$

由此可得

$$\begin{aligned}
&\mathrm{E}\{g(k) - g(k+1) \mid F_k\} \\
&= \mathrm{E}\{(\mathrm{E}\{\sum_{i=k}^{N}\boldsymbol{\eta}^{\mathrm{T}}(i)\boldsymbol{\Psi}(i)\boldsymbol{\eta}(i) \mid F_k\} \\
&\quad - \mathrm{E}\{\sum_{i=k+1}^{N}\boldsymbol{\eta}^{\mathrm{T}}(i)\boldsymbol{\Psi}(i)\boldsymbol{\eta}(i) \mid F_{k+1}\}) \mid F_k\} \\
&= \boldsymbol{\eta}^{\mathrm{T}}(k)\boldsymbol{\Psi}(k)\boldsymbol{\eta}(k)
\end{aligned}$$

另外,

$$\begin{aligned}
&\mathrm{E}\{g(k) - g(k+1) \mid F_k\} \\
&= \mathrm{E}\{\boldsymbol{\eta}^{\mathrm{T}}(k)\boldsymbol{P}(k)\boldsymbol{\eta}(k) - \boldsymbol{\eta}^{\mathrm{T}}(k+1)\boldsymbol{P}(k+1)\boldsymbol{\eta}(k+1) \mid F_k\} \\
&= \boldsymbol{\eta}^{\mathrm{T}}(k)(-A_{\eta}^{\mathrm{T}}(k)\boldsymbol{P}(k+1)\boldsymbol{A}_{\eta}(k) - \\
&\quad \varepsilon\boldsymbol{A}_{\eta v}^{\mathrm{T}}(k)\boldsymbol{P}(k+1)\boldsymbol{A}_{\eta v}(k) + \boldsymbol{P}(k))\boldsymbol{\eta}(k)
\end{aligned}$$

因此,

$$\boldsymbol{A}_{\eta}^{\mathrm{T}}(k)\boldsymbol{P}(k+1)\boldsymbol{A}_{\eta}(k) + \varepsilon\boldsymbol{A}_{\eta v}^{\mathrm{T}}(k)\boldsymbol{P}(k+1)\boldsymbol{A}_{\eta v}(k) - \boldsymbol{P}(k) = -\boldsymbol{\Psi}(k)$$

注意到,对任意正定矩阵 $\boldsymbol{\Psi}(k)$ 和向量 $\boldsymbol{\eta}(k)$,都有上述方程成立。所以,如下不等式成立:

$$A_{\eta}^{\mathrm{T}}(k)P(k+1)A_{\eta}(k)+\varepsilon A_{\eta v}^{\mathrm{T}}(k)P(k+1)A_{\eta v}(k)-P(k)<0$$

必要性得证。引理 5.1 得证。

根据引理 5.1,可得如下定理 5.1。

定理 5.1 给定的$\gamma>0$,当且仅当存在正常数ζ和正定矩阵$P(k)$使得如下 Riccati 方程成立时:

$$\begin{cases}P(k)=A_{\eta}^{\mathrm{T}}(k)P(k+1)A_{\eta}(k)+\varepsilon C_{\eta v}^{\mathrm{T}}(k)C_{\eta v}(k)+\varepsilon A_{\eta v}^{\mathrm{T}}(k)P(k+1)A_{\eta v}(k)\\ \qquad +C_{\eta}^{\mathrm{T}}(k)C_{\eta}(k)+E^{\mathrm{T}}(k)(\Theta)^{-1}(k)E(k)+\zeta I\\ P(N+1)=S_{N+1}\end{cases} \tag{5-6}$$

式中:$S_{N+1}>0$为给定的终态加权矩阵;$E(k)$、$\Theta(k)$分别为

$$E(k)=(A_{\eta}^{\mathrm{T}}(k)P(k+1)B_{\eta}(k)+\varepsilon C_{\eta v}^{\mathrm{T}}(k)D_{\eta v}(k)+\varepsilon A_{\eta v}^{\mathrm{T}}(k)P(k+1)B_{\eta v}(k)$$
$$+C_{\eta}^{\mathrm{T}}(k)D_{\eta}(k))^{\mathrm{T}}$$

$$\Theta(k)=\gamma^{2}I-B_{\eta}^{\mathrm{T}}(k)P(k+1)B_{\eta}(k)-D_{\eta}^{\mathrm{T}}(k)D_{\eta}(k)-$$
$$\varepsilon B_{\eta v}^{\mathrm{T}}(k)P(k+1)B_{\eta v}(k)-\varepsilon D_{\eta v}^{\mathrm{T}}(k)D_{\eta v}(k)>0$$

系统式(5-3)均方指数稳定,且在零初始条件下满足如下H_{∞}性能指标:

$$\sup_{\|w(k)\|_2\neq 0}\frac{\|r_e(k)\|_{2,\mathrm{E}}^{2}+\mathrm{E}\{\eta^{\mathrm{T}}(N+1)S_{N+1}\eta(N+1)\}}{\|w(k)\|_2^{2}}<\gamma^{2} \tag{5-7}$$

证明 (1)充分性。定义:

$$V(\eta(k),k)=\eta^{\mathrm{T}}(k)P(k)\eta(k),\ P(k)>0$$

则有

$$\begin{aligned}\Delta V(k)&=\mathrm{E}\{V(k+1)\mid F_k\}-V(k)\\&=\eta^{\mathrm{T}}(k)A_{\eta}^{\mathrm{T}}(k)P(k+1)A_{\eta}(k)\eta(k)\\&\quad+\eta^{\mathrm{T}}(k)A_{\eta}^{\mathrm{T}}(k)P(k+1)B_{\eta}(k)w(k)\\&\quad+\varepsilon\eta^{\mathrm{T}}(k)A_{\eta v}^{\mathrm{T}}(k)(k)P(k+1)A_{\eta v}(k)\eta(k)\\&\quad+\varepsilon\eta^{\mathrm{T}}(k)A_{\eta v}^{\mathrm{T}}(k)P(k+1)B_{\eta v}(k)w(k)\\&\quad+w^{\mathrm{T}}(k)B_{\eta}^{\mathrm{T}}(k)P(k+1)A_{\eta}(k)\eta(k)\\&\quad+w^{\mathrm{T}}(k)B_{\eta}^{\mathrm{T}}(k)P(k+1)B_{\eta}(k)w(k)\\&\quad+\varepsilon w^{\mathrm{T}}(k)B_{\eta v}^{\mathrm{T}}(k)P(k+1)A_{\eta v}(k)\eta(k)\\&\quad+\varepsilon w^{\mathrm{T}}(k)B_{\eta v}^{\mathrm{T}}(k)P(k+1)B_{\eta v}(k)w(k)-\eta^{\mathrm{T}}(k)P(k)\eta(k)\end{aligned}$$

由式(5-3)可得

$$\begin{aligned}
\mathrm{E}\{\Delta V\} &= \mathrm{E}\{\Delta V\} - \mathrm{E}\{\gamma^2 \boldsymbol{w}^{\mathrm{T}}(k)\boldsymbol{w}(k)\} + \mathrm{E}\{\gamma^2 \boldsymbol{w}^{\mathrm{T}}(k)\boldsymbol{w}(k)\} \\
&\quad - \mathrm{E}\{\boldsymbol{r}_e^{\mathrm{T}}(k)\boldsymbol{r}_e(k)\} + \mathrm{E}\{\boldsymbol{r}_e^{\mathrm{T}}(k)\boldsymbol{r}_e(k)\} \\
&= \boldsymbol{\eta}^{\mathrm{T}}(k)\boldsymbol{\Pi}_{11}(k)\boldsymbol{\eta}(k) + \boldsymbol{w}^{\mathrm{T}}(k)\boldsymbol{\Pi}_{21}(k)\boldsymbol{\eta}(k) \\
&\quad + \boldsymbol{\eta}^{\mathrm{T}}(k)\boldsymbol{\Pi}_{12}(k)\boldsymbol{w}(k) - \boldsymbol{w}^{\mathrm{T}}(k)(-\boldsymbol{\Pi}_{22}(k))\boldsymbol{w}(k) \\
&\quad + \mathrm{E}\{\gamma^2 \boldsymbol{w}^{\mathrm{T}}(k)\boldsymbol{w}(k)\} - \mathrm{E}\{\boldsymbol{r}_e^{\mathrm{T}}(k)\boldsymbol{r}_e(k)\}
\end{aligned} \tag{5-8}$$

其中,

$$\begin{aligned}
\boldsymbol{\Pi}_{11}(k) &= \boldsymbol{A}_\eta^{\mathrm{T}}(k)\boldsymbol{P}(k+1)\boldsymbol{A}_\eta(k) - \boldsymbol{P}(k) + \boldsymbol{C}_\eta^{\mathrm{T}}(k)\boldsymbol{C}_\eta(k) + \varepsilon\boldsymbol{C}_{\eta v}^{\mathrm{T}}(k)6_{\eta v}(k) \\
&\quad + \varepsilon\boldsymbol{A}_{\eta v}^{\mathrm{T}}(k)\boldsymbol{P}(k+1)\boldsymbol{A}_{\eta v}(k) \\
\boldsymbol{\Pi}_{12}(k) &= \boldsymbol{A}_\eta^{\mathrm{T}}(k)\boldsymbol{P}(k+1)\boldsymbol{B}_\eta(k) + \boldsymbol{C}_\eta^{\mathrm{T}}(k)\boldsymbol{D}_\eta(k) + \varepsilon\boldsymbol{C}_{\eta v}^{\mathrm{T}}(k)\boldsymbol{D}_{\eta v}(k) \\
&\quad + \varepsilon\boldsymbol{A}_{\eta v}^{\mathrm{T}}(k)\boldsymbol{P}(k+1)\boldsymbol{B}_{\eta v}(k) \\
\boldsymbol{\Pi}_{22}(k) &= \boldsymbol{B}_\eta^{\mathrm{T}}(k)\boldsymbol{P}(k+1)\boldsymbol{B}_\eta(k) - \gamma^2\boldsymbol{I} + \boldsymbol{D}_\eta^{\mathrm{T}}(k)\boldsymbol{D}_\eta(k) + \varepsilon\boldsymbol{D}_{\eta v}^{\mathrm{T}}(k)\boldsymbol{D}_{\eta v}(k) \\
&\quad + \varepsilon\boldsymbol{B}_{\eta v}^{\mathrm{T}}(k)\boldsymbol{P}(k+1)\boldsymbol{B}_{\eta v}(k) \\
\boldsymbol{\Pi}_{21}(k) &= \boldsymbol{\Pi}_{12}^{\mathrm{T}}(k)
\end{aligned}$$

由式(5-8),对 $\mathrm{E}\{\Delta V\}$ 由 $0\sim N$ 取加和,进一步可得

$$\begin{aligned}
\sum_{k=0}^{N}\mathrm{E}\{\Delta V\} &= \mathrm{E}\{\boldsymbol{\eta}^{\mathrm{T}}(N+1)\boldsymbol{P}(N+1)\boldsymbol{\eta}(N+1)\} - \boldsymbol{\eta}^{\mathrm{T}}(0)\boldsymbol{P}(0)\boldsymbol{\eta}(0) \\
= \sum_{k=0}^{N}&\mathrm{E}\{\boldsymbol{\eta}^{\mathrm{T}}(k)\boldsymbol{R}(\boldsymbol{P}(k))\boldsymbol{\eta}(k)\} + \mathrm{E}\sum_{k=0}^{N-1}\{\gamma^2\boldsymbol{w}^{\mathrm{T}}(k)\boldsymbol{w}(k) - \boldsymbol{r}_e^{\mathrm{T}}(k)\boldsymbol{r}_e(k)\} \\
&- \mathrm{E}\sum_{k=0}^{N}\{(\boldsymbol{w}(k)-\boldsymbol{\mu}^*(k))^{\mathrm{T}}\boldsymbol{\Theta}(k)(\boldsymbol{w}(k)-\boldsymbol{\mu}^*(k))\}
\end{aligned} \tag{5-9}$$

其中,

$$\boldsymbol{\Theta}(k) = -\boldsymbol{\Pi}_{22}(k),\ \boldsymbol{\mu}(k) = \boldsymbol{\Theta}^{-1}(k)\boldsymbol{\Pi}_{21}(k)\boldsymbol{\eta}(k)$$

$$\boldsymbol{R}(\boldsymbol{P}(k)) = \boldsymbol{\Pi}_{11}(k) + \boldsymbol{\Pi}_{12}(k)\boldsymbol{\Theta}^{-1}(k)\boldsymbol{\Pi}_{21}(k)$$

令 $w(k)=0$,由引理5.1知,若不等式(5-5)成立,则系统式(5-3)均方指数稳定。由式(5-6)知,当 $\boldsymbol{\Theta}(k)>0$,则式(5-5)式成立,系统式(5-3)均方指数稳定。

当 $w(k)\neq 0$ 时,定义:

$$J_N = \mathrm{E}\{\sum_{k=0}^{N}\boldsymbol{r}_e^{\mathrm{T}}(k)\boldsymbol{r}_e(k) - \gamma^2\sum_{k=0}^{N}\boldsymbol{w}^{\mathrm{T}}(k)\boldsymbol{w}(k)\} + \mathrm{E}\{\boldsymbol{\eta}^{\mathrm{T}}(N+1)\boldsymbol{S}_{N+1}\boldsymbol{\eta}(N+1)\}$$

在零初始条件下，由式(5-9)可得

$$\begin{aligned}J_N = & -\mathrm{E}\sum_{k=0}^{N}\{(\boldsymbol{w}(k)-\boldsymbol{\mu}^*(k))^{\mathrm{T}}\boldsymbol{\Theta}(k)(\boldsymbol{w}(k)-\boldsymbol{\mu}^*(k))\}\\ & +\mathrm{E}\sum_{k=0}^{N}\{\boldsymbol{\eta}^{\mathrm{T}}(k)\boldsymbol{R}(\boldsymbol{P}(k))\boldsymbol{\eta}(k)\} + \mathrm{E}\{\boldsymbol{\eta}^{\mathrm{T}}(N+1)\boldsymbol{S}_{N+1}\boldsymbol{\eta}(N+1)\}\\ & -\mathrm{E}\{\boldsymbol{\eta}^{\mathrm{T}}(N+1)\boldsymbol{P}(N+1)\boldsymbol{\eta}(N+1)\}\\ \leqslant & -\mathrm{E}\sum_{k=0}^{N}\{(\boldsymbol{w}(k)-\boldsymbol{\mu}^*(k))^{\mathrm{T}}\boldsymbol{\Theta}(k)(\boldsymbol{w}(k)-\boldsymbol{\mu}^*(k))\}\\ & +\mathrm{E}\sum_{k=0}^{N}\{\boldsymbol{\eta}^{\mathrm{T}}(k)(\boldsymbol{R}(\boldsymbol{P}(k))+\zeta\boldsymbol{I})\boldsymbol{\eta}(k)\}\\ & +\mathrm{E}\{\boldsymbol{\eta}^{\mathrm{T}}(N+1)\boldsymbol{S}_{N+1}\boldsymbol{\eta}(N+1)\} - \mathrm{E}\{\boldsymbol{\eta}^{\mathrm{T}}(N+1)\boldsymbol{P}(N+1)\boldsymbol{\eta}(N+1)\}\end{aligned} \tag{5-10}$$

假设存在 $\boldsymbol{P}(k)>0$ 使得式(5-6)成立且 $\boldsymbol{\Theta}(k)>0$，则 $\boldsymbol{R}(\boldsymbol{P}(k))+\zeta\boldsymbol{I}=0$ 时 $J_N<0$，即 H_∞ 性能指标式(5-7)成立。

(2)必要性(采用反证法)。

假设对 $k\in[0,N]$ 不存在 $\boldsymbol{P}(k)>0$ 使得式(5-6)成立，也即由初值 $\boldsymbol{P}(k+1)=\boldsymbol{S}_{N+1}$ 求解此方程时($k=N,N-1,\cdots$)，存在时刻 $k=k_0$，使得 $\boldsymbol{\Theta}(k)$ 非正定，记 $\boldsymbol{\lambda}(k_0)$ 为 $\boldsymbol{\Theta}(k_0)$ 相应的特征向量，下面考虑如下三种不同特征值情况。首先，假设与 $\boldsymbol{\lambda}(k_0)$ 对应的特征值为“0”，且

$$\begin{cases}\boldsymbol{\eta}(0)=0,\boldsymbol{w}(k)=0, & \text{当 } k<k_0\\ \boldsymbol{w}(k)=\boldsymbol{\lambda}(k_0), & \text{当 } k=k_0\\ \boldsymbol{w}(k)=\boldsymbol{\mu}(k), & \text{当 } k>k_0\end{cases}$$

则由式(5-10)可得 $J_N=0$，与 $J_N<0$ 矛盾。

其次，假设与特征向量 $\boldsymbol{\lambda}(k_0)$ 对应特征值为 $\delta<0$，且

$$\begin{cases}\boldsymbol{w}(k)=\boldsymbol{\mu}(k), & \text{当 } k\neq k_0\\ \boldsymbol{w}(k)=\boldsymbol{\mu}(k_0)+\boldsymbol{\lambda}(k_0), & \text{当 } k=k_0\end{cases}$$

则由式(5-10)得 $J_N=-\delta\boldsymbol{\lambda}^{\mathrm{T}}(k_0)\boldsymbol{\lambda}(k_0)>0$，与 $J_N<0$ 矛盾。

最后，假设与特征向量 $\boldsymbol{\lambda}(k_0)$ 对应特征值为共轭复数 $\rho=a\pm b\mathrm{i}$，且

$$\begin{cases} \boldsymbol{w}(k) = \boldsymbol{\mu}(k), & \text{当 } k \neq k_0 \\ \boldsymbol{w}(k) = \boldsymbol{\mu}(k_0) + \boldsymbol{\lambda}(k_0), & \text{当 } k = k_0 \end{cases}$$

则由式(5.10)得 $J_N = -(a \pm b\mathrm{i})\boldsymbol{\lambda}^{\mathrm{T}}(k_0)\boldsymbol{\lambda}(k_0)$，无意义，与 $J_N < 0$ 矛盾。必要性得证。定理5.1得证。

定理5.1建立了倒向Riccati方程式(5-6)与终态相关 H_∞ 性能指标式(5-7)之间的对应关系。在此基础上，可基于伴随算子理论，通过构造系统式(5-3)的伴随系统，利用定理5.1，给出系统式(5-3)均方指数稳定且满足初态相关性能指标式(5-4)的充分必要条件。

定理5.2 对系统式(5-3)给定 $\gamma > 0$，当且仅当存在正常数 ζ 和正定矩阵 $\boldsymbol{Q}(k)$ 使得如下Riccati方程成立：

$$\begin{cases} \boldsymbol{Q}(k+1) = \boldsymbol{A}_\eta(k)\boldsymbol{Q}(k)\boldsymbol{A}_\eta^{\mathrm{T}}(k) + \varepsilon\boldsymbol{B}_{\eta v}(k)\boldsymbol{B}_{\eta v}^{\mathrm{T}}(k) + \varepsilon\boldsymbol{A}_{\eta v}(k)\boldsymbol{Q}(k)\boldsymbol{A}_{\eta v}^{\mathrm{T}}(k) \\ \qquad + \boldsymbol{B}_\eta(k)\boldsymbol{B}_\eta^{\mathrm{T}}(k) + \boldsymbol{M}(k)\boldsymbol{\Xi}^{-1}(k)\boldsymbol{M}^{\mathrm{T}}(k) + \zeta\boldsymbol{I} \\ \boldsymbol{Q}(0) = \boldsymbol{S}^{-1} \end{cases} \tag{5-11}$$

其中，

$$\boldsymbol{M}(k) = (\boldsymbol{C}_\eta(k)\boldsymbol{Q}(k)\boldsymbol{A}_\eta^{\mathrm{T}}(k) + \varepsilon\boldsymbol{D}_{\eta v}(k)\boldsymbol{B}_{\eta v}^{\mathrm{T}}(k) + \varepsilon\boldsymbol{C}_{\eta v}(k)\boldsymbol{Q}(k)\boldsymbol{A}_{\eta v}^{\mathrm{T}}(k) + \boldsymbol{D}_\eta(k)\boldsymbol{B}_\eta^{\mathrm{T}}(k))^{\mathrm{T}}$$

$$\boldsymbol{\Xi}(k) = \gamma^2\boldsymbol{I} - \boldsymbol{C}_\eta(k)\boldsymbol{Q}(k)\boldsymbol{C}_\eta^{\mathrm{T}}(k) - \boldsymbol{D}_\eta(k)\boldsymbol{D}_\eta^{\mathrm{T}}(k) - \varepsilon\boldsymbol{C}_{\eta v}(k)\boldsymbol{Q}(k)\boldsymbol{C}_{\eta v}^{\mathrm{T}}(k) - \varepsilon\boldsymbol{D}_{\eta v}(k)\boldsymbol{D}_{\eta v}^{\mathrm{T}}(k) > 0$$

系统式(5-3)均方指数稳定且满足 H_∞ 性能指标式(5-4)。

证明：定义 G 为映射 $(\boldsymbol{\eta}(0), \boldsymbol{w}(k))$ 到 $\boldsymbol{r}_e(k)$ 的线性算子，且满足：

$$\langle(\boldsymbol{\eta}_1(0), \boldsymbol{w}_1(k)), ((\boldsymbol{\eta}_2(0), \boldsymbol{w}_2(k))\rangle = \mathrm{E}\{\boldsymbol{\eta}_1^{\mathrm{T}}(0)\boldsymbol{S}\boldsymbol{\eta}_2(0)\} + \langle\boldsymbol{w}_1(k), \boldsymbol{w}_2(k)\rangle$$

$$\langle\boldsymbol{w}_1(k), \boldsymbol{w}_2(k)\rangle = \mathrm{E}\{\sum_{k=0}^{N}\boldsymbol{w}_1^{\mathrm{T}}(k)\boldsymbol{w}_2(k)\}$$

令 $G^{\sim}$ 为 G 的伴随算子，记为 $G^{\sim}\boldsymbol{r}_e(k) = [\boldsymbol{\eta}_a^{\mathrm{T}}(0) \quad \boldsymbol{w}_a^{\mathrm{T}}(k)]^{\mathrm{T}}$。$G^{\sim}$ 与 G 的内积满足如下关系[17]：

$$\begin{aligned} \langle G(\boldsymbol{\eta}(0), \boldsymbol{w}(k)), \boldsymbol{r}_e(k)\rangle &= \langle(\boldsymbol{\eta}(0), \boldsymbol{w}(k)), G^{\sim}\boldsymbol{r}_e(k)\rangle \\ &= \mathrm{E}\{\boldsymbol{\eta}^{\mathrm{T}}(0)\boldsymbol{S}\boldsymbol{\eta}_a(0)\} + \mathrm{E}\{\sum_{k=0}^{N}\boldsymbol{w}^{\mathrm{T}}(k)\boldsymbol{w}_a(k)\} \end{aligned} \tag{5-12}$$

从而可得

$$\sum_{k=0}^{N} \mathrm{E}\{\boldsymbol{r}_e^{\mathrm{T}}(k)[(\boldsymbol{C}_\eta(k)+v(k)\boldsymbol{C}_{\eta v}(k))\boldsymbol{\Phi}(k,0)\boldsymbol{\eta}(0)+(\boldsymbol{C}_\eta(k)+v(k)\boldsymbol{C}_{\eta v}(k))$$

$$\times\sum_{j=0}^{k-1}\boldsymbol{\Phi}(k,j+1)(\boldsymbol{B}_\eta(j)+v(j)\boldsymbol{B}_{\eta v}(j))\boldsymbol{w}(j)+(\boldsymbol{D}_\eta(k)+v(k)\boldsymbol{D}_{\eta\alpha}(k))\boldsymbol{w}(k)]\}$$

$$=\mathrm{E}\{\boldsymbol{\eta}^{\mathrm{T}}(0)\boldsymbol{S}\boldsymbol{\eta}_a(0)\}+\mathrm{E}\{\sum_{k=0}^{N}\boldsymbol{w}^{\mathrm{T}}(k)\boldsymbol{w}_a(k)\}$$

$$\boldsymbol{\eta}_a(0)=\boldsymbol{S}^{-1}\sum_{j=0}^{N-1}\boldsymbol{\Phi}^{\mathrm{T}}(j,0)(\boldsymbol{C}_\eta(j)+v(j)\boldsymbol{C}_{\eta v}(j))^{\mathrm{T}}\boldsymbol{r}_e(j)$$

$$\boldsymbol{w}_a(k)=(\boldsymbol{B}_\eta(k)+v(k)\boldsymbol{B}_{\eta v}(k))^{\mathrm{T}}\sum_{j=k+1}^{N}\boldsymbol{\Phi}^{\mathrm{T}}(j,k+1)(\boldsymbol{C}_\eta(k)+v(k)\boldsymbol{C}_{\eta v}(k))^{\mathrm{T}}\boldsymbol{r}_e(j)+(\boldsymbol{D}_\eta(k)+v(k)\boldsymbol{D}_{\eta v}(k))^{\mathrm{T}}\boldsymbol{r}_e(k)$$

令 $\boldsymbol{\lambda}_a(k)=\sum_{j=k+1}^{N}\boldsymbol{\Phi}^{\mathrm{T}}(j,k+1)(\boldsymbol{C}_\eta(k)+v(k)\boldsymbol{C}_{\eta v}(k))^{\mathrm{T}}r_e(j)$，则 $G^{\sim}$ 的一个状态空间实现为

$$\begin{cases}\boldsymbol{\lambda}_a(k-1)=(\boldsymbol{A}_\eta^{\mathrm{T}}(k)+v(k)\boldsymbol{A}_{\eta v}^{\mathrm{T}}(k))\boldsymbol{\lambda}_a(k)+(\boldsymbol{C}_\eta^{\mathrm{T}}(k)+v(k)\boldsymbol{C}_{\eta v}^{\mathrm{T}}(k))\boldsymbol{r}_e(k)\\ \boldsymbol{w}_a(k)=(\boldsymbol{B}_\eta^{\mathrm{T}}(k)+v(k)\boldsymbol{B}_{\eta v}^{\mathrm{T}}(k))\boldsymbol{\lambda}_a(k)+(\boldsymbol{D}_\eta^{\mathrm{T}}(k)+v(k)\boldsymbol{D}_{\eta v}^{\mathrm{T}}(k))\boldsymbol{r}_e(k)\end{cases}\tag{5-13}$$

定义 $\bar{k}=N-k$，则式(5-13)可重写为

$$\begin{cases}\bar{\boldsymbol{\lambda}}_a(\bar{k}+1)=(\bar{\boldsymbol{A}}_\eta^{\mathrm{T}}(\bar{k})+v(\bar{k})\bar{\boldsymbol{A}}_{\eta v}^{\mathrm{T}}(\bar{k}))\bar{\boldsymbol{\lambda}}_a(\bar{k})+\bar{\boldsymbol{C}}_\eta^{\mathrm{T}}(\bar{k})+v(\bar{k})\bar{\boldsymbol{C}}_{\eta v}^{\mathrm{T}}(\bar{k}))\bar{\boldsymbol{r}}_e(\bar{k})\\ \bar{\boldsymbol{w}}_a(k)=(\bar{\boldsymbol{B}}_\eta^{\mathrm{T}}(\bar{k})+v(\bar{k})\bar{\boldsymbol{B}}_{\eta v}^{\mathrm{T}}(\bar{k}))\bar{\boldsymbol{\lambda}}_a(\bar{k})+(\bar{\boldsymbol{D}}_\eta^{\mathrm{T}}(\bar{k})+v(\bar{k})\bar{\boldsymbol{D}}_{\eta v}^{\mathrm{T}}(\bar{k}))\bar{\boldsymbol{r}}_e(\bar{k})\end{cases}\tag{5-14}$$

其中，

$$\bar{\boldsymbol{A}}_\eta(\bar{k})=\boldsymbol{A}_\eta(N-\bar{k}),\quad \bar{\boldsymbol{A}}_{\eta v}(\bar{k})=\boldsymbol{A}_{\eta v}(N-\bar{k})$$
$$\bar{\boldsymbol{B}}_\eta(\bar{k})=\boldsymbol{B}_\eta(N-\bar{k}),\quad \bar{\boldsymbol{B}}_{\eta v}(\bar{k})=\boldsymbol{B}_{\eta v}(N-\bar{k})$$
$$\bar{\boldsymbol{C}}_\eta(\bar{k})=\boldsymbol{C}_\eta(N-\bar{k}),\quad \bar{\boldsymbol{C}}_{\eta v}(\bar{k})=\boldsymbol{C}_{\eta v}(N-\bar{k})$$
$$\bar{\boldsymbol{D}}_\eta(\bar{k})=\boldsymbol{D}_\eta(N-\bar{k}),\quad \bar{\boldsymbol{D}}_{\eta v}(\bar{k})=\boldsymbol{D}_{\eta v}(N-\bar{k})$$
$$\bar{\boldsymbol{\lambda}}_a(\bar{k})=\boldsymbol{\lambda}_a(N-\bar{k}),\quad \bar{\boldsymbol{r}}_e(\bar{k})=\boldsymbol{r}_e(N-\bar{k})$$
$$\bar{\boldsymbol{w}}_a(\bar{k})=\boldsymbol{w}_a(N-\bar{k}),\quad \bar{\boldsymbol{\lambda}}_a(0)=0$$

由定理 5.1 知，当且仅当存在正常数 ζ 和 $\boldsymbol{P}(\bar{k})>0$ 使满足：

$$\begin{cases}\boldsymbol{P}(\bar{k}) = \bar{\boldsymbol{A}}_{\eta}(\bar{k})\boldsymbol{P}(\bar{k}+1)\bar{\boldsymbol{A}}_{\eta}^{\mathrm{T}}(\bar{k}) + \varepsilon\bar{\boldsymbol{B}}_{\eta v}(\bar{k})\bar{\boldsymbol{B}}_{\eta v}^{\mathrm{T}}(\bar{k}) + \varepsilon\bar{\boldsymbol{A}}_{\eta v}(\bar{k})\boldsymbol{P}(\bar{k}+1)\bar{\boldsymbol{A}}_{\eta v}^{\mathrm{T}}(\bar{k}) \\ \qquad + \bar{\boldsymbol{B}}_{\eta}(\bar{k})\bar{\boldsymbol{B}}_{\eta}^{\mathrm{T}}(\bar{k}) + \boldsymbol{F}(\bar{k})\bar{\boldsymbol{\Theta}}^{-1}(\bar{k})\boldsymbol{F}^{\mathrm{T}}(\bar{k}) + \zeta\boldsymbol{I} \\ \boldsymbol{P}(N+1) = \boldsymbol{S}^{-1}\end{cases} \tag{5-15}$$

其中，

$$\begin{aligned}\boldsymbol{F}(\bar{k}) &= (\bar{\boldsymbol{C}}_{\eta}(\bar{k})\boldsymbol{P}(\bar{k}+1)\bar{\boldsymbol{A}}_{\eta}^{\mathrm{T}}(\bar{k}) + \varepsilon\bar{\boldsymbol{D}}_{\eta v}(\bar{k})\bar{\boldsymbol{B}}_{\eta v}^{\mathrm{T}}(\bar{k}) \\ &\quad + \varepsilon\bar{\boldsymbol{C}}_{\eta v}(\bar{k})\boldsymbol{P}(\bar{k}+1)\bar{\boldsymbol{A}}_{\eta v}^{\mathrm{T}}(\bar{k}) + \bar{\boldsymbol{D}}_{\eta}(\bar{k})\bar{\boldsymbol{B}}_{\eta}^{\mathrm{T}}(\bar{k}))^{\mathrm{T}} \\ \bar{\boldsymbol{\Theta}}(\bar{k}) &= \gamma^2\boldsymbol{I} - \bar{\boldsymbol{C}}_{\eta}(\bar{k})\boldsymbol{P}(\bar{k}+1)\bar{\boldsymbol{C}}_{\eta}^{\mathrm{T}}(\bar{k}) - \bar{\boldsymbol{D}}_{\eta}(\bar{k})\bar{\boldsymbol{D}}_{\eta}^{\mathrm{T}}(\bar{k}) \\ &\quad - \varepsilon\bar{\boldsymbol{C}}_{\eta v}(\bar{k})\boldsymbol{P}(\bar{k}+1)\bar{\boldsymbol{C}}_{\eta v}^{\mathrm{T}}(\bar{k}) - \varepsilon\bar{\boldsymbol{D}}_{\eta v}(\bar{k})\bar{\boldsymbol{D}}_{\eta v}^{\mathrm{T}}(\bar{k}) > 0\end{aligned}$$

则系统式(5－14)均方指数稳定且满足如下 H_∞ 性能指标：

$$\sup_{\|r_e(\bar{k})\|_{2,\mathrm{E}}} \frac{\|\bar{\boldsymbol{w}}_a(\bar{k})\|_{2,\mathrm{E}}^2 + \mathrm{E}\{\bar{\boldsymbol{\lambda}}^{\mathrm{T}}(N+1)\boldsymbol{S}^{-1}\boldsymbol{\lambda}^{\mathrm{T}}(N+1)\}}{\|r_e(\bar{k})\|_{2,\mathrm{E}}^2} \tag{5-16}$$

注意到，系统式(5－14)的 H_∞ 性能指标式(5－16)与系统式(5－3)的 H_∞ 性能指标式(5－4)分别为 $G^{\sim}$ 和 G 的诱导算子。根据文献[18]的定理2.9－2知，性能指标式(5－16)与式(5－4)等价，且由文献[19]的定理2.4知，若伴随系统式(5－14)均方指数稳定，则原系统式(5－3)均方指数稳定。令 $\boldsymbol{Q}(k) = \boldsymbol{P}(N+1-k)$，则式(5－15)化为式(5－11)，定理5.2得证。

值得提出的是，若系统式(5－1)中各参数矩阵为常数，当 $k\to\infty$时，定理5.2为文献[16]中引理1的 Riccati 方程形式。当系统式(5－1)中 $\boldsymbol{A}_{\eta v}(k)=0$，$\boldsymbol{B}_{\eta v}(k)=0$，$\boldsymbol{D}_{\eta}(k)=0$ 和 $\boldsymbol{D}_{\eta v}(k)=0$ 时，定理5.2与文献[11]中关于确定性 LDTV 系统的 H_∞ 故障估计的引理1一致。因此，定理5.2给出了更具一般性的结论。

5.2.3 H_∞－FDF 设计

引理5.2 [17] 假设 $w(k)$ 和 $\boldsymbol{\eta}(0)$ 为有限时间域 $[0,N]$ 内的零均值相互无关的标准白噪声序列，定义 $X(k) = \mathrm{E}\{\boldsymbol{\eta}(k)\boldsymbol{\eta}^{\mathrm{T}}(k)\}$，则 Riccati 方程式(5－11)的解 $Q(k)$ 为 $X(k)$ 的一个上界。

令

$$\boldsymbol{Q}(k) = \begin{bmatrix}\boldsymbol{Q}_{11}(k) & \boldsymbol{Q}_{12}(k) \\ \boldsymbol{Q}_{21}(k) & \boldsymbol{Q}_{22}(k)\end{bmatrix}$$

根据定理5.1可得

$$\begin{aligned}\boldsymbol{\Xi}(k) = &-\boldsymbol{V}(k)\boldsymbol{C}(k)\boldsymbol{Q}_{22}(k)\boldsymbol{C}^{\mathrm{T}}(k)\boldsymbol{V}^{\mathrm{T}}(k) - \boldsymbol{V}(k)\boldsymbol{D}_d(k)\boldsymbol{D}_d^{\mathrm{T}}(k)\boldsymbol{V}^{\mathrm{T}}(k)\\ &-\varepsilon\boldsymbol{V}(k)\boldsymbol{D}_{fv}(k)\boldsymbol{D}_{fv}^{\mathrm{T}}(k)\boldsymbol{V}^{\mathrm{T}}(k) - \varepsilon\boldsymbol{V}(k)\boldsymbol{D}_{dv}(k)\boldsymbol{D}_{dv}^{\mathrm{T}}(k)\boldsymbol{V}^{\mathrm{T}}(k)\\ &-\varepsilon\boldsymbol{V}(k)\boldsymbol{C}_v(k)\boldsymbol{Q}_{11}(k)\boldsymbol{C}_v^{\mathrm{T}}(k)\boldsymbol{V}^{\mathrm{T}}(k) + \gamma^2\boldsymbol{I}\\ &-(\boldsymbol{V}(k)\boldsymbol{D}_f(k) - \boldsymbol{I})(\boldsymbol{V}(k)\boldsymbol{D}_f(k) - \boldsymbol{I})^{\mathrm{T}}\end{aligned} \tag{5-17}$$

由式(5-11)知，$\boldsymbol{Q}_{11}(k+1)$ 与 $\boldsymbol{L}(k)$ 无关，而对 $\boldsymbol{Q}_{22}(k+1)$ 有如下关系成立：

$$\begin{aligned}\boldsymbol{Q}_{22}(k+1) = &\,\varepsilon(\boldsymbol{A}_v(k) - \boldsymbol{L}(k)\boldsymbol{C}_v(k))\boldsymbol{Q}_{11}(k)(\boldsymbol{A}_v(k) - \boldsymbol{L}(k)\boldsymbol{C}_v(k))^{\mathrm{T}}\\ &+(\boldsymbol{A}(k) - \boldsymbol{L}(k)\boldsymbol{C}(k))\boldsymbol{Q}_{22}(k)(\boldsymbol{A}(k) - \boldsymbol{L}(k)\boldsymbol{C}(k))^{\mathrm{T}}\\ &+(\boldsymbol{B}_d(k) - \boldsymbol{L}(k)\boldsymbol{D}_d(k))(\boldsymbol{B}_d(k) - \boldsymbol{L}(k)\boldsymbol{D}_d(k))^{\mathrm{T}}\\ &+(\boldsymbol{B}_f(k) - \boldsymbol{L}(k)\boldsymbol{D}_f(k))(\boldsymbol{B}_f(k) - \boldsymbol{L}(k)\boldsymbol{D}_f(k))^{\mathrm{T}}\\ &+\varepsilon(\boldsymbol{B}_{fv}(k) - \boldsymbol{L}(k)\boldsymbol{D}_{fv}(k))(\boldsymbol{B}_{fv}(k) - \boldsymbol{L}(k)\boldsymbol{D}_{fv}(k))^{\mathrm{T}}\\ &+\varepsilon(\boldsymbol{B}_{dv}(k) - \boldsymbol{L}(k)\boldsymbol{D}_{dv}(k))(\boldsymbol{B}_{dv}(k) - \boldsymbol{L}(k)\boldsymbol{D}_{dv}(k))\\ &+\boldsymbol{\Gamma}(k)\boldsymbol{\Xi}^{-1}(k)\boldsymbol{\Gamma}^{\mathrm{T}}(k) + \zeta\boldsymbol{I}\end{aligned} \tag{5-18}$$

其中，

$$\begin{aligned}\boldsymbol{\Gamma}(k) = &(\boldsymbol{A}(k) - \boldsymbol{L}(k)\boldsymbol{C}(k))\boldsymbol{Q}_{22}(k)\boldsymbol{C}^{\mathrm{T}}(k)\boldsymbol{V}^{\mathrm{T}}(k) + \boldsymbol{B}_d(k)\\ &-\boldsymbol{L}(k)\boldsymbol{D}_d(k)\boldsymbol{D}_d^{\mathrm{T}}(k)\boldsymbol{V}^{\mathrm{T}}(k) + (\varepsilon(\boldsymbol{B}_{fv}(k) - \boldsymbol{L}(k)\boldsymbol{D}_{fv}(k))\boldsymbol{D}_{fv}^{\mathrm{T}}\boldsymbol{V}^{\mathrm{T}}(k)\\ &+\varepsilon(\boldsymbol{A}_v(k) - \boldsymbol{L}(k)\boldsymbol{C}_v(k))\boldsymbol{Q}_{21}(k)\boldsymbol{C}_v^{\mathrm{T}}(k)\boldsymbol{V}^{\mathrm{T}}(k)\\ &+(\boldsymbol{B}_f(k) - \boldsymbol{L}(k)\boldsymbol{D}_f(k))(\boldsymbol{V}(k)\boldsymbol{D}_{f1}(k) - \boldsymbol{I})^{\mathrm{T}} + \varepsilon(\boldsymbol{B}_{dv}(k)\\ &-\boldsymbol{L}(k)\boldsymbol{D}_{dv}(k))\boldsymbol{D}_{dv}^{\mathrm{T}}\boldsymbol{V}^{\mathrm{T}}(k)\end{aligned}$$

由引理5.2和式(5-18)知，当最小化 $\boldsymbol{Q}_{22}(k+1)$ 时，$\mathrm{E}\{\boldsymbol{r}_e(k)\boldsymbol{r}_e^{\mathrm{T}}(k)\}$ 也将最小化。

对于任意适当维数非零向量 $\boldsymbol{\Phi}(k)$，由

$$\frac{\partial\boldsymbol{\Phi}^{\mathrm{T}}(k)\boldsymbol{Q}_{22}(k+1)\boldsymbol{\Phi}(k)}{\partial(\boldsymbol{L}^{\mathrm{T}}(k)\boldsymbol{\Phi}(k))} = 0$$

可得

$$0 = (\boldsymbol{H}(k) + \boldsymbol{K}(k)\boldsymbol{\Xi}^{-1}(k)\boldsymbol{K}^{\mathrm{T}}(k))\boldsymbol{L}^{\mathrm{T}}(k) - \boldsymbol{K}(k)\boldsymbol{\Xi}^{-1}(k)\boldsymbol{G}^{\mathrm{T}}(k) - \boldsymbol{T}(k) \tag{5-19}$$

其中，

$$\begin{aligned}\boldsymbol{K}(k) &= \boldsymbol{D}_d(k)\boldsymbol{D}_d^{\mathrm{T}}(k)\boldsymbol{V}^{\mathrm{T}}(k) + \varepsilon\boldsymbol{D}_{dv}(k)\boldsymbol{D}_{dv}^{\mathrm{T}}(k)\boldsymbol{V}^{\mathrm{T}}(k) + \varepsilon\boldsymbol{D}_{fv}(k)\boldsymbol{D}_{fv}^{\mathrm{T}}(k)\boldsymbol{V}^{\mathrm{T}}(k)\\ &\quad + \boldsymbol{D}_f(k)(\boldsymbol{V}(k)\boldsymbol{D}_f(k) - \boldsymbol{I})^{\mathrm{T}} + \boldsymbol{C}(k)\boldsymbol{Q}_{22}(k)\boldsymbol{C}^{\mathrm{T}}(k)\boldsymbol{V}^{\mathrm{T}}(k)\\ &\quad + \varepsilon\boldsymbol{C}_v(k)\boldsymbol{Q}_{21}(k)\boldsymbol{C}_v^{\mathrm{T}}(k)\boldsymbol{V}^{\mathrm{T}}(k)\end{aligned}$$

$$\begin{aligned}\boldsymbol{H}(k) &= \boldsymbol{D}_d(k)\boldsymbol{D}_d^{\mathrm{T}}(k) + \varepsilon\boldsymbol{D}_{dv}(k)\boldsymbol{D}_{dv}^{\mathrm{T}}(k) + \boldsymbol{D}_f(k)\boldsymbol{D}_f^{\mathrm{T}}(k)\\ &\quad + \varepsilon\boldsymbol{C}_v(k)\boldsymbol{Q}_{11}(k)\boldsymbol{C}_v^{\mathrm{T}}(k) + \boldsymbol{C}(k)\boldsymbol{Q}_{22}(k)\boldsymbol{C}^{\mathrm{T}}(k)\\ &\quad + \varepsilon\boldsymbol{D}_{fv}(k)\boldsymbol{D}_{fv}^{\mathrm{T}}(k)\end{aligned}$$

$$\begin{aligned}\boldsymbol{G}(k) &= \varepsilon\boldsymbol{A}_v(k)\boldsymbol{Q}_{21}(k)\boldsymbol{C}_v^{\mathrm{T}}(k)\boldsymbol{V}^{\mathrm{T}}(k) + \boldsymbol{B}_d(k)\boldsymbol{D}_d^{\mathrm{T}}(k)\boldsymbol{V}^{\mathrm{T}}(k)\\ &\quad + \boldsymbol{B}_f(k)(\boldsymbol{V}(k)\boldsymbol{D}_f(k) - \boldsymbol{I})^{\mathrm{T}} + \boldsymbol{A}(k)\boldsymbol{Q}_{22}(k)\boldsymbol{C}^{\mathrm{T}}(k)\boldsymbol{V}^{\mathrm{T}}(k)\\ &\quad + \varepsilon\boldsymbol{B}_{dv}(k)\boldsymbol{D}_{dv}^{\mathrm{T}}(k)\boldsymbol{V}^{\mathrm{T}}(k) + \varepsilon\boldsymbol{B}_{fv}(k)\boldsymbol{D}_{fv}^{\mathrm{T}}(k)\boldsymbol{V}^{\mathrm{T}}(k)\end{aligned}$$

$$\begin{aligned}\boldsymbol{T}(k) &= \boldsymbol{C}(k)\boldsymbol{Q}_{22}(k)\boldsymbol{A}^{\mathrm{T}}(k) + \varepsilon\boldsymbol{D}_{dv}(k)\boldsymbol{B}_{dv}^{\mathrm{T}}(k)\\ &\quad + \varepsilon\boldsymbol{C}_v(k)\boldsymbol{Q}_{11}(k)\boldsymbol{A}_v^{\mathrm{T}}(k) + \boldsymbol{D}_f(k)\boldsymbol{B}_f^{\mathrm{T}}(k)\\ &\quad + \boldsymbol{D}_d(k)\boldsymbol{B}_d^{\mathrm{T}}(k)^{\mathrm{T}} + \varepsilon\boldsymbol{D}_{fv}(k)\boldsymbol{B}_{fv}^{\mathrm{T}}(k)\end{aligned}$$

则 $\boldsymbol{L}(k)$ 的一个可行解 $\boldsymbol{L}_f(k)$ 可取为

$$\boldsymbol{L}_f(k) = \boldsymbol{\Omega}^{\mathrm{T}}(k)(\boldsymbol{H}(k) + \boldsymbol{K}(k)\boldsymbol{\Xi}^{-1}(k)\boldsymbol{K}^{\mathrm{T}}(k))^{-1} \tag{5-20}$$

另一方面，

$$\begin{aligned}\mathrm{E}\{\boldsymbol{r}_e(k)\boldsymbol{r}_e^{\mathrm{T}}(k)\} &= \boldsymbol{V}(k)\boldsymbol{C}(k)\boldsymbol{Q}_{22}(k)\boldsymbol{C}^{\mathrm{T}}(k)\boldsymbol{V}^{\mathrm{T}}(k)\\ &\quad + \boldsymbol{V}(k)\boldsymbol{D}_d(k)\boldsymbol{D}_d^{\mathrm{T}}(k)\boldsymbol{V}^{\mathrm{T}}(k) + \varepsilon\boldsymbol{V}(k)\boldsymbol{D}_{fv}(k)\boldsymbol{D}_{fv}^{\mathrm{T}}(k)\boldsymbol{V}^{\mathrm{T}}(k)\\ &\quad + (\boldsymbol{V}(k)\boldsymbol{D}_f(k) - \boldsymbol{I})(\boldsymbol{V}(k)\boldsymbol{D}_f(k) - \boldsymbol{I})^{\mathrm{T}}\\ &\quad + \varepsilon\boldsymbol{V}(k)\boldsymbol{D}_{dv}(k)\boldsymbol{D}_{dv}^{\mathrm{T}}(k)\boldsymbol{V}^{\mathrm{T}}(k)\\ &\quad + \varepsilon\boldsymbol{V}(k)\boldsymbol{C}_v(k)\boldsymbol{Q}_{11}(k)\boldsymbol{C}_v^{\mathrm{T}}(k)\boldsymbol{V}^{\mathrm{T}}(k)\end{aligned}$$

由

$$\frac{\partial\boldsymbol{\Phi}^{\mathrm{T}}(k)(\mathrm{E}\{\boldsymbol{r}_e(k)\boldsymbol{r}_e^{\mathrm{T}}(k)\})\boldsymbol{\Phi}(k)}{\partial(\boldsymbol{V}^{\mathrm{T}}(k)\boldsymbol{\Phi}(k))} = 0$$

可得：

$$0 = -\boldsymbol{V}(k)\boldsymbol{H}(k) + \boldsymbol{D}_f^{\mathrm{T}}(k)$$

因此，$\boldsymbol{V}(k)$ 的一个可行解 $\boldsymbol{V}_f(k)$ 可取为

$$\boldsymbol{V}_f(k) = \boldsymbol{D}_f^{\mathrm{T}}(k)\boldsymbol{H}^{-1}(k) \tag{5-21}$$

将 $\boldsymbol{V}_f(k)$ 代入式(5-17)，则 $\boldsymbol{\Xi}(k)$ 可进一步表示为

$$\boldsymbol{\Xi}(k) = (\gamma^2 - 1)\boldsymbol{I} + \boldsymbol{D}_f^{\mathrm{T}}(k)\boldsymbol{H}^{-1}(k)\boldsymbol{D}_f(k)$$

基于上述分析，可求得使式(5-3)均方指数稳定且满足 H_∞ 性能指标(5-4)式的鲁棒 H_∞-FDF，即如下定理5.3。

定理5.3 给定 $\gamma > 0$，当且仅当存在正常数 ζ 和如下矩阵 $\boldsymbol{Q}(k)$：

$$\boldsymbol{Q}(k) = \begin{bmatrix} \boldsymbol{Q}_{11}(k) & \boldsymbol{Q}_{12}(k) \\ \boldsymbol{Q}_{21}(k) & \boldsymbol{Q}_{22}(k) \end{bmatrix}$$

使式(5-11)成立且 $\boldsymbol{\Xi}(k) > 0$，则系统式(5-3)均方指数稳定且满足 H_∞ 性能指标式(5-4)。进一步，FDF 的参数矩阵 $\boldsymbol{L}(k)$、$\boldsymbol{V}(k)$ 可由式(5-20)~式(5-21)确定。

5.2.4 仿真算例

1. 算例1

考虑系统式(5-1)，假设参数矩阵为

$$\boldsymbol{A}(k) = \begin{bmatrix} -0.1\mathrm{e}^{-\frac{k}{100}} & 0.9^k \\ -0.85 & -0.1 \end{bmatrix}, \boldsymbol{A}_v(k) = \begin{bmatrix} 0 & 0 \\ 0 & 0.5 \end{bmatrix}, \boldsymbol{B}_f(k) = \begin{bmatrix} 0.6\sin(k) \\ 0.4 \end{bmatrix}$$

$$\boldsymbol{B}_{fv}(k) = \begin{bmatrix} 0.5 \\ 0 \end{bmatrix}, \boldsymbol{B}_d(k) = \begin{bmatrix} 0.6 \\ 0.2 \end{bmatrix}, \boldsymbol{B}_{dv}(k) = \begin{bmatrix} 0.3 \\ 0.1 \end{bmatrix}, \boldsymbol{C}(k) = \begin{bmatrix} -0.1 & 0.3 \end{bmatrix}$$

$$\boldsymbol{C}_v(k) = \begin{bmatrix} 0.1 & 0 \end{bmatrix},\ D_f(k) = 0.75,$$

$$D_{fv}(k) = 0.1,\ D_d(k) = 0.3,\ D_{dv}(k) = 0.1$$

$v(k)$ 为方差为1的零均值白噪声序列，取 $\boldsymbol{x}(0) = [0.2 \quad 0]^{\mathrm{T}}$，$\hat{\boldsymbol{x}}(0) = [0 \quad 0]^{\mathrm{T}}$，$\boldsymbol{Q}(0) = \boldsymbol{I}$，$\zeta = 0.01$，$\gamma = 0.8$。未知输入 $d(k)$ 如图5-1所示。应用定理5.3设计FDF，方波故障及残差如图5-2所示，正弦波故障及残差如图5-3所示。

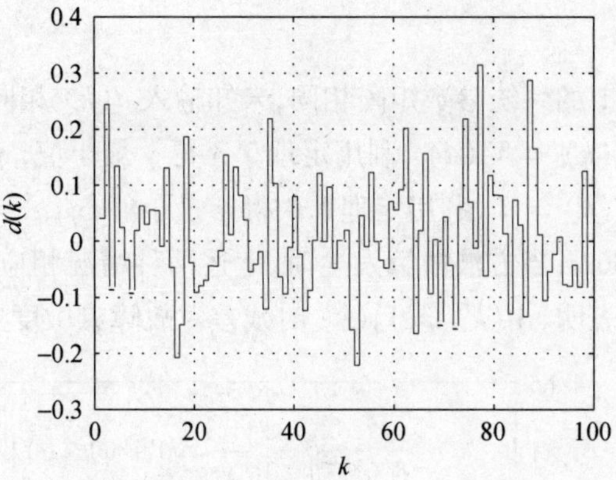

图5－1　未知输入 $d(k)$

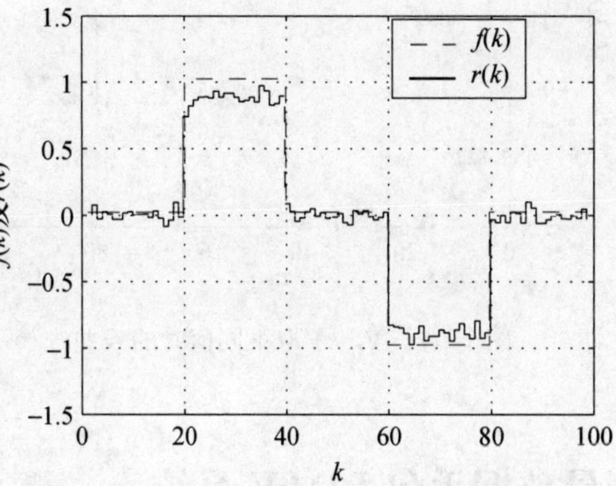

图5－2　方波故障 $f(k)$ 及残差 $r(k)$

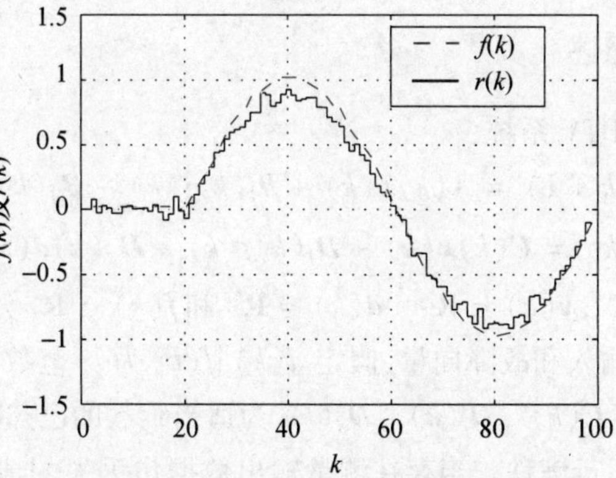

图5－3　正弦波故障 $f(k)$ 及残差 $r(k)$

2. 算例 2

考虑与算例 1 的系统参数矩阵相同,未知输入 $d(k)$ 相同。

情况 1:取 $\boldsymbol{V}(k) = \boldsymbol{V}_f(k)$,利用定理 5.3 得 γ 最小值,$\gamma_{\min} = 0.641$。

情况 2:令 $\boldsymbol{V}(k) = \boldsymbol{I}$,利用定理 5.3 得 γ 最小值,$\gamma_{\min} = 0.9867$。

取 $\gamma = 0.9867$,当方波故障发生时,上述两种情况相应的残差如图 5-4 所示。仿真结果表明,$\boldsymbol{V}(k) = \boldsymbol{V}_f(k)$ 时残差对故障灵敏度更高。

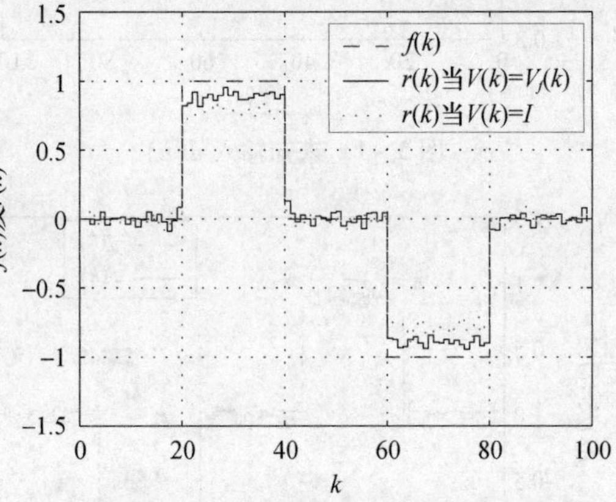

图 5-4 $\boldsymbol{V}_f(k)$ 取不同值时的残差

5.3 多步测量数据丢包 LDTV 系统

5.3.1 问题描述

考虑如下 LDTV 系统:

$$\begin{cases}\boldsymbol{x}(k+1) = \boldsymbol{A}(k)\boldsymbol{x}(k) + \boldsymbol{B}_f(k)\boldsymbol{f}(k) + \boldsymbol{B}_d(k)\boldsymbol{d}(k)\\ \boldsymbol{y}(k) = \boldsymbol{C}(k)\boldsymbol{x}(k) + \boldsymbol{D}_f(k)\boldsymbol{f}(k) + \boldsymbol{D}_d(k)\boldsymbol{d}(k)\end{cases} \tag{5-22}$$

式中:$\boldsymbol{x}(k) \in \mathbf{R}^{n}$、$\boldsymbol{y}(k) \in \mathbf{R}^{n_y}$、$\boldsymbol{d}(k) \in \mathbf{R}^{n_d}$ 和 $\boldsymbol{f}(k) \in \mathbf{R}^{n_f}$ 分别为系统的状态、测量输出、未知输入和故障向量,假定 $d(k)$、$f(k)$ 为 l_2 范数有界信号;$\boldsymbol{A}(k)$、$\boldsymbol{B}_f(k)$、$\boldsymbol{B}_d(k)$、$\boldsymbol{C}(k)$、$\boldsymbol{D}_f(k)$、$\boldsymbol{D}_d(k)$ 为适当维数的已知时变矩阵。不失一般性,假设 $\boldsymbol{C}(k)$ 行满秩。当存在测量输出数据包丢失的情况下,实际得到的量测信号 $\boldsymbol{\psi}(k) \in \mathbf{R}^{q}$ 为

$$\boldsymbol{\psi}(k) = \theta(k)\boldsymbol{y}(k) + (1 - \theta(k))\boldsymbol{\psi}(k-1) \tag{5-23}$$

其中，$\theta(k)$ 为独立同分布的 Bernoulli 随机变量，且

$$\begin{cases} \Pr\{\theta(k) = 1\} = \mathrm{E}\{\theta(k)\} = \rho \\ \Pr\{\theta(k) = 0\} = 1 - \mathrm{E}\{\theta(k)\} = 1 - \rho \end{cases} \tag{5-24}$$

$\rho \in (0,1]$ 为一已知量。

令 $\alpha(k) = \theta(k) - \rho$，由式(5-24)知，$\alpha(k)$ 具有如下统计特征：

$$\begin{cases} \mathrm{E}\{\alpha(k)\} = 0 \\ \mathrm{E}\{\alpha^2(k)\} = \rho - \rho^2 := \varepsilon \end{cases} \tag{5-25}$$

引入增广向量 $\boldsymbol{\xi}(k) = [\boldsymbol{x}^{\mathrm{T}}(k) \quad \boldsymbol{\psi}^{\mathrm{T}}(k-1)]^{\mathrm{T}}$，则由式(5-23)、式(5-24)可得

$$\begin{cases} \boldsymbol{\xi}(k+1) = (\boldsymbol{A}_1(k) + \alpha(k)\boldsymbol{A}_\alpha(k))\boldsymbol{\xi}(k) + (\boldsymbol{B}_{f1}(k) + \alpha(k)\boldsymbol{B}_{f\alpha}(k))\boldsymbol{f}(k) \\ \qquad + (\boldsymbol{B}_{d1}(k) + \alpha(k)\boldsymbol{B}_{d\alpha}(k))\boldsymbol{d}(k) \\ \boldsymbol{\psi}(k) = (\boldsymbol{C}_1(k) + \alpha(k)\boldsymbol{C}_\alpha(k))\boldsymbol{\xi}(k) + (\boldsymbol{D}_{f1}(k) + \alpha(k)\boldsymbol{D}_{f\alpha}(k))\boldsymbol{f}(k) \\ \qquad + (\boldsymbol{D}_{d1}(k) + \alpha(k)\boldsymbol{D}_{d\alpha}(k))\boldsymbol{d}(k) \end{cases} \tag{5-26}$$

其中，

$$\boldsymbol{A}_1(k) = \begin{bmatrix} \boldsymbol{A}(k) & 0 \\ \rho\boldsymbol{C}(k) & (1-\rho)\boldsymbol{I}_q \end{bmatrix},\ \boldsymbol{B}_{f1} = \begin{bmatrix} \boldsymbol{B}_f(k) \\ \rho\boldsymbol{D}_f(k) \end{bmatrix},\ \boldsymbol{B}_{d1} = \begin{bmatrix} \boldsymbol{B}_d(k) \\ \rho\boldsymbol{D}_d(k) \end{bmatrix}$$

$$\boldsymbol{C}_1 = [\rho C(k) \quad (1-\rho)\boldsymbol{I}_q],\ \boldsymbol{D}_{f1} = \rho\boldsymbol{D}_f(k),\ \boldsymbol{D}_{d1} = \rho\boldsymbol{D}_d(k)$$

$$\boldsymbol{A}_\alpha(k) = \begin{bmatrix} 0 & 0 \\ \boldsymbol{C}(k) & -\boldsymbol{I} \end{bmatrix},\ \boldsymbol{B}_{f\alpha}(k) = \begin{bmatrix} 0 \\ \boldsymbol{D}_f(k) \end{bmatrix},\ \boldsymbol{B}_{d\alpha}(k) = \begin{bmatrix} 0 \\ \boldsymbol{D}_d(k) \end{bmatrix}$$

$$\boldsymbol{C}_\alpha(k) = [\boldsymbol{C}(k) \quad -\boldsymbol{I}],\ \boldsymbol{D}_{f\alpha}(k) = \boldsymbol{D}_f(k),\ \boldsymbol{D}_{d\alpha}(k) = \boldsymbol{D}_d(k)$$

采用如下基于观测器的 FDF 作为残差产生器：

$$\begin{cases} \hat{\boldsymbol{\xi}}(k+1) = \boldsymbol{A}_1(k)\hat{\boldsymbol{\xi}}(k) + \boldsymbol{L}(k)(\boldsymbol{\psi}(k) - \boldsymbol{C}_1(k)\hat{\boldsymbol{\xi}}(k)) \\ \boldsymbol{r}(k) = \boldsymbol{V}(k)(\boldsymbol{\psi}(k) - \boldsymbol{C}_1(k)\hat{\boldsymbol{x}}(k)) \\ \hat{\boldsymbol{\xi}}(0) = \hat{\boldsymbol{\xi}}_0 \end{cases} \tag{5-27}$$

式中：$\hat{\boldsymbol{\xi}}(k)$ 为 $\boldsymbol{\xi}(k)$ 的估计，$\hat{\boldsymbol{\xi}}_0$ 为滤波器初值；$\boldsymbol{r}(k) \in \mathbf{R}^r$ 为残差，观测器增益矩阵 $\boldsymbol{L}(k)$ 和后置滤波器 $\boldsymbol{V}(k)$ 为待设计参数。

令

$$e(k)=x(k)-\hat{x}(k),\ \eta(k)=[\xi^{\mathrm{T}}(k)\quad e^{\mathrm{T}}(k)]^{\mathrm{T}}$$
$$r_e(k)=r(k)-f(k),\ w(k)=[f^{\mathrm{T}}(k)\quad d^{\mathrm{T}}(k)]^{\mathrm{T}}$$

则由式(5-26)、式(5-27)可得

$$\begin{cases}\eta(k+1)=(A_\eta(k)+\alpha(k)A_{\eta\alpha}(k))\eta(k)+(B_\eta(k)+\alpha(k)B_{\eta\alpha}(k))w(k)\\ r_e(k)=(C_\eta(k)+\alpha(k)C_{\eta\alpha}(k))\eta(k)+(D_\eta(k)+\alpha(k)D_{\eta\alpha}(k))w(k)\end{cases} \tag{5-28}$$

其中，

$$A_\eta(k)=\begin{bmatrix}A_1(k) & 0\\ 0 & A_1(k)-L(k)C_1(k)\end{bmatrix},$$

$$A_{\eta\alpha}(k)=\begin{bmatrix}A_\alpha(k) & 0\\ A_\alpha(k)-L(k)C_\alpha(k) & 0\end{bmatrix}$$

$$B_\eta(k)=\begin{bmatrix}B_{f1}(k) & B_{d1}(k)\\ B_{f1}(k)-L(k)D_{f1}(k) & B_{d1}(k)-L(k)D_{d1}(k)\end{bmatrix}$$

$$B_{\eta\alpha}(k)=\begin{bmatrix}B_{f\alpha}(k) & B_{d\alpha}(k)\\ B_{f\alpha}(k)-L(k)D_{f\alpha}(k) & B_{d\alpha}(k)-L(k)D_{d\alpha}(k)\end{bmatrix}$$

$$C_\eta(k)=[0\quad V(k)C_1(k)],\ C_{\eta\alpha}(k)=[V(k)C_\alpha(k)\quad 0]$$

$$D_\eta(k)=[V(k)D_{f1}(k)-I\quad V(k)D_{d1}(k)],$$

$$D_{\eta\alpha}(k)=[V(k)D_{f\alpha}(k)\quad V(k)D_{d\alpha}(k)]$$

很显然，式(5-28)是包含随机变量 $\alpha(k)$ 的 LDTV 系统，从而可将基于 H_∞ 滤波的故障检测问题可描述为：给定 $\gamma>0$，求参数矩阵 $L(k)$、$V(k)$，使得系统式(5-28)均方指数稳定，且满足如下性能指标：

$$\sup_{\|w(k)\|_{2,N}\neq 0}\frac{\|r_e(k)\|_{2,\mathrm{E}}^2}{\eta^{\mathrm{T}}(0)S\eta(0)+\|w(k)\|_2^2}<\gamma^2 \tag{5-29}$$

式中：$S>0$ 为初始状态加权矩阵。

5.3.2 鲁棒 H_∞ -FDF 设计

注意到，式(5-28)本质上是式(5-1)描述的一类受乘性随机噪声影响 *LDTV* 系统，随机变量 $\alpha(k)$ 的统计特性也与乘性噪声 $v(k)$ 类似，因此可以将定理5.3推广应用于系统式(5-28)，设计使式(5-28)均方指数稳定且满足 H_∞ 性能指标式(5-29)的鲁棒 $H_\infty-FDF$。

定理5.4　对系统式(5-28)，给定 $\gamma>0$，当且仅当存在正常数 β 和正定矩阵 $\boldsymbol{Q}(k)$ 使得如下Riccati方程成立：

$$\begin{cases}\boldsymbol{Q}(k+1)=\boldsymbol{A}_\eta(k)\boldsymbol{Q}(k)\boldsymbol{A}_\eta^{\mathrm{T}}(k)+\varepsilon\boldsymbol{B}_{\eta\alpha}(k)\boldsymbol{B}_{\eta\alpha}^{\mathrm{T}}(k)+\varepsilon\boldsymbol{A}_{\eta\alpha}(k)\boldsymbol{Q}(k)\boldsymbol{A}_{\eta\alpha}^{\mathrm{T}}(k)\\ \qquad\qquad+\boldsymbol{B}_\eta(k)\boldsymbol{B}_\eta^{\mathrm{T}}(k)+\boldsymbol{M}(k)\boldsymbol{\Theta}^{-1}(k)\boldsymbol{M}^{\mathrm{T}}(k)+\beta\boldsymbol{I}\\ \boldsymbol{Q}(0)=\boldsymbol{S}^{-1}\end{cases}\tag{5-30}$$

其中，

$$\boldsymbol{M}(k)=(\boldsymbol{C}_\eta(k)\boldsymbol{Q}(k)\boldsymbol{A}_\eta^{\mathrm{T}}(k)+\varepsilon\boldsymbol{D}_{\eta\alpha}(k)\boldsymbol{B}_{\eta\alpha}^{\mathrm{T}}(k)+\varepsilon\boldsymbol{C}_{\eta\alpha}(k)\boldsymbol{Q}(k)\boldsymbol{A}_{\eta\alpha}^{\mathrm{T}}(k)+D_\eta(k)B_\eta^{\mathrm{T}}(k))^{\mathrm{T}}$$

$$\boldsymbol{\Theta}(k)=\gamma^2\boldsymbol{I}-\boldsymbol{C}_\eta(k)\boldsymbol{Q}(k)\boldsymbol{C}_\eta^{\mathrm{T}}(k)-\boldsymbol{D}_\eta(k)\boldsymbol{D}_\eta^{\mathrm{T}}(k)-\varepsilon\boldsymbol{C}_{\eta\alpha}(k)\boldsymbol{Q}(k)\boldsymbol{C}_{\eta\alpha}^{\mathrm{T}}(k)-\varepsilon\boldsymbol{D}_{\eta\alpha}(k)\boldsymbol{D}_{\eta\alpha}^{\mathrm{T}}(k)>0$$

系统式(5-28)均方指数稳定，且满足 H_∞ 性能指标式(5-29)。

应用定理5.4可得 H_∞-FDF存在的充分必要条件，从而可将参数矩阵 $\boldsymbol{L}(k)$、$\boldsymbol{V}(k)$ 的求解转化为二次型优化问题，通过求解Riccati方程式(5-30)得到 $\boldsymbol{L}(k)$、$\boldsymbol{V}(k)$ 的可行解。

令

$$\boldsymbol{Q}(k)=\begin{bmatrix}\boldsymbol{Q}_{11}(k) & \boldsymbol{Q}_{12}(k)\\ \boldsymbol{Q}_{21}(k) & \boldsymbol{Q}_{22}(k)\end{bmatrix}$$

根据定理5.4可得

$$\begin{aligned}\boldsymbol{\Theta}(k)=&-\boldsymbol{V}(k)\boldsymbol{C}_1(k)\boldsymbol{Q}_{22}(k)\boldsymbol{C}_1^{\mathrm{T}}(k)\boldsymbol{V}^{\mathrm{T}}(k)-\varepsilon\boldsymbol{V}(k)\boldsymbol{C}_\alpha(k)\boldsymbol{Q}_{11}(k)\boldsymbol{C}_\alpha^{\mathrm{T}}(k)\boldsymbol{V}^{\mathrm{T}}(k)\\&-\varepsilon\boldsymbol{V}(k)\boldsymbol{D}_{f\alpha}(k)\boldsymbol{D}_{f\alpha}^{\mathrm{T}}(k)\boldsymbol{V}^{\mathrm{T}}(k)-\varepsilon\boldsymbol{V}(k)\boldsymbol{D}_{d\alpha}(k)\boldsymbol{D}_{d\alpha}^{\mathrm{T}}(k)\boldsymbol{V}^{\mathrm{T}}(k)+\gamma^2\boldsymbol{I}\\&-(\boldsymbol{V}(k)\boldsymbol{D}_{f1}(k)-\boldsymbol{I})(\boldsymbol{V}(k)\boldsymbol{D}_{f1}(k)-\boldsymbol{I})^{\mathrm{T}}-\boldsymbol{V}(k)\boldsymbol{D}_{d1}(k)\boldsymbol{D}_{d1}^{\mathrm{T}}(k)\boldsymbol{V}^{\mathrm{T}}(k)\end{aligned}\tag{5-31}$$

注意到，$\boldsymbol{\Theta}(k)$ 为 $\boldsymbol{V}(k)$ 的二次型函数，给定 $\boldsymbol{Q}(k)$，则对于任意适当维数非零列向量 $\boldsymbol{\Phi}(k)$ 有如下关系成立：

$$\boldsymbol{\Phi}^{\mathrm{T}}(k)\boldsymbol{\Theta}(\boldsymbol{V}_f(k),k)\boldsymbol{\Phi}(k)\geqslant\boldsymbol{\Phi}^{\mathrm{T}}(k)\boldsymbol{\Theta}(\boldsymbol{V}(k),k)\boldsymbol{\Phi}(k)>0$$

由

$$\frac{\partial \boldsymbol{\Phi}^{\mathrm{T}}(k)\boldsymbol{\Theta}(\boldsymbol{V}(k),k)\boldsymbol{\Phi}(k)}{\partial(\boldsymbol{V}^{\mathrm{T}}(k)\boldsymbol{\Phi}(k))}=0$$

可得

$$\begin{aligned}-\boldsymbol{\Phi}^{\mathrm{T}}(k)\boldsymbol{V}(k)(\boldsymbol{C}_1(k)\boldsymbol{Q}_{22}(k)\boldsymbol{C}_1^{\mathrm{T}}(k)+\varepsilon\boldsymbol{C}_\alpha(k)\boldsymbol{Q}_{11}(k)\boldsymbol{C}_\alpha^{\mathrm{T}}(k)\\+\varepsilon\boldsymbol{D}_{f\alpha}(k)\boldsymbol{D}_{f\alpha}^{\mathrm{T}}(k)+\varepsilon\boldsymbol{D}_{d\alpha}(k)\boldsymbol{D}_{d\alpha}^{\mathrm{T}}(k)+\boldsymbol{D}_{f1}(k)\boldsymbol{D}_{f1}^{\mathrm{T}}(k)\\+\boldsymbol{D}_{d1}(k)\boldsymbol{D}_{d1}^{\mathrm{T}}(k))+\boldsymbol{\Phi}^{\mathrm{T}}(k)\boldsymbol{D}_{f1}^{\mathrm{T}}(k)=0\end{aligned}\tag{5-32}$$

进一步，

$$\begin{aligned}&\frac{\partial^2 \boldsymbol{\Phi}^{\mathrm{T}}(k)\boldsymbol{\Theta}(\boldsymbol{V}(k),k)\boldsymbol{\Phi}(t)}{\partial(\boldsymbol{V}^{\mathrm{T}}(k)\boldsymbol{\Phi}(k))^2}\\&=-(\boldsymbol{C}_1(k)\boldsymbol{Q}_{22}(k)\boldsymbol{C}_1^{\mathrm{T}}(k)+\varepsilon\boldsymbol{C}_\alpha(k)\boldsymbol{Q}_{11}(k)\boldsymbol{C}_\alpha^{\mathrm{T}}(k)+\varepsilon\boldsymbol{D}_{f\alpha}(k)\boldsymbol{D}_{f\alpha}^{\mathrm{T}}(k)\\&\quad+\varepsilon\boldsymbol{D}_{d\alpha}(k)\boldsymbol{D}_{d\alpha}^{\mathrm{T}}(k)+\boldsymbol{D}_{f1}(k)\boldsymbol{D}_{f1}^{\mathrm{T}}(k)+\boldsymbol{D}_{d1}(k)\boldsymbol{D}_{d1}^{\mathrm{T}}(k))<0\end{aligned}$$

从而可得 $\boldsymbol{V}(k)$ 的可行解：

$$\begin{aligned}\boldsymbol{V}_f(k)=\boldsymbol{D}_{f1}^{\mathrm{T}}(k)(\boldsymbol{C}_1(k)\boldsymbol{Q}_{22}(k)\boldsymbol{C}_1^{\mathrm{T}}(k)+\varepsilon\boldsymbol{C}_\alpha(k)\boldsymbol{Q}_{11}(k)\boldsymbol{C}_\alpha^{\mathrm{T}}(k)\\+\varepsilon\boldsymbol{D}_{f\alpha}(k)\boldsymbol{D}_{f\alpha}^{\mathrm{T}}(k)+\varepsilon\boldsymbol{D}_{d\alpha}(k)\boldsymbol{D}_{d\alpha}^{\mathrm{T}}(k)\\+\boldsymbol{D}_{f1}(k)\boldsymbol{D}_{f1}^{\mathrm{T}}(k)+\boldsymbol{D}_{d1}(k)\boldsymbol{D}_{d1}^{\mathrm{T}}(k))^{-1}\end{aligned}\tag{5-33}$$

将式(5-33)代入式(5-31)可得

$$\begin{aligned}\boldsymbol{\Theta}(k)=(\gamma^2-1)\boldsymbol{I}+\boldsymbol{D}_{f1}^{\mathrm{T}}(k)(\boldsymbol{C}_1(k)\boldsymbol{Q}_{22}(k)C_1^{\mathrm{T}}(k)+\varepsilon\boldsymbol{C}_\alpha(k)\boldsymbol{Q}_{11}(k)\boldsymbol{C}_\alpha^{\mathrm{T}}(k)\\+\varepsilon\boldsymbol{D}_{f\alpha}(k)\boldsymbol{D}_{f\alpha}^{\mathrm{T}}(k)+\varepsilon\boldsymbol{D}_{d\alpha}(k)\boldsymbol{D}_{d\alpha}^{\mathrm{T}}(k)+\boldsymbol{D}_{f1}(k)\boldsymbol{D}_{f1}^{\mathrm{T}}(k)\\+\boldsymbol{D}_{d1}(k)\boldsymbol{D}_{d1}^{\mathrm{T}}(k))\boldsymbol{D}_{f1}(k)\end{aligned}\tag{5.34}$$

由式(5-28)、式(5-30)式知，矩阵 $\boldsymbol{Q}_{11}(k+1)$ 与 $\boldsymbol{L}(k)$ 无关，而对 $\boldsymbol{Q}_{22}(k+1)$ 有如下关系成立：

$$\begin{aligned}\boldsymbol{Q}_{22}(k+1)=(\boldsymbol{A}_1(k)-\boldsymbol{L}(k)\boldsymbol{C}_1(k))\boldsymbol{Q}_{22}(k)(\boldsymbol{A}_1(k)-\boldsymbol{L}(k)\boldsymbol{C}_1(k))^{\mathrm{T}}\\+\varepsilon(\boldsymbol{A}_\alpha(k)-\boldsymbol{L}(k)\boldsymbol{C}_\alpha(k))\boldsymbol{Q}_{11}(k)(\boldsymbol{A}_\alpha(k)-\boldsymbol{L}(k)\boldsymbol{C}_\alpha(k))^{\mathrm{T}}\\+(\boldsymbol{B}_{f1}(k)-\boldsymbol{L}(k)\boldsymbol{D}_{f1}(k))(\boldsymbol{B}_{f1}(k)-\boldsymbol{L}(k)\boldsymbol{D}_{f1}(k))^{\mathrm{T}}\\+(\boldsymbol{B}_{d1}(k)-\boldsymbol{L}(k)\boldsymbol{D}_{d1}(k))(\boldsymbol{B}_{d1}(k)-\boldsymbol{L}(k)\boldsymbol{D}_{d1}(k))^{\mathrm{T}}\\+\varepsilon(\boldsymbol{B}_{f\alpha}(k)-\boldsymbol{L}(k)\boldsymbol{D}_{f\alpha}(k))(\boldsymbol{B}_{f\alpha}(k)-\boldsymbol{L}(k)\boldsymbol{D}_{f\alpha}(k))^{\mathrm{T}}\\-\boldsymbol{L}(k)\boldsymbol{D}_{d\alpha}(k))(\boldsymbol{B}_{d\alpha}(k)-\boldsymbol{L}(k)\boldsymbol{D}_{d\alpha}(k))^{\mathrm{T}}\\+\boldsymbol{\Gamma}(k)\boldsymbol{\Theta}^{-1}(k)\boldsymbol{\Gamma}^{\mathrm{T}}(k)+\beta\boldsymbol{I}\end{aligned}$$

其中，

$$\begin{aligned}\boldsymbol{\Gamma}(k) = &(\boldsymbol{A}_1(k) - \boldsymbol{L}(k)\boldsymbol{C}_1(k))\boldsymbol{Q}_{22}(k)\boldsymbol{C}_1^{\mathrm{T}}(k)\boldsymbol{V}^{\mathrm{T}}(k) + \varepsilon(\boldsymbol{A}_\alpha(k)\\&- \boldsymbol{L}(k)\boldsymbol{C}_\alpha(k))\boldsymbol{Q}_{11}(k)\boldsymbol{C}_\alpha^{\mathrm{T}}(k)\boldsymbol{V}^{\mathrm{T}}(k) + (\boldsymbol{B}_{f1}(k)\\&- \boldsymbol{L}(k)\boldsymbol{D}_{f1}(k))(\boldsymbol{V}(k)\boldsymbol{D}_{f1}(k) - \boldsymbol{I})^{\mathrm{T}} + (\boldsymbol{B}_{d1}(k)\\&- \boldsymbol{L}(k)\boldsymbol{D}_{d1}(k))\boldsymbol{D}_{d1}^{\mathrm{T}}(k)\boldsymbol{V}^{\mathrm{T}}(k) + \varepsilon(\boldsymbol{B}_{f\alpha}(k)\\&- \boldsymbol{L}(k)\boldsymbol{D}_{f\alpha}(k))(\boldsymbol{V}(k)\boldsymbol{D}_{f\alpha}(k) - \boldsymbol{I})^{\mathrm{T}} + \varepsilon(\boldsymbol{B}_{d\alpha}(k)\\&- \boldsymbol{L}(k)\boldsymbol{D}_{d\alpha}(k))\boldsymbol{D}_{d\alpha}^{\mathrm{T}}(k)\boldsymbol{V}^{\mathrm{T}}(k)\end{aligned}$$

给定 $\boldsymbol{V}(k)$、$\boldsymbol{Q}(k)$，对于任意的适当维数非零列向量 $\boldsymbol{\Phi}(k)$ 可得

$$\boldsymbol{\Phi}^{\mathrm{T}}(k)\boldsymbol{Q}_{22}(k+1)\boldsymbol{\Phi}(k)\mid_{L(k)=L_f(k)} \leqslant \boldsymbol{\Phi}^{\mathrm{T}}(k)\boldsymbol{Q}_{22}(k+1)\boldsymbol{\Phi}(k)\mid_{L(k)\neq L_f(k)}$$

因此，

$$\begin{aligned}&\boldsymbol{\Phi}^{\mathrm{T}}(k+1)\boldsymbol{\Theta}(\boldsymbol{L}_f(k+1),k+1)\boldsymbol{\Phi}(k+1)\\\geqslant\ &\boldsymbol{\Phi}^{\mathrm{T}}(k+1)\boldsymbol{\Theta}(\boldsymbol{L}(k+1),k+1)\boldsymbol{\Phi}(k+1) > 0\end{aligned}$$

由

$$\frac{\partial\boldsymbol{\Phi}^{\mathrm{T}}(k)\boldsymbol{Q}_{22}(k+1)\boldsymbol{\Phi}(k)}{\partial(\boldsymbol{L}^{\mathrm{T}}(\cdot k)\boldsymbol{\Phi}(k))} = 0$$

可得，

$$0 = (\boldsymbol{H}(k) + \boldsymbol{G}(k)\boldsymbol{\Theta}^{-1}(k)\boldsymbol{G}^{\mathrm{T}}(k))\boldsymbol{L}^{\mathrm{T}}(k) - \boldsymbol{G}(k)\boldsymbol{\Theta}^{-1}(k)\boldsymbol{N}^{\mathrm{T}}(k) - \boldsymbol{T}(k)$$

其中，

$$\begin{aligned}\boldsymbol{H}(k) = &\boldsymbol{C}_1(k)\boldsymbol{Q}_{22}(k)\boldsymbol{C}_1^{\mathrm{T}}(k) + \varepsilon\boldsymbol{C}_\alpha(k)\boldsymbol{Q}_{11}(k)\boldsymbol{C}_\alpha^{\mathrm{T}}(k) + \boldsymbol{D}_{f1}(k)\boldsymbol{D}_{f1}^{\mathrm{T}}(k)\\&+ \boldsymbol{D}_{d1}(k)\boldsymbol{D}_{d1}^{\mathrm{T}}(k) + \varepsilon\boldsymbol{D}_{f\alpha}(k)\boldsymbol{D}_{f\alpha}^{\mathrm{T}}(k)^{\mathrm{T}} + \boldsymbol{D}_{d1}(k)\boldsymbol{D}_{d1}^{\mathrm{T}}(k) + \varepsilon\boldsymbol{D}_{d\alpha}(k)\boldsymbol{D}_{d\alpha}^{\mathrm{T}}(k)\end{aligned}$$

$$\begin{aligned}\boldsymbol{G}(k) = &\boldsymbol{C}_1(k)\boldsymbol{Q}_{22}(k)\boldsymbol{C}_1^{\mathrm{T}}(k)\boldsymbol{V}^{\mathrm{T}}(k) + \varepsilon\boldsymbol{C}_\alpha(k)\boldsymbol{Q}_{11}(k)\boldsymbol{C}_\alpha^{\mathrm{T}}(k)\boldsymbol{V}^{\mathrm{T}}(k)\\&+ \boldsymbol{D}_{d1}(k)\boldsymbol{D}_{d1}^{\mathrm{T}}(k)\boldsymbol{V}^{\mathrm{T}}(k) + \varepsilon\boldsymbol{D}_{f\alpha}(k)\boldsymbol{D}_{f\alpha}^{\mathrm{T}}(k)\boldsymbol{V}^{\mathrm{T}}(k)\\&+ \varepsilon\boldsymbol{D}_{d\alpha}(k)\boldsymbol{D}_{d\alpha}^{\mathrm{T}}(k)\boldsymbol{V}^{\mathrm{T}}(k) + \boldsymbol{D}_{f1}(k)(\boldsymbol{V}(k)\boldsymbol{D}_{f1}(k) - \boldsymbol{I})^{\mathrm{T}}\end{aligned}$$

$$\begin{aligned}\boldsymbol{N}(k) = &\boldsymbol{A}_1(k)\boldsymbol{Q}_{22}(k)\boldsymbol{C}_1^{\mathrm{T}}(k)\boldsymbol{V}^{\mathrm{T}}(k) + \varepsilon\boldsymbol{A}_\alpha(k)\boldsymbol{Q}_{11}(k)\boldsymbol{C}_\alpha^{\mathrm{T}}(k)\boldsymbol{V}^{\mathrm{T}}(k)\\&+ \boldsymbol{B}_{d1}(k)\boldsymbol{D}_{d1}^{\mathrm{T}}(k)\boldsymbol{V}^{\mathrm{T}}(k) + \boldsymbol{B}_{f1}(k)(\boldsymbol{V}(k)\boldsymbol{D}_{f1}(k) - \boldsymbol{I})^{\mathrm{T}}\\&+ \varepsilon\boldsymbol{B}_{f\alpha}(k)\boldsymbol{D}_{d\alpha}^{\mathrm{T}}(k) + \varepsilon\boldsymbol{B}_{d\alpha}(k)\boldsymbol{D}_{d\alpha}^{\mathrm{T}}(k)\boldsymbol{V}^{\mathrm{T}}(k)\end{aligned}$$

$$\begin{aligned}\boldsymbol{T}(k) = &\boldsymbol{C}_1(k)\boldsymbol{Q}_{22}(k)\boldsymbol{A}_1^{\mathrm{T}}(k) + \varepsilon\boldsymbol{C}_\alpha(k)\boldsymbol{Q}_{11}(k)\boldsymbol{A}_\alpha^{\mathrm{T}}(k) + \boldsymbol{D}_{d1}(k)\boldsymbol{B}_{d1}^{\mathrm{T}}(k)\\&+ \varepsilon\boldsymbol{D}_{f\alpha}(k)\boldsymbol{B}_{d\alpha}^{\mathrm{T}}(k) + \varepsilon\boldsymbol{D}_{d\alpha}(k)\boldsymbol{B}_{d\alpha}^{\mathrm{T}}(k) + \boldsymbol{D}_{f1}(k)\boldsymbol{B}_{f1}^{\mathrm{T}}(k)\end{aligned}$$

进一步，

$$\frac{\partial^2 \boldsymbol{\Phi}^{\mathrm{T}}(k)\boldsymbol{Q}_{22}(k+1)\boldsymbol{\Phi}(k)}{(\partial \boldsymbol{L}^{\mathrm{T}}(k)\boldsymbol{\Phi}(k))^2} = \boldsymbol{H}(k) + \boldsymbol{G}(k)\boldsymbol{\Theta}^{-1}(k)\boldsymbol{G}^{\mathrm{T}}(k) > 0$$

从而可得 $\boldsymbol{L}(k)$ 的一个可行解为

$$\boldsymbol{L}_f(k) = \boldsymbol{\Omega}^{\mathrm{T}}(k)\ (\boldsymbol{H}(k) + \boldsymbol{G}(k)\boldsymbol{\Theta}^{-1}(k)\boldsymbol{G}^{\mathrm{T}}(k)) - 1 \tag{5-35}$$

其中,

$$\boldsymbol{\Omega}(k) = \boldsymbol{T}(k) + \boldsymbol{G}(k)\boldsymbol{\Theta}^{-1}(k)\boldsymbol{N}^{\mathrm{T}}(k)$$

而 $\boldsymbol{\Theta}(k)$ 则由式(5-34)确定。

基于以上分析,可得如下的定理5.5。

定理5.5 给定 $\gamma > 0$,当且仅当存在 $\beta > 0$ 和如下矩阵 $\boldsymbol{Q}(k)$:

$$\boldsymbol{Q}(k) = \begin{bmatrix} \boldsymbol{Q}_{11}(k) & \boldsymbol{Q}_{12}(k) \\ \boldsymbol{Q}_{21}(k) & \boldsymbol{Q}_{22}(k) \end{bmatrix}$$

使式(5-30)成立且 $\boldsymbol{\Theta}(k) > 0$ 时,系统式(5-28)均方指数稳定且满足性能指标式(5-29),同时鲁棒 H_∞-FDF 参数矩阵 $\boldsymbol{L}(k)$ 、$\boldsymbol{V}(k)$ 的可行解为

$$\begin{aligned}
\boldsymbol{L}(k) &= \boldsymbol{\Omega}^{\mathrm{T}}(k)(\boldsymbol{H}(k) + \boldsymbol{G}(k)\boldsymbol{\Theta}^{-1}(k)\boldsymbol{G}^{\mathrm{T}}(k))^{-1} \\
\boldsymbol{V}(k) &= \boldsymbol{D}_{f1}^{\mathrm{T}}(k)(\boldsymbol{C}_1(k)\boldsymbol{Q}_{22}(k)\boldsymbol{C}_1^{\mathrm{T}}(k) + \varepsilon\boldsymbol{C}_\alpha(k)\boldsymbol{Q}_{11}(k)\boldsymbol{C}_\alpha^{\mathrm{T}}(k) \\
&\quad + \varepsilon\boldsymbol{D}_{f\alpha}(k)\boldsymbol{D}_{f\alpha}^{\mathrm{T}}(k) + \varepsilon\boldsymbol{D}_{d\alpha}(k)\boldsymbol{D}_{d\alpha}^{\mathrm{T}}(k) \\
&\quad + \boldsymbol{D}_{f1}(k)\boldsymbol{D}_{f1}^{\mathrm{T}}(k) + \boldsymbol{D}_{d1}(k)\boldsymbol{D}_{d1}^{\mathrm{T}}(k))^{-1}
\end{aligned}$$

5.3.3 仿真算例

给定参数矩阵如下:

$$\boldsymbol{A}(k) = \begin{bmatrix} -0.1\mathrm{e}^{-\frac{k}{100}} & 0.9^k \\ -0.85 & -0.1 \end{bmatrix},\ \boldsymbol{B}_f(k) = \begin{bmatrix} 0.6\sin(k) \\ 0.4 \end{bmatrix},\ \boldsymbol{B}_d(k) = \begin{bmatrix} 0.6 \\ 0.2 \end{bmatrix}$$

$$\boldsymbol{C}(k) = [-0.1 \quad 0.3],\ \boldsymbol{D}_f(k) = 0.8,\ \boldsymbol{D}_d(k) = 0.3$$

取数据包丢失概率 $\rho = 0.85$, $\boldsymbol{Q}(0) = 0.1\boldsymbol{I}$, $x(0) = [0.2 \quad 0]^{\mathrm{T}}$, $\hat{x}(0) = [0 \quad 0]^{\mathrm{T}}$, $\boldsymbol{Q}(0) = \boldsymbol{I}$, $\beta = 0.01$ 和 $\gamma = 1.1$ 。$\theta(k)$ 变化率如图5-5所示,未知输入信号如图5-6所示。图5-7、图5-8分别给出了方波故障和正弦波故障及相应的残差信号。由图5-7、图5-8可以看出,基于定理5.5所设计的鲁棒 H_∞-FDF 可以在故障发生时得到有效的残差信号。

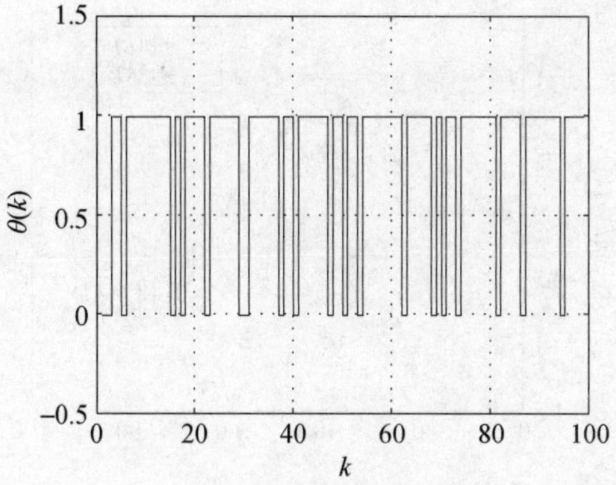

图 5 – 5　$\theta(k)$ 变化率

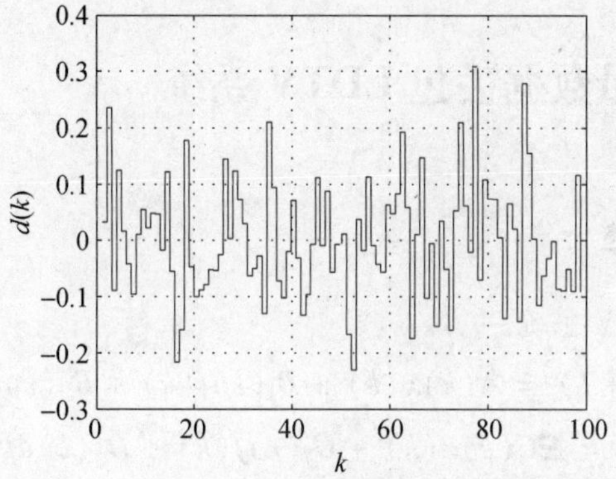

图 5 – 6　未知输入 $d(k)$

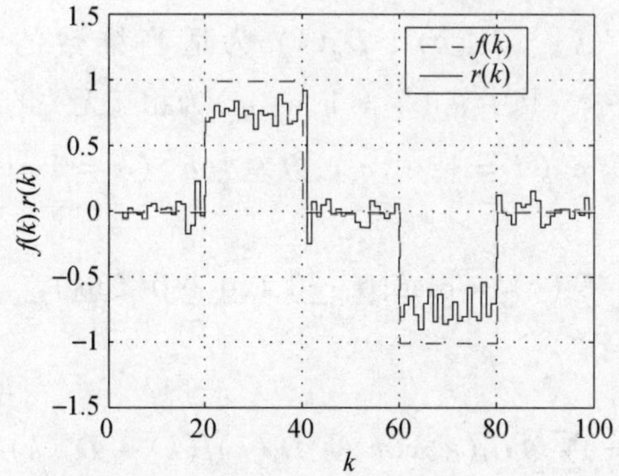

图 5 – 7　方波故障 $f(k)$ 及残差 $r(k)$

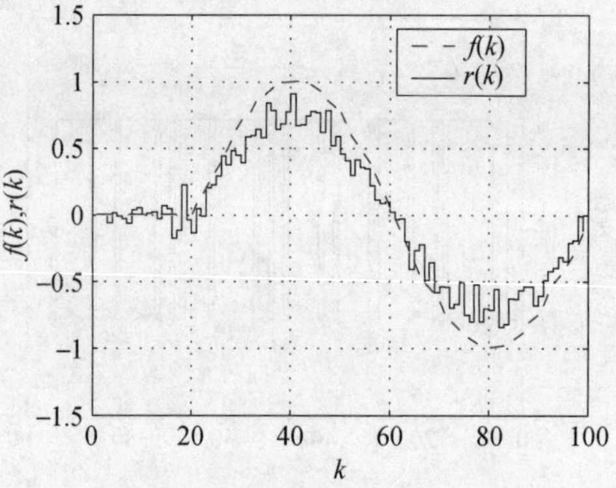

图 5-8　正弦波故障 $f(k)$ 及残差 $r(k)$

5.4　多路测量数据丢包 LDTV 系统

5.4.1　问题描述

考虑如下 LDTV 系统：

$$\begin{cases} \boldsymbol{x}(k+1) = \boldsymbol{A}(k)\boldsymbol{x}(k) + \boldsymbol{B}_f(k)\boldsymbol{f}(k) + \boldsymbol{B}_d(k)\boldsymbol{d}(k) \\ \boldsymbol{y}(k) = \boldsymbol{\Xi}\boldsymbol{C}(k)\boldsymbol{x}(k) + \boldsymbol{D}_f(k)\boldsymbol{f}(k) + \boldsymbol{D}_d(k)\boldsymbol{d}(k) \end{cases} \tag{5-36}$$

式中：$\boldsymbol{x}(k) \in R^n$、$\boldsymbol{y}(k) \in R^{n_y}$、$\boldsymbol{d}(k) \in R^{n_d}$ 和 $\boldsymbol{f}(k) \in R^{n_f}$ 分别为系统的状态、测量输出、未知输入和故障向量，假定 $\boldsymbol{d}(k)$、$\boldsymbol{f}(k)$ 为 l_2 范数有界信号；$\boldsymbol{A}(k)$、$\boldsymbol{B}_f(k)$、$\boldsymbol{B}_d(k)$、$\boldsymbol{C}(k)$、$\boldsymbol{D}_f(k)$、$\boldsymbol{D}_d(k)$ 为适当维数的已知时变矩阵；$\boldsymbol{\Xi}:=\mathrm{diag}\{\theta_1,\cdots,\theta_q\}$，其中 $\theta_i\ (i=1,\cdots,q)$ 为相互无关的随机变量，且有 $\theta_i \in [0,1]$，其均值为 $\rho_i\ (i=1,\cdots,q)$，方差为 $\sigma_i^2\ (i=1,\cdots,q)$。

定义：

$$\boldsymbol{C}_i(k) = \mathrm{diag}\{\underbrace{0,\cdots 0}_{i-1},1,\underbrace{0,\cdots 0}_{q-i}\}\boldsymbol{C}(k)$$

则有

$$\boldsymbol{y}(k) = \sum_{i=1}^{q}\theta_i\boldsymbol{C}_i(k)\boldsymbol{x}(k) + \boldsymbol{D}_f(k)\boldsymbol{f}(k) + \boldsymbol{D}_d(k)\boldsymbol{d}(k) \tag{5-37}$$

考虑如下基于观测器的 FDF 作为残差产生器：

$$\begin{cases}\hat{\boldsymbol{x}}(k+1) = \boldsymbol{A}(k)\hat{\boldsymbol{x}}(k) + \boldsymbol{L}(k)(\boldsymbol{y}(k) - \bar{\boldsymbol{\Xi}}\boldsymbol{C}(k)\hat{\boldsymbol{x}}(k)) \\ \boldsymbol{r}(k) = \boldsymbol{V}(k)(\boldsymbol{y}(k) - \bar{\boldsymbol{\Xi}}\boldsymbol{C}(k)\hat{\boldsymbol{x}}(k)) \\ \hat{\boldsymbol{x}}(0) = \hat{\boldsymbol{x}}_0\end{cases} \tag{5-38}$$

式中：$\bar{\boldsymbol{\Xi}} = \mathrm{E}\{\boldsymbol{\Xi}\}$，$\hat{\boldsymbol{x}}(k)$ 为 $\boldsymbol{x}(k)$ 的估计，$\hat{\boldsymbol{x}}_0$ 为滤波器初值，$\boldsymbol{r}(k) \in \mathbf{R}^r$ 为残差，观测器增益矩阵 $\boldsymbol{L}(k)$ 和后置滤波器 $\boldsymbol{V}(k)$ 为待设计参数。

令 $\alpha_i = \theta_i - \rho_i\ (i = 1,\cdots,q)$，则有

$$\begin{cases}\mathrm{E}\{\alpha_i\} = 0 \\ \mathrm{E}\{\alpha_i^2\} = \sigma_i^2\end{cases}$$

进一步，由式(5-37)可得

$$\begin{aligned}\boldsymbol{y}(k) &= \sum_{i=1}^{q}\theta_i\boldsymbol{C}_i(k)\boldsymbol{x}(k) + \boldsymbol{D}_f(k)\boldsymbol{f}(k) + \boldsymbol{D}_d(k)\boldsymbol{d}(k) \\ &= \sum_{i=1}^{q}\alpha_i\boldsymbol{C}_i(k)\boldsymbol{x}(k) + \bar{\boldsymbol{\Xi}}\boldsymbol{C}(k)\boldsymbol{x}(k) + \boldsymbol{D}_f(k)\boldsymbol{f}(k) + \boldsymbol{D}_d(k)\boldsymbol{d}(k)\end{aligned} \tag{5-39}$$

定义

$$\boldsymbol{e}(k) = \boldsymbol{x}(k) - \hat{\boldsymbol{x}}(k),\quad \boldsymbol{\eta}(k) = [\boldsymbol{x}^{\mathrm{T}}(k)\quad \boldsymbol{e}^{\mathrm{T}}(k)]^{\mathrm{T}}$$
$$\boldsymbol{r}_e(k) = \boldsymbol{r}(k) - \boldsymbol{f}(k),\quad \boldsymbol{w}(k) = [\boldsymbol{f}^{\mathrm{T}}(k)\quad \boldsymbol{d}^{\mathrm{T}}(k)]^{\mathrm{T}}$$

由式(5-36)、式(5-38)、式(5-39)得到

$$\begin{cases}\boldsymbol{\eta}(k+1) = (\boldsymbol{A}_\eta(k) + \sum_{i=1}^{q}\boldsymbol{A}_{\eta\alpha,i}(k)\alpha_i)\boldsymbol{\eta}(k) + \boldsymbol{B}_\eta(k)\boldsymbol{w}(k) \\ \boldsymbol{r}_e(k) = (\boldsymbol{C}_\eta(k) + \sum_{i=1}^{q}\boldsymbol{C}_{\eta\alpha,i}(k)\alpha_i)\boldsymbol{\eta}(k) + \boldsymbol{D}_\eta(k)\boldsymbol{w}(k)\end{cases} \tag{5-40}$$

其中，

$$\boldsymbol{A}_\eta(k) = \begin{bmatrix}\boldsymbol{A}(k) & 0 \\ 0 & \boldsymbol{A}(k) - \boldsymbol{L}(k)\bar{\boldsymbol{\Xi}}\boldsymbol{C}(k)\end{bmatrix}$$

$$\boldsymbol{A}_{\eta\alpha,i}(k) = \begin{bmatrix}0 & 0 \\ -\boldsymbol{L}(k)\boldsymbol{C}_i(k) & 0\end{bmatrix}$$

$$\boldsymbol{B}_\eta(k) = \begin{bmatrix}\boldsymbol{B}_f(k) & \boldsymbol{B}_d(k) \\ \boldsymbol{B}_f(k) - \boldsymbol{L}(k)\boldsymbol{D}_f(k) & \boldsymbol{B}_d(k) - \boldsymbol{L}(k)\boldsymbol{D}_d(k)\end{bmatrix}$$

$$\boldsymbol{C}_{\eta}(k)=[0\quad \boldsymbol{V}(k)\bar{\boldsymbol{\Xi}}\boldsymbol{C}(k)],\ \boldsymbol{C}_{\eta\alpha,i}(k)=[\boldsymbol{V}(k)\boldsymbol{C}_i(k)\quad 0]$$

$$\boldsymbol{D}_{\eta}(k)=[\boldsymbol{V}(k)\boldsymbol{D}_f(k)-\boldsymbol{I}\quad \boldsymbol{V}(k)\boldsymbol{D}_d(k)]$$

不失一般性,假设原系统式(5－36)均方指数稳定,且 $\boldsymbol{C}(k)$ 行满秩。

对于存在多路测量数据丢包的 LDTV 系统,与存在多步数据丢包情况类似,可将基于 H_∞ 滤波的故障检测问题描述为:给定 $\gamma>0$,求参数矩阵 $\boldsymbol{L}(k)$ 、$\boldsymbol{V}(k)$,使系统式(5－40)均方指数稳定,且满足如下性能指标:

$$\sup_{\|w(k)\|_{2,N}\neq 0}\frac{\|\boldsymbol{r}_e(k)\|_{2,\mathrm{E}}^2}{\boldsymbol{\eta}^{\mathrm{T}}(0)\boldsymbol{S}\boldsymbol{\eta}(0)+\|\boldsymbol{w}(k)\|_2^2}<\gamma^2 \tag{5-41}$$

式中:$\boldsymbol{S}>0$ 为给定加权矩阵

5.4.2 鲁棒 H_∞－FDF 设计

注意到,对于上述存在多路测量数据丢包的 LDTV 系统,本质上讲式(5－40)也是式(5－3)描述的一类受乘性随机噪声影响 LDTV 系统,随机变量 $\alpha_i(k)$ 的统计特性也与乘性噪声 $v(k)$ 类似。同理,可将定理 5.3 推广应用于系统式(5－19),设计使式(5－40)均方指数稳定且满足性能指标式(5－41)的鲁棒 H_∞－FDF。

定理 5.6 给定 $\gamma>0$,当且仅当存在 $\beta>0$ 和矩阵 $\boldsymbol{Q}(k)>0$ 使得如下方程成立:

$$\begin{cases}\boldsymbol{Q}(k+1)=\boldsymbol{A}_{\eta}(k)\boldsymbol{Q}(k)\boldsymbol{A}_{\eta}^{\mathrm{T}}(k)+\boldsymbol{B}_{\eta}(k)\boldsymbol{B}_{\eta}^{\mathrm{T}}(k)+\sum_{i=1}^{q}\sigma_i^2\boldsymbol{A}_{\eta\alpha,i}(k)\boldsymbol{Q}(k)\boldsymbol{A}_{\eta\alpha,i}^{\mathrm{T}}(k)\\ \qquad\qquad +\boldsymbol{M}^{\mathrm{T}}(k)\boldsymbol{\Theta}^{-1}(k)\boldsymbol{M}(k)+\beta\boldsymbol{I}\\ \boldsymbol{Q}(0)=\boldsymbol{S}^{-1}\end{cases} \tag{5-42}$$

其中,

$$\boldsymbol{M}(k)=\left(\boldsymbol{C}_{\eta}(k)\boldsymbol{Q}(k)\boldsymbol{A}_{\eta}^{\mathrm{T}}(k)+\sum_{i=1}^{q}\sigma_i^2\boldsymbol{C}_{\eta\alpha,i}(k)\boldsymbol{Q}(k)\boldsymbol{A}_{\eta\alpha,i}^{\mathrm{T}}(k)+\boldsymbol{D}_{\eta}(k)\boldsymbol{B}_{\eta}^{\mathrm{T}}(k)\right)^{\mathrm{T}}$$

$$\boldsymbol{\Theta}(k)=\gamma^2\boldsymbol{I}-\boldsymbol{C}_{\eta}(k)\boldsymbol{Q}(k)\boldsymbol{C}_{\eta}^{\mathrm{T}}(k)-\boldsymbol{D}_{\eta}(k)\boldsymbol{D}_{\eta}^{\mathrm{T}}(k)-\sum_{i=1}^{q}\sigma_i^2\boldsymbol{C}_{\eta\alpha,i}(k)\boldsymbol{Q}(k)\boldsymbol{C}_{\eta\alpha,i}^{\mathrm{T}}(k)>0$$

则系统式(5－40)均方指数稳定且 H_∞ 性能指标式(5－41)成立。

下面应用定理 5.6,给出 $L(k)$ 、$V(k)$ 的可行解。

令

$$\boldsymbol{Q}(k)=\begin{bmatrix}\boldsymbol{Q}_{11}(k) & \boldsymbol{Q}_{12}(k)\\ \boldsymbol{Q}_{21}(k) & \boldsymbol{Q}_{22}(k)\end{bmatrix}$$

则有

$$\begin{aligned}\boldsymbol{\Theta}(k) =& \gamma^2\boldsymbol{I}-\boldsymbol{V}(k)\boldsymbol{D}_d(k)\boldsymbol{D}_d^{\mathrm{T}}(k)\boldsymbol{V}^{\mathrm{T}}(k)-\boldsymbol{V}(k)\bar{\boldsymbol{\Xi}}\boldsymbol{C}(k)\boldsymbol{Q}_{22}(k)\boldsymbol{C}^{\mathrm{T}}(k)\bar{\boldsymbol{\Xi}}^{\mathrm{T}}\boldsymbol{V}^{\mathrm{T}}(k)\\ &-\sum_{i=1}^{q}\sigma_i^2\boldsymbol{V}(k)\boldsymbol{C}_i(k)\boldsymbol{Q}_{11}(k)\boldsymbol{C}_i^{\mathrm{T}}(k)\boldsymbol{W}^{\mathrm{T}}(k)\\ &-(\boldsymbol{V}(k)\boldsymbol{D}_f(k)-\boldsymbol{I})(\boldsymbol{V}(k)\boldsymbol{D}_f(k)-\boldsymbol{I})^{\mathrm{T}}\end{aligned}\tag{5-43}$$

由式(5-21)知矩阵 $\boldsymbol{Q}_{11}(k+1)$ 与 $\boldsymbol{L}(k)$ 无关，而对 $\boldsymbol{Q}_{22}(k+1)$ 有如下关系成立:

$$\begin{aligned}\boldsymbol{Q}_{22}(k+1) =& \boldsymbol{\Gamma}(k)\boldsymbol{\Theta}^{-1}(k)\boldsymbol{\Gamma}^{\mathrm{T}}(k)+\sum_{i=1}^{q}\sigma_i^2\boldsymbol{L}(k)\boldsymbol{C}_i(k)\boldsymbol{Q}_{11}(k)\boldsymbol{C}_i^{\mathrm{T}}(k)\boldsymbol{L}^{\mathrm{T}}(k)\\ &+(\boldsymbol{A}(k)-\boldsymbol{L}(k)\bar{\boldsymbol{\Xi}}\boldsymbol{C}(k))\boldsymbol{Q}_{22}(k)(\boldsymbol{A}(k)-\boldsymbol{L}(k)\bar{\boldsymbol{\Xi}}\boldsymbol{C}(k))^{\mathrm{T}}\\ &+(\boldsymbol{B}_d(k)-\boldsymbol{L}(k)\boldsymbol{D}_d(k))(\boldsymbol{B}_d(k)-\boldsymbol{L}(k)\boldsymbol{D}_d(k))\mathrm{T}+\beta\boldsymbol{I}\\ &+(\boldsymbol{B}_f(k)-\boldsymbol{L}(k)\boldsymbol{D}_f(k))(\boldsymbol{B}_f(k)-\boldsymbol{L}(k)D_f(k))^{\mathrm{T}}\end{aligned}\tag{5-44}$$

其中，

$$\begin{aligned}\boldsymbol{\Gamma}(k) =& (\boldsymbol{A}(k)-\boldsymbol{L}(k)\bar{\boldsymbol{\Xi}}\boldsymbol{C}(k))\boldsymbol{Q}_{22}(k)\boldsymbol{C}^{\mathrm{T}}(k)\bar{\boldsymbol{\Xi}}^{\mathrm{T}}\boldsymbol{V}^{\mathrm{T}}(k)\\ &-\sum_{i=1}^{q}\sigma_i^2\boldsymbol{C}_i(k)\boldsymbol{Q}_{21}(k)\boldsymbol{C}_i^{\mathrm{T}}(k)\boldsymbol{V}^{\mathrm{T}}(k)\\ &+(\boldsymbol{B}_f(k)-\boldsymbol{L}(k)\boldsymbol{D}_f(k))(\boldsymbol{V}(k)\boldsymbol{D}_f(k)-\boldsymbol{I})^{\mathrm{T}}\\ &+(\boldsymbol{B}_f(k)-\boldsymbol{L}(k)\boldsymbol{D}_f(k))\boldsymbol{V}^{\mathrm{T}}(k)\end{aligned}$$

对于任意适当维数的非零向量 $\boldsymbol{\Phi}(k)$，由

$$\frac{\partial\boldsymbol{\Phi}^{\mathrm{T}}(k)\boldsymbol{Q}_{22}(k+1)\boldsymbol{\Phi}(k)}{\partial(\boldsymbol{L}^{\mathrm{T}}(k)\boldsymbol{\Phi}(k))}=0$$

可得

$$0=(\boldsymbol{H}(k)+\boldsymbol{K}(k)\boldsymbol{\Theta}^{-1}(k)\boldsymbol{K}^{\mathrm{T}}(k))\boldsymbol{L}^{\mathrm{T}}(k)-\boldsymbol{K}(k)\boldsymbol{\Theta}^{-1}(k)\boldsymbol{G}^{\mathrm{T}}(k)-\boldsymbol{T}(k)$$

其中，

$$\begin{aligned}
\boldsymbol{K}(k) &= \boldsymbol{D}_d(k)\boldsymbol{D}_d^{\mathrm{T}}(k)\boldsymbol{V}^{\mathrm{T}}(k) + \boldsymbol{D}_f(k)(\boldsymbol{V}(k)\boldsymbol{D}_f(k) - \boldsymbol{I})^{\mathrm{T}} \\
&\quad + \bar{\boldsymbol{\Xi}}\boldsymbol{C}(k)\boldsymbol{Q}_{22}(k)\boldsymbol{C}^{\mathrm{T}}(k)\bar{\boldsymbol{\Xi}}^{\mathrm{T}}\boldsymbol{V}^{\mathrm{T}}(k) \\
&\quad + \sum_{i=1}^{q}\sigma_i^2\boldsymbol{C}_i(k)\boldsymbol{Q}_{21}(k)\boldsymbol{C}_i^{\mathrm{T}}(k)\boldsymbol{V}^{\mathrm{T}}(k) \\
\boldsymbol{H}(k) &= \boldsymbol{D}_d(k)\boldsymbol{D}_d^{\mathrm{T}}(k) + \sum_{i=1}^{q}\sigma_i^2\boldsymbol{C}_i(k)\boldsymbol{Q}_{11}(k)\boldsymbol{C}_i^{\mathrm{T}}(k) + \boldsymbol{D}_f(k)\boldsymbol{D}_f^{\mathrm{T}}(k) \\
&\quad + \bar{\boldsymbol{\Xi}}\boldsymbol{C}(k)\boldsymbol{Q}_{22}(k)\boldsymbol{C}^{\mathrm{T}}(k)\bar{\boldsymbol{\Xi}}^{\mathrm{T}} \\
\boldsymbol{G}(k) &= \boldsymbol{B}_f(k)(\boldsymbol{W}(k)\boldsymbol{D}_f(k) - \boldsymbol{I})^{\mathrm{T}} + \boldsymbol{A}(k)\boldsymbol{Q}_{22}(k)\boldsymbol{C}^{\mathrm{T}}(k)\bar{\boldsymbol{\Xi}}^{\mathrm{T}}\boldsymbol{V}^{\mathrm{T}}(k) \\
&\quad + \boldsymbol{B}_d(k)\boldsymbol{D}_d^{\mathrm{T}}(k)\boldsymbol{V}^{\mathrm{T}}(k) \\
\boldsymbol{T}(k) &= \boldsymbol{D}_d(k)\boldsymbol{B}_d^{\mathrm{T}}(k)^{\mathrm{T}} + \boldsymbol{D}_f(k)\boldsymbol{B}_f^{\mathrm{T}}(k) + \bar{\boldsymbol{\Xi}}\boldsymbol{C}(k)\boldsymbol{Q}_{22}(k)\boldsymbol{A}^{\mathrm{T}}(k)
\end{aligned}$$

同理,由

$$\frac{\partial \boldsymbol{v}^{\mathrm{T}}(k)\boldsymbol{\Theta}(\boldsymbol{V}(k),k)\boldsymbol{v}(k)}{\partial(\boldsymbol{V}^{\mathrm{T}}(k)\boldsymbol{v}(k))} = 0$$

可得

$$0 = -\boldsymbol{V}(k)\boldsymbol{H}(k) + \boldsymbol{D}_f^{\mathrm{T}}(k)$$

进一步,

$$\frac{\partial^2 \boldsymbol{\Phi}^{\mathrm{T}}(k)\boldsymbol{Q}_{22}(k+1)\boldsymbol{\Phi}(k)}{\partial(\boldsymbol{L}^{\mathrm{T}}(k)\boldsymbol{\Phi}(k))^2} = \boldsymbol{H}(k) + \boldsymbol{K}(k)\boldsymbol{\Theta}^{-1}(k)\boldsymbol{K}^{\mathrm{T}}(k) > 0$$

$$\frac{\partial^2 \boldsymbol{v}^{\mathrm{T}}(k)\boldsymbol{\Theta}(\boldsymbol{V}(k),k)\boldsymbol{v}(k)}{\partial(\boldsymbol{V}^{\mathrm{T}}(k)\boldsymbol{v}(k))^2} = -\boldsymbol{H}(k) < 0$$

从而可得 $\boldsymbol{L}(k)$ 、$\boldsymbol{V}(k)$ 的可行解为

$$\boldsymbol{L}_f(k) = \boldsymbol{\Omega}^{\mathrm{T}}(k)(\boldsymbol{H}(k) + \boldsymbol{K}(k)\boldsymbol{\Theta}^{-1}(k)\boldsymbol{K}^{\mathrm{T}}(k))^{-1} \tag{5-45}$$

$$\boldsymbol{V}_f(k) = \boldsymbol{D}_f^{\mathrm{T}}(k)\boldsymbol{H}^{-1}(k) \tag{5-46}$$

其中,

$$\boldsymbol{\Omega}(k) = \boldsymbol{T}(k) + \boldsymbol{K}(k)\boldsymbol{\Theta}^{-1}(k)\boldsymbol{N}^{\mathrm{T}}(k)$$

将 $\boldsymbol{V}_f(k)$ 代入式(5-22),$\boldsymbol{\Theta}(k)$ 化为如下形式:

$$\boldsymbol{\Theta}(k) = (\gamma^2 - 1)\boldsymbol{I} + \boldsymbol{D}_f^{\mathrm{T}}(k)\boldsymbol{H}^{-1}(k)\boldsymbol{D}_f(k) \tag{5-47}$$

综上分析,可得如下定理5.7。

定理5.7 给定 $\gamma > 0$,当且仅当存在 $\beta > 0$ 和如下矩阵 $\boldsymbol{Q}(k)$:

$$\boldsymbol{Q}(k) = \begin{bmatrix} \boldsymbol{Q}_{11}(k) & \boldsymbol{Q}_{12}(k) \\ \boldsymbol{Q}_{21}(k) & \boldsymbol{Q}_{22}(k) \end{bmatrix}$$

使式 (5-42) 成立且 $\boldsymbol{\Theta}(k) > 0$ 时,系统(5-19)式均方指数稳定且满足性能指标式(5-41),同时鲁棒 H_∞-FDF 参数矩阵 $\boldsymbol{L}(k)$、$\boldsymbol{V}(k)$ 的可行解为

$$\boldsymbol{L}(k) = \boldsymbol{\Omega}^{\mathrm{T}}(k)\left(\boldsymbol{H}(k) + \boldsymbol{K}(k)\boldsymbol{\Theta}^{-1}(k)\boldsymbol{K}^{\mathrm{T}}(k)\right)^{-1}$$

$$\boldsymbol{V}(k) = \boldsymbol{D}_f^{\mathrm{T}}(k)\boldsymbol{H}^{-1}(k)$$

5.4.3 仿真算例

系统式(5-36)参数矩阵给定如下:

$$\boldsymbol{A}(k) = \begin{bmatrix} -0.1\mathrm{e}^{-\frac{k}{100}} & 0.9^k \\ -0.85 & -0.1 \end{bmatrix}, \boldsymbol{B}_f(k) = \begin{bmatrix} 0.6\sin(k) \\ 0.4 \end{bmatrix}, \boldsymbol{B}_d(k) = \begin{bmatrix} 0.6 \\ 0.2 \end{bmatrix}$$

$$\boldsymbol{C}(k) = \begin{bmatrix} -0.1 & 0.3 \\ 0 & 0.2 \end{bmatrix}, \boldsymbol{B}_d(k) = \begin{bmatrix} 0.75 \\ 0.2 \end{bmatrix}, \boldsymbol{D}_d(k) = \begin{bmatrix} 0.1 \\ 0.2 \end{bmatrix}$$

取 $\beta = 0.01$ 和 $\gamma = 0.9867$,设 θ_1、θ_2 的概率密度函数 $p(\theta)$ 分别为

$$p(\theta_1) = \begin{cases} 0 & \theta_1 = 0 \\ 0.1 & \theta_1 = 0.5 \\ 0.9 & \theta_1 = 1 \end{cases}, p(\theta_2) = \begin{cases} 0 & \theta_2 = 0 \\ 0.2 & \theta_2 = 0.5 \\ 0.8 & \theta_2 = 1 \end{cases}$$

则可求得其均值和方差分别为 $\mu_1 = 0.95$,$\mu_2 = 0.9$,$\sigma_1 = 0.15$ 及 $\sigma_2 = 0.2$。未知输入信号仍如图 5-6 所示。图 5-9、图 5-10 分别给出了方波故障和正弦波故障及相应的残差信号。由图 5-9、图 5-10 可以看出,应用定理 5.7 设计的鲁棒 H_∞-FDF 可以在故障发生时得到有效的残差信号。

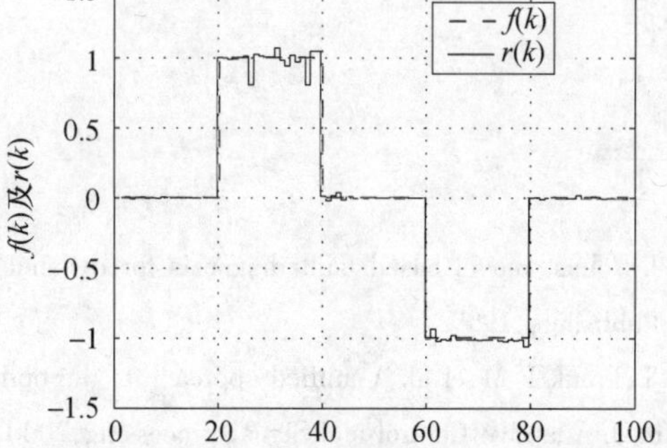

图 5-9 方波故障 $f(k)$ 及残差 $r(k)$

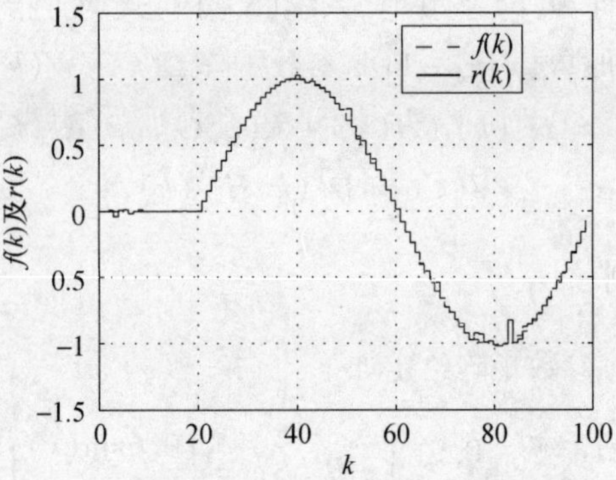

图 5 - 10　正弦波故障 $f(k)$ 及残差 $r(k)$

5.5　小结

本章首先研究了一类受乘性随机噪声影响 LDTV 系统的鲁棒故障检测问题,构造了基于观测器的 FDF 作为残差产生器,并将 H_∞ - FDF 设计归结为随机 H_∞ 滤波问题,使残差与故障之差在均方意义下 l_2 范数诱导增益最小,推导并证明了问题可解的充分必要条件。同理,分别针对存在多步测量数据丢包以及多步数据丢包情况下的 LDTV 系统,采用基于观测器的鲁棒 H_∞ - FDF 设计问题转化为一类随机时变系统的 H_∞ 滤波问题,给出基于 Riccati 方程的 H_∞ - FDF存在的充分必要条件,并将参数矩阵求解转化为二次型优化问题,通过求解 Riccati 方程,得到 FDF 参数矩阵的解析解。最后,通过仿真算例验证了本章算法的有效性。

参 考 文 献

[1] Chen J, Patton R J. Robust model-based fault diagnosis for dynamic systems[M]. Boston: Kluwer Academic Publishers, 1999.

[2] Ding S X, Jeinsch T, Frank P M, et al. A unified approach to the optimization of fault detection systems[J]. Int. J. Adaptive Control and Signal Processing, 2000, 14(7): 725 - 745.

[3] Chen J, Patton R J. Standard H_∞ filtering formulation of robust fault detection[C]. Budapest, Hungary: Proc. the IFAC SAFEPROCESS, 2000.

[4] Ding S X. Model-based fault diagnosis techniques[M]. Berlin: Springer-Verlag, 2008.

[5] Zhong M Y, Ding S X, Lam J, et al. An LMI approach to design robust fault detection filter for uncertain LTI system[J]. Automatica, 2003, 39(3):543 – 550.

[6] Zhong M Y, Ma C F, Ding S X. Design of parametric fault detection systems: an H-infinity optimization approach[J]. 控制理论与应用(英文版), 2005, 3(1):35 – 41.

[7] Zhong M Y, Ye H, Ma C F, et al. Robust FDF for linear uncertain systems of the polytopic type[C]. Prague, Czech Republic: Proc. the 16th IFAC World Congress, 2005.

[8] Ma C F, Zhong M Y, Sader M, et al. Robust fault detection for linear systems with multiplicative noise[C]. Beijing, China: Proc. the IFAC SAFEPROCESS, 2006.

[9] Li X B. Fault detection filter design for linear systems[D]. Louisiana State University, Louisiana, USA, 2009.

[10] Zhong M Y, Ding S X, Ding E L. Optimal fault detection for linear discrete time-varying systems[J]. Automatica, 2010, 46(8):1395 – 1400.

[11] Zhong M Y, Liu S, Zhao H H. Krein space-based H_∞ fault estimation for linear discrete time-varying systems[J]. Acta Automatica Sinica, 2008, 34(12):1529 – 1533.

[12] Zhong M Y, Zhou D H, Ding S X. On designing H_∞ fault detection filter for linear discrete time-varying systems[J]. IEEE Trans. Automatic Control, 2010, 55(7):1689 – 1695.

[13] Li Y, Zhong M Y. Fault detection filter design for linear discrete time – varying systems with multiplicative noise[J]. Systems Engineering and Electronics, 2011, 22(5):1 – 9.

[14] 李岳炀, 钟麦英. 存在多步测量数据包丢失的线性离散时变系统鲁棒 H_∞ 故障检测滤波器设计[J]. 自动化学报, 2010, 36(12):1788 – 1796.

[15] 李岳炀, 钟麦英. 存在多路数据丢失的线性离散时变系统故障检测滤波器设计[J]. 控制工程, 2011, 18(4):640 – 644.

[16] Bouhtouri A, Hinrichsen D, Pritchard A. H_∞ – type control for discrete – time stochastic systems[J]. Int. J. Robust Nonlinear Control, 1999, 9(13):923 – 948.

[17] Gershon E, Shaked U, Yaesh I. H_∞ control and filtering of discrete – time stochastic systems with multiplicative noise[J]. Automatica, 2007, 37(7):409 – 417.

[18] Kreyszig E. Introductory functional analysis with applications[M]. New York: Wiley, 1978.

[19] Dragan V, Morozan T, Stoica A. Mathematical methods in robust control of discrete – time linear stochastic systems[M]. Springer – Verlag, 2009.

第 6 章
连续时间 Markov 跳跃系统鲁棒故障检测

6.1 引言

Markov 跳跃系统可以用于描述因环境的突然变化、系统内部各子系统间联结方式的改变、非线性对象工作点范围的变化等导致结构发生随机突变的系统，如生产制造系统、电力系统、通信系统、飞行器控制系统等[1-7]。为了确保系统运行的安全性和可靠性，对于 Markov 跳跃系统鲁棒故障检测问题的研究具有重要的理论意义和实际应用价值[8-22]。本章主要针对受 L_2 范数有界未知输入、Polytopic 型不确定性影响的连续时间 Makrov 跳跃系统和一类奇异 Markov 跳跃系统，定义了表征故障检测系统鲁棒性及灵敏度的指标，给出随机意义下两目标优化鲁棒故障检测与基于 H_∞ 滤波鲁棒故障检测的问题描述，考虑模态已知和模态未知两种情形，推导并证明基于观测器鲁棒故障检测问题可解的充分条件，应用 LMI 技术得到均方稳定 FDF 参数矩阵的可行解，并通过仿真算例验证。

6.2 两目标优化鲁棒故障检测

6.2.1 问题描述

考虑如下连续时间系统 Markov 跳跃系统：

$$\begin{cases}\dot{\boldsymbol{x}} = \boldsymbol{A}(v(t))\boldsymbol{x} + \boldsymbol{B}(v(t))\boldsymbol{u} + \boldsymbol{B}_d(v(t))\boldsymbol{d} + \boldsymbol{B}_f(v(t))\boldsymbol{f} \\ \boldsymbol{y}(t) = \boldsymbol{C}(v(t))\boldsymbol{x} + \boldsymbol{D}(v(t))\boldsymbol{u} + \boldsymbol{D}_d(v(t))\boldsymbol{d} + \boldsymbol{D}_f(v(t))\boldsymbol{f} \\ \boldsymbol{x}(0) = \boldsymbol{x}_0, v(0) = i_0 \end{cases} \tag{6-1}$$

式中：$\boldsymbol{x} \in \mathbf{R}^n$、$\boldsymbol{u} \in \mathbf{R}^m$、$\boldsymbol{y} \in \mathbf{R}^q$、$\boldsymbol{d} \in \mathbf{R}^p$、$\boldsymbol{f} \in \mathbf{R}^l$ 分别为状态、控制输入、测量输出、未知输入、故障向量，假定 $\boldsymbol{u}$、$\boldsymbol{d}$ 和 $\boldsymbol{f}$ 均为 L_2 范数有界信号；$\{v(t)\}$ 为在有限状态集 $\varphi = \{1,2,\cdots,N\}$ 上取值的连续时间齐次 Markov 过程，其状态转移概率为

$$\Pr\{v(t+h) = j \mid v(t) = i\} = \begin{cases} q_{ij}h + o(h), & i \neq j \\ 1 + q_{ii}h + o(h), & i = j \end{cases}$$

式中：$h > 0, q_{ij} \geqslant 0 (i \neq j)$ 为状态转移速率，满足 $\sum_{j=1}^{N} q_{ij} = 0$。对任意 $v(t) = i \in \varphi$，$\boldsymbol{A}(v(t))$、$\boldsymbol{B}(v(t))$、$\boldsymbol{B}_d(v(t))$、$\boldsymbol{B}_f(v(t))$、$\boldsymbol{C}(v(t))$、$\boldsymbol{D}(v(t))$、$\boldsymbol{D}_d(v(t))$、$\boldsymbol{D}_f(v(t))$ 为适当维数的实常数矩阵。对于 $v(t) = i \in \varphi$，记

$$\boldsymbol{A}(v(t)) = \boldsymbol{A}_i, \boldsymbol{B}(v(t)) = \boldsymbol{B}_i, \boldsymbol{B}_d(v(t)) = \boldsymbol{B}_{di}, \boldsymbol{B}_f(v(t)) = \boldsymbol{B}_{fi}$$
$$\boldsymbol{C}(v(t)) = \boldsymbol{C}_i, \boldsymbol{D}(v(t)) = \boldsymbol{D}_i, \boldsymbol{D}_d(v(t)) = \boldsymbol{D}_{di}, \boldsymbol{D}_f(v(t)) = \boldsymbol{D}_{fi}$$

定义 6.1[5]：系统式(6-1)在 $\boldsymbol{d} = 0$、$\boldsymbol{u} = 0$ 和 $\boldsymbol{f} = 0$ 时，若对于初始状态 $\boldsymbol{x}(0) = \boldsymbol{x}_0$ 和初始模态 $i_0 \in \varphi$ 满足：

$$E\{\|\boldsymbol{x}(t, \boldsymbol{x}_0, v_0)\|^2\} \to 0, t \to \infty$$

则称该系统为均方稳定。

受文献[23-26]关于 LTI 系统鲁棒故障诊断的研究启发，Markov 跳跃系统的故障检测主要包括残差产生与残差评价。采用如下基于观测器的 FDF 作为残差产生器：

$$\begin{cases}\dot{\hat{\boldsymbol{x}}} = \boldsymbol{A}(v(t))\hat{\boldsymbol{x}} + \boldsymbol{B}(v(t))\boldsymbol{u} + \boldsymbol{H}(v(t))(\boldsymbol{y} - \hat{\boldsymbol{y}}) \\ \hat{\boldsymbol{y}} = \boldsymbol{C}(v(t))\hat{\boldsymbol{x}} + \boldsymbol{D}(v(t))\boldsymbol{u} \\ \boldsymbol{r} = \boldsymbol{V}(v(t))(\boldsymbol{y} - \hat{\boldsymbol{y}}) \end{cases} \tag{6-2}$$

式中：$\boldsymbol{r} \in \mathbf{R}^q$ 为残差信号；$\hat{\boldsymbol{x}} \in \mathbf{R}^n$ 和 $\hat{\boldsymbol{y}} \in \mathbf{R}^q$ 为状态价计和输出价计，观测器增益矩阵 $\boldsymbol{H}(v(t))$、残差加权矩阵 $\boldsymbol{V}(v(t))$ 为待设计的参数矩阵。对所有的 $v(t) = i \in \varphi$，$\boldsymbol{H}(v(t))$、$\boldsymbol{V}(v(t))$ 分别记作 $\boldsymbol{H}_i$、$\boldsymbol{V}_i$。

记 $\boldsymbol{e}(t) = \boldsymbol{x}(t) - \hat{\boldsymbol{x}}(t)$，由式(6-1)、式(6-2)，可得

$$\begin{cases}\dot{\boldsymbol{e}} = [\boldsymbol{A}(v(t)) - \boldsymbol{H}(v(t))\boldsymbol{C}(v(t))]\boldsymbol{e} + [\boldsymbol{B}_f(v(t)) - \boldsymbol{H}(v(t))\boldsymbol{D}_f(v(t))]\boldsymbol{f} \\ \quad + [\boldsymbol{B}_d(v(t)) - \boldsymbol{H}(v(t))\boldsymbol{D}_d(v(t))]\boldsymbol{d} \\ \boldsymbol{r} = \boldsymbol{V}(v(t))[\boldsymbol{C}(v(t))\boldsymbol{e} + \boldsymbol{D}_f(v(t))\boldsymbol{f} + \boldsymbol{D}_d(v(t))\boldsymbol{d}]\end{cases} \tag{6-3}$$

令 $\boldsymbol{r}_d = \boldsymbol{r}|_{f=0}, \boldsymbol{r}_f = \boldsymbol{r}|_{d=0}$。文献[8]引入 $\dfrac{\|\boldsymbol{r}_d\|_{2,\mathrm{E}}}{\|\boldsymbol{d}\|_2}$ 表示残差对未知输入的鲁棒性，$\dfrac{\|\boldsymbol{r}_f\|_{2,\mathrm{E}}}{\|\boldsymbol{d}\|_2}$ 表示残差对故障的灵敏度，并将 Markov 跳跃系统式(6－1)的鲁棒 FDF 设计问题描述为：求 $\boldsymbol{H}(v(t))$、$\boldsymbol{V}(v(t))$ 使系统式(6－3)均方稳定且在零初始条件下满足：

$$\max_{H,V} \frac{\beta_c}{\gamma_c} \tag{6-4}$$

$$\text{s.t.} \quad \|\boldsymbol{r}_f\|_{2,\mathrm{E}} > \beta_c \|\boldsymbol{f}\|_2, \quad \beta_c > 0 \tag{6-5}$$

$$\|\boldsymbol{r}_d\|_{2,\mathrm{E}} < \gamma_c \|\boldsymbol{d}\|_2, \quad \gamma_c > 0 \tag{6-6}$$

其中，约束条件式(6－5)本质上与表征 LTI 系统故障检测灵敏度的 H_- 指标类似，使式(6－5)成立的 β_c 值越大则残差对故障灵敏度越高；约束条件式(6－6)本质上与表征 LTI 系统故障检测鲁棒性的 H_∞ 范数类似，使式(6－6)成立的 γ_c 值越小则残差对未知输入鲁棒性越强。满足式(6－4)的 FDF 实现了故障灵敏度与未知输入鲁棒性的最优均衡设计，又称两目标优化鲁棒 FDF。

故障检测的另一个重要任务是残差评价，与一般 LTI 系统类似，残差评价的核心是选择评价函数 J_r 和阈值 J_{th}，从而可以基于如下逻辑关系判断是否有故障发生：

$$J_r > J_{th} \Rightarrow \text{有故障发生} \Rightarrow \text{发出故障报警} \tag{6-7}$$

$$J_r \leqslant J_{th} \Rightarrow \text{无故障} \tag{6-8}$$

6.2.2 均方稳定鲁棒 FDF 设计

引理 6.1 （Schur 补引理）给定常数矩阵 $\boldsymbol{\Omega}_1$、$\boldsymbol{\Omega}_2$、$\boldsymbol{\Omega}_3$，其中 $\boldsymbol{\Omega}_1 = \boldsymbol{\Omega}_1^{\mathrm{T}}$，$\boldsymbol{\Omega}_2 = \boldsymbol{\Omega}_2^{\mathrm{T}} > 0$，则当且仅当满足：

$$\begin{bmatrix}\boldsymbol{\Omega}_1 & \boldsymbol{\Omega}_3^{\mathrm{T}} \\ \boldsymbol{\Omega}_3 & -\boldsymbol{\Omega}_2\end{bmatrix} < 0 \quad \text{或} \quad \begin{bmatrix}-\boldsymbol{\Omega}_2 & \boldsymbol{\Omega}_3 \\ \boldsymbol{\Omega}_3^{\mathrm{T}} & \boldsymbol{\Omega}_1\end{bmatrix} < 0$$

时，有 $\boldsymbol{\Omega}_1+\boldsymbol{\Omega}_3^{\mathrm{T}}\boldsymbol{\Omega}_2^{-1}\boldsymbol{\Omega}_3<0$ 成立。

首先给出连续时间 Markov 跳跃系统有界实引理(BRL)。

引理 6.2　(连续时间 BRL)[5]考虑如下系统

$$\begin{cases}\dot{\boldsymbol{x}}=\boldsymbol{A}(v(t))\boldsymbol{x}+\boldsymbol{B}(v(t))\boldsymbol{u}\\ \boldsymbol{y}(t)=\boldsymbol{C}(v(t))\boldsymbol{x}+\boldsymbol{D}(v(t))\boldsymbol{u}\\ \boldsymbol{x}(0)=\boldsymbol{x}_0,v(0)=i_0\end{cases}\tag{6-9}$$

式中：$\boldsymbol{x}$、$\boldsymbol{y}$、$\boldsymbol{A}(v(t))$、$\boldsymbol{B}(v(t))$、$\boldsymbol{C}(v(t))$、$\boldsymbol{D}(v(t))$、$v(t)$ 如系统式(6-1)中所定义。$\boldsymbol{u}(t)\in R^m$ 为 L_2 范数有界向量。若存在 $\boldsymbol{P}_i>0$ ($i=1,\cdots,N$)满足下列 LMI

$$\begin{bmatrix}\boldsymbol{A}_i^{\mathrm{T}}\boldsymbol{P}_i+\boldsymbol{P}_i\boldsymbol{A}_i+\sum_{j=1}^{N}q_{ij}\boldsymbol{P}_j+\boldsymbol{C}_i^{\mathrm{T}}\boldsymbol{C}_i & \boldsymbol{P}_i\boldsymbol{B}_i+\boldsymbol{C}_i^{\mathrm{T}}\boldsymbol{D}_i\\ \boldsymbol{B}_i^{\mathrm{T}}\boldsymbol{P}_i+\boldsymbol{D}_i^{\mathrm{T}}\boldsymbol{C}_i & -\gamma_c^2\boldsymbol{I}+\boldsymbol{D}_i^{\mathrm{T}}\boldsymbol{D}_i\end{bmatrix}<0$$

该系统均方稳定且在零初始条件下满足

$$\|\boldsymbol{y}\|_{2,\mathrm{E}}<\gamma_c\|\boldsymbol{u}\|_2,\gamma_c>0$$

引理 6.3　针对系统(6-9)式，若存在 $\boldsymbol{Q}_i>0$ ($i=1,\cdots,N$)使下列 LMI

$$\begin{bmatrix}-\boldsymbol{A}_i^{\mathrm{T}}\boldsymbol{Q}_i-\boldsymbol{P}_i\boldsymbol{A}_i+\sum_{j=1}^{N}q_{ij}\boldsymbol{P}_j+\boldsymbol{C}_i^{\mathrm{T}}\boldsymbol{C}_i & \boldsymbol{P}_i\boldsymbol{B}_i-\boldsymbol{C}_i^{\mathrm{T}}\boldsymbol{D}_i\\ \boldsymbol{B}_i^{\mathrm{T}}\boldsymbol{P}_i-\boldsymbol{D}_i^{\mathrm{T}}\boldsymbol{C}_i & -\beta_c^2\boldsymbol{I}+\boldsymbol{D}_i^{\mathrm{T}}\boldsymbol{D}_i\end{bmatrix}>0\tag{6-10}$$

则在零初始条件下满足

$$\|\boldsymbol{y}\|_{2,\mathrm{E}}>\beta_c\|\boldsymbol{u}\|_2\tag{6-11}$$

证明：令：

$$J_\tau=\mathrm{E}\left\{\int_0^\tau[\boldsymbol{y}^{\mathrm{T}}(t)\boldsymbol{y}(t)-\beta_c^2\boldsymbol{u}^{\mathrm{T}}\boldsymbol{u}]\mathrm{d}t\right\},0<\tau<\infty\tag{6-12}$$

其中 $\nabla(\cdot)$ 为系统(6-9)式在点 $\{t,\boldsymbol{x}(t),v(t)\}$ 处关于 $\{\boldsymbol{x}(t),v(t)\}$ 的无穷小算子[7]。选取如下 Lyapunov 函数：

$$V(\boldsymbol{x},v(t))=\boldsymbol{x}^{\mathrm{T}}\boldsymbol{Q}(v(t))\boldsymbol{x}$$

则有

$$\begin{aligned}\nabla V(x,v(t))&=\dot{\boldsymbol{x}}^{\mathrm{T}}(t)\boldsymbol{Q}_i\boldsymbol{x}(t)+\boldsymbol{x}^{\mathrm{T}}(t)\boldsymbol{Q}_i\dot{\boldsymbol{x}}(t)+\sum_{j=1}^{N}(q_{ij}V(\boldsymbol{x}(t),j)\\&=\boldsymbol{x}^{\mathrm{T}}(t)\boldsymbol{Q}_i\boldsymbol{A}_i\boldsymbol{x}(t)+\boldsymbol{x}^{\mathrm{T}}(t)\boldsymbol{A}_i^{\mathrm{T}}\boldsymbol{Q}_i\boldsymbol{x}(t)+\boldsymbol{x}^{\mathrm{T}}(t)(\sum_{j=1}^{N}q_{ij}\boldsymbol{Q}_j)\boldsymbol{x}(t)\\&\quad+\boldsymbol{x}^{\mathrm{T}}(t)\boldsymbol{Q}_i\boldsymbol{B}_i\boldsymbol{u}(t)+\boldsymbol{u}^{\mathrm{T}}(t)\boldsymbol{B}_i^{\mathrm{T}}\boldsymbol{Q}_i\boldsymbol{x}(t)\end{aligned}\tag{6-13}$$

从而可得

$$
\begin{aligned}
J_\tau =& \mathrm{E}\{\int_0^\tau[\boldsymbol{y}^{\mathrm{T}}(t)\boldsymbol{y}(t)-\beta_c^2\boldsymbol{u}^{\mathrm{T}}\boldsymbol{u}-\boldsymbol{x}^{\mathrm{T}}(t)\boldsymbol{Q}_i\boldsymbol{A}_i\boldsymbol{x}(t)-\boldsymbol{x}^{\mathrm{T}}(t)\boldsymbol{A}_i^{\mathrm{T}}\boldsymbol{Q}_i\boldsymbol{x}(t)\\
&-\boldsymbol{x}^{\mathrm{T}}(t)(\sum_{j=1}^{N}q_{ij}\boldsymbol{Q}_j)\boldsymbol{x}(t)-\boldsymbol{x}^{\mathrm{T}}(t)\boldsymbol{Q}_i\boldsymbol{B}_i\boldsymbol{u}(t)-\boldsymbol{u}^{\mathrm{T}}(t)\boldsymbol{B}_i^{\mathrm{T}}\boldsymbol{Q}_i\boldsymbol{x}(t)]\mathrm{d}t\\
&+\int_0^\tau(\nabla V)\mathrm{d}t\}\\
=& \mathrm{E}\{\int_0^\tau[(\boldsymbol{C}_i\boldsymbol{x}(t)+\boldsymbol{D}_i\boldsymbol{u}(t))^{\mathrm{T}}(\boldsymbol{C}_i\boldsymbol{x}(t)+\boldsymbol{D}_i\boldsymbol{u}(t))-\beta_c^2\boldsymbol{u}^{\mathrm{T}}\boldsymbol{u}\\
&-\boldsymbol{x}^{\mathrm{T}}(t)\boldsymbol{Q}_i\boldsymbol{A}_i\boldsymbol{x}(t)-\boldsymbol{x}^{\mathrm{T}}(t)\boldsymbol{A}_i^{\mathrm{T}}\boldsymbol{Q}_i\boldsymbol{x}(t)-x^{\mathrm{T}}(t)(\sum_{j=1}^{N}q_{ij}\boldsymbol{Q}_j)\boldsymbol{x}(t)\\
&-\boldsymbol{x}^{\mathrm{T}}(t)\boldsymbol{Q}_i\boldsymbol{B}_i\boldsymbol{u}(t)-\boldsymbol{u}^{\mathrm{T}}(t)\boldsymbol{B}_i^{\mathrm{T}}\boldsymbol{Q}_i\boldsymbol{x}(t)]\mathrm{d}t+\int_0^\tau(\nabla V)\mathrm{d}t\}\\
=& \mathrm{E}\{\int_0^\tau[\boldsymbol{x}^{\mathrm{T}}(t)\quad\boldsymbol{u}^{\mathrm{T}}(t)]\boldsymbol{\Pi}_i\begin{bmatrix}\boldsymbol{x}(t)\\ \boldsymbol{u}(t)\end{bmatrix}\mathrm{d}t\}+\mathrm{E}\{\int_0^\tau(\nabla V)\mathrm{d}t\}
\end{aligned}
\tag{6-14}
$$

其中，

$$
\boldsymbol{\Pi}_i=\begin{bmatrix}-\boldsymbol{A}_i^{\mathrm{T}}\boldsymbol{Q}_i-\boldsymbol{P}_i\boldsymbol{A}_i+\sum_{j=1}^{N}q_{ij}\boldsymbol{Q}_j+\boldsymbol{C}_i^{\mathrm{T}}\boldsymbol{C}_i & -\boldsymbol{Q}_i\boldsymbol{B}_i+\boldsymbol{C}_i^{\mathrm{T}}\boldsymbol{D}_i\\ -\boldsymbol{B}_i^{\mathrm{T}}\boldsymbol{Q}_i+\boldsymbol{D}_i^{\mathrm{T}}\boldsymbol{C}_i & -\beta_c^2\boldsymbol{I}+\boldsymbol{D}_i^{\mathrm{T}}\boldsymbol{D}_i\end{bmatrix}>0
$$

在 $x(0)=0$ 且 $v(0)=i_0\in\varphi$ 条件下，应用 Dynkin's 公式可得

$$
\begin{aligned}
\mathrm{E}\{\int_0^\tau(\nabla\boldsymbol{V})\mathrm{d}t\}&=\mathrm{E}\{\int_0^\tau(\boldsymbol{x}^\tau\boldsymbol{Q}(v(t))\boldsymbol{x})\mathrm{d}t\}\\
&=\mathrm{E}\{\boldsymbol{x}^{\mathrm{T}}(\tau)\boldsymbol{Q}_i\boldsymbol{x}(\tau)\}-\mathrm{E}\{\boldsymbol{x}^{\mathrm{T}}(0)\boldsymbol{Q}_i\boldsymbol{x}(0)\}\\
&=\mathrm{E}\{\boldsymbol{x}^{\mathrm{T}}(\tau)\boldsymbol{Q}_i\boldsymbol{x}(\tau)\}\geqslant 0
\end{aligned}
\tag{6-15}
$$

进一步，根据式(6-11)、式(6-14)和式(6-15)可得

$$
\boldsymbol{\Pi}_i>0\Rightarrow J_\tau>0,J_\tau>0\Leftrightarrow\|\boldsymbol{y}\|_{2,\mathrm{E}}>\beta_c\|\boldsymbol{u}\|_2
$$

引理 6.3 得证。

将引理 6.2 和引理 6.3 应用于系统式(6-3)，定理 6.1 给出了连续时间 Markov 跳跃系统鲁棒 FDF 存在的充分条件。

定理 6.1 给定 $\gamma_c>0$ 和 $\beta_c>0$，若存在矩阵 $\boldsymbol{P}_i>0$、$\boldsymbol{Q}_i>0$、$\boldsymbol{G}_i>0$、$\boldsymbol{P}_{i0}>0$、$\boldsymbol{Q}_{i0}>0$、$\boldsymbol{H}_i$ 和 $\boldsymbol{H}_{i0}$（$i=1,\cdots,N$）使得如下矩阵不等式成立：

$$\begin{bmatrix} N_{11} & P_iB_{id}+C_i^{\mathrm{T}}G_iD_{id} & P_i-C_i^{\mathrm{T}}H_i^{\mathrm{T}} & P_i \\ B_{id}^{\mathrm{T}}P_i+D_{id}^{\mathrm{T}}G_iC_i & N_{22} & 0 & -D_{id}^{\mathrm{T}}H_i^{\mathrm{T}} \\ P_i-H_iC_i & 0 & -I & 0 \\ P_i & -H_iD_{id} & 0 & -I \end{bmatrix}<0 \tag{6-16}$$

$$\begin{bmatrix} M_{11} & Q_iB_{if}+C_i^{\mathrm{T}}G_iD_{if} & Q_i-C_i^{\mathrm{T}}H_i^{\mathrm{T}} & Q_i \\ B_{id}^{\mathrm{T}}Q_i+D_{if}^{\mathrm{T}}G_iC_i & M_{22} & 0 & -D_{if}^{\mathrm{T}}H_i^{\mathrm{T}} \\ P_i-H_iC_i & 0 & -I & 0 \\ P_i & -H_iD_{if} & 0 & -I \end{bmatrix}>0 \tag{6-17}$$

其中，

$$\begin{aligned} N_{11} &= P_iA_i+A_i^{\mathrm{T}}P_i+\sum_{j=1}^{N}q_{ij}P_j+C_i^{\mathrm{T}}G_iC_i-2P_{i0}P_i-2P_iP_{i0}+2P_{i0}P_{i0} \\ &\quad +C_i^{\mathrm{T}}H_{i0}^{\mathrm{T}}H_{i0}C_i-C_i^{\mathrm{T}}H_{i0}^{\mathrm{T}}H_iC_i-C_i^{\mathrm{T}}H_i^{\mathrm{T}}H_{i0}C_i \\ N_{22} &= D_{id}^{\mathrm{T}}G_iD_{id}-\gamma_c^2I-D_{id}^{\mathrm{T}}H_i^{\mathrm{T}}H_{i0}D_{id}-D_{id}^{\mathrm{T}}H_{i0}^{\mathrm{T}}H_iD_{id}+D_{id}^{\mathrm{T}}H_{i0}^{\mathrm{T}}H_{i0}D_{id} \\ M_{11} &= -Q_iA_i-A_i^{\mathrm{T}}Q_i+\sum_{j=1}^{N}q_{ij}Q_j+C_i^{\mathrm{T}}G_iC_i-2Q_{i0}Q_i-2Q_iQ_{i0}+2Q_{i0}Q_{i0} \\ &\quad +C_i^{\mathrm{T}}H_{i0}^{\mathrm{T}}H_{i0}C_i-C_i^{\mathrm{T}}H_{i0}^{\mathrm{T}}H_iC_i-C_i^{\mathrm{T}}H_i^{\mathrm{T}}H_{i0}C_i \\ M_{22} &= D_{if}^{\mathrm{T}}G_iD_{if}-\beta_c^2I-D_{if}^{\mathrm{T}}H_i^{\mathrm{T}}H_{i0}D_{if}-D_{if}^{\mathrm{T}}H_{i0}^{\mathrm{T}}H_iD_{if}+D_{if}^{\mathrm{T}}H_{i0}^{\mathrm{T}}H_{i0}D_{if} \end{aligned}$$

则系统式(6-3)均方稳定且在零初始条件下满足：

$$\|r_f\|_{2,E}>\beta_c\|f\|_2,\ \|r_d\|_{2,E}<\gamma_c\|d\|_2 \tag{6-18}$$

证明：由 Schur 补引理知，式(6-16)、式(6-17)等价于下列不等式组：

$$\begin{bmatrix} \tilde{N}_{11} & P_i(B_{id}-H_iD_{id})+C_i^{\mathrm{T}}G_iD_{id} \\ (B_{id}^{\mathrm{T}}-D_{id}^{\mathrm{T}}H_i^{\mathrm{T}})P_i+D_{id}^{\mathrm{T}}G_iC_i & \tilde{N}_{22} \end{bmatrix}<0 \tag{6-19}$$

$$\begin{bmatrix} \tilde{M}_{11} & Q_i(B_{if}-H_iD_{if})+C_i^{\mathrm{T}}G_iD_{if} \\ (B_{if}^{\mathrm{T}}-D_{if}^{\mathrm{T}}H_i^{\mathrm{T}})Q_i+D_{if}^{\mathrm{T}}G_iC_i & \tilde{M}_{22} \end{bmatrix}>0 \tag{6-20}$$

其中，

$$\widetilde{N}_{11} = P_iA_i + A_i^{\mathrm{T}}P_i + \sum_{j=1}^{N} q_{ij}P_j + C_i^{\mathrm{T}}G_iC_i - P_iH_iC_i - C_i^{\mathrm{T}}H_i^{\mathrm{T}}P_i$$
$$+ 2(P_i - P_{i0})(P_i - P_{i0}) + C_i^{\mathrm{T}}(H_i - H_{i0})^{\mathrm{T}}(H_i - H_{i0})C_i$$
$$\widetilde{N}_{22} = D_{id}^{\mathrm{T}}G_iD_{id} - \gamma_c^2 I + D_{id}^{\mathrm{T}}(H_i - H_{i0})^{\mathrm{T}}(H_i - H_{i0})D_{id}$$
$$\widetilde{M}_{11} = -Q_iA_i - A_i^{\mathrm{T}}Q_i + \sum_{j=1}^{N} q_{ij}Q_j + C_i^{\mathrm{T}}G_iC_i - Q_iH_iC_i - C_i^{\mathrm{T}}H_i^{\mathrm{T}}Q_i$$
$$+ 2(Q_i - Q_{i0})(Q_i - Q_{i0}) + C_i^{\mathrm{T}}(H_i - H_{i0})^{\mathrm{T}}(H_i - H_{i0})C_i$$
$$\widetilde{M}_{22} = D_{if}^{\mathrm{T}}G_iD_{if} - \beta_c^2 I - D_{if}^{\mathrm{T}}(H_i - H_{i0})^{\mathrm{T}}(H_i - H_{i0})D_{if}$$

注意到,若存在矩阵 $P_i > 0$、$Q_i > 0$、$G_i > 0$、$P_{i0} > 0$、$Q_{i0} > 0$、H_i、H_{i0} 使得不等式(6-19)、式(6-20)成立,则如下的矩阵不等式成立:

$$\begin{bmatrix} \Gamma_{11} & P_i(B_{id} - H_iD_{id}) + C_i^{\mathrm{T}}G_iD_{id} \\ (B_{id}^{\mathrm{T}} - D_{id}^{\mathrm{T}}H_i^{\mathrm{T}})P_i + D_{id}^{\mathrm{T}}G_iC_i & D_{id}^{\mathrm{T}}G_iD_{id} - \gamma_c^2 I \end{bmatrix} < 0 \tag{6-21}$$

$$\begin{bmatrix} \Pi_{11} & Q_i(B_{if} - H_iD_{if}) + C_i^{\mathrm{T}}G_iD_{if} \\ (B_{if}^{\mathrm{T}} - D_{if}^{\mathrm{T}}H_i^{\mathrm{T}})P_i + D_{if}^{\mathrm{T}}G_iC_i & D_{if}^{\mathrm{T}}G_iD_{if} - \beta_c^2 I \end{bmatrix} > 0 \tag{6-22}$$

其中,

$$\Gamma_{11} = P_i(A_i - H_iC_i) + (A_i - H_iC_i)^{\mathrm{T}}P_i + \sum_{j=1}^{N} q_{ij}P_j + C_i^{\mathrm{T}}G_iC_i$$
$$\Pi_{11} = -Q_i(A_i - H_iC_i) - (A_i - H_iC_i)^{\mathrm{T}}Q_i - \sum_{j=1}^{N} q_{ij}P_j + C_i^{\mathrm{T}}G_iC_i$$

进一步,应用引理6.2和引理6.3可知,矩阵 H_i、$V_i = (G_i)^{1/2}$ 使系统式(6-3)均方稳定,并且满足性能指标式(6-18)。

对于给定的 $\gamma_c > 0$、$\beta_c > 0$,定理6.1给出了使系统式(6-3)均方稳定,并且满足性能指标式(6-18)的充分条件。所以,为获得使 $\dfrac{\beta_c}{\gamma_c}$ 最大化的鲁棒FDF,仍需要多次应用定理6.1进行迭代计算。另外,不等式组式(6-16)、式(6-17)可通过文献[11]提出的迭代LMI方法求解,鲁棒FDF设计的具体算法总结如下。

算法6.1 设计形如(6-3)式的残差产生器,首先给定充分大 $\gamma_c > 0$,较小的常数 $\delta_c > 0$、$\Delta\gamma_c > 0$,容许的最大迭代次数 L,设 $J_c = 0$。

步骤1:令 $H_i = 0, i = 1, \cdots, N$,使满足式(6-21)、式(6-22)的 β_c 最大

化，得到矩阵 $P_i > 0, Q_i > 0, G_i > 0$。令 $P_{i0} = P_i, H_{i0} = 0, Q_{i0} = Q_i$。

步骤 2：基于已知的 P_{i0}, H_{i0}, Q_{i0}，再次使满足式（6-21）、式（6-22）的 β_c 最大化，得到一组新的 $P_i > 0, Q_i > 0, G_i > 0$。再令 $P_{i0} = P_i, H_{i0} = 0, Q_{i0} = Q_i$。记 $\beta_c^j = \beta_c, i = 2, \cdots, L$ 为迭代次数。

步骤 3：重复步骤 2 直至 $|\beta_c^{j-1} - \beta_c^j| < \delta_c$ 或 $j > L$。

步骤 4：计算 β_c/γ_c，若 $J > J_c$，则令 $\gamma_{0c} = \gamma, \beta_{0c} = \beta, J = J_c, P_{0i} = P_i, H_{0i} = H_i, Q_{0i} = Q_i, G_{0i} = G_i$。

步骤 5：置 $\gamma_c = \gamma_c - \Delta\gamma_c$，重复步骤 1 ~ 步骤 4 直至式（6-21）、式（6-22）不可解。可得鲁棒 FDF 参数矩阵为

$$P_i = P_{0i}, H_i = H_{0i}, Q_i = Q_{0i}, V_i = (G_{0i})^{1/2}$$

6.3　基于自适应观测器的鲁棒故障检测

6.3.1　问题描述

考虑如下连续时间 Markov 跳跃系统：

$$\begin{cases} \dot{\boldsymbol{x}}(t) = \boldsymbol{A}(\theta_t)\boldsymbol{x}(t) + \boldsymbol{B}(\theta_t)\boldsymbol{u}(t) + \boldsymbol{B}_d(\theta_t)\boldsymbol{d}(t) + \boldsymbol{B}_f(\theta_t)\boldsymbol{f}(t) \\ y(t) = \boldsymbol{C}(\theta_t)\boldsymbol{x}(t) + \boldsymbol{D}_d(\theta_t)\boldsymbol{d}(t) + \boldsymbol{D}_f(\theta_t)\boldsymbol{f}(t) \\ \boldsymbol{x}(0) = \boldsymbol{x}_0, \theta_0 = i_0 \end{cases} \tag{6-23}$$

式中：$\boldsymbol{x}(t) \in \mathbf{R}^n$、$\boldsymbol{u}(t) \in \mathbf{R}^m$、$\boldsymbol{y}(t) \in \mathbf{R}^p$、$\boldsymbol{d}(t) \in \mathbf{R}^{n_d}$ 和 $\boldsymbol{f}(t) \in \mathbf{R}^{n_f}$ 分别为系统的状态、控制输入、测量输出、未知输入和故障向量，假定 $\boldsymbol{d}(t)$ 和 $\boldsymbol{f}(t)$ 均为 L_2 范数有界信号，$\boldsymbol{f}(t)$ 的一阶导数 $\dot{f}(t)$ 存在且 L_2 范数有界；$\{\theta_t\}$ 为在有限状态集 $\Xi = \{1, 2, \cdots, N\}$ 上取值的连续时间齐次 Markov 过程，其状态转移概率为

$$\Pr\{\theta_{t+h} = j \mid \theta_t = i\} = \begin{cases} \lambda_{ij}h + o(h), & i \neq j \\ 1 + \lambda_{ii}h + o(h), & i = j \end{cases}$$

其中，$h > 0, \lim_{h \to 0} o(h)/h = 0, \lambda_{ij}(i \neq j)$ 为从模态 i 到模态 j 的转移速率，满足 $\sum_{j=1}^{N} \lambda_{ij} = 0$。对于任意的 $\theta_t = i \in \Xi$，$\boldsymbol{A}(\theta_t)$、$\boldsymbol{B}(\theta_t)$、$\boldsymbol{B}_d(\theta_t)$、$\boldsymbol{B}_f(\theta_t)$、$\boldsymbol{C}(\theta_t)$、

$\boldsymbol{D}_d(\theta_t)$、$\boldsymbol{D}_f(\theta_t)$ 均为适当维数的实常数矩阵。

注意到，在 $\boldsymbol{f}(t)$ 一阶可导且 $\boldsymbol{f}(t)$ 和 $\dot{\boldsymbol{f}}(t)$ 均为 L_2 范数有界的假设条件下，不失一般性，可应用如下一阶系统近似描述 $\boldsymbol{f}(t)$ 的动态行为：

$$\begin{cases}\dot{\boldsymbol{f}}(t) = \boldsymbol{M}\boldsymbol{f}(t) + \boldsymbol{v}(t) \\ \boldsymbol{f}(t) = 0, \forall t \in [0, \boldsymbol{\tau}_{\mathrm{f}})\end{cases} \tag{6-24}$$

式中：$\boldsymbol{v}(t) \in \mathbf{R}^{n_f}$ 为 L_2 范数有界未知向量，未知常数 $\boldsymbol{\tau}_{\mathrm{f}}$ 表示故障发生的时间，$\boldsymbol{M}$ 为未知常数矩阵。

构造如下基于自适应观测器的 FDF 作为残差产生器：

$$\begin{cases}\dot{\hat{\boldsymbol{x}}}(t) = \boldsymbol{A}(\theta_t)\hat{\boldsymbol{x}}(t) + \boldsymbol{B}(\theta_t)\boldsymbol{u}(t) + \boldsymbol{B}_f(\theta_t)\boldsymbol{r}(t) + \boldsymbol{L}(\theta_t)(\hat{\boldsymbol{y}}(t) - \boldsymbol{y}(t)) \\ \hat{\boldsymbol{y}}(t) = \boldsymbol{C}(\theta_t)\hat{\boldsymbol{x}}(t) + \boldsymbol{D}_f(\theta_t)\boldsymbol{r}(t) \\ \dot{\boldsymbol{r}}(t) = \boldsymbol{M}(\theta_t)\boldsymbol{r}(t) + \boldsymbol{N}(\theta_t)(\hat{\boldsymbol{y}}(t) - \boldsymbol{y}(t))\end{cases} \tag{6-25}$$

其中，$\hat{\boldsymbol{x}}(t)$ 和 $\hat{\boldsymbol{y}}(t)$ 分别为 $\boldsymbol{x}(t)$ 和 $\boldsymbol{y}(t)$ 的估计，$\boldsymbol{r}(t) \in \mathbf{R}^{n_f}$ 为残差信号，$\boldsymbol{L}(\theta_t)$、$\boldsymbol{M}(\theta_t)$ 和 $\boldsymbol{N}(\theta_t)$ 为待设计的参数矩阵。

令 $\boldsymbol{e}(t) = \hat{\boldsymbol{x}}(t) - \boldsymbol{x}(t)$，$\boldsymbol{r}_e(t) = \boldsymbol{r}(t) - \boldsymbol{f}(t)$，由式(6-23)~式(6-25)可得

$$\begin{cases}\dot{\boldsymbol{\eta}}(t) = \boldsymbol{A}_\eta(\theta_t)\boldsymbol{\eta}(t) + \boldsymbol{B}_\eta(\theta_t)\boldsymbol{w}(t) \\ \boldsymbol{r}_e(t) = C_\eta\boldsymbol{\eta}(t)\end{cases} \tag{6-26}$$

其中，

$$\boldsymbol{\eta}(t) = [\boldsymbol{e}^{\mathrm{T}}(t) \quad \boldsymbol{r}_e^{\mathrm{T}}(t)]^{\mathrm{T}}, \boldsymbol{w}(t) = [\boldsymbol{d}^{\mathrm{T}}(t) \quad \boldsymbol{f}^{\mathrm{T}}(t) \quad \dot{\boldsymbol{f}}^{\mathrm{T}}(t)]^{\mathrm{T}}$$

$$\boldsymbol{A}_\eta(\theta_t) = \boldsymbol{A}_{\eta i}, \boldsymbol{B}_\eta(\theta_t) = \boldsymbol{B}_{\eta i}, \boldsymbol{C}_\eta = [0 \quad \boldsymbol{I}]$$

$$\boldsymbol{A}_{\eta i} = \begin{bmatrix}\boldsymbol{A}_i + \boldsymbol{L}_i\boldsymbol{C}_i & \boldsymbol{B}_{fi} + \boldsymbol{L}_i\boldsymbol{D}_{di} \\ \boldsymbol{N}_i\boldsymbol{C}_i & \boldsymbol{M}_i + \boldsymbol{L}_i\boldsymbol{D}_{fi}\end{bmatrix}, \boldsymbol{B}_{\eta i} = \begin{bmatrix}-\boldsymbol{B}_{di} - \boldsymbol{L}_i\boldsymbol{D}_{di} & 0 & 0 \\ -\boldsymbol{N}_i\boldsymbol{D}_{di} & \boldsymbol{M}_i & -\boldsymbol{I}\end{bmatrix}$$

受基于 H_∞ 滤波鲁棒故障检测方法的启发[27]，可将 FDF(6-25)式的设计描述为：给定 $\gamma > 0$，求参数矩阵 $\boldsymbol{L}_i$、$\boldsymbol{M}_i$ 和 $\boldsymbol{N}_i$ 使误差系统(6-26)式在 $w(t) = 0$ 时均方稳定，且在零初始条件下满足：

$$\sup_{w \in L_2, w \neq 0} \frac{\| \boldsymbol{r}_e \|_{2,\mathrm{E}}}{\| \boldsymbol{w} \|_2} < \gamma \tag{6-27}$$

完成 H_∞ -FDF 的设计任务之后，接下来的任务是残差评价，包括残差评

价函数 $J(\boldsymbol{r})$ 的选择和阈值 J_{th} 的确定,并基于逻辑关系式(6-7)、式(6-8)判断是否有故障发生。

6.3.2　自适应 FDF 设计

引理 6.4(Finsler 引理)[28] 给定对称矩阵 $\boldsymbol{\Psi}_i = \boldsymbol{\Psi}_i^{\mathrm{T}} \in \mathbf{R}^{n\times n}$ 和矩阵 $\boldsymbol{H}_i \in \mathbf{R}^{m\times n}(i = 1,2,\cdots,k)$,则有

$$\boldsymbol{x}_i^{\mathrm{T}}\boldsymbol{\Psi}_i\boldsymbol{x}_i < 0, \forall x_i \in \mathbf{R}^n : \boldsymbol{H}_i\boldsymbol{x}_i = 0, \boldsymbol{x}_i \neq 0$$

成立的充分必要条件是,存在矩阵 $\boldsymbol{L}_i \in \mathbf{R}^{n\times m}$ $(i = 1,2,\cdots,k)$ 满足:

$$\boldsymbol{\Psi}_i + \boldsymbol{L}_i\boldsymbol{H}_i + \boldsymbol{H}_i^{\mathrm{T}}\boldsymbol{L}_i^{\mathrm{T}} < 0$$

应用引理 6.2 和引理 6.4,如下定理 6.2 给出了连续时间 Markov 跳跃系统 H_∞ - FDF 设计问题可解的充分条件以及参数矩阵 $\boldsymbol{L}_i$、$\boldsymbol{M}_i$ 和 $\boldsymbol{N}_i$ 的求解方法。

定理 6.2　给定 $\gamma > 0$,如果存在对称正定矩阵 $\boldsymbol{X}_i$、矩阵 $\boldsymbol{L}_i$、$\boldsymbol{M}_i$、$\boldsymbol{N}_i$ 和标量 β_i $(i = 1,2,\cdots,N)$ 满足如下矩阵不等式:

$$\begin{bmatrix} -2\beta_i\boldsymbol{I} + \boldsymbol{C}_\eta^T\boldsymbol{C}_\eta & \boldsymbol{A}_{\eta i}^T + \beta_i\boldsymbol{X}_i & 0 & \boldsymbol{\Lambda}_i^T \\ * & \lambda_{ii}\boldsymbol{X}_i & \boldsymbol{B}_{\eta i} & 0 \\ * & * & -\gamma^2\boldsymbol{I} & 0 \\ * & * & * & -\overline{\boldsymbol{X}}_i \end{bmatrix} < 0 \tag{6.28}$$

则系统式(6-26)均方稳定且在零初始条件下满足性能指标式(6-27),其中:

$$\boldsymbol{\Lambda}_i = [\sqrt{\lambda_{i1}}\boldsymbol{I} \quad \cdots \quad \sqrt{\lambda_{i,i-1}}\boldsymbol{I} \quad \sqrt{\lambda_{i,i+1}}\boldsymbol{I} \quad \cdots \quad \sqrt{\lambda_{iN}}\boldsymbol{I}]^{\mathrm{T}}$$

$$\overline{\boldsymbol{X}}_i = \mathrm{diag}\{\boldsymbol{X}_1, \cdots, \boldsymbol{X}_{i-1}, \boldsymbol{X}_{i+1}, \cdots, \boldsymbol{X}_N\}$$

证明: 给定 $\gamma > 0$,由引理 6.2 知,如果存在对称正定矩阵 P_i $(i = 1, 2, \cdots, N)$ 满足矩阵不等式:

$$\begin{bmatrix} \boldsymbol{A}_{\eta i}^{\mathrm{T}}\boldsymbol{P}_i + \boldsymbol{P}_i\boldsymbol{A}_{\eta i} + \sum_{j=1}^{N}\lambda_{ij}\boldsymbol{P}_j + \boldsymbol{C}_\eta^{\mathrm{T}}\boldsymbol{C}_\eta & \boldsymbol{P}_i\boldsymbol{B}_{\eta i} \\ * & -\gamma^2\boldsymbol{I} \end{bmatrix} < 0 \tag{6-29}$$

则误差系统式(6-26)均方稳定且在零初始条件下满足式(6-27)。根据 Schur 补引理,不等式(6-29)等价于:

$$\boldsymbol{\Theta}_i^{\mathrm{T}}\boldsymbol{\Omega}_i\boldsymbol{\Theta}_i < 0 \tag{6-30}$$

其中，

$$\boldsymbol{\Omega}_i = \begin{bmatrix} \boldsymbol{C}_\eta^{\mathrm{T}}\boldsymbol{C}_\eta & \boldsymbol{A}_{\eta i}^{\mathrm{T}} & 0 & \boldsymbol{\Lambda}_i^{\mathrm{T}} \\ * & \lambda_{ii}\boldsymbol{P}_i^{-1} & \boldsymbol{B}_{\eta i} & 0 \\ * & * & -\gamma^2\boldsymbol{I} & 0 \\ * & * & * & -\overline{\boldsymbol{Q}}_i \end{bmatrix}$$

$$\boldsymbol{\Lambda}_i = [\sqrt{\lambda_{i1}}\boldsymbol{I} \quad \cdots \quad \sqrt{\lambda_{i,i-1}}\boldsymbol{I} \quad \sqrt{\lambda_{i,i+1}}\boldsymbol{I} \quad \cdots \quad \sqrt{\lambda_{iN}}\boldsymbol{I}]^{\mathrm{T}}$$

$$\boldsymbol{\Theta}_i^{\mathrm{T}} = \begin{bmatrix} \boldsymbol{I} & \boldsymbol{P}_i & 0 & 0 \\ 0 & 0 & \boldsymbol{I} & 0 \\ 0 & 0 & 0 & \boldsymbol{I} \end{bmatrix}$$

$$\overline{Q}_i = \mathrm{diag}\{\boldsymbol{P}_1^{-1}, \cdots, \boldsymbol{P}_{i-1}^{-1}, \boldsymbol{P}_{i+1}^{-1}, \cdots, \boldsymbol{P}_N^{-1}\}$$

进一步,不等式(6－30)成立的充分必要条件是:

$$\boldsymbol{\zeta}_i^{\mathrm{T}}\boldsymbol{\Omega}_i\boldsymbol{\zeta}_i < 0, \boldsymbol{\zeta}_i = \boldsymbol{\Theta}_i\alpha, \forall \alpha \neq 0 \tag{6-31}$$

从而,对于任意 $\alpha \neq 0$ 和 $\boldsymbol{\zeta}_i = \boldsymbol{\Theta}_i\alpha$，可得 $\boldsymbol{H}_i\boldsymbol{\zeta}_i = 0$，其中 $\boldsymbol{H}_i = [\boldsymbol{I} \quad -\boldsymbol{P}_i^{-1} \quad 0 \quad 0]$。

另外,取 $\boldsymbol{X}_i = \boldsymbol{P}_i^{-1}$,则矩阵不等式(6－28)可进一步表示为

$$\boldsymbol{\Omega}_i + \boldsymbol{K}_i\boldsymbol{H}_i + \boldsymbol{H}_i^{\mathrm{T}}\boldsymbol{K}_i^{\mathrm{T}} < 0 \tag{6-32}$$

其中，

$$\boldsymbol{\Omega}_i = \begin{bmatrix} \boldsymbol{C}_\eta^{\mathrm{T}}\boldsymbol{C}_\eta & \boldsymbol{A}_{\eta i}^{\mathrm{T}} & 0 & \boldsymbol{\Lambda}_i^{\mathrm{T}} \\ * & \lambda_{ii}\boldsymbol{X}_i & \boldsymbol{B}_{\eta i} & 0 \\ * & * & -\gamma^2\boldsymbol{I} & 0 \\ * & * & * & -\overline{\boldsymbol{X}}_i \end{bmatrix}$$

$$\overline{\boldsymbol{X}}_i = \mathrm{diag}\{\boldsymbol{X}_1, \cdots, \boldsymbol{X}_{i-1}, \boldsymbol{X}_{i+1}, \cdots, \boldsymbol{X}_N\}$$

$$\boldsymbol{K}_i = [-\beta_i\boldsymbol{I} \quad 0 \quad 0 \quad 0]^{\mathrm{T}}$$

$$\boldsymbol{H}_i = [\boldsymbol{I} \quad -\boldsymbol{X}_i \quad 0 \quad 0]$$

由引理6.4可知,当且仅当式(6－32)成立时,下式成立:

$$\boldsymbol{\zeta}_i^{\mathrm{T}}\boldsymbol{\Omega}_i\boldsymbol{\zeta}_i < 0, \boldsymbol{H}_i\boldsymbol{\zeta}_i = 0, \forall \boldsymbol{\zeta}_i \neq 0$$

因此,如果存在对称正定矩阵 $\boldsymbol{X}_i$ 、矩阵 $\boldsymbol{L}_i$、$\boldsymbol{M}_i$、$\boldsymbol{N}_i$ 和标量 $\beta_i(i = 1,2,\cdots,N)$ 使矩阵不等式(6－28)成立,则式(6－29)～式(6－31)成立。进而,系统

式(6－26)均方稳定且在零初始条件下满足性能指标式(6－27)。

定理6.2给出了基于自适应观测器的鲁棒 H_∞ 故障检测问题可解的充分条件和鲁棒 H_∞ －FDF 参数 $\boldsymbol{L}_i$、$\boldsymbol{M}_i$、$\boldsymbol{N}_i$ 的解。注意到不等式(6－28)中含有非线性项 $\beta_i \boldsymbol{X}_i$，为方便求解，可首先选取适当的 β_i 值，则不等式(6－28)成为 $\boldsymbol{X}_i > 0$、$\boldsymbol{L}_i$、$\boldsymbol{M}_i$ 和 $\boldsymbol{N}_i$ 的 LMI。当然，这样可能会增加问题求解的保守性，为了降低解的保守性，可通过一般寻优方法确定 β_i 值，在此不再赘述。

6.3.3　残差评价

考虑未知输入为 L_2 范数有界的情况，选用如下的 L_2 型残差评价函数：

$$J_r = \left[\int_{t_0}^{t_0+\tau} \boldsymbol{r}^{\mathrm{T}}(t)\boldsymbol{r}(t)\,\mathrm{d}t\right]^{1/2} \tag{6-33}$$

其中，t_0 为评价初始时刻，τ 为评价时间窗口长度。

当无故障发生，即 $\boldsymbol{f}(t) = 0$ 时，系统式(6－23)为

$$\begin{cases}\dot{\boldsymbol{x}}(t) = \boldsymbol{A}(\theta_t)\boldsymbol{x}(t) + \boldsymbol{B}(\theta_t)\boldsymbol{u}(t) + \boldsymbol{B}_d(\theta_t)\boldsymbol{d}(t)\\ \boldsymbol{y}(t) = \boldsymbol{C}(\theta_t)\boldsymbol{x}(t) + \boldsymbol{D}_d(\theta_t)\boldsymbol{d}(t)\end{cases} \tag{6-34}$$

进一步由式(6－24)和式(6－26)可得无故障时的残差系统：

$$\begin{cases}\dot{\boldsymbol{e}}(t) = (\boldsymbol{A}(\theta_t) + \boldsymbol{L}(\theta_t)\boldsymbol{C}(\theta_t))\boldsymbol{e}(t) + (\boldsymbol{B}_f(\theta_t) + \boldsymbol{L}(\theta_t)\boldsymbol{D}_f(\theta_t))\boldsymbol{r}(t)\\ \qquad - (\boldsymbol{B}_d(\theta_t) + \boldsymbol{L}(\theta_t)\boldsymbol{D}_d(\theta_t))\boldsymbol{d}(t)\\ \dot{\boldsymbol{r}}(t) = \boldsymbol{N}(\theta_t)\boldsymbol{C}(\theta_t)\boldsymbol{e}(t) + (\boldsymbol{M}(\theta_t) + \boldsymbol{N}(\theta_t)\boldsymbol{D}_f(\theta_t))\boldsymbol{r}(t) - \boldsymbol{N}(\theta_t)\boldsymbol{D}_d(\theta_t)\boldsymbol{d}(t)\end{cases}$$

给定的 $\gamma_c > 0$，应用定理6.2可以判定在零初始条件下，无故障发生时的残差是否满足 $\|\boldsymbol{r}\|_{2,\mathrm{E}} < \gamma_c \|\boldsymbol{d}\|_2$。对于 L_2 范数有界的未知输入 $d(t)$，一定存在常数 $m_c > 0$，满足 $\|\boldsymbol{d}\|_2 < m_c$。假设使得 $\|\boldsymbol{r}\|_{2,\mathrm{E}} < \gamma_c \|\boldsymbol{d}\|_2$ 成立的 γ_c 最小值为 $\gamma_{c\min}$，则有 $\|\boldsymbol{r}\|_{2,\mathrm{E}} < \gamma_{c\min} m_c$。故可确定阈值为 $J_{th} = \gamma_{c\min} m_c$。然后基于逻辑关系式(6－7)、式(6－8)判断是否有故障发生。

6.3.4　仿真算例

考虑如下连续时间 Markov 跳跃系统：

$$\begin{cases}\dot{\boldsymbol{x}}(t) = \boldsymbol{A}(\theta_t)\boldsymbol{x}(t) + \boldsymbol{B}(\theta_t)\boldsymbol{u}(t) + \boldsymbol{B}_d(\theta_t)\boldsymbol{d}(t) + \boldsymbol{B}_f(\theta_t)\boldsymbol{f}(t)\\ \boldsymbol{y}(t) = \boldsymbol{C}(\theta_t)\boldsymbol{x}(t) + \boldsymbol{D}_d(\theta_t)\boldsymbol{d}(t) + \boldsymbol{D}_f(\theta_t)\boldsymbol{f}(t)\end{cases}$$

该系统具有两个模态,即 $\Xi = \{1,2\}$,其参数矩阵为

$$A_1 = \begin{bmatrix} -2.0 & 0 & 0.4 \\ 0.2 & -1.9 & 0.8 \\ 1.1 & 0 & -2 \end{bmatrix}, B_1 = \begin{bmatrix} 1.2 \\ 0.8 \\ 0.5 \end{bmatrix}, B_{d1} = \begin{bmatrix} 0.2 \\ 0.6 \\ 0.5 \end{bmatrix}$$

$$B_{f1} = \begin{bmatrix} 0.3 \\ 0.7 \\ 0.4 \end{bmatrix}, C_1 = \begin{bmatrix} 0 & 0 & -1 \\ 0 & 1 & 1 \end{bmatrix}, D_{d1} = \begin{bmatrix} -0.5 \\ 0.4 \end{bmatrix}$$

$$D_{f1} = \begin{bmatrix} 0.5 \\ 0.6 \end{bmatrix}, A_2 = \begin{bmatrix} -2.5 & 1 & 0.5 \\ 0 & -1.7 & -0.5 \\ 0.3 & 0.4 & -1.8 \end{bmatrix}, B_2 = \begin{bmatrix} 1.2 \\ 1 \\ 2 \end{bmatrix}$$

$$B_{d2} = \begin{bmatrix} -0.4 \\ 0.5 \\ 0.2 \end{bmatrix}, B_{f2} = \begin{bmatrix} 0.5 \\ -0.8 \\ 0.3 \end{bmatrix}, C_2 = \begin{bmatrix} 1 & 0 & 1 \\ 0 & -1 & 0 \end{bmatrix}$$

$$D_{d2} = \begin{bmatrix} -0.6 \\ 0.5 \end{bmatrix}, D_{f2} = \begin{bmatrix} 0.1 \\ 1 \end{bmatrix}$$

状态转移速率为: $\lambda_{11} = -3, \lambda_{12} = 3, \lambda_{21} = 4, \lambda_{22} = -4$ 。取 $\gamma = 0.5, \beta_1 = \beta_2 = 1.5$ 。根据定理6.2计算可得

$$L_1 = \begin{bmatrix} -0.1727 & -0.4524 \\ -12.261 & -16.734 \\ -0.5559 & -3.6169 \end{bmatrix}, L_2 = \begin{bmatrix} -5.4344 & -5.0739 \\ 6.1994 & 7.3259 \\ -4.7584 & -5.4534 \end{bmatrix}$$

$$M_1 = -0.3150, N_1 = [-14.8269 \quad -17.4125]$$

$$M_2 = -0.4019, N_2 = [-6.5499 \quad -8.9289]$$

在[0,100]s时间段内,假设控制输入为单位阶跃信号,系统模态 θ_t 的跳变如图6-1所示,未知输入 $d(t)$ 如图6-2所示。考虑两种类型的故障:①正弦信号故障;② 方波型故障。$t \in [20,50)$ s时值为1, $t \in [50,80)$ s时值为-1,其余时刻为0。图6-3和图6-4分别给出了正弦信号故障时产生的残差及其对应残差评价函数,图6-5和图6-6分别给出了方波型故障时产生的残差及其对应残差评价函数。取阈值为 $J_{th} = 0.4169$ 时,仿真结果表明正弦故障和方波型故障分别在发生3.2s和0.7s后被检测到。

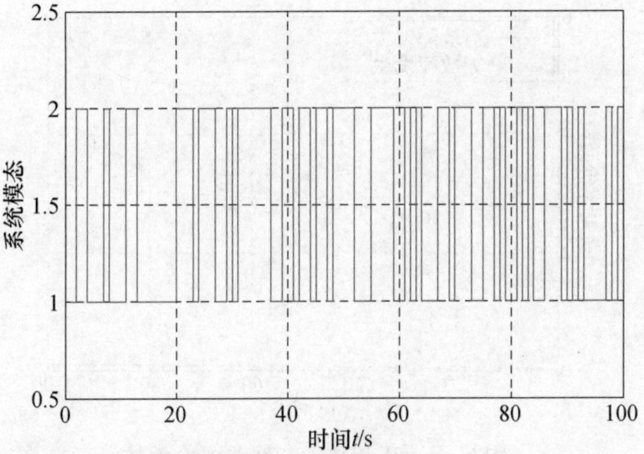

图 6－1　系统模态

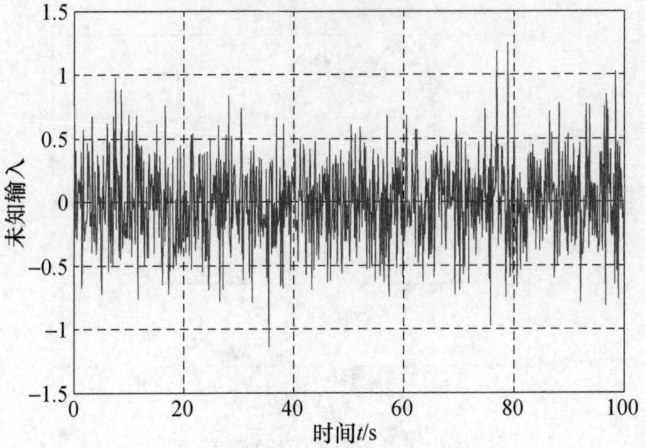

图 6－2　未知输入

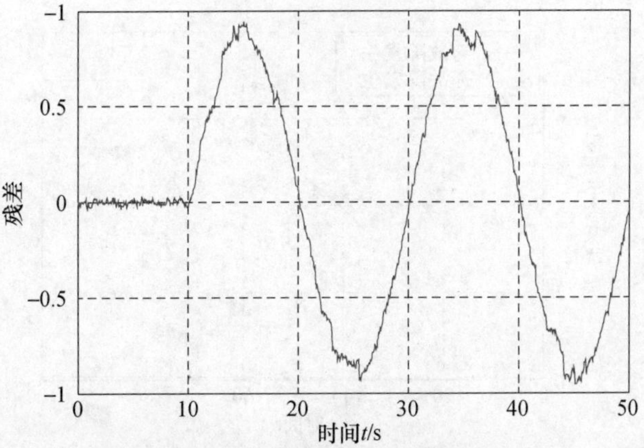

图 6－3　正弦故障时残差信号

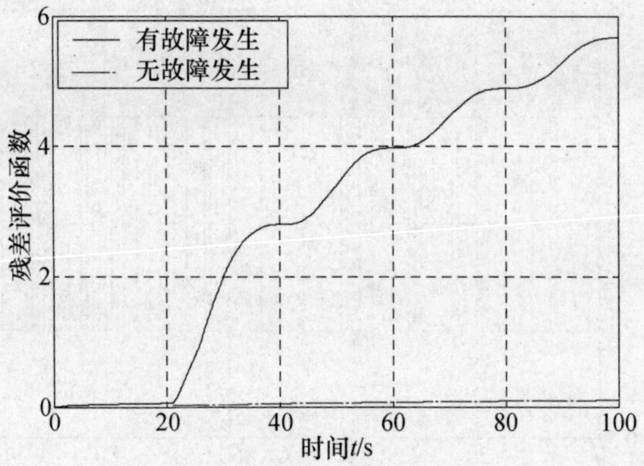

图 6-4　正弦故障时残差评价函数

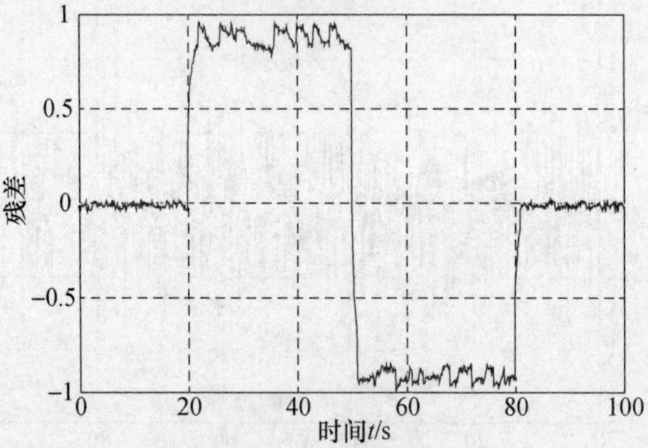

图 6-5　方波故障时残差信号

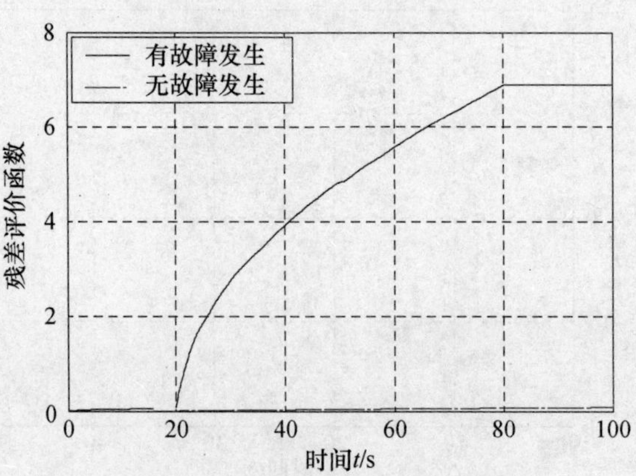

图 6-6　方波故障时残差评价函数

6.4 Polytopic 型不确定 Markov 跳跃系统

6.4.1 问题描述

考虑如下连续时间 Markov 跳跃系统：

$$\begin{cases}\dot{\boldsymbol{x}}(t) = \boldsymbol{A}(\theta_t)\boldsymbol{x}(t) + \boldsymbol{B}(\theta_t)\boldsymbol{u}(t) + \boldsymbol{B}_d(\theta_t)\boldsymbol{d}(t) + \boldsymbol{B}_f(\theta_t)\boldsymbol{f}(t)\\ \boldsymbol{y}(t) = \boldsymbol{C}(\theta_t)\boldsymbol{x}(t) + \boldsymbol{D}_d(\theta_t)\boldsymbol{d}(t) + \boldsymbol{D}_f(\theta_t)\boldsymbol{f}(t)\\ \boldsymbol{x}(0) = \boldsymbol{x}_0, \theta_0 = i_0\end{cases} \tag{6-35}$$

式中：$\boldsymbol{x}(t) \in \mathbf{R}^n$、$\boldsymbol{u}(t) \in \mathbf{R}^m$、$\boldsymbol{y}(t) \in \mathbf{R}^p$、$\boldsymbol{d}(t) \in \mathbf{R}^{n_d}$ 和 $\boldsymbol{f}(t) \in \mathbf{R}^{n_f}$ 与。$\{\theta_t\}$ 为在有限状态集 $\Xi = \{1,2,\cdots,N\}$ 上取值的连续时间齐次 Markov 过程，其状态转移概率为

$$\Pr\{\theta_{t+h} = j \mid \theta_t = i\} = \begin{cases}\lambda_{ij}h + o(h), & i \neq j\\ 1 + \lambda_{ii}h + o(h), & i = j\end{cases}$$

其中，$h > 0, \lim\limits_{h\to 0} o(h)/h = 0, \lambda_{ij}(i \neq j)$ 为从模态 i 到模态 j 的转移速率，且满足 $\sum_{j=1}^{N}\lambda_{ij} = 0$。对于任意的 $\theta_t = i \in \Xi$，$\boldsymbol{A}(\theta_t)$、$\boldsymbol{B}(\theta_t)$、$\boldsymbol{B}_d(\theta_t)$、$\boldsymbol{B}_f(\theta_t)$、$\boldsymbol{C}(\theta_t)$、$\boldsymbol{D}_d(\theta_t)$、$\boldsymbol{D}_f(\theta_t)$ 为 Polytopic 型不确定矩阵，即

$$\begin{aligned}\Omega_i = \Big\{&(\boldsymbol{A}_i, \boldsymbol{B}_i, \boldsymbol{B}_{di}, \boldsymbol{B}_{fi}, \boldsymbol{C}_i, \boldsymbol{D}_{di}, \boldsymbol{D}_{fi}) \mid (\boldsymbol{A}_i, \boldsymbol{B}_i, \boldsymbol{B}_{di}, \boldsymbol{B}_{fi}, \boldsymbol{C}_i, \boldsymbol{D}_{di}, \boldsymbol{D}_{fi})\\ &= \sum_{l=1}^{s}\alpha_l(\boldsymbol{A}_i^l, \boldsymbol{B}_i^l, \boldsymbol{B}_{di}^l, \boldsymbol{B}_{fi}^l, \boldsymbol{C}_i^l, \boldsymbol{D}_{di}^l, \boldsymbol{D}_{fi}^l); \alpha_l \geqslant 0, \sum_{l=1}^{s}\alpha_l = 1\Big\}\end{aligned}$$

其中，s 为多面体顶点个数；$\boldsymbol{A}_i^l$、$\boldsymbol{B}_i^l$、$\boldsymbol{B}_{di}^l$、$\boldsymbol{B}_{fi}^l$、$\boldsymbol{C}_i^l$、$\boldsymbol{D}_{di}^l$、$\boldsymbol{D}_{fi}^l$ 为适当维数的已知实数矩阵。

鲁棒故障检测主要任务仍然为残差产生于残差评价，由于采用的残差评价策略与 6.2 节和 6.3 节相同，在此不再赘述。

将文献[27]基于 H_∞ 滤波的故障检测方法推广应用于系统式(6-35)，选择基于观测器的 FDF 作为残差产生器，并将残差产生问题描述为：给定 $\gamma > 0$，设计均方稳定 FDF，使产生的残差在零初始条件下满足：

$$\sup_{w \in L_2, \|w\|_2 \neq 0} \frac{\mathrm{E}\{\|\boldsymbol{r} - \boldsymbol{W}_f(s)\boldsymbol{f}\|_2\}}{\|w\|_2} < \gamma \tag{6.36}$$

式中：$\boldsymbol{w}(t)=[\boldsymbol{u}^{\mathrm{T}}(t)\quad \boldsymbol{d}^{\mathrm{T}}(t)\quad \boldsymbol{f}^{\mathrm{T}}(t)]^{\mathrm{T}}$；$\boldsymbol{W}_f(s)\in RH_{\infty}$ 为给定的加权函数矩阵。

假设 $r_f(s)=\boldsymbol{W}_f(s)f(s)$ 的一个最小状态实现为

$$\begin{cases}\dot{\boldsymbol{x}}_f(t)=\boldsymbol{A}_{Wf}\boldsymbol{x}_f(t)+\boldsymbol{B}_{Wf}\boldsymbol{f}(t)\\ \boldsymbol{r}_f(t)=\boldsymbol{C}_{Wf}\boldsymbol{x}_f(t)\end{cases}\tag{6-37}$$

式中：$\boldsymbol{x}_f(t)\in\mathbf{R}^q$ 为状态向量；$\boldsymbol{A}_{Wf}$、$\boldsymbol{B}_{Wf}$、$\boldsymbol{C}_{Wf}$ 为适当维数的已知实数矩阵。

由式(6－35)和式(6－37)可得如下增广系统：

$$\begin{cases}\dot{\boldsymbol{\zeta}}(t)=\boldsymbol{A}_{\zeta}(\theta_t)\boldsymbol{\zeta}(t)+\boldsymbol{B}_{\zeta}(\theta_t)\boldsymbol{w}(t)\\ \boldsymbol{y}(t)=\boldsymbol{C}_{\zeta}(\theta_t)\boldsymbol{\zeta}(t)+\boldsymbol{D}_{\zeta}(\theta_t)\boldsymbol{w}(t)\\ \boldsymbol{r}_f(t)=\boldsymbol{C}_{\zeta f}\boldsymbol{\zeta}(t)\end{cases}\tag{6-38}$$

其中，

$$\boldsymbol{\zeta}(t)=\begin{bmatrix}\boldsymbol{x}(t)\\ \boldsymbol{x}_f(t)\end{bmatrix},\boldsymbol{A}_{\zeta}(\theta_t)=\begin{bmatrix}\boldsymbol{A}(\theta_t) & 0\\ 0 & \boldsymbol{A}_{Wf}\end{bmatrix}$$

$$\boldsymbol{B}_{\zeta}(\theta_t)=\begin{bmatrix}\boldsymbol{B}(\theta_t) & \boldsymbol{B}_d(\theta_t) & \boldsymbol{B}_f(\theta_t)\\ 0 & 0 & \boldsymbol{B}_{Wf}\end{bmatrix}$$

$$\boldsymbol{C}_{\zeta}(\theta_t)=[\boldsymbol{C}(\theta_t)\quad 0],\boldsymbol{C}_{\zeta f}=[0\quad \boldsymbol{C}_{Wf}]$$

$$\boldsymbol{D}_{\zeta}(\theta_t)=[0\quad \boldsymbol{D}_d(\theta_t)\quad \boldsymbol{D}_f(\theta_t)]$$

选用如下形式的 FDF 作为残差产生器：

$$\begin{cases}\dot{\boldsymbol{\psi}}(t)=\boldsymbol{A}_{\psi}(\theta_t)\boldsymbol{\psi}(t)+\boldsymbol{B}_{\psi}(\theta_t)\boldsymbol{u}(t)+\boldsymbol{H}(\theta_t)\boldsymbol{y}(t)\\ \boldsymbol{r}(t)=\boldsymbol{C}_{\psi}(\theta_t)\boldsymbol{\psi}(t)+\boldsymbol{D}_{\psi}(\theta_t)\boldsymbol{y}(t)\end{cases}\tag{6-39}$$

式中：$\boldsymbol{A}_{\psi}(\theta_t)$、$\boldsymbol{B}_{\psi}(\theta_t)$、$\boldsymbol{H}(\theta_t)$、$\boldsymbol{C}_{\psi}(\theta_t)$、$\boldsymbol{D}_{\psi}(\theta_t)$ 为待设计的参数矩阵。

定义：

$$\boldsymbol{r}_e(t)=\boldsymbol{r}(t)-\boldsymbol{r}_f(t),\boldsymbol{\eta}(t)=[\boldsymbol{\zeta}^{\mathrm{T}}(t)\quad \boldsymbol{\psi}^{\mathrm{T}}(t)]^{\mathrm{T}}$$

$$\boldsymbol{A}_{\eta}(\theta_t)=\begin{bmatrix}\boldsymbol{A}_{\zeta}(\theta_t) & 0\\ \boldsymbol{H}(\theta_t)\boldsymbol{C}_{\zeta}(\theta_t) & \boldsymbol{A}_{\psi}(\theta_t)\end{bmatrix},\boldsymbol{B}_{\eta}(\theta_t)=\begin{bmatrix}\boldsymbol{B}_{\zeta}(\theta_t)\\ \widetilde{\boldsymbol{B}}_{\psi}(\theta_t)\end{bmatrix}$$

$$\widetilde{\boldsymbol{B}}_{\psi}(\theta_t)=[\boldsymbol{B}_{\psi}(\theta_t)\quad \boldsymbol{H}(\theta_t)\boldsymbol{D}_d(\theta_t)\quad \boldsymbol{H}(\theta_t)\boldsymbol{D}_f(\theta_t)]$$

$$\boldsymbol{C}_{\eta}(\theta_t)=[\boldsymbol{D}_{\psi}(\theta_t)\boldsymbol{C}_{\zeta}(\theta_t)-\boldsymbol{C}_{\zeta f}\quad \boldsymbol{C}_{\psi}(\theta_t)],\boldsymbol{D}_{\eta}(\theta_t)=\boldsymbol{D}_{\psi}(\theta_t)\boldsymbol{D}_{\zeta}(\theta_t)$$

由式(6－38)和式(6－39)可得

$$\begin{cases}\dot{\boldsymbol{\eta}}(t) = \boldsymbol{A}_{\eta}(\theta_t)\boldsymbol{\eta}(t) + \boldsymbol{B}_{\eta}(\theta_t)\boldsymbol{w}(t)\\ \boldsymbol{r}_e(t) = \boldsymbol{C}_{\eta}(\theta_t)\boldsymbol{\eta}(t) + \boldsymbol{D}_{\eta}(\theta_t)\boldsymbol{w}(t)\end{cases} \tag{6-40}$$

从而可将鲁棒 H_∞ -FDF 设计进一步归结为：求参数矩阵 $\boldsymbol{A}_\psi(\theta_t)$、$\boldsymbol{B}_\psi(\theta_t)$、$\boldsymbol{H}(\theta_t)$、$\boldsymbol{C}_\psi(\theta_t)$、$\boldsymbol{D}_\psi(\theta_t)$，使系统式(6-40)鲁棒均方稳定，且在零初始条件下满足：

$$\sup_{w\in L_2,\ \|w\|_2\neq 0}\frac{\|\boldsymbol{r}_e\|_{2,\mathrm{E}}}{\|\boldsymbol{w}\|_2} < \gamma \tag{6-41}$$

当系统模态 θ_t 在线可知时，参数矩阵 $\boldsymbol{A}_\psi(\theta_t)$、$\boldsymbol{B}_\psi(\theta_t)$、$\boldsymbol{H}(\theta_t)$、$\boldsymbol{C}_\psi(\theta_t)$、$\boldsymbol{D}_\psi(\theta_t)$ 可选取为模态依赖，即当 $\theta_t = i \in \Xi$ 时，FDF 的参数矩阵为

$$\boldsymbol{A}_\psi(\theta_t) = \boldsymbol{A}_{\psi i},\boldsymbol{B}_\psi(\theta_t) = \boldsymbol{B}_{\psi i},\boldsymbol{H}(\theta_t) = \boldsymbol{H}_i,\boldsymbol{C}_\psi(\theta_t) = \boldsymbol{C}_{\psi i},\boldsymbol{D}_\psi(\theta_t) = \boldsymbol{D}_{\psi i}$$

又称鲁棒 H_∞ -FDF (6-39)式为模态依赖鲁棒 H_∞ -FDF。而当系统模态 θ_t 在线不可知时，选取 $\boldsymbol{A}_\psi(\theta_t)$、$\boldsymbol{B}_\psi(\theta_t)$、$\boldsymbol{H}(\theta_t)$、$\boldsymbol{C}_\psi(\theta_t)$、$\boldsymbol{D}_\psi(\theta_t)$ 为常数矩阵：

$$\boldsymbol{A}_\psi(\theta_t) = \boldsymbol{A}_{\psi},\boldsymbol{B}_\psi(\theta_t) = \boldsymbol{B}_{\psi},\boldsymbol{H}(\theta_t) = \boldsymbol{H},\boldsymbol{C}_\psi(\theta_t) = \boldsymbol{C}_{\psi},\boldsymbol{D}_\psi(\theta_t) = \boldsymbol{D}_{\psi}$$

此时，鲁棒 H_∞ -FDF (6-39)式称为模态独立鲁棒 H_∞ -FDF。

6.4.2　鲁棒 H_∞ -FDF 设计

首先给出并证明系统式(6-40)满足随机 H_∞ 性能指标的 BRL，并在此基础上分别给出模态依赖和模态独立鲁棒 H_∞ -FDF 存在的充分条件及其参数矩阵的求解方法。

定理 6.3　给定 $\gamma > 0$，如果存在对称正定矩阵 $\boldsymbol{P}_i^l$、矩阵 $\boldsymbol{M}_i$ 和 $\boldsymbol{N}_i$ $(i = 1, 2,\cdots,N; l = 1,2,\cdots,s)$ 满足如下矩阵不等式：

$$\begin{bmatrix} -\boldsymbol{N}_i^{\mathrm{T}} - \boldsymbol{N}_i & \boldsymbol{P}_i^l - \boldsymbol{M}_i^{\mathrm{T}} + \boldsymbol{N}_i\boldsymbol{A}_{\eta i}^l & \boldsymbol{N}_i\boldsymbol{B}_{\eta i}^l & 0\\ * & \boldsymbol{M}_i\boldsymbol{A}_{\eta i}^l + (\boldsymbol{A}_{\eta i}^l)^{\mathrm{T}}\boldsymbol{M}_i^{\mathrm{T}} + \sum_{j=1}^{N}\lambda_{ij}\boldsymbol{P}_j^l & \boldsymbol{M}_i\boldsymbol{A}_{\eta i}^l & (\boldsymbol{C}_{\eta i}^l)^{\mathrm{T}}\\ * & * & -\gamma^2\boldsymbol{I} & (\boldsymbol{D}_{\eta i}^l)^{\mathrm{T}}\\ * & * & * & -\boldsymbol{I}\end{bmatrix} < 0 \tag{6-42}$$

则系统式(6-40)鲁棒均方稳定，且在零初始条件下满足 $\|\boldsymbol{r}_e\|_{2,\mathrm{E}} < \gamma\|\boldsymbol{w}\|_2$。

证明：选取如下随机 Lyapunov 函数

$$V(\boldsymbol{\eta}(t),\theta_t) = \boldsymbol{\eta}^{\mathrm{T}}(t)\boldsymbol{P}(\theta_t)\boldsymbol{\eta}(t)$$

其中 $\boldsymbol{P}(\theta_t) = \boldsymbol{P}_i = \sum_{j=1}^{N} \alpha_l \boldsymbol{P}_i^l$。令 $\nabla(\cdot)$ 为随机过程 $\{\boldsymbol{\eta}(t), \theta_t\}$ 在点 $\{t, \boldsymbol{\eta}, i\}$ 处的无穷小算子,那么 $\nabla(\cdot)$ 可由下式给出[4]:

$$\nabla V(\eta(t), \theta_t) = \frac{\partial V}{\partial t} + \frac{\partial V}{\partial \boldsymbol{x}} \dot{\boldsymbol{\eta}}(t) \bigg|_{\theta_t = i} + \sum_{j=1}^{N} \lambda_{ij} V(\boldsymbol{\eta}(t), j)$$

进一步可得

$$\nabla V(\boldsymbol{\eta}(t), \theta_t) = \dot{\boldsymbol{\eta}}^{\mathrm{T}}(t) \boldsymbol{P}_i \boldsymbol{\eta}(t) + \boldsymbol{\eta}^{\mathrm{T}}(t) \boldsymbol{P}_i \dot{\eta}(t) + \boldsymbol{\eta}^{\mathrm{T}}(t) \Big(\sum_{j=1}^{N} \lambda_{ij} \boldsymbol{P}_j \Big) \boldsymbol{\eta}(t) \tag{6-43}$$

对于任意适当维数的矩阵 $\boldsymbol{M}_i$ 和 $\boldsymbol{N}_i$,由式(6-40)可得

$$\boldsymbol{\Theta}_i = 2[\boldsymbol{\eta}^{\mathrm{T}}(t) \boldsymbol{M}_i + \dot{\boldsymbol{\eta}}^{\mathrm{T}}(t) \boldsymbol{N}_i][\dot{\boldsymbol{\eta}}(t) - \boldsymbol{A}_{\eta i} \boldsymbol{\eta}(t) - \boldsymbol{B}_{\eta i} \boldsymbol{w}(t)] = 0 \tag{6-44}$$

首先分析系统式(6-40)在 $w(t) = 0$ 的鲁棒均方稳定性。由式(6-43)和式(6-44)可得

$$\begin{aligned} \nabla V(\boldsymbol{\eta}(t), \theta_t) &= \dot{\boldsymbol{\eta}}^{\mathrm{T}}(t) \boldsymbol{P}_i \boldsymbol{\eta}(t) + \boldsymbol{\eta}^{\mathrm{T}}(t) \boldsymbol{P}_i \dot{\boldsymbol{\eta}}(t) + \boldsymbol{\eta}^{\mathrm{T}}(t) \Big(\sum_{j=1}^{N} \lambda_{ij} \boldsymbol{P}_j \Big) \boldsymbol{\eta}(t) - \boldsymbol{\Theta}_i \\ &= \boldsymbol{\chi}_1^{\mathrm{T}}(t) \boldsymbol{\Sigma}_i \boldsymbol{\chi}_1(t) \end{aligned}$$

其中,

$$\boldsymbol{\chi}_1(t) = \begin{bmatrix} \dot{\boldsymbol{\eta}}(t) \\ \boldsymbol{\eta}(t) \end{bmatrix}, \boldsymbol{\Sigma}_i = \begin{bmatrix} -\boldsymbol{N}_i^{\mathrm{T}} - \boldsymbol{N}_i & \boldsymbol{P}_i - \boldsymbol{M}_i^{\mathrm{T}} + \boldsymbol{N}_i \boldsymbol{A}_{\eta i} \\ * & \boldsymbol{N}_i \boldsymbol{A}_{\eta i} + \boldsymbol{A}_{\eta i}^{\mathrm{T}} \boldsymbol{M}_i^{\mathrm{T}} + \sum_{j=1}^{N} \lambda_{ij} \boldsymbol{P}_j \end{bmatrix}$$

将 $A_{\eta i}$ 和 P_i 代入 $\sum_i$ 可得

$$\boldsymbol{\Sigma}_i = \sum_{l=1}^{s} \alpha_l \boldsymbol{\Sigma}_i^l$$

其中,

$$\boldsymbol{\Sigma}_i^l = \begin{bmatrix} -\boldsymbol{N}_i^{\mathrm{T}} - \boldsymbol{N}_i & \boldsymbol{P}_i^l - \boldsymbol{M}_i^{\mathrm{T}} + \boldsymbol{N}_i \boldsymbol{A}_{\eta i}^l \\ * & \boldsymbol{N}_i \boldsymbol{A}_{\eta i}^l + (\boldsymbol{A}_{\eta i}^l)^{\mathrm{T}} \boldsymbol{M}_i^{\mathrm{T}} + \sum_{j=1}^{N} \lambda_{ij} \boldsymbol{P}_j^l \end{bmatrix}$$

根据 Schur 补引理,由不等式(6-42)可知 $\sum_i^l < 0$,进一步得 $\sum_i < 0$。因此对所有的 $\boldsymbol{\eta}(t) \neq 0$ 满足 $\nabla V(\boldsymbol{\eta}(t), \theta_t) < 0$,即该系统鲁棒均方稳定。

定义

$$J_\tau = \mathrm{E}\left\{\int_0^\tau [\boldsymbol{r}_e^{\mathrm{T}}(t)\boldsymbol{r}_e(t) - \gamma^2\boldsymbol{w}^{\mathrm{T}}(t)\boldsymbol{w}(t)]\mathrm{d}t\right\} \tag{6-45}$$

由式(6－40)和式(6－43)～式(6－45)可得

$$\begin{aligned} J_\tau &= \mathrm{E}\left\{\int_0^\tau [\boldsymbol{r}_e^{\mathrm{T}}(t)\boldsymbol{r}_e(t) - \gamma^2\boldsymbol{w}^{\mathrm{T}}(t)\boldsymbol{w}(t) - \boldsymbol{\Theta}_i + \nabla V(\boldsymbol{\eta}(t),\theta_t) - \nabla V(\boldsymbol{\eta}(t),\theta_t)]\mathrm{d}t\right\} \\ &= \mathrm{E}\left\{\int_0^\tau [\boldsymbol{\chi}_2^{\mathrm{T}}(t)\boldsymbol{\Lambda}_i\boldsymbol{\chi}_2(t)]\mathrm{d}t\right\} - \mathrm{E}\left\{\int_0^\tau [\nabla V(\boldsymbol{\eta}(t),\ \theta_t)]\mathrm{d}t\right\} \end{aligned} \tag{6-46}$$

其中，

$$\boldsymbol{\chi}_2(t) = [\dot{\boldsymbol{\eta}}^{\mathrm{T}}(t)\quad \boldsymbol{\eta}^{\mathrm{T}}(t)\quad \boldsymbol{w}^{\mathrm{T}}(t)]^{\mathrm{T}}$$

$$\boldsymbol{\Lambda}_i = \begin{bmatrix} -\boldsymbol{N}_i^{\mathrm{T}} - \boldsymbol{N}_i & \boldsymbol{P}_i - \boldsymbol{M}_i^{\mathrm{T}} + \boldsymbol{N}_i\boldsymbol{A}_{\eta i} & N_iB_{\eta i} \\ * & \boldsymbol{M}_i\boldsymbol{A}_{\eta i} + \boldsymbol{A}_{\eta i}^{\mathrm{T}}\boldsymbol{M}_i^{\mathrm{T}} + \sum_{j=1}^{N}\lambda_{ij}\boldsymbol{P}_j + \boldsymbol{C}_{\eta i}^{\mathrm{T}}\boldsymbol{C}_{\eta i} & \boldsymbol{M}_i\boldsymbol{B}_{\eta i} + \boldsymbol{C}_{\eta i}^{\mathrm{T}}\boldsymbol{D}_{\eta i} \\ * & * & -\gamma^2\boldsymbol{I} + \boldsymbol{D}_{\eta i}^{\mathrm{T}}\boldsymbol{D}_{\eta i} \end{bmatrix}$$

另一方面，由不等式(6.42)可知：

$$\sum_{l=1}^{s}\alpha_l\begin{bmatrix} -\boldsymbol{N}_i^{\mathrm{T}} - \boldsymbol{N}_i & \boldsymbol{P}_i^l - \boldsymbol{M}_i^{\mathrm{T}} + \boldsymbol{N}_i\boldsymbol{A}_{\eta i}^l & \boldsymbol{N}_i\boldsymbol{B}_{\eta i}^l & 0 \\ * & \boldsymbol{M}_i\boldsymbol{A}_{\eta i}^l + (\boldsymbol{A}_{\eta i}^l)^{\mathrm{T}}\boldsymbol{M}_i^{\mathrm{T}} + \sum_{j=1}^{N}\lambda_{ij}\boldsymbol{P}_j^l & \boldsymbol{M}_i\boldsymbol{A}_{\eta i}^l & (\boldsymbol{C}_{\eta i}^l)^{\mathrm{T}} \\ * & * & -\gamma^2\boldsymbol{I} & (\boldsymbol{D}_{\eta i}^l)^{\mathrm{T}} \\ * & * & * & -\boldsymbol{I} \end{bmatrix} < 0$$

进一步根据 Schur 补引理可知 $\boldsymbol{\Lambda}_i < 0$ 。

应用 Dynkin's 公式，在 $\boldsymbol{\eta}(0) = 0$ 时可得

$$\begin{aligned} \mathrm{E}\left\{\int_0^\tau [\nabla V(\boldsymbol{\eta}(t),\theta_t)]\mathrm{d}t\right\} &= \mathrm{E}\{\boldsymbol{\eta}^{\mathrm{T}}(\tau)\boldsymbol{P}(\theta_\tau)\boldsymbol{\eta}(\tau)\} - \mathrm{E}\{\boldsymbol{\eta}^{\mathrm{T}}(0)\boldsymbol{P}(\theta_0)\boldsymbol{\eta}(0)\} \\ &= \mathrm{E}\{\boldsymbol{\eta}^{\mathrm{T}}(\tau)\boldsymbol{P}(\theta_\tau)\boldsymbol{\eta}(\tau)\} \geqslant 0 \end{aligned} \tag{6-47}$$

由 $\boldsymbol{\Lambda}_i < 0$ 和式(6－46)、式(6－47)可知 $J_\tau < 0$ ，即 $\|\boldsymbol{r}_e\|_{2,\mathrm{E}} < \gamma\|\boldsymbol{w}\|_2$ 。

1. 模态依赖鲁棒 H_∞ －FDF

定理 6.3 给出了系统式(6－40)鲁棒均方稳定且在零初始条件下满足随机 H_∞ 性能的充分条件。注意到，矩阵不等式(6－42)中含有非线性项 $\boldsymbol{N}_i\boldsymbol{A}_{\eta i}^l$、$\boldsymbol{N}_i\boldsymbol{B}_{\eta i}^l$ 和 $\boldsymbol{M}_i\boldsymbol{A}_{\eta i}^l$ ，不能直接应用 LMI 工具箱进行求解，下面将通过矩阵分解及线性变换，求解矩阵不等式(6－42)，并在此基础上得到鲁棒 H_∞ －FDF 参数矩阵的解。

定理 6.4 给定 $\gamma>0$，如果存在矩阵 $\boldsymbol{P}_{ij}^{l}$、$\boldsymbol{X}_i$、$\boldsymbol{Q}_i$、$\boldsymbol{M}_{i1}$、$\boldsymbol{M}_{i2}$、$\boldsymbol{N}_{i1}$、$\boldsymbol{N}_{i2}$、$\boldsymbol{Y}_i$、$\boldsymbol{Z}_i$、$\boldsymbol{C}_{\psi i}$、$\boldsymbol{D}_{\psi i}$，标量 $\rho_{ij}(i=1,2,\cdots,N;j=1,2,3;l=1,2,\cdots,s)$ 满足如下矩阵不等式：

$$\begin{bmatrix} -\boldsymbol{N}_{i1}^{\mathrm{T}}-\boldsymbol{N}_{i1} & -\rho_{i1}\boldsymbol{Q}_i-\boldsymbol{N}_{i2}^{\mathrm{T}} & (1,3) & (1,4) & \boldsymbol{N}_{i1}\boldsymbol{B}_{\zeta i}^{l}+\rho_{i1}\boldsymbol{\Psi}_i^{l} & 0 \\ * & -\boldsymbol{Q}_i^{\mathrm{T}}-\boldsymbol{Q}_i & (2,3) & (2,4) & N_{i2}\boldsymbol{B}_{\zeta i}^{l}+\boldsymbol{\Psi}_{\mathrm{i}}^{l} & 0 \\ * & * & (3,3) & (3,4) & \boldsymbol{M}_{i1}\boldsymbol{B}_{\zeta i}^{l}+\rho_{i2}\boldsymbol{\Psi}_i^{l} & (3,6) \\ * & * & * & (4,4) & \boldsymbol{M}_{i2}\boldsymbol{B}_{\zeta i}^{l}+\rho_{i3}\boldsymbol{\Psi}_i^{l} & \boldsymbol{C}_{\psi i}^{T} \\ * & * & * & * & -\gamma^2\boldsymbol{I} & (\boldsymbol{D}_{\zeta i}^{l})^{\mathrm{T}}\boldsymbol{D}_{\psi i}^{\mathrm{T}} \\ * & * & * & * & * & -\boldsymbol{I} \end{bmatrix}<0 \tag{6-48}$$

$$\begin{bmatrix} \boldsymbol{P}_{i1}^{l} & \boldsymbol{P}_{i2}^{l} \\ * & \boldsymbol{P}_{i3}^{l} \end{bmatrix}>0 \tag{6-49}$$

其中，$(1,3)=\boldsymbol{P}_{i1}^{l}-\boldsymbol{M}_{i1}^{\mathrm{T}}+\boldsymbol{N}_{i1}\boldsymbol{A}_{\zeta i}^{l}+\rho_{i1}\boldsymbol{Z}_i\boldsymbol{C}_{\zeta i}^{l}$；

$(2,3)=(\boldsymbol{P}_{i2}^{l})^{\mathrm{T}}-\rho_{i2}\boldsymbol{Q}_i^{\mathrm{T}}+\boldsymbol{N}_{i2}\boldsymbol{A}_{\zeta i}^{l}+\boldsymbol{Z}_i\boldsymbol{C}_{\zeta i}^{l}$；

$(3,3)=\boldsymbol{M}_{i1}\boldsymbol{A}_{\zeta i}^{l}+(\boldsymbol{A}_{\zeta i}^{l})^{\mathrm{T}}\boldsymbol{M}_{i1}^{\mathrm{T}}+\rho_{i2}\boldsymbol{Z}_i\boldsymbol{C}_{\zeta i}^{l}+\rho_{i2}(\boldsymbol{C}_{\zeta i}^{l})^{\mathrm{T}}\boldsymbol{Z}_i^{\mathrm{T}}+\overline{\boldsymbol{P}}_{i1}^{l}$；

$(1,4)=\boldsymbol{P}_{i2}^{l}-\boldsymbol{M}_{i2}^{\mathrm{T}}+\rho_{i1}\boldsymbol{X}_i$；

$(2,4)=\boldsymbol{P}_{i3}^{l}-\rho_{i3}\boldsymbol{Q}_i^{\mathrm{T}}+\boldsymbol{X}_i$；

$(3,4)=\rho_{i2}\boldsymbol{X}_i+(\boldsymbol{A}_{\zeta i}^{l})^{\mathrm{T}}\boldsymbol{M}_{i2}^{\mathrm{T}}+\rho_{i3}(\boldsymbol{C}_{\zeta i}^{l})^{\mathrm{T}}\boldsymbol{Z}_i^{\mathrm{T}}+\overline{\boldsymbol{P}}_{i2}^{l}$；

$(4,4)=\rho_{i3}\boldsymbol{X}_i+\rho_{i3}\boldsymbol{X}_i^{\mathrm{T}}+\overline{\boldsymbol{P}}_{i3}^{l}$；

$(3,6)=(\boldsymbol{C}_{\zeta i}^{l})^{\mathrm{T}}\boldsymbol{D}_{\psi i}^{\mathrm{T}}-\boldsymbol{C}_{\zeta f}^{\mathrm{T}}$；

$\boldsymbol{\Psi}_i^{l}=[\boldsymbol{Y}_i \quad \boldsymbol{Z}_i\boldsymbol{D}_{di}^{l} \quad \boldsymbol{Z}_i\boldsymbol{D}_{fi}^{l}]$；

$\overline{\boldsymbol{P}}_{i1}^{l}=\sum_{j=1}^{N}\lambda_{ij}\boldsymbol{P}_{j1}^{l}$；$\overline{\boldsymbol{P}}_{i2}^{l}=\sum_{j=1}^{N}\lambda_{ij}\boldsymbol{P}_{j2}^{l}$；$\overline{\boldsymbol{P}}_{i3}^{l}=\sum_{j=1}^{N}\lambda_{ij}\boldsymbol{P}_{j3}^{l}$。

则模态依赖鲁棒 H_∞ – FDF 存在，且参数矩阵 $\boldsymbol{A}_{\psi i}$、$\boldsymbol{B}_{\psi i}$、$\boldsymbol{H}_i$ 由下式给出：

$$\boldsymbol{A}_{\psi i}=\boldsymbol{Q}_i^{-1}\boldsymbol{X}_i,\boldsymbol{B}_{\psi i}=\boldsymbol{Q}_i^{-1}Y_i,\boldsymbol{H}_i=\boldsymbol{Q}_i^{-1}\boldsymbol{Z}_i \tag{6-50}$$

证明：应用定理 6.3，如果存在对称正定矩阵

$$\boldsymbol{P}_i^{l}=\begin{bmatrix} \boldsymbol{P}_{i1}^{l} & \boldsymbol{P}_{i2}^{l} \\ * & \boldsymbol{P}_{i3}^{l} \end{bmatrix}$$

和矩阵 $\boldsymbol{M}_i$、$\boldsymbol{N}_i(i=1,2,\cdots,N;l=1,2,\cdots,s)$ 满足不等式(6-42),则系统式(6-40)鲁棒均方稳定且在零初始条件下满足性能指标式(6-41)。

引入矩阵 $\boldsymbol{M}_{ik}\in R^{(n+n_f)\times(n+n_f)}$、$\boldsymbol{N}_{ik}\in R^{(n+n_f)\times(n+n_f)}$ $(k=1,2,3,4)$ 和 $\boldsymbol{Q}_i\in R^{(n+n_f)\times(n+n_f)}$,并令:

$$\boldsymbol{M}_i=\begin{bmatrix}\boldsymbol{M}_{i1} & \boldsymbol{M}_{i3}\\ \boldsymbol{M}_{i2} & \boldsymbol{M}_{i4}\end{bmatrix},\boldsymbol{N}_i=\begin{bmatrix}\boldsymbol{N}_{i1} & \boldsymbol{N}_{i3}\\ \boldsymbol{N}_{i2} & \boldsymbol{N}_{i4}\end{bmatrix}$$

$$\boldsymbol{Q}_i=\boldsymbol{N}_{i4},\boldsymbol{N}_{i3}=\rho_{i1}\boldsymbol{Q}_i,\boldsymbol{M}_{i3}=\rho_{i2}\boldsymbol{Q}_i,\boldsymbol{M}_{i4}=\rho_{i3}\boldsymbol{Q}_i \tag{6-51}$$

其中 ρ_{i1}、ρ_{i2} 和 ρ_{i3} 为标量。进一步可得

$$\boldsymbol{M}_i\boldsymbol{A}_{\eta i}^l=\begin{bmatrix}\boldsymbol{M}_{i1}\boldsymbol{A}_{\zeta i}^l+\boldsymbol{M}_{i3}\boldsymbol{H}_i\boldsymbol{C}_{\zeta i}^l & \boldsymbol{M}_{i3}\boldsymbol{A}_{\psi i}\\ \boldsymbol{M}_{i2}\boldsymbol{A}_{\zeta i}^l+\boldsymbol{M}_{i4}\boldsymbol{H}_i\boldsymbol{C}_{\zeta i}^l & \boldsymbol{M}_{i4}\boldsymbol{A}_{\psi i}\end{bmatrix},\boldsymbol{M}_i\boldsymbol{A}_{\eta i}^l=\begin{bmatrix}\boldsymbol{M}_{i1}\boldsymbol{B}_{\zeta i}^l+\boldsymbol{M}_{i3}\widetilde{\boldsymbol{B}}_{\psi i}^l\\ \boldsymbol{M}_{i2}\boldsymbol{B}_{\zeta i}^l+\boldsymbol{M}_{i4}\widetilde{\boldsymbol{B}}_{\psi i}^l\end{bmatrix} \tag{6-52}$$

$$\boldsymbol{N}_i\boldsymbol{A}_{\eta i}^l=\begin{bmatrix}\boldsymbol{N}_{i1}\boldsymbol{A}_{\zeta i}^l+\boldsymbol{N}_{i3}\boldsymbol{H}_i\boldsymbol{C}_{\zeta i}^l & \boldsymbol{N}_{i3}\boldsymbol{A}_{\psi i}\\ \boldsymbol{N}_{i2}\boldsymbol{A}_{\zeta i}^l+\boldsymbol{N}_{i4}\boldsymbol{H}_i\boldsymbol{C}_{\zeta i}^l & \boldsymbol{N}_{i4}\boldsymbol{A}_{\psi i}\end{bmatrix},\boldsymbol{N}_i\boldsymbol{A}_{\eta i}^l=\begin{bmatrix}\boldsymbol{N}_{i1}\boldsymbol{B}_{\zeta i}^l+\boldsymbol{N}_{i3}\widetilde{\boldsymbol{B}}_{\psi i}^l\\ \boldsymbol{N}_{i2}\boldsymbol{B}_{\zeta i}^l+\boldsymbol{N}_{i4}\widetilde{\boldsymbol{B}}_{\psi i}^l\end{bmatrix} \tag{6-53}$$

令

$$\boldsymbol{X}_i=\boldsymbol{Q}_i\boldsymbol{A}_{\psi i},\boldsymbol{Y}_i=\boldsymbol{Q}_i\boldsymbol{B}_{\psi i},\boldsymbol{Z}_i=\boldsymbol{Q}_i\boldsymbol{H}_i \tag{6-54}$$

将式(6-51)~式(6-54)代入式(6-42)可得不等式(6-48)。

另外,不等式(6-48)-式(6-49)可解时,有 $-\boldsymbol{Q}_i^{\mathrm{T}}-\boldsymbol{Q}_i<0$ 成立,矩阵 $\boldsymbol{Q}_i$ 为非奇异。因此,矩阵 $\boldsymbol{A}_{\psi i}$、$\boldsymbol{B}_{\psi i}$、$\boldsymbol{H}_i$ 可由式(6-50)计算。

2. 模态独立鲁棒 H_∞-FDF

当系统模态 θ_t 在线可知时,应用定理 6.4 可设计模态依赖的鲁棒 H_∞-FDF,在有些情况下,系统模态在线不可知,此时残差产生器式(6-39)为 LTI 系统,采用如下基于观测器的 FDF 作为残差产生器:

$$\begin{cases}\dot{\psi}(t)=\boldsymbol{A}_\psi\psi(t)+\boldsymbol{B}_\psi u(t)+\boldsymbol{H}y(t)\\ r(t)=\boldsymbol{C}_\psi\psi(t)+\boldsymbol{D}_\psi y(t)\end{cases} \tag{6-55}$$

即模态独立鲁棒 FDF。注意到定理 6.3 中由于松弛矩阵 $\boldsymbol{N}_i$ 和 $\boldsymbol{M}_i$ 的引入,解除了系统参数矩阵和 Lyapunov 矩阵的乘积,而出现了松弛矩阵和鲁棒 FDF 参数矩阵的乘积项 $\boldsymbol{N}_i\boldsymbol{A}_{\eta i}^l$、$\boldsymbol{N}_i\boldsymbol{B}_{\eta i}^l$ 和 $\boldsymbol{M}_i\boldsymbol{A}_{\eta i}^l$,因此可以将松弛矩阵 $\boldsymbol{N}_i$ 和 $\boldsymbol{M}_i$ 设为常数矩阵,并进一步通过矩阵分解及线性变换,得到鲁棒 H_∞-FDF 问题可解的充

分条件。

定理 6.5 给定 $\gamma > 0$，如果存在矩阵 $\boldsymbol{P}_{ij}^l$、$\boldsymbol{X}$、$\boldsymbol{Q}$、$\boldsymbol{M}_{i1}$、$\boldsymbol{M}_{i2}$、$\boldsymbol{N}_{i1}$、$\boldsymbol{N}_{i2}$、$\boldsymbol{Y}$、$\boldsymbol{Z}$、$\boldsymbol{C}_\psi$、$\boldsymbol{D}_\psi$，标量 $\rho_j(i = 1,2,\cdots,N; j = 1,2,3; l = 1,2,\cdots,s)$ 满足如下矩阵不等式：

$$\begin{bmatrix} -\boldsymbol{N}_{i1}^{\mathrm{T}} - \boldsymbol{N}_{i1} & -\rho_1\boldsymbol{Q} - \boldsymbol{N}_{i2}^{\mathrm{T}} & (1,3) & (1,4) & \boldsymbol{N}_{i1}\boldsymbol{B}_{\zeta i}^l + \rho_1\boldsymbol{\Psi}_i^l & 0 \\ * & -\boldsymbol{Q}^{\mathrm{T}} - \boldsymbol{Q} & (2,3) & (2,4) & \boldsymbol{N}_{i2}\boldsymbol{B}_{\zeta i}^l + \boldsymbol{\Psi}_i^l & 0 \\ * & * & (3,3) & (3,4) & \boldsymbol{M}_{i1}\boldsymbol{B}_{\zeta i}^l + \rho_2\boldsymbol{\Psi}_i^l & (3,6) \\ * & * & * & (4,4) & \boldsymbol{M}_{i2}\boldsymbol{B}_{\zeta i}^l + \rho_3\boldsymbol{\Psi}_i^l & \boldsymbol{C}_\psi^{\mathrm{T}} \\ * & * & * & * & -\gamma^2\boldsymbol{I} & (\boldsymbol{D}_{\zeta i}^l)^{\mathrm{T}}\boldsymbol{D}_\psi^{\mathrm{T}} \\ * & * & * & * & * & -\boldsymbol{I} \end{bmatrix} < 0 \tag{6-56}$$

$$\begin{bmatrix} \boldsymbol{P}_{i1}^l & \boldsymbol{P}_{i2}^l \\ * & \boldsymbol{P}_{i3}^l \end{bmatrix} > 0 \tag{6-57}$$

其中，$(1,3) = \boldsymbol{P}_{i1}^l - \boldsymbol{M}_{i1}^{\mathrm{T}} + \boldsymbol{N}_{i1}A_{\zeta i}^l + \rho_1\boldsymbol{Z}\boldsymbol{C}_{\zeta i}^l$；

$(2,3) = (\boldsymbol{P}_{i2}^l)^{\mathrm{T}} - \rho_2\boldsymbol{Q}^{\mathrm{T}} + \boldsymbol{N}_{i2}\boldsymbol{A}_{\zeta i}^l + \boldsymbol{Z}\boldsymbol{C}_{\zeta i}^l$；

$(3,3) = \boldsymbol{M}_{i1}\boldsymbol{A}_{\zeta i}^l + (\boldsymbol{A}_{\zeta i}^l)^{\mathrm{T}}\boldsymbol{M}_{i1}^{\mathrm{T}} + \rho_2\boldsymbol{Z}\boldsymbol{C}_{\zeta i}^l + \rho_2(\boldsymbol{C}_{\zeta i}^l)^{\mathrm{T}}\boldsymbol{Z}^{\mathrm{T}} + \overline{\boldsymbol{P}}_{i1}^l$；

$(1,4) = \boldsymbol{P}_{i2}^l - \boldsymbol{M}_{i2}^{\mathrm{T}} + \rho_1\boldsymbol{X}$；

$(2,4) = \boldsymbol{P}_{i3}^l - \rho_3\boldsymbol{Q}^{\mathrm{T}} + \boldsymbol{X}$；

$(3,4) = \rho_2\boldsymbol{X} + (\boldsymbol{A}_{\zeta i}^l)^{\mathrm{T}}\boldsymbol{M}_{i2}^{\mathrm{T}} + \rho_3(\boldsymbol{C}_{\zeta i}^l)^{\mathrm{T}}\boldsymbol{Z}^{\mathrm{T}} + \overline{\boldsymbol{P}}_{i2}^l$；

$(4,4) = \rho_3\boldsymbol{X} + \rho_3\boldsymbol{X}^{\mathrm{T}} + \overline{\boldsymbol{P}}_{i3}^l$；

$(3,6) = (C_{\zeta i}^l)^{\mathrm{T}}\boldsymbol{D}_\psi^{\mathrm{T}} - \boldsymbol{C}_{\zeta f}^{\mathrm{T}}$；

$\boldsymbol{\Psi}_i^l = [\boldsymbol{Y} \quad \boldsymbol{Z}\boldsymbol{D}_{di}^l \quad \boldsymbol{Z}\boldsymbol{D}_{fi}^l]$；

$\overline{P}_{i1}^l = \sum_{j=1}^N \lambda_{ij}\boldsymbol{P}_{j1}^l, \overline{P}_{i2}^l = \sum_{j=1}^N \lambda_{ij}\boldsymbol{P}_{j2}^l, \overline{P}_{i3}^l = \sum_{j=1}^N \lambda_{ij}\boldsymbol{P}_{j3}^l$。

那么模态独立鲁棒 H_∞ - FDF 存在，且参数矩阵 A_ψ、B_ψ、H 由下式给出：

$$\boldsymbol{A}_\psi = \boldsymbol{Q}^{-1}\boldsymbol{X}, \boldsymbol{B}_\psi = \boldsymbol{Q}^{-1}\boldsymbol{Y}, \boldsymbol{H} = \boldsymbol{Q}^{-1}\boldsymbol{Z} \tag{6-58}$$

证明：定理 6.5 的证明过程类似于定理 6.4，在此不再赘述。

需要指出的是，由于矩阵不等式（6-48）、式（6-49）中存在非线性项 $\rho_{ij}\boldsymbol{Q}_i$、$\rho_{ij}\boldsymbol{X}_i$ 和 $\rho_{ij}\boldsymbol{Z}_i(i = 1,2,\cdots,N; j = 1,2,3)$，故不能直接利用 LMI 工具箱进

行求解。而当 ρ_{ij} 给定时，不等式(6－48)则为线性的，可直接进行求解。为减小引入的保守性，可通过迭代应用定理6.4的方法选择适当的 ρ_{ij} 。类似地，可以通过给定 $\rho_j(j=1,2,3)$ 求解不等式(6－56)、式(6－57)，并由式(6－58)计算得到模态独立鲁棒 H_∞ －FDF 的参数矩阵。

6.4.3　仿真算例

考虑连续时间 Markov 跳跃系统：

$$\begin{cases}\dot{\boldsymbol{x}}(t)=\boldsymbol{A}(\theta_t)\boldsymbol{x}(t)+\boldsymbol{B}(\theta_t)\boldsymbol{u}(k)+\boldsymbol{B}_d(\theta_t)\boldsymbol{d}(t)+\boldsymbol{B}_f(\theta_t)\boldsymbol{f}(t)\\ \boldsymbol{y}(t)=\boldsymbol{C}(\theta_t)\boldsymbol{x}(t)+\boldsymbol{D}_d(\theta_t)\boldsymbol{d}(t)+\boldsymbol{D}_f(\theta_t)\boldsymbol{f}(t)\end{cases}$$

该系统具有两个模态，即 $\Xi=\{1,2\}$ ，且其参数矩阵为

$$\boldsymbol{A}_1^1=\begin{bmatrix}-1 & 0 & 0.5\\ 0 & -1 & -0.75\\ 1 & 0.4 & -0.8\end{bmatrix},\boldsymbol{A}_1^2=\begin{bmatrix}-0.6 & 0 & 0\\ -1 & -0.7 & 0\\ -0.2 & 0.5 & -1\end{bmatrix}$$

$$\boldsymbol{A}_2^1=\begin{bmatrix}-0.8 & 0.2 & 0\\ 0.5 & -1 & 0.2\\ 0 & 0.3 & -1\end{bmatrix},\boldsymbol{A}_2^2=\begin{bmatrix}-0.5 & -0.2 & 0\\ 1 & -1 & 0.4\\ 0 & 0.6 & -0.4\end{bmatrix}$$

$$\boldsymbol{B}_1=\begin{bmatrix}-0.8\\ -1\\ 1\end{bmatrix},\boldsymbol{B}_2=\begin{bmatrix}-0.6\\ -0.9\\ 1\end{bmatrix},\boldsymbol{B}_{d1}=\begin{bmatrix}0.5\\ -0.6\\ 0.8\end{bmatrix}$$

$$\boldsymbol{B}_{d2}=\begin{bmatrix}-1\\ 0.2\\ 0.5\end{bmatrix},\boldsymbol{B}_{f1}=\begin{bmatrix}1\\ 0.5\\ 0.6\end{bmatrix},\boldsymbol{B}_{f2}=\begin{bmatrix}0.6\\ 1\\ 0.5\end{bmatrix}$$

$$\boldsymbol{C}_1=\boldsymbol{C}_2=[1\quad 1\quad 1],\boldsymbol{D}_{d1}=0.5,\boldsymbol{D}_{d2}=0.6,\boldsymbol{D}_{f1}=\boldsymbol{D}_{f2}=1$$

状态转移速率为 $\lambda_{11}=-3$、$\lambda_{12}=3$、$\lambda_{21}=2$、$\lambda_{22}=-2$ 。

加权传递函数矩阵为 $\boldsymbol{W}_f(s)=s/(s+5)$ ，其状态空间实现为

$$\begin{cases}\dot{x}_f(t)=-5x_f(t)+5f(t)\\ r_f(t)=x_f(t)\end{cases}$$

取 $\rho_{ij}=1\ (i=1,2;\ j=1,2,3)$，$\gamma=0.466$ ，应用定理6.4计算可得模态依赖鲁棒 H_∞ －FDF 的参数矩阵为

$$A_{\psi1}=\begin{bmatrix}-1.771 & -0.919 & -0.68 & -0.117\\ -0.388 & -0.768 & -0.009 & -0.332\\ -1.626 & -0.859 & -1.913 & -0.325\\ -5.157 & -4.08 & -3.41 & -4.141\end{bmatrix},B_{\psi1}=\begin{bmatrix}0.902\\ 0.735\\ -0.274\\ -0.186\end{bmatrix},$$

$$H_1=\begin{bmatrix}-0.973\\ 0.037\\ -1.265\\ -3.872\end{bmatrix}$$

$$C_{\psi1}=[0.22\quad 0.219\quad 0.236\quad -0.176],D_{\psi1}=0.335$$

$$A_{\psi2}=\begin{bmatrix}-0.001 & 0.194 & 0.202 & 0.514\\ -0.117 & -1.613 & -0.666 & 0.136\\ -1.567 & -0.921 & -2.083 & -0.182\\ -4.831 & -4.109 & -4.105 & -2.655\end{bmatrix},B_{\psi2}=\begin{bmatrix}1.054\\ 0.285\\ -1.238\\ -0.313\end{bmatrix},$$

$$H_2=\begin{bmatrix}0.27\\ -0.898\\ -1.352\\ -3.985\end{bmatrix}$$

$$C_{\psi2}=[0.087\quad 0.22\quad 0.244\quad -0.288],D_{\psi2}=0.285$$

取 $\rho_j=1\ (j=1,2,3)$，$\gamma=0.564$，应用定理6.5计算可得模态独立鲁棒 H_∞ - FDF 的参数矩阵为

$$A_{\psi}=\begin{bmatrix}-0.621 & -0.063 & -0.621 & 1.052\\ 3.405 & -0.802 & 2.166 & -0.794\\ -1.114 & -0.163 & -1.425 & -0.607\\ -3.767 & -1.229 & -2.103 & -3.878\end{bmatrix},B_{\psi}=\begin{bmatrix}1.07\\ 2.521\\ -1.997\\ -1.958\end{bmatrix},$$

$$H=\begin{bmatrix}-0.267\\ 1.527\\ -0.934\\ -2.732\end{bmatrix}$$

$$C_{\psi}=[0.078\quad 0.093\quad 0.283\quad -0.223],D_{\psi}=0.258$$

当无故障发生时，应用定理6.3，计算可得系统模态在线已知时残差对于

控制输入 $u(t)$ 和未知输入 $d(t)$ 的衰减水平分别为：$\gamma_{u,\min} = 0.1029$，$\gamma_{d,\min} = 0.2203$。同理，应用定理 6.3，可得系统模态在线未知时残差对于控制输入 $u(t)$ 和未知输入 $d(t)$ 的衰减水平分别为：$\gamma_{u,\min} = 0.1821$，$\gamma_{d,\min} = 0.2338$。

在[0,100]s 时间段内，假定系统模态 θ_t 变化如图 6－7 所示，控制输入 $u(t)$ 为单位阶跃信号，扰动 $d(t)$ 为带限白噪声信号，如图 6－8 所示。令 $\alpha_1 = 0.2$、$\alpha_2 = 0.8$，考虑两种类型的故障：①正弦型故障；②方波型故故障信号。$t \in [20,50)$s 时值为 1，$t \in [50,80)$s 时值为 -1，其余时刻为 0。图 6－9 给出了发生正弦型故障时，模态依赖鲁棒 H_∞－FDF 产生的残差信号，图 6－10 给出了相应的残差评价函数及阈值，结果表明故障在发生 7.6s 后被检测到；图 6－11 和图 6－12 分别给出了发生正弦型故障时，模态独立鲁棒 H_∞－FDF 产生的残差信号及相应的残差评价函数和阈值，结果表明故障在发生 114.5s 后被检测到；图 6－13 和图 6－14 分别给出了发生方波型故障时，模态依赖鲁棒 H_∞－FDF 产生的残差信号及相应的残差评价函数和阈值，结果表明故障在发生 14.7s 后被检测到；图 6－15 和图 6－16 分别给出了发生方波型故障时，模态独立鲁棒 H_∞－FDF 产生的残差信号及相应的残差评价函数和阈值，结果表明故障在发生 5.5s 后被检测到。从残差信号图形可以看出，模态依赖鲁棒 H_∞－FDF 产生的残差效果要好于模态独立时的情况，且仿真结果也表明模态依赖情况下能够较早地检测到故障的发生。这是因为模态依赖情形下可以得到更多的系统信息。

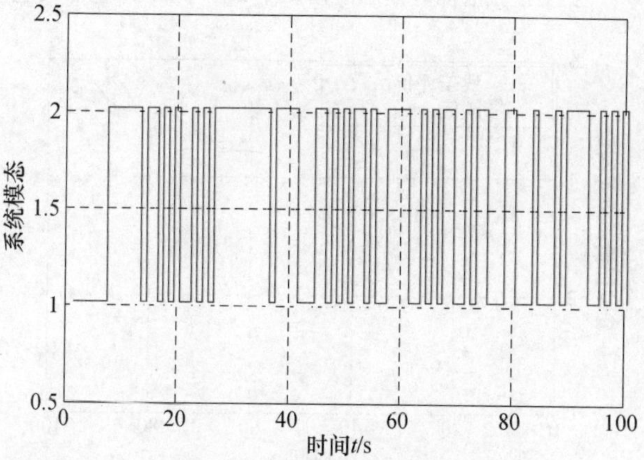

图 6－7　系统模态

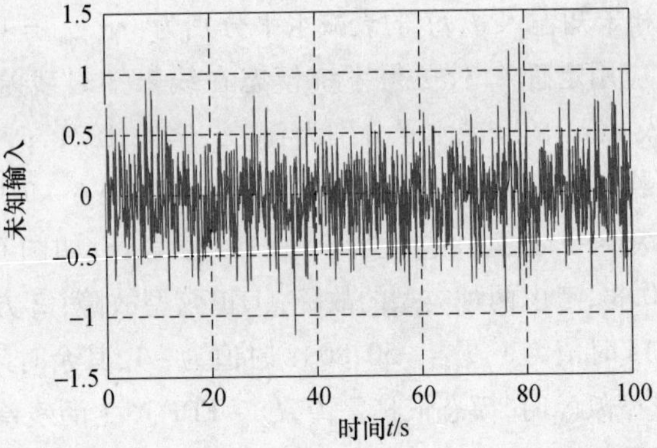

图 6-8　未知输入

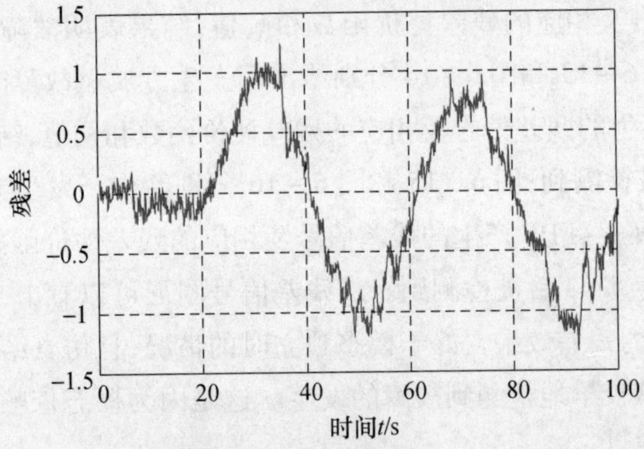

图 6-9　发生正弦故障时模态依赖鲁棒 H_∞ -FDF 产生的残差信号

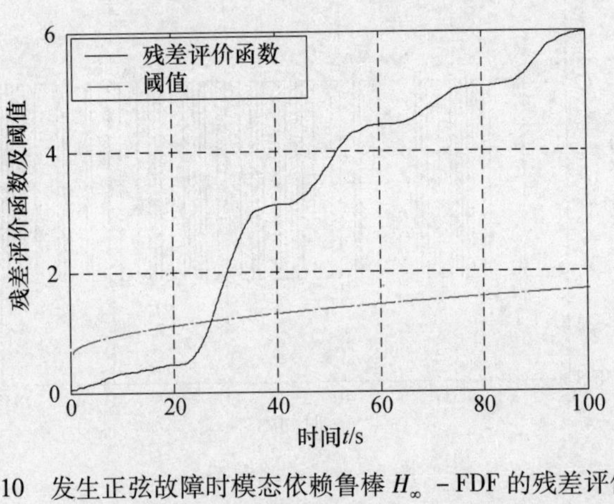

图 6-10　发生正弦故障时模态依赖鲁棒 H_∞ -FDF 的残差评价函数

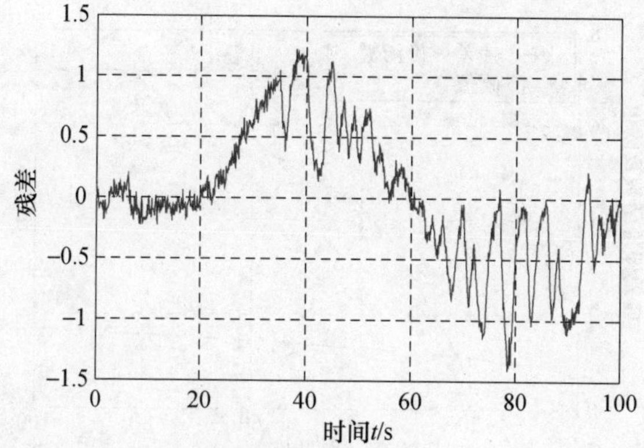

图 6 – 11　发生正弦故障时模态独立鲁棒 H_∞ – FDF 产生的残差

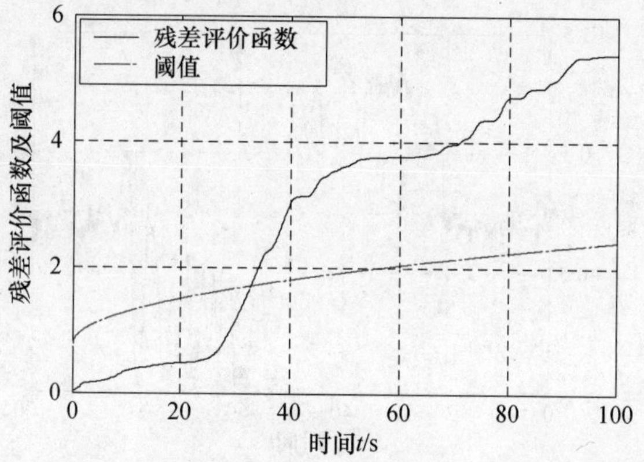

图 6 – 12　发生正弦故障时模态独立鲁棒 H_∞ – FDF 的残差评价函数

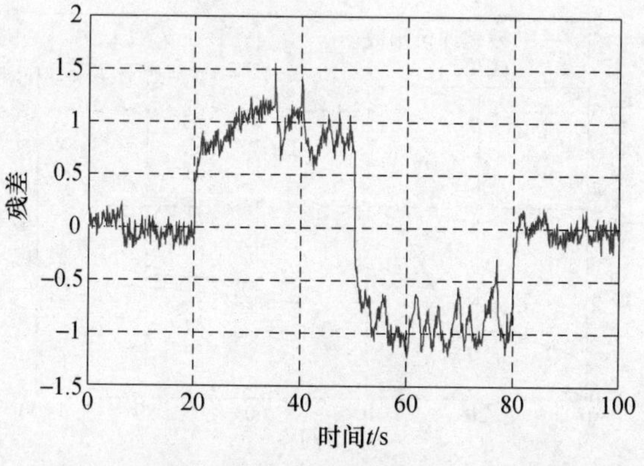

图 6 – 13　发生方波型故障时模态依赖鲁棒 H_∞ – FDF 产生的残差信号

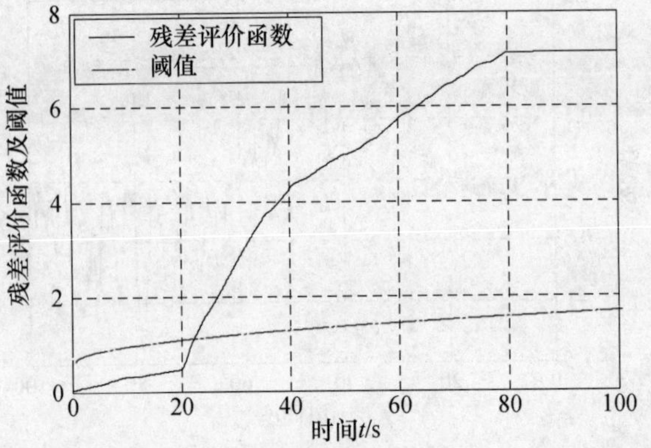

图 6 – 14　发生方波型故障时模态依赖鲁棒 H_{∞} – FDF 的残差评价函数

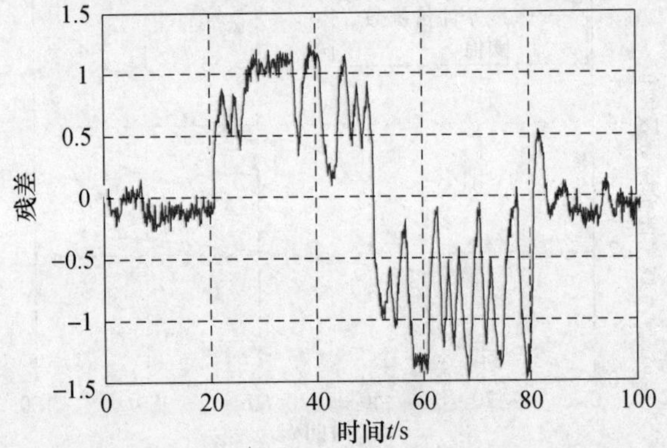

图 6 – 15　发生方波型故障时模态独立鲁棒 H_{∞} – FDF 产生的残差信号

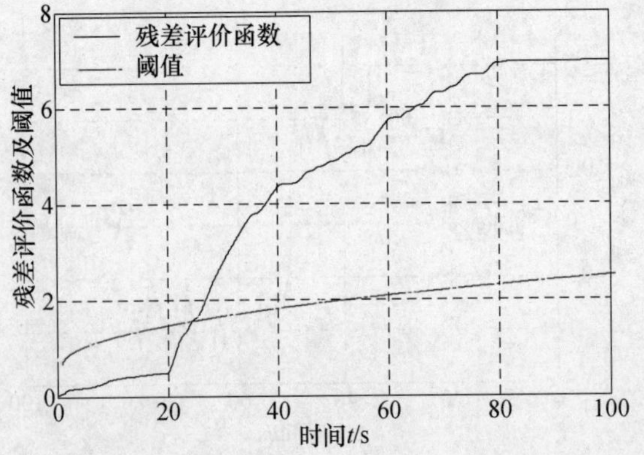

图 6 – 16　发生方波型故障时模态独立鲁棒 H_{∞} – FDF 的残差评价函数

6.5　奇异 Markov 跳跃系统

6.5.1　问题描述

考虑如下连续时间奇异 Markov 跳跃系统：

$$\begin{cases}\boldsymbol{E}\dot{\boldsymbol{x}}(t) = \boldsymbol{A}(\theta_t)\boldsymbol{x}(t) + \boldsymbol{B}(\theta_t)\boldsymbol{u}(t) + \boldsymbol{B}_d(\theta_t)\boldsymbol{d}(t) + \boldsymbol{B}_f(\theta_t)\boldsymbol{f}(t) \\ \boldsymbol{y}(t) = \boldsymbol{C}(\theta_t)\boldsymbol{x}(t) + \boldsymbol{D}_d(\theta_t)\boldsymbol{d}(t) + \boldsymbol{D}_f(\theta_t)\boldsymbol{f}(t) \\ \boldsymbol{x}(0) = \boldsymbol{x}_0, \theta_0 = i_0 \end{cases} \tag{6-59}$$

式中：$\boldsymbol{x}(t) \in \mathbf{R}^n$、$\boldsymbol{u}(t) \in \mathbf{R}^m$、$\boldsymbol{y}(t) \in \mathbf{R}^p$、$\boldsymbol{d}(t) \in \mathbf{R}^{n_d}$ 和 $\boldsymbol{f}(t) \in \mathbf{R}^{n_f}$ 分别为系统的状态、控制输入、测量输出、未知输入和故障向量，假定 $\boldsymbol{u}(t)$、$\boldsymbol{d}(t)$ 和 $\boldsymbol{f}(t)$ 均为 L_2 范数有界信号；$\{\theta_t\}$ 为在有限状态集 $\Xi = \{1,2,\cdots,N\}$ 上取值的连续时间齐次 Markov 过程，其状态转移概率为

$$\Pr\{\theta_{t+h} = j \mid \theta_t = i\} = \begin{cases}\lambda_{ij}h + o(h), & i \neq j \\ 1 + \lambda_{ii}h + o(h), & i = j\end{cases}$$

其中，$h > 0, \lim\limits_{h\to 0} o(h)/h = 0, \lambda_{ij}(i \neq j)$ 为从模态 i 到模态 j 的转移速率，满足 $\sum_{j=1}^{N}\lambda_{ij} = 0$。对于任意的 $\theta_t = i \in \Xi, \boldsymbol{A}(\theta_t)$、$\boldsymbol{B}(\theta_t)$、$\boldsymbol{B}_d(\theta_t)$、$\boldsymbol{B}_f(\theta_t)$、$\boldsymbol{C}(\theta_t)$、$\boldsymbol{D}_d(\theta_t)$、$\boldsymbol{D}_f(\theta_t)$ 均为适当维数的实常数矩阵。$\boldsymbol{E}$ 为奇异矩阵，即 $\mathrm{rank}(\boldsymbol{E}) = r < n$，不失一般性，假定 $\boldsymbol{E} = \mathrm{diag}\{\boldsymbol{I}_r, 0\}$。

定义 6.2[29]　系统式(6-59)在 $\boldsymbol{u}(t) = 0$、$\boldsymbol{d}(t) = 0$ 和 $\boldsymbol{f}(t) = 0$ 时，对于任意的 $\theta_t = i \in \Xi$，如果满足如下条件：

(1)若特征多项式 $\det(s\boldsymbol{E} - \boldsymbol{A}_i)$ 不恒为零，则称该系统为正则的；

(2)若 $\deg(\det(s\boldsymbol{E} - \boldsymbol{A}_i)) = \mathrm{rank}(\boldsymbol{E})$，则称该系统为无脉冲的；

(3)若对于任意的初始状态 x_0 和初始模态 $i_0 \in \Xi$，存在正常数 $\widetilde{M}(x_0, i_0)$ 使得

$$\lim_{t\to\infty}\mathrm{E}\left\{\int_0^t \boldsymbol{x}^{\mathrm{T}}(s,x_0,i_0)\boldsymbol{x}(s,x_0,i_0)\,\mathrm{d}s \,\middle|\, x_0, i_0\right\} \leqslant \widetilde{M}(x_0,i_0)$$

则称该系统为随机稳定的。若系统式(6-59)为正则、无脉冲和随机稳定的，则称该系统为随机容许的。

假设系统式(6-59)为随机容许的。残差产生是故障检测的首要任务，采

用如下形式 FDF 作为残差产生器：

$$\begin{cases}\boldsymbol{E}\dot{\boldsymbol{x}}_F(t) = \boldsymbol{A}_F(\theta_t)\boldsymbol{x}_F(t) + \boldsymbol{B}_F(\theta_t)\boldsymbol{u}(t) + \boldsymbol{L}_F(\theta_t)\boldsymbol{y}(t) \\ \boldsymbol{r}(t) = \boldsymbol{C}_F(\theta_t)\boldsymbol{x}_F(t) + \boldsymbol{H}_F(\theta_t)\boldsymbol{y}(t)\end{cases} \tag{6-60}$$

式中：$\boldsymbol{x}_F(t) \in R^n$ 为 FDF 的状态向量；$\boldsymbol{r}(t) \in R^{n_f}$ 为产生的残差信号；$\boldsymbol{A}_F(\theta_t)$、$\boldsymbol{B}_F(\theta_t)$、$\boldsymbol{L}_F(\theta_t)$、$\boldsymbol{C}_F(\theta_t)$ 和 $\boldsymbol{H}_F(\theta_t)$ 为待设计的参数矩阵。

令

$$\boldsymbol{\eta}(t) = [\boldsymbol{x}^{\mathrm{T}}(t) \quad \boldsymbol{x}_F^{\mathrm{T}}(t)]^{\mathrm{T}}, \boldsymbol{r}_e(t) = \boldsymbol{r}(t) - \boldsymbol{f}(t)$$

$$\boldsymbol{w}(t) = [\boldsymbol{u}^{\mathrm{T}}(t) \quad \boldsymbol{d}^{\mathrm{T}}(t) \quad \boldsymbol{f}^{\mathrm{T}}(t)]^{\mathrm{T}}$$

$$\boldsymbol{E}_\eta = \begin{bmatrix}\boldsymbol{E} & 0 \\ 0 & \boldsymbol{E}\end{bmatrix}, \boldsymbol{A}_\eta(\theta_t) = \begin{bmatrix}\boldsymbol{A}(\theta_t) & 0 \\ \boldsymbol{L}_F(\theta_t)\boldsymbol{C}(\theta_t) & \boldsymbol{A}_F(\theta_t)\end{bmatrix}$$

$$\boldsymbol{B}_\eta(\theta_t) = \begin{bmatrix}\boldsymbol{B}(\theta_t) & \boldsymbol{B}_d(\theta_t) & \boldsymbol{B}_f(\theta_t) \\ \boldsymbol{B}_F(\theta_t) & \boldsymbol{L}_F(\theta_t)\boldsymbol{D}_d(\theta_t) & \boldsymbol{L}_F(\theta_t)\boldsymbol{D}_f(\theta_t)\end{bmatrix}$$

$$\boldsymbol{C}_\eta(\theta_t) = [\boldsymbol{H}_F(\theta_t)\boldsymbol{C}(\theta_t) \quad \boldsymbol{C}_F(\theta_t)]$$

$$\boldsymbol{D}_\eta(\theta_t) = [0 \quad \boldsymbol{H}_F(\theta_t)\boldsymbol{D}_d(\theta_t) \quad \boldsymbol{H}_F(\theta_t)\boldsymbol{D}_f(\theta_t) - \boldsymbol{I}]$$

由式(6－59)和式(6－60)可得

$$\begin{cases}\boldsymbol{E}_\eta\dot{\boldsymbol{\eta}}(t) = \boldsymbol{A}_\eta(\theta_t)\boldsymbol{\eta}(t) + \boldsymbol{B}_\eta(\theta_t)\boldsymbol{w}(t) \\ \boldsymbol{r}_e(t) = \boldsymbol{C}_\eta(\theta_t)\boldsymbol{\eta}(t) + \boldsymbol{D}_\eta(\theta_t)\boldsymbol{w}(t)\end{cases} \tag{6-61}$$

从而可将奇异 Markov 跳跃系统鲁棒 H_∞ －FDF 设计问题描述为：给定 $\gamma > 0$，设计参数矩阵 $\boldsymbol{A}_F(\theta_t)$、$\boldsymbol{B}_F(\theta_t)$、$\boldsymbol{L}_F(\theta_t)$、$\boldsymbol{C}_F(\theta_t)$ 和 $\boldsymbol{H}_F(\theta_t)$，使得系统式(6－61)为随机容许的，且在零初始条件下满足：

$$\sup_{w \in L_2, w \neq 0} \frac{\| \boldsymbol{r}_e \|_{2,\mathrm{E}}}{\| \boldsymbol{w} \|_2} < \gamma \tag{6-62}$$

将文献[27]基于 H_∞ 滤波的故障检测方法推广应用于奇异 Markov 跳跃系统式(6－59)，并将鲁棒 H_∞ －FDF 设计归结为随机 H_∞ 滤波问题。当系统模态 θ_t 在线可知时，参数矩阵 $\boldsymbol{A}_F(\theta_t)$、$\boldsymbol{B}_F(\theta_t)$、$\boldsymbol{L}_F(\theta_t)$、$\boldsymbol{C}_F(\theta_t)$、$\boldsymbol{D}_F(\theta_t)$ 可选取为模态依赖，即

$$\boldsymbol{A}_F(\theta_t) = \boldsymbol{A}_{Fi}, \boldsymbol{B}_F(\theta_t) = \boldsymbol{B}_{Fi}, \boldsymbol{L}_F(\theta_t) = \boldsymbol{L}_{Fi}, \boldsymbol{C}_F(\theta_t) = \boldsymbol{C}_{Fi}, \boldsymbol{H}_F(\theta_t) = \boldsymbol{H}_{Fi}$$

在此情况下，称式（6－60）所述的 FDF 为模态依赖鲁棒 H_∞ －FDF。而当系统模态 θ_t 在线不可知时，选取 $\boldsymbol{A}_F(\theta_t)$、$\boldsymbol{B}_F(\theta_t)$、$\boldsymbol{L}_F(\theta_t)$、$\boldsymbol{C}_F(\theta_t)$、$\boldsymbol{D}_F(\theta_t)$ 为常

数矩阵,即

$$A_F(\theta_t) = A_F, B_F(\theta_t) = B_F, L_F(\theta_t) = L_F, C_F(\theta_t) = C_F, D_F(\theta_t) = D_F$$

此时称式(6－60)所述的 FDF 为模态独立鲁棒 H_∞ －FDF。

同理,残差评价成为故障检测的另一重要任务,选取 L_2 型残差评价函数,对于给定的阈值 J_{th},从而可应用式(6－7)、式(6－8)判断是否有故障发生,在此不再赘述。

6.5.2　鲁棒 H_∞ －FDF 设计

1. 模态依赖 H_∞ －FDF 设计

首先,引入连续时间奇异 Markov 跳跃系统的 BRL,将其应用于系统式(6－61),然后应用 LMI 技术推导并证明 H_∞ －FDF 存在的充分条件,并给出 H_∞ － *FDF* 参数矩阵 A_{Fi}、B_{Fi}、L_{Fi}、C_{Fi} 和 H_{Fi} 的求解方法。

引理 6.5[29]　考虑连续时间奇异 Markov 跳跃系统:

$$\begin{cases} E\dot{x}(t) = A(\theta_t)x(t) + B(\theta_t)w(t) \\ y(t) = C(\theta_t)x(t) + D(\theta_t)w(t) \\ x(0) = x_0, \theta_0 = i_0 \end{cases}$$

式中:$x(t)$、$y(t)$、θ_t、$A(\theta_t)$、$B(\theta_t)$、$C(\theta_t)$ 如系统式(6－59)中所定义;$w(t) \in \mathbf{R}^m$ 为 L_2 范数有界信号;对于任意的 $\theta_t = i \in \Xi$,$D(\theta_t)$ 为适当维数的实常数矩阵。给定 $\gamma > 0$,如果存在矩阵非奇异 $P_i(i = 1,2,\cdots,N)$ 满足:

$$E^{\mathrm{T}}P_i = P_i^{\mathrm{T}}E \geqslant 0$$

$$\begin{bmatrix} A_i^{\mathrm{T}}P_i + P_i^{\mathrm{T}}A_i + \sum_{j=1}^{N}\lambda_{ij}E^{\mathrm{T}}P_j & P_i^{\mathrm{T}}B_i & C_i^{\mathrm{T}} \\ * & -\gamma^2 I & D_i^{\mathrm{T}} \\ * & * & -I \end{bmatrix} < 0$$

则该系统为随机容许的,且在零初始条件下满足 $\|y\|_{2,\mathrm{E}} < \gamma \|w\|_2$。

应用引理 6.5,如下定理 6.5 给出了 H_∞ －FDF 设计问题可解的充分条件以及参数矩阵 A_{Fi}、B_{Fi}、L_{Fi}、C_{Fi} 和 H_{Fi} 的求解方法。

定理 6.6　给定 $\gamma > 0$,如果存在矩阵 Z、Y_i、K_i、L_i、Q_i、R_i、$H_{Fi}(i = 1, 2,\cdots,N)$ 满足如下 LMIs:

$$\begin{bmatrix} ZE & ZE \\ EZ^{\mathrm{T}} & Y_iE \end{bmatrix} = \begin{bmatrix} EZ^{\mathrm{T}} & ZE \\ EZ^{\mathrm{T}} & EY_i^{\mathrm{T}} \end{bmatrix} \geqslant 0 \qquad (6-63)$$

$$\begin{bmatrix} ZA_i + A_i^{\mathrm{T}}Z^{\mathrm{T}} & \Theta_{1i} & ZB_i & ZB_{di} & ZB_{fi} & C_i^{\mathrm{T}}H_{Fi}^{\mathrm{T}} + K_i \\ * & \Theta_{2i} & Y_iB_i + R_i & Y_iB_{di} + L_iD_{di} & Y_iB_{fi} + L_iD_{fi} & C_i^{\mathrm{T}}H_{Fi}^{\mathrm{T}} \\ * & * & -\gamma^2 I & 0 & 0 & 0 \\ * & * & * & -\gamma^2 I & 0 & D_{di}^{\mathrm{T}}H_{Fi}^{\mathrm{T}} \\ * & * & * & * & -\gamma^2 I & D_{fi}^{\mathrm{T}}H_{Fi}^{\mathrm{T}} - I \\ * & * & * & * & * & -I \end{bmatrix} < 0 \tag{6-64}$$

其中，

$$\Theta_{1i} = ZA_i + A_i^{\mathrm{T}}Y_i^{\mathrm{T}} + C_i^{\mathrm{T}}L_i^{\mathrm{T}} + Q_i^{\mathrm{T}}$$

$$\Theta_{2i} = Y_iA_i + A_i^{\mathrm{T}}Y_i^{\mathrm{T}} + L_iC_i + C_i^{\mathrm{T}}L_i^{\mathrm{T}} + \sum_{j=1}^{N}\lambda_{ij}EY_j^{\mathrm{T}}$$

“ * ”表示由矩阵的对称性所确定的矩阵块，则系统式(6－59)的鲁棒 H_∞－FDF 存在，且参数矩阵 A_{Fi}、B_{Fi}、L_{Fi}、C_{Fi} 可由下式给出：

$$A_{Fi} = V_i^{-1}Q_iZ^{-\mathrm{T}}U^{-\mathrm{T}}, B_{Fi} = V_i^{-1}R_i, L_{Fi} = V_i^{-1}L_i, C_{Fi} = K_i^{\mathrm{T}}Z^{-\mathrm{T}}U^{-\mathrm{T}} \tag{6-65}$$

其中，V_i、U 为任意适当维数的非奇异矩阵。

证明：对系统式(6－61)应用引理 6.5 可知，如果存在非奇异矩阵 $P_i(i = 1, 2, \cdots, N)$ 满足如下矩阵不等式：

$$E_\eta^{\mathrm{T}}P_i = P_i^{\mathrm{T}}E_\eta \geqslant 0 \tag{6-66}$$

$$\begin{bmatrix} A_{\eta i}^{\mathrm{T}}P_i + P_i^{\mathrm{T}}A_{\eta i} + \sum_{j=1}^{N}\lambda_{ij}E_\eta^{\mathrm{T}}P_j & P_i^{\mathrm{T}}B_{\eta i} & C_{\eta i}^{\mathrm{T}} \\ * & -\gamma^2 I & D_{\eta i}^{\mathrm{T}} \\ * & * & -I \end{bmatrix} < 0 \tag{6-67}$$

则系统式(6－61)为随机容许的，且在零初始条件下满足 $\|r_e\|_{2,\mathrm{E}} < \gamma\|w\|_2$ 。

注意到，矩阵不等式(6－67)中含有非线性项 $P_i^{\mathrm{T}}A_{\eta i}$、$P_i^{\mathrm{T}}B_{\eta i}$，问题的求解较为困难。为了便于得到问题的解，引入非奇异矩阵 $U \in \mathbf{R}^{n\times n}$ 和 $V_i \in \mathbf{R}^{n\times n}$，并令：

$$P_i = \begin{bmatrix} Y_i^{\mathrm{T}} & \bullet \\ V_i^{\mathrm{T}} & \bullet \end{bmatrix}, P_i^{-1} = \begin{bmatrix} Z^{-\mathrm{T}} & \bullet \\ U^{\mathrm{T}} & \bullet \end{bmatrix}, T_i = \begin{bmatrix} Z^{\mathrm{T}} & Y_i^{\mathrm{T}} \\ 0 & V_i^{\mathrm{T}} \end{bmatrix}$$

其中,元素" • "可由 $P_iP_i^{-1}=P_i^{-1}P_i=I$ 确定。定义:

$$V_iA_{Fi}Z^{\mathrm{T}}U^{\mathrm{T}}=Q_i,V_iB_{Fi}=R_i,V_iL_{Fi}=L_i,C_{Fi}U^{\mathrm{T}}Z^{\mathrm{T}}=K_i^{\mathrm{T}} \quad (6-68)$$

进一步可得

$$T_i^{\mathrm{T}}P_i^{-\mathrm{T}}E_\eta^{\mathrm{T}}P_jP_i^{-1}T_i=\begin{bmatrix}EZ^{\mathrm{T}} & ZE\\ EZ^{\mathrm{T}} & EY_j^{\mathrm{T}}\end{bmatrix},T_i^{\mathrm{T}}P_i^{-\mathrm{T}}C_{\eta i}^{\mathrm{T}}=\begin{bmatrix}C_i^{\mathrm{T}}H_{Fi}^{\mathrm{T}}+K_i\\ C_i^{\mathrm{T}}H_{Fi}^{\mathrm{T}}\end{bmatrix}$$

$$T_i^{\mathrm{T}}P_i^{-\mathrm{T}}P_i^{\mathrm{T}}A_{\eta i}P_i^{-1}T_i=\begin{bmatrix}ZA_i & ZA_i\\ Y_iA_i+L_iC_i+Q_i & Y_iA_i+L_iC_i\end{bmatrix}$$

$$T_i^{\mathrm{T}}P_i^{-\mathrm{T}}P_i^{\mathrm{T}}B_{\eta i}=\begin{bmatrix}ZB_i & ZB_{di} & ZB_{fi}\\ Y_iB_i+R_i & Y_iB_{di}+L_iD_{di} & Y_iB_{fi}+L_iD_{fi}\end{bmatrix}$$

在不等式(6-66)的左边和右边分别乘以 $T_i^{\mathrm{T}}P_i^{-\mathrm{T}}$ 和 $P_i^{-1}T_i$ 可得不等式(6-63),在不等式(6-67)的左边和右边分别乘以 $\mathrm{diag}\{T_i^{\mathrm{T}}P_i^{-\mathrm{T}},I,I\}$ 和 $\mathrm{diag}\{P_i^{-1}T_i,I,I\}$ 可得不等式(6-64)。进一步,由式(6-68)可得 H_∞-FDF 参数矩阵的解,即式(6-65)。

另一方面,利用式(6-65)求解 H_∞-FDF 参数矩阵 A_{Fi}、C_{Fi} 的前提条件是矩阵 Z 可逆。当不等式(6-63)和式(6-64)成立时,必须满足 $ZA_i+A_i^{\mathrm{T}}Z^{\mathrm{T}}<0$,故 Z 为非奇异矩阵。从而可知 Z 可逆的条件可以得到保证。因此,当不等式(6-63)和式(6-64)有解时,可利用式(6-65)求解 H_∞-FDF 的参数矩阵。

2. 模态独立 H_∞-FDF 设计

当系统模态 θ_t 在线可知时,应用定理6.6可设计模态依赖的 H_∞-FDF,在有些情况下,系统模态在线不可知,此时可设计线性时不变的 H_∞-FDF,

即式(6-60)变为

$$\begin{cases}E\dot{x}_F(t)=A_Fx_F(t)+B_Fu(t)+L_Fy(t)\\ r(t)=C_Fx_F(t)+H_Fy(t)\end{cases}$$

即模态独立 H_∞-FDF。此时,系统式(6-61)成为

$$\begin{cases}E_\eta\dot{\eta}(t)=A_\eta(\theta_t)\eta(t)+B_\eta(\theta_t)w(t)\\ r_e(t)=C_\eta(\theta_t)\eta(t)+D_\eta(\theta_t)w(t)\end{cases} \quad (6.69)$$

其中,

$$E_{\eta} = \begin{bmatrix} E & 0 \\ 0 & E \end{bmatrix}, A_{\eta}(\theta_t) = \begin{bmatrix} A(\theta_t) & 0 \\ L_F C(\theta_t) & A_F \end{bmatrix}$$

$$B_{\eta}(\theta_t) = \begin{bmatrix} B(\theta_t) & B_d(\theta_t) & B_f(\theta_t) \\ B_F & L_F D_d(\theta_t) & L_F D_f(\theta_t) \end{bmatrix}$$

$$C_{\eta}(\theta_t) = [H_F C(\theta_t) \quad C_F]$$

$$D_{\eta}(\theta_t) = [0 \quad H_F D_d(\theta_t) \quad H_F D_f(\theta_t) - I]$$

引理 6.6[29] 考虑连续时间奇异 Markov 跳跃系统：

$$\begin{cases} E\dot{x}(t) = A(\theta_t)x(t) + B(\theta_t)w(t) \\ y(t) = C(\theta_t)x(t) + D(\theta_t)w(t) \\ x(0) = x_0, \theta_0 = i_0 \end{cases}$$

式中：$x(t)$、$y(t)$、θ_t、$A(\theta_t)$、$B(\theta_t)$、$C(\theta_t)$ 如系统式(6-59)中所定义；$w(t) \in R^m$ 为 L_2 范数有界信号；对于任意的 $\theta_t = i \in \varXi$，$D(\theta_t)$ 为适当维数的实常数矩阵。给定 $\gamma > 0$，如果存在非奇异矩阵 P_i、标量 $\delta_i (i = 1,2,\cdots,N)$ 满足：

$$P_i^{\mathrm{T}} E^{\mathrm{T}} = EP_i \geqslant 0$$

$$P_i^{\mathrm{T}} E^{\mathrm{T}} \leqslant \delta_i I$$

$$\begin{bmatrix} A_i P_i + P_i^{\mathrm{T}} A_i^{\mathrm{T}} + \lambda_{ii} P_i^{\mathrm{T}} E^{\mathrm{T}} & B_i & P_i^{\mathrm{T}} C_i^{\mathrm{T}} & W_i \\ * & -\gamma^2 I & D_i^{\mathrm{T}} & 0 \\ * & * & -I & 0 \\ * & * & * & -J_i \end{bmatrix} < 0$$

其中，

$$W_i = [\sqrt{\lambda_{i1}} P_i^{\mathrm{T}} \quad \cdots \quad \sqrt{\lambda_{i,i-1}} P_i^{\mathrm{T}} \quad \sqrt{\lambda_{i,i+1}} P_i^{\mathrm{T}} \quad \cdots \quad \sqrt{\lambda_{iN}} P_i^{\mathrm{T}}]$$

$$J_i = \mathrm{diag}\{P_1^{\mathrm{T}} + P_1 - \delta_1 I, \cdots, P_{i-1}^{\mathrm{T}} + P_{i-1} - \delta_{i-1} I, P_{i+1}^{\mathrm{T}} + P_{i+1} - \delta_{i+1} I, \cdots, P_N^{\mathrm{T}} + P_N - \delta_N I\}$$

则该系统为随机容许的，且在零初始条件下满足 $\| y \|_{2,\mathrm{E}} < \gamma \| w \|_2$。

定理 6.7 给定 $\gamma > 0$，如果存在非奇异矩阵 P_i、矩阵 A_F、B_F、L_F、C_F、D_F、标量 $\delta_i (i = 1,2,\cdots,N)$ 满足 LMIs：

$$P_i^{\mathrm{T}} E_\eta = E_\eta P_i \geqslant 0$$

$$P_i^{\mathrm{T}} E_\eta \leqslant \delta_i I$$

$$\begin{bmatrix} -2I & A_{\eta i}^{\mathrm{T}} + I + P_i & 0 & C_{\eta i}^{\mathrm{T}} & \widetilde{W}_i \\ * & \lambda_{ii} E_\eta P_i - P_i^{\mathrm{T}} - P_i & B_{\eta i} & 0 & 0 \\ * & * & -\gamma^2 I & D_{\eta i}^{\mathrm{T}} & 0 \\ * & * & * & -I & 0 \\ * & * & * & * & -J_i \end{bmatrix} < 0 \qquad (6.70)$$

其中，$\widetilde{W}_i = [\sqrt{\lambda_{i1}} I \ \cdots \ \sqrt{\lambda_{i,i-1}} I \ \sqrt{\lambda_{i,i+1}} I \ \cdots \ \sqrt{\lambda_{iN}} I]$。则系统模态在线不可知时的 H_∞ – FDF 设计问题可解。

证明： 给定 $\gamma > 0$，由引理 6.7 可知，如果存在非奇异矩阵 P_i、标量 $\delta_i (i = 1,2,\cdots,N)$ 满足：

$$P_i^{\mathrm{T}} E_\eta = E_\eta P_i \geqslant 0$$

$$P_i^{\mathrm{T}} E_\eta \leqslant \delta_i I$$

$$\begin{bmatrix} A_{\eta i} P_i + P_i^{\mathrm{T}} A_{\eta i}^{\mathrm{T}} + \lambda_{ii} P_i^{\mathrm{T}} E & B_{\eta i} & P_i^{\mathrm{T}} C_{\eta i}^{\mathrm{T}} & W_i \\ * & -\gamma^2 I & D_{\eta i}^{\mathrm{T}} & 0 \\ * & * & -I & 0 \\ * & * & * & -J_i \end{bmatrix} < 0 \qquad (6-71)$$

其中，W_i、J_i 如引理 6.7 中所定义。则系统式（6-69）为随机容许的且在零初始条件下满足 $\| r_e \|_{2,\mathrm{E}} < \gamma \| w \|_2$。根据 Schur 补引理，不等式（6-71）等价于

$$\Phi_i^{\mathrm{T}} \Omega_i \Phi_i < 0 \qquad (6-72)$$

其中，

$$\Phi_i = \begin{bmatrix} I & 0 & 0 & 0 \\ P_i^{-1} & 0 & 0 & 0 \\ 0 & I & 0 & 0 \\ 0 & 0 & I & 0 \\ 0 & 0 & 0 & I \end{bmatrix}, \Omega_i = \begin{bmatrix} 0 & A_{\eta i}^{\mathrm{T}} & 0 & C_{\eta i}^{\mathrm{T}} & \widetilde{W}_i \\ * & \lambda_{ii} E_\eta P_i & B_{\eta i} & 0 & 0 \\ * & * & -\gamma^2 I & D_{\eta i}^{\mathrm{T}} & 0 \\ * & * & * & -I & 0 \\ * & * & * & * & -J_i \end{bmatrix}$$

进一步，不等式（6-72）成立的充要条件是

$$\boldsymbol{\zeta}_i^{\mathrm{T}}\boldsymbol{\Omega}_i\boldsymbol{\zeta}_i < 0, \boldsymbol{\zeta}_i = \boldsymbol{\Theta}_i\alpha, \forall \alpha \neq 0 \tag{6-73}$$

从而,对于任意 $\alpha \neq 0$ 和 $\boldsymbol{\zeta}_i = \boldsymbol{\Theta}_i\alpha$,可得 $\boldsymbol{H}_i\boldsymbol{\zeta}_i = 0$,其中,

$$\boldsymbol{H}_i = [-\boldsymbol{I} \quad \boldsymbol{P}_i \quad 0 \quad 0 \quad 0]$$

另一方面,矩阵不等式(6-70)可进一步表示为

$$\boldsymbol{\Omega}_i + \boldsymbol{K}_i\boldsymbol{H}_i + \boldsymbol{H}_i^{\mathrm{T}}\boldsymbol{K}_i^{\mathrm{T}} < 0 \tag{6-74}$$

其中 $\boldsymbol{K}_i = [\boldsymbol{I} \quad -\boldsymbol{I} \quad 0 \quad 0 \quad 0]^{\mathrm{T}}$ 。

由引理 6.4 可知,当且仅当式(6-74)成立时,下式成立:

$$\boldsymbol{\zeta}_i^{\mathrm{T}}\boldsymbol{\Omega}_i\boldsymbol{\zeta}_i < 0, \boldsymbol{H}_i\zeta_i = 0, \forall \boldsymbol{\zeta}_i \neq 0$$

因此,如果存在矩阵 $\boldsymbol{P}_i$ 、矩阵 $\boldsymbol{A}_F$、$\boldsymbol{B}_F$、$\boldsymbol{L}_F$、$\boldsymbol{C}_F$、$\boldsymbol{D}_F$ 使得矩阵不等式(6-70)成立,则式(6-73)、式(6-72)以及式(6-71)成立。进而,系统式(6-69)均方稳定且在零初始条件下满足性能指标式(6-62)。即模态独立鲁棒 H_∞ -FDF 设计问题可解。

6.5.3 残差评价

残差产生后的另一个重要任务就是残差评价。这里取残差评价函数和阈值为

$$J(\boldsymbol{r}) = \left[\int_{t_0}^{t_0+\tau} \boldsymbol{r}^{\mathrm{T}}(t)\boldsymbol{r}(t)\,\mathrm{d}t\right]^{1/2}$$

$$J_{th} = \sup_{f=0, d\in L_2, u\in L_2} \|\boldsymbol{r}\|_{2,\mathrm{E}}$$

其中, t_0 为初始评价时刻, τ 为评价时间窗长度。当无故障发生时,残差产生系统为

$$\begin{cases} \boldsymbol{E}\dot{\boldsymbol{x}}(t) = \boldsymbol{A}(\theta_t)\boldsymbol{x}(t) + \boldsymbol{B}(\theta_t)\boldsymbol{u}(t) + \boldsymbol{B}_d(\theta_t)\boldsymbol{d}(t) \\ \boldsymbol{E}\dot{\boldsymbol{x}}_F(t) = \boldsymbol{L}_F(\theta_t)\boldsymbol{C}(\theta_t)\boldsymbol{x}(t) + \boldsymbol{A}_F(\theta_t)\boldsymbol{x}_F(t) + \boldsymbol{B}_F(\theta_t)\boldsymbol{u}(t) \\ \qquad + \boldsymbol{L}_F(\theta_t)\boldsymbol{D}_d(\theta_t)\boldsymbol{d}(t) \\ \boldsymbol{r}(t) = \boldsymbol{H}_F(\theta_t)\boldsymbol{C}(\theta_t)\boldsymbol{x}(t) + \boldsymbol{C}_F(\theta_t)\boldsymbol{x}_F(t) + \boldsymbol{H}_F(\theta_t)\boldsymbol{D}_d(\theta_t)\boldsymbol{d}(t) \end{cases}$$

根据线性系统叠加原理,此时残差信号 $r(t)$ 可表示为

$$\boldsymbol{r}(t) = \boldsymbol{r}_u(t) + \boldsymbol{r}_d(t)$$

其中, $\boldsymbol{r}_u(t) = \boldsymbol{r}(t)|_{d=0,f=0}$, $\boldsymbol{r}_d(t) = \boldsymbol{r}(t)|_{u=0,f=0}$ 。进一步可得

$$\|\boldsymbol{r}_u(t) + \boldsymbol{r}_d(t)\|_{2,\mathrm{E}} \leqslant \|\boldsymbol{r}_u(t)\|_{2,\mathrm{E}} + \|\boldsymbol{r}_d(t)\|_{2,\mathrm{E}} \leqslant J_{th,u} + J_{th,d}$$

其中,

$$J_{th,u}=\sup_{u\in L_2}\|\boldsymbol{r}_u(t)\|_{2,\mathrm{E}},J_{th,d}=\sup_{d\in L_2}\|\boldsymbol{r}_d(t)\|_{2,\mathrm{E}}$$

由于 $\boldsymbol{d}$ 为 L_2 范数有界信号,故存在常数 m_c 满足 $\|\boldsymbol{d}\|_2\leqslant m_c$。对于给定的 γ_u 和 γ_d ,根据引理6.5可以判断如下条件是否满足:

$$\|\boldsymbol{r}_u(t)\|_{2,\mathrm{E}}\leqslant\gamma_u\|\boldsymbol{u}(t)\|_2,\|\boldsymbol{r}_d(t)\|_{2,\mathrm{E}}\leqslant\gamma_d\|\boldsymbol{d}(t)\|_2 \tag{6-75}$$

假设 $\gamma_{u,\min}$ 和 $\gamma_{d,\min}$ 是满足式(6-75)的 γ_u 和 γ_d 的最小值。由上述分析,阈值可取为

$$J_{th}=\gamma_{u,\min}\|\boldsymbol{u}(t)\|_2+\gamma_{d,\min}m_c \tag{6-76}$$

因为控制输入 $\boldsymbol{u}$ 为已知信号,其 L_2 范数可在线计算,故该阈值也称为自适应阈值。

6.5.4 仿真算例

考虑如下连续时间奇异 Markov 跳跃系统:

$$\begin{cases}\boldsymbol{E}\dot{\boldsymbol{x}}(t)=\boldsymbol{A}(\theta_t)\boldsymbol{x}(t)+\boldsymbol{B}(\theta_t)\boldsymbol{u}(t)+\boldsymbol{B}_d(\theta_t)\boldsymbol{d}(t)+\boldsymbol{B}_f(\theta_t)\boldsymbol{f}(t)\\ \boldsymbol{y}(t)=\boldsymbol{C}(\theta_t)\boldsymbol{x}(t)+\boldsymbol{D}_d(\theta_t)\boldsymbol{d}(t)+\boldsymbol{D}_f(\theta_t)\boldsymbol{f}(t)\end{cases}$$

该系统具有两个模态,即 $\Xi=\{1,2\}$,其参数矩阵为

$$\boldsymbol{E}=\begin{bmatrix}1&0\\0&0\end{bmatrix},\boldsymbol{A}_1=\begin{bmatrix}-5&2\\0&-4\end{bmatrix},\boldsymbol{B}_1=\begin{bmatrix}0.8\\1\end{bmatrix},\boldsymbol{B}_{d1}=\begin{bmatrix}-0.6\\1\end{bmatrix}$$

$$\boldsymbol{B}_{f1}=\begin{bmatrix}0.8\\-1\end{bmatrix},\boldsymbol{A}_2=\begin{bmatrix}-3&0\\1.6&-6\end{bmatrix},\boldsymbol{B}_2=\begin{bmatrix}0.5\\1\end{bmatrix},\boldsymbol{B}_{d2}=\begin{bmatrix}0.6\\0.9\end{bmatrix}$$

$$\boldsymbol{B}_{f2}=\begin{bmatrix}-1.2\\1\end{bmatrix},\boldsymbol{C}_1=[1\quad 1],\boldsymbol{C}_2=[1\quad 0]$$

$$\boldsymbol{D}_{d1}=-0.5,\boldsymbol{D}_{d2}=-1,\boldsymbol{D}_{f1}=-1,\boldsymbol{D}_{f2}=-1.5$$

状态转移速率为 $\lambda_{11}=-3,\lambda_{12}=-3,\lambda_{21}=4,\lambda_{22}=-4$。取 $\gamma=0.9,\boldsymbol{V}_1=\boldsymbol{V}_2=5\boldsymbol{I},\boldsymbol{U}=\mathrm{diag}\{-1,-1\}$。根据定理6.6计算可得模态在线可知时,$H_\infty$-FDF 的参数矩阵为

$$\boldsymbol{A}_{F1}=\begin{bmatrix}-1.9708&-0.3870\\0.6403&-1.9547\end{bmatrix},\boldsymbol{A}_{F2}=\begin{bmatrix}-1.3691&-0.3232\\0.5110&-2.2598\end{bmatrix}$$

$$\boldsymbol{B}_{F1}=\begin{bmatrix}-0.0722\\-0.0311\end{bmatrix},\boldsymbol{B}_{F2}=\begin{bmatrix}-0.0363\\-0.0710\end{bmatrix},\boldsymbol{L}_{F1}=\begin{bmatrix}0.0480\\0.0085\end{bmatrix},$$

$$\boldsymbol{L}_{F2}=\begin{bmatrix}0.0009\\0.0162\end{bmatrix}$$

$$\boldsymbol{C}_{F1} = [-3.0781 \quad -3.7775], \boldsymbol{C}_{F2} = [-2.1038 \quad -0.0166]$$

$$\boldsymbol{H}_{F1} = -0.4394, \boldsymbol{H}_{F2} = -0.4137$$

取 $\gamma = 1.1$，根据定理 6.7 计算可得模态在线不可知时 H_∞ - FDF 的参数矩阵为

$$\boldsymbol{A}_F = \begin{bmatrix} -7.4035 & 0 \\ 0 & -13.5420 \end{bmatrix}, \boldsymbol{B}_F = \begin{bmatrix} 2.2491 \\ 0 \end{bmatrix}, \boldsymbol{L}_F = \begin{bmatrix} -0.2486 \\ 0 \end{bmatrix}$$

$$\boldsymbol{C}_F = [0.0006 \quad 0], \boldsymbol{H}_F = -0.3226$$

进一步，应用定理 6.6，可计算当无故障发生及模态在线可知时残差对于控制输入 $u(t)$ 和未知输入 $d(t)$ 的衰减水平分别为 $\gamma_{u,\min} = 0.1045$，$\gamma_{d,\min} = 0.4734$；应用定理 6.7，可计算当无故障发生及模态在线不可知时残差对于控制输入 $u(t)$ 和未知输入 $d(t)$ 的衰减水平分别为 $\gamma_{u,\min} = 0.0498$，$\gamma_{d,\min} = 0.3676$。

在[0,100]s 时间段内，假设控制输入为单位阶跃信号，系统模态 θ_t 的跳变如图 6 - 17 所示，未知输入 $d(t)$ 如图 6 - 18 所示。考虑两种类型的故障：①正弦信号故障；②方波型故障。$t \in [20,50)$ s 时值为 2，$t \in [50,80)$ s 时值为 -2，其余时刻为 0。图 6 - 19 给出了发生正弦信号故障时模态依赖 H_∞ - FDF产生的残差，按照式(6 - 19)取自适应阈值，图 6 - 20 给出了相应的残差评价函数及阈值，结果表明故障在发生 7.5s 后被检测到。图 6 - 21 和图 6 - 22 分别给出了发生方波型故障时模态依赖 H_∞ - FDF 产生的残差及

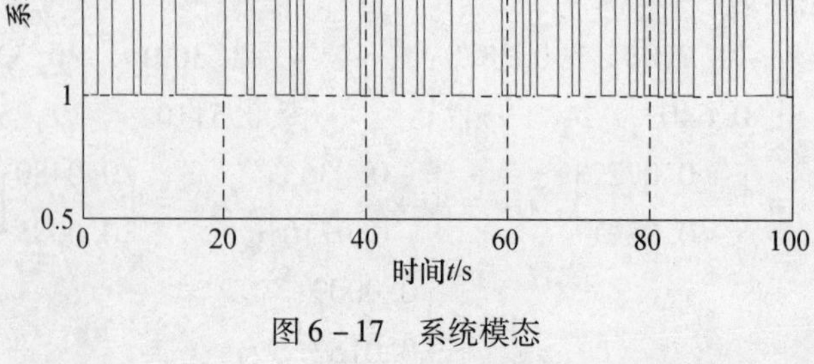

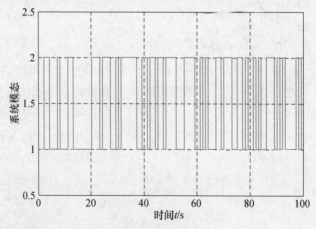

图 6 - 17　系统模态

方波型故障时的残差评价函数及阈值，结果表明故障在发生 2.5s 后被检测到。图 6－23 和图 6－24 分别给出了发生正弦信号故障时模态独立 H_∞ －FDF 产生的残差和相应的残差评价函数及阈值，结果表明故障在发生 8.3s 后被检测到。图 6－25 和图 6－26 别给出了发生方波型故障时模态独立 H_∞ －FDF 产生的残差和相应的残差评价函数及阈值，结果表明故障在发生 2.8s 后被检测到。

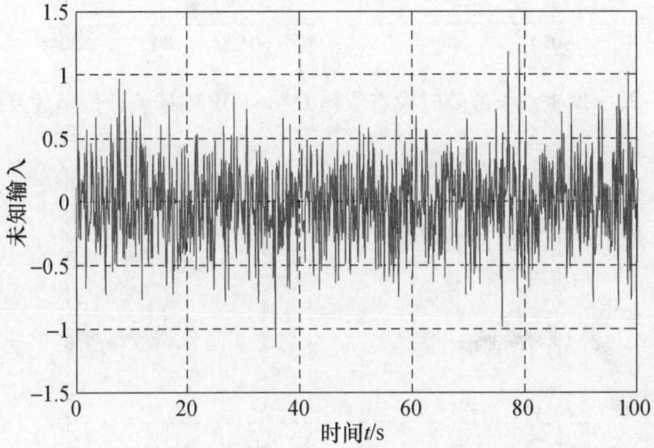

图 6－18　未知输入

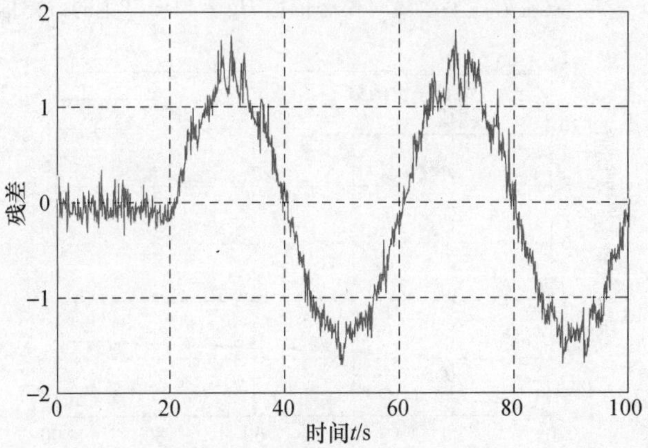

图 6－19　发生正弦故障时模态依赖 H_∞ －FDF 产生的残差信号

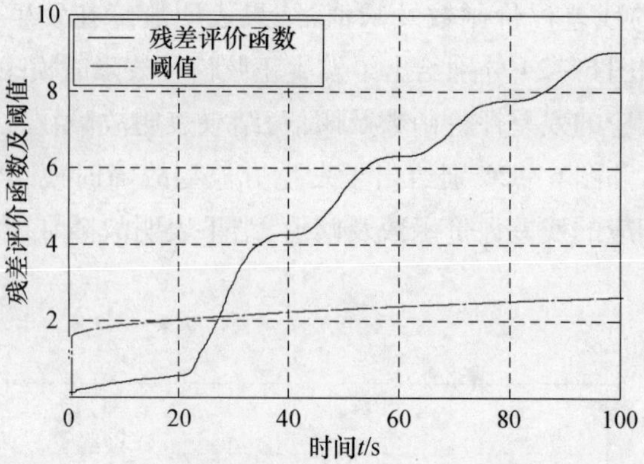

图 6－20　发生正弦故障时模态依赖 H_∞ －FDF 的残差评价函数及阈值

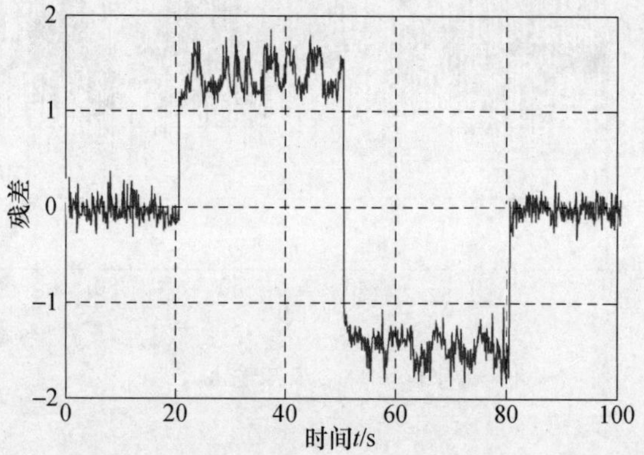

图 6－21　发生方波型故障时模态依赖 H_∞ －FDF 产生的残差信号

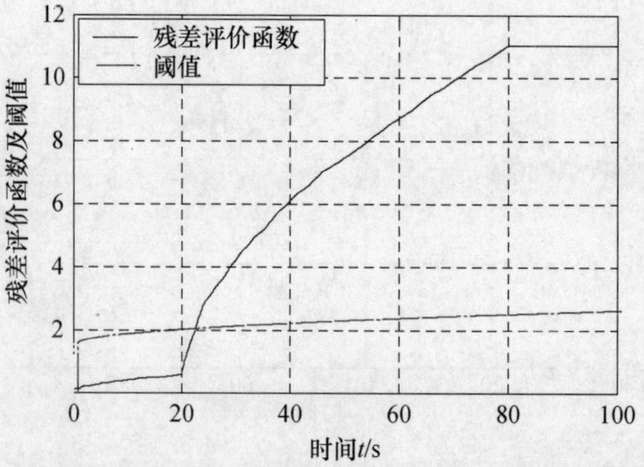

图 6－22　发生方波型故障时模态依赖 H_∞ －FDF 的残差评价函数及阈值

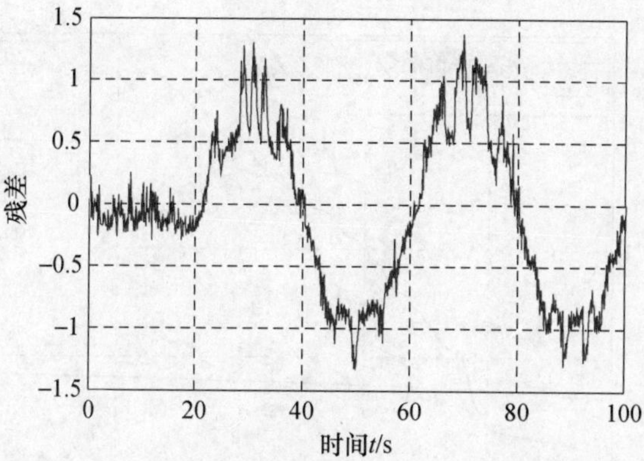

图 6-23　发生正弦故障时模态独立 H_∞ -FDF 产生的残差信号

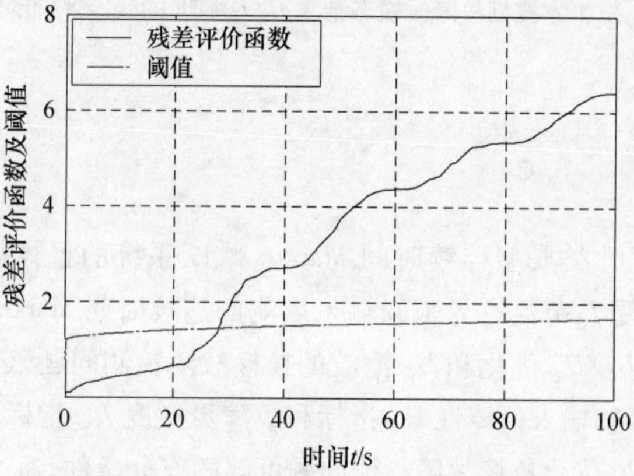

图 6-24　发生正弦故障时模态独立 H_∞ -FDF 的残差评价函数及阈值

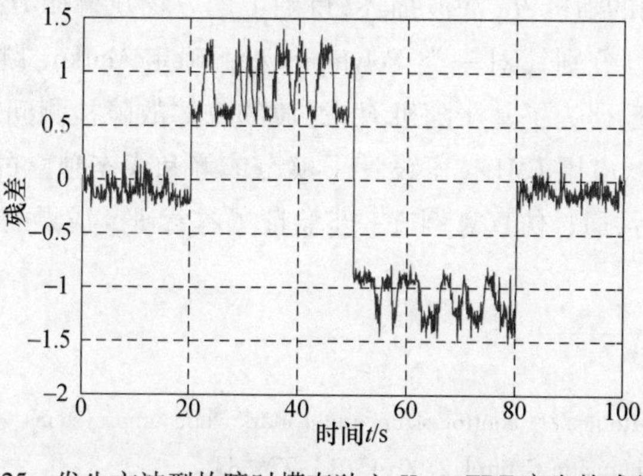

图 6-25　发生方波型故障时模态独立 H_∞ -FDF 产生的残差信号

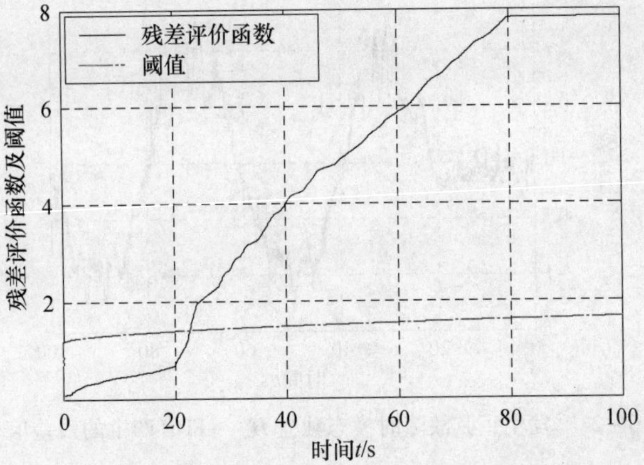

图 6-26 发生方波型故障时模态独立 H_∞ -FDF 的残差评价函数及阈值

6.6 小结

本章研究了几类典型连续时间 Markov 跳跃系统的鲁棒故障检测问题。首先,针对一类受 L_2范数有界未知输入影响的连续时间 Markov 跳跃系统,分别研究了基于 H_- /H_∞ 优化和 H_∞ 滤波的鲁棒故障检测问题,定义了均方意义下故障检测的未知输入鲁棒性 H_∞ 指标和故障灵敏度 H_- 指标,给出了随机意义下基于 H_- /H_∞ 优化鲁棒故障检测问题可解的充分条件,通过迭代求解 LMI 得到了均方稳定 H_- /H_∞ -FDF 参数矩阵的可行解。给出了基于自适应观测器故障检测问题的随机 H_∞ 滤波描述,得到了均方稳定鲁棒 H_∞ -FDF 的 LMI 设计方法。然后,分别针对一类 Polytopic 型不确定 Markov 跳跃系统和奇异 Markov 跳跃系统,研究了基于随机 H_∞ 滤波的鲁棒故障检测问题,得到了问题可解的充分条件,应用 LMI 技术设计了模态依赖和模态独立的均方稳定鲁棒 H_∞ -FDF。最后,通过仿真算例进一步验证了本章研究成果的有效性。

参 考 文 献

[1] Cao Y, Lam J. Robust H_∞ control of uncertain Markovian jump systems with time-delay[J]. IEEE Trans. Automatic Control, 2000, 45(1): 77-83.

[2] Shi P, Boukas E-K, Agarwal R K. Control of Markovian jump discrete-time systems with norm bounded uncertainty and unknown delay[J]. IEEE Trans. Automatic Control, 1999, 44(11): 2139 - 2144.

[3] Costa O L V, Fragoso M D, Marques R P. Discrete-time Markov jump linear systems[M]. London: Springer-Verlag, 2005.

[4] Feng X B, Loparo K A, Ji Y D, et al. Stochastic stability properties of jump linear systems [J]. IEEE Trans. Automatic Control, 1992, 37(1): 38 - 53.

[5] De Farias D, Geromel J, Do Val J, et al. Output feedback control of Markov jump linear systems in continuous-time[J]. IEEE Trans. Automatic Control, 2000, 45(5): 944 - 949.

[6] Mahmoud M, Shi P, Ismail A. Robust Kalman filtering for discrete-time Markovian jump systems with parameter uncertainty[J]. J. Computational and Applied Mathematics, 2004, 169 (1): 53 - 69.

[7] De Farias D, Geromel J, Do Val J, et al. Output feedback control of Markov jump linear systems in continuous-time[J]. IEEE Trans. Automatic Control, 45(5): 944 - 949, 2000.

[8] Zhong M Y, Lam J, Ding S X, et al. Robust fault detection of Markovian jump systems[J]. Circuits Systems Signal Processing, 2004, 23(5): 387 - 407.

[9] Zhong M Y, Ye H, Shi P, et al. Fault detection for Markovian jump systems[J]. IEE Proc. Control Theory and Applications, 2005, 152(4): 397 - 402.

[10] Wang H R, Wang C H, Mou S S, et al. Robust fault detection for discrete-time Markovian jump systems with mode-dependent time-delays[J]. J. Control Theory and Applications, 2007, 5(2): 139 - 144.

[11] He S P, Liu F. Fuzzy model-based fault detection for Markov jump systems [J]. Int. J. Robust and Nonlinear Control, 2009, 19(11): 1248 - 1266.

[12] Meskin N, Khorasani K. Fault detection and isolation of discrete-time Markovian jump linear systems with application to a network of multi-agent systems having imperfect communication channels[J]. Automatica, 2009, 45(9): 2032 - 2040.

[13] Gagliardi G, Casavola A, Famularo D. A fault detection filter design method for Markov jump linear parameter varying systems[C]. Barcelona, Spain: Proc. the IFAC SAFEPROCESS, 2009.

[14] Zhang L X, Boukas E K, Baron L. Fault detection for discrete-time Markov jump linear systems with partially known transition probabilities [J]. Int. J. Control, 2010, 83 (8): 1564 - 1572.

[15] Meskin N, Khorasani K. A Geometric approach to fault detection and isolation of continuous-time Markovian jump linear systems[J]. IEEE Trans. Automatic Control, 2010, 55 (6): 1343 - 1357.

[16] Ding Q, Zhong M Y. On designing H_∞ Fault detection filter for Markovian Jump liner systems with polytopic uncertainties[J]. Int. J. Innovative Computing, Information and Control,

2010,6(3A):995 - 1004.
[17] Zhong M Y, Ding S X, Han Q-L, et al. Parity space-based fault detection for Markovian jump systems[J]. Int. J. Systems Science, 2010, 55(7):1726 - 1731.
[18] 丁强,钟麦英. 一类连续时间 Markov 跳跃系统鲁棒 H_∞ 故障估计[J]. 控制与决策,2009,24(10):1555 - 1558.
[19] 丁强,钟麦英. 一类线性 Markov 跳跃区间时滞系统的鲁棒 H_∞ 故障检测滤波器设计[J]. 控制与决策,2011,26(5):712 - 716.
[20] 丁强,钟麦英. 奇异 Markov 跳跃系统的鲁棒故障检测[J]. 系统仿真技术,2010,6(1):23 - 28.
[21] 王洪茹,王常虹,高会军. 时滞离散马尔可夫跳跃系统的鲁棒故障检测[J]. 控制与决策,2006,21(7):796 - 800.
[22] 何舒平,刘飞. 一类具有未知干扰的 Markov 跳变系统的故障检测[J]. 西安交通大学学报,2007,41(4):458 - 462.
[23] Chen J, Patton R J. Robust Model-Based Fault Diagnosis for Dynamic Systems[M]. Boston: Kluwer Academic Publishers, 1999.
[24] Ding S X. Model-based fault diagnosis techniques: design schemes, algorithms, and tools[M]. Berlin: Springer, 2013.
[25] Zhong M, Ding S X, Lam J, et al. LMI approach to design robust fault detection filter for uncertain LTI systems[J]. Automatica, 2003, 39(3):543 - 550.
[26] Li X B. Fault detection filter design for linear systems[D]. Louisiana, USA: Louisiana State University, 2009.
[27] Chen J, Patton R J. Standard H_∞ filtering formulation of robust fault detection[C]. Budapest, Hungary: Proc. the IFAC SAFEPROCESS, 2000.
[28] Shi P, Xia Y Q, Liu G P, et al. On designing of sliding-mode control for stochastic jump systems[J]. IEEE Trans. Automatic Control, 2006, 51(1):97 - 103.
[29] Xu S Y, Lam J. Robust control and filtering of singular systems[M]. Berlin: Springer-Verlag, 2006.

第 7 章 离散时间 Markov 跳跃系统鲁棒故障检测

7.1 引言

对于受能量有界未知输入影响的线性时不变系统，H_∞ 优化技术广泛应用于求解鲁棒故障诊断问题，取得的研究成果大致可以分为两类[1-7]。其一是基于 H_i/H_∞ 优化的故障检测方法，文献[6]应用频域互质分解技术给出了 FDF 设计的 Riccati 方程解析解，并实现了残差对故障灵敏度与残差对未知输入鲁棒性的最优均衡设计。其二是基于 H_∞ 滤波的鲁棒故障检测，该方法适用于模型不确定系统鲁棒 FDF 设计，并通过求解线性矩阵不等式设计 FDF[3,7]。近十几年来，针对 Makrov 跳跃系统鲁棒故障检测问题的研究也取得了大量成果，参见文献[8－19]。第 6 章针对几类典型连续时间 Markov 跳跃系统，重点研究了随机意义下基于 H_i/H_∞ 优化和 H_∞ 滤波的鲁棒故障检测问题，设计了均方稳定的鲁棒 FDF。本章将在此基础上，进一步研究离散时间 Makrov 跳跃系统的鲁棒故障检测问题，主要包括随机意义下两目标优化鲁棒故障检测、基于 H_i/H_∞ 优化的故障检测、基于 H_∞ 滤波鲁棒故障检测和一类非线性摄动 Makrov 跳跃系统鲁棒故障检测。

7.2 两目标优化鲁棒故障检测

7.2.1 问题描述

考虑如下离散时间 Markov 跳跃系统

$$\begin{cases} \boldsymbol{x}(k+1) = \boldsymbol{A}(\eta(k))\boldsymbol{x}(k) + \boldsymbol{B}(\eta(k))\boldsymbol{u}(k) + \boldsymbol{B}_d(\eta(k))\boldsymbol{d}(k) \\ \qquad + \boldsymbol{B}_f(\eta(k))\boldsymbol{f}(k) \\ \boldsymbol{y}(k) = \boldsymbol{C}(\eta(k))\boldsymbol{x}(k) + \boldsymbol{D}(\eta(k))\boldsymbol{u}(k) + \boldsymbol{D}_d(\eta(k))\boldsymbol{d}(k) \\ \qquad + \boldsymbol{D}_f(\eta(k))\boldsymbol{f}(k) \\ \boldsymbol{x}(0) = \boldsymbol{x}_0, \eta(0) = i_0 \end{cases} \tag{7-1}$$

式中：$\boldsymbol{x}(k) \in \mathbf{R}^n$、$\boldsymbol{u}(k) \in \mathbf{R}^m$、$\boldsymbol{y}(k) \in \mathbf{R}^q$、$\boldsymbol{d}(k) \in \mathbf{R}^p$ 和 $\boldsymbol{f}(k) \in \mathbf{R}^l$ 分别为状态、控制输入、测量输出、未知输入和故障向量，假定 $\boldsymbol{u}(k)$、$\boldsymbol{d}(k)$、$\boldsymbol{f}(k)$ 均为 l_2 范数有界信号；$\{\eta(k)\}$ 为在有限状态集 $\psi = \{1, 2, \cdots, N\}$ 上取值的离散时间齐次 Markov 链，其状态转移概率为

$$\Pr\{\eta(k+1) = j \mid \eta(k) = i\} = \lambda_{ij}$$

满足 $\sum_{j=1}^{N} \lambda_{ij} = 1$；对于 $\eta(k) = i \in \Xi$，$\boldsymbol{A}(\eta(k))$、$\boldsymbol{B}(\eta(k))$、$\boldsymbol{B}_d(\eta(k))$、$\boldsymbol{B}_f(\eta(k))$、$\boldsymbol{C}(\eta(k))$、$\boldsymbol{D}_d(\eta(k))$、$\boldsymbol{D}_f(\eta(k))$、$\boldsymbol{D}(\eta(k))$ 均为适当维数的实常数矩阵。对于 $\eta(k) = i \in \varphi$，记

$$\boldsymbol{A}(\eta(k)) = \boldsymbol{A}_i, \boldsymbol{B}(\eta(k)) = \boldsymbol{B}_i, \boldsymbol{B}_d(\eta(k)) = \boldsymbol{B}_{di}, \boldsymbol{B}_f(\eta(k)) = \boldsymbol{B}_{fi}$$

$$\boldsymbol{C}(\eta(k)) = \boldsymbol{C}_i, \boldsymbol{D}(\eta(k)) = \boldsymbol{D}_i, \boldsymbol{D}_d(\eta(k)) = \boldsymbol{D}_{di}, \boldsymbol{D}_f(\eta(k)) = \boldsymbol{D}_{fi}$$

类似于连续时间系统情形，针对系统式(7-1)给出如下定义。

定义 7.1[20]：系统式(7-10)在 $\boldsymbol{d}(k) = 0$、$\boldsymbol{u}(k) = 0$ 和 $\boldsymbol{f}(k) = 0$ 时，若对于初始状态 $\boldsymbol{x}(0) = \boldsymbol{x}_0$ 和初始模态 $\eta_0 \in \psi$ 时满足

$$\mathrm{E}\{\|\boldsymbol{x}(k)\|^2\} \to 0, k \to \infty$$

则称该系统为均方稳定。

首先，采用如下基于观测器的 FDF 作为残差产生器

$$\begin{cases} \boldsymbol{x}(k+1) = \boldsymbol{A}(\eta(k))\hat{\boldsymbol{x}}(k) + \boldsymbol{B}(\eta(k))\boldsymbol{u}(k) + \boldsymbol{H}(\eta(k))(\boldsymbol{y}(k) - \hat{\boldsymbol{y}}(k)) \\ \hat{\boldsymbol{y}}(k) = \boldsymbol{C}(\eta(k))\hat{\boldsymbol{x}}(k) + D(\eta(k))\boldsymbol{u}(k) \\ \boldsymbol{r}(k) = \boldsymbol{V}(\eta(k))(\boldsymbol{y}(k) - \hat{\boldsymbol{y}}(k)) \end{cases} \tag{7-2}$$

式中：$\boldsymbol{r}(k) \in \mathbf{R}^q$ 为残差信号；$\hat{\boldsymbol{x}}(k) \in \mathbf{R}^n$ 和 $\hat{\boldsymbol{y}}(k) \in \mathbf{R}^q$ 为状态估计和输出估计；观测器增益矩阵 $\boldsymbol{H}(\eta(k))$、残差加权矩阵 $\boldsymbol{V}(\eta(k))$ 为待设计的参数矩阵。对所有的 $\eta(k) = i \in \varphi$，$\boldsymbol{H}(\eta(k))$、$\boldsymbol{V}(\eta(k))$ 分别记作 $\boldsymbol{H}_i$、$\boldsymbol{V}_i$。

记 $\boldsymbol{e}(k) = \boldsymbol{x}(k) - \hat{\boldsymbol{x}}(k)$，则残差 $\boldsymbol{r}(k)$ 满足如下方程：

$$\begin{cases} \boldsymbol{e}(k+1) = [\boldsymbol{A}(\eta(k)) - \boldsymbol{H}(\eta(k))\boldsymbol{C}(\eta(k))]\boldsymbol{e}(k) + [\boldsymbol{B}_f(\eta(k)) \\ \qquad - \boldsymbol{H}(\eta(k))\boldsymbol{D}_f(\eta(k))]\boldsymbol{f}(k) \\ \qquad + [\boldsymbol{B}_d(\eta(k)) - \boldsymbol{H}(\eta(k))\boldsymbol{D}_d(\eta(k))]\boldsymbol{d}(k) \\ \boldsymbol{r}(k) = \boldsymbol{V}(\eta(k))[\boldsymbol{C}(\eta(k))\boldsymbol{e}(k) + \boldsymbol{D}_f(\eta(k))\boldsymbol{f}(k) + \boldsymbol{D}_d\eta(k))\boldsymbol{d}(k)] \end{cases} \tag{7-3}$$

与连续时间 Markov 跳跃系统类似，令

$$\boldsymbol{r}_d = \boldsymbol{r}|_{f=0}, \boldsymbol{r}_f = \boldsymbol{r}|_{d=0}$$

引入 $\dfrac{\|\boldsymbol{r}_d\|_{2,\mathrm{E}}}{\|\boldsymbol{d}\|_2}$ 表示残差对未知输入的鲁棒性，$\dfrac{\|\boldsymbol{r}_f\|_{2,\mathrm{E}}}{\|\boldsymbol{d}\|_2}$ 表示残差对故障的灵敏度，从而可将离散时间 Markov 跳跃系统的鲁棒 FDF 设计问题描述为：求 $\boldsymbol{H}(\eta(k))$、$\boldsymbol{V}(\eta(k))$ 使系统式(7-3)均方稳定且在零初始条件下满足

$$\max_{\boldsymbol{H}(\eta(k)),\boldsymbol{V}(\eta(k))} \frac{\beta_d}{\gamma_d} \tag{7-4}$$

$$\text{s. t.} \quad \|\boldsymbol{r}_f\|_{2,\mathrm{E}} > \beta_c \|\boldsymbol{f}\|_2, \quad \beta_c > 0 \tag{7-5}$$

$$\|\boldsymbol{r}_d\|_{2,\mathrm{E}} < \gamma_c \|\boldsymbol{d}\|_2, \quad \gamma_c > 0 \tag{7-6}$$

其中，约束条件式(7-5)本质上与表征 LTI 系统故障检测灵敏度的 H_- 指标类似，使式(7-5)成立的 β_d 值越大则残差对故障灵敏度越高。约束条件式(7-6)本质上与表征 LTI 系统故障检测鲁棒性的 H_∞ 范数类似，使式(7-6)成立的 γ_d 值越小则残差对未知输入鲁棒性越强。满足式(7-4)的 FDF 实现了故障灵敏度与未知输入鲁棒性的最优均衡设计，又称两目标优化鲁棒 FDF。

残差评价作为故障检测的另一重要任务，主要包括残差评价函数 J_r 的选择和相应阈值 J_{th} 的确定，由于其基本思想与连续时间 Markov 跳跃系统相同，

在此不再赘述。

7.2.2 均方稳定鲁棒 FDF 设计

引理 7.1 （离散时间 BRL）[20]考虑如下系统：

$$\begin{cases}\boldsymbol{x}(k) = \boldsymbol{A}(\boldsymbol{\eta}(k))\boldsymbol{x}(k) + \boldsymbol{B}(\boldsymbol{\eta}(k))\boldsymbol{u}(k) \\ \boldsymbol{y}(k) = \boldsymbol{C}(\boldsymbol{\eta}(k))\boldsymbol{x}(k) + \boldsymbol{D}(\boldsymbol{\eta}(k))\boldsymbol{u}(k) \\ \boldsymbol{x}(0) = \boldsymbol{x}_0, \boldsymbol{\eta}(0) = i_0\end{cases} \tag{7-7}$$

式中：$\boldsymbol{x}(k)$、$\boldsymbol{y}(k)$、$\boldsymbol{A}(\boldsymbol{\eta}(k))$、$\boldsymbol{B}(\boldsymbol{\eta}(k))$、$\boldsymbol{C}(\boldsymbol{\eta}(k))$、$\boldsymbol{D}(\boldsymbol{\eta}(k))$、$\boldsymbol{\eta}(k)$ 如系统式(7-1)中所定义；$u(k) \in R^m$ 为 l_2 范数有界向量。则，若存在 $\boldsymbol{P}_i > 0$ ($i = 1,\cdots,N$)满足下列 LMI

$$\begin{bmatrix}\boldsymbol{A}_i^{\mathrm{T}}(\sum_{j=1}^{N}\lambda_{ij}\boldsymbol{P}_j)\boldsymbol{A}_i - \boldsymbol{P}_i + \boldsymbol{C}_i^{\mathrm{T}}\boldsymbol{C}_i & \boldsymbol{A}_i^{\mathrm{T}}(\sum_{j=1}^{N}\lambda_{ij}\boldsymbol{P}_j)\boldsymbol{B}_i + \boldsymbol{C}_i^{\mathrm{T}}\boldsymbol{D}_i \\ \boldsymbol{B}_i^{\mathrm{T}}(\sum_{j=1}^{N}\lambda_{ij}\boldsymbol{P}_j)\boldsymbol{A}_i + \boldsymbol{D}_i^{\mathrm{T}}\boldsymbol{C}_i & -\gamma_d^2\boldsymbol{I} + \boldsymbol{D}_i^{\mathrm{T}}\boldsymbol{D}_i + \boldsymbol{B}_i^{\mathrm{T}}(\sum_{j=1}^{N}\lambda_{ij}\boldsymbol{P}_j)\boldsymbol{B}_i\end{bmatrix} < 0 \tag{7-8}$$

则在零初始条件 $x(0) = 0$ 下有 $\|y\|_{2,\mathrm{E}} < \gamma_d \|u\|_2$，$\gamma_d > 0$ 成立。

应用 Schur 补引理，式(7-8)等价于如下矩阵不等式：

$$\begin{bmatrix}-\boldsymbol{P}_1 & 0 & 0 & \lambda_{i1}^{1/2}\boldsymbol{P}_{1i}\boldsymbol{A}_i & \lambda_{i1}^{1/2}\boldsymbol{P}_{1i}\boldsymbol{B}_i \\ 0 & \ddots & 0 & \vdots & \vdots \\ 0 & 0 & -P_N & \lambda_{iN}^{1/2}\boldsymbol{P}_N\boldsymbol{A}_i & \lambda_{iN}^{1/2}\boldsymbol{P}_N\boldsymbol{B}_i \\ \lambda_{i1}^{1/2}\boldsymbol{A}_i^{\mathrm{T}}\boldsymbol{P}_{1i} & \cdots & \lambda_{iN}^{1/2}\boldsymbol{A}_i^{\mathrm{T}}\boldsymbol{P}_N & -\mathbf{P}_i + \boldsymbol{C}_i^{\mathrm{T}}\boldsymbol{C}_i & \boldsymbol{C}_i^{\mathrm{T}}\boldsymbol{D}_i \\ \lambda_{i1}^{1/2}\boldsymbol{B}_i^{\mathrm{T}}\boldsymbol{P}_{1i} & \cdots & \lambda_{iN}^{1/2}\boldsymbol{B}_i^{\mathrm{T}}\boldsymbol{P}_N & \boldsymbol{D}_i^{\mathrm{T}}\boldsymbol{C}_i & -\gamma_d^2\boldsymbol{I} + \boldsymbol{D}_i^{\mathrm{T}}\boldsymbol{D}_i\end{bmatrix} < 0 \tag{7-9}$$

引理 7.2 考虑系统式(7-7)，给定标量 $\beta_d > 0$，若存在 $\boldsymbol{Q}_i > 0$ ($i = 1,\cdots,N$)满足下列 LMI

$$\begin{bmatrix}-\boldsymbol{P}_1 & 0 & 0 & \lambda_{i1}^{1/2}\boldsymbol{P}_{1i}\boldsymbol{A}_i & \lambda_{i1}^{1/2}\boldsymbol{P}_{1i}\boldsymbol{B}_i \\ 0 & \ddots & 0 & \vdots & \vdots \\ 0 & 0 & -P_N & \lambda_{iN}^{1/2}\boldsymbol{P}_N\boldsymbol{A}_i & \lambda_{iN}^{1/2}\boldsymbol{P}_N\boldsymbol{B}_i \\ \lambda_{i1}^{1/2}\boldsymbol{A}_i^{\mathrm{T}}\boldsymbol{P}_{1i} & \cdots & \lambda_{iN}^{1/2}\boldsymbol{A}_i^{\mathrm{T}}\boldsymbol{P}_N & -\boldsymbol{P}_i + \boldsymbol{C}_i^{\mathrm{T}}\boldsymbol{C}_i & \boldsymbol{C}_i^{\mathrm{T}}\boldsymbol{D}_i \\ \lambda_{i1}^{1/2}\boldsymbol{B}_i^{\mathrm{T}}\boldsymbol{P}_{1i} & \cdots & \lambda_{iN}^{1/2}\boldsymbol{B}_i^{\mathrm{T}}\boldsymbol{P}_N & \boldsymbol{D}_i^{\mathrm{T}}\boldsymbol{C}_i & -\gamma_d^2\boldsymbol{I} + \boldsymbol{D}_i^{\mathrm{T}}\boldsymbol{D}_i\end{bmatrix} > 0 \tag{7-10}$$

则在零初始条件下有 $\|y\|_{2,E} > \beta_d \|u\|_2$ 成立。

证明:针对系统式(7－7),定义如下随机 Lyapunov 函数

$$V(x,\boldsymbol{\eta}(k)) = \boldsymbol{x}^{\mathrm{T}}(k)\boldsymbol{Q}(\boldsymbol{\eta}(k))\boldsymbol{x}(k)$$

可得

$$\begin{aligned}
&\mathrm{E}\{V(x(k+1),\boldsymbol{\eta}(k+1)) \mid \boldsymbol{x}(k),\boldsymbol{\eta}(k)=i\} - V(x(k),\boldsymbol{\eta}(k)=i)\\
&= (\boldsymbol{A}_i\boldsymbol{x}(k)+\boldsymbol{B}_i\boldsymbol{u}(k))^{\mathrm{T}}\Big(\sum\nolimits_{j=1}^{N}\lambda_{ij}\boldsymbol{Q}_j\Big)(\boldsymbol{A}_i\boldsymbol{x}(k)+\boldsymbol{B}_i\boldsymbol{u}(k)) - \boldsymbol{x}^{\mathrm{T}}(k)\boldsymbol{Q}_i\boldsymbol{x}(k)\\
&= \boldsymbol{x}^{\mathrm{T}}(k)\Big(\boldsymbol{A}_i^{\mathrm{T}}\Big(\sum\nolimits_{j=1}^{N}\lambda_{ij}\boldsymbol{Q}_j\Big)\boldsymbol{A}_i - \boldsymbol{Q}_i\Big)\boldsymbol{x}(k) + \boldsymbol{u}^{\mathrm{T}}(k)\boldsymbol{B}_i^{\mathrm{T}}\Big(\sum\nolimits_{j=1}^{N}\lambda_{ij}\boldsymbol{Q}_j\Big)\boldsymbol{A}_i\boldsymbol{x}(k)\\
&\quad + \boldsymbol{x}^{\mathrm{T}}(k)\boldsymbol{A}_i^{\mathrm{T}}\Big(\sum\nolimits_{j=1}^{N}\lambda_{ij}\boldsymbol{Q}_j\Big)\boldsymbol{B}_i\boldsymbol{u}(k) + \boldsymbol{u}^{\mathrm{T}}(k)\boldsymbol{B}_i^{\mathrm{T}}\Big(\sum\nolimits_{j=1}^{N}\lambda_{ij}\boldsymbol{Q}_j\Big)\boldsymbol{B}_i\boldsymbol{u}(k)
\end{aligned} \tag{7-11}$$

在零初始条件 $\boldsymbol{x}(0)=0$ 和 $\boldsymbol{\eta}(0)=i_0 \in \psi$ 下,定义如下指标:

$$J_\tau = \mathrm{E}\Big\{\sum_{k=0}^{\tau-1}[\boldsymbol{y}^{\mathrm{T}}(k)\boldsymbol{y}(k) - \beta_d^2\boldsymbol{u}^{\mathrm{T}}(k)\boldsymbol{u}(k)]\Big\}$$

由于

$$V(\boldsymbol{x}(0),\boldsymbol{\eta}(0)) = 0,\mathrm{E}\{V(\boldsymbol{x}(\tau),\boldsymbol{\eta}(\tau))\} \geqslant 0$$

可得

$$\begin{aligned}
J_\tau &= \mathrm{E}\Big\{\sum_{k=0}^{\tau-1}[\boldsymbol{y}^{\mathrm{T}}(k)\boldsymbol{y}(k) - \beta_d^2\boldsymbol{u}^{\mathrm{T}}(k)\boldsymbol{u}(k) - V(\boldsymbol{x}(k+1),\boldsymbol{\eta}(k+1))\\
&\quad + V(\boldsymbol{x}(k),\boldsymbol{\eta}(k))]\Big\} + \mathrm{E}\{V(\boldsymbol{x}(\tau),\boldsymbol{\eta}(\tau)) - V(\boldsymbol{x}(0),\boldsymbol{\eta}(0))\}\\
&\geqslant \mathrm{E}\Big\{\sum_{k=0}^{\tau-1}[\boldsymbol{y}^{\mathrm{T}}(k)\boldsymbol{y}(k) - \beta_d^2\boldsymbol{u}^{\mathrm{T}}(k)\boldsymbol{u}(k) - V(\boldsymbol{x}(k+1),\\
&\quad \boldsymbol{\eta}(k+1)) + V(\boldsymbol{x}(k),\boldsymbol{\eta}(k))]\Big\}
\end{aligned}$$

进一步

$$\begin{aligned}
&\boldsymbol{y}^{\mathrm{T}}(k)\boldsymbol{y}(k) - \beta_d^2\boldsymbol{u}^{\mathrm{T}}(k)\boldsymbol{u}(k) - E\{V(\boldsymbol{x}(k+1),\\
&\quad \boldsymbol{\eta}(k+1)) \mid \boldsymbol{x}(k),\boldsymbol{\eta}(k)=i\} + V(\boldsymbol{x}(k),\boldsymbol{\eta}(k)=i)\\
&\quad = \boldsymbol{x}^{\mathrm{T}}(k)\Big(-\boldsymbol{A}_i^{\mathrm{T}}\Big(\sum\nolimits_{j=1}^{N}\lambda_{ij}\boldsymbol{Q}_j\Big)\boldsymbol{A}_i + \boldsymbol{Q}_i + \boldsymbol{C}_i^{\mathrm{T}}\boldsymbol{C}_i\Big)\boldsymbol{x}(k)\\
&\quad + \boldsymbol{u}^{\mathrm{T}}(k)\Big(\boldsymbol{D}_i^{\mathrm{T}}\boldsymbol{C}_i - \boldsymbol{B}_i^{\mathrm{T}}\Big(\sum\nolimits_{j=1}^{N}\lambda_{ij}\boldsymbol{Q}_j\Big)\boldsymbol{A}_i\Big)\boldsymbol{x}(k)\\
&\quad + \boldsymbol{x}^{\mathrm{T}}(k)\Big(\boldsymbol{C}_i^{\mathrm{T}}\boldsymbol{D}_i - \boldsymbol{A}_i^{\mathrm{T}}\Big(\sum\nolimits_{j=1}^{N}\lambda_{ij}\boldsymbol{Q}_j\Big)\boldsymbol{B}_i\Big)\boldsymbol{u}(k) - \boldsymbol{u}^{\mathrm{T}}(k)\\
&\qquad \Big(\beta_d^2\boldsymbol{I} + \boldsymbol{B}_i^{\mathrm{T}}\Big(\sum\nolimits_{j=1}^{N}\lambda_{ij}\boldsymbol{Q}_j\Big)\boldsymbol{B}_i - \boldsymbol{D}_i^{\mathrm{T}}\boldsymbol{D}_i\Big)\boldsymbol{u}(k) = \begin{bmatrix}\boldsymbol{x}(k)\\ \boldsymbol{u}(k)\end{bmatrix}^{\mathrm{T}} \boldsymbol{\Xi}_i \begin{bmatrix}\boldsymbol{x}(k)\\ \boldsymbol{u}(k)\end{bmatrix}
\end{aligned}$$

其中

$$\Xi_i = \begin{bmatrix} -A_i^{\mathrm{T}}(\sum_{j=1}^{N}\lambda_{ij}Q_j)A_i + Q_i + C_i^{\mathrm{T}}C_i & -A_i^{\mathrm{T}}(\sum_{j=1}^{N}\lambda_{ij}Q_j)B_i + C_i^{\mathrm{T}}D_i \\ -B_i^{\mathrm{T}}(\sum_{j=1}^{N}\lambda_{ij}Q_j)A_i + D_i^{\mathrm{T}}C_i & -\gamma_d^2 I + D_i^{\mathrm{T}}D_i - B_i^{\mathrm{T}}(\sum_{j=1}^{N}\lambda_{ij}Q_j)B_i \end{bmatrix} > 0$$

从而可得

$$\Xi_i > 0 \Rightarrow J_\tau > 0, \tau = 1,2,\cdots \Leftrightarrow \|y\|_{2,\mathrm{E}} > \beta_c \|u\|_2$$

应用 Schur 补引理，$\Xi_i > 0$ 等价于不等式(7 - 10)。引理 7.2 得证。

将引理 7.1 和引理 7.2 应用于系统式(7 - 3)可知，对于给定 $\gamma_d > 0$、$\beta_d > 0$，如果存在矩阵 $P_i > 0$、$Q_i > 0$、$G_i > 0$ 和 H_i 满足下列矩阵不等式：

$$\begin{bmatrix} -P_1 & 0 & 0 & \lambda_{i1}^{1/2}P_{1i}(A_i - H_iC_i) & \lambda_{i1}^{1/2}P_{1i}(B_i - H_iD_{di}) \\ 0 & \ddots & 0 & \vdots & \vdots \\ 0 & 0 & -P_N & \lambda_{iN}^{1/2}P_N(A_i - H_iC_i) & \lambda_{iN}^{1/2}P_N(B_i - H_iD_{di}) \\ \lambda_{i1}^{1/2}(A_i - H_iC_i)^{\mathrm{T}}P_1 & \cdots & \lambda_{iN}^{1/2}(A_i - H_iC_i)^{\mathrm{T}}P_N & -P_i + C_i^{\mathrm{T}}C_i & C_i^{\mathrm{T}}G_iD_{di} \\ \lambda_{i1}^{1/2}(B_i - H_iD_{di})^{\mathrm{T}}P_1 & \cdots & \lambda_{iN}^{1/2}(B_i - H_iD_{di})^{\mathrm{T}}P_N & D_{di}^{\mathrm{T}}C_i & -\gamma_d^2 I + D_{di}^{\mathrm{T}}G_iD_i \end{bmatrix} < 0 \tag{7-12}$$

$$\begin{bmatrix} -P_1 & 0 & 0 & \lambda_{i1}^{1/2}P_{1i}(A_i - H_iC_i) & \lambda_{i1}^{1/2}P_{1i}(B_i - H_iD_{fi}) \\ 0 & \ddots & 0 & \vdots & \vdots \\ 0 & 0 & -P_N & \lambda_{iN}^{1/2}P_N(A_i - H_iC_i) & \lambda_{iN}^{1/2}P_N(B_i - H_iD_{fi}) \\ \lambda_{i1}^{1/2}(A_i - H_iC_i)^{\mathrm{T}}P_1 & \cdots & \lambda_{iN}^{1/2}(A_i - H_iC_i)^{\mathrm{T}}P_N & -P_i + C_i^{\mathrm{T}}C_i & C_i^{\mathrm{T}}G_iD_{fi} \\ \lambda_{i1}^{1/2}(B_i - H_iD_{fi})^{\mathrm{T}}P_1 & \cdots & \lambda_{iN}^{1/2}(B_i - H_iD_{fi})^{\mathrm{T}}P_N & D_{di}^{\mathrm{T}}C_i & -\beta_d^2 I + D_{fi}^{\mathrm{T}}G_iD_i \end{bmatrix} < 0 \tag{7-13}$$

则 H_i 和 $V_i = (G_i)^{1/2}$ 使得系统式(7 - 3)均方稳定，且在零初始条件下满足下列指标

$$\|y\|_{2,\mathrm{E}} < \gamma_d \|u\|_2, \|y\|_{2,\mathrm{E}} > \beta_d \|u\|_2 \tag{7-14}$$

进一步，与定理 6.1 的证明类似，应用 Schur 补引理可得满足式(7 - 14)的均方稳定鲁棒 FDF，即如下定理 7.1。

定理 7.1 给定 $\gamma_d > 0$、$\beta_d > 0$，若存在 $P_i > 0, Q_i > 0, G_i > 0, P_{i0} > 0, Q_{i0} > 0, H_i, H_{i0}(i = 1,\cdots,N)$ 满足下列矩阵不等式：

$$\begin{bmatrix} -\boldsymbol{\Gamma}_P + 2\boldsymbol{\Gamma}_{\lambda_i}^2\boldsymbol{\Gamma}_{PP} & \boldsymbol{\Gamma}_{PA_i} & \boldsymbol{\Gamma}_{PB_{di}} & \boldsymbol{\Gamma}_{\lambda_i}\boldsymbol{\Gamma}_P & \boldsymbol{\Gamma}_{\lambda_i}\boldsymbol{\Gamma}_P \\ \boldsymbol{\Gamma}_{PA_i}^{\mathrm{T}} & \boldsymbol{\Gamma}_{P_iC_i} & \boldsymbol{C}_i^{\mathrm{T}}\boldsymbol{G}_i\boldsymbol{D}_{di} & -\boldsymbol{\Gamma}_{C_iH_i}^{\mathrm{T}} & 0 \\ \boldsymbol{\Gamma}_{PB_{di}}^{\mathrm{T}} & \boldsymbol{D}_{di}^{\mathrm{T}}\boldsymbol{G}_i\boldsymbol{C}_i & \boldsymbol{\Gamma}_{di} & 0 & -\boldsymbol{\Gamma}_{D_{di}H_i}^{\mathrm{T}} \\ \boldsymbol{\Gamma}_{\lambda_i}\boldsymbol{\Gamma}_P & -\boldsymbol{\Gamma}_{C_iH_i} & 0 & -\boldsymbol{I} & 0 \\ \boldsymbol{\Gamma}_{\lambda_i}\boldsymbol{\Gamma}_P & 0 & -\boldsymbol{\Gamma}_{D_{di}H_i} & 0 & -\boldsymbol{I} \end{bmatrix} < 0 \tag{7-15}$$

$$\begin{bmatrix} \boldsymbol{\Gamma}_Q - 2\boldsymbol{\Gamma}_{\lambda_i}^2\boldsymbol{\Gamma}_{QQ} & \boldsymbol{\Gamma}_{QA_i} & \boldsymbol{\Gamma}_{QB_{fi}} & \boldsymbol{\Gamma}_{\lambda_i}\boldsymbol{\Gamma}_Q & \boldsymbol{\Gamma}_{\lambda_i}\boldsymbol{\Gamma}_Q \\ \boldsymbol{\Gamma}_{QA_i}^{\mathrm{T}} & \boldsymbol{\Gamma}_{Q_iC_i} & \boldsymbol{C}_i^{\mathrm{T}}\boldsymbol{G}_i\boldsymbol{D}_{fi} & \boldsymbol{\Gamma}_{C_iH_i}^{\mathrm{T}} & 0 \\ \boldsymbol{\Gamma}_{QB_{fi}}^{\mathrm{T}} & \boldsymbol{D}_{fi}^{\mathrm{T}}\boldsymbol{G}_i\boldsymbol{C}_i & \boldsymbol{\Gamma}_{fi} & 0 & \boldsymbol{\Gamma}_{D_{fi}H_i}^{\mathrm{T}} \\ \boldsymbol{\Gamma}_{\lambda_i}\boldsymbol{\Gamma}_Q & \boldsymbol{\Gamma}_{C_iH_i} & 0 & \boldsymbol{I} & 0 \\ \boldsymbol{\Gamma}_{\lambda_i}\boldsymbol{\Gamma}_Q & 0 & \boldsymbol{\Gamma}_{D_{fi}H_i} & 0 & \boldsymbol{I} \end{bmatrix} > 0 \tag{7-16}$$

其中

$$\boldsymbol{\Gamma}_{C_iH_i} = [\boldsymbol{C}_i^{\mathrm{T}}H_i^{\mathrm{T}},\cdots,\boldsymbol{C}_i^{\mathrm{T}}\boldsymbol{H}_i^{\mathrm{T}}]^{\mathrm{T}}$$

$$\boldsymbol{\Gamma}_{PB_{di}} = [\boldsymbol{\lambda}_{i1}^{1/2}B_{di}^{\mathrm{T}}P_1,\cdots,\boldsymbol{\lambda}_{iN}^{1/2}\boldsymbol{B}_{di}^{\mathrm{T}}\boldsymbol{P}_N]^{\mathrm{T}}$$

$$\boldsymbol{\Gamma}_{PA_i} = [\boldsymbol{\lambda}_{i1}^{1/2}\boldsymbol{A}_i^{\mathrm{T}}\boldsymbol{P}_1,\cdots,\boldsymbol{\lambda}_{iN}^{1/2}\boldsymbol{A}_i^{\mathrm{T}}\boldsymbol{P}_N]^{\mathrm{T}}$$

$$\boldsymbol{\Gamma}_P = \mathrm{diag}\{\boldsymbol{P}_1,\boldsymbol{P}_2,\cdots,\boldsymbol{P}_N\}$$

$$\boldsymbol{\Gamma}_{PP} = \mathrm{diag}\{(\boldsymbol{P}_{10}\boldsymbol{P}_{10} - \boldsymbol{P}_1\boldsymbol{P}_{10} - \boldsymbol{P}_{10}\boldsymbol{P}_1),\cdots,(\boldsymbol{P}_{N0}\boldsymbol{P}_{N0} - \boldsymbol{P}_N\boldsymbol{P}_{N0} - \boldsymbol{P}_{N0}\boldsymbol{P}_N)\}$$

$$\boldsymbol{\Gamma}_{\lambda_i} = \mathrm{diag}\{\boldsymbol{\lambda}_{i1}^{1/2},\boldsymbol{\lambda}_{i2}^{1/2},\cdots,\boldsymbol{\lambda}_{iN}^{1/2}\}$$

$$\boldsymbol{\Gamma}_{D_{di}H_i} = [\boldsymbol{D}_{di}^{\mathrm{T}}\boldsymbol{H}_i^{\mathrm{T}}\cdots\boldsymbol{D}_{dN}^{\mathrm{T}}\boldsymbol{H}_N^{\mathrm{T}}]^{\mathrm{T}}$$

$$\boldsymbol{\Gamma}_{P_iC_i} = -\boldsymbol{P}_i + \boldsymbol{C}_i^{\mathrm{T}}\boldsymbol{G}_i\boldsymbol{C}_i + N\boldsymbol{C}_i^{\mathrm{T}}(\boldsymbol{H}_{i0}^{\mathrm{T}}\boldsymbol{H}_{i0} - \boldsymbol{H}_i^{\mathrm{T}}\boldsymbol{H}_{i0} - \boldsymbol{H}_{i0}^{\mathrm{T}}\boldsymbol{H}_i)\boldsymbol{C}_i$$

$$\boldsymbol{\Gamma}_{di} = -\gamma_d^2\boldsymbol{I} + \boldsymbol{D}_{di}^{\mathrm{T}}\boldsymbol{G}_i\boldsymbol{D}_{di} + N\boldsymbol{D}_{di}^{\mathrm{T}}(\boldsymbol{H}_{i0}^{\mathrm{T}}\boldsymbol{H}_{i0} - \boldsymbol{H}_i^{\mathrm{T}}\boldsymbol{H}_{i0} - \boldsymbol{H}_{i0}^{\mathrm{T}}\boldsymbol{H}_i)\boldsymbol{D}_{di}$$

$$\boldsymbol{\Gamma}_Q = \mathrm{diag}\{\boldsymbol{Q}_1,\boldsymbol{Q}_2,\cdots,\boldsymbol{Q}_N\}$$

则系统式(7-3)均方稳定,且在零初始条件下满足性能指标式(7-14)。

证明:证明过程与定理6.1类似,略。

综上分析可见,给定标量 $\gamma_d > 0$、$\beta_d > 0$,定理7.1给出了离散时间 Markov 跳跃系统鲁棒 FDF 存在的充分条件和 FDF 参数矩阵的可行解。为了获得使 $\dfrac{\beta_c}{\gamma_c}$ 最大化的鲁棒 FDF,仍需要多次应用定理7.1进行迭代计算。与算法6.1

类似,可应用文献[11]迭代 LMI 方法得到矩阵不等式(7-15)、式(7-16)的可行解,即如下算法 7.1。

算法 7.1. 考虑基于观测器的 FDF 式(7-2),首先给定充分大 $\gamma_d > 0$,较小的常数 $\delta_d > 0$、$\Delta\gamma_d > 0$,容许的最大迭代次数 L,设 $J_d = 0$。

步骤 1. 令 $\boldsymbol{H}_i = 0, i = 1, \cdots, N$,使满足式(7-15)、式(7-16)的 β_c 最大化,得到矩阵 $\boldsymbol{P}_i > 0, \boldsymbol{Q}_i > 0, \boldsymbol{G}_i > 0$。令 $\boldsymbol{P}_{i0} = \boldsymbol{P}_i, \boldsymbol{H}_{i0} = 0, \boldsymbol{Q}_{i0} = \boldsymbol{Q}_i$。

步骤 2. 基于已知的 $\boldsymbol{P}_{i0}, \boldsymbol{H}_{i0}, \boldsymbol{Q}_{i0}$,再次使满足式(7-15)、式(7-16)的 β_d 最大化,得到一组新的 $\boldsymbol{P}_i > 0, \boldsymbol{Q}_i > 0, \boldsymbol{G}_i > 0$。再令 $\boldsymbol{P}_{i0} = \boldsymbol{P}_i, \boldsymbol{H}_{i0} = 0, \boldsymbol{Q}_{i0} = \boldsymbol{Q}_i$。记 $\beta_d^j = \beta_d, i = 2, \cdots, L$ 为迭代次数。

步骤 3. 重复步骤 2 直至 $|\beta_d^{j-1} - \beta_d^j| < \delta_d$ 或 $j > L$。

步骤 4. 计算 β_d/γ_d,若 $J > J_d$,则令 $\gamma_{0d} = \gamma, \beta_{0d} = \beta, J = J_d, \boldsymbol{P}_{0i} = \boldsymbol{P}_i, \boldsymbol{H}_{0i} = \boldsymbol{H}_i, \boldsymbol{Q}_{0i} = \boldsymbol{Q}_i, \boldsymbol{G}_{0i} = \boldsymbol{G}_i$。

步骤 5. 置 $\gamma_d = \gamma_d - \Delta\gamma_d$,重复步骤 1~步骤 4 直至式(7-15)、式(7-16)不可解。可得鲁棒 FDF 参数矩阵为

$$\boldsymbol{P}_i = \boldsymbol{P}_{0i}, \boldsymbol{H}_i = \boldsymbol{H}_{0i}, \boldsymbol{Q}_i = \boldsymbol{Q}_{0i}, \boldsymbol{V}_i = (\boldsymbol{G}_{0i})^{1/2}$$

7.2.3 仿真算例

考虑具有两个模态的离散时间 Markov 跳跃系统,假设其参数矩阵给定如下:

$$\boldsymbol{A}_1 = \begin{bmatrix} 0.1 & 0 & 1 & 0 \\ 0 & 0.1 & 0 & 0.5 \\ 0 & 0 & 0.2 & 0 \\ 0 & 0 & 0 & 0.1 \end{bmatrix}, \boldsymbol{A}_2 = \begin{bmatrix} 0.3 & 0 & -1 & 0 \\ -0.1 & 0.2 & 0 & -0.5 \\ 0 & 0 & -0.2 & 0 \\ 0 & 0 & 0 & -0.5 \end{bmatrix}$$

$$\boldsymbol{B}_{d1} = \boldsymbol{B}_{d2} = \begin{bmatrix} 0.8 \\ -2.4 \\ 1.6 \\ 0.8 \end{bmatrix}, \boldsymbol{B}_{f1} = \boldsymbol{B}_{f2} = \begin{bmatrix} 1 \\ 1 \\ 2 \\ -2 \end{bmatrix}, \boldsymbol{B}_1 = \boldsymbol{B}_2 = \begin{bmatrix} 0 \\ 0 \\ 0 \\ 0 \end{bmatrix}$$

$$\boldsymbol{C}_1 = \boldsymbol{C}_2 = \begin{bmatrix} 0 & 1 & 0 & 1 \\ 1 & 0 & 1 & 0 \end{bmatrix}, \boldsymbol{D}_{f1} = \boldsymbol{D}_{f2} = \begin{bmatrix} 2 \\ -1 \end{bmatrix}, \boldsymbol{D}_{d1} = \boldsymbol{D}_{d2} = \begin{bmatrix} 0.2 \\ 0.4 \end{bmatrix}$$

状态转移概率为

$$\lambda_{11} = 0.2,\ \lambda_{12} = 0.8, \lambda_{21} = 0.6,\ \lambda_{22} = 0.4$$

取初始值为 $\gamma_d = 0.8, \Delta\gamma_d = 0.05$，应用算法 7.1 计算得满足可行的性能指标和均方稳定鲁棒 FDF 参数矩阵为

$$\gamma_d = 0.8, \beta_d = 0.3$$

$$\boldsymbol{H}_1 = \begin{bmatrix} 0.0238 & 0.1834 \\ -0.0375 & 0.0084 \\ 0.0345 & 0.0832 \\ -0.0068 & 0.0536 \end{bmatrix}, \boldsymbol{H}_2 = \begin{bmatrix} 0.0700 & 0.0403 \\ 0.0400 & 0.0110 \\ 0.0554 & 0.0443 \\ 0.0337 & 0.0278 \end{bmatrix}$$

$$\boldsymbol{V}_1 = \begin{bmatrix} 2.8199 & -1.5737 \\ -1.5737 & 0.9089 \end{bmatrix}, \boldsymbol{V}_2 = \begin{bmatrix} 2.7354 & -1.3582 \\ -1.3582 & 0.6916 \end{bmatrix}$$

7.3 基于 H_i/H_∞ 优化的鲁棒故障检测

7.3.1 问题描述

考虑如下线性离散 Markov 跳跃系统：

$$\begin{cases} \boldsymbol{x}(k+1) = \boldsymbol{A}(\theta_k)\boldsymbol{x}(k) + \boldsymbol{B}(\theta_k)\boldsymbol{u}(k) + \boldsymbol{B}_d(\theta_k)\boldsymbol{d}(k) + \boldsymbol{B}_f(\theta_k)\boldsymbol{f}(k) \\ \boldsymbol{y}(k) = \boldsymbol{C}(\theta_k)\boldsymbol{x}(k) + \boldsymbol{D}_d(\theta_k)\boldsymbol{d}(k) + \boldsymbol{D}_f(\theta_k)\boldsymbol{f}(k) \\ \boldsymbol{x}(0) = \boldsymbol{x}_0, \theta(0) = i_0 \end{cases} \tag{7-17}$$

式中：$\boldsymbol{x}(k) \in \mathbf{R}^n$、$\boldsymbol{u}(k) \in \mathbf{R}^{n_u}$、$\boldsymbol{y}(k) \in \mathbf{R}^{n_y}$、$\boldsymbol{d}(k) \in \mathbf{R}^{n_d}$ 和 $\boldsymbol{f}(k) \in \mathbf{R}^{n_f}$ 分别为系统状态、控制输入、测量输出、未知输入和故障向量，假定 $u(k)$、$d(k)$ 和 $f(k)$ 均为 l_2 范数有界信号；$\{\theta_k\}$ 为在有限状态集 $\Omega = \{1,2,\cdots,N\}$ 上取值的离散时间齐次 Markov 链，其状态转移概率为

$$\Pr\{\theta_{k+1} = j \mid \theta_k = i\} = \lambda_{ij}$$

且满足 $\sum_{j=1}^{N}\lambda_{ij} = 1$。对于 $\theta_k = i \in \Omega, \boldsymbol{A}(\theta_k)$、$\boldsymbol{B}(\theta_k)$、$\boldsymbol{B}_d(\theta_k)$、$\boldsymbol{B}_f(\theta_k)$、$\boldsymbol{C}(\theta_k)$、$\boldsymbol{D}_d(\theta_k)$、$\boldsymbol{D}_f(\theta_k)$ 均为适当维数的实常数矩阵。对于任意适当维数的参数矩阵 $\boldsymbol{F}(\theta_k)$，记 $\boldsymbol{F}(\theta_k) = \boldsymbol{F}_i, \forall \theta_k = i \in \Omega$，为简单起见，后面不再一一介绍。首先给出如下定义和假设。

定义 7.2[21]　令 G_s 表示由 l_2 范数有界空间 S_1 到 l_2 范数有界空间 S_2 的映

射或算子，若对任意的$\mu \in S_1$和$\zeta \in S_2$，有如下关系成立：

$$\langle G_s\mu,\zeta\rangle = \langle \mu, G_s^{\sim}\zeta\rangle$$

则称$G_s^{\sim}$为G_s的伴随算子。

定义7.3[21] 令G_s表示由l_2范数有界空间S_1到l_2范数有界空间S_2的映射或算子，记$G_s^{\sim}$为G_s的伴随算子，若对信号φ有如下关系成立：

$$\| G_s^{\sim}\varphi \|_{S_2} = \| \varphi \|_{S_1}$$

其中$\| \cdot \|_S$表示空间S的l_2范数，则称G_s为互等距(co - isometric)。

假设1 $(\widetilde{\boldsymbol{A}}^{\mathrm{T}},\widetilde{\boldsymbol{C}}^{\mathrm{T}})$均方可镇定；

假设2 $(\widetilde{\boldsymbol{B}}_R,\widetilde{\boldsymbol{A}}_R)$均方可检测。其中

$$\widetilde{\boldsymbol{A}} = (\boldsymbol{A}_1,\boldsymbol{A}_2,\cdots,\boldsymbol{A}_N),\widetilde{\boldsymbol{C}} = (C_1,C_2,\cdots,C_N)$$

$$\widetilde{\boldsymbol{A}}_{Ri} = \boldsymbol{A}_i^{\mathrm{T}} - \boldsymbol{C}_i^{\mathrm{T}}(\boldsymbol{D}_{di}\boldsymbol{D}_{di}^{\mathrm{T}})^{-1}\boldsymbol{D}_{di}\boldsymbol{B}_{di}^{\mathrm{T}},\widetilde{\boldsymbol{B}}_{Ri} = (\boldsymbol{I} - \boldsymbol{D}_{di}^{\mathrm{T}}(\boldsymbol{D}_{di}\boldsymbol{D}_{di}^{\mathrm{T}})^{-1}\boldsymbol{D}_{di})\boldsymbol{B}_{di}^{\mathrm{T}}$$

$$\widetilde{\boldsymbol{A}}_R = (\boldsymbol{A}_{R1},\boldsymbol{A}_{R2},\cdots,\boldsymbol{A}_{RN}),\widetilde{\boldsymbol{B}}_R = (\boldsymbol{B}_{R1},\boldsymbol{B}_{R2},\cdots,\boldsymbol{B}_{RN})$$

假设3 系统模态$\{\theta_k\}$在线已知

构造如下基于观测器的FDF作为残差产生器

$$\begin{cases}\hat{\boldsymbol{x}}(k+1) = \boldsymbol{A}(\theta_k)\hat{\boldsymbol{x}}(k) + \boldsymbol{B}(\theta_k)\boldsymbol{u}(k) + \boldsymbol{L}(\theta_k)(\boldsymbol{y}(k) - \hat{\boldsymbol{y}}(k))\\ \hat{\boldsymbol{y}}(k) = \boldsymbol{C}(\theta_k)\hat{\boldsymbol{x}}(k)\\ \boldsymbol{r}(k) = \boldsymbol{V}(\theta_k)(\boldsymbol{y}(k) - \hat{\boldsymbol{y}}(k))\end{cases} \tag{7-18}$$

其中，$\hat{\boldsymbol{x}}(k)$、$\hat{\boldsymbol{y}}(k)$分别为$\boldsymbol{x}(k)$、$\boldsymbol{y}(k)$的估计，$\boldsymbol{r}(k) \in R^r$为残差信号，$\boldsymbol{L}(\theta_k)$为待设计的观测器增益矩阵，$\boldsymbol{V}(\theta_k)$为(正则)后置滤波器。

定义$\boldsymbol{e}(k) = \hat{\boldsymbol{x}}(k) - \boldsymbol{x}(k)$，由式(7-17)和式(7-18)可得

$$\begin{cases}\boldsymbol{e}(k+1) = (\boldsymbol{A}(\theta_k) - \boldsymbol{L}(\theta_k)\boldsymbol{C}(\theta_k))\boldsymbol{e}(k) + (\boldsymbol{B}_d(\theta_k) - \boldsymbol{L}(\theta_k)\boldsymbol{D}_d(\theta_k))\boldsymbol{d}(k)\\ \qquad + \boldsymbol{B}_f(\theta_k) - \boldsymbol{L}(\theta_k)\boldsymbol{D}_f(\theta_k)\boldsymbol{f}(k)\\ \boldsymbol{r}(k) = \boldsymbol{V}(\theta_k)\boldsymbol{C}(\theta_k)\boldsymbol{e}(k) + \boldsymbol{V}(\theta_k)\boldsymbol{D}_d(\theta_k)\boldsymbol{d}(k) + \boldsymbol{V}(\theta_k)\boldsymbol{D}_f(\theta_k)\boldsymbol{f}(k)\end{cases} \tag{7-19}$$

令G_{rf}、G_{rd}分别表示$\boldsymbol{f}\rightarrow\boldsymbol{r}$和$\boldsymbol{d}\rightarrow\boldsymbol{r}$的映射算子，即

$$\boldsymbol{r}_f(k) = G_{rf}\boldsymbol{f}(k),\boldsymbol{r}_d(k) = G_{rd}\boldsymbol{d}(k)$$

其中$\boldsymbol{r}_f(k) = \boldsymbol{r}(k)|_{d(k)=0}$，$\boldsymbol{r}_d(k) = \boldsymbol{r}(k)|_{f(k)=0}$。

定义

$$\|G_{rf}\|_\infty = \sup_{f\in l_2,\ \|f(k)\|_2\neq 0} \frac{\|\boldsymbol{r}_f(k)\|_{2,\mathrm{E}}}{\|\boldsymbol{f}(k)\|_2}$$

$$\|G_{rd}\|_\infty = \sup_{d\in l_2,\ \|d(k)\|_2\neq 0} \frac{\|\boldsymbol{r}_d(k)\|_{2,\mathrm{E}}}{\|\boldsymbol{d}(k)\|_2}$$

$$\|G_{rf}\|_- = \inf_{f\in l_2,\ \|f(k)\|_2\neq 0} \frac{\|\boldsymbol{r}_f(k)\|_{2,\mathrm{E}}}{\|\boldsymbol{f}(k)\|_2}$$

类似于文献[4,22]关于离散时间 LTI 系统的情形,残差对故障的灵敏度由 $\|G_{rf}\|_\infty$ 或 $\|G_{rf}\|_-$ 表示,残差对扰动的鲁棒性由 $\|G_{rd}\|_\infty$ 表示,其中 $\|G_{rf}\|_\infty$ 或 $\|G_{rf}\|_-$ 分别表征了故障灵敏度指标的最佳或最差的情况。从而可将 FDF 设计归结为:设计观测器增益矩阵 $\boldsymbol{L}(\theta_k)$ 和后置滤波器 $\boldsymbol{V}(\theta_k)$,使得系统式(7-19)均方稳定,且满足如下性能指标:

$$\max_{L(\theta_k),V(\theta_k)} \frac{\|G_{rf}\|_\infty^2}{\|G_{rd}\|_\infty^2} \quad 或 \quad \max_{L(\theta_k),V(\theta_k)} \frac{\|G_{rf}\|_-^2}{\|G_{rd}\|_\infty^2} \tag{7-20}$$

值得指出的是,当 $\boldsymbol{B}_{di}\boldsymbol{D}_{di}^{\mathrm{T}}=0$ 时,$(\widetilde{\boldsymbol{B}}_R,\widetilde{\boldsymbol{A}}_R)$ 均方可检测的假设可以简化为 $(\widetilde{\boldsymbol{B}}_d,\widetilde{\boldsymbol{A}})$ 均方可检测,其中 $\widetilde{\boldsymbol{B}}_d=(\boldsymbol{B}_{d1},\boldsymbol{B}_{d2},\cdots,\boldsymbol{B}_{dN})$。然而,确定性系统的可镇定性与可检测性对偶关系不可直接扩展到 Markov 跳跃系统[22]。另外,针对线性离散 Markov 跳跃系统定义的性能指标 $\|G_{rf}\|_\infty^2/\|G_{rd}\|_\infty^2$ 或 $\|G_{rf}\|_-^2/\|G_{rd}\|_\infty^2$ 可以看作是文献[23]中关于 LDTV 系统故障检测性能指标的推广。但文献[1,4,6]中基于互质分解或矩阵范数优化的方法不能直接应用于 Markov 跳跃系统,下面将提出一种基于伴随算子的优化算法。

7.3.2 基于 H_i/H_∞ 优化的 FDF 设计

首先给出如下相关的引理。

引理 7.3 令 G_s 表示由 l_2 范数有界空间 S_1 到 l_2 范数有界空间 S_2 的映射或算子,G_s 为互等距当且仅当 $G_sG_s^{\sim}=\boldsymbol{I}$。

证明 设 G_s 表示 $\mu\to\zeta$ 的映射或算子。由定义 7.3 知,如果

$$\|\zeta\|_2^2=\|G_s^{\sim}\mu\|_2^2=\|\mu\|_2^2$$

则 G_s 为互等距。由定义 7.2 可知

$$\langle G_s\mu,\zeta\rangle=\langle\mu,G_s^{\sim}\zeta\rangle=\langle\mu,\mu\rangle=\|\mu\|_2^2=\langle G_sG_s^{\sim}\zeta,\zeta\rangle$$

进一步,由 Cauchy - Schwarz 不等式知,当且仅当 $G_sG_s^{\sim}=\boldsymbol{I}$ 时,$\|\zeta\|_2^2=\|\mu\|_2^2$。引理 7.3 得证。

引理7.4 考虑如下基于观测器的FDF：

$$\begin{cases}\hat{\boldsymbol{x}}^m(k+1) = \boldsymbol{A}(\theta_k)\hat{\boldsymbol{x}}^m(k) + \boldsymbol{B}(\theta_k)\boldsymbol{u}(k) + \boldsymbol{L}^m(\theta_k)(\boldsymbol{y}(k) - \hat{\boldsymbol{y}}(k)) \\ \boldsymbol{r}^m(k) = \boldsymbol{V}^m(\theta_k)(\boldsymbol{y}(k) - \boldsymbol{C}(\theta_k)\hat{\boldsymbol{x}}^m(k))\end{cases}$$

其中 $m = 1, 2$，若 $\boldsymbol{L}^m(\theta_k)$ 可使得 $\boldsymbol{A}(\theta_k) - \boldsymbol{L}^m(\theta_k)\boldsymbol{C}(\theta_k)$ 均方稳定，则必存在算子 Q，使得如下关系成立：

$$r^2(k) = Qr^1(k)$$

证明：考虑系统

$$\begin{cases}\hat{\boldsymbol{x}}^m(k+1) = \boldsymbol{A}(\theta_k)\hat{\boldsymbol{x}}^m(k) + \boldsymbol{B}(\theta_k)\boldsymbol{u}(k) + \boldsymbol{L}^m(\theta_k)(\boldsymbol{y}(k) - \hat{\boldsymbol{y}}(k)) \\ \boldsymbol{\varepsilon}^m(k) = \boldsymbol{y}(k) - \boldsymbol{C}(\theta_k)\hat{\boldsymbol{x}}^m(k)\end{cases}$$

其中 $\boldsymbol{L}^m(\theta_k)$ 为使得 $\boldsymbol{A}(\theta_k) - \boldsymbol{L}^m(\theta_k)\boldsymbol{C}(\theta_k)$ 均方稳定的观测器增益矩阵，由文献[23]引理1可知，存在算子 Q_ε 使

$$\boldsymbol{\varepsilon}^2(k) = Q_\varepsilon\boldsymbol{\varepsilon}^1(k)$$

且 Q_ε 有如下状态空间实现：

$$\begin{cases}\boldsymbol{\eta}(k+1) = (\boldsymbol{A}(\theta_k) - \boldsymbol{L}^2(\theta_k)\boldsymbol{C}(\theta_k))\boldsymbol{\eta}(k) + (\boldsymbol{L}^1(\theta_k) - \boldsymbol{L}^2(\theta_k))\boldsymbol{\nu}(k) \\ \boldsymbol{\varepsilon}^{Q_\varepsilon}(k) = \boldsymbol{C}(\theta_k)\boldsymbol{\eta}(k) + \boldsymbol{\nu}(k), \boldsymbol{\eta}(0) = 0\end{cases}$$

由 $\boldsymbol{V}(\theta_k)$ 正则可知，存在 $\boldsymbol{V}(\theta_k)$ 的左逆记为 $\boldsymbol{V}^+(\theta_k)$，也即 $\boldsymbol{V}^+(\theta_k)\boldsymbol{V}(\theta_k) = \boldsymbol{I}$，使得如下关系成立：

$$\boldsymbol{r}^2(k) = \boldsymbol{V}^2(\theta_k)\boldsymbol{\varepsilon}^2(k) = \boldsymbol{V}^1(\theta_k)Q_\varepsilon\boldsymbol{\varepsilon}^1(k) = \boldsymbol{V}^2(\theta_k)Q_\varepsilon V^+(\theta_k)\boldsymbol{r}^1(k)$$

从而算子 Q 有如下状态空间实现：

$$\begin{cases}\boldsymbol{\eta}(k+1) = (\boldsymbol{A}(\theta_k) - \boldsymbol{L}^2(\theta_k)\boldsymbol{C}(\theta_k))\boldsymbol{\eta}(k) + (\boldsymbol{L}^1(\theta_k) - \boldsymbol{L}^2(\theta_k))\boldsymbol{V}^+(\theta_k)\boldsymbol{r}^1(k) \\ \boldsymbol{r}^2(k) = \boldsymbol{V}^2(\theta_k)(\boldsymbol{C}(\theta_k)\boldsymbol{\eta}(k) + \boldsymbol{V}^+(\theta_k)\boldsymbol{r}^1(k)), \boldsymbol{\eta}(0) = 0\end{cases}$$

引理7.4得证。

引理7.5 考虑系统式(7-19)，假设 G_{rd} 为 $\boldsymbol{d}(k) \to \boldsymbol{r}_d(k)$ 的映射算子，且有如下状态空间实现：

$$\begin{cases}\boldsymbol{e}(k+1) = \boldsymbol{A}_e(\theta_k)\boldsymbol{e}(k) + \boldsymbol{B}_e(\theta_k)\boldsymbol{d}(k) \\ \boldsymbol{r}_d(k) = \boldsymbol{C}_e(\theta_k)\boldsymbol{e}(k) + \boldsymbol{D}_e(\theta_k)\boldsymbol{d}(k)\end{cases} \tag{7-21}$$

其中

$$\boldsymbol{A}_e(\theta_k) = \boldsymbol{A}(\theta_k) - \boldsymbol{L}(\theta_k)\boldsymbol{C}(\theta_k), \boldsymbol{B}_e(\theta_k) = \boldsymbol{B}_d(\theta_k) - \boldsymbol{L}(\theta_k)\boldsymbol{D}_d(\theta_k)$$

$$\boldsymbol{C}_e(\theta_k) = \boldsymbol{V}(\theta_k)\boldsymbol{C}(\theta_k), \boldsymbol{D}_e(\theta_k) = \boldsymbol{V}(\theta_k)\boldsymbol{D}_d(\theta_k)$$

记 $G_{rd}^{\sim}$ 为 G_{rd} 的伴随算子，若存在半正定矩阵 $P_i \geqslant 0$，满足如下方程组：

$$\begin{cases} B_{ei}B_{ei}^{\mathrm{T}} + A_{ei}\bar{P}_{ei}A_{ei}^{\mathrm{T}} = P_i \\ B_{ei}D_{ei}^{\mathrm{T}} + A_{ei}\bar{P}_{ei}C_{ei}^{\mathrm{T}} = 0 \\ D_{ei}D_{ei}^{\mathrm{T}} + C_{ei}\bar{P}_{ei}C_{ei}^{\mathrm{T}} = I \end{cases} \tag{7-22}$$

其中 $\bar{P}_{ei} = \sum_{j=1}^{N} \lambda_{ij} P_j$，则系统式(7-21)为互等距，即 $G_{rd}G_{rd}^{\sim} = I$。

证明：由式(7-21)可得

$$r_d(k) = \begin{cases} C_e(\theta_k)\sum_{l=0}^{k-1}\Phi(k,l+1)B_e(\theta_l)d(l) + D_e(\theta_k)d(k), k > 0 \\ D_e(\theta_0)d(0), k = 0 \end{cases} \tag{7-23}$$

其中

$$\Phi(k,l) = \begin{cases} A(\theta_{k-1})A(\theta_{k-2})\cdots A(\theta_l), 0 < l < k \\ I, k = l \end{cases}$$

令 $G_{rd}^{\sim} r_d(k) = d_a(k)$，由定义 7.2 可知

$$\langle G_{rd}d(k), r_d(k)\rangle = \langle d(k), G_{rd}^{\sim} r_d(k)\rangle = \mathrm{E}\{\sum_{k=0}^{\infty} d^{\mathrm{T}}(k)d_a(k)\}$$

即

$$\sum_{k=0}^{\infty}\mathrm{E}\{r_d^{\mathrm{T}}(k)[C_e(\theta_k)\sum_{l=0}^{k-1}\Phi(k,l+1)B_e(\theta_l)d(l) + D_e(\theta_k)d(k)]\}$$

$$= \sum_{k=0}^{\infty}\mathrm{E}\{\sum_{l=0}^{k-1}[\Phi^{\mathrm{T}}(k,l+1)C_e^{\mathrm{T}}(\theta_l)r_d(l)]^{\mathrm{T}}B_e(\theta_l)d(l) + r_d^{\mathrm{T}}(k)D_e(\theta_k)d(k)\}$$

$$= \sum_{k=0}^{\infty}\mathrm{E}\{d^{\mathrm{T}}(k)B_e^{\mathrm{T}}(\theta_k)\sum_{l=0}^{k-1}[\Phi^{\mathrm{T}}(k,l+1)C_e^{\mathrm{T}}(\theta_l)r_d(l)] + d^{\mathrm{T}}(k)D_e^{\mathrm{T}}(\theta_k)r_d(k)\}$$

$$= \mathrm{E}\{\sum_{k=0}^{\infty} d^{\mathrm{T}}(k)d_a(k)\}$$

从而可得

$$d_a(k) = B_e^{\mathrm{T}}(\theta_k)\sum_{l=k+1}^{\infty}\Phi^{\mathrm{T}}(l,k+1)C_e^{\mathrm{T}}(\theta_l)r_d(l) + D_e^{\mathrm{T}}(\theta_k)r_d(k)$$

令 $x_a(k) = \sum_{l=k+1}^{\infty}\Phi^{\mathrm{T}}(l,k+1)C_e^{\mathrm{T}}(\theta_l)r_d(l)$，则 $G_{rd}^{\sim}$ 有如下状态空间实现：

$$\begin{cases}\boldsymbol{x}_a(k-1)=\boldsymbol{A}_e^{\mathrm{T}}(\theta_k)\boldsymbol{x}_a(k)+\boldsymbol{C}_e^{\mathrm{T}}(\theta_k)\boldsymbol{r}_d(k)\\ \boldsymbol{d}_a(k)=\boldsymbol{B}_e^{\mathrm{T}}(\theta_k)\boldsymbol{x}_a(k)+\boldsymbol{D}_e^{\mathrm{T}}(\theta_k)\boldsymbol{r}_d(k),\ \boldsymbol{x}_a(\infty)=0\end{cases}\tag{7-24}$$

由定义 7.3 和引理 7.3 知,若 $\| r_d(k)\|_{2,\mathrm{E}}^2=\| d(k)\|_{2,\mathrm{E}}^2$,则系统式(7-21)为互等距,也即 $G_{rd}G_{rd}^{\sim}=I$。对于系统式(7-24),当 $\theta_k=p,\theta_{k-1}=q$ 时,令

$$V(\boldsymbol{x}_a(k),\theta_k)=\boldsymbol{x}_a^{\mathrm{T}}(k)\boldsymbol{P}(\theta_k)\boldsymbol{x}_a(k),\boldsymbol{P}(\theta_k)\geqslant 0$$

则

$$\begin{aligned}&\mathrm{E}\{\sum_{k=0}^{\infty}\boldsymbol{d}_a^{\mathrm{T}}(k)\boldsymbol{d}_a(k)\}\\&=\mathrm{E}\{\sum_{k=0}^{\infty}[\boldsymbol{d}_a^{\mathrm{T}}(k)\boldsymbol{d}_a(k)+V(\boldsymbol{x}_a(k-1),\theta_{k-1})-V(\boldsymbol{x}_a(k),\theta_k)]\}\\&\quad+\boldsymbol{x}_a^{\mathrm{T}}(\infty)\boldsymbol{P}_p\boldsymbol{x}_a(\infty)-\boldsymbol{x}_a^{\mathrm{T}}(-1)\boldsymbol{P}_{-1}\boldsymbol{x}_a(-1)\\&=\mathrm{E}\Big\{\sum_{k=0}^{\infty}[\boldsymbol{x}_a^{\mathrm{T}}(k)(\boldsymbol{B}_{ep}\boldsymbol{B}_{ep}^{\mathrm{T}}-\boldsymbol{P}_p+\boldsymbol{A}_{ep}\overline{\boldsymbol{P}}_{ep}\boldsymbol{A}_{ep}^{\mathrm{T}})\boldsymbol{x}_a(k)+2\boldsymbol{x}_a^{\mathrm{T}}(k)(\boldsymbol{B}_{ep}\boldsymbol{D}_{ep}^{\mathrm{T}}\\&\quad+\boldsymbol{A}_{ep}\overline{\boldsymbol{P}}_{ep}\boldsymbol{C}_{ep}^{\mathrm{T}})\boldsymbol{r}_d(k)+\boldsymbol{r}_d^{\mathrm{T}}(k)(\boldsymbol{D}_{ep}\boldsymbol{D}_{ep}^{\mathrm{T}}+\boldsymbol{C}_{ep}\overline{\boldsymbol{P}}_{ep}\boldsymbol{C}_{ep}^{\mathrm{T}})\boldsymbol{r}_d(k)]\Big\}\end{aligned}\tag{7-25}$$

其中 $\overline{\boldsymbol{P}}_{ep}=\sum_{q=1}^{N}\lambda_{pq}\boldsymbol{P}_q$,且 $\boldsymbol{P}_{-1}=0$。

由式(7-25)知,若如下方程组成立:

$$\begin{cases}\boldsymbol{B}_{ep}\boldsymbol{B}_{ep}^{\mathrm{T}}+\boldsymbol{A}_{ep}\overline{\boldsymbol{P}}_{ep}\boldsymbol{A}_{ep}^{\mathrm{T}}=\boldsymbol{P}_p\\ \boldsymbol{B}_{ep}\boldsymbol{D}_{ep}^{\mathrm{T}}+\boldsymbol{A}_{ep}\overline{\boldsymbol{P}}_{ep}\boldsymbol{C}_{ep}^{\mathrm{T}}=0\\ \boldsymbol{D}_{ep}\boldsymbol{D}_{ep}^{\mathrm{T}}+\boldsymbol{C}_{ep}\overline{\boldsymbol{P}}_{ep}\boldsymbol{C}_{ep}^{\mathrm{T}}=\boldsymbol{I}\end{cases}\tag{7-26}$$

则有 $\|\boldsymbol{r}_d(k)\|_{2,\mathrm{E}}^2=\|\boldsymbol{d}(k)\|_{2,\mathrm{E}}^2$,从而 $G_{rd}G_{rd}^{\sim}=\boldsymbol{I}$。令 $p=i,q=j$,将式(7-26)化为式(7-22)。引理 7.5 得证。

应用引理 7.4 和引理 7.5,可得如下定理 7.2 的结论。

定理 7.2 假设 1、假设 2 成立的条件下,当

$$\boldsymbol{L}_{o,i}=(\boldsymbol{B}_{di}\boldsymbol{D}_{di}^{\mathrm{T}}+\boldsymbol{A}_i\overline{\boldsymbol{P}}_{o,i}\boldsymbol{C}_i^{\mathrm{T}})(\boldsymbol{D}_{di}\boldsymbol{D}_{di}^{\mathrm{T}}+\boldsymbol{C}_i\overline{\boldsymbol{P}}_{o,i}\boldsymbol{C}_i^{\mathrm{T}})^{-1}\tag{7-27}$$

$$\boldsymbol{V}_{o,i}=(\boldsymbol{D}_{di}\boldsymbol{D}_{di}^{\mathrm{T}}+\boldsymbol{C}_i\overline{\boldsymbol{P}}_{o,i}\boldsymbol{C}_i^{\mathrm{T}})^{-1/2}\tag{7-28}$$

且 $\boldsymbol{R}_{d,i}=\boldsymbol{D}_{di}\boldsymbol{D}_{di}^{\mathrm{T}}+\boldsymbol{C}_i\overline{\boldsymbol{P}}_{o,i}\boldsymbol{C}_i^{\mathrm{T}}>0$ 时,$(\boldsymbol{L}_{o,i},\boldsymbol{V}_{o,i})$ 为最优化问题式(7-22)的一组解,其中 $\overline{\boldsymbol{P}}_{o,i}=\sum_{j=1}^{N}\lambda_{ij}\boldsymbol{P}_{o,j}$ 由如下 Riccati 方程计算:

$$\boldsymbol{P}_{o,i} = \boldsymbol{A}_i\overline{\boldsymbol{P}}_{o,i}\boldsymbol{A}_i^{\mathrm{T}} + \boldsymbol{B}_{di}\boldsymbol{B}_{di}^{\mathrm{T}} - (\boldsymbol{A}_i\overline{\boldsymbol{P}}_{o,i}\boldsymbol{C}_i^{\mathrm{T}} + \boldsymbol{B}_{di}\boldsymbol{D}_{di}^{\mathrm{T}})(\boldsymbol{D}_{di}\boldsymbol{D}_{di}^{\mathrm{T}} + \boldsymbol{C}_i\overline{\boldsymbol{P}}_{o,i}\boldsymbol{C}_i^{\mathrm{T}})^{-1} \times (\boldsymbol{A}_i\overline{\boldsymbol{P}}_{o,i}\boldsymbol{C}_i^{\mathrm{T}} + \boldsymbol{B}_{di}\boldsymbol{D}_{di}^{\mathrm{T}})^{\mathrm{T}} \tag{7-29}$$

证明: 设 $r_o(k)$ 为最优解产生的残差。一方面,由引理 7.5 可知,存在算子 Q_r 使得如下关系成立:

$$\begin{aligned}\boldsymbol{r}(k) &= Q_r\boldsymbol{r}_o(k) = Q_r(\boldsymbol{r}_{of}(k) + \boldsymbol{r}_{od}(k)) \\ &= G_{rf}\boldsymbol{f}(k) + G_{rd}\boldsymbol{d}(k) = \boldsymbol{r}_f(k) + \boldsymbol{r}_d(k)\end{aligned}$$

其中

$$\boldsymbol{r}_{of}(k) = \boldsymbol{r}_o(k)\mid_{d(k)=0}, \boldsymbol{r}_{od}(k) = \boldsymbol{r}_o(k)\mid_{f(k)=0}$$

从而有

$$\boldsymbol{r}_d(k) = Q_r\boldsymbol{r}_{od}(k)$$

另一方面

$$\boldsymbol{r}_{od}(k) = G_{rd,o}\boldsymbol{d}(k)$$

其中 $G_{rd,o} = G_{rd}\mid_{L_i=L_{o,i},V_i=V_{o,i}}$,从而得到

$$G_{rd} = Q_r G_{rd,o}$$

同理可得

$$G_{rf} = Q_r G_{rf,o}$$

进而

$$\frac{\| G_{rf} \|_\infty^2}{\| G_{rd} \|_\infty^2} = \frac{\| Q_r G_{rf,o} \|_\infty^2}{\| Q_r G_{rd,o} \|_\infty^2}$$

另外,应用引理 7.5,如果存在 $\boldsymbol{P}_{o,i}$、$\boldsymbol{L}_{o,i}$ 使满足

$$\boldsymbol{P}_{o,i} = (\boldsymbol{B}_{di} - \boldsymbol{L}_{o,i}\boldsymbol{D}_{di})(\boldsymbol{B}_{di} - \boldsymbol{L}_{o,i}\boldsymbol{D}_{di})^{\mathrm{T}} + (\boldsymbol{A}_i - \boldsymbol{L}_{o,i}\boldsymbol{C}_i)\overline{\boldsymbol{P}}_{o,i}(\boldsymbol{A}_i - \boldsymbol{L}_{o,i}\boldsymbol{C}_i)^{\mathrm{T}} \tag{7-30}$$

$$(\boldsymbol{B}_{di} - \boldsymbol{L}_{o,i}\boldsymbol{D}_{di})\boldsymbol{D}_{di}^{\mathrm{T}}\boldsymbol{V}_{o,i}^{\mathrm{T}} + (\boldsymbol{A}_i - \boldsymbol{L}_{o,i}\boldsymbol{C}_i)\overline{\boldsymbol{P}}_{o,i}\boldsymbol{C}_{di}^{\mathrm{T}}\boldsymbol{V}_{o,i}^{\mathrm{T}} = 0 \tag{7-31}$$

$$\boldsymbol{V}_{o,i}(\boldsymbol{D}_{di}\boldsymbol{D}_{di}^{\mathrm{T}} + \boldsymbol{C}_i\overline{\boldsymbol{P}}_{o,i}\boldsymbol{C}_i^{\mathrm{T}})\boldsymbol{V}_{o,i}^{\mathrm{T}} = \boldsymbol{I} \tag{7-32}$$

则有 $G_{rd,o}G_{rd,o}^{\sim} = \boldsymbol{I}$,进一步根据定义 7.2 和文献[24]可得

$$\begin{aligned}\| G_{rd} \|_\infty^2 &= \| Q_r G_{rd,o} \|_\infty^2 = \| G_{rd}^{\sim} \|_\infty^2 \\ &= \sup \frac{\langle \boldsymbol{r}_d(k), Q_r G_{rd,o} G_{rd,o}^{\sim} Q_r^{\sim} \boldsymbol{r}_d(k) \rangle}{\| \boldsymbol{r}_d(k) \|_2^2} = \| Q_r \|_\infty^2\end{aligned}$$

进而有

$$\frac{\| G_{rf} \|_\infty^2}{\| G_{rd} \|_\infty^2} = \frac{\| Q_r G_{rf,o} \|_\infty^2}{\| Q_r G_{rd,o} \|_\infty^2} \leqslant \frac{\| Q_r \|_\infty^2 \cdot \| G_{rf,o} \|_\infty^2}{\| Q_r \|_\infty^2} = \| G_{rf,o} \|_\infty^2$$

即 $(\boldsymbol{L}_{o,i}, \boldsymbol{V}_{o,i})$ 为最优化问题 $\max\limits_{L(\theta_k),V(\theta_k)} \| G_{rf} \|_\infty^2 / \| G_{rd} \|_\infty^2$ 的解。

求解方程式(7-32),可得 $\boldsymbol{V}_{o,i} = (\boldsymbol{D}_{di}\boldsymbol{D}_{di}^{\mathrm{T}} + \boldsymbol{C}_i\overline{\boldsymbol{P}}_{o,i}\boldsymbol{C}_i^{\mathrm{T}})^{-1/2}$。将 $\boldsymbol{V}_{o,i}$ 代回式(7-31),可得 $\boldsymbol{L}_{o,i} = (\boldsymbol{B}_{di}\boldsymbol{D}_{di}^{\mathrm{T}} + \boldsymbol{A}_i\overline{\boldsymbol{P}}_{o,i}\boldsymbol{C}_i^{\mathrm{T}})(\boldsymbol{D}_{di}\boldsymbol{D}_{di}^{\mathrm{T}} + \boldsymbol{C}_i\overline{\boldsymbol{P}}_{o,i}\boldsymbol{C}_i^{\mathrm{T}})^{-1}$。进而,可将式(7-30)化为式(7-29)的形式。

根据文献[25,26]可知,当满足假设1、2时,Riccati 方程式(7-29)有半正定解,且系统(7-19)式为均方稳定。

同理可证

$$\frac{\| G_{rf} \|_-^2}{\| G_{rd} \|_\infty^2} = \frac{\| Q_r G_{rf,o} \|_-^2}{\| Q_r G_{rd,o} \|_\infty^2} \leqslant \frac{\| Q_r \|_\infty^2 \cdot \| G_{rf,o} \|_-^2}{\| Q_r \|_\infty^2} = \| G_{rf,o} \|_-^2$$

即 $(\boldsymbol{L}_{o,i}, \boldsymbol{V}_{o,i})$ 也为最优化问题 $\max\limits_{L(\theta_k),V(\theta_k)} \| G_{rf} \|_-^2 / \| G_{rd} \|_\infty^2$ 的解。定理 7.2 得证。

值得指出的是,Riccati 方程式(7-29)的数值求解方法有多种,如文献[27]中的迭代优化算法和文献[22]基于 LMI 的凸优化算法。另外,当集合 Ω 仅含有一个模态时,定理 7.2 的结论与文献[1,6]中 LTI 系统的相关结果一致。而当 $\boldsymbol{A}(\theta_k)$、$\boldsymbol{B}(\theta_k)$、$\boldsymbol{B}_d(\theta_k)$、$\boldsymbol{B}_f(\theta_k)$、$\boldsymbol{C}(\theta_k)$、$\boldsymbol{D}_d(\theta_k)$、$\boldsymbol{D}_f(\theta_k)$ 为模态已知的时变矩阵时,可选择 $V(\boldsymbol{x}_a(k),\theta_k) = \boldsymbol{x}_a^{\mathrm{T}}(k)\boldsymbol{P}(k)\boldsymbol{x}_a(k)$,则定理 7.2 的结论与文献[23]有关 LDTV 系统鲁棒故障检测的研究结果一致。

7.3.3 仿真算例

考虑具有两个模态的离散时间 Markov 跳跃系统,假设其参数矩阵给定如下:

$$\boldsymbol{A}_1 = \begin{bmatrix} -0.3 & 0 & 1 \\ 0 & 0.1 & 0.5 \\ 0 & -0.3 & -0.2 \end{bmatrix}, \boldsymbol{A}_2 = \begin{bmatrix} -0.4 & 0 & 1 \\ 0.3 & -0.1 & -0.2 \\ 0.2 & 0 & 0.3 \end{bmatrix} \boldsymbol{B}_{f1} = \boldsymbol{B}_{f2} = \begin{bmatrix} 0.6 \\ 1 \\ 1 \end{bmatrix}$$

$$\boldsymbol{B}_{d1} = \boldsymbol{B}_{d2} = \begin{bmatrix} -0.8 \\ 0.6 \\ 0.5 \end{bmatrix}, \boldsymbol{B}_1 = \boldsymbol{B}_2 = \begin{bmatrix} 0 \\ 0 \\ 0 \end{bmatrix}, \boldsymbol{C}_1 = [1 \quad 0 \quad 1]$$

$$\boldsymbol{C}_2 = [0.5 \quad 0 \quad 1.5], \boldsymbol{D}_{f1} = \boldsymbol{D}_{f2} = 0, \boldsymbol{D}_{d1} = \boldsymbol{D}_{d2} = 0$$

状态转移概率为 $\lambda_{11}=0.2$, $\lambda_{12}=0.8$, $\lambda_{21}=0.1$, $\lambda_{22}=0.9$。未知输入 $d(k)$ 如图 7-1 所示，模态 θ_k 变化率如图 7-2 所示，故障信号取为如下形式的方波信号：

$$f(k)=\begin{cases}1, k\in[20,40]\\-1, k\in[60,80]\\0, \text{其他}\end{cases}$$

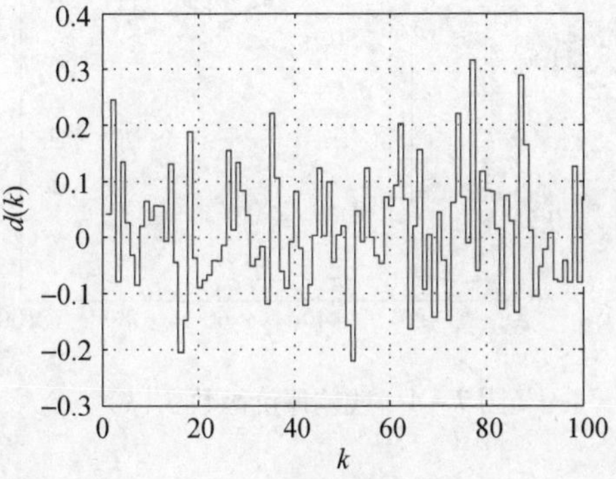

图 7-1　未知输入 $d(k)$

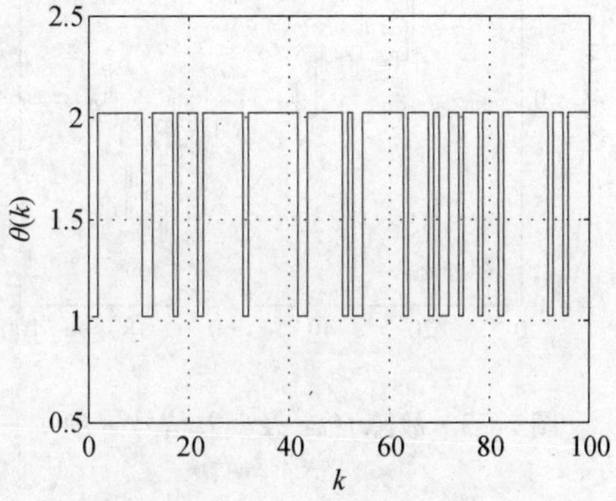

图 7-2　系统模态 $\theta(k)$

根据定理 7.2，采用文献[8]的 LMI 凸优化算法计算可得

$$\boldsymbol{P}_1=\begin{bmatrix}0.2474 & -0.2785 & -0.1751\\-0.2785 & 0.4048 & 0.2081\\-0.1751 & 0.2081 & 0.1268\end{bmatrix},$$

$$\boldsymbol{P}_2=\begin{bmatrix}0.5836 & -0.4214 & -0.2608\\-0.4214 & 0.3046 & 0.1889\\-0.2608 & 0.1889 & 0.1185\end{bmatrix}$$

$$\boldsymbol{L}_1=\begin{bmatrix}-1.9311\\0.2021\\0.9764\end{bmatrix},\boldsymbol{L}_2=\begin{bmatrix}-1.6314\\1.2810\\1.4070\end{bmatrix},\boldsymbol{V}_1=2.2991,\boldsymbol{V}_2=3.8446$$

图 7-3 给出了故障信号及其对应的残差。残差评价函数和阈值选择为

$$J_r(k)=\sqrt{\frac{1}{k+1}\sum_{i=0}^{k}r^{\mathrm{T}}(i)r(i)},J_{th}=\sup_{f(k)=0}J_r(100)=0.2387$$

图 7-4 显示了无故障及有故障发生时的残差评价函数变化，并应用如下逻辑

关系式(6-7)、式(6-8)判断是否有故障发生,即

$$J_r(k) > J_{th} \Rightarrow \text{有故障发生} \Rightarrow \text{发出故障报警}$$

$$J_r(k) \leqslant J_{th} \Rightarrow \text{无故障}$$

仿真结果表明,在故障发生2s后有故障报警,即故障被检测到。

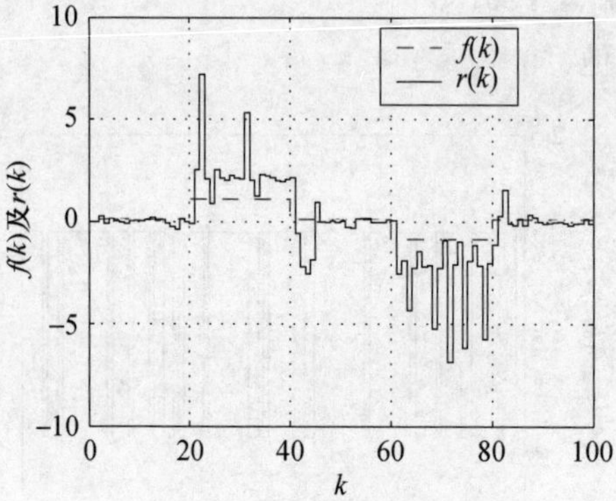

图7-3 故障$f(k)$及残差信号$r(k)$

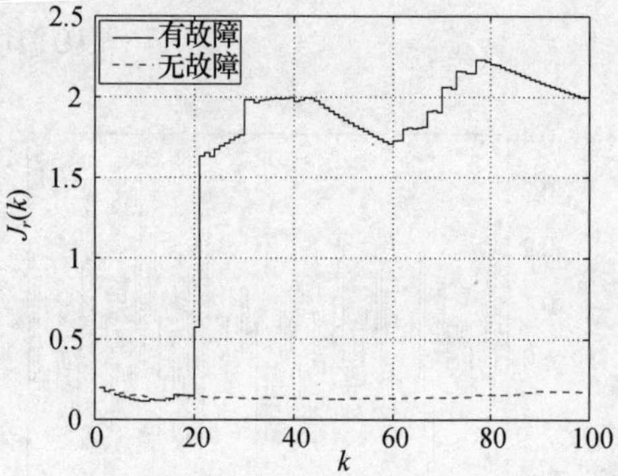

图7-4 残差评价函数$J_r(k)$

7.4 基于随机H_∞滤波的鲁棒故障检测

7.4.1 问题描述

考虑由式(7-17)描述的离散时间Markov跳跃系统,采用如下基于观测器作的FDF:

$$\begin{cases}\boldsymbol{\eta}(k+1) = \boldsymbol{A}_\eta(\theta_k)\boldsymbol{\eta}(k) + \boldsymbol{M}(\theta_k)\boldsymbol{u}(k) + \boldsymbol{B}_\eta(\theta_k)\boldsymbol{y}(k) \\ \boldsymbol{r}(k) = \boldsymbol{C}_\eta(\theta_k)\boldsymbol{\eta}(k) + \boldsymbol{D}_\eta(\theta_k)\boldsymbol{y}(k)\end{cases} \tag{7-33}$$

其中,$\boldsymbol{\eta}(k) \in \mathbf{R}^n$、$\boldsymbol{r}(k) \in \mathbf{R}^l$分别为FDF的状态和残差信号,$\theta_k$如系统式(7-17)所定义。对于任意的$\theta_k = i \in \boldsymbol{\Psi}$,矩阵$\boldsymbol{A}_\eta(\theta_k)$、$\boldsymbol{B}_\eta(\theta_k)$、$\boldsymbol{M}_\eta(\theta_k)$、$\boldsymbol{C}_\eta(\theta_k)$、$\boldsymbol{D}_\eta(\theta_k)$记为

$$\boldsymbol{A}_\eta(\theta_k) = \boldsymbol{A}_{\eta i}, \boldsymbol{B}_\eta(\theta_k) = \boldsymbol{B}_{\eta i}, \boldsymbol{M}(\theta_k) = \boldsymbol{M}_i, \boldsymbol{C}_\eta(\theta_k) = \boldsymbol{C}_{\eta i}, \boldsymbol{D}_\eta(\theta_k) = \boldsymbol{D}_{\eta i}$$

与一般连续时间Markov跳跃系统类似,将基于随机H_∞滤波的鲁棒故障检测问题归结为:求$\boldsymbol{A}_{\eta i}$、$\boldsymbol{B}_{\eta i}$、$\boldsymbol{C}_{\eta i}$、$\boldsymbol{D}_{\eta i}$和$\boldsymbol{M}_i(i = 1,2,\cdots,N)$,使残差产生器式(7-33)在$\boldsymbol{u}(k) = \boldsymbol{0}$、$\boldsymbol{d}(k) = \boldsymbol{0}$、$\boldsymbol{f}(k) = \boldsymbol{0}$时均方稳定,并在零初始条件下,满足

$$\sup_{w\neq 0}\frac{\|\boldsymbol{r}-\hat{\boldsymbol{f}}\|_{2E}}{\|\boldsymbol{w}\|_2}<\gamma,\gamma>0 \tag{7-34}$$

其中

$$\boldsymbol{w}(k)=[\boldsymbol{u}^{\mathrm{T}}(k)\quad \boldsymbol{d}^{\mathrm{T}}(k)\quad \boldsymbol{f}^{\mathrm{T}}(k)]^{\mathrm{T}},\hat{\boldsymbol{f}}(z)=\boldsymbol{W}_f(z)\boldsymbol{f}(z)$$

$\boldsymbol{W}_f(z)\in RH_\infty$ 为给定的传递函数矩阵。

假设 $\hat{\boldsymbol{f}}(z)=\boldsymbol{W}_f(z)\boldsymbol{f}(z)$ 的一个最小实现为

$$\begin{cases}\boldsymbol{x}_f(k+1)=\boldsymbol{A}_{Wf}\boldsymbol{x}_f(k)+\boldsymbol{B}_{Wf}\boldsymbol{f}(k)\\ \hat{f}(t)=\boldsymbol{C}_{Wf}\boldsymbol{x}_f(k)+\boldsymbol{D}_{Wf}\boldsymbol{f}(k)\\ \boldsymbol{x}_f(0)=0\end{cases} \tag{7-35}$$

令 $\boldsymbol{r}_e=\boldsymbol{r}(k)-\hat{\boldsymbol{f}}(k)$，由式(7-17)、式(7-33)和式(7-35)可得

$$\begin{cases}\boldsymbol{x}(k+1)=\boldsymbol{A}(\theta_k)\boldsymbol{x}(k)+\boldsymbol{B}(\theta_k)\boldsymbol{u}(k)+\boldsymbol{B}_d(\theta_k)\boldsymbol{d}(k)+\boldsymbol{B}_f(\theta_k)\boldsymbol{f}(k)\\ \boldsymbol{\eta}(k+1)=\boldsymbol{B}_\eta(\theta_k)\boldsymbol{C}\boldsymbol{x}(k)+\boldsymbol{A}_\eta(\theta_k)\boldsymbol{\eta}(k)+\boldsymbol{M}(\theta_k)\boldsymbol{u}(k)\\ \qquad\qquad +\boldsymbol{B}_\eta(\theta_k)\boldsymbol{D}_d\boldsymbol{d}(k)+\boldsymbol{B}_\eta(\theta_k)\boldsymbol{D}_f\boldsymbol{f}(k)\\ \boldsymbol{x}_f(k+1)=\boldsymbol{A}_{Wf}\boldsymbol{x}_f(k)+\boldsymbol{B}_{Wf}\boldsymbol{f}(k)\\ \boldsymbol{r}_e(k)=\boldsymbol{D}_\eta\boldsymbol{C}(\theta_k)\boldsymbol{x}(k)+\boldsymbol{C}_\eta(\theta_k)\boldsymbol{\eta}(k)-\boldsymbol{C}_{Wf}\boldsymbol{x}_f(k)\\ \qquad\qquad +\boldsymbol{D}_\eta(\theta_k)\boldsymbol{D}_d(\theta_k)\boldsymbol{d}(k)+(\boldsymbol{D}_\eta(\theta_k)\boldsymbol{D}_f(\theta_k)-\boldsymbol{D}_{Wf})\boldsymbol{f}(k)\end{cases}$$

将上述系统描述为如下增广系统：

$$\begin{cases}\boldsymbol{\xi}(k+1)=\widetilde{\boldsymbol{A}}(\theta_k)\boldsymbol{\xi}(k)+\widetilde{\boldsymbol{B}}_w(\theta_k)\boldsymbol{w}(k)\\ \boldsymbol{r}_e(k)=\widetilde{\boldsymbol{C}}(\theta_k)\boldsymbol{\xi}(k)+\widetilde{\boldsymbol{D}}_w(\theta_k)\boldsymbol{w}(k)\end{cases} \tag{7-36}$$

其中

$$\boldsymbol{\xi}(k)=[\boldsymbol{x}^{\mathrm{T}}(k)\quad \boldsymbol{\eta}^{\mathrm{T}}(k)\quad \boldsymbol{x}_f^{\mathrm{T}}(k)]^{\mathrm{T}},\boldsymbol{w}(k)=[\boldsymbol{u}^{\mathrm{T}}(k)\quad \boldsymbol{d}^{\mathrm{T}}(k)\quad \boldsymbol{f}^{\mathrm{T}}(k)]^{\mathrm{T}}$$

$$\widetilde{\boldsymbol{A}}(\theta_k)=\begin{bmatrix}\boldsymbol{A}(\theta_k) & 0 & 0\\ \boldsymbol{B}_\eta(\theta_k)\boldsymbol{C}(\theta_k) & \boldsymbol{A}_\eta(\theta_k) & 0\\ 0 & 0 & \boldsymbol{A}_{Wf}\end{bmatrix}$$

$$\widetilde{\boldsymbol{B}}(\theta_k)=\begin{bmatrix}\boldsymbol{B}(\theta_k) & \boldsymbol{B}_d(\theta_k) & \boldsymbol{B}_f(\theta_k)\\ \boldsymbol{M}(\theta_k) & \boldsymbol{B}_\eta(\theta_k)\boldsymbol{D}_d(\theta_k) & \boldsymbol{B}_\eta(\theta_k)\boldsymbol{D}_f(\theta_k)\\ 0 & 0 & \boldsymbol{B}_{Wf}\end{bmatrix}$$

$$\widetilde{\boldsymbol{C}}(\theta_k)=[\boldsymbol{D}_\eta(\theta_k)\boldsymbol{C}(\theta_k)\quad \boldsymbol{C}_\eta(\theta_k)\quad -\boldsymbol{C}_{Wf}]$$

$$\widetilde{D}_w(\theta_k) = [0 \quad D_\eta(\theta_k)D_d(\theta_k) \quad D_\eta(\theta_k)D_f(\theta_k) - D_{Wf}]$$

对于 $\forall \theta_k = i \in \boldsymbol{\Psi}$,令矩阵 $\widetilde{A}(\theta_k)$、$\widetilde{B}_w(\theta_k)$、$\widetilde{C}(\theta_k)$ 和 $\widetilde{B}_w(\theta_k)$ 为

$$\widetilde{\boldsymbol{A}}_i = \begin{bmatrix} \boldsymbol{A}_i & 0 & 0 \\ \boldsymbol{B}_{\eta i}\boldsymbol{C}_i & \boldsymbol{A}_{\eta i} & 0 \\ 0 & 0 & \boldsymbol{A}_{Wf} \end{bmatrix}, \widetilde{\boldsymbol{B}}_{wi} = \begin{bmatrix} \boldsymbol{B}_i & \boldsymbol{B}_{di} & \boldsymbol{B}_{fi} \\ \boldsymbol{M}_i & \boldsymbol{B}_{\eta i}D_{di} & \boldsymbol{B}_{\eta i}\boldsymbol{D}_{fi} \\ 0 & 0 & \boldsymbol{B}_{Wf} \end{bmatrix}$$

$$\widetilde{\boldsymbol{C}}_i = [\boldsymbol{D}_{\eta i}\boldsymbol{C}_i \quad \boldsymbol{C}_{\eta i} \quad -\boldsymbol{C}_{Wf}], \widetilde{\boldsymbol{D}}_{wi} = [0 \quad \boldsymbol{D}_{\eta i}\boldsymbol{D}_{di} \quad \boldsymbol{D}_{\eta i}\boldsymbol{D}_{fi} - \boldsymbol{D}_{Wf}]$$

从而可将鲁棒故障检测问题进一步归结为:给定 $\gamma > 0$,设计均方稳定的鲁棒 H_∞ - FDF 式(7 - 33),使其在零初始条件下满足

$$\sup_{\|w\|_2 \neq 0} \frac{\|\boldsymbol{r}_e\|_{2\mathrm{E}}}{\|\boldsymbol{w}\|_2} < \gamma \tag{7-37}$$

7.4.2 鲁棒 H_∞ - FDF 设计

首先回顾一下离散时间 Markov 跳跃系统有界实引理 7.1。对于系统

$$\begin{cases} x(k+1) = A(\theta_k)x(k) + B(\theta_k)u(k) \\ y(k) = C(\theta_k)x(k) + D(\theta_k)u(k) \\ x(0) = x_0, \theta(0) = i_0 \in \boldsymbol{\Psi} \end{cases} \tag{7-38}$$

其中各变量、参数矩阵与系统式(7 - 17)中的各个定义相同。给定 $\gamma > 0$,应用引理 7.1,如果存在矩阵 $P_i > 0 (i = 1, \cdots, N)$ 满足

$$\begin{bmatrix} \boldsymbol{A}_i^{\mathrm{T}}(\sum_{j=1}^N \lambda_{ij}\boldsymbol{P}_j)\boldsymbol{A}_i - \boldsymbol{P}_i + \boldsymbol{C}_i^{\mathrm{T}}\boldsymbol{C}_i & \boldsymbol{A}_i^{\mathrm{T}}(\sum_{j=1}^N \lambda_{ij}\boldsymbol{P}_j)\boldsymbol{B}_i + \boldsymbol{C}_i^{\mathrm{T}}\boldsymbol{D}_i \\ \boldsymbol{B}_i^{\mathrm{T}}(\sum_{j=1}^N \lambda_{ij}\boldsymbol{P}_j)\boldsymbol{A}_i + \boldsymbol{D}_i^{\mathrm{T}}\boldsymbol{C}_i & -\gamma_d^2\boldsymbol{I} + \boldsymbol{D}_i^{\mathrm{T}}\boldsymbol{D}_i + B_i^{\mathrm{T}}(\sum_{j=1}^N \lambda_{ij}\boldsymbol{P}_j)\boldsymbol{B}_i \end{bmatrix} < 0 \tag{7-39}$$

则系统式(7 - 38)均方稳定,且在零初始值条件下满足 $\|\boldsymbol{y}\|_{2,\mathrm{E}} < \gamma \|\boldsymbol{u}\|_2$。根据 Schur 补引理,LMI 式(7 - 39)等价于

$$\begin{bmatrix} -\boldsymbol{P}_i & A_i^{\mathrm{T}}\overline{\boldsymbol{P}}_i & 0 & \boldsymbol{C}_i^{\mathrm{T}} \\ \overline{\boldsymbol{P}}_i\boldsymbol{A}_i & -\boldsymbol{P}_i & \overline{P}_i\boldsymbol{B}_i & 0 \\ 0 & B_i^{\mathrm{T}}\overline{\boldsymbol{P}}_i & -\gamma^2\boldsymbol{I} & \boldsymbol{D}_i^{\mathrm{T}} \\ \boldsymbol{C}_i & 0 & \boldsymbol{D}_i & -\boldsymbol{I} \end{bmatrix} < 0 \tag{7-40}$$

其中 $\overline{\boldsymbol{P}}_i = \sum_{j=1}^N \lambda_{ij}\boldsymbol{P}_j$。

另外,下面的引理 7.6 则给出了 LMIs 式(7-40)可解的充分必要条件。

引理 7.6[5]　给定 $\gamma > 0$,LMIs 式(7-40)存在正定解 $\boldsymbol{P}_i > 0(i = 1,\cdots,N)$ 的充分必要条件是

$$\begin{bmatrix} -\boldsymbol{P}_i & \boldsymbol{A}_i^{\mathrm{T}}\boldsymbol{\Gamma}_i^{\mathrm{T}} & 0 & \boldsymbol{C}_i^{\mathrm{T}} \\ \boldsymbol{\Gamma}_i\boldsymbol{A}_i & -\boldsymbol{\Gamma}_i - \boldsymbol{\Gamma}_i^{\mathrm{T}} + \overline{\boldsymbol{P}}_i & \boldsymbol{\Gamma}_i\boldsymbol{B}_i & 0 \\ 0 & \boldsymbol{B}_i^{\mathrm{T}}\boldsymbol{\Gamma}_i^{\mathrm{T}} & -\gamma^2\boldsymbol{I} & \boldsymbol{D}_i^{\mathrm{T}} \\ \boldsymbol{C}_i & 0 & \boldsymbol{D}_i & -\boldsymbol{I} \end{bmatrix} < 0, \boldsymbol{P}_i > 0$$

应用引理 7.1 和引理 7.6,下面的定理 7.3 给出了满足式(7-37)的均方稳定鲁棒 H_∞-FDF 存在条件及可行解。

定理 7.3　给定 $\gamma > 0$,如果存在矩阵 $\boldsymbol{X}_i \in \mathbf{R}^{2n\times 2n} > 0$、$\boldsymbol{Q}_i \in \mathbf{R}^{n\times n}$、$\boldsymbol{R}_i \in \mathbf{R}^{q\times n}$、$\boldsymbol{S}_i \in \mathbf{R}^{n\times n}$、$\boldsymbol{Z}_i \in \mathbf{R}^{n\times n}$、$\boldsymbol{Y}_i \in \mathbf{R}^{n\times n}$、$\boldsymbol{K}_i \in \mathbf{R}^{n\times q}$、$\boldsymbol{F}_i \in \mathbf{R}^{n\times p}$,$\boldsymbol{D}_{\eta i} \in \mathbf{R}^{l\times q}(i = 1,\cdots,N)$ 和 $\boldsymbol{P}_f > 0$,使满足如下 LMIs

$$\begin{bmatrix} -\boldsymbol{X}_i & \boldsymbol{\Lambda}_i^{\mathrm{T}} & 0 & \boldsymbol{\Theta}_i^{\mathrm{T}} & 0 & 0 \\ \boldsymbol{\Lambda}_i & -\boldsymbol{\Delta}_i + \overline{\boldsymbol{X}}_i & \boldsymbol{\Xi}_i & 0 & 0 & 0 \\ 0 & \boldsymbol{\Xi}_i^{\mathrm{T}} & -\gamma^2\boldsymbol{I} & \hat{\boldsymbol{D}}_{wi}^{\mathrm{T}} & 0 & \hat{\boldsymbol{B}}_{Wf}^{\mathrm{T}}\boldsymbol{P}_f \\ \boldsymbol{\Theta}_i & 0 & \hat{\boldsymbol{D}}_{wi} & -\boldsymbol{I} & -\boldsymbol{C}_{Wf} & 0 \\ 0 & o & o & -\boldsymbol{C}_{Wf}^{\mathrm{T}} & -\boldsymbol{P}_f & \boldsymbol{A}_{Wf}^{\mathrm{T}}\boldsymbol{P}_f \\ o & o & \boldsymbol{P}_f\hat{\boldsymbol{B}}_{Wf} & o & \boldsymbol{P}_f\boldsymbol{A}_{Wf} & -\boldsymbol{P}_f \end{bmatrix} < 0 \tag{7-41}$$

其中

$$\overline{\boldsymbol{X}}_i = \sum_{j=1}^{N}\lambda_{ij}\boldsymbol{X}_j, \boldsymbol{\Lambda}_i = \begin{bmatrix} \boldsymbol{Z}_i\boldsymbol{A}_i & \boldsymbol{Z}_i\boldsymbol{A}_i \\ \boldsymbol{Y}_i\boldsymbol{A}_i + \boldsymbol{K}_i\boldsymbol{C}_i + \boldsymbol{Q}_i & \boldsymbol{Y}_i\boldsymbol{A}_i + \boldsymbol{K}_i\boldsymbol{C}_i \end{bmatrix} \tag{7-42}$$

$$\hat{\boldsymbol{B}}_{Wf} = [0 \quad 0 \quad \boldsymbol{B}_{Wf}], \boldsymbol{\Theta}_i = [\boldsymbol{R}_i + \boldsymbol{D}_{\eta i}\boldsymbol{C}_i \quad \boldsymbol{D}_{\eta i}\boldsymbol{C}_i] \tag{7-43}$$

$$\boldsymbol{\Xi}_i = \begin{bmatrix} \boldsymbol{Z}_i\boldsymbol{B}_i & \boldsymbol{Z}_i(\boldsymbol{B}_{di} \quad \boldsymbol{B}_{fi}) \\ \boldsymbol{Y}_i\boldsymbol{B}_i + \boldsymbol{F}_i & \boldsymbol{Y}_i(\boldsymbol{B}_{di} \quad \boldsymbol{B}_{fi}) + \boldsymbol{K}_i(\boldsymbol{D}_{di} \quad \boldsymbol{D}_{fi}) \end{bmatrix} \tag{7-44}$$

$$\hat{\boldsymbol{D}}_{wi} = [0 \quad \boldsymbol{D}_{\eta i}\boldsymbol{D}_{di} \quad \boldsymbol{D}_{\eta i}\boldsymbol{D}_{fi} - \boldsymbol{D}_{Wf}] \tag{7-45}$$

$$\boldsymbol{\Delta}_i = \begin{bmatrix} \boldsymbol{Z}_i + \boldsymbol{Z}_i^{\mathrm{T}} & \boldsymbol{Z}_i + \boldsymbol{Y}_i^{\mathrm{T}} + \boldsymbol{S}_i^{\mathrm{T}} \\ \boldsymbol{Z}_i^{\mathrm{T}} + \boldsymbol{Y}_i + \boldsymbol{S}_i & \boldsymbol{Y}_i + \boldsymbol{Y}_i^{\mathrm{T}} \end{bmatrix} \tag{7-46}$$

则系统式(7－36)均方稳定且满足性能指标式(7－37),其中参数矩阵 $\boldsymbol{A}_{\eta i}$、$\boldsymbol{B}_{\eta i}$、$\boldsymbol{C}_{\eta i}$ 和 $\boldsymbol{M}_i$ 由下式计算:

$$\boldsymbol{A}_{\eta i} = \boldsymbol{V}_i^{-1}\boldsymbol{Q}_i\boldsymbol{S}_i^{-1}\boldsymbol{V}_i, \boldsymbol{B}_{\eta i} = \boldsymbol{V}_i^{-1}\boldsymbol{K}_i, \boldsymbol{C}_{\eta i} = \boldsymbol{R}_i\boldsymbol{S}_i^{-1}\boldsymbol{V}_i, \boldsymbol{M}_i = \boldsymbol{V}_i^{-1}\boldsymbol{F}_i \tag{7-47}$$

式中:$\boldsymbol{V}_i \in R^{n\times n}$ 为任意可逆矩阵。

证明:给定标量 $\gamma > 0$,应用引理 7.1,如果存在

$$\widetilde{\boldsymbol{P}}_i = \begin{bmatrix} \boldsymbol{P}_i & 0 \\ 0 & \boldsymbol{P}_f \end{bmatrix} > 0$$

满足

$$\begin{bmatrix} -\widetilde{\boldsymbol{P}}_i & \widetilde{\boldsymbol{A}}_i^{\mathrm{T}}\overline{\boldsymbol{P}}_{wi} & 0 & \widetilde{\boldsymbol{C}}_i^{\mathrm{T}} \\ \overline{\boldsymbol{P}}_{wi}\widetilde{\boldsymbol{A}}_i & -\overline{\boldsymbol{P}}_{wi} & \overline{\boldsymbol{P}}_{wi}\widetilde{\boldsymbol{B}}_{wi} & 0 \\ 0 & \widetilde{\boldsymbol{B}}_{wi}^{\mathrm{T}}\overline{\boldsymbol{P}}_{wi} & -\gamma^2\boldsymbol{I} & \widetilde{\boldsymbol{D}}_{wi}^{\mathrm{T}} \\ \widetilde{\boldsymbol{C}}_i & 0 & \widetilde{\boldsymbol{D}}_{wi} & -\boldsymbol{I} \end{bmatrix} < 0 \tag{7-48}$$

其中

$$\overline{\boldsymbol{P}}_{wi} = \sum_{j=1}^{N} \lambda_{ij}\widetilde{\boldsymbol{P}}_j, \quad i = 1,\cdots,N$$

则系统式(7－36)均方稳定,且在零初始条件下满足条件式(7－37)。

注意到,LMIs 式(7－48)可以重写为

$$\begin{bmatrix} -\boldsymbol{P}_i & \hat{\boldsymbol{A}}_i^{\mathrm{T}}\overline{\boldsymbol{P}}_i & 0 & \hat{\boldsymbol{C}}_i^{\mathrm{T}} & 0 & 0 \\ \overline{\boldsymbol{P}}_i\hat{\boldsymbol{A}}_i & -\overline{\boldsymbol{P}}_i & \overline{\boldsymbol{P}}_i\hat{\boldsymbol{B}}_{wi} & 0 & 0 & 0 \\ 0 & \hat{\boldsymbol{B}}_{wi}^{\mathrm{T}}\overline{\boldsymbol{P}}_i & -\gamma^2\boldsymbol{I} & \hat{\boldsymbol{D}}_{wi}^{\mathrm{T}} & 0 & \hat{\boldsymbol{B}}_{Wfi}^{\mathrm{T}}\boldsymbol{P}_f \\ \hat{\boldsymbol{C}}_i & 0 & \hat{\boldsymbol{D}}_{wi} & -\boldsymbol{I} & -\boldsymbol{C}_{Wf} & 0 \\ 0 & 0 & 0 & -\boldsymbol{C}_{Wf}^{\mathrm{T}} & -\boldsymbol{P}_f & \boldsymbol{A}_{Wf}^{\mathrm{T}}\boldsymbol{P}_f \\ 0 & 0 & \boldsymbol{P}_f\hat{\boldsymbol{B}}_{Wf} & 0 & \boldsymbol{P}_f\boldsymbol{A}_{Wf} & -\boldsymbol{P}_f \end{bmatrix} < 0 \tag{7-49}$$

其中 $\overline{\boldsymbol{P}}_i = \sum_{j=1}^{N} \lambda_{ij}\boldsymbol{P}_j$ 。

根据引理 7.6,LMIs 式(7－49)可解的充分必要条件是存在矩阵 $\boldsymbol{P}_i > 0$、

$\boldsymbol{P}_f > 0$ 和 $\boldsymbol{\Gamma}_i$ 使满足

$$\begin{bmatrix} -\boldsymbol{P}_i & \hat{\boldsymbol{A}}_i^{\mathrm{T}}\boldsymbol{\Gamma}_{i\,i}^{\mathrm{T}} & 0 & \hat{\boldsymbol{C}}_i^{\mathrm{T}} & 0 & 0 \\ \boldsymbol{\Gamma}_i\hat{\boldsymbol{A}}_i & -\boldsymbol{\Gamma}_i-\boldsymbol{\Gamma}_i^{\mathrm{T}}+\overline{\boldsymbol{P}}_i & \boldsymbol{\Gamma}_i\hat{\boldsymbol{B}}_{wi} & 0 & 0 & 0 \\ 0 & \hat{\boldsymbol{B}}_{wi}^{\mathrm{T}}\boldsymbol{\Gamma}_i^{\mathrm{T}} & -\gamma^2\boldsymbol{I} & \hat{\boldsymbol{D}}_{wi}^{\mathrm{T}} & 0 & \hat{\boldsymbol{B}}_{Wfi}^{\mathrm{T}}\boldsymbol{P}_f \\ \hat{\boldsymbol{C}}_i & 0 & \hat{\boldsymbol{D}}_{wi} & -\boldsymbol{I} & -\boldsymbol{C}_{Wf} & 0 \\ 0 & 0 & 0 & -\boldsymbol{C}_{Wf}^{\mathrm{T}} & -\boldsymbol{P}_f & \boldsymbol{A}_{Wf}^{\mathrm{T}}\boldsymbol{P}_f \\ 0 & 0 & \boldsymbol{P}_f\hat{\boldsymbol{B}}_{Wf} & 0 & \boldsymbol{P}_f\boldsymbol{A}_{Wf} & -\boldsymbol{P}_f \end{bmatrix} < 0 \tag{7-50}$$

其中

$$\hat{\boldsymbol{A}}_i = \begin{bmatrix} \boldsymbol{A}_i & 0 \\ \boldsymbol{B}_{\eta i}\boldsymbol{C}_i & \boldsymbol{A}_{\eta i} \end{bmatrix}, \hat{\boldsymbol{B}}_{wi} = \begin{bmatrix} \boldsymbol{B}_i & \boldsymbol{B}_{di} & \boldsymbol{B}_{fi} \\ \boldsymbol{M}_i & \boldsymbol{B}_{\eta i}\boldsymbol{D}_{di} & \boldsymbol{B}_{\eta i}\boldsymbol{D}_{fi} \end{bmatrix}$$

$$\hat{\boldsymbol{C}}_i = [\boldsymbol{D}_{\eta i}\boldsymbol{C}_i \quad \boldsymbol{C}_{\eta i}], \hat{\boldsymbol{D}}_{wi} = [0 \quad \boldsymbol{D}_{\eta i}\boldsymbol{D}_{di} \quad \boldsymbol{D}_{\eta i}\boldsymbol{D}_{fi}-\boldsymbol{D}_{Wf}], i = 1,\cdots,N$$

受文献[9]启发,引入非奇异矩阵 $\boldsymbol{U}_i \in \mathbf{R}^{n\times n}$、$\boldsymbol{V}_i \in \mathbf{R}^{n\times n}$ 和

$$\boldsymbol{\Gamma}_i^{\mathrm{T}} = \begin{bmatrix} \boldsymbol{Y}_i^{\mathrm{T}} & * \\ \boldsymbol{V}_i^{\mathrm{T}} & * \end{bmatrix}, \boldsymbol{\Gamma}_i^{-\mathrm{T}} = \begin{bmatrix} \boldsymbol{Z}_i^{-\mathrm{T}} & * \\ \boldsymbol{U}_i^{\mathrm{T}} & * \end{bmatrix}, \sum\nolimits_i = \begin{bmatrix} \boldsymbol{Z}_i^{\mathrm{T}} & \boldsymbol{Y}_i^{\mathrm{T}} \\ 0 & \boldsymbol{V}_i^{\mathrm{T}} \end{bmatrix}$$

其中元素 * 可以通过 $\boldsymbol{\Gamma}_i^{\mathrm{T}}\boldsymbol{\Gamma}_i^{-\mathrm{T}} = \boldsymbol{\Gamma}_i^{-\mathrm{T}}\boldsymbol{\Gamma}_i^{\mathrm{T}} = \boldsymbol{I}$ 唯一确定。令

$$\boldsymbol{X}_i = \sum\nolimits_i^{\mathrm{T}}\boldsymbol{\Gamma}_i^{-1}\boldsymbol{P}_i\boldsymbol{\Gamma}_i^{-\mathrm{T}}\sum\nolimits_i, \overline{\boldsymbol{X}}_i = \sum_{j=1}^{N}\lambda_{ij}\boldsymbol{X}_i, i = 1,\cdots,N$$

$$\boldsymbol{Q}_i = \boldsymbol{V}_i\boldsymbol{A}_{\eta i}\boldsymbol{U}_i^{\mathrm{T}}\boldsymbol{Z}_i^{\mathrm{T}}, \boldsymbol{R}_i = \boldsymbol{C}_{\eta i}\boldsymbol{U}_i^{\mathrm{T}}\boldsymbol{Z}_i^{\mathrm{T}}, \boldsymbol{S}_i = \boldsymbol{V}_i\boldsymbol{U}_i^{\mathrm{T}}\boldsymbol{Z}_i^{\mathrm{T}}, \boldsymbol{F}_i = \boldsymbol{V}_i\boldsymbol{M}_i, \boldsymbol{K}_i = \boldsymbol{V}_i\boldsymbol{B}_{\eta i}$$

可得

$$\sum\nolimits_i^{\mathrm{T}}\hat{\boldsymbol{\Lambda}}_i\boldsymbol{\Gamma}_i^{-\mathrm{T}}\sum\nolimits_i = \begin{bmatrix} \boldsymbol{Z}_i\boldsymbol{A}_i & \boldsymbol{Z}_i\boldsymbol{A}_i \\ \boldsymbol{Y}_i\boldsymbol{A}_i+\boldsymbol{K}_i\boldsymbol{C}_i+\boldsymbol{Q}_i & \boldsymbol{Y}_i\boldsymbol{A}_i+\boldsymbol{K}_i\boldsymbol{C}_i \end{bmatrix}$$

$$\sum\nolimits_i^{\mathrm{T}}\hat{\boldsymbol{B}}_{wi} = \begin{bmatrix} \boldsymbol{Z}_i\boldsymbol{B}_i & \boldsymbol{Z}_i(\boldsymbol{B}_{di} \quad \boldsymbol{B}_{fi}) \\ \boldsymbol{Y}_i\boldsymbol{B}_i+\boldsymbol{F}_i & \boldsymbol{Y}_i\boldsymbol{B}_i+\boldsymbol{K}_i(\boldsymbol{D}_{di} \quad \boldsymbol{D}_{fi}) \end{bmatrix}$$

$$\hat{\boldsymbol{C}}_i\boldsymbol{\Gamma}_i^{-\mathrm{T}}\sum\nolimits_i = [\boldsymbol{R}_i+\boldsymbol{D}_{\eta i}\boldsymbol{C}_i \quad \boldsymbol{D}_{\eta i}\boldsymbol{C}_i]$$

$$\boldsymbol{T}_i^{\mathrm{T}}\boldsymbol{\Gamma}_i^{-1}(\boldsymbol{\Gamma}_i+\boldsymbol{\Gamma}_i^{\mathrm{T}})\boldsymbol{\Gamma}_i^{-\mathrm{T}}\sum\nolimits_i = \begin{bmatrix} \boldsymbol{Z}_i+\boldsymbol{Z}_i^{\mathrm{T}} & \boldsymbol{Z}_i+\boldsymbol{Y}_i^{\mathrm{T}}+\boldsymbol{S}_i^{\mathrm{T}} \\ \boldsymbol{Z}_i^{\mathrm{T}}+\boldsymbol{Y}_i+\boldsymbol{S}_i & \boldsymbol{Y}_i+\boldsymbol{Y}_i^{\mathrm{T}} \end{bmatrix}$$

然后,对式(7-50)左右两边分别乘以矩阵 $\Psi_i = \mathrm{diag}[\Gamma_i^{-\mathrm{T}}\sum_u \Gamma_i^{-\mathrm{T}}\sum_i, I, I, I, I]$ 和 $\boldsymbol{\Psi}_i^{\mathrm{T}}$。由式(7-42)~式(7-46)定义 $\boldsymbol{\Lambda}_i, \boldsymbol{\Xi}_i, \boldsymbol{\Theta}_i$ 和 $\boldsymbol{\Delta}_i$,容易证明不等式(7-50)和不等式(7-41)等价。

因此,如果存在 $\boldsymbol{X}_i > 0, \boldsymbol{Q}_i, \boldsymbol{R}_i, \boldsymbol{S}_i, \boldsymbol{Z}_i, \boldsymbol{Y}_i, \boldsymbol{K}_i, \boldsymbol{F}_i, \boldsymbol{D}_{\eta i}(i = 1, \cdots, N)$ 和 $P_f > 0$ 使得 LMIs 式(7-41)可解,那么系统式(7-36)均方稳定且在零初始条件下满足式(7-37)。

另一方面,对于 $i = 1, \cdots, N$,LMIs 式(7-41)的解一定满足

$$\boldsymbol{\Delta}_i = \begin{bmatrix} \boldsymbol{Z}_i + \boldsymbol{Z}_i^{\mathrm{T}} & \boldsymbol{Z}_i + \boldsymbol{Y}_i^{\mathrm{T}} + \boldsymbol{S}_i^{\mathrm{T}} \\ \boldsymbol{Z}_i^{\mathrm{T}} + \boldsymbol{Y}_i + \boldsymbol{S}_i & \boldsymbol{Y}_i + \boldsymbol{Y}_i^{\mathrm{T}} \end{bmatrix} > 0$$

其中 Z_i、Y_i 是非奇异的,可得

$$[\boldsymbol{I} \quad -\boldsymbol{I}]\boldsymbol{\Delta}_i \begin{bmatrix} \boldsymbol{I} \\ -\boldsymbol{I} \end{bmatrix} = -\boldsymbol{S}_i - \boldsymbol{S}_i^{\mathrm{T}} > 0$$

上式表明 S_i 是非奇异的。因此,如果 LMIs 式(7-41)可解,那么它的任何解都将保证 $\boldsymbol{S}_i$ 的非奇异性以及 $\boldsymbol{A}_{\eta i}, \boldsymbol{B}_{\eta i}, \boldsymbol{C}_{\eta i}$ 和 $\boldsymbol{M}_i$ 的存在性。

从定理 7.3 的证明过程注意到,矩阵 $\widetilde{P} > 0$ 取的是对角矩阵形式,所以定理 7.3 给出的解存在一定保守性。给定 $\gamma > 0$,参数矩阵 $\boldsymbol{A}_{\eta i}$、$\boldsymbol{B}_{\eta i}$、$\boldsymbol{C}_{\eta i}$、$\boldsymbol{D}_{\eta i}$、$\boldsymbol{M}_i$ 可以通过求解 LMIs 得到。为了降低解的保守性,可以逐步降低 γ 值,通过多次迭代,在满足式(7-37)的约束条件下,得到适当小 γ 值对应的均方稳定鲁棒 H_∞-FDF 参数矩阵。

7.4.3 仿真算例

考虑具有两模态的离散时间线性 Markov 跳跃系统

$$\begin{aligned} \boldsymbol{x}(k+1) &= \boldsymbol{A}(\theta_k)\boldsymbol{x}(k) + \boldsymbol{B}_d(\theta_k)\boldsymbol{d}(k) + \boldsymbol{B}_f(\theta_k)\boldsymbol{f}(k) \\ \boldsymbol{y}(k) &= \boldsymbol{C}(\theta_k)\boldsymbol{x}(k) + \boldsymbol{D}_d(\theta_k)\boldsymbol{d}(k) + \boldsymbol{D}_f(\theta_k)\boldsymbol{f}(k) \\ \boldsymbol{x}(0) &= 0, \theta_0 = 1 \end{aligned}$$

其中,对于 $\theta_k = i \in \{1,2\}$,$\boldsymbol{A}(\theta_k)$、$\boldsymbol{B}_d(\theta_k)$、$\boldsymbol{B}_f(\theta_k)$、$\boldsymbol{C}(\theta_k)$、$\boldsymbol{D}_d(\theta_k)$ 和 $\boldsymbol{D}_f(\theta_k)$ 分别为

$$\boldsymbol{A}_1 = \begin{bmatrix} 0.1 & 0 & 1 & 0 \\ 0 & 0.1 & 0 & 0.5 \\ 0 & 0 & 0.2 & 0 \\ 0 & 0 & 0 & 0.1 \end{bmatrix}, \boldsymbol{A}_2 = \begin{bmatrix} 0.3 & 0 & -1 & 0 \\ -0.1 & 0.2 & 0 & -0.5 \\ 0 & 0 & -0.2 & 0 \\ 0 & 0 & 0 & -0.5 \end{bmatrix}$$

$$B_d(\theta_k) = \begin{bmatrix} 0.8 \\ -2.4 \\ 1.6 \\ 0.8 \end{bmatrix}, B_f(\theta_k) = \begin{bmatrix} 1 \\ 1 \\ 2 \\ -2 \end{bmatrix}$$

$$C(\theta_k) = \begin{bmatrix} 0 & 1 & 0 & 1 \\ 1 & 0 & 1 & 0 \end{bmatrix}, D_d(\theta_k) = \begin{bmatrix} 0.2 \\ 0.4 \end{bmatrix}, D_f(\theta_k) = \begin{bmatrix} 2 \\ 1 \end{bmatrix}$$

状态转移概率为

$$\lambda_{11} = 0.3, \lambda_{12} = 0.7, \lambda_{21} = 0.6, \lambda_{22} = 0.4$$

取加权矩阵 $W_f(z) = \dfrac{0.5z}{z - 0.5}$，其状态空间实现为

$$\begin{cases} x(k+1) = 0.5x_f(k) + 0.25f(k) \\ \hat{f}(k) = x_f(k) + 0.5f(k) \end{cases}$$

$\hat{f}$ 如图 7-5 所示。应用定理 7.3，可求得如下的鲁棒 H_∞-FDF 参数：

$$A_{\eta 1} = \begin{bmatrix} 1.0010 & -2.8448 & 3.8117 & 0.2661 \\ -0.2656 & -1.2272 & -0.3885 & 1.1913 \\ -0.6724 & 0.0593 & -1.9535 & 0.9662 \\ -0.3021 & -1.9842 & -0.2441 & 1.7034 \end{bmatrix}$$

$$A_{\eta 2} = \begin{bmatrix} 1.4578 & -.9661 & 1.0086 & 1.1856 \\ -0.0124 & 0.3414 & 0.0240 & -0.5540 \\ -0.8668 & 2.4679 & -0.6056 & -1.1902 \\ -0.1448 & 0.6508 & -0.0915 & -0.8748 \end{bmatrix}$$

$$B_{\eta 1} = \begin{bmatrix} 0.0114 & 5.2796 \\ 0.0485 & -0.0059 \\ 0.0425 & -2.1524 \\ 0.0721 & 0.4877 \end{bmatrix}, B_{\eta 2} = \begin{bmatrix} 0.2397 & -2.7631 \\ 0.0265 & 0.0012 \\ -0.1109 & 1.5679 \\ 0.0216 & 0.1866 \end{bmatrix}$$

$$C_{\eta 1} = [-0.0070 \quad -0.0101 \quad -0.0143 \quad 0.0187]$$

$$C_{\eta 2} = [-0.0020 \quad 0 \quad -0.0009 \quad -0.0109]$$

$$D_{\eta 1} = [0.0007 \quad -0.0062], D_{\eta 2} = [0.0036 \quad 0.0006]$$

$$M_1 = M_2 = 0, \gamma = 1.1$$

7.5 非线性摄动 Markov 跳跃系统

7.5.1 问题描述

考虑如下离散时间 Markov 跳跃系统：

$$\begin{cases}\boldsymbol{x}(k+1)=\boldsymbol{A}(\theta_k)\boldsymbol{x}(k)+\boldsymbol{g}(\boldsymbol{x}(k))+\boldsymbol{B}_d(\theta_k)\boldsymbol{d}(k)+\boldsymbol{B}_f(\theta_k)\boldsymbol{f}(k)\\ \boldsymbol{y}(k)=\boldsymbol{C}(\theta_k)\boldsymbol{x}(k)+\boldsymbol{D}_d(\theta_k)\boldsymbol{d}(k)+\boldsymbol{D}_f(\theta_k)\boldsymbol{f}(k)\\ \boldsymbol{x}(0)=\boldsymbol{x}_0,\theta(0)=i_0\end{cases} \tag{7-51}$$

式中：$\boldsymbol{x}(k)\in\mathbf{R}^n$、$\boldsymbol{y}(k)\in\mathbf{R}^{n_y}$、$\boldsymbol{d}(k)\in\mathbf{R}^{n_d}$ 和 $\boldsymbol{f}(k)\in\mathbf{R}^{n_f}$ 分别为系统的状态、测量输出、未知输入和故障向量，假定 $\boldsymbol{d}(k)$、$\boldsymbol{f}(k)$ 均为 l_2 范数有界信号；$\{\theta_k\}$ 为在有限状态集 $\Omega=\{1,2,\cdots,N\}$ 上取值的离散时间齐次 Markov 链，其状态转移概率为

$$\Pr\{\theta_{k+1}=j\mid\theta_k=i\}=\boldsymbol{\lambda}_{ij}$$

且满足 $\sum_{j=1}^{N}\boldsymbol{\lambda}_{ij}=1$。对于 $\theta_k=i\in\Omega$，$\boldsymbol{A}(\theta_k)$、$\boldsymbol{B}_d(\theta_k)$、$\boldsymbol{B}_f(\theta_k)$、$\boldsymbol{C}(\theta_k)$、$\boldsymbol{D}_d(\theta_k)$、$\boldsymbol{D}_f(\theta_k)$ 均为适当维数的实常数矩阵。对于任意适当维数的参数矩阵 $\boldsymbol{F}(\theta_k)$，记 $\boldsymbol{F}(\theta_k)=\boldsymbol{F}_i,\forall\theta_k=i\in\Omega$，为简便起见，在此不再一一介绍。$\boldsymbol{g}(x(k))$ 为满足如下 Lipschitz 条件的非线性函数：

(1) $\boldsymbol{g}(0)=0$

(2) 对任意的 $\boldsymbol{x}_1\in R^n$、$\boldsymbol{x}_2\in R^n$，有 $\|\boldsymbol{g}(\boldsymbol{x}_1)-\boldsymbol{g}(\boldsymbol{x}_2)\|\leqslant\beta(\boldsymbol{x}_1-\boldsymbol{x}_2)$，其中 β 称为 Lipschitz 常数。

设系统实际得到的测量输出信号 $\boldsymbol{\psi}(k)$ 为

$$\boldsymbol{\psi}(k)=\delta(k)\boldsymbol{y}(k)$$

其中 $\delta(k)$ 为一致同分布的 Bernoulli 随机变量，且满足

$$\begin{cases}\Pr\{\delta(k)=1\}=\mathrm{E}\{\delta(k)\}=\rho\\ \Pr\{\delta(k)=0\}=1-\mathrm{E}\{\delta(k)\}=1-\rho\end{cases} \tag{7-52}$$

残差产生是故障检测的首要任务，构造如下形式的基于观测器的 FDF 作为残差产生器：

$$\begin{cases}\hat{\boldsymbol{x}}(k+1)=\boldsymbol{A}(\theta_k)\hat{\boldsymbol{x}}(k)+\boldsymbol{L}(\theta_k)(\boldsymbol{y}(k)-\hat{\boldsymbol{y}}(k))\\ \hat{\boldsymbol{y}}(k)=\boldsymbol{C}(\theta_k)\hat{\boldsymbol{x}}(k)\\ \boldsymbol{r}(k)=\boldsymbol{V}(\theta_k)(\boldsymbol{y}(k)-\hat{\boldsymbol{y}}(k))\end{cases}\tag{7-53}$$

式中：$\hat{\boldsymbol{x}}(k)$、$\hat{\boldsymbol{y}}(k)$ 分别为 $\boldsymbol{x}(k)$、$\boldsymbol{y}(k)$ 的估计；$\boldsymbol{r}(k)\in R^r$ 为残差信号；$\boldsymbol{L}(\theta_k)$ 为待设计的观测器增益矩阵；$\boldsymbol{V}(\theta_k)$ 为待设计的后置滤波器。

令 $\alpha(k)=\delta(k)-\rho$，由式(7-52)知，$\alpha(k)$ 具有如下统计特征：

$$\begin{cases}\mathrm{E}\{\alpha(k)\}=0\\ \mathrm{E}\{\alpha^2(k)\}=\rho-\rho^2=\varepsilon\end{cases}\tag{7-54}$$

定义

$$\boldsymbol{e}(k)=\boldsymbol{x}(k)-\hat{\boldsymbol{x}}(k),\quad \boldsymbol{\eta}(k)=[\boldsymbol{x}^{\mathrm{T}}(k)\quad \boldsymbol{e}^{\mathrm{T}}(k)]^{\mathrm{T}}$$

$$\boldsymbol{r}_e(k)=\boldsymbol{r}(k)-\boldsymbol{f}(k),\quad \boldsymbol{w}(k)=[\boldsymbol{d}^{\mathrm{T}}(k)\quad \boldsymbol{f}^{\mathrm{T}}(k)]^{\mathrm{T}}$$

则由式(7-51)、式(7-53)得

$$\begin{cases}\boldsymbol{\eta}(k+1)=(\boldsymbol{A}_\eta(\theta_k)+\alpha(k)\boldsymbol{A}_{\eta\alpha}(\theta_k))\boldsymbol{\eta}(k)+(\boldsymbol{B}_\eta(\theta_k)\\ \qquad+\alpha(k)\boldsymbol{B}_{\eta\alpha}(\theta_k))\boldsymbol{w}(k)+\tilde{\boldsymbol{g}}(k)\\ \boldsymbol{r}_e(k)=(\boldsymbol{C}_\eta(\theta_k)+\alpha(k)\boldsymbol{C}_{\eta\alpha}(\theta_k))\boldsymbol{\eta}(k)+(\boldsymbol{D}_\eta(\theta_k)\\ \qquad+\alpha(k)\boldsymbol{D}_{\eta\alpha}(\theta_k))\boldsymbol{w}(k)\end{cases}\tag{7-55}$$

其中

$$\boldsymbol{A}_\eta(\theta_k)=\begin{bmatrix}\boldsymbol{A}(\theta_k) & 0\\ 0 & \boldsymbol{A}(\theta_k)-\rho\boldsymbol{L}(\theta_k)\boldsymbol{C}(\theta_k)\end{bmatrix},\boldsymbol{A}_{\eta\alpha}(\theta_k)=\begin{bmatrix}0 & 0\\ -\boldsymbol{L}(\theta_k)\boldsymbol{C}(\theta_k) & 0\end{bmatrix}$$

$$\boldsymbol{B}_\eta(\theta_k)=\begin{bmatrix}\boldsymbol{B}_d(\theta_k) & \boldsymbol{B}_f(\theta_k)\\ \boldsymbol{B}_d(\theta_k)-\boldsymbol{L}(\theta_k)\boldsymbol{D}_d(\theta_k) & \boldsymbol{B}_f(\theta_k)-\boldsymbol{L}(\theta_k)\boldsymbol{D}_d(\theta_k)\end{bmatrix}$$

$$\boldsymbol{B}_{\eta\alpha}(\theta_k)=\begin{bmatrix}0 & 0\\ \boldsymbol{L}(\theta_k)\boldsymbol{D}_d(\theta_k) & \boldsymbol{L}(\theta_k)\boldsymbol{D}_d(\theta_k)\end{bmatrix},\tilde{\boldsymbol{g}}(k)=\begin{bmatrix}\boldsymbol{g}(\boldsymbol{x}(k))\\ \boldsymbol{g}(\boldsymbol{x}(k))-\boldsymbol{g}(\hat{\boldsymbol{x}}(k))\end{bmatrix}$$

$$\boldsymbol{C}_\eta(\theta_k)=[0\quad \rho\boldsymbol{V}(\theta_k)\boldsymbol{C}(\theta_k)],\boldsymbol{D}_\eta(\theta_k)=[\rho\boldsymbol{V}(\theta_k)\boldsymbol{D}_d(\theta_k)\quad \rho\boldsymbol{V}(\theta_k)\boldsymbol{D}_f(k)-\boldsymbol{I}]$$

$$\boldsymbol{D}_{\eta\alpha}(\theta_k)=[\boldsymbol{V}(\theta_k)\boldsymbol{D}_d(\theta_k)\quad \boldsymbol{V}(\theta_k)\boldsymbol{D}_f(k)],\boldsymbol{C}_{\eta\alpha}(\theta_k)=[\boldsymbol{V}(\theta_k)\boldsymbol{C}(\theta_k)\quad 0]$$

从而可将鲁棒 FDF 设计问题可归结为：给定 $\gamma>0$，设计参数矩阵 $\boldsymbol{L}(\theta_k)$ 和 $\boldsymbol{V}(\theta_k)$，使得系统式(7-55)均方稳定且满足如下 H_∞ 性能指标

$$\sup_{\|w(k)\|_2\neq 0}\frac{\|\boldsymbol{r}_e(k)\|_{2,\mathrm{E}}^2}{\|\boldsymbol{w}(k)\|_2^2}<\gamma^2\tag{7-56}$$

7.5.2 鲁棒 H_∞ – FDF 设计

本节首先分析系统式(7－5)的均方稳定性和 H_∞ 性能,进而给出在状态转移概率完全已知和部分已知两种情况下,滤波器存在的充分条件和滤波器参数矩阵的解。

1. 模态依赖鲁棒 H_∞ – FDF

引理 7.7[28] 对任意的 $a, b \in \mathbf{R}^n$ 和任意的正定矩阵 $\boldsymbol{S} \in \mathbf{R}^{n\times n}$,都有

$$2a^{\mathrm{T}}b \leqslant a^{\mathrm{T}}\boldsymbol{S}a + b^{\mathrm{T}}\boldsymbol{S}^{-1}b$$

定理 7.4 给定 $\gamma > 0$ 和 $\beta > 0$,若存在 $P_i > 0\ (i \in \Omega)$ 和标量 $\zeta > 0$,使得如下不等式成立:

$$\boldsymbol{\Pi} = \begin{bmatrix} \boldsymbol{\Pi}_{11} & \boldsymbol{\Pi}_{12} \\ * & \boldsymbol{\Pi}_{22} \end{bmatrix} < 0 \tag{7－57}$$

其中

$$\begin{aligned}
\boldsymbol{\Pi}_{11} &= \boldsymbol{A}_\eta^{\mathrm{T}}\overline{\boldsymbol{P}}_j\boldsymbol{A}_\eta + \varepsilon\boldsymbol{A}_{\eta\alpha}^{\mathrm{T}}\overline{\boldsymbol{P}}_j\boldsymbol{A}_{\eta\alpha} - \boldsymbol{P}_i + \boldsymbol{C}_\eta^{\mathrm{T}}\boldsymbol{C}_\eta + \varepsilon\boldsymbol{C}_{\eta\alpha}^{\mathrm{T}}\boldsymbol{C}_{\eta\alpha} + (1+\zeta)\beta^2\boldsymbol{I} \\
&\quad + \boldsymbol{A}_\eta^{\mathrm{T}}\overline{\boldsymbol{P}}_j(\zeta\boldsymbol{I} - \overline{\boldsymbol{P}}_j)^{-1}\overline{\boldsymbol{P}}_j\boldsymbol{A}_\eta \\
\boldsymbol{\Pi}_{12} &= \boldsymbol{A}_\eta^{\mathrm{T}}\overline{\boldsymbol{P}}_j\boldsymbol{B}_\eta + \varepsilon\boldsymbol{A}_{\eta\alpha}^{\mathrm{T}}\overline{\boldsymbol{P}}_j\boldsymbol{B}_{\eta\alpha} + \boldsymbol{C}_\eta^{\mathrm{T}}\boldsymbol{D}_\eta + \varepsilon\boldsymbol{C}_{\eta\alpha}^{\mathrm{T}}\boldsymbol{D}_{\eta\alpha} \\
\boldsymbol{\Pi}_{22} &= \boldsymbol{B}_\eta^{\mathrm{T}}\overline{\boldsymbol{P}}_j\boldsymbol{B}_\eta + \varepsilon\boldsymbol{B}_{\eta\alpha}^{\mathrm{T}}\overline{\boldsymbol{P}}_j\boldsymbol{B}_{\eta\alpha} - \gamma^2\boldsymbol{I} + \boldsymbol{D}_\eta^{\mathrm{T}}\boldsymbol{D}_\eta + \varepsilon\boldsymbol{D}_{\eta\alpha}^{\mathrm{T}}\boldsymbol{D}_{\eta\alpha} + \boldsymbol{B}_\eta^{\mathrm{T}}\overline{\boldsymbol{P}}_j\overline{\boldsymbol{P}}_j\boldsymbol{B}_\eta \\
\overline{\boldsymbol{P}}_j &= \sum\nolimits_{j=1}^{N}\lambda_{ij}\boldsymbol{P}_j
\end{aligned}$$

则系统式(7－55)均方稳定,且满足 H_∞ 性能指标式(7－56)。

证明 取如下 Lyapunov 函数

$$V(\boldsymbol{\eta}(k), \theta_k) = \boldsymbol{\eta}^{\mathrm{T}}(k)\boldsymbol{P}(\theta_k)\boldsymbol{\eta}(k), \boldsymbol{P}(\theta_k) > 0$$

当 $\boldsymbol{\eta}(k) = i$ 时,由式(7－54)和式(7－55)得

$$\begin{aligned}
\mathrm{E}\{\Delta \mathrm{V}\} &= \mathrm{E}\{\mathrm{V}(k+1)(\boldsymbol{\eta}(k+1, \theta_{k+1}) \mid \boldsymbol{\eta}(k), \theta_k = i\} - V(k)(\boldsymbol{\eta}(k), \theta_k = i) \\
&= \boldsymbol{\eta}^{\mathrm{T}}(k)(\boldsymbol{A}_\eta^{\mathrm{T}}\overline{\boldsymbol{P}}_j\boldsymbol{A}_\eta + \varepsilon\boldsymbol{A}_{\eta\alpha}^{\mathrm{T}}\overline{\boldsymbol{P}}_j\boldsymbol{A}_{\eta\alpha} - \boldsymbol{P}_i)\boldsymbol{\eta}(k) + \widetilde{\boldsymbol{g}}^{\mathrm{T}}\overline{\boldsymbol{P}}_j\widetilde{\boldsymbol{g}} + 2\boldsymbol{\eta}^{\mathrm{T}}(k)\boldsymbol{A}_\eta^{\mathrm{T}}\overline{\boldsymbol{P}}_j\widetilde{\boldsymbol{g}} \\
&\quad + \boldsymbol{w}^{\mathrm{T}}(k)\boldsymbol{B}_\eta^{\mathrm{T}}\overline{\boldsymbol{P}}_j\boldsymbol{B}_\eta\boldsymbol{w}(k) + \varepsilon\boldsymbol{w}^{\mathrm{T}}(k)\boldsymbol{B}_{\eta\alpha}^{\mathrm{T}}\overline{\boldsymbol{P}}_j\boldsymbol{B}_{\eta\alpha}\boldsymbol{w}(k) + 2\boldsymbol{w}^{\mathrm{T}}(k)\boldsymbol{B}_\eta^{\mathrm{T}}\overline{\boldsymbol{P}}_j\widetilde{\boldsymbol{g}} \\
&\quad + 2\varepsilon\boldsymbol{w}^{\mathrm{T}}(k)\boldsymbol{B}_{\eta\alpha}^{\mathrm{T}}\overline{\boldsymbol{P}}_j\boldsymbol{A}_{\eta\alpha}\boldsymbol{\eta}(k) + 2\boldsymbol{w}^{\mathrm{T}}(k)\boldsymbol{B}_\eta^{\mathrm{T}}\overline{\boldsymbol{P}}_j\boldsymbol{A}_\eta\boldsymbol{\eta}(k)
\end{aligned} \tag{7－58}$$

在满足 Lipschitz 条件下,应用引理 7.7 可得

$$2\boldsymbol{\eta}^{\mathrm{T}}(k)\boldsymbol{A}_{\eta}^{\mathrm{T}}\overline{\boldsymbol{P}}_{j}\widetilde{\boldsymbol{g}}+\widetilde{\boldsymbol{g}}^{\mathrm{T}}\overline{\boldsymbol{P}}_{j}\widetilde{\boldsymbol{g}}+2\boldsymbol{w}^{\mathrm{T}}(k)\boldsymbol{B}_{\eta}^{\mathrm{T}}\overline{\boldsymbol{P}}_{j}\widetilde{\boldsymbol{g}}$$
$$\leqslant \boldsymbol{\eta}^{\mathrm{T}}(k)((1+\zeta)\beta^{2}\boldsymbol{I}+\boldsymbol{w}^{\mathrm{T}}(k)\boldsymbol{B}_{\eta}^{\mathrm{T}}\overline{\boldsymbol{P}}_{j}\overline{\boldsymbol{P}}_{j}\boldsymbol{B}_{\eta}\boldsymbol{w}(k)+\boldsymbol{A}_{\eta}^{\mathrm{T}}\overline{\boldsymbol{P}}_{j}(\zeta\boldsymbol{I}-\overline{\boldsymbol{P}}_{j})^{-1}\overline{\boldsymbol{P}}_{j}\boldsymbol{A}_{\eta})\boldsymbol{\eta}(k) \tag{7-59}$$

当 $\boldsymbol{w}(k)=0$ 时,由式(7-8)、式(7-9)得

$$\mathrm{E}\{\Delta V\}=\mathrm{E}\{\Delta \mathrm{V}(k+1)(\boldsymbol{\eta}(k+1,\theta_{k+1})\mid \boldsymbol{\eta}(k),\theta_{k}=i\}-V(k)(\boldsymbol{\eta}(k),\theta_{k}=i)$$
$$<\boldsymbol{\eta}^{\mathrm{T}}(k)((1+\zeta)\beta^{2}\boldsymbol{I}+\boldsymbol{A}_{\eta}^{\mathrm{T}}\overline{\boldsymbol{P}}_{j}(\zeta\boldsymbol{I}-\overline{\boldsymbol{P}}_{j})^{-1}\overline{\boldsymbol{P}}_{j}\boldsymbol{A}_{\eta}+\boldsymbol{A}_{\eta}^{\mathrm{T}}\overline{\boldsymbol{P}}_{j}\boldsymbol{A}_{\eta}+\varepsilon\boldsymbol{A}_{\eta\alpha}^{\mathrm{T}}\overline{\boldsymbol{P}}_{j}\boldsymbol{A}_{\eta\alpha}-\boldsymbol{P}_{i})\boldsymbol{\eta}(k)$$

令 $\boldsymbol{Q}_{i}=-((1+\zeta)\beta^{2}\boldsymbol{I}+\boldsymbol{A}_{\eta}^{\mathrm{T}}\overline{\boldsymbol{P}}_{j}(\zeta\boldsymbol{I}-\overline{\boldsymbol{P}}_{j})^{-1}\overline{\boldsymbol{P}}_{j}\boldsymbol{A}_{\eta}+\boldsymbol{A}_{\eta}^{\mathrm{T}}\overline{\boldsymbol{P}}_{j}\boldsymbol{A}_{\eta}+\varepsilon\boldsymbol{A}_{\eta\alpha}^{\mathrm{T}}\overline{\boldsymbol{P}}_{j}\boldsymbol{A}_{\eta\alpha}-\boldsymbol{P}_{i})$

由式(7-7)可知 $\boldsymbol{Q}_{i}<0$。对 $\eta(k)\neq 0$,有如下关系成立:

$$\frac{\mathrm{E}\{\Delta V\}}{V(k)(\boldsymbol{\eta}(k),\theta_{k})}<-\frac{-\boldsymbol{\eta}^{\mathrm{T}}(k)\boldsymbol{Q}_{i}\boldsymbol{\eta}(k)}{-\boldsymbol{\eta}^{\mathrm{T}}(k)\boldsymbol{P}_{i}\boldsymbol{\eta}(k)}\leqslant -\min\left\{\frac{\boldsymbol{\lambda}_{m}(-\boldsymbol{Q}_{i})}{\boldsymbol{\lambda}_{M}(\boldsymbol{P}_{i})}\right\}=\mu-1<0 \tag{7-60}$$

其中

$\mu=1-\min\left\{\frac{\boldsymbol{\lambda}_{m}(-\boldsymbol{Q}_{i})}{\boldsymbol{\lambda}_{M}(\boldsymbol{P}_{i})}\right\}$,$\boldsymbol{\lambda}_{m}(-\boldsymbol{Q}_{i})$ 为 $-\boldsymbol{Q}_{i}$ 的最小奇异值,$\boldsymbol{\lambda}_{M}(\boldsymbol{P}_{i})$ 为 $\boldsymbol{P}_{i}$ 的最大奇异值。

由式(7-60)得

$$\mu>\frac{\mathrm{E}\{V(k+1)(\boldsymbol{\eta}(k+1,\theta_{k+1})\mid \boldsymbol{\eta}(k),\theta_{k}\}}{V(k)(\boldsymbol{\eta}(k),\theta_{k})}>0$$

因而 $0<\mu<1$,且有

$$\mathrm{E}\{V(k+1)(\boldsymbol{\eta}(k+1,\theta_{k+1})\mid \boldsymbol{\eta}(k),\theta_{k}\}<\mu V(k)(\boldsymbol{\eta}(k),\theta_{k})$$

进而

$$\mathrm{E}\{V(k+1)(\boldsymbol{\eta}(k+1,\theta_{k+1})\mid \boldsymbol{\eta}(k),\theta_{k}\}<\mu^{k}V(0)$$

对上述不等式两端取极限可得

$$\lim_{\bar{k}\to\infty}\mathrm{E}\left\{\sum_{k=0}^{\bar{k}}\boldsymbol{\eta}^{\mathrm{T}}(k)\boldsymbol{P}(\theta_{k})\boldsymbol{\eta}(k)\right\}<\frac{1}{1-\mu}V(0)$$

其中 $\bar{k}\geqslant 1$。

定义 $\widetilde{N}=\frac{\max\{\boldsymbol{P}_{i}^{-1}\}}{1-\mu}V(0)$,由 Rayleigh 商得[25]

$$\lim_{\bar{k}\to\infty}\mathrm{E}\left\{\sum_{k=0}^{\bar{k}}\boldsymbol{\eta}^{\mathrm{T}}(k)\boldsymbol{\eta}(k)\right\}=\lim_{\bar{k}\to\infty}\mathrm{E}\left\{\sum_{k=0}^{\bar{k}}\|\boldsymbol{\eta}(k)\|^{2}\right\}<\widetilde{N}<\infty$$

从而可知当式(7-57)成立时,系统式(7-55)均方稳定。

当 $w(k) \neq 0$ 时,定义

$$J = \sum_{k=0}^{\infty} \mathrm{E}\{ \| \boldsymbol{r}_e(k) \|^2 - \gamma^2 \| \boldsymbol{w}(k) \|^2 \}$$

由式(7-54)、式(7-55)、式(7-58)和式(7-59)得,对 $\boldsymbol{w}(k) \neq 0$ 在零初始状态下有

$$\begin{aligned}
J &= \sum_{k=0}^{\infty} \mathrm{E}\{ \| \boldsymbol{r}_e(k) \|^2 - \gamma^2 \| \boldsymbol{w}(k) \|^2 \} + \mathrm{E}\{\Delta V\} + \mathrm{E}\{V(0)\} - \mathrm{E}\{V_\infty\} \\
&\leqslant \sum_{k=0}^{\infty} \{ \boldsymbol{\eta}^{\mathrm{T}}(k) (\boldsymbol{A}_\eta^{\mathrm{T}} \overline{\boldsymbol{P}}_j \boldsymbol{A}_\eta + \varepsilon \boldsymbol{A}_{\eta\alpha}^{\mathrm{T}} \overline{\boldsymbol{P}}_j \boldsymbol{A}_{\eta\alpha} - \boldsymbol{P}_i + (1+\zeta)\beta^2 \boldsymbol{I} \\
&\quad + \boldsymbol{w}^{\mathrm{T}}(k) \boldsymbol{B}_\eta^{\mathrm{T}} \overline{\boldsymbol{P}}_j \overline{\boldsymbol{P}}_j \boldsymbol{B}_\eta \boldsymbol{w}(k) \\
&\quad + \boldsymbol{A}_\eta^{\mathrm{T}} \overline{\boldsymbol{P}}_j (\zeta \boldsymbol{I} - \overline{\boldsymbol{P}}_j)^{-1} \overline{\boldsymbol{P}}_j \boldsymbol{A}_\eta) \boldsymbol{\eta}(k) + 2\boldsymbol{w}^{\mathrm{T}}(k) \boldsymbol{B}_\eta^{\mathrm{T}} \overline{\boldsymbol{P}}_j \boldsymbol{B}_\eta \boldsymbol{\eta}(k) \\
&\quad + \boldsymbol{w}^{\mathrm{T}}(k) \boldsymbol{B}_\eta^{\mathrm{T}} \overline{\boldsymbol{P}}_j \boldsymbol{B}_\eta \boldsymbol{w}(k) \\
&\quad + 2\boldsymbol{w}^{\mathrm{T}}(k) \boldsymbol{B}_{\eta\alpha}^{\mathrm{T}} \overline{\boldsymbol{P}}_j \boldsymbol{B}_{\eta\alpha} \boldsymbol{\eta}(k) + \| \boldsymbol{r}_e(k) \|^2 - \gamma^2 \| \boldsymbol{w}(k) \|^2 \} \\
&= \sum_{k=0}^{\infty} \mathrm{E}\{ \boldsymbol{\xi}^{\mathrm{T}}(k) \boldsymbol{\Pi} \boldsymbol{\xi}(k) \}
\end{aligned}$$

其中 $\boldsymbol{\xi}(k) = [\boldsymbol{\eta}^{\mathrm{T}}(k) \quad \boldsymbol{w}^{\mathrm{T}}(k)]^{\mathrm{T}}$。当 $\boldsymbol{\Pi} < 0$ 时,有 $J < 0$,即满足 H_∞ 性能式(7-56)。定理 7.4 得证。

进一步,在系统状态转移概率完全已知的情况下,可得 FDF 存在的充分条件和 FDF 参数矩阵的解。

定理 7.5 给定 $\gamma > 0$ 和 $\beta > 0$,若存在 $\boldsymbol{P}_{1i} > 0$、$\boldsymbol{P}_{3i} > 0$,矩阵 $\boldsymbol{X}_i$、$\boldsymbol{M}_i$、$\boldsymbol{N}_i$、$\boldsymbol{Z}_i$、$\boldsymbol{V}_i$、$\boldsymbol{P}_{2i}(i \in \Omega)$ 和标量 $\zeta > 0$、κ,使得如下不等式成立:

$$\boldsymbol{\Psi} = \begin{bmatrix} \boldsymbol{\Psi}_{11} & 0 & \boldsymbol{\Psi}_{13} \\ * & \boldsymbol{\Psi}_{22} & \boldsymbol{\Psi}_{23} \\ * & * & \boldsymbol{\Psi}_{33} \end{bmatrix} < 0 \tag{7-61}$$

其中

$$\boldsymbol{\Psi}_{22} = \begin{bmatrix} \overline{\boldsymbol{P}}_{1j} - \boldsymbol{X}_i - \boldsymbol{X}_i^{\mathrm{T}} & \overline{\boldsymbol{P}}_{2j} - \kappa \boldsymbol{Z}_i - \boldsymbol{M}_i^{\mathrm{T}} & 0 & 0 \\ * & \overline{\boldsymbol{P}}_{3j} - \boldsymbol{Z}_i - \boldsymbol{Z}_i^{\mathrm{T}} & 0 & 0 \\ * & * & \boldsymbol{I} - \boldsymbol{X}_i - \boldsymbol{X}_i^{\mathrm{T}} & -\kappa \boldsymbol{Z}_i - \boldsymbol{M}_i^{\mathrm{T}} \\ * & * & * & -\boldsymbol{Z}_i - \boldsymbol{Z}_i^{\mathrm{T}} \end{bmatrix}$$

$$\boldsymbol{\Psi}_{33}=\begin{bmatrix}-\boldsymbol{P}_{1i} & -\boldsymbol{P}_{2i} & 0 & 0\\ * & -\boldsymbol{P}_{3i} & 0 & 0\\ * & * & -\gamma^2\boldsymbol{I} & 0\\ * & * & * & -\gamma^2\boldsymbol{I}\end{bmatrix}$$

$$\boldsymbol{\Psi}_{11}=\begin{bmatrix}\bar{\boldsymbol{P}}_{1j}-\boldsymbol{X}_i-\boldsymbol{X}_i^{\mathrm{T}} & \bar{\boldsymbol{P}}_{2j}-\kappa\boldsymbol{Z}_i-\boldsymbol{M}_i^{\mathrm{T}} & 0 & 0 & 0 & 0 & 0 & 0\\ * & \bar{\boldsymbol{P}}_{3j}-\boldsymbol{Z}_i-\boldsymbol{Z}_i^{\mathrm{T}} & 0 & 0 & 0 & 0 & 0 & 0\\ * & * & \zeta\boldsymbol{I}-\bar{\boldsymbol{P}}_{1j}-\boldsymbol{X}_i-\boldsymbol{X}_i^{\mathrm{T}} & \bar{\boldsymbol{P}}_{2j}-\kappa\boldsymbol{Z}_i-\boldsymbol{M}_i^{\mathrm{T}} & 0 & 0 & 0 & 0\\ * & * & * & \zeta\boldsymbol{I}-\bar{\boldsymbol{P}}_{3j}-\boldsymbol{Z}_i-\boldsymbol{Z}_i^{\mathrm{T}} & 0 & 0 & 0 & 0\\ * & * & * & * & -\boldsymbol{I} & 0 & 0 & 0\\ * & * & * & * & * & -\boldsymbol{I} & 0 & 0\\ * & * & * & * & * & * & -\boldsymbol{I} & 0\\ * & * & * & * & * & * & * & -\boldsymbol{I}\end{bmatrix}$$

$$\boldsymbol{\Psi}_{13}=\begin{bmatrix}\boldsymbol{X}_i\boldsymbol{A}_i & \kappa\boldsymbol{Z}_i\boldsymbol{A}_i-\kappa\rho\boldsymbol{N}_i\boldsymbol{C}_i & \boldsymbol{X}_i\boldsymbol{B}_{di}+\kappa\boldsymbol{Z}_i\boldsymbol{B}_{di}-\kappa\rho\boldsymbol{N}_i\boldsymbol{D}_{di} & \boldsymbol{X}_i\boldsymbol{B}_{fi}+\kappa\boldsymbol{Z}_i\boldsymbol{B}_{fi}-\kappa\rho\boldsymbol{N}_i\boldsymbol{D}_{fi}\\ \boldsymbol{M}_i\boldsymbol{A}_i & \boldsymbol{Z}_i\boldsymbol{A}_i-\rho\boldsymbol{N}_i\boldsymbol{C}_i & \boldsymbol{M}_i\boldsymbol{B}_{di}+\boldsymbol{Z}_i\boldsymbol{B}_{di}-\rho\boldsymbol{N}_i\boldsymbol{D}_{di} & \boldsymbol{M}_i\boldsymbol{B}_{fi}+\boldsymbol{Z}_i\boldsymbol{B}_{fi}-\rho\boldsymbol{N}_i\boldsymbol{D}_{fi}\\ \boldsymbol{X}_i\boldsymbol{A}_i & \kappa\boldsymbol{Z}_i\boldsymbol{A}_i-\kappa\rho\boldsymbol{N}_i\boldsymbol{C}_i & 0 & 0\\ \boldsymbol{M}_i\boldsymbol{A}_i & \boldsymbol{Z}_i\boldsymbol{A}_i-\rho\boldsymbol{N}_i\boldsymbol{C}_i & 0 & 0\\ 0 & \rho\boldsymbol{V}_i\boldsymbol{C}_i & \rho\boldsymbol{V}_i\boldsymbol{D}_{di} & \rho\boldsymbol{V}_i\boldsymbol{D}_{fi}-\boldsymbol{I}\\ \sqrt{(\zeta+1)\boldsymbol{I}\beta} & 0 & 0 & 0\\ 0 & \sqrt{(\zeta+1)\boldsymbol{I}\beta} & 0 & 0\\ \sqrt{\varepsilon}\boldsymbol{V}_i\boldsymbol{C}_i & 0 & \sqrt{\varepsilon}\boldsymbol{V}_i\boldsymbol{D}_{di} & \sqrt{\varepsilon}\boldsymbol{V}_i\boldsymbol{D}_{fi}\end{bmatrix}$$

$$\boldsymbol{\Psi}_{23}=\begin{bmatrix} \sqrt{\varepsilon}\kappa\boldsymbol{N}_i\boldsymbol{C}_i & 0 & \kappa\boldsymbol{N}_i\boldsymbol{D}_{di} & \kappa\boldsymbol{N}_i\boldsymbol{D}_{fi} \\ \sqrt{\varepsilon}\boldsymbol{N}_i\boldsymbol{C}_i & 0 & \boldsymbol{N}_i\boldsymbol{D}_{di} & \boldsymbol{N}_i\boldsymbol{D}_{fi} \\ 0 & 0 & \boldsymbol{X}_i\boldsymbol{B}_{di}+\kappa\boldsymbol{Z}_i\boldsymbol{B}_{di}-\kappa\rho\boldsymbol{N}_i\boldsymbol{D}_{di} & \boldsymbol{X}_i\boldsymbol{B}_{fi}+\kappa\boldsymbol{Z}_i\boldsymbol{B}_{fi}-\kappa\rho\boldsymbol{N}_i\boldsymbol{D}_{fi} \\ 0 & 0 & \boldsymbol{M}_i\boldsymbol{B}_{di}+\boldsymbol{Z}_i\boldsymbol{B}_{di}-\rho\boldsymbol{N}_i\boldsymbol{D}_{di} & \boldsymbol{M}_i\boldsymbol{B}_{fi}+\boldsymbol{Z}_i\boldsymbol{B}_{fi}-\rho\boldsymbol{N}_i\boldsymbol{D}_{fi} \end{bmatrix}$$

则系统式(7－55)均方稳定,并满足 H_∞ 性能指标式(7－56),且有 $\boldsymbol{L}_i=\boldsymbol{Z}_i^{-1}\boldsymbol{N}_i$。

证明:由 Schur 补引理知,式(7－57)等价于如下不等式:

$$\begin{bmatrix} -\bar{\boldsymbol{P}}_j^{-1} & 0 & 0 & 0 & 0 & 0 & 0 & \boldsymbol{A}_\eta & \boldsymbol{B}_\eta \\ * & -(\zeta\boldsymbol{I}-\bar{\boldsymbol{P}}_j) & 0 & 0 & 0 & 0 & 0 & \bar{\boldsymbol{P}}_j\boldsymbol{A}_\eta & 0 \\ * & * & -\boldsymbol{I} & 0 & 0 & 0 & 0 & \boldsymbol{C}_\eta & \boldsymbol{D}_\eta \\ * & * & * & -\boldsymbol{I} & 0 & 0 & 0 & \sqrt{(\zeta+1)\boldsymbol{I}\beta} & 0 \\ * & * & * & * & -\boldsymbol{I} & 0 & 0 & \sqrt{\varepsilon}\boldsymbol{C}_{\eta\alpha} & \sqrt{\varepsilon}\boldsymbol{D}_{\eta\alpha} \\ * & * & * & * & * & -\bar{\boldsymbol{P}}_j^{-1} & 0 & \sqrt{\varepsilon}\boldsymbol{A}_{\eta\alpha} & \sqrt{\varepsilon}\boldsymbol{B}_{\eta\alpha} \\ * & * & * & * & * & * & -\boldsymbol{I} & 0 & \bar{\boldsymbol{P}}_j\boldsymbol{B}_\eta \\ * & * & * & * & * & * & * & -\boldsymbol{P}_i & 0 \\ * & * & * & * & * & * & * & * & -\gamma^2\boldsymbol{I} \end{bmatrix}<0 \tag{7-62}$$

对式(7－62)左右两端分别乘以 $\mathrm{diag}\{\bar{\boldsymbol{P}}_j,\boldsymbol{I},\boldsymbol{I},\boldsymbol{I},\boldsymbol{I},\bar{\boldsymbol{P}}_j,\boldsymbol{I},\boldsymbol{I},\boldsymbol{I}\}$ 及其转置,得到

$$\bar{\boldsymbol{\Psi}}=\begin{bmatrix} -\bar{\boldsymbol{P}}_j & 0 & 0 & 0 & 0 & 0 & 0 & \bar{\boldsymbol{P}}_j\boldsymbol{A}_\eta & \bar{\boldsymbol{P}}_j\boldsymbol{B}_\eta \\ * & -(\zeta\boldsymbol{I}-\bar{\boldsymbol{P}}_j) & 0 & 0 & 0 & 0 & 0 & \bar{\boldsymbol{P}}_j\boldsymbol{A}_\eta & 0 \\ * & * & -\boldsymbol{I} & 0 & 0 & 0 & 0 & \boldsymbol{C}_\eta & \boldsymbol{D}_\eta \\ * & * & * & -\boldsymbol{I} & 0 & 0 & 0 & \sqrt{(\zeta+1)\boldsymbol{I}\beta} & 0 \\ * & * & * & * & -\boldsymbol{I} & 0 & 0 & \sqrt{\varepsilon}\boldsymbol{C}_{\eta\alpha} & \sqrt{\varepsilon}\boldsymbol{D}_{\eta\alpha} \\ * & * & * & * & * & -\bar{\boldsymbol{P}}_j & 0 & \sqrt{\varepsilon}\bar{\boldsymbol{P}}_j\boldsymbol{A}_{\eta\alpha} & \sqrt{\varepsilon}\bar{\boldsymbol{P}}_j\boldsymbol{B}_{\eta\alpha} \\ * & * & * & * & * & * & -\boldsymbol{I} & 0 & \bar{\boldsymbol{P}}_j\boldsymbol{B}_\eta \\ * & * & * & * & * & * & * & -\boldsymbol{P}_i & 0 \\ * & * & * & * & * & * & * & * & -\gamma^2\boldsymbol{I} \end{bmatrix}<0 \tag{7-63}$$

注意到,不等式(7－63)中 Lyapunov 矩阵和滤波器参数矩阵为乘积关系,难于直接求解。为解决此问题,引入非奇异松弛矩阵 $\boldsymbol{R}_i$[12],则式(7－63)可转化为如下不等式:

$$\begin{bmatrix} \boldsymbol{\Xi}_{11} & 0 & 0 & 0 & 0 & 0 & 0 & \boldsymbol{R}_i\boldsymbol{A}_\eta & \boldsymbol{R}_i\boldsymbol{B}_\eta \\ * & \boldsymbol{\Xi}_{22} & 0 & 0 & 0 & 0 & 0 & \boldsymbol{R}_i\boldsymbol{A}_\eta & 0 \\ * & * & -\boldsymbol{I} & 0 & 0 & 0 & 0 & \boldsymbol{C}_\eta & \boldsymbol{D}_\eta \\ * & * & * & -\boldsymbol{I} & 0 & 0 & 0 & \sqrt{(\zeta+1)\boldsymbol{I}\beta} & 0 \\ * & * & * & * & -\boldsymbol{I} & 0 & 0 & \sqrt{\varepsilon}\boldsymbol{C}_{\eta\alpha} & \sqrt{\varepsilon}\boldsymbol{D}_{\eta\alpha} \\ * & * & * & * & * & \Xi_{66} & 0 & \sqrt{\varepsilon}\boldsymbol{R}_i\boldsymbol{A}_{\eta\alpha} & \sqrt{\varepsilon}\boldsymbol{R}_i\boldsymbol{B}_{\eta\alpha} \\ * & * & * & * & * & * & \Xi_{77} & 0 & \boldsymbol{R}_i\boldsymbol{B}_\eta \\ * & * & * & * & * & * & * & -\boldsymbol{P}_i & 0 \\ * & * & * & * & * & * & * & * & -\gamma^2\boldsymbol{I} \end{bmatrix} < 0$$

其中

$$\Xi_{11} = \bar{\boldsymbol{P}}_j - \boldsymbol{R}_i - \boldsymbol{R}_i^{\mathrm{T}}, \Xi_{22} = (\zeta\boldsymbol{I} - \bar{\boldsymbol{P}}_j) - \boldsymbol{R}_i - \boldsymbol{R}_i^{\mathrm{T}}$$

$$\Xi_{66} = \bar{\boldsymbol{P}}_j - \boldsymbol{R}_i - \boldsymbol{R}_i^{\mathrm{T}}, \Xi_{77} = \boldsymbol{I} - \boldsymbol{R}_i - \boldsymbol{R}_i^{\mathrm{T}}$$

令

$$\boldsymbol{P}_i = \begin{bmatrix} \boldsymbol{P}_{1i} & \boldsymbol{P}_{2i} \\ * & \boldsymbol{P}_{3i} \end{bmatrix}, \boldsymbol{R}_i = \begin{bmatrix} \boldsymbol{X}_i & \kappa\boldsymbol{Z}_i \\ \boldsymbol{M}_i & \boldsymbol{Z}_i \end{bmatrix}$$

并定义 $\boldsymbol{N}_i = \boldsymbol{Z}_i\boldsymbol{L}_i$,得到式(7－61)。定理7.5得证。

2. 模态独立鲁棒 H_∞－FDF

假设模态 θ_k 的转移概率部分已知,例如,其状态转移概率矩阵 $\boldsymbol{\Lambda}$ 具有如下形式

$$\boldsymbol{\Lambda} = \begin{bmatrix} \lambda_{11} & ? & \lambda_{13} & ? \\ ? & ? & \lambda_{23} & ? \\ \lambda_{31} & \lambda_{32} & ? & ? \\ ? & ? & \lambda_{43} & \lambda_{44} \end{bmatrix}$$

其中“?”表示未知的状态转移概率项。对任意的 $i \in \Omega$,记 $\Omega_k^i = \{j:\lambda_{ij}$ 已知$\}$,$\Omega_{uk}^i = \{j:\lambda_{ij}$ 未知$\}$,另记 $\bar{\lambda}_k^i = \sum_{j\in\Omega_k^i}\lambda_{ij}$ 。在应用定理7.5的基础上,可进一

步得到如下定理 7.6 成立。

定理 7.6 给定 $\gamma > 0$ 和 $\beta > 0$，若存在 $\boldsymbol{P}_{1i} > 0$、$\boldsymbol{P}_{3i} > 0$，矩阵 $\boldsymbol{X}_i$、$\boldsymbol{M}_i$、$\boldsymbol{N}_i$、$\boldsymbol{Z}_i$、$\boldsymbol{V}_i$、$\boldsymbol{P}_{2i}(i \in \Omega)$ 和标量 $\zeta > 0$、κ，使得如下不等式成立：

$$\boldsymbol{\Gamma} = \begin{bmatrix} \boldsymbol{\Gamma}_{11} & 0 & \boldsymbol{\Gamma}_{13} \\ * & \boldsymbol{\Gamma}_{22} & \boldsymbol{\Gamma}_{23} \\ * & * & \boldsymbol{\Gamma}_{33} \end{bmatrix} < 0 \tag{7-64}$$

其中

$$\boldsymbol{\Gamma}_{22} = \begin{bmatrix} \boldsymbol{\Theta}_{1j} - \boldsymbol{X}_i - \boldsymbol{X}_i^{\mathrm{T}} & \boldsymbol{\Theta}_{2j} - \kappa \boldsymbol{Z}_i - \boldsymbol{M}_i^{T} & 0 & 0 \\ * & \boldsymbol{\Theta}_{3j} - \boldsymbol{Z}_i - \boldsymbol{Z}_i^{\mathrm{T}} & 0 & 0 \\ * & * & \boldsymbol{I} - \boldsymbol{X}_i - \boldsymbol{X}_i^{\mathrm{T}} & -\kappa \boldsymbol{Z}_i - \boldsymbol{M}_i^{\mathrm{T}} \\ * & * & * & -\boldsymbol{Z}_i - \boldsymbol{Z}_i^{\mathrm{T}} \end{bmatrix}$$

$$\boldsymbol{\Gamma}_{11} = \begin{bmatrix} \boldsymbol{\Theta}_{1j} - \boldsymbol{X}_i - \boldsymbol{X}_i^{\mathrm{T}} & \boldsymbol{\Theta}_{2j} - \kappa \boldsymbol{Z}_i - \boldsymbol{M}_i^{\mathrm{T}} & 0 & 0 & 0 & 0 & 0 & 0 \\ * & \boldsymbol{\Theta}_{3j} - \boldsymbol{Z}_i - \boldsymbol{Z}_i^{\mathrm{T}} & 0 & 0 & 0 & 0 & 0 & 0 \\ * & * & \zeta \boldsymbol{I} - \boldsymbol{\Theta}_{1j} - \boldsymbol{X}_i - \boldsymbol{X}_i^{\mathrm{T}} & \boldsymbol{\Theta}_{2j} - \kappa \boldsymbol{Z}_i - \boldsymbol{M}_i^{\mathrm{T}} & 0 & 0 & 0 & 0 \\ * & * & * & \zeta \boldsymbol{I} - \boldsymbol{\Theta}_{3j} - \boldsymbol{Z}_i - \boldsymbol{Z}_i^{\mathrm{T}} & 0 & 0 & 0 & 0 \\ * & * & * & * & -\boldsymbol{I} & 0 & 0 & 0 \\ * & * & * & * & * & -\boldsymbol{I} & 0 & 0 \\ * & * & * & * & * & * & -\boldsymbol{I} & 0 \\ * & * & * & * & * & * & * & -\boldsymbol{I} \end{bmatrix}$$

$$\Gamma_{13}=\begin{bmatrix} X_iA_i & \kappa Z_iA_i-\kappa\rho N_iC_i & X_iB_{di}+\kappa Z_iB_{di}-\kappa\rho N_iD_{di} & X_iB_{fi}+\kappa Z_iB_{fi}-\kappa\rho N_iD_{fi} \\ M_iA_i & Z_iA_i-\rho N_iC_i & M_iB_{di}+Z_iB_{di}-\rho N_iD_{di} & M_iB_{fi}+Z_iB_{fi}-\rho N_iD_{fi} \\ X_iA_i & \kappa Z_iA_i-\kappa\rho N_iC_i & 0 & 0 \\ M_iA_i & Z_iA_i-\rho N_iC_i & 0 & 0 \\ 0 & \rho V_iC_i & \rho V_iD_{di} & \rho V_iD_{fi}-I \\ \sqrt{(\zeta+1)I}\beta & 0 & 0 & 0 \\ 0 & \sqrt{(\zeta+1)I}\beta & 0 & 0 \\ \sqrt{\varepsilon}V_iC_i & 0 & \sqrt{\varepsilon}V_iD_{di} & \sqrt{\varepsilon}V_iD_{fi} \end{bmatrix}$$

$$\Gamma_{33}=\begin{bmatrix} -P_{1i} & -P_{2i} & 0 & 0 \\ * & -P_{3i} & 0 & 0 \\ * & * & -\gamma^2 I & 0 \\ * & * & * & -\gamma^2 I \end{bmatrix}$$

$$\Gamma_{23}=\begin{bmatrix} \sqrt{\varepsilon}\kappa N_iC_i & 0 & \kappa N_iD_{di} & \kappa N_iD_{fi} \\ \sqrt{\varepsilon}N_iC_i & 0 & N_iD_{di} & N_iD_{fi} \\ 0 & 0 & X_iB_{di}+\kappa Z_iB_{di}-\kappa\rho N_iD_{di} & X_iB_{fi}+\kappa Z_iB_{fi}-\kappa\rho N_iD_{fi} \\ 0 & 0 & M_iB_{di}+Z_iB_{di}-\rho N_iD_{di} & M_iB_{fi}+Z_iB_{fi}-\rho N_iD_{fi} \end{bmatrix}$$

当 $\overline{\lambda}_k^i=0$ 时，若 $\Theta_{ij}(i=1,2,3;j\in\Omega_{uk}^i)$ 取值为如下三种情况之一

$$\Theta_{1j}=P_{1j},\Theta_{2j}=P_{2j},\Theta_{3j}=P_{3j}$$

$$\Theta_{1j}=P_{1j},\Theta_{2j}=P_{2j},\Theta_{3j}=P_{3j}$$

$$\Theta_{1j}=\frac{1}{\lambda_k^i}\sum_{j\in\Omega_k^i}\lambda_{ij}P_{1j},\Theta_{2j}=\frac{1}{\overline{\lambda}_k^i}\sum_{j\in\Omega_k^i}\lambda_{ij}P_{2j},\Theta_{3j}=\frac{1}{\overline{\lambda}_k^i}\sum_{j\in\Omega_k^i}\lambda_{ij}P_{3j}$$

则系统式(7－55)均方稳定且满足 H_∞ 性能指标式(7－56)，同时有 $L_i=Z_i^{-1}N_i$。

证明：由式(7－63)知

$$\overline{\Psi}=\overline{\Psi}_k+\sum_{j\in\Omega_{uk}^i}\lambda_{ij}\overline{\Psi}_{uk}$$

其中

$$\bar{\boldsymbol{\Psi}}_{uk}=\begin{bmatrix} -\bar{\boldsymbol{P}}_j & 0 & 0 & 0 & 0 & 0 & 0 & \bar{\boldsymbol{P}}_j\boldsymbol{A}_\eta & \bar{\boldsymbol{P}}_j\boldsymbol{B}_\eta \\ * & -(\zeta\boldsymbol{I}-\bar{\boldsymbol{P}}_j) & 0 & 0 & 0 & 0 & 0 & \bar{\boldsymbol{P}}_j\boldsymbol{A}_\eta & 0 \\ * & * & -\boldsymbol{I} & 0 & 0 & 0 & 0 & \boldsymbol{C}_\eta & \boldsymbol{D}_\eta \\ * & * & * & -\boldsymbol{I} & 0 & 0 & 0 & \sqrt{(\zeta+1)\boldsymbol{I}}\beta & 0 \\ * & * & * & * & -\boldsymbol{I} & 0 & 0 & \sqrt{\varepsilon}\boldsymbol{C}_{\eta\alpha} & \sqrt{\varepsilon}\boldsymbol{D}_{\eta\alpha} \\ * & * & * & * & * & -\bar{\boldsymbol{P}}_j & 0 & \sqrt{\varepsilon}\bar{\boldsymbol{P}}_j\boldsymbol{A}_{\eta\alpha} & \sqrt{\varepsilon}\bar{\boldsymbol{P}}_j\boldsymbol{B}_{\eta\alpha} \\ * & * & * & * & * & * & -\boldsymbol{I} & 0 & \bar{\boldsymbol{P}}_j\boldsymbol{B}_\eta \\ * & * & * & * & * & * & * & -\boldsymbol{P}_i & 0 \\ * & * & * & * & * & * & * & * & -\gamma^2\boldsymbol{I} \end{bmatrix}<0$$

$$\bar{\boldsymbol{\Psi}}_k=\left[\begin{matrix} -\sum_{j\in\Omega_k^i}\lambda_{ij}\boldsymbol{P}_j & 0 & 0 & 0 & 0 \\ * & -(\sum_{j\in\Omega_k^i}\lambda_{ij}(\zeta\boldsymbol{I}-\boldsymbol{P}_j)) & 0 & 0 & 0 \\ * & * & -\sum_{j\in\Omega_k^i}\lambda_{ij}\boldsymbol{I} & 0 & 0 \\ * & * & * & -\sum_{j\in\Omega_k^i}\lambda_{ij}\boldsymbol{I} & 0 \\ * & * & * & * & -\sum_{j\in\Omega_k^i}\lambda_{ij}\boldsymbol{I} \\ * & * & * & * & * \\ * & * & * & * & * \\ * & * & * & * & * \\ * & * & * & * & * \end{matrix}\right.$$

$$\left.\begin{matrix} 0 & 0 & \sum_{j\in\Omega_k^i}\lambda_{ij}\boldsymbol{P}_j\boldsymbol{A}_\eta & \sum_{j\in\Omega_k^i}\lambda_{ij}\boldsymbol{P}_j\boldsymbol{B}_\eta \\ 0 & 0 & \sum_{j\in\Omega_k^i}\lambda_{ij}\boldsymbol{P}_j\boldsymbol{A}_\eta & 0 \\ 0 & 0 & \sum_{j\in\Omega_k^i}\lambda_{ij}\boldsymbol{C}_\eta & \sum_{j\in\Omega_k^i}\lambda_{ij}\boldsymbol{D}_\eta \\ 0 & 0 & \sqrt{(\zeta+1)\boldsymbol{I}}\beta\sum_{j\in\Omega_k^i}\lambda_{ij} & 0 \\ 0 & 0 & \sqrt{\varepsilon}\sum_{j\in\Omega_k^i}\lambda_{ij}\boldsymbol{C}_{\eta\alpha} & \sqrt{\varepsilon}\sum_{j\in\Omega_k^i}\lambda_{ij}\boldsymbol{D}_{\eta\alpha} \\ -\sum_{j\in\Omega_k^i}\lambda_{ij}\boldsymbol{P}_j & 0 & \sqrt{\varepsilon}\sum_{j\in\Omega_k^i}\lambda_{ij}\boldsymbol{A}_{\eta\alpha} & \sqrt{\varepsilon}\sum_{j\in\Omega_k^i}\lambda_{ij}\boldsymbol{B}_{\eta\alpha} \\ * & -\sum_{j\in\Omega_k^i}\lambda_{ij}\boldsymbol{I} & 0 & \sum_{j\in\Omega_k^i}\lambda_{ij}\boldsymbol{P}_j\boldsymbol{B}_\eta \\ * & * & * & 0 \\ * & * & * & -\gamma^2\sum_{j\in\Omega_k^i}\lambda_{ij}\boldsymbol{I} \end{matrix}\right]$$

当 $\overline{\boldsymbol{\Psi}}_k < 0$ 且 $\overline{\boldsymbol{\Psi}}_{uk} < 0$ 时,系统式(7-55)随机稳定,且满足 H_∞ 性能指标式(7-56)。

对 $\bar{\lambda}_k^i \neq 0$,$\overline{\boldsymbol{\Psi}}_k < 0$ 等价于如下不等式:

$$
\widetilde{\boldsymbol{\Psi}}_k = \begin{bmatrix}
-\frac{1}{\bar{\lambda}_k^i}\sum_{j\in\Omega_k^i}\lambda_{ij}\boldsymbol{P}_j & 0 & 0 & 0 & 0 & 0 & 0 & \frac{1}{\bar{\lambda}_k^i}\sum_{j\in\Omega_k^i}\lambda_{ij}\boldsymbol{P}_j\boldsymbol{A}_\eta & \frac{1}{\bar{\lambda}_k^i}\sum_{j\in\Omega_k^i}\lambda_{ij}\boldsymbol{P}_j\boldsymbol{B}_\eta \\
* & -\frac{1}{\bar{\lambda}_k^i}\left(\Phi\sum_{j\in\Omega_k^i}\lambda_{ij}\boldsymbol{I}-\sum_{j\in\Omega_k^i}\lambda_{ij}\boldsymbol{P}_j\right) & 0 & 0 & 0 & 0 & 0 & \frac{1}{\bar{\lambda}_k^i}\sum_{j\in\Omega_k^i}\lambda_{ij}\boldsymbol{P}_j\boldsymbol{A}_\eta & 0 \\
* & * & -\boldsymbol{I} & 0 & 0 & 0 & 0 & \boldsymbol{C}_\eta & \boldsymbol{D}_\eta \\
* & * & * & -\boldsymbol{I} & 0 & 0 & 0 & \sqrt{(\Phi+1)\boldsymbol{I}}\beta & 0 \\
* & * & * & * & -\boldsymbol{I} & 0 & 0 & \sqrt{\varepsilon}\boldsymbol{C}_{\eta\alpha} & \sqrt{\varepsilon}\boldsymbol{D}_{\eta\alpha} \\
* & * & * & * & * & -\frac{1}{\bar{\lambda}_k^i}\sum_{j\in\Omega_k^i}\lambda_{ij}\boldsymbol{P}_j & 0 & \frac{1}{\bar{\lambda}_k^i}\sqrt{\varepsilon}\sum_{j\in\Omega_k^i}\lambda_{ij}\boldsymbol{A}_{\eta\alpha} & \frac{1}{\bar{\lambda}_k^i}\sqrt{\varepsilon}\sum_{j\in\Omega_k^i}\lambda_{ij}\boldsymbol{B}_{\eta\alpha} \\
* & * & * & * & * & * & -\boldsymbol{I} & 0 & \frac{1}{\bar{\lambda}_k^i}\sum_{j\in\Omega_k^i}\lambda_{ij}\boldsymbol{P}_j\boldsymbol{B}_\eta \\
* & * & * & * & * & * & * & -\boldsymbol{P}_i & 0 \\
* & * & * & * & * & * & * & * & -\gamma^2\boldsymbol{I}
\end{bmatrix} < 0
$$

类似于定理 7.5 的证明,同样引入非奇异松弛矩阵 R_i,再令

$$
\boldsymbol{P}_i = \begin{bmatrix}\boldsymbol{P}_{1i} & \boldsymbol{P}_{2i} \\ * & \boldsymbol{P}_{3i}\end{bmatrix}, R_i = \begin{bmatrix}\boldsymbol{X}_i & \kappa\boldsymbol{Z}_i \\ \boldsymbol{M}_i & \boldsymbol{Z}_i\end{bmatrix}, \boldsymbol{\Theta}_i = \begin{bmatrix}\boldsymbol{\Theta}_{1i} & \boldsymbol{\Theta}_{2i} \\ * & \boldsymbol{\Theta}_{3i}\end{bmatrix}
$$

并定义 $\boldsymbol{N}_i = \boldsymbol{Z}_i\boldsymbol{L}_i$,得到式(7-14)。定理 7.6 得证。

从以上分析可以看出，当系统式(7-55)不存在非线性摄动和数据包丢失现象时，即 $g(x(k))=0$、$\delta(k)=1$ 时，本节研究的故障检测问题即为文献[6]的情况，而在此得出的结论涵盖了状态转移概率完全已知、部分已知、完全未知三种情况。另外，尽管不等式(7-64)、式(7-65)中存在 κ 和 $\boldsymbol{Z}_i$ 的乘积项，但当 κ 取为固定常数时，式(7-64)、式(7-65)退化为 LMIs，而 γ 值则可通过迭代寻优得到最优解，并减少算法的保守性。

7.5.3 仿真算例

考虑系统式(7-51)具有三个模态，其参数矩阵如下：

$$\boldsymbol{A}_1=\begin{bmatrix}0 & 1\\ -0.5 & -0.2\end{bmatrix},\boldsymbol{A}_2=\begin{bmatrix}0 & 1\\ -0.7 & 0.4\end{bmatrix},\boldsymbol{A}_3=\begin{bmatrix}0 & 1\\ 0.3 & -0.2\end{bmatrix}$$

$$\boldsymbol{B}_{f1}=\boldsymbol{B}_{f2}=\boldsymbol{B}_{f3}=\begin{bmatrix}0\\ -0.5\end{bmatrix},\boldsymbol{B}_{d1}=\boldsymbol{B}_{d2}=\boldsymbol{B}_{d3}=\begin{bmatrix}0\\ 0.1\end{bmatrix}$$

$$\boldsymbol{C}_1=\boldsymbol{C}_2=\boldsymbol{C}_3=[0\quad 1],\boldsymbol{D}_{f1}=\boldsymbol{D}_{f2}=\boldsymbol{D}_{f3}=0.9$$

$$\boldsymbol{D}_{d1}=\boldsymbol{D}_{d2}=\boldsymbol{D}_{d3}=0.4$$

非线性项扰动取为如下形式：

$$\boldsymbol{g}(\boldsymbol{x}(k))=\begin{bmatrix}0.1x\sin(x(k))\\ 0\end{bmatrix}$$

并假设传输网络数据包丢失概率 $\rho=0.85$。

考虑状态转移概率矩阵具有如下三种不同的情况：

$$\text{情况 1}:\boldsymbol{\Lambda}_1=\begin{bmatrix}0.8 & 0.1 & 0.1\\ 0.6 & 0.2 & 0.2\\ 0.5 & 0.3 & 0.2\end{bmatrix},\text{并取}\ \zeta=0.5,\kappa=-0.5$$

$$\text{情况 2}:\boldsymbol{\Lambda}_2=\begin{bmatrix}0.3 & 0.3 & 0.4\\ 0.3 & ? & ?\\ 0.5 & 0.3 & 0.2\end{bmatrix},\text{并取}\ \zeta=0.5,\kappa=-0.5$$

$$\text{情况 3}:\boldsymbol{\Lambda}_1=\begin{bmatrix}? & ? & ?\\ ? & ? & ?\\ ? & ? & ?\end{bmatrix},\text{并取}\ \zeta=0.001,\kappa=-0.1$$

未知输入 $d(k)$ 如图 7-5 所示，随机变量 $\delta(k)$ 变化率如图 7-6 所示，故障信号取为如下形式的方波信号：

$$f(k)=\begin{cases}1, & k\in[20,40]\\ -1, & k\in[60,80]\\ 0, & \text{其他}\end{cases}$$

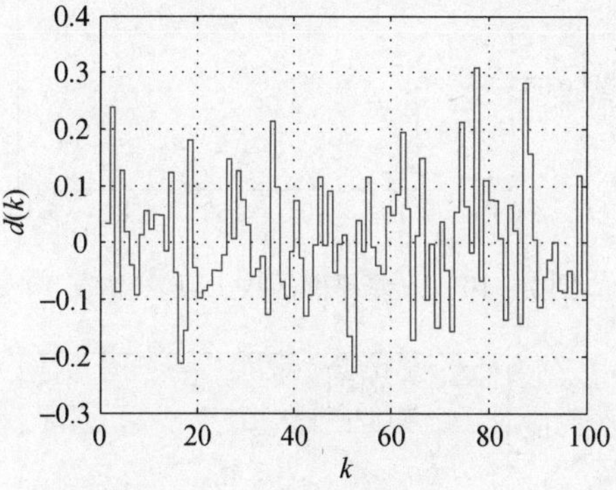

图 7－5　未知输入 $d(k)$

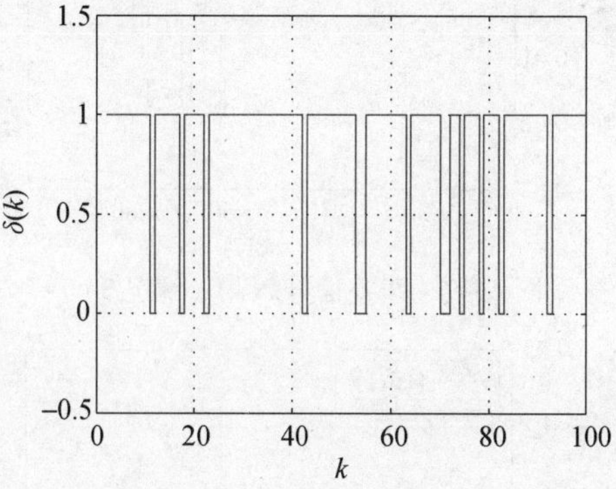

图 7－6　$\delta(k)$ 变化率

根据定理 7.6 计算可得

情况 1：$\gamma_{\min}=1.2463, J_{th}=0.2770$

情况 2：$\gamma_{\min}=2.4565, J_{th}=0.0226$

情况 3：$\gamma_{\min}=4.9422, J_{th}=0.0284$

图 7－7～图 7－12 给出了不同情况下的残差信号及对应的残差评价函数 $J_r(k)$ 。仿真结果表明应用本章提出的算法可有效检测故障。且从仿真结果可以看出，当状态转移概率矩阵的信息所知越完全，扰动的抑制效果越好。

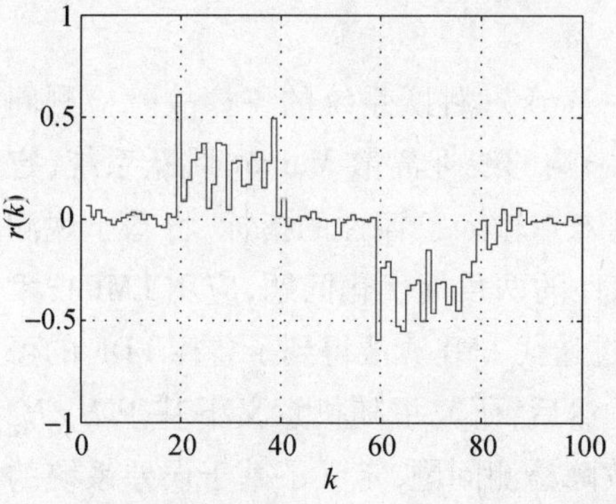

图 7－7　残差信号 $r(k)$（情况 1）

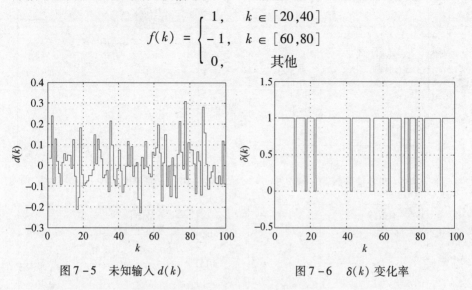

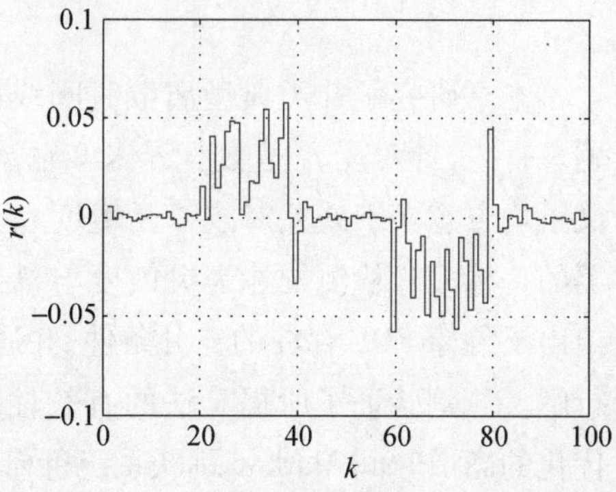

图 7－8　残差信号 $r(k)$（情况 2）

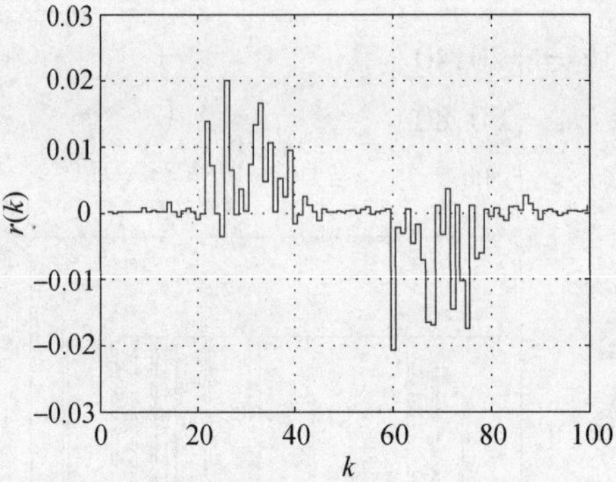

图 7 - 9　残差信号 $r(k)$（情况 3）

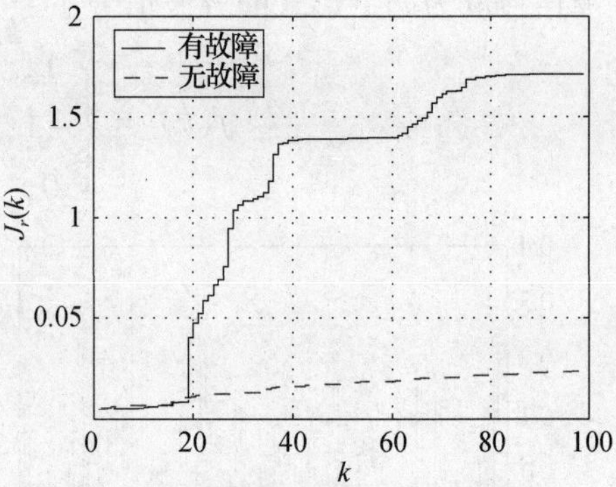

图 7 - 10　残差评价函数 $J_r(k)$（情况 1）

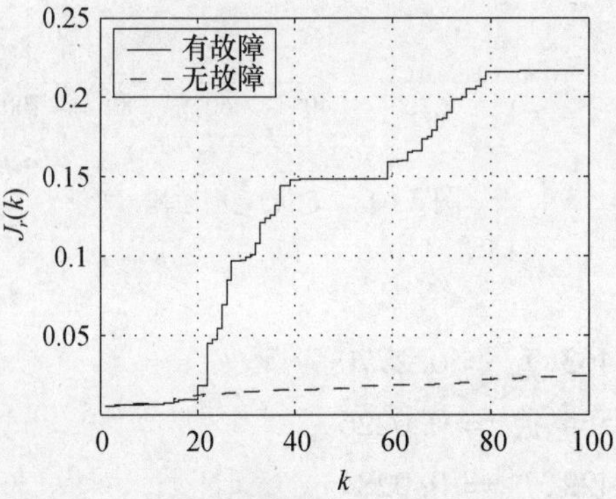

图 7 - 11　残差评价函数 $J_r(k)$（情况 2）

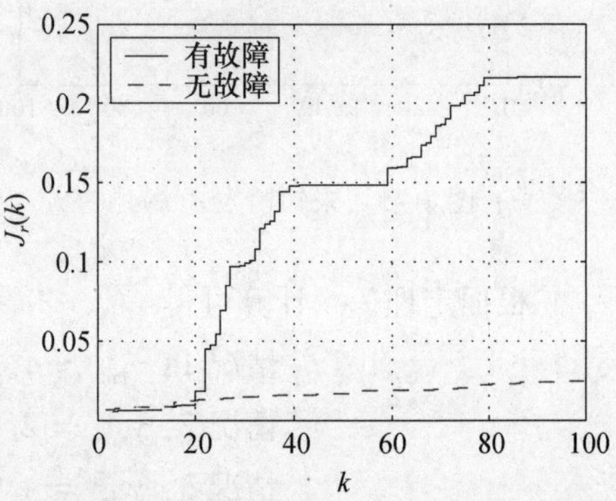

图 7 - 12　残差评价函数 $J_r(k)$（情况 3）

7.6　小结

本章研究了几类典型离散时间线性 Markov 跳跃系统的鲁棒故障检测问题。首先，针对受 l_2 范数有界未知输入影响的线性离散 Markov 跳跃系统，定义了均方意义下残差对故障灵敏度和对未知输入鲁棒性的指标，将基于观测器的鲁棒故障检测描述为灵敏度与鲁棒性的两目标优化问题，应用 LMI 技术给出了鲁棒 FDF 存在的充分条件，并通过迭代 LMI 算法得到了鲁棒 FDF 的可行解。算例验证了所提算法的有效性。然后，研究了随机意义下基于 H_i/H_∞ 优化的离散时间 Markov 跳跃系统鲁棒故障检测问题，定义了基于误差系统的伴随算子优化方法，得到了均方稳定 H_i/H_∞ - FDF 参数矩阵的 Riccati 方程解。

研究了基于 H_∞ 滤波的鲁棒故障检测问题,设计了模态依赖的鲁棒 FDF,给出了鲁棒 H_∞ - FDF 参数矩阵的 LMI 解。针对一类具有非线性摄动的离散 Markov 跳跃系统,在非线性函数满足 Lipschitz 条件下,将基于观测器的 FDF 设计问题转化为随机系统的 H_∞ 滤波,通过松弛矩阵技术,给出了基于 LMI 的鲁棒 H_∞ - FDF 参数矩阵求解算法。最后,通过仿真算例验证了本章所提算法的有效性。

参考文献

[1] Ding S X. Model-based fault diagnosis techniques: design schemes, algorithms, and tools [M]. Berlin: Springer, 2013.

[2] Chen J, Patton R J. Robust Model-Based Fault Diagnosis for Dynamic Systems[M]. Boston: Kluwer Academic Publishers, 1999.

[3] Zhong M, Ding S X, Lam J, et al. LMI approach to design robust fault detection filter for uncertain LTI systems[J]. Automatica, 2003, 39(3): 543 - 550.

[4] Li X B. Fault detection filter design for linear systems[D]. Louisiana State University, Louisiana, USA, 2009.

[5] Niemann H, Stoustrup J. Fault diagnosis for non-minimum phase systems using H_∞ optimization[C]. Arlington, USA: Proc. American Control Conference, 2001.

[6] Ding S X, Jeinsch T, Frank P M, et al. A unified approach to the optimization of Fault detection systems[J]. Int. J. Adaptive Control Signal Process, 2000, 14(7): 725 - 745.

[7] Chen J, Patton R J. Standard H_∞ filtering formulation of robust fault detection[C]. Budapest, Hungary: Proc. the IFAC SAFEPROCESS, 2000.

[8] Zhong M Y, Lam J, Ding S X, et al. Robust fault detection of Markovian jump systems[J]. Circuits Systems Signal Processing, 2004, 23(5): 387 - 407.

[9] 何舒平,刘飞. 一类具有未知干扰的 Markov 跳变系统的故障检测[J]. 西安交通大学学报, 2007, 41(4): 458 - 462.

[10] Gagliardi G, Casavola A, Famularo D. A fault detection filter design method for Markov jump linear parameter varying systems[C]. Barcelona, Spain: Proc. the IFAC SAFEPROCESS, July 2009.

[11] Zhong M Y, Ye H, Shi P, et al. Fault detection for Markovian jump systems[J]. IEE Proc. Control Theory and Applications, 2005, 152(4): 397 - 402.

[12] Zhang L X, Boukas E K, Baron L. Fault detection for discrete-time Markov jump linear systems with partially known transition probabilities[J]. Int. J. Control, 2010, 83(8): 1564 - 1572.

[13] He S P, Liu F. Fuzzy model-based fault detection for Markov jump systems[J].

Int. J. Robust and Nonlinear Control,2009,19(11):1248 - 1266.

[14] 王洪茹,王常虹,高会军. 时滞离散马尔可夫跳跃系统的鲁棒故障检测[J]. 控制与决策,2006,21(7):796 - 800.

[15] Wang H R, Wang C H, Mou S S, et al. Robust fault detection for discrete-time Markovian jump systems with mode-dependent time-delays[J]. J. Control Theory and Applications, 2007,5(2):139 - 144.

[16] Meskin N, Khorasani K. Fault detection and isolation of discrete-time Markovian jump linear systems with application to a network of multi-agent systems having imperfect communication channels[J]. Automatica,2009,45(9):2032 - 2040.

[17] Meskin N, Khorasani K. A Geometric approach to fault detection and isolation of continuous-time Markovian jump linear systems[J]. IEEE Trans. Automatic Control, 2010, 55(6): 1343 - 1357.

[18] Zhong M Y, Ding S X, Han QL, et al. Parity space-based fault estimation for linear discrete time-varying systems[J]. IEEE Trans. Automatic Control,2010,55(7):1726 - 1731.

[19] Li Y, Zhong M Y. On optimal fault detection for discrete Markovian jump linear systems [J]. Acta Automatica Sinica,2013,39(6):926 - 932.

[20] Costa O, Marques R. MixedH_2/H_∞-control of discrete-time Markovian jump linear systems [J], IEEE Trans. Automatic Control,1998,43(1):95 - 100.

[21] Green M, Limebeer D J N. Linear robust control[M]. New Jersey: Prentice Hall,1995.

[22] Costa O L V, Fragoso M D, Marques R P. Discrete-time Markov jump linear systems[M]. London: Springer-Verlag,2005.

[23] Zhong M Y, Ding S X, Ding E L. Optimal fault detection for linear discrete time-varying systems[J]. Automatica,2010,46(8):1395 - 1400.

[24] Kreyszig E. Introductory functional analysis with applications[M]. New York: Wiley,1978.

[25] de Val J B R, Geromel J C, Costa O L V. Uncoupled Riccati iterations for the linear quadratic control problem of discrete-time Markov jump linear systems[J]. IEEE Trans. Automatic Control,1998,43(12):1727 - 1733.

[26] Mahmoud M, Shi P, Ismail A. Robust Kalman filtering for discrete-time Markovian jump systems with parameter uncertainty[J]. J. Computational and Applied Mathematics,2004,169 (1):53 - 69.

[27] Dragan V, Morozan T, Stoica A M. Iterative algorithm to compute the maximal and stabilising solutions of a general class of discrete-time Riccati-type equations[J]. Int. J. Control,2010, 83(4):837 - 847.

[28] Abbaszadeh M, Marquez H. LMI optimization approach to robust H_∞ observer design and static output feedback stabilization for discrete-time nonlinear uncertain systems[J]. Int. J. Robust and Nonlinear Control,2009,19(3):313 - 340.

第8章 卫星姿态控制系统及故障特性

8.1 引言

航天工程是一项具有高风险性的复杂系统工程,由于卫星自身结构复杂,活动部件多,且工作环境恶劣,并要求长期在轨运行,难免会发生各种故障。卫星发生故障后的自修复能力目前非常有限,一旦发生故障会造成难以挽回的损失,因此高可靠性一直是航天工程追求的重要目标。

故障诊断与容错控制为提高卫星的可靠性、可维护性和有效性开辟了一条新途径,成为当今航天领域的一个研究重点。随着卫星飞行任务扩展、控制精度提高以及工作寿命延长,对卫星故障诊断和容错控制技术的发展需求日益迫切。

姿态和轨道控制系统(简称控制系统)是卫星的重要组成部分,对卫星飞行任务的完成发挥着关键作用。控制系统故障率高且危害较大,提高控制系统可靠性是整个卫星系统设计的关键。故障诊断技术是提高卫星主动容错能力的关键,也是卫星控制系统多年来的研究重点。与工业过程控制不同,卫星控制系统故障诊断与容错控制具有下面的特点[1]:

(1) 故障危害性大:卫星是一个极其复杂的系统,即使一个微小的元件出现故障,有时也会使整个系统无法完成预定任务,甚至造成箭毁星亡,经济损失惨重,研制计划推迟。美国的“挑战者”号航天飞机起飞一分多钟后爆炸,航天器顷刻破裂,七名宇航员全部遇难,而事故仅仅是因为右侧固体火箭助推器尾部连接处的密封垫圈失效造成的。

(2) 运行环境特殊,不确定性因素多:航天器在轨道上始终受到空间环境各种摄动力的作用,另外高温、低温、噪声、电磁干扰、空间粒子辐射、振动、流星体撞击,太阳、地球、月球杂散光的干扰以及空间环境化学污染等多方面的环境因素,导致航天器上使用的元器件、部件的故障指数较实验室条件下成倍剧增。

(3) 星上资源有限:星上计算机配置、能源与燃料的储量都是故障诊断和容错设计时需要考虑到的限制因素,因此航天器的故障诊断与重构方法要简捷有效,防止过分复杂导致正常运行模式的软件可靠性的下降。同时要强调快速性和准确性,防止过多耗费能源和燃料,影响卫星正常飞行任务需求。

(4) 人工干预能力有限:卫星飞越我国本土的时间很短,如在中、低轨道上运行的地球观测卫星,地面可观测时间仅为几分钟或十几分钟,可监测性和可维护性很差。卫星一旦失去控制,即使只有几分钟、十几分钟,都会导致整个飞行任务的失败。出现故障后,虽然可以设法在轨或带回地面修理,但费用相当昂贵。而任务需求又对其姿态控制精度和稳定度提出了非常高的要求,因此对这类卫星来说自主诊断尤为重要。自主诊断不但可以增强卫星应付突发性故障的能力,而且能够降低地面保障系统的成本。

本章以典型卫星姿态控制系统为对象,介绍其常见组成、故障模式和故障特性,并分析了卫星闭环控制系统在轨运行过程中的故障征兆传播特性,为故障诊断方法研究奠定基础。

8.2 系统组成与常见故障模式

卫星姿态控制分为主动控制和被动控制,其中主动姿态控制方式是现代卫星姿态控制的主流方式,精度高、反应快,能够实现复杂的控制任务。主动姿态控制系统由姿态敏感器、控制器、执行机构和卫星本体一起构成闭环控制回路,如图 8-1 所示。姿态敏感器测量和确定卫星相对于空间某些已知基准目标的方位;控制器对测得的信息进一步处理后确定卫星姿态,并根据确定的姿态按满足设计要求的控制律给出指令;控制执行机构按控制指令产生所需的控制力矩,实现卫星姿态控制。卫星常用姿态敏感器包括惯性测量敏感器、红外地球敏感器、太阳敏感器和星敏感器等;控制器可以由模拟电子装置、数字电子装置或电子计算机实现;执行机构包括反作用飞轮/动量轮、推进系统(冷气、热燃气、电推力器等)、控制力矩陀螺以及磁力矩器等。

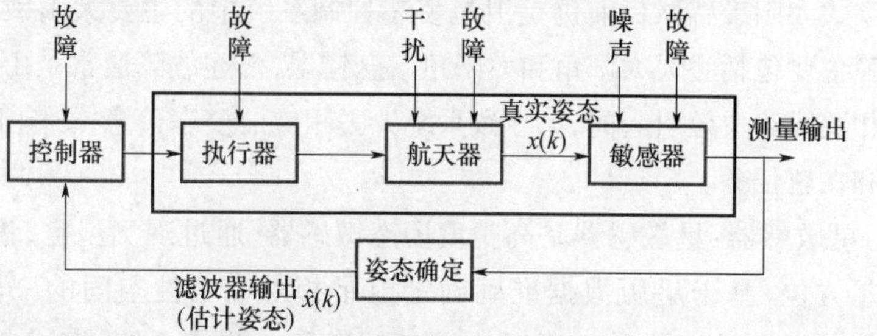

图8-1 航天器控制系统基本组成

(1)陀螺:陀螺是卫星姿态控制系统上的常见惯性敏感器,用于卫星姿态控制系统的陀螺包括机械陀螺、液浮陀螺、二浮陀螺、三浮陀螺和光纤陀螺等。陀螺易产生漂移和偏差,使用时必须根据外部基准,如太阳敏感器、星敏感器或地球敏感器适时进行修正。

(2)红外地球敏感器:通过测量地球与天空的红外辐射的差别而获取航天器姿态信息的一种光学测量仪器。按是否有扫描机构可分为静态红外地球敏感器和动态红外地球敏感器,其中动态红外地球敏感器根据工作原理又可分为圆锥扫描式和摆动扫描式。红外地球敏感器利用探测到的红外地平(地球与空间的交界处)信息,即可确定地心的位置,由此可获得地心矢量在敏感器坐标中的方位,并提供地球"出现"信号。红外地球敏感器的常见故障有输出封死、输出均值超差和测量精度降低。上述故障多是由于空间电磁干扰、太阳光进入地球敏感器视场或温度变化等原因引起的。

(3)太阳敏感器:太阳敏感器用于测量太阳矢量相对敏感器坐标系的方位。卫星姿态控制系统常用太阳敏感器有三类:数字式太阳敏感器、模拟式太阳敏感器和"0-1"式太阳敏感器。其中数字太阳敏感器由狭缝和码盘组成,直接测量太阳方向单位矢量在垂直于狭缝平面上的投影与光轴的夹角;模拟太阳敏感器通常安装在太阳能帆板上,敏感太阳矢量与帆板法线之间的方位角,输出信息经星上计算机处理后可控制帆板对太阳定向;"0-1"式太阳敏感器输出“0－1”信息,表示视场内是否可见太阳。一般应用全姿态捕获及应急状态提供区别于地球反照信息的太阳方位信息。近年来基于APS或CCD图像传感器的成像式太阳敏感器因可靠性高、寿命长等优势逐渐发展起来。

数字式太阳敏感器目前仍是卫星姿态控制系统中的主要太阳敏感器,其常见故障主要包括丢失太阳角和太阳角信息错误,上述故障通常是由于电源、探头或相关线路失效引起的,会导致系统失去相应的姿态信息,影响卫星的姿态控制和在轨任务。

(4)星敏感器:星敏感器是高精度姿态敏感器,通过观测星空,识别视场内的恒星方位,基于星历数据准确确定卫星相对于惯性空间的三轴姿态。星敏感器与惯性敏感器一起可以构成高精度姿态测量系统,完成实时高精度姿态测量和控制任务。星敏感器测量精度高,敏感器组成及处理算法相对复杂,其可能发生的主要故障包括无信号输出、输出错误信号和星图识别故障等。

(5)反作用飞轮/动量轮:反作用飞轮/动量轮是利用角动量交换方式实现卫星姿态控制的执行机构,具有控制精度高,体积小、应用灵活等特点,是卫星长期轨道运行模式中的主要执行部件。飞轮/动量轮带有转动部件,长时间工作过程由于连续机械运动,很容易发生故障,若不能及时检测并排除故障,可能会导致卫星姿态失控,无法完成要求的执行任务。轮控执行机构的主要故障有空转、停转、摩擦力矩增大和输出力矩偏差等,故障原因与驱动和脉冲时钟失效、绕组开路或短路或缺少润滑剂等有关。近年来随着硬件技术改进,轮控执行机构的可靠性和使用寿命已经大大提高,但故障率和危害仍然相对较高。

(6)推力器:推力器属于卫星推进系统,是控制系统的执行机构之一。推力器利用质量排出产生反作用推力,产生的力矩和力可以控制姿态,使航天器完成大角度姿态机动、轨道修正、动量轮或控制力矩陀螺的角动量卸载、自旋速率以及章动控制等。

推力器的主要故障有开失效、关失效、喷管泄漏和喷管堵塞。上述故障将导致推力器无法产生任务要求的推力,甚至引起卫星姿态机动,额外消耗燃料,影响航天器寿命。工程上主要通过温度传感器和压力传感器对推力器进行故障诊断。

(7)控制器:控制器即星上控制计算机,是整个控制系统的核心部分,它接收测量部件的数据,估算出姿态误差,再按规定的控制规律向执行机构发命令以校正偏差。

星上计算机将控制系统各部件连成各模式控制系统,并将控制系统与遥测遥控、推进系统等连接起来。星上计算机的主要故障包括CMOS电路发生闩锁效应、电源故障和各类接口故障等。星上计算机通常采用多机容错方式,其故障诊断与容错控制相对独立,本书内容不涉及。

综上,卫星姿态控制系统主要部件的常见故障模式如表8-1所示。

表8-1 航天器控制系统典型故障

故障部件	故障名称	故障表征
陀螺	停转	陀螺输出为“0”
	噪声增大	测量精度降低
	漂移增大	测量输出偏差增大
红外地球敏感器	输出封死	不敏感姿态变化,输出为一个固定常值或其他随机变化量
	偏差增大	测量输出均值偏离正常值
	精度降低	噪声增大,测量精度降低
数字太阳敏感器	太阳角信号丢失	信号丢失
	太阳角信息错误	输出错误信号
星敏感器	无信号输出	前置电路故障或预处理电路时钟、CPU损坏
	输出错误信号	预处理电路PROM、RAM、8087接口坏
	星图识别故障	CCD出现底点或力学变形等
动量轮	飞轮转速变化不听指令,维持恒速,输出力矩为0	飞轮不能响应正常的控制力矩指令,造成飞轮减速或转速不能改变
	轴承卡住,飞轮猛然停转	输出力矩产生一个巨大扰动后,快速变为0
	由于某种原因导致飞轮转速持续下降	输出力矩叠加一个定向偏差
	电动机力矩变小,摩擦力矩增大	飞轮输出力矩变小
	飞轮转速不能变化,输出力矩为0	飞轮转速饱和,不能正常响应指令

（续）

故障部件	故障	故障表征
推力器	喷管堵塞	喷气效果与理想值超差，相当于喷气力矩异常
	开关机失效、推力器阀门失灵	发动机乱喷
	喷管泄漏	没有喷气时，姿态角速度连续向一个方向变化

8.3 故障建模与传播特性

闭环控制系统中，反馈控制作用会使得敏感器和执行机构故障征兆在整个系统中传播，对系统状态和输出产生累积影响，给故障检测与隔离带来困难，如图 8－2 所示，因此闭环控制系统故障诊断必须考虑故障征兆在系统中的传播特性。

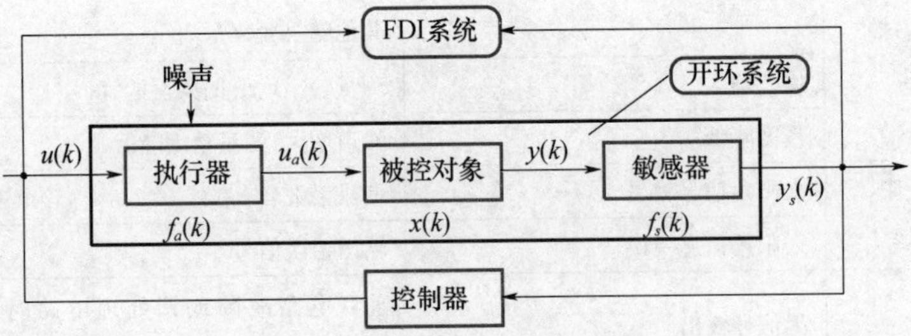

图 8－2　开/闭环系统故障诊断

8.3.1 故障建模

假设线性系统输出只与状态有关，与输入无直接关系。为了不失一般性，这里考虑离散时变线性系统：

$$\begin{cases} \boldsymbol{x}(k+1) = \boldsymbol{A}_k\boldsymbol{x}(k) + \boldsymbol{B}_k\boldsymbol{u}(k) + \boldsymbol{w}(k) \\ \boldsymbol{y}(k+1) = \boldsymbol{C}\boldsymbol{x}(k+1) + \boldsymbol{v}(k+1) \end{cases} \tag{8-1}$$

式中：$\boldsymbol{x} \in \mathbf{R}^{n\times1}$，$\boldsymbol{y}_s \in \mathbf{R}^{m\times1}$，$\boldsymbol{u} \in \mathbf{R}^{p\times1}$，$\boldsymbol{A}_k \in \mathbf{R}^{n\times n}$，$\boldsymbol{B}_k \in \mathbf{R}^{n\times p}$，$\boldsymbol{C} \in \mathbf{R}^{m\times n}$。系统噪声 $\boldsymbol{w}(k)$、量测噪声 $\boldsymbol{v}(k)$ 的统计特性为

$$\mathrm{E}[\boldsymbol{w}]=\boldsymbol{0}\,,\qquad \mathrm{E}[\boldsymbol{w}\,\boldsymbol{w}^{\mathrm{T}}]=\sigma_w\boldsymbol{I}$$

$$\mathrm{E}[\boldsymbol{v}]=\boldsymbol{0}\,,\qquad \mathrm{E}[\boldsymbol{v}\,\boldsymbol{v}^{\mathrm{T}}]=\sigma_v\boldsymbol{I}_m\qquad \mathrm{E}[\boldsymbol{w}\boldsymbol{v}^{\mathrm{T}}]=\boldsymbol{0}$$

对确定性系统,线性状态反馈控制为 $\boldsymbol{u}(k)=-\boldsymbol{K}_k\boldsymbol{x}(k)$。然而真实系统通常是如式(8-1)所描述的随机系统,控制器输入是对测量输出进行滤波处理后的估计状态,因此

$$\boldsymbol{u}(k)=-\boldsymbol{K}_k\hat{\boldsymbol{x}}(k)\tag{8-2}$$

其中 $\hat{\boldsymbol{x}}(k)$ 是状态向量 $\boldsymbol{x}(k)$ 的最优估计,$\boldsymbol{K}_k\in\boldsymbol{R}^{n\times p}$ 为反馈增益阵。因此闭环系统应为

$$\begin{cases}\boldsymbol{x}(k+1)=\boldsymbol{A}_k\boldsymbol{x}(k)-\boldsymbol{B}_k\boldsymbol{K}_k\hat{\boldsymbol{x}}(k)+\boldsymbol{w}(k)\\ \boldsymbol{y}(k+1)=\boldsymbol{C}\boldsymbol{x}(k+1)+\boldsymbol{v}(k+1)\end{cases}\tag{8-3}$$

滤波器采用具有广泛适应性的递推卡尔曼滤波器,其对状态的滤波估计具有线性、无偏和最小误差性。

一步预报:

$$\hat{\boldsymbol{x}}(k,k-1)=(\boldsymbol{A}_{k-1}-\boldsymbol{B}_{k-1}\boldsymbol{K}_{k-1})\hat{\boldsymbol{x}}(k-1)\tag{8-4a}$$

预报误差协方差阵:

$$\boldsymbol{P}(k,k-1)=\boldsymbol{A}_{k-1}\boldsymbol{P}(k-1,k-1)\boldsymbol{A}_{k-1}^{\mathrm{T}}+\boldsymbol{R}_w(k)\tag{8-4b}$$

滤波增益:

$$\boldsymbol{G}(k)=\boldsymbol{P}(k,k-1)\boldsymbol{C}^{\mathrm{T}}\left(\boldsymbol{C}\boldsymbol{P}(k,k-1)\boldsymbol{C}^{\mathrm{T}}+\boldsymbol{R}_v(k)\right)^{-1}\tag{8-4c}$$

最优状态估计:

$$\hat{\boldsymbol{x}}(k)=\hat{\boldsymbol{x}}(k,k-1)+\boldsymbol{G}_k\boldsymbol{r}(k)\tag{8-4d}$$

状态估计误差:

$$\boldsymbol{e}(k)=\boldsymbol{x}(k)-\hat{\boldsymbol{x}}(k)=(\boldsymbol{I}-\boldsymbol{G}_k\boldsymbol{C})(\boldsymbol{x}(k)-\hat{\boldsymbol{x}}(k,k-1))-\boldsymbol{G}_k\boldsymbol{v}(k)$$

状态估计误差阵:

$$\boldsymbol{P}(k,k)=(\boldsymbol{I}-\boldsymbol{G}_k\boldsymbol{C})\boldsymbol{P}(k,k-1)\tag{8-4e}$$

输出残差:

$$\boldsymbol{r}(k)=\boldsymbol{y}(k)-\boldsymbol{C}\hat{\boldsymbol{x}}(k,k-1)\tag{8-4f}$$

输出残差误差:

$$\boldsymbol{V}_0(k+1)=\mathrm{E}[\boldsymbol{r}(k+1)\boldsymbol{r}^{\mathrm{T}}(k+1)]\approx\boldsymbol{C}\boldsymbol{P}(k,k-1)\boldsymbol{C}^{\mathrm{T}}+\boldsymbol{R}_w(k+1)\tag{8-4g}$$

其中 $\boldsymbol{R}_w(k)$、$\boldsymbol{R}_v(k)$ 分别为 k 时刻系统噪声和测量噪声的协方差阵。

当系统正常运行时，卡尔曼滤波是对状态的线性最小方差无偏估计。系统发生不同故障时，故障与系统状态和输出之间可建立如下关系。

(1)执行机构故障:执行机构的故障不会影响到滤波估计值对系统真实状态的逼近，即使该状态为故障状态。因此有 $\hat{\boldsymbol{x}}(k)\cong\boldsymbol{x}(k)$，此时式(8-2)可以写成:

$$\boldsymbol{u}(k)=-\boldsymbol{K}_k\boldsymbol{x}(k)$$

闭环模型(8-3)可以简化为

$$\begin{cases}\boldsymbol{x}(k+1)=(\boldsymbol{A}_k-\boldsymbol{B}_k\boldsymbol{K}_k)\boldsymbol{x}(k)+\boldsymbol{w}(k)\\ \boldsymbol{y}(k+1)=\boldsymbol{C}\boldsymbol{x}(k+1)+\boldsymbol{v}(k+1)\end{cases} \tag{8-5}$$

若 k_f 时刻执行器发生故障，则有

$$\boldsymbol{u}(k)=-\boldsymbol{K}_k\boldsymbol{x}(k)+\boldsymbol{f}_a(k)$$

因此闭环系统故障模型可以写成:

$$\begin{cases}\boldsymbol{x}_f(k+1)=(\boldsymbol{A}_k-\boldsymbol{B}_k\boldsymbol{K}_k)\boldsymbol{x}_f(k)+\boldsymbol{B}_k\boldsymbol{f}_a(k,k_f,\boldsymbol{\lambda})+\boldsymbol{w}(k)\\ \boldsymbol{y}_f(k+1)=\boldsymbol{C}\boldsymbol{x}_f(k+1)+\boldsymbol{v}(k+1)\end{cases} \tag{8-6}$$

(2) 敏感器故障:敏感器的输出会直接影响到滤波器的估计输出，使其偏离真实状态甚至发散，因此在讨论敏感器故障时，闭环系统模型应采用式(8-3)所示模型。敏感器发生故障时，闭环系统故障模型为

$$\begin{cases}\boldsymbol{x}_f(k+1)=\boldsymbol{A}_k\boldsymbol{x}_f(k)-\boldsymbol{B}_k\boldsymbol{K}_k\hat{\boldsymbol{x}}_f(k)+\boldsymbol{w}(k)\\ \boldsymbol{y}_f(k+1)=\boldsymbol{C}\boldsymbol{x}_f(k+1)+\boldsymbol{f}_s(k+1,k_f,\boldsymbol{\lambda})+\boldsymbol{v}(k+1)\end{cases} \tag{8-7}$$

式中:$\boldsymbol{f}_a(k,k_f,\boldsymbol{\lambda})$ 和 $\boldsymbol{f}_s(k,k_f,\boldsymbol{\lambda})$ 分别为执行机构和敏感器的故障向量，对应不同故障有不同的表达方式;k 对应当前时刻;k_f 对应故障发生时刻;$\boldsymbol{\lambda}$ 为故障变化率。

8.3.2 执行机构故障

控制系统执行机构故障首先会影响到系统的状态和测量输出，进而影响到状态估计值。但开环系统中，执行机构故障只影响一步的系统状态和输出，不会产生累积影响;而在闭环系统中，某一时刻的执行机构故障会经由反馈作用，对系统状态和输出产生累积作用。本小节主要分析脉冲、阶跃、渐变三种执行机构故障对闭环控制系统状态和测量输出的影响。

1. 脉冲故障

假设在 k_f 时刻执行器发生脉冲故障，即

$$\boldsymbol{f}_a(k)=\boldsymbol{l}_a s(k_f)\boldsymbol{\delta}^{(1)}(k,k_f)=\begin{cases}\boldsymbol{0}, & k\neq k_f\\ \boldsymbol{l}_a s(k_f), & k=k_f\end{cases} \tag{8-8}$$

式中：$\boldsymbol{l}_a\in\mathbf{R}^{p\times 1}$ 为执行机构故障向量，对应故障执行机构的元素为 1，对应正常执行机构的元素为 0；$s(k_f)$ 为故障幅值。

代入式(8－6)，此时闭环系统的故障模型可以写成：

$$\begin{cases}\boldsymbol{x}_f(k+1)=(\boldsymbol{A}_k-\boldsymbol{B}_k\boldsymbol{K}_k)\boldsymbol{x}_f(k)+\boldsymbol{B}_k\boldsymbol{l}_a s(k_f)\delta^{(1)}(k,k_f)+\boldsymbol{w}(k)\\ \boldsymbol{y}_f(k+1)=\boldsymbol{C}\boldsymbol{x}_f(k+1)+\boldsymbol{v}(k+1)\end{cases} \tag{8-9}$$

执行器脉冲故障对系统状态和输出的影响有如下结论 8.1。

结论 8.1　式(8－8)所描述的执行器脉冲故障对线性闭环系统式(8－5)的状态和输出的影响为

$$\Delta\boldsymbol{x}(k)=\begin{cases}\boldsymbol{0}, & k\leqslant k_f\\ \boldsymbol{B}_{k_f}\boldsymbol{l}_a s(k_f), & k=k_f+1\\ \boldsymbol{M}_p\boldsymbol{B}_{k_f}\boldsymbol{l}_a s(k_f), & k>k_f+1\end{cases}$$

$$\Delta\boldsymbol{y}(k)=\begin{cases}\boldsymbol{0}, & k\leqslant k_f\\ \boldsymbol{C}\boldsymbol{B}_{k_f}\boldsymbol{l}_a s(k_f), & k=k_f+1\\ \boldsymbol{C}\boldsymbol{M}_p\boldsymbol{B}_{k_f}\boldsymbol{l}_a s(k_f), & k>k_f+1\end{cases}$$

其中 $\boldsymbol{M}_p=\prod_{j=1}^{k-(k_f+1)}(\boldsymbol{A}_{k-j}-\boldsymbol{B}_{k-j}\boldsymbol{K}_{k-j})$。

证明：比较式(8－9)和式(8－5)可得

① 当 $k\leqslant k_f$ 时，显然有

$$\Delta\boldsymbol{x}(k)=\boldsymbol{x}_f(k)-\boldsymbol{x}(k)=\boldsymbol{0}$$

$$\Delta\boldsymbol{y}(k)=\boldsymbol{y}_f(k)-\boldsymbol{y}(k)=\boldsymbol{C}(\boldsymbol{x}_f(k)-\boldsymbol{x}(k))=\boldsymbol{0}$$

② 当 $k=k_f+1$ 时，有

$$\begin{aligned}\Delta\boldsymbol{x}(k_f+1)&=\boldsymbol{x}_f(k_f+1)-\boldsymbol{x}(k_f+1)=(\boldsymbol{A}_{k_f}-\boldsymbol{B}_{k_f}\boldsymbol{K}_{k_f})(\boldsymbol{x}_f(k_f)-\boldsymbol{x}(k_f))+\boldsymbol{B}_{k_f}\boldsymbol{l}_a s(k_f)\\ &=\boldsymbol{B}_{k_f}\boldsymbol{l}_a s(k_f)\Delta\boldsymbol{y}(k_f+1)=\boldsymbol{y}_f(k_f+1)-\boldsymbol{y}(k_f+1)=\boldsymbol{C}\Delta\boldsymbol{x}(k_f+1)\\ &=\boldsymbol{C}\boldsymbol{B}_{k_f}\boldsymbol{l}_a s(k_f)\end{aligned}$$

③ 当 $k > k_f + 1$ 时，有

$$\begin{aligned}\Delta\boldsymbol{x}(k) &= \boldsymbol{x}_f(k) - \boldsymbol{x}(k) = (\boldsymbol{A}_{k-1} - \boldsymbol{B}_{k-1}\boldsymbol{K}_{k-1})(\boldsymbol{x}_f(k-1) - \boldsymbol{x}(k-1)) \\ &= (\boldsymbol{A}_{k-1} - \boldsymbol{B}_{k-1}\boldsymbol{K}_{k-1})(\boldsymbol{A}_{k-2} - \boldsymbol{B}_{k-2}\boldsymbol{K}_{k-2})(\boldsymbol{x}_f(k-2) - \boldsymbol{x}(k-2)) \\ &\cdots \\ &= \prod_{j=1}^{k-(k_f+1)} (\boldsymbol{A}_{k-j} - \boldsymbol{B}_{k-j}\boldsymbol{K}_{k-j})(\boldsymbol{x}_f(k_f+1) - \boldsymbol{x}(k_f+1)) \\ &= \prod_{j=1}^{k-(k_f+1)} (\boldsymbol{A}_{k-j} - \boldsymbol{B}_{k-j}\boldsymbol{K}_{k-j})\boldsymbol{B}_{k_f}\boldsymbol{l}_a s(k_f)\end{aligned}$$

$$\Delta\boldsymbol{y}(\boldsymbol{k}) = \boldsymbol{y}_f(k) - \boldsymbol{y}(k) = \boldsymbol{C}\Delta\boldsymbol{x}(k) = \boldsymbol{C}\prod_{j=1}^{k-(k_f+1)} (\boldsymbol{A}_{k-j} - \boldsymbol{B}_{k-j}\boldsymbol{K}_{k-j})\boldsymbol{B}_{k_f}\boldsymbol{l}_a s(k_f)$$

2. 阶跃故障

假设在 k_f 时刻执行器发生幅值为 $s(k_f)$ 阶跃故障，即

$$\boldsymbol{f}_a(k) = \boldsymbol{l}_a s(k_f)\delta^{(2)}(k,k_f) = \begin{cases}\boldsymbol{0}, & k < k_f \\ \boldsymbol{l}_a s(k_f), & k \geqslant k_f\end{cases} \tag{8-10}$$

代入式(8－6)，此时闭环系统的故障模型可以写成：

$$\begin{cases}\boldsymbol{x}_f(k+1) = (\boldsymbol{A}_k - \boldsymbol{B}_k\boldsymbol{K}_k)\boldsymbol{x}_f(k) + \boldsymbol{B}_k\boldsymbol{l}_a s(k_f)\delta^{(2)}(k,k_f) + \boldsymbol{w}(k) \\ \boldsymbol{y}_f(k+1) = \boldsymbol{C}\boldsymbol{x}_f(k+1) + \boldsymbol{v}(k+1)\end{cases} \tag{8-11}$$

比较式(8－11)和式(8－5)，并参考结论 8.1 的推导过程可得如下结论 8.2。

结论 8.2　式(8－10)所描述的执行器阶跃故障对闭环系统式(8－5)的状态和输出的影响为

$$\Delta\boldsymbol{x}(k) = \begin{cases}\boldsymbol{0}, & k \leqslant k_f \\ \boldsymbol{B}_{k_f}\boldsymbol{l}_a s(k_f), & k = k_f + 1 \\ (\boldsymbol{M}_s + \boldsymbol{B}_{k-1})\boldsymbol{l}_a s(k_f), & k > k_f + 1\end{cases}$$

$$\Delta\boldsymbol{y}(k) = \begin{cases}\boldsymbol{0}, & k \leqslant k_f \\ \boldsymbol{C}\boldsymbol{B}_{k_f}\boldsymbol{l}_a s(k_f), & k = k_f + 1 \\ \boldsymbol{C}(\boldsymbol{M}_s + \boldsymbol{B}_{k-1})\boldsymbol{l}_a s(k_f), & k > k_f + 1\end{cases}$$

其中 $\boldsymbol{M}_s = \sum_{i=2}^{k-(k_f+1)} \left(\prod_{j=1}^{i-1}(\boldsymbol{A}_{k-j} - \boldsymbol{B}_{k-j}\boldsymbol{K}_{k-j})\right)\boldsymbol{B}_{k-i}$。

3. 渐变故障

假设执行机构从 k_f 时刻起发生渐变故障，即

$$f_a(k)=l_a s(k)\delta^{(2)}(k,k_f)=\begin{cases}\mathbf{0}, & k<k_f\\ l_a s(k), & k\geqslant k_f\end{cases} \tag{8-12}$$

其中 $s(k)=\lambda s(k-1)$，对渐变故障，通常有 $\lambda>1$。

代入式(8-6)，此时闭环系统的故障模型为

$$\begin{cases}x_f(k+1)=(A_k-B_k K_k)x_f(k)+B_k l_a s(k)\delta^{(2)}(k,k_f)+w(k)\\ y_f(k+1)=Cx_f(k+1)+v(k+1)\end{cases} \tag{8-13}$$

比较式(8-13)和式(8-5)，并参考结论8.1的推导过程可得如下结论8.3。

结论8.3　式(8-12)所描述的执行器渐变故障对闭环系统式(8-5)的状态和测量输出的影响为

$$\Delta x(k)=\begin{cases}\mathbf{0}, & k\leqslant k_f\\ B_{k_f}s(k_f), & k=k_f+1\\ M_g+B_{k-1}l_a s(k-1), & k>k_f+1\end{cases}$$

$$\Delta y(k)=\begin{cases}\mathbf{0}, & k\leqslant k_f\\ CB_{k_f}s(k_f), & k=k_f+1\\ CM_g+CB_{k-1}l_a s(k-1), & k>k_f+1\end{cases}$$

其中 $M_g=\left(\sum\limits_{i=2}^{k-(k_f+1)}\left(\prod\limits_{j=1}^{i-1}(A_{k-j}-B_{k-j}K_{k-j})\right)B_{k-i}l_a s(k-i)\right)$。

8.3.3　敏感器故障

与执行机构故障相比，闭环控制系统中敏感器故障在系统中的传播影响更加复杂。本小节主要分析脉冲、阶跃、渐变和精度下降四类敏感器故障对真实状态、估计状态和测量输出的影响。

1. 脉冲故障

假设 k_f 时刻敏感器发生脉冲故障，即

$$f_s(k)=l_s s(k_f)\delta^{(1)}(k,k_f)=\begin{cases}\mathbf{0}, & k\neq k_f\\ l_s s(k_f), & k=k_f\end{cases} \tag{8-14}$$

代入式(8－7),此时闭环故障模型为

$$\begin{cases} \boldsymbol{x}_f(k+1)=\boldsymbol{A}_k\boldsymbol{x}_f(k)-\boldsymbol{B}_k\boldsymbol{K}_k\hat{x}_f(k)+\boldsymbol{w}(k) \\ \boldsymbol{y}_f(k+1)=\boldsymbol{C}x_f(k+1)+\boldsymbol{l}_s s(k_f)\delta^{(1)}(k,k_f)+\boldsymbol{v}(k+1) \end{cases} \tag{8-15}$$

敏感器脉冲故障对滤波器和状态的影响有如下关系。

结论 8.4 式(8－14)描述的敏感器脉冲故障对滤波器式(8－4a)～式(8－4g)的输出(即估计状态)以及闭环系统式(8－3)的状态和输出的影响有如下关系:

$$\Delta\hat{\boldsymbol{x}}(k)=\begin{cases} \boldsymbol{0}, & k<k_f \\ \boldsymbol{G}_{k_f}\boldsymbol{l}_s s(k_f), & k=k_f \\ -(\boldsymbol{N}_{p3}(k,i)+\boldsymbol{G}_k\boldsymbol{C}\boldsymbol{N}_{p1}(k))\boldsymbol{A}_{k_f}\boldsymbol{G}_{k_f}\boldsymbol{l}_s s(k_f), & k>k_f \end{cases}$$

$$\Delta\boldsymbol{x}(k)=\begin{cases} \boldsymbol{0}, & k\leqslant k_f \\ -\left\{\sum_{i=2}^{k-k_f}\left[\left(\prod_{j=1}^{i-1}\boldsymbol{A}_{k-j}\right)\boldsymbol{B}_{k-i}\boldsymbol{K}_{k-i}\Delta\hat{\boldsymbol{x}}(k-i)\right]+\boldsymbol{B}_{k-1}\boldsymbol{K}_{k-1}\Delta\hat{\boldsymbol{x}}(k-1)\right\}, & k>k_f \end{cases}$$

$$\Delta\boldsymbol{y}(k)=\begin{cases} \boldsymbol{0}, & k<k_f \\ \boldsymbol{l}_s s(k_f), & k=k_f \\ \boldsymbol{C}\Delta\boldsymbol{x}(k), & k>k_f \end{cases}$$

其中

$$\boldsymbol{N}_{p1}(k)=\left(\prod_{j=1}^{k-k_f-1}\boldsymbol{A}_{k-j}(\boldsymbol{I}-\boldsymbol{G}_{k-j}\boldsymbol{C})\right)$$

$$\boldsymbol{N}_{p2}(k,i)=\left(\prod_{j=1}^{i}(\boldsymbol{A}_{k-j}-\boldsymbol{B}_{k-j}\boldsymbol{K}_{k-j})\right)\boldsymbol{G}_{k-j}$$

$$\boldsymbol{N}_{p3}(k,i)=\sum_{i=1}^{k-k_f}(\boldsymbol{N}_{p2}(k,i)\boldsymbol{C}\boldsymbol{N}_{p1}(k-i))$$

证明:将系统式(8－3)和式(8－15)分别代入式(8－4a)～式(8－4g)中,比较可得

① 当 $k<k_f$ 时,故障模型和正常系统模型完全一致。

② 当 $k=k_f$ 时,

$$\begin{aligned}\Delta\hat{\boldsymbol{x}}(k_f,k_f-1)&=\hat{\boldsymbol{x}}_f(k_f,k_f-1)-\hat{\boldsymbol{x}}(k_f,k_f-1)\\&=(\boldsymbol{A}_{k_f-1}-\boldsymbol{B}_{k_f-1}\boldsymbol{K}_{k_f-1})\Delta\hat{\boldsymbol{x}}(k_f-1)=\boldsymbol{0}\end{aligned}$$

$$\Delta\boldsymbol{r}(k_f)=\boldsymbol{r}_f(k_f)-\boldsymbol{r}(k_f)=\boldsymbol{y}_f(k_f)-\boldsymbol{y}(k_f)-\boldsymbol{C}\Delta\hat{\boldsymbol{x}}(k_f,k_f-1)=\boldsymbol{l}_s s(k_f)$$

$$\Delta\hat{\boldsymbol{x}}(k_f)=\hat{\boldsymbol{x}}_f(k_f)-\hat{\boldsymbol{x}}(k_f)=\Delta\hat{\boldsymbol{x}}(k_f,k_f-1)+\boldsymbol{G}_{k_f}\Delta\boldsymbol{r}(k_f)=\boldsymbol{G}_{k_f}\boldsymbol{l}_s s(k_f)$$

$$\Delta\boldsymbol{u}(k_f)=\boldsymbol{u}_f(k_f)-\boldsymbol{u}(k_f)=-\boldsymbol{K}(\hat{\boldsymbol{x}}_f(k_f)-\hat{\boldsymbol{x}}(k_f)=-\boldsymbol{K}\,\boldsymbol{G}_{k_f}\boldsymbol{l}_s s(k_f)$$

$$\begin{aligned}\Delta\boldsymbol{x}(k_f)&=\boldsymbol{x}_f(k_f)-\boldsymbol{x}(k_f)\\&=\boldsymbol{A}_{k_f-1}(\boldsymbol{x}_f(k_f-1)-\boldsymbol{x}(k_f-1))-\boldsymbol{B}_{k_f-1}\boldsymbol{K}_{k_f-1}(\hat{\boldsymbol{x}}_f(k_f-1)\\&\quad-\hat{\boldsymbol{x}}(k_f-1)=0\end{aligned}$$

$$\Delta\boldsymbol{y}(k_f)=\boldsymbol{y}_f(k_f)-\boldsymbol{y}(k_f)=\boldsymbol{C}\Delta x(k_f)+\boldsymbol{l}_s s(k_f)=\boldsymbol{l}_s s(k_f)$$

③ 当 $k>k_f$ 时，

正常系统卡尔曼滤波的状态估计误差为

$$\begin{aligned}\boldsymbol{e}(k)&=\boldsymbol{x}(k)-\hat{\boldsymbol{x}}(k)=\boldsymbol{x}(k)-(\hat{\boldsymbol{x}}(k,k-1)+\boldsymbol{G}_k(\boldsymbol{y}(k)-\boldsymbol{C}\hat{\boldsymbol{x}}(k,k-1))\\&=\boldsymbol{x}(k)-\hat{\boldsymbol{x}}(k,k-1)-\boldsymbol{G}_k\boldsymbol{C}(\boldsymbol{x}(k)-\hat{\boldsymbol{x}}(k,k-1)\\&=(\boldsymbol{I}-\boldsymbol{G}_k\boldsymbol{C})(\boldsymbol{x}(k)-\hat{\boldsymbol{x}}(k,k-1))\end{aligned}$$

对敏感器在 k_f 时刻发生脉冲故障的系统，对 $k>k_f$，有

$$\begin{aligned}\boldsymbol{e}_f(k)&=\boldsymbol{x}_f(k)-\hat{\boldsymbol{x}}_f(k)=\boldsymbol{x}_f(k)-(\hat{\boldsymbol{x}}_f(k,k-1)+\boldsymbol{G}_k(\boldsymbol{y}_f(k)-\boldsymbol{C}\,\hat{\boldsymbol{x}}_f(k,k-1))\\&=\boldsymbol{x}_f(k)-\hat{\boldsymbol{x}}_f(k,k-1)-\boldsymbol{G}_k\,\boldsymbol{C}_f(\boldsymbol{x}_f(k)-\hat{\boldsymbol{x}}_f(k,k-1)\\&=(\boldsymbol{I}-\boldsymbol{G}_k\boldsymbol{C})(\boldsymbol{x}_f(k)-\hat{\boldsymbol{x}}_f(k,k-1))\end{aligned}$$

因此正常系统和敏感器故障系统的状态估计误差为

$$\begin{aligned}\Delta\boldsymbol{x}(k)-\Delta\hat{\boldsymbol{x}}(k)&=(\boldsymbol{x}_f(k)-\boldsymbol{x}(k))-(\hat{\boldsymbol{x}}_f(k)-\hat{\boldsymbol{x}}(k))\\&=(\boldsymbol{x}_f(k)-(\hat{\boldsymbol{x}}_f(k))-(\boldsymbol{x}(k)-\hat{\boldsymbol{x}}(k))\\&=\boldsymbol{e}_f(k)-\boldsymbol{e}(k)\\&=(\boldsymbol{I}-\boldsymbol{G}_k\boldsymbol{C})((\boldsymbol{x}_f(k)-\hat{\boldsymbol{x}}_f(k,k-1))-(\boldsymbol{x}(k)-\hat{\boldsymbol{x}}(k,k-1)))\\&=(\boldsymbol{I}-\boldsymbol{G}_k\boldsymbol{C})((\boldsymbol{x}_f(k)-\boldsymbol{x}(k))-(\hat{\boldsymbol{x}}_f(k,k-1)-\hat{\boldsymbol{x}}(k,k-1)))\\&=(\boldsymbol{I}-\boldsymbol{G}_k\boldsymbol{C})\Delta\boldsymbol{x}(k)-\Delta\hat{\boldsymbol{x}}(k,k-1)\end{aligned}$$

于是，可得如下递推关系：

$$
\begin{aligned}
\Delta \boldsymbol{r}(k) &= \Delta \boldsymbol{y}(k) - \boldsymbol{C}\Delta\hat{\boldsymbol{x}}(k,k-1) = \boldsymbol{C}(\Delta \boldsymbol{x}(k) - \Delta\hat{\boldsymbol{x}}(k,k-1))\\
&= \boldsymbol{C}[(\boldsymbol{A}_{k-1}\Delta \boldsymbol{x}(k-1) - \boldsymbol{B}_{k-1}\boldsymbol{K}_{k-1}\Delta\hat{\boldsymbol{x}}(k-1))\\
&\quad - (\boldsymbol{A}_{k-1} - \boldsymbol{B}_{k-1}\boldsymbol{K}_{k-1})\Delta\hat{\boldsymbol{x}}(k-1)]\\
&= \boldsymbol{C}\boldsymbol{A}_{k-1}(\Delta \boldsymbol{x}(k-1) - \Delta\hat{\boldsymbol{x}}(k-1))\\
&= \cdots\\
&= \boldsymbol{C}(\prod_{j=1}^{k-k_f-1}\boldsymbol{A}_{k-j}(\boldsymbol{I} - \boldsymbol{G}_{k-j}\boldsymbol{C}))\boldsymbol{A}_{k_f}(\Delta \boldsymbol{x}(k_f) - \Delta\hat{\boldsymbol{x}}(k_f))\\
&= -\boldsymbol{C}(\prod_{j=1}^{k-k_f-1}\boldsymbol{A}_{k-j}(\boldsymbol{I} - \boldsymbol{G}_{k-j}\boldsymbol{C}))\boldsymbol{A}_{k_f}\boldsymbol{G}_{k_f}\boldsymbol{l}_s s(k_f)\\
&= -\boldsymbol{C}\boldsymbol{N}_1(k)\boldsymbol{A}_{k_f}\boldsymbol{G}_{k_f}\boldsymbol{l}_s s(k_f)
\end{aligned}
$$

$$
\begin{aligned}
&\Delta\hat{x}(k,k-1)\\
&= (\boldsymbol{A}_{k-1} - \boldsymbol{B}_{k-1}\boldsymbol{K}_{k-1})\Delta\hat{\boldsymbol{x}}(k-1)\\
&= (\boldsymbol{A}_{k-1} - \boldsymbol{B}_{k-1}\boldsymbol{K}_{k-1})(\Delta\hat{\boldsymbol{x}}(k-1,k-2) + \boldsymbol{G}_{k-1}\Delta \boldsymbol{r}(k-1))\\
&= (\boldsymbol{A}_{k-1} - \boldsymbol{B}_{k-1}\boldsymbol{K}_{k-1})((\boldsymbol{A}_{k-2} - \boldsymbol{B}_{k-2}\boldsymbol{K}_{k-2})\Delta\hat{\boldsymbol{x}}(k-2) + \boldsymbol{G}_{k-1}\Delta \boldsymbol{r}(k-1))\\
&= \cdots\\
&= \sum_{i=1}^{k-k_f}(\prod_{j=1}^{i}(\boldsymbol{A}_{k-j} - \boldsymbol{B}_{k-j}\boldsymbol{K}_{k-j}))\boldsymbol{G}_{k-i}\Delta \boldsymbol{r}(k-i)\\
&= -\sum_{i=1}^{k-k_f}[(\prod_{j=1}^{i}(\boldsymbol{A}_{k-j} - \boldsymbol{B}_{k-j}\boldsymbol{K}_{k-j}))\boldsymbol{G}_{k-i}\boldsymbol{C}\boldsymbol{A}_{k-i-1}(\prod_{jj=1}^{k-i-k_f-1}(\boldsymbol{I} - \boldsymbol{G}_{k-i-jj}\boldsymbol{C})\boldsymbol{A}_{k-i-jj-1})]\boldsymbol{G}_{k_f}\boldsymbol{l}_s s(k_f)
\end{aligned}
$$

$$
\begin{aligned}
\Delta\hat{\boldsymbol{x}}(k) &= \Delta\hat{\boldsymbol{x}}(k,k-1) + \boldsymbol{G}_k\Delta \boldsymbol{r}(k)\\
&= \sum_{i=1}^{k-k_f}[(\prod_{j=1}^{i}(\boldsymbol{A}_{k-j} - \boldsymbol{B}_{k-j}\boldsymbol{K}_{k-j}))\boldsymbol{G}_{k-i}\Delta \boldsymbol{r}(k-i)] + \boldsymbol{G}_k\Delta \boldsymbol{r}(k)\\
&= -\left\{\begin{aligned}&\sum_{i=1}^{k-k_f}[(\prod_{j=1}^{i}(\boldsymbol{A}_{k-j} - \boldsymbol{B}_{k-j}\boldsymbol{K}_{k-j}))\boldsymbol{G}_{k-i}\boldsymbol{C}(\prod_{jj=1}^{k-i-k_f-1}\boldsymbol{A}_{k-i-jj}(\boldsymbol{I} - \boldsymbol{G}_{k-i-jj}))]\\ &+ \boldsymbol{G}_k\boldsymbol{C}(\prod_{j=1}^{k-k_f-1}\boldsymbol{A}_{k-j}(\boldsymbol{I} - \boldsymbol{G}_{k-j}\boldsymbol{C}))\end{aligned}\right\}\boldsymbol{A}_{k_f}\boldsymbol{G}_{k_f}\boldsymbol{l}_s s(k_f)\\
&= -(\boldsymbol{N}_{p3}(k,i) + \boldsymbol{G}_k\boldsymbol{C}\boldsymbol{N}_{p1}(k))\boldsymbol{A}_{k_f}\boldsymbol{G}_{k_f}\boldsymbol{l}_s s(k_f)
\end{aligned}
$$

$$\begin{aligned}\Delta \boldsymbol{x}(k) &= \boldsymbol{A}_{k-1}\Delta \boldsymbol{x}(k-1) - \boldsymbol{B}_{k-1}\boldsymbol{K}_{k-1}\Delta \hat{\boldsymbol{x}}(k-1)\\ &= \boldsymbol{A}_{k-1}(\boldsymbol{A}_{k-2}\Delta \boldsymbol{x}(k-2) - \boldsymbol{B}_{k-2}\boldsymbol{K}_{k-2}\Delta \hat{\boldsymbol{x}}(k-2)) - \boldsymbol{B}_{k-1}\boldsymbol{K}_{k-1}\Delta \hat{\boldsymbol{x}}(k-1)\\ &= \cdots\\ &= \boldsymbol{A}_{k-1}\boldsymbol{A}_{k-2}\boldsymbol{A}_{k-3}\cdots \boldsymbol{A}_{k_f}\Delta \boldsymbol{x}(k_f) - \boldsymbol{A}_{k-1}\boldsymbol{A}_{k-2}\cdots \boldsymbol{A}_{k_f+1}\boldsymbol{B}_{k_f}\boldsymbol{K}_{k_f}\Delta \hat{\boldsymbol{x}}(k_f)\\ &\quad - \cdots - \boldsymbol{A}_{k-1}\boldsymbol{B}_{k-2}\boldsymbol{K}_{k-2}\Delta \hat{\boldsymbol{x}}(k-2) - \boldsymbol{B}_{k-1}\boldsymbol{K}_{k-1}\Delta \hat{\boldsymbol{x}}(k-1)\\ &= -\left\{\sum_{i=2}^{k-k_f}\left[\left(\prod_{j=1}^{i-1}\boldsymbol{A}_{k-j}\right)\boldsymbol{B}_{k-i}\boldsymbol{K}_{k-i}\Delta \hat{\boldsymbol{x}}(k-i)\right] + \boldsymbol{B}_{k-1}\boldsymbol{K}_{k-1}\Delta \hat{\boldsymbol{x}}(k-1)\right\}\end{aligned}$$

$$\Delta \boldsymbol{y}(k) = \boldsymbol{C}\Delta \boldsymbol{x}(k)$$

由上述分析可知，在 k_f时刻敏感器发生的脉冲故障，首先会影响该时刻的状态估计值，在由估计状态得到的控制量上叠加故障项，并经由反馈控制影响到系统的状态，产生迭代影响。这是与开环系统相比最明显的区别。因此在实际工程中，通常将闭环系统测量输出某一时刻的突变值作为野值剔除，以避免其对系统后来的运行带来影响。

2. 阶跃故障

假设 k_f时刻敏感器发生阶跃性故障，即

$$\boldsymbol{f}_s(k) = \boldsymbol{l}_s s(k_f)\delta^{(2)}(k,k_f) = \begin{cases}\boldsymbol{0}, & k < k_f\\ \boldsymbol{l}_s s(k_f), & k \geqslant k_f\end{cases} \tag{8-16}$$

代入式(8－7)，可得此时的闭环故障模型：

$$\begin{cases}\boldsymbol{x}_f(k+1) = \boldsymbol{A}_k\boldsymbol{x}_f(k) - \boldsymbol{B}_k\boldsymbol{K}_k\hat{\boldsymbol{x}}_f(k) + \boldsymbol{w}(k)\\ \boldsymbol{y}_f(k+1) = \boldsymbol{C}\boldsymbol{x}_f(k+1) + \boldsymbol{l}_s s(k_f)\delta^{(2)}(k,k_f) + \boldsymbol{v}(k+1)\end{cases} \tag{8-17}$$

敏感器自 k_f 时刻发生幅值为 $s(k_f)$ 阶跃故障后，状态估计误差为

$$\begin{aligned}\boldsymbol{e}_f(k) &= \boldsymbol{x}_f(k) - \hat{\boldsymbol{x}}_f(k) = \boldsymbol{x}_f(k) - (\hat{\boldsymbol{x}}_f(k,k-1) + \boldsymbol{G}_k(\boldsymbol{y}_f(k) - \boldsymbol{C}\hat{\boldsymbol{x}}_f(k,k-1)))\\ &= \boldsymbol{x}_f(k) - \hat{\boldsymbol{x}}_f(k,k-1) - \boldsymbol{G}_k\boldsymbol{C}_f(\boldsymbol{x}_f(k) - \hat{\boldsymbol{x}}_f(k,k-1)) - \boldsymbol{G}_k\boldsymbol{l}_s s(k_f)\\ &= (\boldsymbol{I} - \boldsymbol{G}_k\boldsymbol{C})(\boldsymbol{x}_f(k) - \hat{\boldsymbol{x}}_f(k,k-1)) - \boldsymbol{G}_k\boldsymbol{l}_s s(k_f)\end{aligned} \tag{8-18}$$

将式(8－3)和式(8－17)分别代入式(8－4a)～式(8－4g)中，参照结论8.4 的推导过程，并考虑到式(8－18)，可得如下结论8.5。

结论8.5　式(8－16)描述的敏感器阶跃故障对闭环系统式(8－3)和滤波器式(8－4a)～式(8－4g)的影响有如下关系：

$$\Delta\hat{\boldsymbol{x}}(k)=\begin{cases}\boldsymbol{0}, & k<k_f\\ \boldsymbol{G}_{k_f}\boldsymbol{s}(k_f), & k=k_f\\ \left[\begin{array}{l}\sum_{i=1}^{k-k_f}(\boldsymbol{N}_{s3}(k,i)\boldsymbol{G}_{k-i}(\boldsymbol{I}-\boldsymbol{C}(\boldsymbol{N}_{s2}(k-i)+\boldsymbol{A}_{k-i-1}\boldsymbol{G}_{k-i-1})))\\ +\boldsymbol{G}_k(\boldsymbol{I}-\boldsymbol{C}(\boldsymbol{N}_{s2}(k)+\boldsymbol{A}_{k-1}\boldsymbol{G}_{k-1}))\end{array}\right]\boldsymbol{l}_s s(k_f), & k>k_f\end{cases}$$

$$\Delta\boldsymbol{x}(k)=\begin{cases}\boldsymbol{0}, & k\leqslant k_f\\ -\left\{\begin{array}{l}\sum_{i=2}^{k-k_f}[(\prod_{j=1}^{i-1}\boldsymbol{A}_{k-j})\boldsymbol{B}_{k-i}\boldsymbol{K}_{k-i}\Delta\hat{\boldsymbol{x}}(k-i)]\\ +\boldsymbol{B}_{k-1}\boldsymbol{K}_{k-1}\Delta\hat{\boldsymbol{x}}(k-1)\end{array}\right\}, & k>k_f\end{cases}$$

$$\Delta\boldsymbol{y}(k)=\begin{cases}\boldsymbol{0}, & k<k_f\\ \boldsymbol{l}_s s(k_f), & k=k_f\\ \boldsymbol{C}\Delta\boldsymbol{x}(k)+\boldsymbol{l}_s s(k_f), & k>k_f\end{cases}$$

其中

$$\boldsymbol{N}_{s2}(k)=\sum_{i=2}^{k-k_f}\boldsymbol{N}_{s1}(k,i)\boldsymbol{A}_{k-i}\boldsymbol{G}_{k-i}$$

$$\boldsymbol{N}_{s1}(k,i)=\prod_{j=1}^{i-1}\boldsymbol{A}_{k-j}(\boldsymbol{I}-\boldsymbol{G}_{k-j}\boldsymbol{C})$$

$$\boldsymbol{N}_{s3}(k,i)=\left(\prod_{j=1}^{i}(\boldsymbol{A}_{k-j}-\boldsymbol{B}_{k-j}\boldsymbol{K}_{k-j})\right)$$

3.渐变故障

假设 k_f时刻敏感器发生渐变故障,即

$$\boldsymbol{f}_s(k)=\boldsymbol{l}_s s(k)\delta^{(2)}(k,k_f)=\begin{cases}\boldsymbol{0}, & k<k_f\\ \boldsymbol{l}_s s(k), & k\geqslant k_f\end{cases}\tag{8-19}$$

代入式(8-7),可得此时的闭环故障模型:

$$\begin{cases}\boldsymbol{x}_f(k)=\boldsymbol{A}_k\boldsymbol{x}_f(k-1)-\boldsymbol{B}_k\boldsymbol{K}_k\hat{\boldsymbol{x}}(k-1)+\boldsymbol{w}(k)\\ \boldsymbol{y}_f(k)=\boldsymbol{C}x_f(k)+\boldsymbol{l}_s s(k)\delta^{(2)}(k,k_f)+\boldsymbol{v}(k)\end{cases}\tag{8-20}$$

将式(8-3)和式(8-20)代入式(8-4a)~式(8-4g)中,并参照结论8.4的推导过程,可得如下结论8.6:

结论 8.6　式(8－19)描述的敏感器渐变故障对闭环系统式(8－3)和滤波器式(8－4a)～式(8－4g)的影响有如下关系：

$$\Delta\hat{\boldsymbol{x}}(k)=$$

$$\begin{cases}\boldsymbol{0}, & k<k_f\\ \boldsymbol{G}_{k_f}\boldsymbol{s}(k_f), & k=k_f\\ \sum\limits_{i=1}^{k-k_f}(\boldsymbol{N}_{s3}(k,i)\,\boldsymbol{G}_{k-i}(-\boldsymbol{C}(\boldsymbol{N}_{s2}(k-i)-\boldsymbol{C}\boldsymbol{A}_{k-i-1}\,\boldsymbol{G}_{k-i-1}\,\boldsymbol{l}_s s(k-i-1)+\boldsymbol{l}_s s(k-i))) & \\ +\boldsymbol{G}_k(-\boldsymbol{C}\boldsymbol{N}_{g2}(k)-\boldsymbol{C}\boldsymbol{A}_{k-1}\,\boldsymbol{G}_{k-1}\,\boldsymbol{l}_s s(k-1)+\boldsymbol{l}_s s(k)), & k>k_f\end{cases}$$

$$\Delta\boldsymbol{x}(k)=\begin{cases}\boldsymbol{0}, & k\leqslant k_f\\ -\sum\limits_{i=2}^{k-k_f}\left[\left(\prod\limits_{j=0}^{i-2}\boldsymbol{A}_{k-j}\right)\boldsymbol{B}_{k-i+1}\,\boldsymbol{K}_{k-i+1}\Delta\hat{\boldsymbol{x}}(k-i)\right]-\boldsymbol{B}_k\,\boldsymbol{K}_k\Delta\hat{\boldsymbol{x}}(k-1), & k>k_f\end{cases}$$

$$\Delta\boldsymbol{y}(k)=\begin{cases}\boldsymbol{0}, & k<k_f\\ \boldsymbol{l}_s s(k_f), & k=k_f\\ \boldsymbol{C}\Delta\boldsymbol{x}(k)+\boldsymbol{l}_s s(k), & k>k_f\end{cases}$$

其中

$$\boldsymbol{N}_{g1}(k,i)=\prod_{j=1}^{i-1}\boldsymbol{A}_{k-j}(\boldsymbol{I}-\boldsymbol{G}_{k-j}\boldsymbol{C})$$

$$\boldsymbol{N}_{g2}(k)=\sum_{i=2}^{k-k_f}(N_{g1}(k,i))\,\boldsymbol{A}_{k-i}\,\boldsymbol{G}_{k-i}\,\boldsymbol{l}_s s(k-i)$$

$$\boldsymbol{N}_{g3}(k,i)=\left(\prod_{j=1}^{i}(\boldsymbol{A}_{k-j}-\boldsymbol{B}_{k-j}\,\boldsymbol{K}_{k-j})\right)$$

4. 精度下降故障

假设 k_f 时刻敏感器发生精度下降故障，此时测量信息中的噪声方差增大，不妨表示为

$$\boldsymbol{f}_s(k)=\begin{cases}\boldsymbol{0}, & k<k_f\\ \boldsymbol{N}(0,\sigma_f^2), & k\geqslant k_f\end{cases}$$

由卡尔曼滤波算法可以看出，滤波增益矩阵 $\boldsymbol{G}_k$ 在递推计算中将自动随着 $\boldsymbol{R}_w(k-1)/\boldsymbol{R}_v(k)$ 而改变，调节着新息的修正作用，以保持状态滤波估计的最

佳性。当敏感器发生精度下降故障时，测量噪声的方差增大，即$\boldsymbol{R}_{vf} > \boldsymbol{R}_v$，此时如果仍按照原来的量测噪声统计特性设计卡尔曼滤波算法，会使增益矩阵$\boldsymbol{G}_k$和滤波误差方差阵$\boldsymbol{P}_k$增大，从而降低状态滤波的精度。为了仍旧保持卡尔曼滤波估计的最佳特性，解决方法之一是自适应地辨识每一时刻的量测噪声方阵$\boldsymbol{R}_v(k)$，后再进行滤波。

本节只针对线性系统进行故障影响推导分析，但分析方法及相关结论可以推广应用于非线性系统。

8.4 闭环系统故障可检测性

由8.3节故障传播特性可以看出，闭环系统中敏感器和执行机构出现故障时，对系统的状态和测量输出均有影响，这也是闭环系统故障诊断难点之一。目前对闭环系统故障可检测性的研究还不多，文献[2,3]中对开环系统敏感器和执行机构故障的可检测性分别进行了分析，文献[4]通过仿真实验比较了线性系统的鲁棒观测器方法稳态无差输出反馈控制和开环控制下的故障检测性能，文献[5]针对闭环反馈对小故障的抑制问题，提出了一种小故障检测和分离方法。

能够克服故障传播影响并准确隔离故障是闭环系统故障诊断方法需要完成的基本任务。与开环系统相比，闭环系统的故障诊断有两个主要难点：

(1) 对渐变性故障，闭环反馈控制作用在一定程度上掩盖了故障引起的变化，当输出仍维持在正常范围内时，很难从输出信号中检测出故障。因此，反馈系统阻碍了渐变故障的早期检测。

(2) 对突变故性障(特别是阶跃型突变故障)，由于真实系统中许多敏感器和执行机构的输出是有界的，因此，若闭环控制系统中某一环节出现大幅值突变故障，使故障输出饱和，则很容易在闭环系统中传播开来，导致故障检测和隔离需要的多个测量信息都处于饱和状态，难以实现故障隔离。

作者基于闭环系统故障征兆传播特性，对闭环系统敏感器和执行机构故障的可检测性进行了研究[6]。

8.4.1 基本概念

故障可检测：如果失效状态的初始值可以由有限个观测量决定，那么能够作为扩展状态的故障被认为是可检测的[2,3]。

状态能观(测)性[7,8]:线性系统(时变或定常),如果存在某个有限时刻 $t_1 > t_0$,使得通过量测在时间间隔 $[t_0, t_1]$ 上的系统输出 $\boldsymbol{y}(\cdot)$ 和已知的控制输入 $\boldsymbol{u}(\cdot)$,能够唯一地决定出在初始时刻 t_0 的初始状态 $\boldsymbol{x}(t_0) = \boldsymbol{x}_0$,则称这个系统在 t_0 时刻是完全能观测的。如果系统 $\boldsymbol{\Sigma}$ 在时间间隔 $[t_0, t_1]$ 上的每个时刻都是完全能观测的,则称这个系统在 $[t_0, t_1]$ 上是完全能观测的。

状态能构(造)性[7,8]:对线性系统 Σ(时变或定常),如果存在某个有限时刻 $t_1 < t_0$,使得通过量测在时间间隔 $[t_1, t_0]$ 上的系统输出 $y(\cdot)$ 和已知的控制输入 $\boldsymbol{u}(\cdot)$,能够唯一地决定出在初始时刻 t_0 的初始状态 $\boldsymbol{x}(t_0) = \boldsymbol{x}_0$,则称这个系统在 t_0 时刻是完全能构造的。如果系统 Σ 在时间间隔 $[t_1, t_0]$ 上的每个时刻都是完全能构造的,则称这个系统在 $[t_1, t_0]$ 上是完全能构造的。

简言之,如果利用 k 和 k 以后的输出可唯一地确定 k 时刻状态,则称为状态能观测;如果利用 k 和 k 以前的输出可唯一地确定 k 时刻状态,则称为状态能构造。

对线性系统,若 $\boldsymbol{A}$ 是非奇异的,那么 $(\boldsymbol{A}, \boldsymbol{C})$ 的能观测性等价于其能构造性;若 $\boldsymbol{A}$ 是奇异的,但系统的能观测矩阵是列满秩的,则 $(\boldsymbol{A}, \boldsymbol{C})$ 也是能构造的。

由此可以得出下面的定义:

突变故障可检测性:如果失效状态的初始值 $e(t_0)$ 可以由其后有限个量测输出唯一决定,那么认为突变故障是可检测的。即故障系统能观测⇒突变故障可检测。

渐变故障可检测性:如果失效状态的初始值 $e(t_0)$ 可以由其前有限个量测输出唯一决定,那么认为渐变故障是可检测的。即故障系统能构造⇒渐变故障可检测。

线性系统可观测性与可构造性的关系:对线性连续时间系统来说,状态可观测性与状态可构造性是一致的。

对线性系统,若 $\boldsymbol{A}$ 是非奇异的,那么 $(\boldsymbol{A}, \boldsymbol{C})$ 的能观测性等价于其能构造性;若 A 是奇异的,但系统的能观测矩阵是列满秩的,则 $(\boldsymbol{A}, \boldsymbol{C})$ 也是能构造的。因此对于 A 是非奇异的线性系统,只要讨论能观测性即可。

应该说明的是:一般而言,故障可检测性通常只考虑故障是否存在,不包括确定故障大小和位置。本章中从系统可观测性出发得到的故障可检测性,既包含了一般故障可检测的意义,也包括故障识别。

8.4.2 故障检测与隔离条件

对闭环系统,要实现故障检测和隔离,除了满足对开环系统的故障检测性和隔离性条件之外,还需要满足下面几个条件。

1. 对观测器反馈阵和控制反馈阵的要求

由图 8-2 可知,基于模型的 FDI 系统采用的是执行器输入 $\boldsymbol{u}(k)$ 和敏感器输出 $\boldsymbol{y}_s(k)$,当执行机构和敏感器均正常时,$u_a(k)=u(k)$,$y_s(k)=y(k)$,此时执行机构和敏感器环节可视为大小为 1 的比例环节,因此 $u(k)$ 和 $y_s(k)$ 之间的关系符合 $u_a(k)$ 和 $y(k)$ 之间的关系,即被控对象的动力学关系。一旦敏感器或执行机构发生故障,由 $u(k)$ 和 $\boldsymbol{y}_s(k)$ 建立的数学模型不再只是反映被控对象的动力学关系,而受到执行机构和敏感器的故障影响。此时可以将故障 $f_a(k)$ 和 $f_s(k)$ 作为扩展状态,与系统状态同时进行估计,确定故障位置并估计故障大小。采用该方法能够克服故障传播引起的故障定位困难。

将故障作为扩展状态,采用估计方法对故障进行检测和识别的基本条件是系统可观测,因此闭环系统首先必须满足状态能观测性条件。

设线性定常系统

$$\boldsymbol{x}(k+1)=\boldsymbol{A}\boldsymbol{x}(k)+\boldsymbol{B}\boldsymbol{u}(k)+\boldsymbol{w}(k)$$
$$\boldsymbol{y}_s(k)=\boldsymbol{C}\boldsymbol{x}(k)+\boldsymbol{v}(k)$$

是状态可观系统,控制器采用线性状态反馈。考虑实现的方便性,不妨采用可以直接测量的状态变量作为反馈量(此时 $m=n$),最终得到的状态反馈表达式为

$$\boldsymbol{u}(k)=-\boldsymbol{K}\boldsymbol{y}_s(k)=-\boldsymbol{K}(\boldsymbol{C}\boldsymbol{x}(k)+\boldsymbol{v}(k))$$

因此闭环系统可以表示为

$$\boldsymbol{x}(k+1)=(\boldsymbol{A}-\boldsymbol{B}\boldsymbol{K}\boldsymbol{C})\boldsymbol{x}(k)+\boldsymbol{w}'(k)$$
$$\boldsymbol{y}(k+1)=\boldsymbol{C}\boldsymbol{x}(k+1)+\boldsymbol{v}(k+1)$$

其中 $\boldsymbol{w}'(k)=\boldsymbol{w}(k)+\boldsymbol{B}\boldsymbol{K}\boldsymbol{v}(k)$。

当敏感器和执行机构发生加性故障时,

$$\boldsymbol{u}(k)=-\boldsymbol{K}(\boldsymbol{C}\boldsymbol{x}(k)+\boldsymbol{f}_s(k)+\boldsymbol{v}(k))+\boldsymbol{f}_a(k)$$

因此闭环故障模型为

$$\begin{cases}\boldsymbol{x}(k+1)=(\boldsymbol{A}-\boldsymbol{BKC})\boldsymbol{x}(k)-\boldsymbol{BK}\boldsymbol{f}_s(k)+\boldsymbol{B}\boldsymbol{f}_a(k)+\boldsymbol{w}'(k)\\ \boldsymbol{y}(k+1)=\boldsymbol{C}\boldsymbol{x}(k+1)+\boldsymbol{f}_s(k+1)+\boldsymbol{v}(k+1)\\ \boldsymbol{f}_s(k+1)=\lambda_1\boldsymbol{f}_s(k), & \boldsymbol{f}_s(0)=\boldsymbol{0}\\ \boldsymbol{f}_a(k+1)=\lambda_2\boldsymbol{f}_a(k), & \boldsymbol{f}_a(0)=\boldsymbol{0}\end{cases} \tag{8-21}$$

为不失一般性,假设所有的敏感器和执行机构都可能发生故障,因此$\boldsymbol{f}_a\in\mathbf{R}^{p\times 1}$,$\boldsymbol{f}_s\in\mathbf{R}^{m\times 1}=\mathbf{R}^{n\times 1}$。$\lambda_1$ 和 λ_2 分别表示敏感器故障和执行机构故障的变化率。当 $\lambda_1=0$ 和/或 $\lambda_2=0$ 时,敏感器和/或执行机构正常。

令$\boldsymbol{A}_c=\boldsymbol{A}-\boldsymbol{BKC}$,取扩展状态$\boldsymbol{x}_e(k)=[\boldsymbol{x}(k)\quad \boldsymbol{f}_s(k)\quad \boldsymbol{f}_a(k)]^{\mathrm{T}}$,式(8-21)可以写成

$$\begin{cases}\boldsymbol{x}_e(k+1)=\boldsymbol{A}_e\boldsymbol{x}_e(k)+\boldsymbol{w}_e(k)\\ \boldsymbol{y}_e(k+1)=\boldsymbol{C}_e\boldsymbol{x}_e(k+1)+\boldsymbol{v}(k+1)\end{cases} \tag{8-22}$$

其中,$\boldsymbol{y}_e(k)=\boldsymbol{y}(k)$,$\boldsymbol{A}_e=\begin{bmatrix}\boldsymbol{A}-\boldsymbol{BKC} & -\boldsymbol{BK} & \boldsymbol{B}\\ 0 & \lambda_1 & 0\\ 0 & 0 & \lambda_2\end{bmatrix}$,$\boldsymbol{C}_e=[\boldsymbol{C}\quad 1\quad 0]$。

如果系统式(8-22)满足状态可观性,则说明作为扩展状态的敏感器和执行机构故障都是可检测的。

引理 8.1[7,8]**:**令 $S(\boldsymbol{A})$ 表示 $\boldsymbol{A}$ 的所有特征值的集合,那么$(\boldsymbol{A},\boldsymbol{C})$可观测的充要条件是:如果 $\boldsymbol{A}\boldsymbol{\chi}=s\boldsymbol{\chi}$,$\boldsymbol{C}\boldsymbol{\chi}=0$ 同时成立,则必有 $\boldsymbol{\chi}=0$,其中 $\boldsymbol{\chi}$ 是 n 维列向量,$s\in S(\boldsymbol{A})$为 $\boldsymbol{A}$ 的任意特征值。

定理 8.1:由式(8-22)描述的系统$(\boldsymbol{A}_e,\boldsymbol{C}_e)$可观测的充分条件是

① $(\boldsymbol{A},\boldsymbol{C})$是可观测的;

② $(\boldsymbol{A}_c,\boldsymbol{C})$是可观测的;

③ $\lambda_1\neq\lambda_2$;

④ 存在矩阵 $\boldsymbol{M}$,使得$(\boldsymbol{A}_c+\boldsymbol{MC},\boldsymbol{C})$可观测。

证明:令 $S(\boldsymbol{A}_e)$表示矩阵$\boldsymbol{A}_e$ 的所有特征值的集合,$S(\boldsymbol{A}_c)$表示矩阵$\boldsymbol{A}_c$ 的所有特征值的集合,并令 s 为$\boldsymbol{A}_e$ 的特征值,s_{A_c}为$\boldsymbol{A}_c$ 的特征值。显然 $S(\boldsymbol{A}_e)=S(\boldsymbol{A}_c)\cup\lambda_1\cup\lambda_2$,下面分三种情况进行证明:

(1)当 $\lambda_1\notin S(\boldsymbol{A}_c)$且 $\lambda_2\notin S(\boldsymbol{A}_c)$时,则$\boldsymbol{A}_e$ 的特征值有三类,一类是 $s=s_{A_c}\neq$

$\lambda_1 \neq \lambda_2$，第二类是 $s=\lambda_1$，第三类是 $s=\lambda_2$。下面分别进行证明。

① 当 $s=s_{A_c}\neq\lambda_1\neq\lambda_2$ 时，令

$$\begin{bmatrix} \boldsymbol{A}-\boldsymbol{BKC} & -\boldsymbol{BK} & \boldsymbol{B} \\ 0 & \lambda_1 & 0 \\ 0 & 0 & \lambda_2 \end{bmatrix}\boldsymbol{\chi}=s\boldsymbol{\chi} \tag{8-23a}$$

$$[\boldsymbol{C} \quad 1 \quad 0]\boldsymbol{\chi}=\boldsymbol{0} \tag{8-23b}$$

并令 $\boldsymbol{\chi}=[\boldsymbol{\chi}_1 \quad \boldsymbol{\chi}_2 \quad \boldsymbol{\chi}_3]^{\mathrm{T}}$，

其中 $\boldsymbol{\chi}_1\in\boldsymbol{R}^{n\times1}$，$\boldsymbol{\chi}_2\in\boldsymbol{R}^{m\times1}=\boldsymbol{R}^{n\times1}$，$\boldsymbol{\chi}_3\in\boldsymbol{R}^{p\times1}$。

则式(8-23a)可以写成：

$$(\boldsymbol{A}-\boldsymbol{BKC})\boldsymbol{\chi}_1-\boldsymbol{BK}\boldsymbol{\chi}_2+\boldsymbol{B}\boldsymbol{\chi}_3=s\boldsymbol{\chi}_1 \tag{8-24a}$$

$$\lambda_1\boldsymbol{\chi}_2=s\boldsymbol{\chi}_2 \tag{8-24b}$$

$$\lambda_2\boldsymbol{\chi}_3=s\boldsymbol{\chi}_3 \tag{8-24c}$$

式(8-23b)可以写成

$$\boldsymbol{C}\boldsymbol{\chi}_1+\boldsymbol{\chi}_2=0 \tag{8-25}$$

由式(8-24b)和式(8-24c)可得

$$\boldsymbol{\chi}_2=\boldsymbol{\chi}_3=\boldsymbol{0} \tag{8-26}$$

代入式(8-24a)和式(8-25)，有

$$\begin{cases}(\boldsymbol{A}-\boldsymbol{BKC})\boldsymbol{\chi}_1=s\boldsymbol{\chi}_1 \\ \boldsymbol{C}\boldsymbol{\chi}_1=\boldsymbol{0}\end{cases}$$

因此，由引理 8.1 可知，若 $(\boldsymbol{A}_c,\boldsymbol{C})$ 是可观测的，则必有 $\boldsymbol{\chi}_1=0$，与式(8-26)联合，则有 $\boldsymbol{\chi}=0$，因此 $(\boldsymbol{A}_e,\boldsymbol{C}_e)$ 也是可观测的。

② 当 $s=\lambda_1\notin S(\boldsymbol{A}_c)$ 时，由式(8-23a)可得

$$(\boldsymbol{A}-\boldsymbol{BKC})\boldsymbol{\chi}_1-\boldsymbol{BK}\boldsymbol{\chi}_2+\boldsymbol{B}\boldsymbol{\chi}_3=\boldsymbol{\lambda}_1\boldsymbol{\chi}_1 \tag{8-27a}$$

$$\lambda_1\boldsymbol{\chi}_2=\lambda_1\boldsymbol{\chi}_2 \tag{8-27b}$$

$$\lambda_2\boldsymbol{\chi}_3=\lambda_1\boldsymbol{\chi}_3 \tag{8-27c}$$

由式(8-23b)可得

$$\boldsymbol{C}\boldsymbol{\chi}_1+\boldsymbol{\chi}_2=\boldsymbol{0} \tag{8-28}$$

式(8-27b)显然成立。

若 $\lambda_1=\lambda_2$，式(8-27c)成立，此时由式(8-28)可以得出

$$\boldsymbol{\chi}_2=-\boldsymbol{C}\boldsymbol{\chi}_1 \tag{8-29}$$

将其代入式(8-27a),有$(\boldsymbol{A}-\lambda_1\boldsymbol{I})\boldsymbol{\chi}_1+\boldsymbol{B}\boldsymbol{\chi}_3=\boldsymbol{0}$,即

$$[\boldsymbol{A}-\lambda_1\boldsymbol{I}\quad \boldsymbol{B}]\begin{bmatrix}\boldsymbol{\chi}_1\\ \boldsymbol{\chi}_3\end{bmatrix}=\boldsymbol{0} \tag{8-30}$$

由齐次线性方程组有零解的条件可知:式(8-30)只有零解的充要条件是:$[\boldsymbol{A}-\lambda_1\boldsymbol{I}\quad \boldsymbol{B}]$为列满秩,即$\text{rank}[\boldsymbol{A}-\lambda_1\boldsymbol{I}\quad \boldsymbol{B}]=[\boldsymbol{A}-\lambda_1\boldsymbol{I}\quad \boldsymbol{B}]$的列数,而这显然不能满足。因此$\lambda_1$与$\lambda_2$不能相等。

所以因$\lambda_1\neq\lambda_2$,由式(8-27c)可得

$$\boldsymbol{\chi}_3=\boldsymbol{0} \tag{8-31}$$

将式(8-29)和式(8-31)代入式(8-27a)中,有

$$\boldsymbol{A}\boldsymbol{\chi}_1=\lambda_1\boldsymbol{\chi}_1$$

若$(\boldsymbol{A},\boldsymbol{C})$可观测,则有$\boldsymbol{\chi}_1=\boldsymbol{0}$,代入式(8-29),有$\boldsymbol{\chi}_2=\boldsymbol{0}$,考虑到式(8-31),有$\boldsymbol{\chi}=\boldsymbol{0}$,因此$(\boldsymbol{A}_e,\boldsymbol{C}_e)$也是可观测的。

③ 当$s=\lambda_2\notin S(\boldsymbol{A}_c)$时,与②类同。

(2)当$\lambda_1\in S(\boldsymbol{A}_c)$时,此时$\boldsymbol{A}_e$是退化的。$S(\boldsymbol{A}_e)=S(\boldsymbol{A}_c)\cup\lambda_2$。由$(\boldsymbol{A}_c,\boldsymbol{C})$的可观性可知,存在一个矩阵$\boldsymbol{M}$,使得$\lambda_1\notin S(\boldsymbol{A}_c+\boldsymbol{MC})$。

因此,定义一个辅助系统$(\boldsymbol{A}_m,\boldsymbol{C}_m)=(\boldsymbol{A}_e+\boldsymbol{M}_e\boldsymbol{C}_e,\boldsymbol{C}_e)$,其中$\boldsymbol{M}_e=[\boldsymbol{M}\quad 0\quad 0]^{\mathrm{T}}$,则

$$\boldsymbol{A}_m=\boldsymbol{A}_e+\boldsymbol{M}_e\boldsymbol{C}_e=\begin{bmatrix}\boldsymbol{A}-\boldsymbol{BKC}+\boldsymbol{MC} & -\boldsymbol{BK}+\boldsymbol{M} & \boldsymbol{B}\\ 0 & \lambda_1 & 0\\ 0 & 0 & \lambda_2\end{bmatrix}$$

令s_m为$\boldsymbol{A}_m=\boldsymbol{A}_e+\boldsymbol{M}_e\boldsymbol{C}_e$的特征值,此时$S(\boldsymbol{A}_m)=S(\boldsymbol{A}_c+\boldsymbol{MC})\cup\lambda_1\cup\lambda_2$,且$\lambda_1\notin S(\boldsymbol{A}_c+\boldsymbol{MC})$,所以$\boldsymbol{A}_m$不是退化的。

由

$$(\boldsymbol{A}_e+\boldsymbol{M}_e\boldsymbol{C}_e)\boldsymbol{\chi}=s\boldsymbol{\chi}$$

$$\boldsymbol{C}_e\boldsymbol{\chi}=\boldsymbol{0}$$

可得

$$(\boldsymbol{A}-\boldsymbol{BKC}+\boldsymbol{MC})\boldsymbol{\chi}_1+(\boldsymbol{M}-\boldsymbol{BK})\boldsymbol{\chi}_2+\boldsymbol{B}\boldsymbol{\chi}_3=s\boldsymbol{\chi}_1 \tag{8-32a}$$

$$\lambda_1\boldsymbol{\chi}_2=s\boldsymbol{\chi}_2 \tag{8-32b}$$

$$\lambda_2\boldsymbol{\chi}_3=s\boldsymbol{\chi}_3 \tag{8-32c}$$

$$\boldsymbol{C}\boldsymbol{\chi}_1+\boldsymbol{\chi}_2=\boldsymbol{0} \tag{8-33}$$

① 当 $s_m=\lambda_1$ 时，式(8-32b)显然成立，由 $\lambda_1\neq\lambda_2$ 和式(8-32c)可得

$$\boldsymbol{\chi}_3=\mathbf{0} \tag{8-34}$$

由式(8-33)可得

$$\boldsymbol{\chi}_2=-\boldsymbol{C}\boldsymbol{\chi}_1 \tag{8-35}$$

将式(8-34)和式(8-35)代入式(8-32a)，有

$$\boldsymbol{A}\boldsymbol{\chi}_1=\lambda_1\boldsymbol{\chi}_1$$

若$(\boldsymbol{A},\boldsymbol{C})$可观测，则由引理8.1有$\boldsymbol{\chi}_1=\mathbf{0}$，代入式(8-35)，有$\boldsymbol{\chi}_2=\mathbf{0}$，考虑到式(8-34)，有$\boldsymbol{\chi}=\mathbf{0}$，因此$(\boldsymbol{A}_m,\boldsymbol{C}_m)$是可观测的。

② 当 $s_m=\lambda_2$ 时，参照①可证；

③ 当 $s_m\neq\lambda_1\neq\lambda_2$ 时，由式(8-32b)和式(8-32c)可得

$$\boldsymbol{\chi}_2=\boldsymbol{\chi}_3=\mathbf{0}$$

代入式(8-32a)可得

$$\begin{cases}(\boldsymbol{A}-\boldsymbol{BKC}+\boldsymbol{MC})\boldsymbol{\chi}_1=s\boldsymbol{\chi}_1\\ \boldsymbol{C}\boldsymbol{\chi}_1=0\end{cases}$$

因此若存在矩阵$\boldsymbol{M}$，使得$(\boldsymbol{A}_c+\boldsymbol{MC},\boldsymbol{C})$可观测，则有

$$\boldsymbol{\chi}_1=\mathbf{0}$$

考虑到式(8-34)，因此$(\boldsymbol{A}_m,\boldsymbol{C}_m)$是可观测的。

(3)当 $\lambda_2\in S(\boldsymbol{A}_c)$时，可参照(2)的证明过程可证。

综合(1)~(3)，定理8.1得证。

由定理8.1可以得出，若使闭环系统的敏感器和执行机构的加性故障具有可检测性，需要满足以下条件：

(1)控制器设计应使闭环系统能观；

(2)若敏感器和执行机构若同时发生故障，则两类故障的变化率需不同；

(3)存在矩阵$\boldsymbol{M}$，使得闭环系统$(\boldsymbol{A}_c,\boldsymbol{C})$的变换系统$(\boldsymbol{A}_c+\boldsymbol{MC},\boldsymbol{C})$能观。

2.对采样间隔的要求

对实际工程而言，采样间隔也是影响故障可检测性的因素之一。故障检测需要采样间隔满足以下条件。

(1) 采样间隔要小于反馈控制周期，这样在检测敏感器故障时，可以通过在控制周期内多次采集测量值，进行多次滤波计算，求得残差平均值，检测并隔离敏感器故障；

（2）控制系统中时间延迟客观存在。一般说来，对于图 8－3 所示的闭环系统，产生延迟的因素主要包括：测量敏感器的时间响应延迟 t_s、测量信号由敏感器至控制计算机的传输延迟 t_{d1}、计算控制量引起的计算延迟 t_c、控制信号从计算机至执行机构的传输延迟 t_{d2}、执行机构产生控制作用的延迟 t_a 等，另外对于闭环系统，还要考虑系统自身的输入输出相位差 t_p。时间延迟对系统的影响主要表现在相位上的滞后。系统的频带越宽，时延引起的问题一般越严重。一方面时延可能对控制系统的性能产生影响，在系统正常工作情况下，希望时延越小越好。但另一方面，系统难免出现故障，当系统出现大幅值硬故障时，这些时延为闭环系统的故障诊断（特别是定位）提供了重要条件，为在避免故障传播之前定位故障提供了时间。

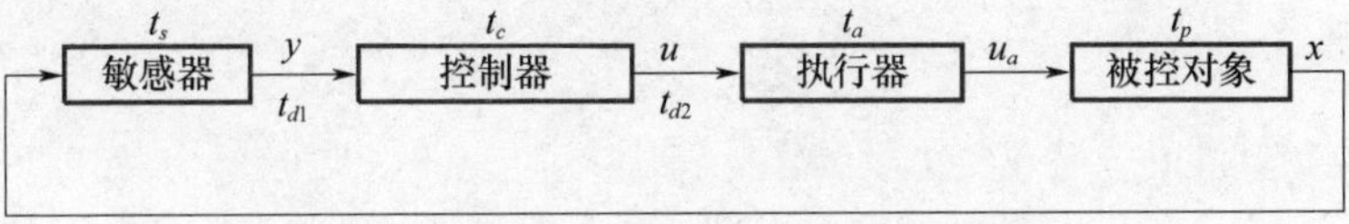

图 8－3　一般闭环系统时延示意图

8.5　小结

本章内容是进行卫星姿态控制系统故障检测和诊断研究的基础。首先系统介绍了卫星姿态控制系统组成和常见故障模式，并以线性控制系统为例，定量分析了敏感器和执行机构故障对系统状态和输出的影响。基于传播特性，对离散闭环系统中可作为扩展状态建模的敏感器和执行机构故障的可检测性进行了研究分析，给出并证明了可检测条件。本章相关结论能够为工程应用提供理论参考依据。

参考文献

[1] 邢琰，吴宏鑫，王晓磊，等. 航天器故障诊断与容错控制技术综述[J]. 宇航学报，2003，24(3)：221－227.

[2] 闻新，张洪钺，周露. 控制系统的故障诊断和容错控制[M]. 北京：机械工业出版社，1998.

[3] 周东华,孙优贤．控制系统的故障检测与诊断技术[M].北京：清华大学出版社,1994.
[4] 姜苍华,周东华．基于观测器的线性系统故障检测方法性能比较研究[J].计算技术与自动化,2003,22(2)：58－62.
[5] 赵琦,周东华．闭环系统的小故障检测与分离方法[C].香港:第十九届中国控制会议论文集,2000.
[6] 邢琰,吴宏鑫．闭环控制系统故障可检测性研究[J].中南大学学报(自然科学版),2005,36(1),719－724.
[7] 仝茂达．线性系统理论和设计[M].合肥：中国科学技术大学出版社,1998.
[8] 王恩平,秦化淑,王世林．线性控制系统理论引论[M].广州：广东科技出版社,1991.

第9章 基于双观测器的闭环系统故障诊断

9.1 引言

卫星控制系统中,充分利用有限的系统资源提高诊断和容错能力是研究的关键,也是工程应用的最终目的。

故障隔离是故障诊断的重要环节。故障隔离中最关键的是故障定位。闭环系统中,反馈控制作用会使得敏感器和执行机构故障在整个系统中传播开来,对系统状态和输出产生累积影响,给故障定位带来困难。文献[1]中介绍了一些故障隔离的方法及隔离条件,如利用广义似然比方法隔离敏感器的阶跃型跳变与状态脉冲型故障应满足的充分条件、利用极大似然比方法隔离各个状态突变故障应满足的条件、利用奉献观测器和鲁棒观测器方法检测和隔离敏感器故障的充分条件,并给出了一种用于线性系统故障隔离的投影算子方法,可以隔离敏感器故障和状态故障。但对敏感器和执行机构故障进行隔离的有关研究尚未见文献介绍。大多数基于状态估计的诊断方法都是在假设敏感器正常的情况下诊断执行机构故障;或反之进行。而实际应用中检测到故障后首先需要隔离敏感器和执行机构故障,尤其是对闭环系统。能够同时诊断多个部件故障的诊断方法是闭环系统故障诊断方法之一。文献[2-6]将可参数化的敏感器和执行机构故障作为扩展状态,与系统状态同时进行估计,由于可以同时估计敏感器和执行机构故障，因此可以用于闭环系统的故障诊断。这种方法虽然能够同时检测多个部位的故障并估计故障大小，但当状态量比较多的时候，计算量会大幅增加。本章根据不同类型故障的传播特性，提出一种基于双观测器的故障诊断方法，通过识别故障传播特性实现故障定位。

本章内容基于以下四个条件：

条件1：不考虑控制系统的控制器和状态故障，只考虑敏感器和执行机构故障；

条件2：诊断时同一时间只发生一种故障，不考虑多故障同时发生的情况；

条件3：不考虑控制系统过渡过程中的故障，主要对控制系统过渡平稳后的故障诊断问题进行研究。

条件4：卫星控制系统在稳态工作模式下可以简化为线性系统，因此本章主要研究对象为线性系统。本方法对线性化后的非线性系统，也具有适用性。

9.2 问题描述

离散线性定常系统可以表示为

$$\boldsymbol{x}(k+1)=\boldsymbol{A}\boldsymbol{x}(k)+\boldsymbol{B}\boldsymbol{u}_a(k)+\boldsymbol{w}(k)$$
$$\boldsymbol{y}(k+1)=\boldsymbol{C}\boldsymbol{x}(k+1)$$

因为实际能获得的是执行机构输入 $\boldsymbol{u}(k)$ 和敏感器的测量输出 $\boldsymbol{y}_s(k)$，当敏感器和执行机构均正常的情况下，可认为

$$\boldsymbol{u}_a(k)=\boldsymbol{u}(k),\boldsymbol{y}_s(k)=\boldsymbol{y}(k)+\boldsymbol{v}(k)$$

所以

$$\begin{cases}\boldsymbol{x}(k+1)=\boldsymbol{A}\boldsymbol{x}(k)+\boldsymbol{B}\boldsymbol{u}(k)+\boldsymbol{w}(k)\\ \boldsymbol{y}_s(k)=\boldsymbol{C}\boldsymbol{x}(k)+\boldsymbol{v}(k)\end{cases}\tag{9-1}$$

式中：$\boldsymbol{x}\in\boldsymbol{R}^{n\times1}$，$\boldsymbol{y}_s\in\boldsymbol{R}^{m\times1}$，$\boldsymbol{u}\in\boldsymbol{R}^{p\times1}$，$\boldsymbol{A}\in\boldsymbol{R}^{n\times n}$，$\boldsymbol{B}\in\boldsymbol{R}^{n\times p}$，$\boldsymbol{C}\in\boldsymbol{R}^{m\times n}$；系统噪声 $\boldsymbol{w}(t)$ 和测量噪声 $\boldsymbol{v}(t)$ 均为正态分布白噪声，且互不相关，其统计特性如下：

$$\mathrm{E}[\boldsymbol{w}(k)]=\boldsymbol{0},\qquad \mathrm{E}[\boldsymbol{v}(k)]=\boldsymbol{0}$$
$$\mathrm{E}[\boldsymbol{w}(k)\boldsymbol{w}(k)^{\mathrm{T}}]=\sigma_w^2\boldsymbol{I},\qquad \mathrm{E}[\boldsymbol{v}(k)\boldsymbol{v}(k)^{\mathrm{T}}]=\sigma_v^2\boldsymbol{I},\qquad \mathrm{E}[(\boldsymbol{w}(k)\boldsymbol{v}(k)^{\mathrm{T}}]=\boldsymbol{0}$$

利用系统的输入输出，采用 *Luenberger* 状态观测器重构被测变量，有

$$\begin{cases}\hat{\boldsymbol{x}}(k+1)=\boldsymbol{A}\hat{\boldsymbol{x}}(k)+\boldsymbol{B}\boldsymbol{u}(k)+\boldsymbol{G}(\boldsymbol{y}_s(k)-\boldsymbol{C}\hat{\boldsymbol{x}}(k))\\ \hat{\boldsymbol{y}}(k+1)=\boldsymbol{C}\hat{\boldsymbol{x}}(k+1)\end{cases}\tag{9-2}$$

其中 $\boldsymbol{G} \in \boldsymbol{R}^{n \times m}$ 为状态观测器的反馈阵。状态估计误差方程为

$$\boldsymbol{e}(k) = \boldsymbol{x}(k) - \hat{\boldsymbol{x}}(k) = (\boldsymbol{A} - \boldsymbol{GC})\boldsymbol{e}(k-1) + \boldsymbol{w}(k-1) - \boldsymbol{G}\boldsymbol{v}(k-1) \tag{9-3}$$

输出残差为

$$\boldsymbol{r}(k) = \boldsymbol{y}_s(k) - \hat{\boldsymbol{y}}(k) = \boldsymbol{Ce}(k) + \boldsymbol{v}(k)$$

当系统工作正常时，由状态估计理论可知，只要配置 $\boldsymbol{A} - \boldsymbol{GC}$ 的所有特征值都位于单位圆内，则式(9-3)表示的系统是渐近稳定的，$\lim\limits_{t \to \infty} \mathrm{E}[\boldsymbol{e}(t)] = 0$，估计状态趋近于真实状态。

(1) 当敏感器和执行机构发生故障时，有

$$\begin{cases} \boldsymbol{u}_a(k) = \boldsymbol{u}(k) + \boldsymbol{f}_a(k) = \boldsymbol{u}(k) + \boldsymbol{l}_{aj} f_a(k) \\ \boldsymbol{y}_s(k) = \boldsymbol{y}(k) + \boldsymbol{f}_s(k) = \boldsymbol{y}(k) + \boldsymbol{l}_{sj} f_s(k) \end{cases} \tag{9-4}$$

式中：$\boldsymbol{l}_{aj} = [0 \quad \cdots \quad 0 \quad 1 \quad 0 \quad \cdots \quad 0]^{\mathrm{T}} \in \boldsymbol{R}^{p \times 1}$，$\boldsymbol{l}_{sj} = [0 \quad \cdots \quad 0 \quad 1 \quad 0 \quad \cdots \quad 0]^{\mathrm{T}} \in \mathbf{R}^{m \times 1}$，第 j 个元素为 1，其他元素为零，表示第 j 个执行机构或敏感器故障；$f_a(t)$、$f_s(t)$ 为标量，分别代表执行机构故障和敏感器故障的大小。

以 $\boldsymbol{x}_f$，$\boldsymbol{y}_f$ 表示故障情况下的状态和输出，则系统真实故障模型为

$$\begin{cases} \boldsymbol{x}_f(k+1) = \boldsymbol{A}\boldsymbol{x}_f(k) + \boldsymbol{B}\boldsymbol{u}(k) + \boldsymbol{B}\boldsymbol{f}_a(k) + \boldsymbol{w}(k) \\ \boldsymbol{y}_f(k+1) = \boldsymbol{C}\boldsymbol{x}_f(k+1) + \boldsymbol{f}_s(k+1) + \boldsymbol{v}(k+1) \end{cases} \tag{9-5}$$

而故障检测观测器式(9-2)仍是按照正常系统(9-1)式设计的，比较式(9-2)和式(9-5)，可以得出，若系统发生故障，状态估计误差方程变为

$$\begin{aligned} \boldsymbol{e}_f(k) &= \boldsymbol{x}_f(k) - \hat{\boldsymbol{x}}_f(k) \\ &= (\boldsymbol{A} - \boldsymbol{GC})\boldsymbol{e}_f(k-1) - \boldsymbol{G}\boldsymbol{f}_s(k-1) + \boldsymbol{B}\boldsymbol{f}_a(k-1) + \boldsymbol{n}_e(k-1) \end{aligned} \tag{9-6}$$

$$\boldsymbol{r}_f(k) = \boldsymbol{y}_f(k) - \hat{\boldsymbol{y}}_f(k) = \boldsymbol{y}_f(k) - \boldsymbol{C}\hat{\boldsymbol{x}}_f(k) = \boldsymbol{C}\boldsymbol{e}_f(k) + \boldsymbol{f}_s(k) + \boldsymbol{v}(k)$$

其中：$\boldsymbol{n}_e(k) = \boldsymbol{w}(k) - \boldsymbol{G}\boldsymbol{v}(k)$。由随机过程理论可知 $\mathrm{E}[\boldsymbol{n}_e(k)] = 0$，设状态估计误差的初始值为 $\boldsymbol{e}_f(0)$，则式(9-6)的解为

$$\boldsymbol{e}_f(k) = (\boldsymbol{A} - \boldsymbol{GC})^k \boldsymbol{e}_f(0) + \sum_{i=0}^{k-1} (\boldsymbol{A} - \boldsymbol{GC})^{k-i-1} (-\boldsymbol{G}\boldsymbol{f}_s(i) + \boldsymbol{B}\boldsymbol{f}_a(i) + \boldsymbol{n}_e(i))$$

设计状态观测器，使得 $\boldsymbol{A} - \boldsymbol{GC}$ 的所有特征值均位于单位圆内，则 $\lim\limits_{k \to \infty} (\boldsymbol{A} - \boldsymbol{GC})^k = 0$，因此当系统达到稳态时，初始估计误差的影响已经消除，即误差方程的稳态解为

$$\boldsymbol{e}_f(k \mid k \gg 0) = \sum_{i=0}^{k-1} (\boldsymbol{A} - \boldsymbol{GC})^{k-i-1} (-\boldsymbol{G}\boldsymbol{f}_s(i) + \boldsymbol{B}\boldsymbol{f}_a(i) + \boldsymbol{n}_e(i))$$

由于状态估计误差是不可直接获得的，因此在故障诊断中利用的输出残

差。稳态时输出残差为

$$\boldsymbol{r}_f(k \mid k \gg 0) = \boldsymbol{C}\sum_{i=0}^{k-1}(\boldsymbol{A}-\boldsymbol{GC})^{k-i-1}(-\boldsymbol{G}\boldsymbol{f}_s(i)+\boldsymbol{B}\boldsymbol{f}_a(i)+\boldsymbol{n}_e(i)) + \boldsymbol{f}_s(k)+\boldsymbol{v}(k) \tag{9-7}$$

令$(\boldsymbol{A}-\boldsymbol{GC})=\rho \boldsymbol{I}_n$,$\rho$为绝对值小于1的常数,并考虑到式(9-4),式(9-7)可写成:

$$\boldsymbol{r}_f(k \mid k \gg 0) = -\boldsymbol{CG}\boldsymbol{l}_{sj}\sum_{i=0}^{k-1}\rho^{k-i-1}f_s(i) + \boldsymbol{CB}\boldsymbol{l}_{aj}\sum_{i=0}^{k-1}\rho^{k-i-1}f_a(i) + \boldsymbol{l}_{sj}f_s(k) + \boldsymbol{n}_r(k) \tag{9-8}$$

其中

$$\boldsymbol{n}_r(k) = \boldsymbol{C}\sum_{i=0}^{k-1}\rho^{k-i-1}\boldsymbol{n}_e(i) + \boldsymbol{v}(k)$$

由随机过程理论可知,$\boldsymbol{n}_r(t)$满足$\mathrm{E}[\boldsymbol{n}_r(t)]=\boldsymbol{0}$。

采用检测观测器进行故障检测时,除了敏感器和执行机构故障能够使输出残差偏离正常值,模型参数的变化也导致检测残差的异常。

(2)真实系统中通常会存在参数变化,会干扰到对故障的检测和诊断,因此在考虑敏感器和执行机构故障的同时,还需要考虑到系统模型参数变化,则式(9-5)表示的故障模型可以扩展为

$$\boldsymbol{x}_f(k+1) = (\boldsymbol{A}+\Delta\boldsymbol{A})x_f(k) + \boldsymbol{Bu}(k) + \boldsymbol{B}\boldsymbol{f}_a(k) + \boldsymbol{w}(k)$$
$$\boldsymbol{y}_f(k+1) = \boldsymbol{C}\boldsymbol{x}_f(k+1) + \boldsymbol{f}_s(k+1) + \boldsymbol{v}(k+1)$$

式(9-6)变为

$$\boldsymbol{e}_f(k+1) = (\boldsymbol{A}-\boldsymbol{GC})\boldsymbol{e}_f(k+1) - \boldsymbol{G}\boldsymbol{f}_s(k) + \boldsymbol{B}\boldsymbol{f}_a(k) + \Delta\boldsymbol{A}\,\boldsymbol{x}_f(k) + \boldsymbol{n}_e(k)$$

此时稳态状态估计误差和输出残差分别为

$$\begin{cases} \boldsymbol{e}_f(k) = (\boldsymbol{A}-\boldsymbol{GC})^k\boldsymbol{e}_f(0) + \sum_{i=0}^{k-1}(\boldsymbol{A}-\boldsymbol{GC})^{k-i-1} \\ \qquad (-\boldsymbol{G}\boldsymbol{f}_s(i) + \boldsymbol{B}\boldsymbol{f}_a(i) + \Delta\boldsymbol{A}\,\boldsymbol{x}_f(k) + \boldsymbol{n}_e(i)) \\ \boldsymbol{r}_f(k \mid k \gg 0) = -\boldsymbol{CG}\boldsymbol{l}_{sj}\sum_{i=0}^{k-1}\rho^{k-i-1}f_s(i) + \boldsymbol{l}_{sj}f_s(k) + \boldsymbol{CB}\boldsymbol{l}_{aj}\sum_{i=0}^{k-1}\rho^{k-i-1}f_a(i) \\ \qquad + \boldsymbol{C}\sum_{i=0}^{k-1}\rho^{k-i-1}\Delta\boldsymbol{A}\boldsymbol{x}_f(k) + \boldsymbol{n}_r(k) \end{cases} \tag{9-9}$$

我们将模型参数变化也视为一类故障,假设同一时刻只会发生一种故障,

则由式(9-9)可知：

只有敏感器发生故障时，有

$$\begin{cases} f_a(k)=0, \Delta \boldsymbol{A}=\boldsymbol{0}, f_s(k)\neq 0 \\ \boldsymbol{r}_f(k \mid k \gg 0) = -\boldsymbol{CG}\boldsymbol{l}_{sj}\sum_{i=0}^{k-1}\rho^{k-i-1}f_s(i) + \boldsymbol{l}_{sj}f_s(k) + \boldsymbol{n}_r(k) \end{cases} \tag{9-10}$$

因为$\boldsymbol{n}_r(k)$是随机噪声的函数，不对$\boldsymbol{r}_f(t)$起主要作用，因此在 m 维输出空间中，敏感器故障$\boldsymbol{f}_s(k)=\boldsymbol{l}_{sj}f_s(k)$使稳态输出残差向量处于在$(-\boldsymbol{CG}\boldsymbol{l}_{sj}, \boldsymbol{l}_{sj})$所构成的二维平面内，与原故障方向不一致，且随着故障的累积效应变化，残差向量方向也在变化。

当只有执行机构发生故障时，

$$\begin{cases} f_s(k)=0, \Delta \boldsymbol{A}=\boldsymbol{0}, f_a(k)\neq 0 \\ \boldsymbol{r}_f(k \mid k \gg 0) = \boldsymbol{CB}\boldsymbol{l}_{aj}\sum_{i=0}^{k-1}\rho^{k-i-1}f_a(i) + \boldsymbol{n}_r(k) \end{cases} \tag{9-11}$$

因此在 m 维输出空间中，执行机构故障$\boldsymbol{f}_a(k)=\boldsymbol{l}_{aj}f_a(k)$使稳态输出残差向量保持与 $\boldsymbol{CB}\boldsymbol{l}_{aj}$方向一致。

当敏感器和执行机构均正常，但系统存在参数变化时，即

$$\begin{cases} f_a(k)=f_s(k)=0, \Delta \boldsymbol{A}\neq \boldsymbol{0} \\ \boldsymbol{r}_f(k) = \boldsymbol{C}\sum_{i=0}^{k-1}\rho^{k-i-1}\Delta \boldsymbol{A}\boldsymbol{x}_f(i) + \boldsymbol{n}_r(k) \end{cases} \tag{9-12}$$

根据上述故障在检测残差中的特征，将上述故障分为两类：一类是输入型故障，这类故障对残差的影响只有累积效应，如执行机构故障和控制对象参数变化；另一类是输出型故障，这类故障对残差的影响不但有累积效应，而且具有即时效应，如敏感器故障。

式(9-8)(不考虑模型参数变化)和式(9-9)(考虑模型参数变化)描述了输入和输出型故障在观测器输出残差中的效应，反映了不同故障在故障载体——残差中的特征，称为“故障特征模型”。

9.3　输入与输出型故障分离

本书上一章分析了闭环控制系统中的故障传播特性，当敏感器或执行机构发生故障时，均会使估计残差偏离正常值。大多基于状态估计的诊断方法

都是在假设敏感器正常的情况下诊断执行机构故障,或反之进行。实际工程中很多情况不能事先确知系统哪部分是正常的,因此在检测到故障后首先需要确定故障源来自系统哪个环节。

本节根据不同故障在残差中的效应特征,通过设计两个不同的观测器,对两个残差进行融合比较,识别故障特征,从而实现对两类故障的隔离。

9.3.1 敏感器故障与执行机构故障分离

由式(9-8)可得,状态观测器达到稳态时,状态估计误差和输出残差只受故障和噪声干扰的影响。若系统正常,$f_a(k)=f_s(k)=0$,则输出残差只与噪声项有关,即 $\boldsymbol{r}(k)=\boldsymbol{n}_r(k)$。

正常情况下随机系统的输出残差仍保持零均值的统计特性,然而一旦发生故障,无论是敏感器还是执行机构故障,都将使得状态估计的输出残差失去零均值特性,而偏离正常值。大多数基于状态估计的故障诊断方法中,都是在假设敏感器正常的情况下检测和隔离执行机构故障,在假设执行机构正常的情况下检测和隔离敏感器故障。但实际情况中,当检测到输出残差超出设定阈值后,只能判断敏感器或/和执行机构已经发生故障,但不能判断究竟是敏感器故障还是执行机构故障,抑或两者均已发生故障。因此当检测到故障发生后,首先应该确定是敏感器还是执行机构发生故障。因此应该设计状态观测器首先隔离执行机构和敏感器故障,进而确定(隔离)是哪一个敏感器或执行机构发生故障。

根据9.2节中各类故障对输出残差影响的特征分析,我们可以采用下面的双观测器方法(图9-1)来获得故障在输出残差的影响特征,从而确定是输入还是输出型故障。

(1) 观测器$\boldsymbol{G}_1$,满足 $\boldsymbol{A}-\boldsymbol{G}_1\boldsymbol{C}$ 的特征值都位于单位圆内,且 $\boldsymbol{C}\boldsymbol{G}_1\neq\boldsymbol{0}$,即观测器$\boldsymbol{G}_1$ 的输出残差可以敏感到所有敏感器和执行机构故障,称为检测观测器;

(2) 观测器 $\boldsymbol{G}_2$,满足 $\boldsymbol{A}-\boldsymbol{G}_2\boldsymbol{C}$ 的特征值都位于单位圆内,且满足 $\boldsymbol{C}\boldsymbol{G}_2=\boldsymbol{0}$,即 $\boldsymbol{G}_2$ 不敏感当前采样时刻之前发生的敏感器故障,只受执行机构故障和当前采样时刻的敏感器故障影响,称为隔离观测器。

假设敏感器和执行机构不会同时(在同一时刻)发生故障,若 k_f时刻开始

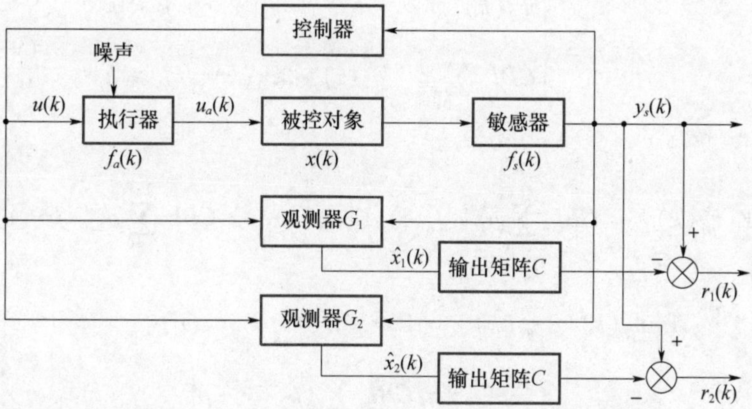

图9-1　基于双观测器的控制系统故障诊断示意图

敏感器发生故障，即 $f_a(k)=0, f_s(k|k\geqslant k_f)\neq 0$，则有

$$\boldsymbol{r}_{f1}(k)=\begin{cases}\boldsymbol{n}_{r1}(k), & k<k_f\\ -\boldsymbol{C}\boldsymbol{G}_1\boldsymbol{l}_{sj}\sum_{i=0}^{k-1}\rho_1^{k-i-1}f_s(i)+\boldsymbol{l}_{sj}f_s(k)+\boldsymbol{n}_{r1}(k), & k\geqslant k_f\end{cases}\tag{9-13a}$$

$$\boldsymbol{r}_{f2}(k)=\begin{cases}\boldsymbol{n}_{r2}(k), & k<k_f\\ \boldsymbol{l}_{sj}f_s(k)+\boldsymbol{n}_{r2}(k), & k\geqslant k_f\end{cases}\tag{9-13b}$$

此时 $\mathrm{E}[\boldsymbol{r}_{f1}(k)]=-\boldsymbol{C}\boldsymbol{G}_1\boldsymbol{l}_{sj}\sum_{i=0}^{k-1}\rho_1^{k-i-1}f_s(i)+\boldsymbol{l}_{sj}f_s(k)$，$\mathrm{E}[\boldsymbol{r}_{f2}(k)]=\boldsymbol{l}_{sj}f_s(t)$，所以有

$$\mathrm{E}[\boldsymbol{r}_{f2}(k)-\boldsymbol{r}_{f1}(k)]=\mathrm{E}[\boldsymbol{r}_{f2}(k)]-\mathrm{E}[\boldsymbol{r}_{f1}(k)]=\boldsymbol{C}\boldsymbol{G}_1\boldsymbol{l}_{sj}\sum_{i=0}^{k-1}\rho_1^{k-i-1}f_s(i)$$

方向沿 $\boldsymbol{C}\boldsymbol{G}_1\boldsymbol{l}_{sj}$ 方向，大小随时间变化，一般随着时间增长，两个残差均值的差别也会越大。

若 k_f 时刻执行机构发生故障，即 $f_s(k)=0, f_a(k|k\geqslant k_f)\neq 0$，则有

$$\boldsymbol{r}_{f1}(k)=\begin{cases}\boldsymbol{n}_{r1}(k), & k<k_f\\ \boldsymbol{C}\boldsymbol{B}\boldsymbol{l}_{aj}\sum_{i=0}^{k-1}\rho_1^{k-i-1}f_a(i)+\boldsymbol{n}_{r1}(k), & k\geqslant k_f\end{cases}\tag{9-14a}$$

$$\boldsymbol{r}_{f2}(k) = \begin{cases} \boldsymbol{n}_{r2}(k), & k < k_f \\ \boldsymbol{CBl}_{aj} \sum_{i=0}^{k-1} \rho_2^{k-i-1} f_a(i) + \boldsymbol{n}_{r2}(k), & k \geqslant k_f \end{cases} \tag{9-14b}$$

此时,

$$\mathrm{E}[\boldsymbol{r}_{f1}(k)] = \boldsymbol{CBl}_{aj} \sum_{i=0}^{k-1} \rho_1^{k-i-1} f_a(i), \mathrm{E}[\boldsymbol{r}_{f2}(k)] = \boldsymbol{CBl}_{aj} \sum_{i=0}^{k-1} \rho_2^{k-i-1} f_a(i)$$

所以有

$$\begin{aligned} \mathrm{E}[\boldsymbol{r}_{f2}(k) - \boldsymbol{r}_{f1}(k)] &= \mathrm{E}[\boldsymbol{r}_{f2}(k)] - \mathrm{E}[\boldsymbol{r}_{f1}(k)] \\ &= \boldsymbol{CBl}_{sj} \sum_{i=0}^{k-1} (\rho_2^{k-i-1} - \rho_1^{k-i-1}) f_a(i) \end{aligned}$$

因此通常情况下只要将两个观测器的闭环特征值设计得尽可能接近,便可以保证在执行机构故障时,两个残差均值的差别足够小,趋近于零。

由式(9-13a)、式(9-13b)和式(9-14a)、式(9-14b)可以看出,敏感器故障使得两个观测器输出残差产生明显差异,不但方向不一致,而且数值也有明显差别(对于一维残差,区别仅体现在数值上);而执行机构对两个观测器输出残差的影响基本一致。因此通过对两个观测器输出残差的比较,就可以判断出故障发生在敏感器部分还是执行机构部分。因此我们可以采用如下故障诊断逻辑来进行敏感器和执行机构的故障隔离。

第一步:故障检测。

在检测窗口 N 内对观测器$\boldsymbol{G}_1$、$\boldsymbol{G}_2$ 的输出残差计算统计均值。

$$F_D(k) = \frac{1}{N} \sum_{z=1}^{N} [\boldsymbol{r}_{fi}(k-z)^{\mathrm{T}} \boldsymbol{r}_{fi}(k-z)], i = 1,2$$

故障检测律取为

$$F_D(k) \underset{H_1}{\overset{H_0}{\lessgtr}} T_D$$

H_0:系统工作正常;H_1:系统发生故障。T_D 为略大于 0 的检测阈值,取值与正常情况下的系统噪声相关。

第二步:敏感器与执行机构故障隔离。

当检测出故障后,可以通过比较两个输出残差的大小,来隔离敏感器和执

行机构故障。故障隔离函数取为

$$F_I(k)=\frac{1}{N}\sum_{z=1}^{N}\left[(\boldsymbol{r}_{f1}(k-z)-\boldsymbol{r}_{f2}(k-z))^{\mathrm{T}}(\boldsymbol{r}_{f1}(k-z)-\boldsymbol{r}_{f2}(k-z))\right]$$

故障隔离逻辑为

$$F_I(k)\ \underset{H_1}{\overset{H_0}{\lesseqgtr}}\ T_I$$

H_0:执行机构故障;H_1:敏感器故障。T_I 为隔离阈值。

第三步:故障部件的定位。

如果有多个输入部件和输出部件,当确定了故障发生在输入环节还是输出环节后,还需要确定具体是哪一个敏感器或执行机构发生故障。本部分内容将在9.4节阐述。

9.3.2　敏感器故障与模型参数变化隔离

由9.2节可知,模型参数变化也会导致检测观测器输出残差偏离正常值,而且其对残差的影响属于输出型故障,对残差的影响特征与执行机构故障类似,因此按照9.3.1节中敏感器故障与执行机构故障的隔离原理,同样可以通过设计两个不同的状态观测器,获得故障在输出残差中的影响特征,进而判断是敏感器故障还是模型参数的非预期变化(或故障)。

9.3.3　故障分离条件

引理9.1[7]:齐次线性方程组 $\boldsymbol{Ax}=\boldsymbol{0}$ 有非零解的充要条件是 $\boldsymbol{A}$ 为列不满秩矩阵。

根据9.3.1和9.3.2节中对输入型和输出型故障的检测和隔离逻辑,我们可以得出如下定理。

定理9.1(敏感器和执行机构故障隔离定理)　如果线性定常离散系统 $(\boldsymbol{A},\boldsymbol{C})$ 能观测,则该系统敏感器和执行机构故障可隔离的充分条件是:

(1) $\boldsymbol{Cb}_j\neq\boldsymbol{0}$,$\boldsymbol{b}_j$ 为矩阵 $\boldsymbol{B}$ 的第 j 列,$j=1,\cdots,p$;

(2) 存在隔离观测器 $\boldsymbol{G}$,满足

① $\boldsymbol{A}-\boldsymbol{GC}$ 的所有特征值都位于单位圆内;

② $\boldsymbol{CG}=\mathbf{0}$ 且 $\boldsymbol{G}\neq\mathbf{0}$。

证明：

(1) 基于状态估计的故障诊断方法，保证故障可检测的条件是故障检测观测器的的输出残差能识别系统发生的所有故障，即系统发生的故障都能够在输出残差中反映出来。由式(9-9)描述的输出残差中可以看出，敏感器故障 $\boldsymbol{f}_s$ 和模型参数变化 $\Delta\boldsymbol{A}$ 都能直接在输出残差中反映出来，不需要额外的限制，唯有执行机构故障 $\boldsymbol{f}_a$ 在输出残差中的反映由 $\boldsymbol{CBl}_{aj}\sum_{i=0}^{k-1}\rho^{k-i-1}f_a(i)$ 而定，而 $\boldsymbol{CBl}_{aj}\sum_{i=0}^{k-1}\rho^{k-i-1}f_a(i)=\boldsymbol{Cb}_j\sum_{i=0}^{k-1}\rho^{k-i-1}f_a(i)$，其中 $\boldsymbol{b}_j$ 为矩阵 $\boldsymbol{B}$ 的第 j 列，$j=1,\cdots,p$，可见，若 $\boldsymbol{Cb}_j=\mathbf{0}$，则 $\boldsymbol{Cb}_j\sum_{i=0}^{k-1}\rho^{k-i-1}f_a(i)=\mathbf{0}$，即执行机构故障 f_a 不能在输出残差中体现出来。只有满足 $\boldsymbol{Cb}_j\neq\mathbf{0}$，$j$ 为 $1\sim p$ 的任意值，状态观测器(9-2)式才能实现对执行机构故障的检测，也就是对系统所有故障的可检测性。

(2) 当矩阵 $\boldsymbol{A}-\boldsymbol{GC}$ 的所有特征值均位于单位圆内时，误差方程收敛，在没有故障时，输出残差均值为零，而发生故障时，初始估计误差不会影响对故障的检测。因此条件①是基于状态估计的故障诊断方法的基本条件。

当存在观测器 $\boldsymbol{G}$，满足 $\boldsymbol{CG}=\mathbf{0}$ 且 $\boldsymbol{G}\neq\mathbf{0}$ 时，由式(9-13b)和式(9-14b)可以看出，敏感器故障对残差的累积影响被消除，同时不影响执行机构故障在残差中的反映。而不满足 $\boldsymbol{CG}=\mathbf{0}$ 的检测观测器的残差即受敏感器故障的累积影响，也受到执行机构故障的影响。当敏感器和执行机构不同时发生故障的情况下，通过对两种观测器的输出残差进行比较，就可以隔离出敏感器或执行机构的故障。因此条件②是基于状态估计方法实现敏感器和执行机构故障隔离的关键。

证毕。

定理 9.2(隔离观测器存在的必要条件)　如果线性定常离散系统($\boldsymbol{A}$,$\boldsymbol{C}$)能观测，则满足定理 9.1 中条件(2)的①、②两条的隔离观测器 $\boldsymbol{G}$ 存在的必要条件是：

(1) $\boldsymbol{C}$ 为列不满秩矩阵，即 $\mathrm{rank}(\boldsymbol{C})<n$；

(2) 系统矩阵 $\boldsymbol{A}$ 的迹满足 $|\mathrm{tr}(\boldsymbol{A})|<n$。

证明：

由定理9.1可以看出，要实现输出型与输入型故障的隔离，关键条件是存在隔离观测器 $\boldsymbol{G}$，能够同时满足 $\boldsymbol{CG}=\boldsymbol{0}$ 和 $\boldsymbol{A}-\boldsymbol{GC}$ 的特征值均位于单位圆内。

(1) 满足 $\boldsymbol{CG}=\boldsymbol{0}$ 且 $\boldsymbol{G}\neq\boldsymbol{0}$ 的 $\boldsymbol{G}$ 存在，由引理9.1可知，$\boldsymbol{C}$ 必为列不满秩矩阵，即 $\mathrm{rank}(\boldsymbol{C})<n$；

(2)通常情况下对 m 个独立配置的敏感器而言，有 $\mathrm{rank}(\boldsymbol{C})=m$。若 $\boldsymbol{G}$ 满足 $\boldsymbol{CG}=\boldsymbol{0}$，则由 $\mathrm{tr}(\boldsymbol{CG})=\mathrm{tr}(\boldsymbol{GC})$ 容易证得

$$\mathrm{tr}(\boldsymbol{GC})=0$$

此时，

$$\mathrm{tr}(\boldsymbol{A}-\boldsymbol{GC})=\mathrm{tr}(\boldsymbol{A})+\mathrm{tr}(\boldsymbol{GC})=\mathrm{tr}(\boldsymbol{A})+\mathrm{tr}(\boldsymbol{CG})=\mathrm{tr}(\boldsymbol{A}) \tag{9-15}$$

令 $s_1,s_2,\cdots,s_n$ 表示 n 阶矩阵 $\boldsymbol{A}-\boldsymbol{GC}$ 的 n 个特征值，由于 n 阶矩阵的迹等于矩阵所有特征值之和，所以 $(\boldsymbol{A}-\boldsymbol{GC})$ 的特征值均位于单位圆内的必要条件是

$$|\mathrm{tr}(\boldsymbol{A}-\boldsymbol{GC})|=|s_1+s_2+\cdots+s_n|\leqslant|s_1|+|s_2|+\cdots+|s_n|<n$$

而由式(9-15)可得，满足 $\boldsymbol{CG}=\boldsymbol{0}$ 的 $\boldsymbol{G}$ 使得 $\mathrm{tr}(\boldsymbol{A}-\boldsymbol{GC})=\mathrm{tr}(\boldsymbol{A})$，因此如果要同时使得该观测器稳定，其必要条件是 $|\mathrm{tr}(\boldsymbol{A})|<n$。

证毕。

定理9.2给出了满足定理9.1中条件(2)的故障隔离观测器存在的必要条件。对于 n 阶系统，在满足隔离观测器存在的必要条件的前提下，若能够同时满足 $\boldsymbol{CG}=\boldsymbol{0}$ 且 $\boldsymbol{G}\neq\boldsymbol{0}$ 和July稳定判据的 $\boldsymbol{G}$ 存在，则隔离观测器存在。本章以一类二阶系统为例，给出隔离观测器存在的充要条件。

定理9.3(二阶系统隔离观测器存在定理)　对二阶线性定常离散系统 $(\boldsymbol{A},\boldsymbol{C})$，$\boldsymbol{A}=\begin{bmatrix}a_{11} & a_{12}\\ a_{21} & a_{22}\end{bmatrix}$，$\boldsymbol{C}=[c_1 \quad c_2]$，$c_1,c_2$ 不全为零，隔离观测器 $\boldsymbol{G}=[g_1 \quad g_2]^{\mathrm{T}}$ 存在的充要条件是：

① $|\mathrm{tr}(\boldsymbol{A})|<2$；

② $\dfrac{a_{12}c_1-a_{11}c_2}{a_{21}c_2-a_{22}c_1}=\dfrac{c_2}{c_1}(c_1\neq0)$ 时，满足

$$\frac{(1-|\boldsymbol{A}|)c_1}{a_{21}c_2-a_{22}c_1}>0 \text{ 且} \frac{(-1-|\boldsymbol{A}|+|\mathrm{tr}(\boldsymbol{A})|)c_1}{a_{21}c_2-a_{22}c_1}<0$$

或 $\dfrac{a_{21}c_2-a_{22}c_1}{a_{12}c_1-a_{11}c_2}=\dfrac{c_1}{c_2}(c_2\neq0)$ 时，满足

$$\frac{(1-|\boldsymbol{A}|)c_2}{a_{12}c_1-a_{11}c_2}>0 \text{ 且} \frac{(-1-|\boldsymbol{A}|+|\mathrm{tr}(\boldsymbol{A})|)c_2}{a_{12}c_1-a_{11}c_2}<0$$

且在解空间中，解(g_1,g_2)位于直线$c_1g_1+c_2g_2=0$上，被两条平行线$(a_{21}c_2-a_{22}c_1)g_1+(a_{12}c_1-a_{11}c_2)g_2=-1-(a_{11}a_{22}-a_{12}a_{21})+|(a_{11}+a_{22})|$和$(a_{21}c_2-a_{22}c_1)g_1+(a_{12}c_1-a_{11}c_2)g_2=1-(a_{11}a_{22}-a_{12}a_{21})$截取的线段（不包括两端点和原点）上；或位于直线$c_1g_1+c_2g_2=0\left(\dfrac{a_{12}c_1-a_{11}c_2}{a_{21}c_2-a_{22}c_1}=\dfrac{c_2}{c_1}(c_1\neq 0)\text{或}\dfrac{a_{21}c_2-a_{22}c_1}{a_{12}c_1-a_{11}c_2}=\dfrac{c_1}{c_2}(c_2\neq 0)\text{时}\right)$上（不包括原点）。

证明：

对二阶离散系统$(\boldsymbol{A},\boldsymbol{C})$，$\boldsymbol{A}=\begin{bmatrix}a_{11} & a_{12}\\ a_{21} & a_{22}\end{bmatrix}$，$\boldsymbol{C}=[c_1 \quad c_2]$，显然该系统满足隔离观测器存在的必要条件。令$\boldsymbol{G}=[g_1 \quad g_2]^{\mathrm{T}}$，由$\boldsymbol{CG}=\boldsymbol{0}$且$\boldsymbol{G}\neq\boldsymbol{0}$可得

$$c_1g_1+c_2g_2=0$$

$$g_1^2+g_2^2\neq 0$$

容易求得$(\boldsymbol{A}-\boldsymbol{GC})$的特征方程为

$$\begin{aligned}&\det(s\boldsymbol{I}-\boldsymbol{A}+\boldsymbol{GC})\\&=s^2-(a_{11}+a_{22}-g_1c_1-g_2c_2)s+a_{11}a_{22}-a_{12}a_{21}-a_{11}g_2c_2\\&\quad-a_{22}g_1c_1+a_{12}g_2c_1+a_{21}g_1c_2\\&=s^2+\beta_1s+\beta_2=0\end{aligned}$$

其中

$$\begin{cases}\beta_1=g_1c_1+g_2c_2-a_{11}-a_{22}\\ \beta_2=a_{11}a_{22}-a_{12}a_{21}-a_{11}c_2g_2-a_{22}c_1g_1+a_{12}c_1g_2+a_{21}c_2g_1\end{cases} \tag{9-16}$$

根据July稳定判据，$(\boldsymbol{A}-\boldsymbol{GC})$的特征值均位于单位圆内的充要条件是

$$\begin{cases}1+\beta_1+\beta_2>0\\ 1-\beta_1+\beta_2>0\\ |\beta_2|<1\end{cases} \tag{9-17}$$

式(9-17)等价于：

$$1+\beta_1+\beta_2>0$$

$$1-\beta_1+\beta_2>0$$

$$\beta_2<1$$

因此隔离观测器存在的充要条件是混合方程组

$$\begin{cases}1-\beta_1+\beta_2>0\\1+\beta_1+\beta_2>0\\\beta_2<1\\c_1g_1+c_2g_2=0\\g_1^2+g_2^2\neq 0\end{cases}\tag{9-18}$$

有解。

下面对式(9-18)进行求解。

(1) 考虑

$$\begin{cases}\beta_2<1\\c_1g_1+c_2g_2=0\\g_1^2+g_2^2\neq 0\end{cases}\tag{9-19}$$

将式(9-16)代入式(9-19)中,可得

$$\begin{cases}(a_{21}c_2-a_{22}c_1)g_1+(a_{12}c_1-a_{11}c_2)g_2<1-(a_{11}a_{22}-a_{12}a_{21})\\c_1g_1+c_2g_2=0\\g_1^2+g_2^2\neq 0\end{cases}\tag{9-20}$$

式(9-20)的解可分两种情况讨论。

① 当 $\dfrac{a_{12}c_1-a_{11}c_2}{a_{21}c_2-a_{22}c_1}\neq\dfrac{c_2}{c_1}(c_1\neq 0)$ 或 $\dfrac{a_{21}c_2-a_{22}c_1}{a_{12}c_1-a_{11}c_2}\neq\dfrac{c_1}{c_2}(c_2\neq 0)$ 时,式(9-20)一定有解,且在解空间中,解是以下两直线相交点为起点:

$L1:(a_{21}c_2-a_{22}c_1)g_1+(a_{12}c_1-a_{11}c_2)g_2=1-(a_{11}a_{22}-a_{12}a_{21})$

$L2:c_1g_1+c_2g_2=0$

且满足 $(a_{21}c_2-a_{22}c_1)g_1+(a_{12}c_1-a_{11}c_2)g_2<1-(a_{11}a_{22}-a_{12}a_{21})$ 的射线 $c_1g_1+c_2g_2=0$(不包括起点和原点),如图 9-2 所示。

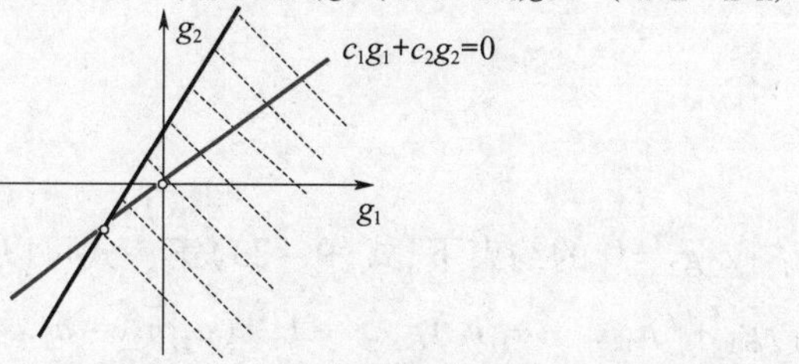

图 9-2　式(9-20)的解在解空间中的示意图一

② 当$\frac{a_{12}c_1-a_{11}c_2}{a_{21}c_2-a_{22}c_1}=\frac{c_2}{c_1}(c_1\neq 0)$或$\frac{a_{21}c_2-a_{22}c_1}{a_{12}c_1-a_{11}c_2}=\frac{c_1}{c_2}(c_2\neq 0)$时，

直线$(a_{21}c_2-a_{22}c_1)g_1+(a_{12}c_1-a_{11}c_2)g_2=1-(a_{11}a_{22}-a_{12}a_{21})$和直线$c_1g_1+c_2g_2=0$平行，此时式(9－20)有解的充要条件是:

$$\frac{(1-(a_{11}a_{22}-a_{12}a_{21}))c_1}{a_{21}c_2-a_{22}c_1}=\frac{(1-|\boldsymbol{A}|)c_1}{a_{21}c_2-a_{22}c_1}>0(c_1\neq 0) \qquad (9-21a)$$

或

$$\frac{(1-(a_{11}a_{22}-a_{12}a_{21}))c_2}{a_{12}c_1-a_{11}c_2}=\frac{(1-|\boldsymbol{A}|)c_2}{a_{12}c_1-a_{11}c_2}>0(c_2\neq 0) \qquad (9-21b)$$

此时解为满足$c_1g_1+c_2g_2=0$且$g_1^2+g_2^2\neq 0$的所有g_1,g_2，即解空间中的直线$c_1g_1+c_2g_2=0$(不包括原点)，如图9－3所示。

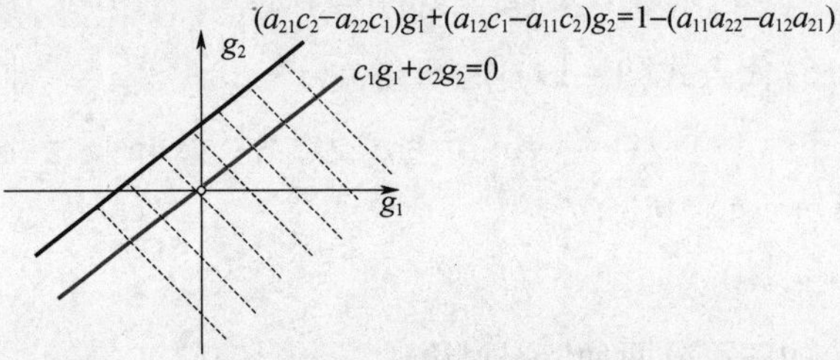

图9－3　式(9－20)的解在解空间中的示意图二

(2) 考虑

$$\begin{cases}1+\beta_1+\beta_2>0\\ c_1g_1+c_2g_2=0\\ g_1^2+g_2^2\neq 0\end{cases} \qquad (9-22)$$

将式(9－16)代入式(9－22)中，可得

$$\begin{cases}(a_{21}c_2-a_{22}c_1+c_1)g_1+(a_{12}c_1-a_{11}c_2+c_2)g_2>-1-(a_{11}a_{22}-a_{12}a_{21})+(a_{11}+a_{22})\\ c_1g_1+c_2g_2=0\\ g_1^2+g_2^2\neq 0\end{cases} \qquad (9-23)$$

在满足$c_1g_1+c_2g_2=0$的约束下，式(9－23)第一式可以写成

$$(a_{21}c_2-a_{22}c_1)g_1+(a_{12}c_1-a_{11}c_2)g_2>-1-(a_{11}a_{22}-a_{12}a_{21})+(a_{11}+a_{22})$$

考虑到式(9－20)，可以得出，当满足

$-1-(a_{11}a_{22}-a_{12}a_{21})+(a_{11}+a_{22})<1-(a_{11}a_{22}-a_{12}a_{21})$，即 $\mathrm{tr}(\boldsymbol{A})<2$ 时，式(9－20)和式(9－23)联立有解，且在解空间中，解位于直线 $c_1g_1+c_2g_2=0$ 上，且与以下两条平行线

$$\mathrm{L1}:(a_{21}c_2-a_{22}c_1)g_1+(a_{12}c_1-a_{11}c_2)g_2=-1-(a_{11}a_{22}-a_{12}a_{21})+(a_{11}+a_{22})$$

$$\mathrm{L2}:(a_{21}c_2-a_{22}c_1)g_1+(a_{12}c_1-a_{11}c_2)g_2=1-(a_{11}a_{22}-a_{12}a_{21})$$

相交的中间线段(不包括两个端点和原点)上，如图 9－4 所示。

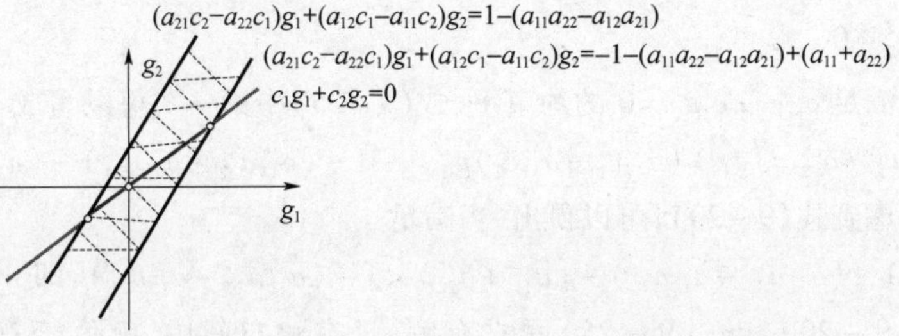

图 9－4　式(9－20)和式(9－23)联立解在解空间中的示意图一

同样当出现 $\dfrac{a_{12}c_1-a_{11}c_2}{a_{21}c_2-a_{22}c_1}=\dfrac{c_2}{c_1}(c_1\neq 0)$ 或 $\dfrac{a_{21}c_2-a_{22}c_1}{a_{12}c_1-a_{11}c_2}=\dfrac{c_1}{c_2}(c_2\neq 0)$ 的特殊情况时，在满足式(9－21)的条件下，还需要满足

$$\frac{(-1-(a_{11}a_{22}-a_{12}a_{21})+(a_{11}+a_{22}))c_1}{a_{21}c_2-a_{22}c_1}=\frac{(-1-|A|+\mathrm{tr}(A))c_1}{a_{21}c_2-a_{22}c_1}<0(c_1\neq 0)$$

或

$$\frac{(-1-(a_{11}a_{22}-a_{12}a_{21})+(a_{11}+a_{22}))c_2}{a_{12}c_1-a_{11}c_2}=\frac{(-1-|A|+\mathrm{tr}(A))c_2}{a_{12}c_1-a_{11}c_2}<0(c_2\neq 0)$$

式(9－20)和式(9－23)才能联立有解，且解为所有满足 $c_1g_1+c_2g_2=0$ 且 $g_1^2+g_2^2\neq 0$ 的 g_1,g_2，即位于直线 $c_1g_1+c_2g_2=0$ 上，如图 9－5 所示。

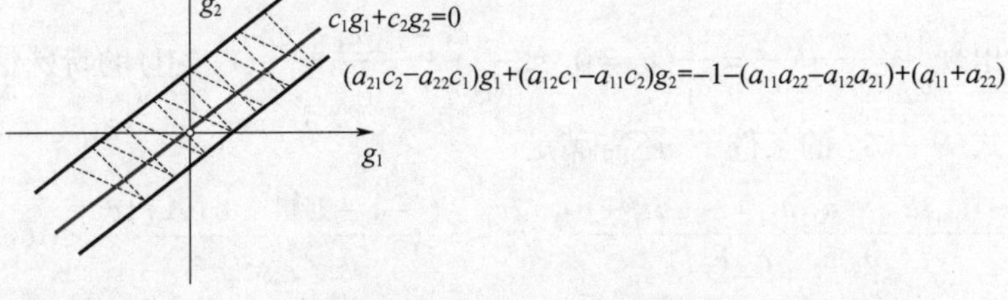

图 9－5　式(9－20)和式(9－23)联立解在解空间中的示意图二

(3) 考虑

$$\begin{cases}1-\beta_1+\beta_2>0\\ c_1g_1+c_2g_2=0\\ g_1^2+g_2^2\neq 0\end{cases} \tag{9-24}$$

将式(9-16)代入式(9-24)中，可得

$$\begin{cases}(a_{21}c_2-a_{22}c_1-c_1)g_1+(a_{12}c_1-a_{11}c_2-c_2)g_2+1+(a_{11}a_{22}-a_{12}a_{21})+(a_{11}+a_{22})>0\\ c_1g_1+c_2g_2=0\\ g_1^2+g_2^2\neq 0\end{cases} \tag{9-25}$$

在满足 $c_1g_1+c_2g_2=0$ 的约束下，式(9-25)中第一式可以写成

$$(a_{21}c_2-a_{22}c_1)g_1+(a_{12}c_1-a_{11}c_2)g_2>-1-(a_{11}a_{22}-a_{12}a_{21})-(a_{11}+a_{22})$$

考虑到式(9-20)，可以得出，当满足

$-1-(a_{11}a_{22}-a_{12}a_{21})-(a_{11}+a_{22})<1-(a_{11}a_{22}-a_{12}a_{21})$，即 $\mathrm{tr}(\boldsymbol{A})>-2$ 时，式(9-20)和式(9-25)联立有解，且在解空间中，解位于直线 $c_1g_1+c_2g_2=0$ 上，且与以下两条平行线

L1：$(a_{21}c_2-a_{22}c_1)g_1+(a_{12}c_1-a_{11}c_2)g_2=-1-(a_{11}a_{22}-a_{12}a_{21})-(a_{11}+a_{22})$

L2：$(a_{21}c_2-a_{22}c_1)g_1+(a_{12}c_1-a_{11}c_2)g_2=1-(a_{11}a_{22}-a_{12}a_{21})$

相交的中间线段(不包括两个端点和原点)，如图9-6所示。

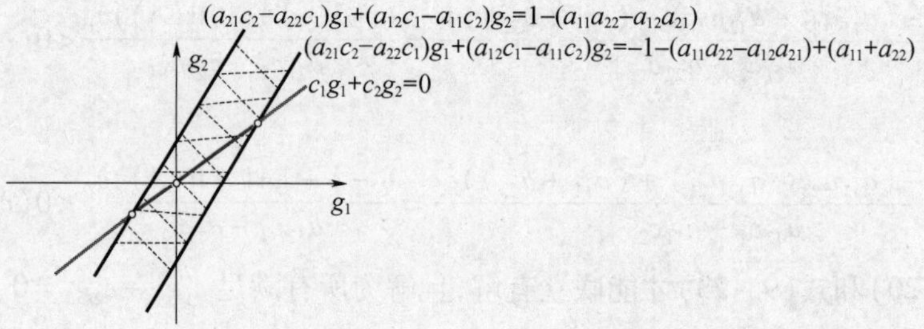

图9-6　式(9-20)和式(9-25)的联立解在解空间中的示意图一

当出现 $\dfrac{a_{12}c_1-a_{11}c_2}{a_{21}c_2-a_{22}c_1}=\dfrac{c_2}{c_1}(c_1\neq 0)$ 或 $\dfrac{a_{21}c_2-a_{22}c_1}{a_{12}c_1-a_{11}c_2}=\dfrac{c_1}{c_2}(c_2\neq 0)$ 的特殊情况时，在满足式(9-21)的条件下，还需满足

$$\frac{(-1-(a_{11}a_{22}-a_{12}a_{21})-(a_{11}+a_{22}))c_1}{a_{21}c_2-a_{22}c_1}=\frac{(-1-|\boldsymbol{A}|-\mathrm{tr}(\boldsymbol{A}))c_1}{a_{21}c_2-a_{22}c_1}<0(c_1\neq 0)$$

或

$$\frac{(-1-(a_{11}a_{22}-a_{12}a_{21})-(a_{11}+a_{22}))c_2}{a_{12}c_1-a_{11}c_2}=\frac{(-1-|\boldsymbol{A}|-\mathrm{tr}(\boldsymbol{A}))c_2}{a_{12}c_1-a_{11}c_2}<0(c_2\neq 0)$$

时，式(9-20)和式(9-25)联立有解，且解为所有满足 $c_1g_1+c_2g_2=0$ 且 $g_1^2+g_2^2\neq 0$ 的 g_1,g_2，即直线 $c_1g_1+c_2g_2=0$(不包含原点)，如图9-7所示。

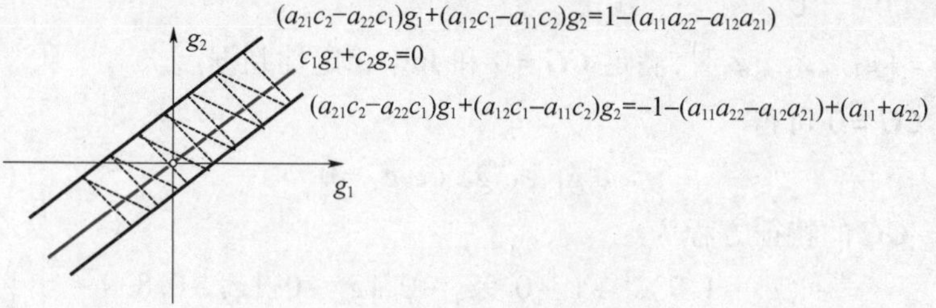

图9-7　式(9-20)和式(9-25)的联立解在解空间中的示意图二

综合(1)~(3)可得，对上述二阶离散系统，当且仅当

① $|\mathrm{tr}(\boldsymbol{A})|<2$；

② $\dfrac{a_{12}c_1-a_{11}c_2}{a_{21}c_2-a_{22}c_1}=\dfrac{c_2}{c_1}(c_1\neq 0)$，满足

$$\frac{(1-|\boldsymbol{A}|)c_1}{a_{21}c_2-a_{22}c_1}>0 \text{ 且 } \frac{(-1-|\boldsymbol{A}|+|\mathrm{tr}(\boldsymbol{A})|)c_1}{a_{21}c_2-a_{22}c_1}<0$$

或

$\dfrac{a_{21}c_2-a_{22}c_1}{a_{12}c_1-a_{11}c_2}=\dfrac{c_1}{c_2}(c_2\neq 0)$，满足

$\dfrac{(1-|\boldsymbol{A}|)c_2}{a_{12}c_1-a_{11}c_2}>0$ 且 $\dfrac{(-1-|\boldsymbol{A}|+|\mathrm{tr}(\boldsymbol{A})|)c_2}{a_{12}c_1-a_{11}c_2}<0$ 时，隔离观测器存在，且位于直线 $c_1g_1+c_2g_2=0$ 上，与以下两条平行线

L1：$(a_{21}c_2-a_{22}c_1)g_1+(a_{12}c_1-a_{11}c_2)g_2=-1-|\boldsymbol{A}|+|\mathrm{tr}(\boldsymbol{A})|$

L2：$(a_{21}c_2-a_{22}c_1)g_1+(a_{12}c_1-a_{11}c_2)g_2=1-|\boldsymbol{A}|$

相交的中间线段(不包括两端点和原点)上；或直线 $c_1g_1+c_2g_2=0$ 上(不包括原点)$\left(\dfrac{a_{12}c_1-a_{11}c_2}{a_{21}c_2-a_{22}c_1}=\dfrac{c_2}{c_1}(c_1\neq 0)\text{或}\dfrac{a_{21}c_2-a_{22}c_1}{a_{12}c_1-a_{11}c_2}=\dfrac{c_1}{c_2}(c_2\neq 0)\text{时}\right)$。因此定理9.3得证。

证毕。

为了说明二阶以上系统隔离观测器的存在性，下面给出一个三阶系统隔

离观测器存在的具体实例。

对如下三阶系统：

$A=\begin{bmatrix}1 & -0.1 & -0.1\\ 0 & -0.1 & 0\\ 0 & 0 & 1\end{bmatrix}$，$C=[1\ \ 0\ \ 0]$，显然系统能观测。设计隔离观测器 $G=[g_1\ \ g_2\ \ g_3]^{\mathrm{T}}$，满足 $CG=0$ 和 July 稳定性判据。

由 $CG=0$ 可得

$$c_1g_1+c_2g_2+c_3g_3=0 \tag{9-26}$$

$A-GC$ 的特征方程为

$$s^3+(g_1-1.9)s^2+(-0.9g_1-0.1g_2-0.1g_3+0.8)s-0.1g_1+0.1g_2-0.01g_3+0.1=0 \tag{9-27}$$

根据 July 稳定性判据，可得式(9-27)的特征根全部位于单位圆内的充要条件是：

$$\begin{cases}1+(g_1-1.9)+(-0.9g_1-0.1g_2-0.1g_3+0.8)\\ \quad+(-0.1g_1+0.1g_2-0.01g_3+0.1)>0\\ 1-(g_1-1.9)+(-0.9g_1-0.1g_2-0.1g_3+0.8)\\ \quad-(-0.1g_1+0.1g_2-0.01g_3+0.1)>0\\ |(-0.1g_1+0.1g_2-0.01g_3+0.1)^2-1|>\\ |-0.9g_1-0.1g_2-0.1g_3+0.8-(g_1-1.9)(-0.1g_1+0.1g_2-0.01g_3+0.1)|\\ |-0.1g_1+0.1g_2-0.01g_3+0.1|<1\end{cases} \tag{9-28}$$

根据式(9-26)和式(9-28)可得

$$\begin{cases}g_1=0\\ g_3<0\\ 0.2g_2-0.09g_3<3.6\\ -1.1<0.1g_2-0.01g_3<0.9\\ |(0.1g_2-0.01g_3+0.1)^2-1|>|0.09g_2-0.119g_3+0.99|\end{cases} \tag{9-29}$$

所有满足式(9-29)的非零解都可以作为隔离观测器，因此不妨取 $g_1=0, g_2=-0.8, g_3=-0.01$，此时 $A-GC$ 的特征值为

$s_1=-0.0218, s_2=0.9396, s_3=0.9822$。

实际系统 $\boldsymbol{C}$ 有可能不满足故障隔离的必要条件，此时可以进行相关处理，如将敏感器分组，采用奉献观测器的思想，将每组测量方程与状态方程组成多个分系统，使每个分系统的测量输出量小于状态量。这种方法在隔离敏感器和执行机构故障的同时，可以用于故障敏感器的定位。因此在实际应用时，可以按照下列步骤设计故障隔离观测器。

(1) 根据定理 9.3 判断敏感器配置矩阵 $\boldsymbol{C}$ 和系统矩阵 $\boldsymbol{A}$ 是否满足隔离必要条件，如果不能满足，需采用其它方法进行隔离；

(2) 若满足隔离的必要条件，首先根据定理 9.1 条件①和②设计一个观测器$\boldsymbol{G}_2$，利用该观测器产生的输出残差进行故障检测；

(3) 根据定理 9.1 条件①设计常规观测器$\boldsymbol{G}_1$，并使得$\boldsymbol{G}_1$ 与$\boldsymbol{G}_2$ 的特征值尽可能接近；

(4) 利用两个状态观测器得到输出残差，用于敏感器和执行机构的故障检测与隔离。

9.4　故障定位

9.3 节只是完成了对故障的初步定位，即确定是输出环节还是输入环节的故障。当系统存在多个敏感器和执行机构时，还需要进一步确定具体是哪一个敏感器或执行机构发生故障。

9.4.1　敏感器故障定位

当隔离出敏感器故障后，可确定故障检测观测器输出残差的表达式，如式(9－10)所示。从式中可以看出，敏感器故障对输出残差的影响可以分为两部分：第一部分是由状态估计误差造成的，这种影响具有累积效应，而且由于反馈作用，一个敏感器的故障会影响到所有敏感器的输出残差；第二部分是由敏感器的故障直接引起的，某个敏感器的故障只对其自身的输出残差有影响。

(1) 常规观测器$\boldsymbol{G}_1$ 的输出残差$\boldsymbol{r}_1(k)$由上面两部分组成，如式(9－13a)所示，因此任何一个敏感器发生故障，该观测器的所有输出残差都会受到污染，也可以说，在 m 维输出空间中，当第 j 个敏感器发生故障后，观测器$\boldsymbol{G}_1$ 的输出残差$\boldsymbol{r}_1(k)$将位于向量 $-\boldsymbol{C}\boldsymbol{G}\boldsymbol{l}_{sj}$和$\boldsymbol{l}_{sj}$所形成的平面内。

(2) 隔离观测器$\boldsymbol{G}_2$ 的设计消除了故障的累积影响,因此其输出残差$\boldsymbol{r}_2(k)$只与第二部分有关,如式(9-13b)所示。这样某一个敏感器发生故障后,只有对应于该敏感器的输出残差偏离了正常值,而其它正常敏感器的输出残差仍然保持零均值特性,也就是说,在 m 维输出空间中,观测器$\boldsymbol{G}_2$ 的输出残差$\boldsymbol{r}_2(k)$将固定于向量$\boldsymbol{l}_{sj}$的方向,即故障敏感器的方向。因此,根据两个观测器输出残差在输出空间上的方向,便可确定故障敏感器的位置。

以图 9-8 所示的系统为例,系统有两个测量敏感器,输出矩阵为 $\boldsymbol{C}=\begin{bmatrix}1&0&0\\0&1&0\end{bmatrix}$,设计故障检测观测器:

$$\boldsymbol{G}_1=\begin{bmatrix}g_{11}^1&g_{12}^1\\g_{21}^1&g_{22}^1\\g_{31}^1&g_{32}^1\end{bmatrix},\boldsymbol{G}_2=\begin{bmatrix}0&0\\0&0\\g_{31}^2&g_{32}^2\end{bmatrix} \tag{9-30}$$

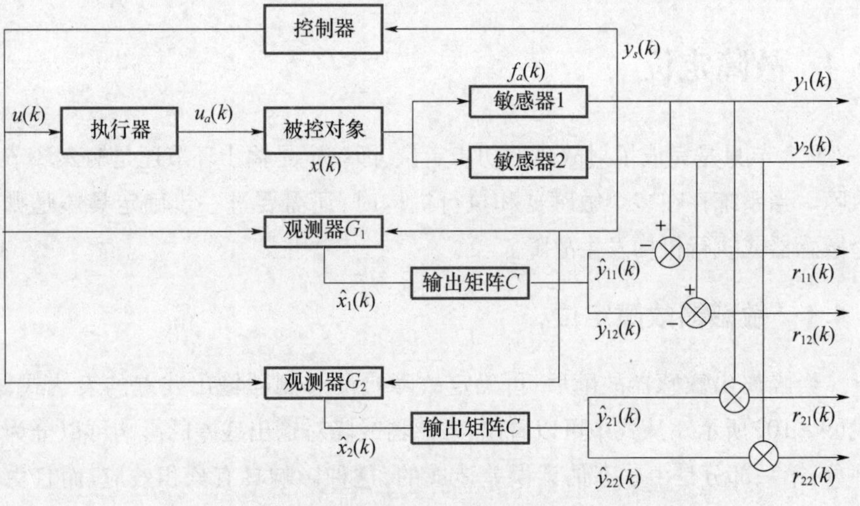

图 9-8　基于双观测器的敏感器故障定位示意图

满足 $\boldsymbol{A}-\boldsymbol{G}_1\boldsymbol{C}$ 和 $\boldsymbol{A}-\boldsymbol{G}_2\boldsymbol{C}$ 的所有特征值均位于单位圆内,且 $\boldsymbol{C}\boldsymbol{G}_2=\boldsymbol{0}$。两个敏感器中任何一个发生故障,都会使观测器$\boldsymbol{G}_1$ 的输出残差 $r_{11}(k)$和 $r_{12}(k)$均偏离零均值,敏感器的故障定位主要依赖于第二个观测器的输出残差。因此在检测窗口 N 内,计算残差$\boldsymbol{r}_2(k)$的均值。

$$\mu_{r_{2j}}(k) = \frac{1}{N}\sum_{z=1}^{N}[r_{2j}(k-z)], \quad j = 1,2$$

(1) 若观测器 $\boldsymbol{G}_2$ 的输出残差 $r_{21}(k)$ 偏离零均值,而 $r_{22}(k)$ 仍然保持零均值,即 $\boldsymbol{r}_{f2}(k) = [r_{21}(k) \quad 0]^{\mathrm{T}}$,在二维输出空间中输出残差向量固定在 $[1 \quad 0]^{\mathrm{T}}$ 方向,如图 9-9(a)所示。则可以确定是敏感器 1 发生了故障;

(2)若观测器 $\boldsymbol{G}_2$ 的输出残差 $r_{21}(k)$ 保持零均值,而 $r_{22}(k)$ 偏离零均值,即 $r_{f2}(k) = [0 \quad r_{22}(k)]^{\mathrm{T}}$,在二维输出空间中输出残差向量固定在 $[0 \quad 1]^{\mathrm{T}}$ 方向,如图 9-9(b)所示。则可以确定是敏感器 2 发生了故障。

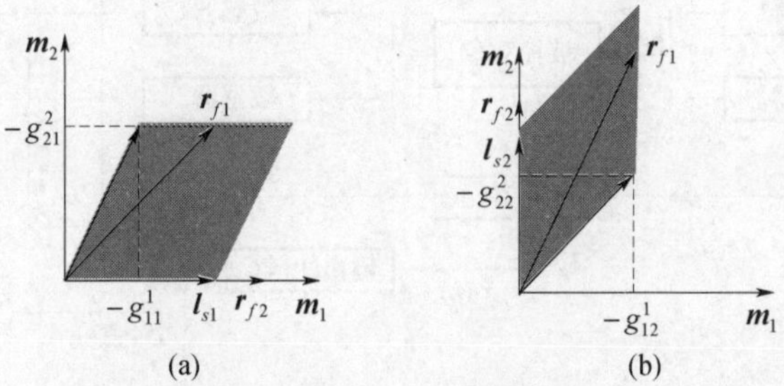

图 9-9 敏感器故障残差
(a)敏感器 1 故障残差;(b)敏感器 2 故障残差。

因此,当利用双观测器诊断为敏感器故障后,根据观测器 $\boldsymbol{G}_2$ 产生的输出残差,就可以进一步确定故障敏感器的位置。

9.4.2 执行机构故障定位

基于状态估计的诊断方法采用的检测向量是输出残差,输出残差的获得需要利用敏感器输出,因此敏感器的故障总能在输出残差中反映出来。对于执行机构则不然,由于输入型和输出型故障的隔离,需要满足 $\mathrm{rank}(\boldsymbol{C}) < n$,而这可能会导致 $\boldsymbol{C}\boldsymbol{b}_j = \boldsymbol{0}$,使得第 j 个执行机构的故障效应在输出残差中不能反映出来。定理 9.1 中的条件(1)就是为保证每个执行机构故障在输出残差中都可检测而设定的。

当隔离出执行机构故障后,故障残差的表达式可确定为式(9-11),两个观测器的输出残差分别为式(9-14a)和式(9-14b)。若第 j 个执行机构发生故障,由式(9-14a)和式(9-14b)可得,两个观测器的输出残差都固定在

$CBl_{aj} = Cb_j$ 方向上。反之如果两个观测器的输出残差在输出空间中都固定在 Cb_j 方向,则可以确定第 j 个执行机构发生故障。

以图 9－10 所示系统为例,有两个执行机构,控制矩阵为

$$B = \begin{bmatrix} 1 & 0 \\ 0 & 1 \\ 0 & 0 \end{bmatrix}, C = \begin{bmatrix} 1 & 0 & 0 \\ 0 & 1 & 0 \end{bmatrix} \tag{9-31}$$

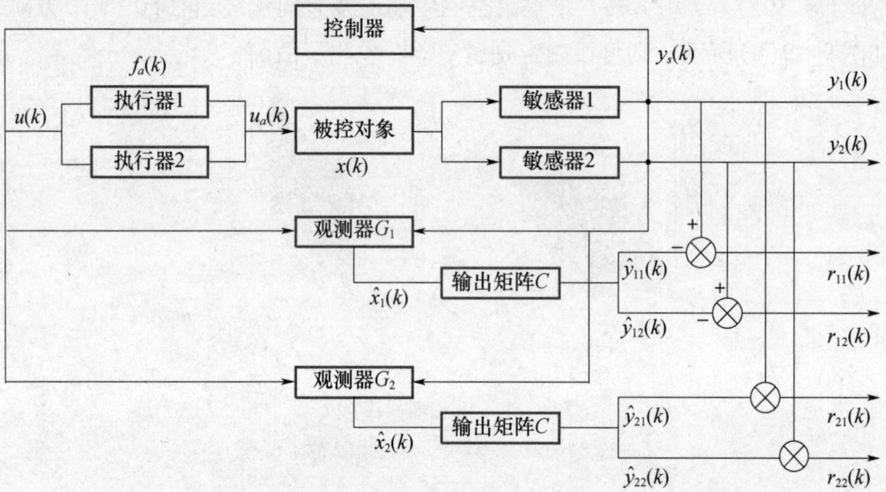

图 9－10　基于双观测器的执行机构故障定位示意图

故障检测观测器设计如式(9－30)。若第一个执行机构发生故障,即 $l_{a1} = [1 \quad 0]^T$,则有 $CBl_{a1} = Cb_1 = [1 \quad 0]^T$。因此在二维输出空间中,若观测器 G_1、G_2 的输出残差 $r_{f1} = [r_{11} \quad r_{12}]^T$ 和 $r_{f2} = [r_{21} \quad r_{22}]^T$ 都固定在 $[1 \quad 0]^T$ 方向上,如图 9－11(a)所示,则可以确定是执行机构 1 发生了故障;若第二个执行机构发生故障,即 $l_{a1} = [0 \quad 1]^T$,则有 $CBl_{a1} = Cb_1 = [0 \quad 1]^T$。因此在二维输出空间中,若观测器 G_1、G_2 的输出残差都将固定在 $[0 \quad 1]^T$ 方向上,如图 9－11(b)所示,则可以确定是执行机构 2 发生了故障。

此例中执行机构发生故障时的残差向量恰好为单位向量,与 m_1 或 m_2 方向一致,这是一种特例。很多情况下执行机构故障的残差向量应位于 m_1 与 m_2 之间,此时若单纯依靠一个观测器,很容易与敏感器故障混淆,因此双观测器方法能够更准确地实现敏感器和执行机构的故障定位。

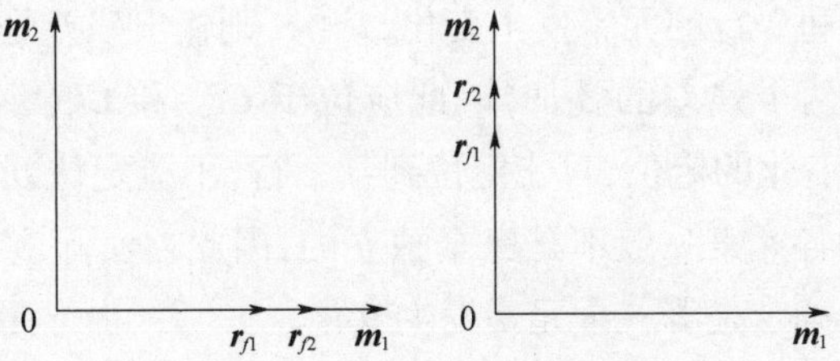

图 9-11　执行机构故障残差

(a)执行机构 1 故障残差;(b)执行机构 2 故障残差。

即使 $\boldsymbol{Cb}_j \neq \boldsymbol{0}$,$j$ 为 $1 \sim p$ 的任意数,仍不能保证执行机构故障是可定位的。如果 $\boldsymbol{Cb}_i = \boldsymbol{Cb}_j(i=1,\cdots,p,\ j=1,\cdots,p,\ i \neq j)$,则第 i 个和第 j 个执行机构的故障残差在输出空间中方向是一致的,此时虽然能够检测到执行机构故障,却难以确定是哪一个执行机构故障。

因此综合起来,执行机构故障可检测和可定位的充分条件是:$\boldsymbol{CB}$ 列满秩,即 $\mathrm{rank}(\boldsymbol{CB}) = p$。此时每一个执行机构的故障都可以检测,并且可以定位。当确定是执行机构故障后,根据两个故障检测观测器的输出残差在输出空间中的方向,就可以确定故障执行机构的位置。

9.4.3　模型参数误差的定位

当确定故障检测观测器输出残差偏离正常值是由于模型参数发生变化后,可以确定残差的表达式如式(9-12)所示。考虑简单的情况,若系统矩阵 $\boldsymbol{A}$ 中的元素 $a_{\tilde{i}j}$ 发生变化为 $\Delta a_{\tilde{i}j}$,则式(9-12)可以写成

$$\begin{aligned}\boldsymbol{r}_f(k) &= \boldsymbol{C}\sum_{i=1}^{k-1}\rho^{k-i-1}\Delta\boldsymbol{A}\boldsymbol{x}_f(i) + \boldsymbol{n}_r(k) = \boldsymbol{C}\sum_{i=1}^{k-1}\rho^{k-i-1}\Delta a_{\tilde{i}j}x_{fj}(i)\boldsymbol{l}_{n\tilde{i}} + \boldsymbol{n}_r(k) \\ &= \boldsymbol{C}\boldsymbol{l}_{n\tilde{i}}\Delta a_{\tilde{i}j}\sum_{i=1}^{k-1}\rho^{k-i-1}x_{fj}(\boldsymbol{\tau}) + \boldsymbol{n}_r(k)\end{aligned} \tag{9-32}$$

其中$\boldsymbol{l}_{n\tilde{i}} = [0\ \ \cdots\ \ 0\ \ 1\ \ 0\ \ \cdots\ \ 0]^{\mathrm{T}}$,第 $\tilde{i}$ 个元素为 1,表示 $\boldsymbol{A}$ 中第 $\tilde{i}$ 行的某元素发生变化,导致第 $\tilde{i}$ 个状态偏离常值。此时在输出空间中,两个检测观测器的输出残差都将位于 $\boldsymbol{Cl}_{n\tilde{i}}$ 方向。也就是说,$\boldsymbol{A}$ 中第 $\tilde{i}$ 行的元素任意一个或多个发生变化,都会使得输出残差位于输出空间的 $\boldsymbol{Cl}_{n\tilde{i}}$ 方向上,只是大小会因发生变化的元素个数不同而变化。

若同时有 $\tilde{i}$ 和 $\tilde{k}$ 行的元素发生变化，$\tilde{i} \neq \tilde{k}$，则输出残差是 $\tilde{i}$ 和 $\tilde{k}$ 行的元素单独发生变化时两个残差的叠加，因此应位于 $\boldsymbol{Cl}_{n\tilde{i}}$ 和 $\boldsymbol{Cl}_{n\tilde{k}}$ 所构成的平面内。因此对模型参数变化的定位，只能定位到某一行，不能定位到某一个元素。但工程上矩阵 $\boldsymbol{A}$ 的各元素一般不是完全独立的，因此在实际应用中可以根据矩阵 $\boldsymbol{A}$ 的具体组成确定是哪一个元素发生变化。

例如，某控制系统中系统矩阵为

$$\boldsymbol{A}=\begin{bmatrix} 0 & a_{12}(\alpha) & a_{13}(\beta) \\ a_{21}(\alpha) & 0 & a_{23}(\gamma) \\ a_{31}(\beta) & a_{32}(\gamma) & 0 \end{bmatrix}$$

α,β,γ 是确定系统矩阵 $\boldsymbol{A}$ 的关键参数。如果参数 α 发生变化，会导致 $a_{12}(\alpha)$ 和 $\alpha_{21}(\alpha)$ 发生变化，因此输出残差向量将位于向量 $\boldsymbol{Cl}_{n1}$ 和 $\boldsymbol{Cl}_{n2}$ 构成的平面内；同理，若参数 β 发生变化，输出残差向量将位于向量 $\boldsymbol{Cl}_{n1}$ 和 $\boldsymbol{Cl}_{n3}$ 构成的平面内；若参数 γ 发生变化，输出残差向量将位于向量 $\boldsymbol{Cl}_{n2}$ 和 $\boldsymbol{Cl}_{n3}$ 构成的平面内。因此根据输出残差向量的位置判断是哪一个或多个元素发生了故障。

输入型和输出型故障的检测、隔离和定位方法在卫星姿态控制系统中的具体应用将在下一节详细介绍。

9.5 闭环系统输入型与输出型故障的隔离

基于状态估计的故障诊断方法中采用的信息是敏感器的测量输出和执行器的输入。一旦执行器的输入是可以获得的，在设计故障诊断方案时没有必要考虑控制器(的结构)。那么即使系统工作于闭环状态。因此对于控制器输入可知的闭环系统，故障检测和诊断也可以采用开环控制模型。

但实际情况中执行器输入 $\boldsymbol{u}(k)$ 有时不可获得，因此在设计故障检测观测器时必须采用参考指令 $\boldsymbol{u}_r(k)$，参考指令 $\boldsymbol{u}_r(k)$ 通常根据控制律的设计而获得，因此故障诊断中采用的模型表示的就是参考指令 $\boldsymbol{u}_r(k)$ 和测量输出 $y(k)$ 之间的关系，即闭环模型。

9.5.1 故障隔离原理

对系统式(9-1)，当 $\boldsymbol{u}(k)$ 不能获得时，采用线性状态反馈控制律获得

$\boldsymbol{u}_r(k) = -\boldsymbol{Kx}(k)$，考虑实现的方便性，可以采用直接测量的状态变量作为反馈量。正常情况下得到的状态反馈表达式为

$$\boldsymbol{u}_r(k) = -\boldsymbol{Ky}_s(k) = -\boldsymbol{KCx}(k)$$

其中 $\boldsymbol{K} \in \mathbf{R}^{l\times m}$，为控制反馈阵。由于在实际应用时，总是对测量输出进行滤波处理后再送入控制器，因此式(9－30)中不考虑测量噪声。

将$\boldsymbol{u}_r(k)$代替式(9－1)中的$\boldsymbol{u}(k)$，这样可以建立闭环系统的模型：

$$\begin{cases}\boldsymbol{x}(k+1) = (\boldsymbol{A}-\boldsymbol{BKC})\boldsymbol{x}(k)+\boldsymbol{w}(k)\\ \boldsymbol{y}_s(k+1) = \boldsymbol{Cx}(k+1)+\boldsymbol{v}(k+1)\end{cases}$$

同样，利用$\boldsymbol{u}_r(k)$设计 Luenberger 状态观测器作为故障检测观测器，式(9－2)可以改写成

$$\begin{cases}\hat{\boldsymbol{x}}(k+1) = (\boldsymbol{A}-\boldsymbol{BKC})\hat{\boldsymbol{x}}(k)+\boldsymbol{G}(\boldsymbol{y}_s(k)-\hat{\boldsymbol{y}}(k))\\ \hat{\boldsymbol{y}}(k+1) = \boldsymbol{C}\hat{\boldsymbol{x}}(k+1)\end{cases} \tag{9-33}$$

当敏感器和执行机构发生故障时，有

$$\boldsymbol{u}_a(k) = \boldsymbol{u}_r(k)+\boldsymbol{f}_a(k) = -\boldsymbol{KCx}(k)-\boldsymbol{Kf}_s(k)+\boldsymbol{f}_a(k)$$

因此闭环系统的故障模型为

$$\begin{cases}\boldsymbol{x}_f(k+1) = (\boldsymbol{A}-\boldsymbol{BKC})\boldsymbol{x}_f(k)-\boldsymbol{BKf}_s(k)+\boldsymbol{Bf}_a(k)+\boldsymbol{w}(k)\\ \boldsymbol{y}_f(k+1) = \boldsymbol{Cx}_f(k+1)+\boldsymbol{f}_s(k+1)+\boldsymbol{v}(k+1)\end{cases} \tag{9-34}$$

比较式(9－34)和式(9－33)，可得闭环系统的估计误差方程和输出残差：

$$\begin{aligned}\boldsymbol{e}_f(k) &= (\boldsymbol{A}-\boldsymbol{BKC}-\boldsymbol{GC})\boldsymbol{e}_f(k-1)-(\boldsymbol{BK}+\boldsymbol{G})\boldsymbol{f}_s(k-1)\\ &\quad +\boldsymbol{Bf}_a(k-1)+\boldsymbol{n}_e(k-1)\boldsymbol{r}_f(k)\\ &= \boldsymbol{y}_f(k)-\hat{\boldsymbol{y}}(k)\\ &= \boldsymbol{Ce}(k)+\boldsymbol{f}_s(k)+\boldsymbol{v}(k)\end{aligned}$$

同样，只要合理设计状态反馈控制阵 $\boldsymbol{K}$ 和状态观测阵 $\boldsymbol{G}$，使其满足 $\boldsymbol{A}-\boldsymbol{BKC}-\boldsymbol{GC}$ 的所有特征值都位于单位圆内，则有初始估计误差 $\boldsymbol{e}_f(0)$ 引起的瞬态解$(\boldsymbol{A}-\boldsymbol{BKC}-\boldsymbol{CGC})^k\boldsymbol{e}_f(0)$将趋向于零。因此若没有故障，则对于任何 $\boldsymbol{e}(0)$，都可以让 $\boldsymbol{e}(k)$ 在足够多的采样周期后趋于零。而对于带有零均值白噪声的随机系统，观测器达到稳态时，$\boldsymbol{e}(k)$的统计均值将最终趋向于零。若存在故障$\boldsymbol{f}_s(k)$或$\boldsymbol{f}_a(k)$，则状态误差方程趋于稳态时，误差将是故障的函数，即稳态误差为

$$\begin{aligned} e_f(k \mid k \gg 0) &= \sum_{i=0}^{k-1} (A - BKC - GC)^{k-i-1} Bf_a(i) \\ &- \sum_{i=0}^{k-1} (A - BKC - GC)^{k-i-1} (BK + G) f_s(i) \\ &+ \sum_{i=0}^{k-1} (A - BKC - GC)^{k-i-1} n_e(i) \end{aligned}$$

因此稳态输出残差为

$$\begin{aligned} r_f(k \mid k \gg 0) &= C\sum_{i=0}^{k-1} (A - BKC - GC)^{k-i-1} Bf_a(i) \\ &- C\sum_{i=0}^{k-1} (A - BKC - GC)^{k-i-1} (BK + G) f_s(i) \\ &+ f_s(k) + n_r(k) \end{aligned} \tag{9-35}$$

其中 $n_r(k) = C\sum_{i=0}^{k-1} (A - BKC - GC)^{k-i-1} n_e(i) + v(k)$。

将式(9－35)与式(9－7)比较,可以得出,与开环系统相比,闭环系统中敏感器故障会通过反馈控制律影响到系统状态,进而影响到检测观测器的输出残差。但敏感器故障和执行机构故障在残差中的反映特征与开环系统是类似的,因此可以按照对输入型故障和输出型故障的隔离方法进行隔离。

(1) 设计状态反馈控制矩阵 K_1 和状态观测矩阵 G_1,满足 $A - BK_1C$ 和 $A - BK_1C - G_1C$ 的特征值位于单位圆内,但 $C(BK_1 + G_1) \neq 0$,即观测器 G_1 的输出残差能够反映出所有敏感器和执行机构的故障;

(2) 设计状态反馈控制矩阵 K_2 和状态观测矩阵 G_2,满足 $A - BK_2C$ 合 $A - BK_2C - G_2C$ 的特征值位于单位圆内,且 $C(BK_2 + G_2) = 0$,即观测器 G_2 的输出残差中消除了敏感器故障的累积影响,只反映执行机构故障和某一时刻的敏感器故障。

同样,我们以敏感器和执行机构不同时发生故障为前提,若 kf 时刻(检测观测器稳态后)开始敏感器发生故障,即 $f_a(k) = 0, f_s(k \mid k \geq k_f) \neq 0$,则有

$$r_{f1}(k) = \begin{cases} n_{r1}(k), & k < k_f \\ -C(BK + G)\, l_{sj} \sum_{i=0}^{k-1} \rho_1^{k-i-1} f_s(i) + l_{sj} f_s(k) + n_{r1}(k), & k \geq k_f \end{cases}$$

$$r_{f2}(k) = \begin{cases} n_{r2}(\mathrm{k}), & k < k_f \\ l_{sj} f_s(k) + n_{r2}(k), & k \geq k_f \end{cases}$$

可见，在输出空间中，敏感器故障使得$\boldsymbol{r}_{f1}$位于向量$-\boldsymbol{C}(\boldsymbol{BK}+\boldsymbol{G})\boldsymbol{l}_{sj}$和$\boldsymbol{l}_{sj}$构成的平面内，且随着时间而变化；而$\boldsymbol{r}_{f2}$则固定于向量$\boldsymbol{l}_{sj}$的方向上。

若k_f时刻执行机构发生故障，即$f_s(k)=0, f_a(k|k\geqslant k_f)\neq 0$，则有

$$\boldsymbol{r}_{f1}(k)=\begin{cases}\boldsymbol{n}_{r1}(k), & k<k_f\\ \boldsymbol{CBl}_{aj}\sum\limits_{i=0}^{k-1}\rho_1^{k-i-1}f_a(i)+\boldsymbol{n}_{r1}(k), & k\geqslant k_f\end{cases}$$

$$\boldsymbol{r}_{f2}(k)=\begin{cases}\boldsymbol{n}_{r2}(k), & k<k_f\\ \boldsymbol{CBl}_{aj}\sum\limits_{i=0}^{k-1}\rho_2^{k-i-1}f_a(i)+\boldsymbol{n}_{r2}(k), & k\geqslant k_f\end{cases}$$

而执行机构故障使得两个输出残差向量$\boldsymbol{r}_{f1}$和$\boldsymbol{r}_{f2}$都固定在输出空间中向量$\boldsymbol{CBl}_{aj}$的方向上。由此也可得出，采用基于状态估计方法进行故障诊断时，执行机构故障对于开环系统和闭环系统的影响在输出残差中的反映是相同的，反映不同的是敏感器故障。

因此，通过对两个检测观测器输出残差在输出空间上的方向和大小的特征分析，就可以确定是敏感器故障还是执行机构故障。

9.5.2　故障隔离条件

推论 9.1　如果线性定常离散系统$(\boldsymbol{A},\boldsymbol{C})$能观测，其闭环系统$(\boldsymbol{A}-\boldsymbol{BKC},\boldsymbol{C})$中敏感器和执行器故障可隔离的充分条件是：

(1) $\boldsymbol{Cb}_j\neq\boldsymbol{0}$，$\boldsymbol{b}_j$为控制矩阵$\boldsymbol{B}$的第$j$列，$j=1,\cdots,p$；

(2) 存在反馈控制阵$\boldsymbol{K}$和状态观测阵$\boldsymbol{G}$，同时满足：

① $\boldsymbol{A}-\boldsymbol{BKC}$的所有特征值都位于单位圆内

② $\boldsymbol{A}-\boldsymbol{BKC}-\boldsymbol{GC}$的所有特征值都位于单位圆内

③ $\boldsymbol{C}(\boldsymbol{BK}+\boldsymbol{G})=\boldsymbol{0}$

证明：根据定理9.1的证明和闭环系统敏感器和执行机构故障的隔离原理可证。

同开环系统一样，闭环系统敏感器和执行机构隔离观测器存在的必要条件有如下推论。

推论 9.2　如果线性定常离散控制系统$(\boldsymbol{A},\boldsymbol{C})$能控能观测，则同时满足推论9.1中的条件①、②和③的控制器$\boldsymbol{K}$和观测器$\boldsymbol{G}$存在的必要条件是：

(1) $\boldsymbol{C}$ 为列不满秩矩阵,即 $\mathrm{rank}(\boldsymbol{C})<n$;

(2) 系统矩阵 $\boldsymbol{A}$ 的迹满足 $|tr(\boldsymbol{A})|<n$。

证明:离散系统($\boldsymbol{A}$,$\boldsymbol{C}$)能控能观测,因此一定存在反馈控制器 $\boldsymbol{K}$,满足 $\boldsymbol{A}-\boldsymbol{BKC}$。因此关键是满足推论 9.1 中条件②和③的 $\boldsymbol{BK}+\boldsymbol{G}$ 存在。

令$\boldsymbol{G}_e=\boldsymbol{BK}+\boldsymbol{G}$,则推论 9.1 中②和③可写成:

① $\boldsymbol{A}-\boldsymbol{G}_e\boldsymbol{C}$ 的特征值均位于单位圆内

② $\boldsymbol{CG}_e=\boldsymbol{0}$

由定理 9.1 和 9.2 可得同时满足上述两个条件的 $\boldsymbol{G}_e$ 存在的必要条件,因此推论 9.2 得证。

证毕。

可见闭环系统与开环系统中敏感器和执行机构故障可隔离的条件是基本等价的。实际系统通常采用较多的测量输出,因此不能满足推论 9.2 中的隔离条件。这时需要对系统进行相关处理,使其测量输出量少于状态量的要求。处理方法同开环系统类同。因此在实际应用时,可以按照下列步骤设计故障隔离观测器。

(1) 首先根据推论 9.2 判断输出矩阵 $\boldsymbol{C}$ 和系统矩阵 $\boldsymbol{A}$ 是否满足敏感器和执行机构可隔离条件。如果不能满足,需要采用其他隔离方法;

(2) 若满足,根据推论 9.1 中条件①设计反馈控制矩阵 $\boldsymbol{K}$,满足闭环系统稳定性要求。

(3) 根据推论 9.1 中条件②和③设计一个特别的状态观测矩阵$\boldsymbol{G}_2$。

(4) 根据推论 9.1 条件②设计状态观测矩阵$\boldsymbol{G}_1$,并使得$\boldsymbol{G}_1$ 与$\boldsymbol{G}_2$ 的特征值尽可能接近。

(5) 利用两个状态观测器得到输出残差,用于故障检测和隔离。

闭环控制系统中多个敏感器或执行机构的故障定位,作者将另文撰述。

9.6 小结

闭环系统故障定位较开环系统复杂,同时诊断多个部件故障的诊断方法是解决途径之一,但增加了计算量。基于双观测器的故障隔离方法根据敏感器和执行机构故障在输出残差中产生的效应特征的不同,通过设计两个不同的观测器提取故障在残差中的特征,首先隔离敏感器和执行机构故障,再进行故障的具体定位。如果需要获得故障大小,可以在已知故障具体位置的基础上进行故障识别,这样即克服了闭环系统故障定位的困难,又不过多增加计算量,适合用于系统实时故障诊断。本章同时证明了故障隔离观测器存在的必要条件以及一类二阶线性定常离散系统故障隔离观测器存在的充要条件,确定了本方法的可行性。

参考文献

[1] Patton R J, Frank P M, Clark R N. Issues of Fault Diagnosis for Dynamic Systems[M]. US: Springer, 2000.

[2] Chen J, Patton R J. Robust Model - Based Fault Diagnosis for Dynamic Systems[M]. London: Kluwer Academic Publisher, 1999.

[3] 周东华,叶银忠. 现代故障诊断与容错控制[M]. 北京: 清华大学出版社, 2000.

[4] 胡昌华,许化龙. 控制系统故障诊断与容错控制的分析和设计[M]. 北京: 国防工业出版社, 2000.

[5] 闻新,张洪钺,周露. 控制系统的故障诊断和容错控制[M]. 北京: 机械工业出版社, 1998.

[6] 周东华,孙优贤. 控制系统的故障检测与诊断技术[M]. 北京: 清华大学出版社, 1994.

[7] 居余马,胡金德,等. 线性代数[M]. 北京: 清华大学出版社, 1995.

第 10 章 卫星姿态控制系统故障诊断应用研究

10.1 引言

卫星姿态控制系统是由姿态敏感器、控制器、执行机构与卫星本体一起构成的闭环控制回路。由闭环系统的故障影响分析可知,闭环系统中某一部件故障会导致多个采样数据出现异常,为故障定位带来困扰。

卫星姿态控制系统发生故障后,为快速定位故障部件,必须克服闭环系统中故障征兆传播带来的诊断困难。解决存在故障征兆传播的闭环系统故障诊断方法有以下三种:

(1) 对闭环系统多个部件的特征变量同时进行估计,同时检测多个部件的故障。本书第 8 章中对可作为扩展状态量的敏感器和执行机构故障的可检测性进行分析,但在状态量较多的时候,这种方法的计算量会显著增加,降低实用性。

(2) 采用基于状态估计与参数估计相结合的方法,首先利用状态估计方法对故障进行粗略隔离,然后再利用参数估计方法对故障类型和大小进行识别。本书第 9 章介绍的基于双观测器的方法,能够对输入型故障(执行机构和建模误差)和输出型故障(敏感器故障)进行隔离,将故障定位在闭环系统的具体环节上。在此基础上采用基于参数估计的方法进行估计,可进一步获得故障大小及变化特性。这种分层诊断方法比起第一种方法显著降低了计算量。

(3) 将闭环系统分隔成测量、控制器、被控对象和执行机构四大环节,分别对每一环节设计独立的故障检测和隔离算法,并确保检测和隔离结果不受其他环节影响。这种方法实现简单,便于实时进行,但需要系统具有足够的冗余度和可测信息,而实际工程中,因成本和重量等约束,并不是每个环节都可以实现独立故障诊断。

本章主要利用第二种方法,解决卫星闭环控制系统中的故障诊断问题。诊断方法设计必须满足两个基本诊断目标:①诊断结果不受闭环控制系统中故障传播的影响,能够从系统的角度隔离定位故障,即能够从有限的检测变量(可测的输入输出量、不可测的状态变量、不可测的模型参数向量、不可测的特征向量等)的变化中诊断故障。②故障诊断算法能够滤除系统和测量噪声的影响,检测到微小故障。

10.2　诊断对象描述

本章以某一低轨卫星姿态控制系统为研究对象,系统组成如表10-1所示,姿态控制流程如图10-1所示。

表10-1　卫星姿态控制系统组成

部件名称	数量
陀螺	3
红外地球敏感器	2
数字太阳敏感器	2
星敏感器	2
动量轮	4
姿控发动机	6

由图10-1可知,目前三轴稳定地球卫星的常用姿态测量方式主要包括两类。

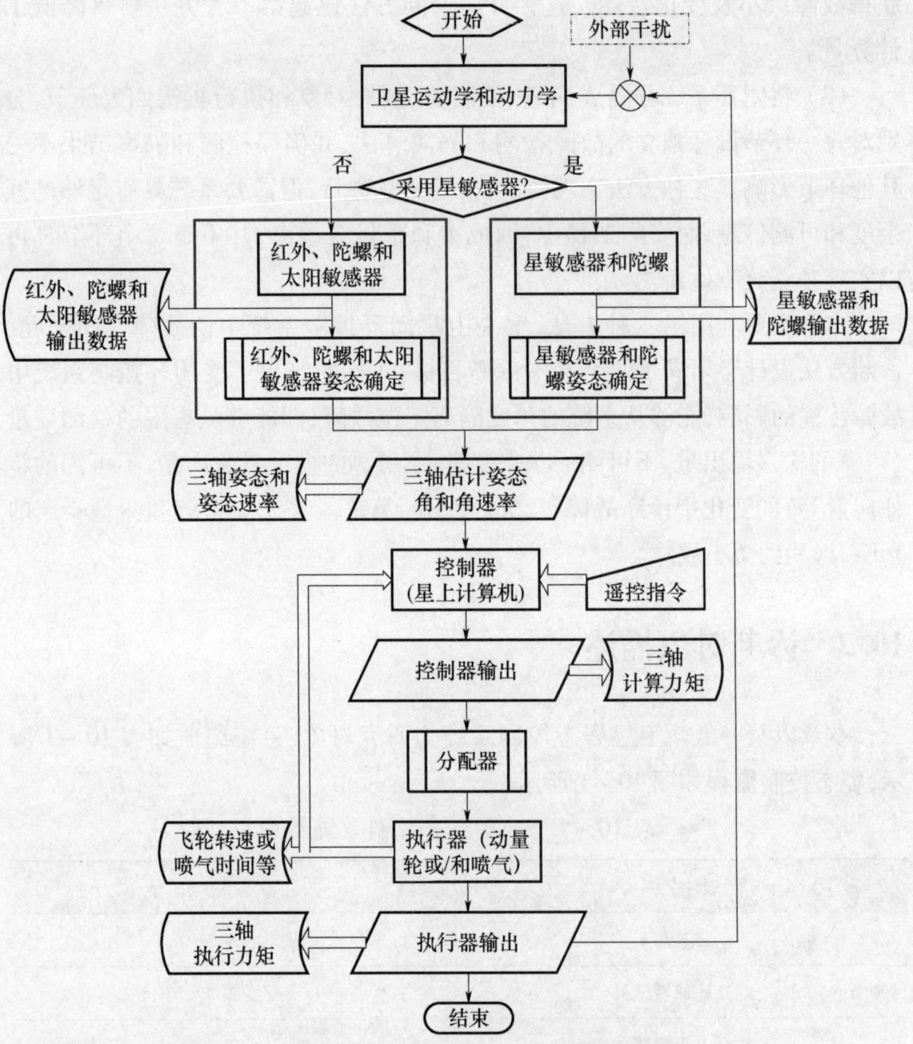

图 10-1　卫星姿态控制流程

1.“红外地球敏感器+太阳敏感器+陀螺”测量

惯性姿态敏感器在短期使用中具有相当高的精度,特别是姿态机动时,能够星上自主地确定姿态的变化过程。但随着时间的增加,陀螺的漂移会逐渐增大,造成的姿态确定误差也逐渐增加,因此在实际应用中惯性姿态敏感器不宜长时间单独使用,需要经常用外部参考矢量的测量来修正。

红外地球敏感器可以给出卫星相对于轨道坐标系的滚动角和俯仰角,但不能给出偏航角;由速率积分陀螺能够测量卫星本体相对于惯性空间的姿态运动角速度。利用卫星在轨道运行过程中滚动角和偏航角之间的运动耦合关系,通过对输入轴分别沿滚动轴和偏航轴的速率陀螺的测量值以及红外地球敏感器给出的滚动角测量值的处理,经过一定的过渡过程之后可以估计出卫星的偏航角。这种由陀螺和红外地球敏感器构成的确定卫星三轴姿态的系统称为轨道罗盘。

圆锥扫描式红外地球敏感器和陀螺均具有转动部件,因而故障率相对较高。星上红外地球敏感器和陀螺分别采取不同的检测方法:对红外地球敏感器,采用弦宽计算法进行故障检测,但由于测量噪声和误差的存在,这种方法仅能够很简单地检测比较大的故障,但对于较小的缓变故障不易检测得到;对于陀螺,常采用表决法进行故障检测诊断,但当工作陀螺个数小于四个时,只能检测故障不能定位故障。

星上姿态确定是利用陀螺的测量数据预估卫星三轴姿态角,利用红外地球敏感器和太阳敏感器输出修正姿态预估器所得的姿态。由于俯仰通道和滚动-偏航通道是解耦的,所以可以分别设计俯仰通道和滚动-偏航通道的姿态滤波器。

2.“星敏感器+陀螺”测量

星敏感器是高精度的姿态敏感器,利用固连于卫星本体的星敏感器对恒星方向的测量数据可以直接确定卫星的惯性姿态。星敏感器数据更新频率较低,陀螺动态响应快,因此星敏感器和陀螺联合定姿,可以提高定姿精度,因此高精度指向卫星广泛采用惯性基准单元与星敏感器组成姿态确定系统。

本书第9章给出了基于双观测器的故障诊断方法,实际系统大多是带有噪声的随机系统,因此故障检测观测器可以扩展为滤波器,本章介绍双观测器思想在卫星闭环控制系统中的应用。

10.3　红外地球敏感器、太阳敏感器与陀螺联合故障诊断

10.3.1　诊断对象模型

卫星处于三轴稳定工作模式时,姿态角和姿态角速度均为小量。此时卫

星姿态角速度、欧拉角速率和欧拉角之间可建立如下关系：

$$\begin{bmatrix}\omega_x\\ \omega_y\\ \omega_z\end{bmatrix}=\begin{bmatrix}\dot{\phi}-\omega_0\psi\\ \dot{\theta}-\omega_0\\ \dot{\psi}+\omega_0\phi\end{bmatrix} \tag{10-1}$$

式中：ω_x、ω_y 和 ω_z 为卫星相对惯性空间的角速度在卫星本体系上的分量；ϕ、θ 和 ψ 为卫星本体相对轨道坐标系的欧拉角，分别定义为滚动角、俯仰角和偏航角；ω_0 为卫星轨道角速度。

陀螺测量卫星角速度 $\boldsymbol{\omega}=[\omega_x \quad \omega_y \quad \omega_z]^{\mathrm{T}}$，令其输出为 $\boldsymbol{g}$，有 $\boldsymbol{g}=\boldsymbol{\omega}+\boldsymbol{b}+\boldsymbol{d}+\boldsymbol{n}$。考虑三个速率积分陀螺正交安装的构型。令三个速率积分陀螺的输入轴沿着星体的三个惯量轴。任意一个陀螺的测量值为

$$\begin{bmatrix}g_x\\ g_y\\ g_z\end{bmatrix}=\begin{bmatrix}\omega_x\\ \omega_y\\ \omega_z\end{bmatrix}+\begin{bmatrix}b_x\\ b_y\\ b_z\end{bmatrix}+\begin{bmatrix}d_x\\ d_y\\ d_z\end{bmatrix}+\begin{bmatrix}n_x\\ n_y\\ n_z\end{bmatrix} \tag{10-2}$$

式中：g_x、g_y、g_z 为陀螺测量输出；b_x、b_y、b_z 为陀螺的常值漂移项；d_x、d_y、d_z 为陀螺的指数相关漂移项；n_x、n_y、n_z 为正态分布白噪声。

由式（10－1）和式（10－2）可得

$$\begin{cases}\dot{\phi}=\omega_x+\omega_0\psi=\omega_0\psi-b_x-d_x+g_x-n_x\\ \dot{\theta}=\omega_y+\omega_0=\omega_0-b_y-d_y+g_y-n_y\\ \dot{\psi}=\omega_z-\omega_0\varphi=-\omega_0\varphi-b_z-d_z+g_z-n_z\end{cases} \tag{10-3}$$

漂移是影响陀螺测量精度的主要因素，将陀螺的漂移作为待估计的状态量，且有

$$\begin{cases}\dot{b}_i=0,\\ \dot{d}_i=-\alpha_i d_i+n_{di}, \quad i=x,y,z\end{cases}$$

式中：b_i 为常值漂移项，d_i 为指数相关漂移项。

地球敏感器的常值偏差是影响姿态测量精度不可忽略的因素之一，因此将地球敏感器的常值偏差作为待估计量，且有

$$\begin{cases}\dot{b}_\theta = 0 \\ \dot{b}_\phi = 0\end{cases} \tag{10-4}$$

综合式(10－3)、式(10－4)可以得到诊断对象的状态方程。

卫星采用太阳敏感器、红外地球敏感器和陀螺定姿时，量测方程为

$$\begin{cases}\phi_h = \phi + b_\phi + n_{\phi h} \\ \theta_h = \theta + b_\theta + n_{\theta h} \\ \phi_{sh} = \phi + n_{\phi sh} \\ \theta_{sh} = \theta + n_{\theta sh} \\ \psi_{sh} = \psi + n_{\psi sh}\end{cases} \tag{10-5}$$

式中：ϕ_h、θ_h 是红外地球敏感器的测量输出；ϕ_{sh}、θ_{sh}、ψ_{sh}是由太阳敏感器测量得到的太阳矢量和由地球敏感器测量得到的地心矢量，通过双矢量定姿，计算获得的卫星三个姿态角；$n_{\varphi h}$、$n_{\theta h}$、$n_{\varphi sh}$、$n_{\theta sh}$、$n_{\psi sh}$为量测噪声。

由式(10－3)～式(10－5)可知，卫星在姿态角为小角度的情况下，俯仰和滚动－偏航姿态控制是可以解耦的，因此可对俯仰通道和滚动－偏航通道分别建模。

1. 俯仰通道

$$\begin{bmatrix}\dot{\theta} \\ \dot{d}_p \\ \dot{b}_p \\ \dot{b}_\theta\end{bmatrix} = \begin{bmatrix}0 & -1 & -1 & 0 \\ 0 & -\alpha_p & 0 & 0 \\ 0 & 0 & 0 & 0 \\ 0 & 0 & 0 & 0\end{bmatrix}\begin{bmatrix}\theta \\ d_p \\ b_p \\ b_\theta\end{bmatrix} + \begin{bmatrix}\omega_0 + g_p \\ 0 \\ 0 \\ 0\end{bmatrix} + \begin{bmatrix}n_p \\ n_{dp} \\ n_{bp} \\ n_{b\theta}\end{bmatrix}\begin{bmatrix}\theta_h \\ \theta_{sh}\end{bmatrix}$$

$$= \begin{bmatrix}1 & 0 & 0 & 1 \\ 1 & 0 & 0 & 0\end{bmatrix}\begin{bmatrix}\theta \\ d_p \\ b_p \\ b_\theta\end{bmatrix} + \begin{bmatrix}n_{\theta h} \\ n_{\theta sh}\end{bmatrix}$$

记

$$\boldsymbol{x}_1 = [\theta \quad d_p \quad b_p \quad b_\theta]^{\mathrm{T}}, \boldsymbol{y}_1 = [\theta_h \quad \theta_{sh}]^{\mathrm{T}}, u_1 = \omega_0 + g_p, \boldsymbol{B}_1 = [1 \quad 0 \quad 0 \quad 0]^{\mathrm{T}}$$

$$\boldsymbol{A}_1=\begin{bmatrix}0 & -1 & -1 & 0\\ 0 & -\alpha_p & 0 & 0\\ 0 & 0 & 0 & 0\\ 0 & 0 & 0 & 0\end{bmatrix},\boldsymbol{C}_1=\begin{bmatrix}1 & 0 & 0 & 1\\ 1 & 0 & 0 & 0\end{bmatrix}$$

$$\boldsymbol{n}_{x1}=[n_p \quad n_{dp} \quad n_{bp} \quad n_{b\theta}]^{\mathrm{T}},\boldsymbol{n}_{y1}=[n_{\theta h} \quad n_{\theta sh}]^{\mathrm{T}}$$

则俯仰通道方程可以改写为

$$\begin{cases}\dot{\boldsymbol{x}}_1=\boldsymbol{A}_1\boldsymbol{x}_1+\boldsymbol{B}_1u_1+\boldsymbol{n}_{x1}\\ \boldsymbol{y}_1=\boldsymbol{C}_1\boldsymbol{x}_1+\boldsymbol{n}_{y1}\end{cases} \tag{10-6}$$

将式(10-6)离散化,采样时间取 $T=1\mathrm{s}$,可得

$$\boldsymbol{A}_p=\mathrm{e}^{A_1T}=\begin{bmatrix}1 & -1 & -1 & 0\\ 0 & 1-\alpha_p & 0 & 0\\ 0 & 0 & 1 & 0\\ 0 & 0 & 0 & 1\end{bmatrix},\boldsymbol{B}_p=\int_0^T\mathrm{e}^{A_1t}\mathrm{d}t\boldsymbol{B}_1=\begin{bmatrix}1\\ 0\\ 0\\ 0\end{bmatrix},\boldsymbol{C}_p=\boldsymbol{C}_1$$

则离散化后俯仰通道表达式为

$$\begin{cases}\boldsymbol{x}_p(k+1)=\boldsymbol{A}_p\boldsymbol{x}_p(k)+\boldsymbol{B}_pu_p(k)+\boldsymbol{n}_{xp}\\ \boldsymbol{y}_p(k)=\boldsymbol{C}_p\boldsymbol{x}_p(k)+\boldsymbol{n}_{yp}\end{cases} \tag{10-7}$$

其中

$$\boldsymbol{x}_p(k)=[\theta(k) \quad d_p(k) \quad b_p(k) \quad b_\theta(k)]^{\mathrm{T}}$$

$$u_p(k)=\omega_0(k)+g_p(k)$$

$$\boldsymbol{y}_p(k)=[\theta_h(k) \quad \theta_{sh}(k)]^{\mathrm{T}}$$

$\boldsymbol{n}_{xp}$、$\boldsymbol{n}_{yp}$ 为噪声。

2. 滚动-偏航通道

$$\begin{bmatrix}\dot{\phi}\\ \dot{\psi}\\ \dot{d}_r\\ \dot{d}_y\\ \dot{b}_r\\ \dot{b}_y\\ \dot{b}_\phi\end{bmatrix}=\begin{bmatrix}0 & \omega_0 & -1 & 0 & -1 & 0 & 0\\ -\omega_0 & 0 & 0 & -1 & 0 & -1 & 0\\ 0 & 0 & -\alpha_r & 0 & 0 & 0 & 0\\ 0 & 0 & 0 & -\alpha_y & 0 & 0 & 0\\ 0 & 0 & 0 & 0 & 0 & 0 & 0\\ 0 & 0 & 0 & 0 & 0 & 0 & 0\\ 0 & 0 & 0 & 0 & 0 & 0 & 0\end{bmatrix}\begin{bmatrix}\phi\\ \psi\\ d_r\\ d_y\\ b_r\\ b_y\\ b_\phi\end{bmatrix}+\begin{bmatrix}g_r\\ g_y\\ 0\\ 0\\ 0\\ 0\\ 0\end{bmatrix}+\begin{bmatrix}n_r\\ n_y\\ n_{dr}\\ n_{dy}\\ n_{br}\\ n_{by}\\ n_{b\phi}\end{bmatrix}$$

$$\begin{bmatrix}\phi_h\\\phi_{sh}\\\psi_{sh}\end{bmatrix}=\begin{bmatrix}1&0&0&0&0&0&1\\1&0&0&0&0&0&0\\0&1&0&0&0&0&0\end{bmatrix}\begin{bmatrix}\phi\\\psi\\d_r\\d_y\\b_r\\b_y\\b_\phi\end{bmatrix}+\begin{bmatrix}n_{\phi h}\\n_{\phi sh}\\n_{\psi sh}\end{bmatrix}$$

记

$$\boldsymbol{x}_2=[\phi\quad\psi\quad d_r\quad d_y\quad b_r\quad b_y\quad b_\phi]^{\mathrm{T}},\boldsymbol{y}_2=[\phi_h\quad\phi_{sh}\quad\psi_{sh}]^{\mathrm{T}},$$

$$\boldsymbol{u}_2=\begin{bmatrix}g_r\\g_y\end{bmatrix},\boldsymbol{B}_2=\begin{bmatrix}1&0&0&0&0&0&0\\0&1&0&0&0&0&0\end{bmatrix}^{\mathrm{T}}$$

$$\boldsymbol{A}_2=\begin{bmatrix}0&\omega_0&-1&0&-1&0&0\\-\omega_0&0&0&-1&0&-1&0\\0&0&-\alpha_r&0&0&0&0\\0&0&0&-\alpha_y&0&0&0\\0&0&0&0&0&0&0\\0&0&0&0&0&0&0\\0&0&0&0&0&0&0\end{bmatrix},\boldsymbol{C}_2=\begin{bmatrix}1&0&0&0&0&0&1\\1&0&0&0&0&0&0\\0&1&0&0&0&0&0\end{bmatrix}$$

$$\boldsymbol{n}_{x2}=[n_r\quad n_y\quad n_{dr}\quad n_{dy}\quad n_{br}\quad n_{by}\quad n_{b\phi}]^{\mathrm{T}},\boldsymbol{n}_{y2}=[n_{\phi h}\quad n_{\phi sh}\quad n_{\psi sh}]^{\mathrm{T}}$$

则滚动－偏航方程可以写为

$$\begin{cases}\dot{\boldsymbol{x}}_2=\boldsymbol{A}_2\boldsymbol{x}_2+\boldsymbol{B}_2\boldsymbol{u}_2+\boldsymbol{n}_{x2}\\\boldsymbol{y}_2=\boldsymbol{C}_2\boldsymbol{x}_2+\boldsymbol{n}_{y2}\end{cases}\tag{10-8}$$

将式(10－8)离散化，采样时间取 $T=1\mathrm{s}$，可得

$$\boldsymbol{A}_r=\mathrm{e}^{\boldsymbol{A}_2\mathrm{T}}=\begin{bmatrix}1&\omega_0&-1&0&-1&0&0\\-\omega_0&1&0&-1&0&-1&0\\0&0&1-\alpha_r&0&0&0&0\\0&0&0&1-\alpha_y&0&0&0\\0&0&0&0&1&0&0\\0&0&0&0&0&1&0\\0&0&0&0&0&0&1\end{bmatrix},$$

$$\boldsymbol{B}_r = \int_0^T e^{A_2 t} dt \boldsymbol{B}_2 = \begin{bmatrix} 1 & 0 \\ 0 & 1 \\ 0 & 0 \\ 0 & 0 \\ 0 & 0 \\ 0 & 0 \\ 0 & 0 \end{bmatrix}, \boldsymbol{C}_r = \boldsymbol{C}_2$$

则离散化后滚动－偏航通道表达式为

$$\begin{cases} \boldsymbol{x}_r(k+1) = \boldsymbol{A}_r x_r(k) + \boldsymbol{B}_r u_r(k) + \boldsymbol{n}_{xr} \\ \boldsymbol{y}_r(k) = \boldsymbol{C}_r \boldsymbol{x}_r(k) + \boldsymbol{n}_{yr} \end{cases} \tag{10-9}$$

其中

$$\boldsymbol{x}_r(k) = [\phi(k) \quad \psi(k) \quad d_r(k) \quad d_y(k) \quad b_r(k) \quad b_y(k) \quad b_\phi(k)]^{\mathrm{T}}$$

$$\boldsymbol{u}_r(k) = [g_r(k) \quad g_y(k)]^{\mathrm{T}}$$

$$\boldsymbol{y}_r(k) = [\phi_h \quad \phi_{sh} \quad \psi_{sh}]^{\mathrm{T}}$$

$\boldsymbol{n}_{xr}$、$\boldsymbol{n}_{yr}$为噪声。

在式(10－7)和式(10－9)所示的系统中，惯性敏感器输出为系统的输入环节，光学敏感器输出为系统的输出环节。因此基于双观测器的方法可以用于两类姿态测量敏感器的联合诊断，实现有效诊断定位。

10.3.2 惯性敏感器和光学敏感器的故障隔离

对式(10－7)和式(10－9)，分别设计 Kalman 滤波器和隔离陀螺故障的隔离观测器，可实现惯性敏感器和光学敏感器的故障隔离。

Kalman 滤波器的设计过程可参见参考文献[1-2]，本节主要介绍俯仰通道和滚动、偏航通道隔离观测器的设计方法。

1. 俯仰通道

在式(10－6)中取

$$\boldsymbol{A}_p = \begin{bmatrix} 1.0000 & -1.0000 & -1.0000 & 0 \\ 0 & 0.9992 & 0 & 0 \\ 0 & 0 & 1.0000 & 0 \\ 0 & 0 & 0 & 1.0000 \end{bmatrix}, \boldsymbol{B}_p = \begin{bmatrix} 1 \\ 0 \\ 0 \\ 0 \end{bmatrix}, \boldsymbol{C}_p = \begin{bmatrix} 1 & 0 & 0 & 1 \\ 1 & 0 & 0 & 0 \end{bmatrix}$$

求解隔离观测器[2]。选定

$$F_p = 0.618 I_2, G_p = \begin{bmatrix} -1 & -1 \\ 0 & 1 \end{bmatrix}$$

其中，I_2 为二阶单位阵。

由 $T_p A_p - F_p T_p = G_p C_p$ 可以解得

$$T_p = \begin{bmatrix} -5.2358 & -13.7345 & -13.7058 & -2.6178 \\ 2.6178 & 6.8673 & 6.8529 & 0 \end{bmatrix}$$

由 $K_p T_p B_p = 0$ 可以解得：$K_p = [1 \quad 2]$

再由 $K_p T_p + P_p C_p = 0$ 可以解得：$P_p = [2.6178 \quad -2.6178]$

至此完成隔离观测器的设计。

2.滚动－偏航通道

在式(10－9)中取

$$A_r = \begin{bmatrix} 1 & 0.001 & -1 & 0 & -1 & 0 & 0 \\ -0.001 & 1 & 0 & -1 & 0 & -1 & 0 \\ 0 & 0 & 0.9992 & 0 & 0 & 0 & 0 \\ 0 & 0 & 0 & 0.9992 & 0 & 0 & 0 \\ 0 & 0 & 0 & 0 & 1 & 0 & 0 \\ 0 & 0 & 0 & 0 & 0 & 1 & 0 \\ 0 & 0 & 0 & 0 & 0 & 0 & 1 \end{bmatrix}, B_r = \begin{bmatrix} 1 & 0 \\ 0 & 1 \\ 0 & 0 \\ 0 & 0 \\ 0 & 0 \\ 0 & 0 \\ 0 & 0 \end{bmatrix}$$

$$C_r = \begin{bmatrix} 1 & 0 & 0 & 0 & 0 & 0 & 1 \\ 1 & 0 & 0 & 0 & 0 & 0 & 0 \\ 1 & 0 & 0 & 0 & 0 & 0 & 0 \end{bmatrix}$$

求解隔离观测器[1-2]，可得

$$F_r = 0.618 I_2, G_r = \begin{bmatrix} -1 & 0 & -1 \\ -1 & -1 & -2 \end{bmatrix}, K_r = [2 \quad -1],$$

$$P_r = [2.6178 \quad -2.6178 \quad 0],$$

$$T_r = \begin{bmatrix} -2.6249 & -2.6107 & -6.8859 & -6.8485 & -6.8715 & -6.8342 & -2.6178 \\ -5.2498 & -5.2213 & -13.7718 & -13.6970 & -13.7430 & -13.6684 & -2.6178 \end{bmatrix}$$

其中，I_2 为二阶单位阵。

10.3.3 地球敏感器的故障隔离

若卫星的地球敏感器发生故障，根据 10.3.2 节的结果，只能确定太阳敏感器、地球敏感器两者之一肯定发生故障，并不能确定是哪一种敏感器发生故障，还需进一步进行故障定位。

1. 俯仰通道

俯仰通道的输出有两个：俯仰地球敏感器的测量输出和双矢量定姿算法得到的俯仰角。

令 $\boldsymbol{y}_p=[y_1 \quad y_2]^{\mathrm{T}}$，$y_1$ 是地球敏感器的测量输出，y_2 是双矢量定姿获得俯仰角估值。

把原系统分为两个子系统

$$\Sigma 1:\begin{cases}\boldsymbol{x}_p(k+1)=\boldsymbol{A}_p\boldsymbol{x}_p(k)+\boldsymbol{B}_p u_p(k)\\ \boldsymbol{y}_1(k+1)=\boldsymbol{C}_1\boldsymbol{x}_p(k+1)\end{cases}$$

$$\Sigma 2:\begin{cases}\boldsymbol{x}_p(k+1)=\boldsymbol{A}_p\boldsymbol{x}_p(k)+\boldsymbol{B}_p u_p(k)\\ \boldsymbol{y}_2(k+1)=\boldsymbol{C}_2\boldsymbol{x}_p(k+1)\end{cases}$$

其中，$\boldsymbol{C}_1=[1 \quad 0 \quad 0 \quad 1]$，$\boldsymbol{C}_2=[1 \quad 0 \quad 0 \quad 0]$。

子系统$\Sigma 1$ 输出为俯仰地球敏感器的测量值，虽然可知为一个不完全可观测系统。

$$\begin{bmatrix}\boldsymbol{C}_1\\ \boldsymbol{C}_1\boldsymbol{A}_p\\ \boldsymbol{C}_1\boldsymbol{A}_p^2\\ \boldsymbol{C}_1\boldsymbol{A}_p^3\end{bmatrix}=\begin{bmatrix}1 & 0 & 0 & 1\\ 1 & -1 & -1 & 1\\ 1 & -1.9992 & -2 & 1\\ 1 & -2.9976 & -3 & 1\end{bmatrix},\mathrm{rank}\left(\begin{bmatrix}\boldsymbol{C}_1\\ \boldsymbol{C}_1\boldsymbol{A}_p\\ \boldsymbol{C}_1\boldsymbol{A}_p^2\\ \boldsymbol{C}_1\boldsymbol{A}_p^3\end{bmatrix}\right)=3$$

取

$$\boldsymbol{T}_1=\begin{bmatrix}1 & 0 & 0 & 1\\ 1 & -1 & -1 & 1\\ 1 & -1.9992 & -2 & 1\\ 0 & 0 & 0 & 1\end{bmatrix}$$

令 $\overline{\boldsymbol{x}}_p=\boldsymbol{T}_1\boldsymbol{x}_p$，代入$\Sigma 1$ 可得

$$\begin{cases}\overline{\boldsymbol{x}}_p(k+1)=\boldsymbol{T}_1\boldsymbol{A}_p\boldsymbol{T}_1^{-1}\overline{\boldsymbol{x}}_p(k)+\boldsymbol{T}_1\boldsymbol{B}_p u_p(k)\\ \boldsymbol{y}_1(k+1)=\boldsymbol{C}_1\boldsymbol{T}_1^{-1}\overline{\boldsymbol{x}}_p(k+1)\end{cases}$$

$$\overline{A}_p = T_1 A_p T_1^{-1} = \begin{bmatrix} 0 & 1 & 0 & 0 \\ 0 & 0 & 1 & 0 \\ 0.9992 & -2.9984 & 2.9992 & 0 \\ 0 & 0 & 0 & 1 \end{bmatrix}, \overline{B}_p = T_1 B_p = \begin{bmatrix} 1 \\ 1 \\ 1 \\ 0 \end{bmatrix}$$

$$\overline{C}_1 = C_1 \cdot T_1^{-1} = [1 \quad 0 \quad 0 \quad 0]$$

则∑1 分为可观测和不可观测两个子系统。

可观测子系统:

$$\begin{cases} x_{po}(k+1) = \begin{bmatrix} 0 & 1 & 0 \\ 0 & 0 & 1 \\ 0.9992 & -2.9984 & 2.9992 \end{bmatrix} x_{po}(k) + \begin{bmatrix} 1 \\ 1 \\ 1 \end{bmatrix} u_p(k) \\ y_{1o}(k+1) = [1 \quad 0 \quad 0] x_{po}(k+1) \end{cases}$$

不可观测子系统:

$$\begin{cases} x_{p\bar{o}}(k+1) = x_{p\bar{o}}(k) \\ y_{1\bar{o}}(k+1) = 0 \end{cases}$$

对可观测子系统设计一个合适的观测器,选取适当的极点,计算得到观测器的增益阵为

$$G_1 = [0.4992 \quad 0.5888 \quad 0.6833]^{\mathrm{T}}$$

根据文献[2]中的分析,由此观测器得到的故障检测残差,只受俯仰地球敏感器故障影响,不受太阳敏感器故障的影响,因此若此残差偏离正常值,则可诊断为俯仰地球敏感器故障,从而实现,俯仰太阳敏感器故障的隔离。

2. 滚动 - 偏航通道

按照俯仰通道的设计方法,选取滚动地球敏感器的输出,将滚动 - 偏航通道方程做能观测分解,然后对能观测子系统设计一个观测器,选取适当的极点,计算得到观测器的增益阵为

$$G_2 = [0.3992 \quad 0.4565 \quad 0.5172 \quad 0.5815]^{\mathrm{T}}$$

同样,该观测器得到的残差可以诊断滚动轴地球敏感器故障。

10.3.4　滚动和偏航陀螺的故障隔离

按照 10.3.3 节的方法,可以隔离陀螺故障和两种光学敏感器(太阳敏感

器和红外地球敏感器)的故障。在滚动－偏航通道,由于有滚动和偏航两个陀螺,因此即使确定为陀螺环节发生故障,还需进一步定位,确定是滚动轴或是偏航轴故障。

设计隔离观测器[4],取 $\lambda_1=0.7,\lambda_2=0.8$,则有

$$\boldsymbol{A}_f=\boldsymbol{A}_r-(\boldsymbol{A}_r\boldsymbol{B}_r-[0.7\boldsymbol{b}_1\quad 0.8\boldsymbol{b}_2])(\boldsymbol{C}_r\boldsymbol{B}_r)^+\boldsymbol{C}_r$$

$$=\begin{bmatrix}0.7 & 0 & -1 & 0 & -1 & 0 & -0.15\\ 0 & 0.8 & 0 & -1 & 0 & 0 & 0.0005\\ 0 & 0 & 0.9992 & 0 & 0 & -1 & 0\\ 0 & 0 & 0 & 0.9992 & 0 & 0 & 0\\ 0 & 0 & 0 & 0 & 1 & 0 & 0\\ 0 & 0 & 0 & 0 & 0 & 1 & 0\\ 0 & 0 & 0 & 0 & 0 & 0 & 1\end{bmatrix}$$

$$\boldsymbol{C}_f=\begin{bmatrix}0 & 0 & 0 & 0 & 0 & 0 & 0.5\\ 0 & 0 & 0 & 0 & 0 & 0 & -0.5\\ 0 & 0 & 0 & 0 & 0 & 0 & 0\end{bmatrix}$$

$\boldsymbol{A}_f$ 的特征值和对应的特征向量为

$$\boldsymbol{\lambda}_{f1}=[0.8\quad 0.7\quad 0.9992\quad 0.9992\quad 1\quad 1\quad 1]$$

$$\boldsymbol{V}_1=\begin{bmatrix}0 & 1 & -0.985037 & 0 & -0.957826 & 0 & -0.447212\\ 1 & 0 & 0 & -0.980731 & 0 & -0.980581 & 0.002325\\ 0 & 0 & 0.286645 & 0 & 0 & 0 & 0\\ 0 & 0 & 0 & 0.195362 & 0 & 0 & 0\\ 0 & 0 & 0 & 0 & 0.287348 & 0 & 0\\ 0 & 0 & 0 & 0 & 0 & 0.196116 & 0\\ 0 & 0 & 0 & 0 & 0 & 0 & 0.894425\end{bmatrix}$$

$$\boldsymbol{C}_r\boldsymbol{V}_1=\begin{bmatrix}0 & 1 & -0.958037 & 0 & -0.957826 & 0 & 0.447212\\ 0 & 1 & -0.958037 & 0 & -0.957826 & 0 & -0.447212\\ 1 & 0 & 0 & -0.980731 & 0 & -0.980581 & 0.002325\end{bmatrix}$$

根据 $\boldsymbol{C}_r\boldsymbol{V}_1$,重写 $\boldsymbol{\lambda}_{f1}$,$\boldsymbol{V}_1$,得到

$$V_2=\begin{bmatrix}1 & -0.985037 & -0.957826 & 0 & 0 & 0 & -0.447212\\0 & 0 & 0 & 1 & -0.980731 & -0.980581 & 0.002325\\0 & 0.286645 & 0 & 0 & 0 & 0 & 0\\0 & 0 & 0 & 0 & 0.195362 & 0 & 0\\0 & 0 & 0.287348 & 0 & 0 & 0 & 0\\0 & 0 & 0 & 0 & 0 & 0.196116 & 0\\0 & 0 & 0 & 0 & 0 & 0 & 0.894425\end{bmatrix}$$

$$\lambda_{f2}=[0.7\quad 0.9992\quad 1\quad 0.8\quad 0.9992\quad 1\quad 1]$$

$$V_2^{-1}A_fV_2=\mathrm{diag}[0.7\quad 0.9992\quad 1\quad 0.8\quad 0.9992\quad 1\quad 1]$$

$$C_rV_2=\begin{bmatrix}1 & -0.958037 & -0.957826 & 0 & 0 & 0 & 0.447212\\1 & -0.958037 & -0.957826 & 0 & 0 & 0 & -0.447212\\0 & 0 & 0 & 1 & -0.980731 & -0.980581 & 0.002325\end{bmatrix}$$

$$\mathrm{rank}(\mathrm{obsv}(A_f,C_f))=1$$

取

$$V_q=\begin{bmatrix}1 & -0.985037 & -0.957826 & 0 & 0 & 0\\0 & 0 & 0 & 1 & -0.980731 & -0.980581\\0 & 0.286645 & 0 & 0 & 0 & 0\\0 & 0 & 0 & 0 & 0.195362 & 0\\0 & 0 & 0.287348 & 0 & 0 & 0\\0 & 0 & 0 & 0 & 0 & 0.196116\\0 & 0 & 0 & 0 & 0 & 0\end{bmatrix}$$

$$C_rV_q=\begin{bmatrix}1 & -0.958037 & -0.957826 & 0 & 0 & 0\\1 & -0.958037 & -0.957826 & 0 & 0 & 0\\0 & 0 & 0 & 1 & -0.980731 & -0.980581\end{bmatrix}$$

$$=[C_rb_1\quad C_rb_2]\begin{bmatrix}1 & -0.958037 & -0.957826 & 0 & 0 & 0\\0 & 0 & 0 & 1 & -0.980731 & -0.980581\end{bmatrix}$$

得到的两个子系统分别为

$$\boldsymbol{\Lambda}_1=\begin{bmatrix}0.7&0&0&0&0&0\\0&0.9992&0&0&0&0\\0&0&1&0&0&0\\0&0&0&0.8&0&0\\0&0&0&0&0.9992&0\\0&0&0&0&0&1\end{bmatrix}$$

$$\boldsymbol{C}_{r1}=\begin{bmatrix}1&-0.958037&-0.957826&0&0&0\\1&-0.958037&-0.957826&0&0&0\\0&0&0&1&-0.980731&-0.980581\end{bmatrix}$$

$$=[\boldsymbol{C}_r\boldsymbol{b}_1\quad \boldsymbol{C}_r\boldsymbol{b}_2]\begin{bmatrix}1&-0.958037&-0.957826&0&0&0\\0&0&0&1&-0.980731&-0.980581\end{bmatrix}$$

$$=[\boldsymbol{C}_r\boldsymbol{b}_1\quad \boldsymbol{C}_r\boldsymbol{b}_2]\boldsymbol{c}_1$$

$$\boldsymbol{\Lambda}_2=1$$

$$(\boldsymbol{I}_3-(\boldsymbol{C}_r\boldsymbol{B}_r)(\boldsymbol{C}_r\boldsymbol{B}_r)^+)\boldsymbol{C}_{r2}=(\boldsymbol{I}_3-(\boldsymbol{C}_r\boldsymbol{B}_r)(\boldsymbol{C}_r\boldsymbol{B}_r)^+)\begin{bmatrix}0.447212\\-0.447212\\0.002325\end{bmatrix}$$

$$=\begin{bmatrix}0.447212\\-0.447212\\0\end{bmatrix}$$

其中,$\boldsymbol{I}_3$ 是三阶单位阵。

$\mathrm{rank}(\mathrm{obsv}(\boldsymbol{\Lambda}_1,\boldsymbol{c}_1))=6$,$\mathrm{rank}(\mathrm{obsv}(\boldsymbol{\Lambda}_2,(\boldsymbol{I}_3-(\boldsymbol{C}_r\boldsymbol{B}_r)(\boldsymbol{C}_r\boldsymbol{B}_r)^+)\boldsymbol{C}_{r2}))=1$。所以$(\boldsymbol{\Lambda}_1,\boldsymbol{c}_1)$,$(\boldsymbol{\Lambda}_2,(\boldsymbol{I}_3-(\boldsymbol{C}_r\boldsymbol{B}_r)(\boldsymbol{C}_r\boldsymbol{B}_r)^+)\boldsymbol{C}_{r2})$是可观测的。

设$(\boldsymbol{\Lambda}_1,\boldsymbol{c}_1)$的期望极点为0.7,0.75,0.9,0.8,0.75,0.9,把$(\boldsymbol{\Lambda}_1,\boldsymbol{c}_1)$再分解成两个子系统设计,得到

$$\boldsymbol{g}=\begin{bmatrix}0&0\\32.254288&0\\-32.625958&0\\0&0\\0&31.507918\\0&-31.868872\end{bmatrix}$$

$$G_4 = g\,(C_rB_r)^+ = \begin{bmatrix} 0 & 0 & 0 \\ 16.127143 & 16.127143 & 0 \\ -16.312979 & -16.312979 & 0 \\ 0 & 0 & 0 \\ 0 & 0 & 31.507918 \\ 0 & 0 & -31.868872 \end{bmatrix}$$

设$(\boldsymbol{\Lambda}_2,(\boldsymbol{I}_3-(\boldsymbol{C}_r\boldsymbol{B}_r)(\boldsymbol{C}_r\boldsymbol{B}_r)^+)\boldsymbol{C}_{r2})$的期望极点为 0.75，得到

$$G_5 = [0.279509 \quad -0.279509 \quad 0]$$

所以，得到隔离观测器的增益矩阵为

$$G = V_2\begin{bmatrix} G_4 \\ G_5(I_3-(C_rB_r)(C_rB_r)^+) \end{bmatrix} = \begin{bmatrix} 0.199600 & 0.449600 & 0.00104 \\ 0.000130 & -0.001170 & 0.549200 \\ 4.622760 & 4.622760 & 0 \\ 0 & 0 & 6.155439 \\ -4.687500 & -4.687500 & 0 \\ 0 & 0 & -6.250000 \\ 0.2500 & -0.2500 & 0 \end{bmatrix}$$

10.3.5　仿真实例

1. 惯性敏感器与光学敏感器隔离

以某卫星控制系统为对象建立仿真平台，在该平台上验证双观测器法的有效性。使用 10.3.2 节中计算得到 $\boldsymbol{F}_p$、$\boldsymbol{G}_p$、$\boldsymbol{T}_p$、$\boldsymbol{K}_p$、$\boldsymbol{P}_p$ 和 $\boldsymbol{F}_r$、$\boldsymbol{G}_r$、$\boldsymbol{T}_r$、$\boldsymbol{K}_r$、$\boldsymbol{P}_r$ 作为隔离观测器。

卫星控制系统进入稳态后，系统对于以下八种情况进行仿真研究，分别是：

（1）正常情况；

（2）俯仰地球敏感器常值偏差突然增大；

（3）俯仰陀螺常值漂移突然增大；

（4）滚动地球敏感器常值偏差突然减小；

（5）滚动陀螺常值漂移突然增大；

（6）偏航陀螺常值漂移突然增大；

(7) 俯仰太阳敏感器输出封死;

(8) 滚动太阳敏感器输出封死。

以上故障均在仿真时间 380s 时注入,仿真结果如图 10-2 ~ 图 10-9 所示。

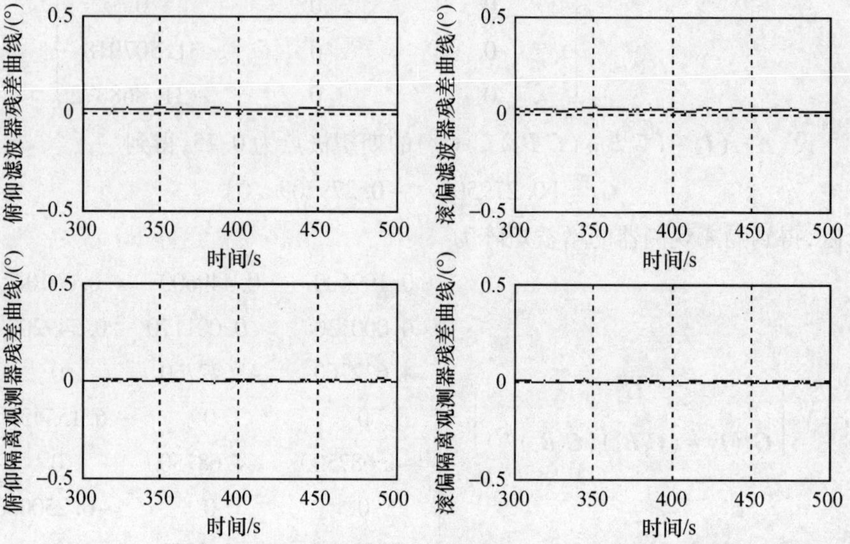

图 10-2 正常情况

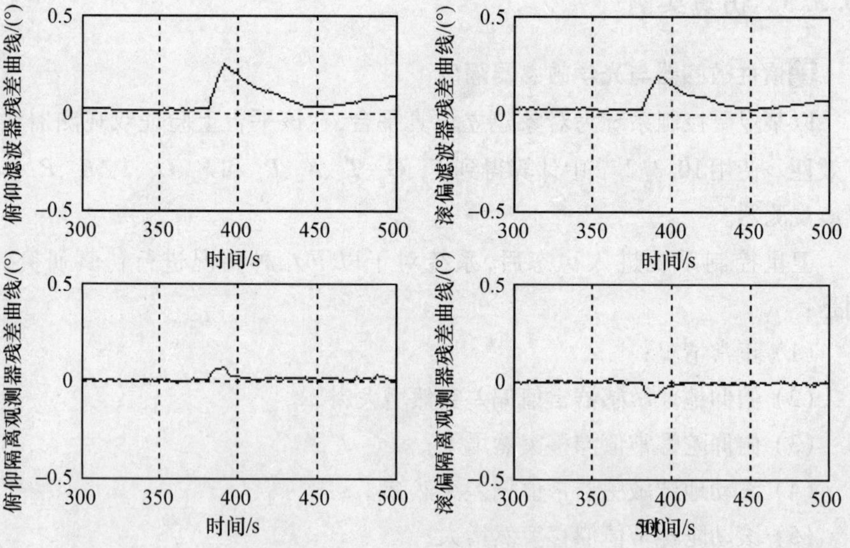

图 10-3 俯仰地球敏感器故障

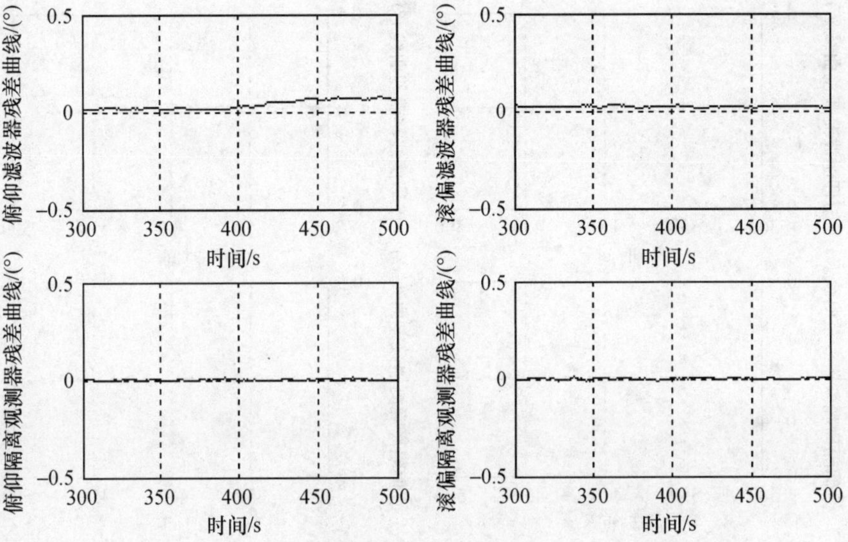

图 10－4　俯仰陀螺故障

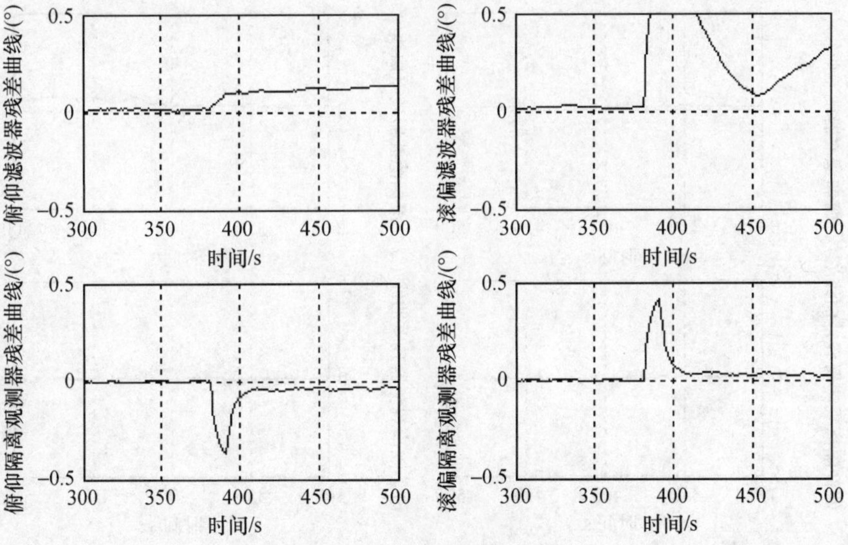

图 10－5　滚动地球敏感器故障

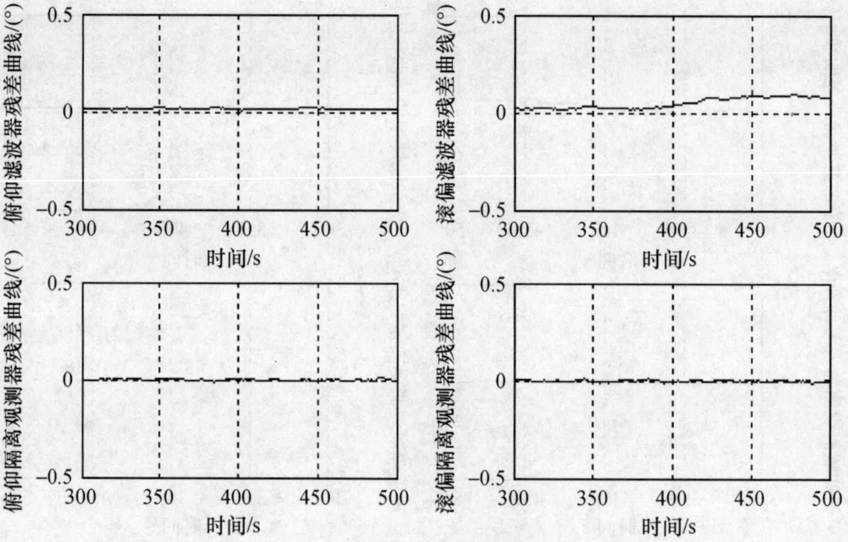

图 10－6　滚动陀螺故障

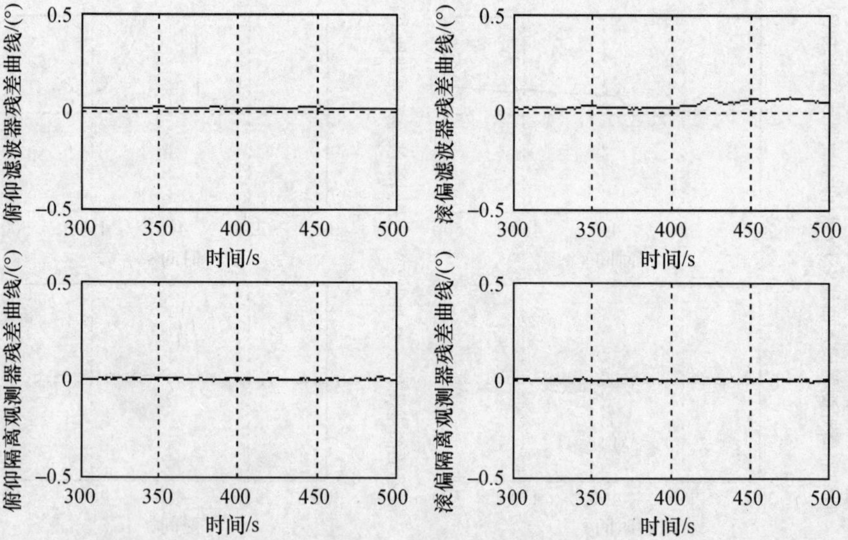

图 10－7　偏航陀螺故障

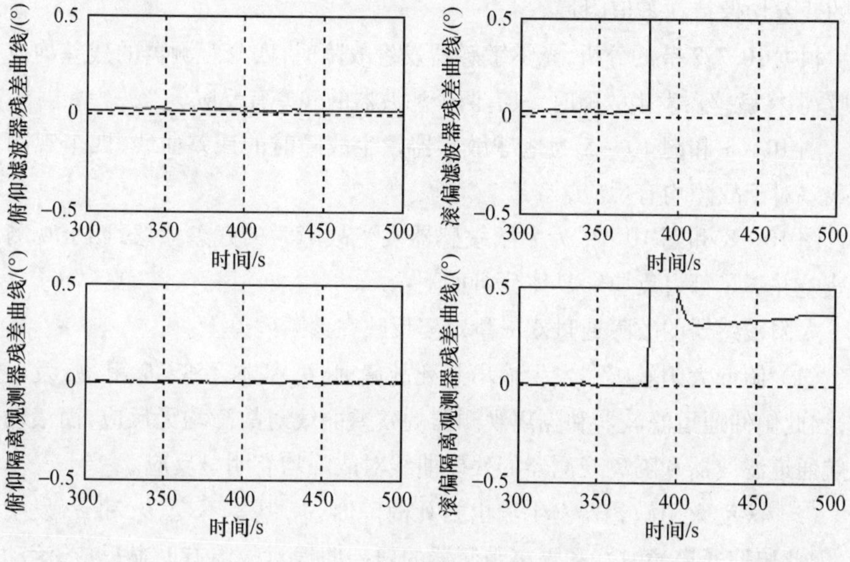

图 10 – 8 俯仰太阳敏感器故障

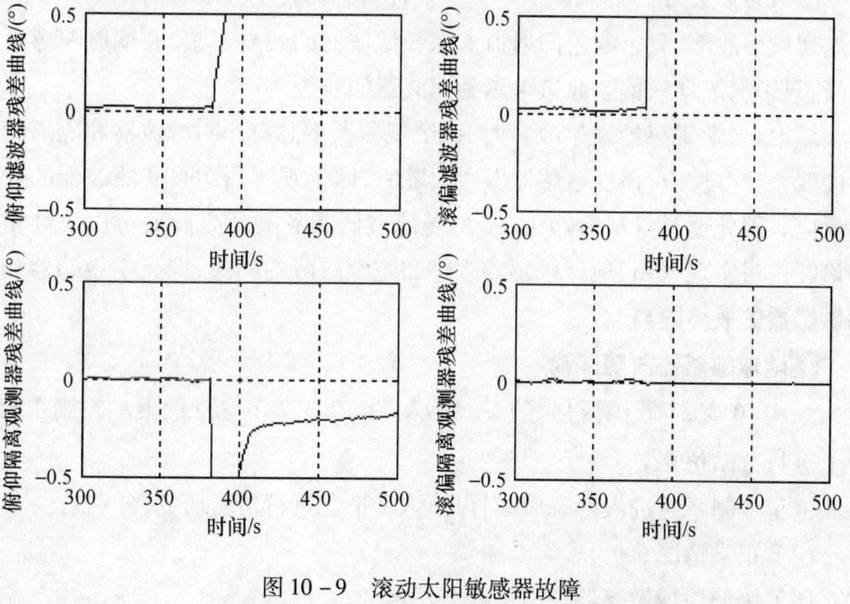

图 10 – 9 滚动太阳敏感器故障

图 10-2 为正常情况时的仿真曲线,无故障时卡尔曼滤波器和隔离观测器的残差均保持在零值附近。

根据 10.3.2 节的分析,光学敏感器发生故障时,四个观测器的残差均应有反应;惯性敏感器发生故障时,只有两个滤波器的残差有反应。

图 10-3 和图 10-5 为地球敏感器发生故障时的残差曲线,四个观测器的残差对于故障均有反应。

图 10-8 和图 10-9 为太阳敏感器发生故障时的残差曲线,四个观测器的残差并不是都有反应。具体分析如下:

太阳敏感器的故障通过双矢量定姿反映在诊断残差上。

(1) 俯仰太阳敏感器发生输出封死故障时,θ_{sh} 基本不变,ϕ_{sh} 和 ψ_{sh} 发生突变,因此俯仰通道滤波器和隔离观测器的残差曲线对故障均无反应,而滚动-偏航通道滤波器和隔离观测器的残差曲线对故障均有明显反应。

(2) 滚动太阳敏感器发生输出封死故障时,ϕ_{sh} 基本不变,θ_{sh} 和 ψ_{sh} 发生突变,因此俯仰通道滤波器和隔离观测器的残差曲线对故障有明显反应,滚动-偏航通道的滤波器残差曲线对故障也有明显反应。

图 10-4、图 10-6 和图 10-7 为惯性敏感器发生故障时的残差曲线。俯仰陀螺发生故障,只影响俯仰通道卡尔曼滤波器的残差。滚动、偏航陀螺发生故障,只影响滚动-偏航通道卡尔曼滤波器的残差。

综上,光学敏感器发生故障时,四个观测器中总有一对滤波器和隔离观测器的残差会有反应;惯性敏感器发生故障时,四个观测器中只有滤波器的残差有反应。因此通过双观测器法(卡尔曼滤波器和隔离观测器),可以设计相应的诊断逻辑实现太阳、地球敏感器故障和陀螺故障的隔离,即光学敏感器和惯性敏感器的故障隔离。

2. 地球敏感器故障隔离

采用 10.3.3 节计算得到的 $\boldsymbol{G}_1$ 和 $\boldsymbol{G}_2$,在 10.3.2 节建立的卫星控制系统平台上进行数学仿真。

卫星控制系统进入稳态后,对以下六种情况进行仿真研究,分别是:

(1) 正常情况;

(2) 俯仰地球敏感器常值偏差突然增大;

(3) 俯仰太阳敏感器输出封死;

（4）滚动地球敏感器常值偏差突然减小；

（5）滚动地球敏感器常值偏差逐渐减小；

（6）滚动太阳敏感器输出封死。

以上故障均在仿真时间380s时注入，仿真结果如图10－10～图10－15所示。

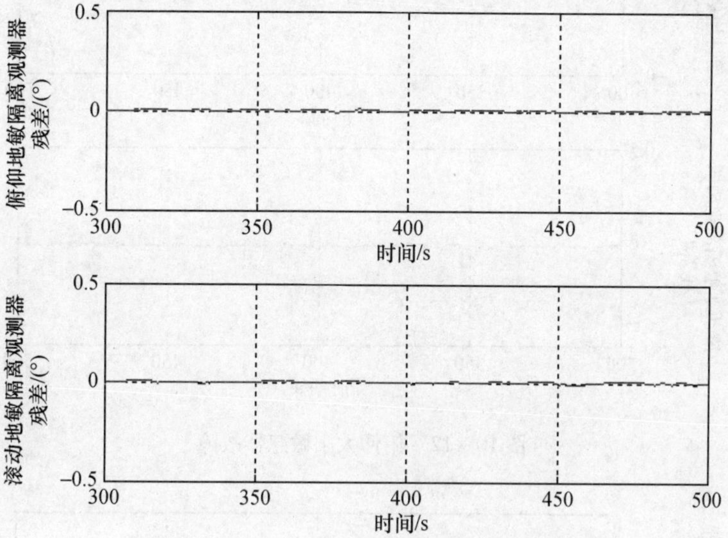

图10－10　正常情况

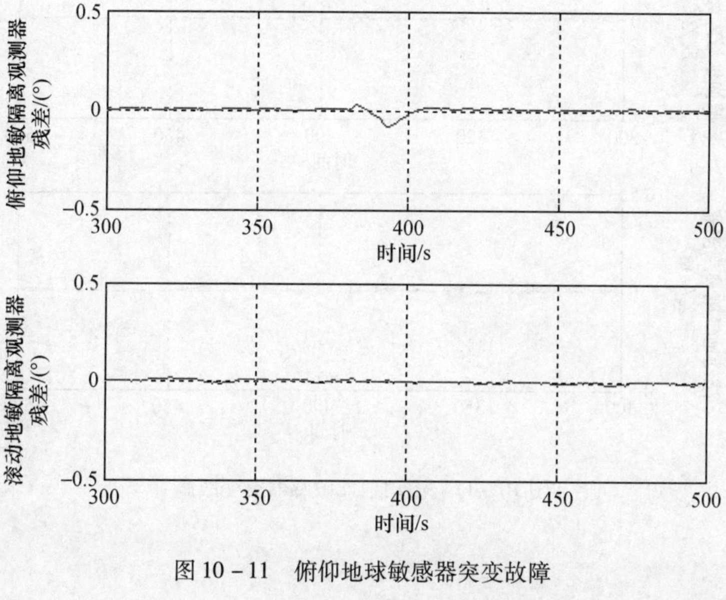

图10－11　俯仰地球敏感器突变故障

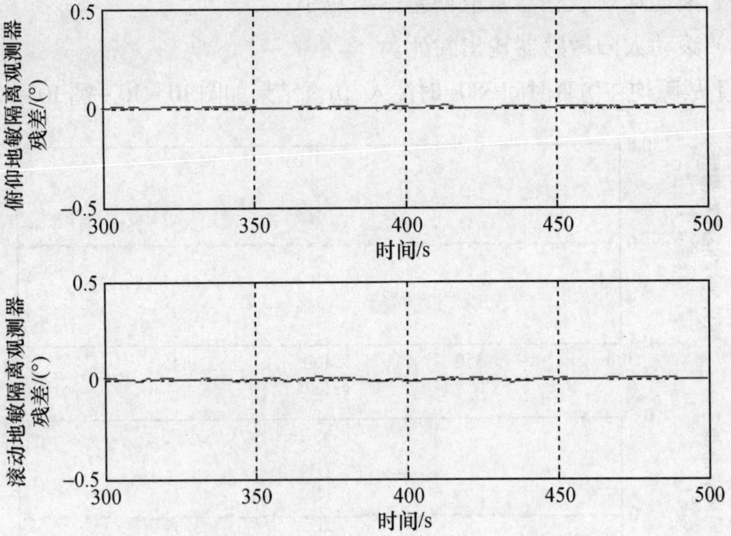

图 10－12　俯仰太阳敏感器故障

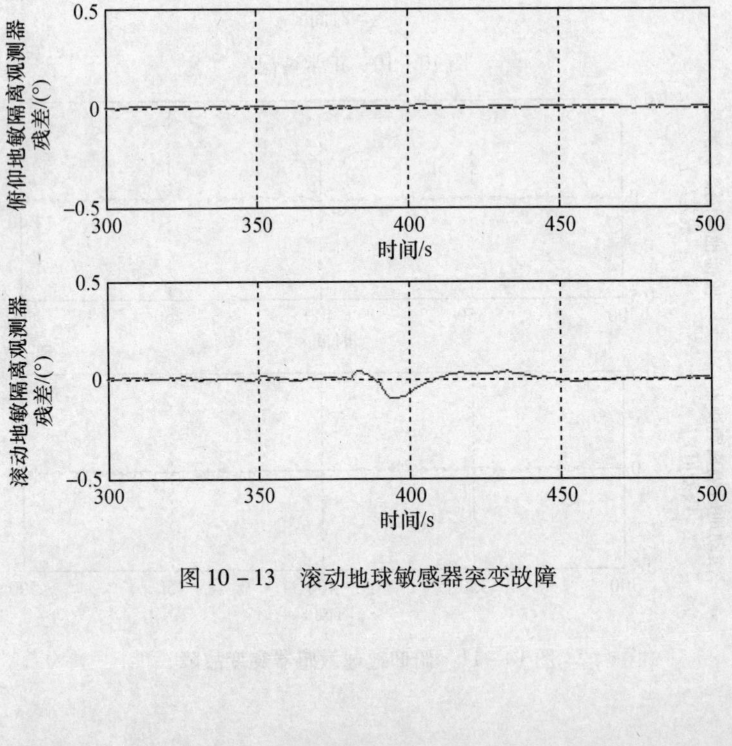

图 10－13　滚动地球敏感器突变故障

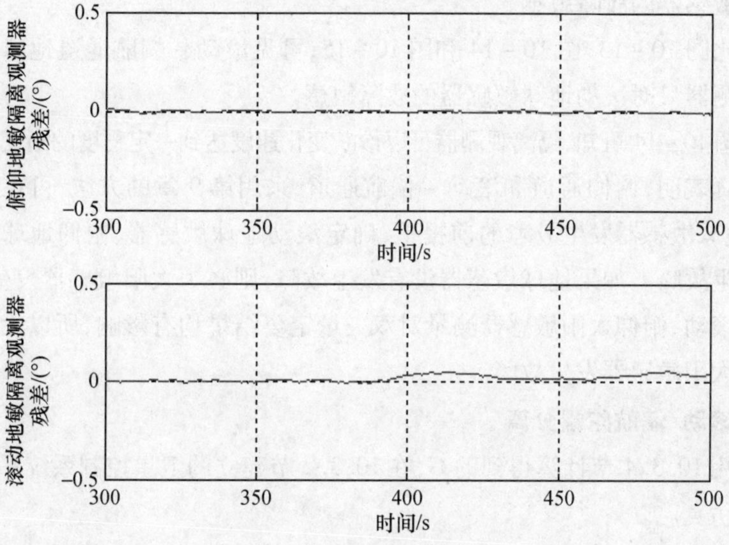

图 10－14　滚动地球敏感器渐变故障

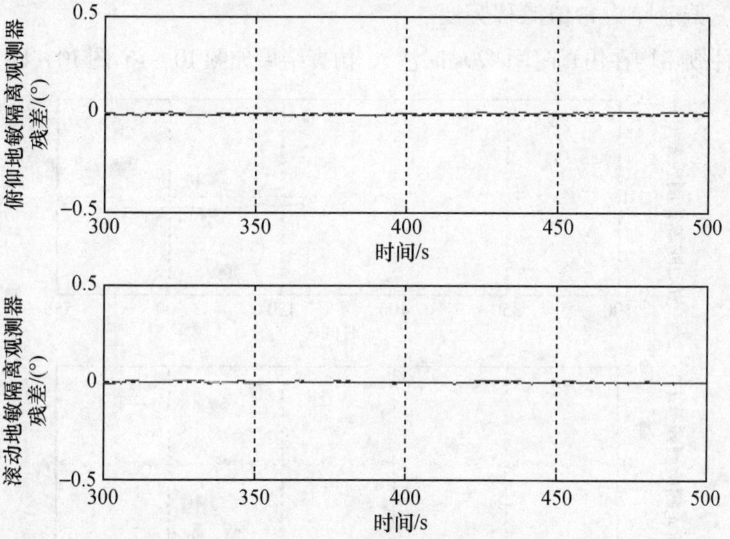

图 10－15　滚动太阳敏感器故障

对比图 10－11 和图 10－12，可见俯仰通道地球敏感器隔离观测器只对俯仰地球敏感器的故障敏感。

对比图 10－13、图 10－14 和图 10－15，可见滚动－偏航通道地球敏感器隔离观测器只对滚动地球敏感器的故障敏感。

由图 10－14 可知，隔离观测器可以诊断变化速度达到一定程度的渐变故障。

仿真表明，俯仰通道和滚动－偏航通道，采用第 9 章的方法，可在已知是太阳、地球敏感器发生故障的前提下，确定滚动地球敏感器、俯仰地球敏感器是否发生故障。如果地球敏感器没有发生故障，则必为太阳敏感器发生故障；但由于滚动、俯仰太阳敏感器测量对双矢量定姿结果均有影响，所以无法确定是哪个太阳敏感器发生故障。

3. 滚动/偏航陀螺分离

采用 10.3.4 节计算得到的 $\dot{\boldsymbol{G}}$，在 10.3.2 节建立的卫星控制系统平台上进行数学仿真。

卫星控制系统进入稳态后，对两种情况进行仿真，分别是：

（1）滚动陀螺常值漂移突变；

（2）偏航陀螺常值漂移突变。

两种故障均在仿真时间 420s 时注入，仿真结果如图 10－16、图 10－17 所示。

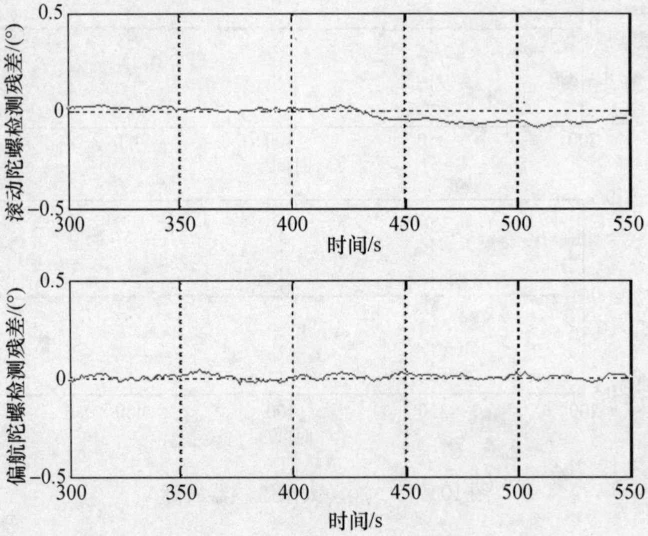

图 10－16　滚动陀螺常值漂移增大

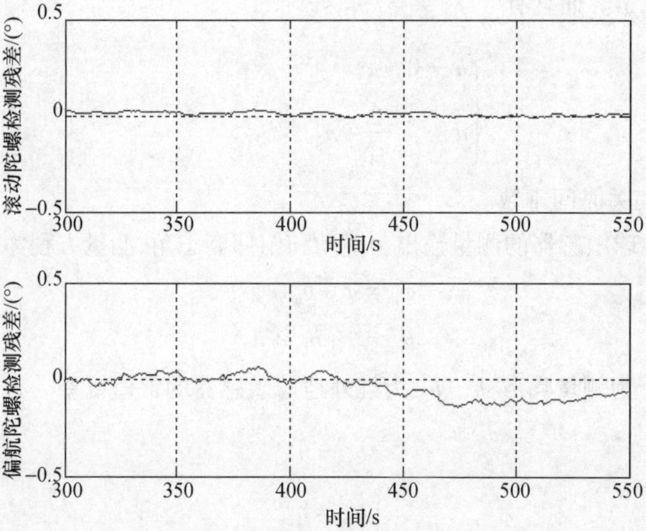

图 10－17　偏航陀螺常值漂移增大

仿真结果表明,滚动残差曲线只对滚动陀螺常值漂移增大敏感,偏航残差曲线只对偏航陀螺常值漂移增大故障敏感。这表明第 9 章的方法可隔离滚动、偏航陀螺故障。对于渐变故障(如陀螺漂移逐渐增大),由于隔离观测器难以及时敏感缓变的外部信号变化,因此本方法诊断效果不明显。

10.4　红外地球敏感器与陀螺联合故障诊断

10.4.1　诊断对象模型

卫星控制系统中采用高精度太阳敏感器,在确定卫星的滚动和偏航角的同时可以应用统计估计理论对系统误差进行在线标定,从而提高卫星姿态确定的精度,其中偏航角确定精度的改善尤为显著。但太阳敏感器仅可提高定姿精度,不影响卫星成败,并且对某些卫星而言太阳敏感器受到太阳视场的限制,使用时间小于一个轨道周期的 1/3。因此在太阳敏感器不工作时,可在 10.3 节基础上进行红外地球敏感器与陀螺的联合故障诊断。

陀螺漂移是影响姿态测量精度的主要因素,因此陀螺的漂移也要作为待

估计的状态量。而且有

$$\begin{cases} \dot{b}_i = 0, \\ \dot{d}_i = -\dfrac{1}{\tau_i} + n_{d_i}, \end{cases} \quad i = x, y, z \tag{10-10}$$

式中:τ_i为相关时间常数。

红外地球敏感器的测量输出为滚动和俯仰姿态角,测量方程为

$$\varphi_m = \varphi + b_{\varphi e} + n_\varphi$$

$$\theta_m = \theta + b_{\theta e} + n_\theta$$

式中:n_ϕ、n_θ 为测量噪声;$b_{\phi e}$、$b_{\phi \theta}$为红外地球敏感器的常值偏差。有

$$\dot{b}_{\theta e} = n_{\theta e}$$

$$\dot{b}_{\varphi e} = n_{\varphi e}$$

其中:$n_{\theta e}$、$n_{\varphi e}$为虚拟白噪声。

常值偏差需要利用太阳敏感器输出在线估计,本节取其为已知项。因此测量方程可以简化为

$$\begin{cases} \varphi_m = \varphi + n_\varphi \\ \theta_m = \theta + n_\theta \end{cases} \tag{10-11}$$

红外地球敏感器和陀螺组成的姿态确定系统,可以看作一个虚拟的线性开环系统,陀螺输出是该系统的输入,红外地球敏感器输出为该系统的输出,式(10-3)、式(10-10)相当于该系统的动力学方程,式(10-11)为测量方程。如图 10-18 所示:

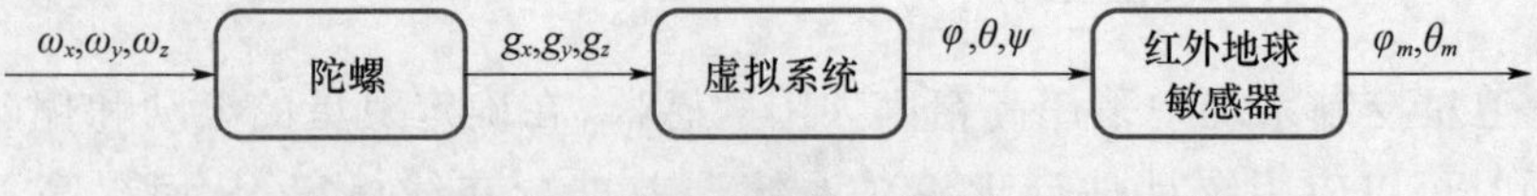

图 10-18　红外地球敏感器 + 陀螺姿态确定系统

相应地,陀螺故障属于该系统的输入型故障,红外地球敏感器故障属于输出型故障。利用该虚拟系统的输入(陀螺测量输出)和输出(红外测量输出)信息设计状态观测器,对三轴姿态角进行重构,由状态观测理论可知,只要合理配置状态观测矩阵,当陀螺和红外地球敏感器均正常时,估计姿态应趋近于真实姿态角,输出残差应趋近于零均值。但如果陀螺或者红外地球

敏感器发生故障，估计姿态都将偏离真实姿态，输出残差将失去零均值特性。但关键是确定该故障征兆是由红外地球敏感器还是陀螺引起的。根据陀螺故障和红外故障的不同类型，可以采用第 4 章的故障隔离确定故障部位。

10.4.2　诊断方法设计

由于卫星俯仰通道与滚动-偏航通道是解耦的，可以分别对俯仰通道和滚动-偏航通道设计状态观测器。

1. 俯仰通道

卫星俯仰通道的扩展状态方程为

$$\begin{bmatrix}\dot{\theta}\\ \dot{d}_y\\ \dot{b}_y\end{bmatrix}=\begin{bmatrix}0 & -1 & -1\\ 0 & -\alpha_y & 0\\ 0 & 0 & 0\end{bmatrix}\begin{bmatrix}\theta\\ d_y\\ b_y\end{bmatrix}+\begin{bmatrix}\omega_0+g_y\\ 0\\ 0\end{bmatrix}+\begin{bmatrix}n_y\\ n_{d_y}\\ n_{b_y}\end{bmatrix}\tag{10-12}$$

俯仰通道测量方程为

$$\theta_m=[1\quad 0\quad 0]\begin{bmatrix}\theta\\ d_y\\ b_y\end{bmatrix}+n_\theta\tag{10-13}$$

由于星上陀螺和红外的输出均为采样数据，取采样间隔为 Δt（保证离散化后的系统仍然能观测），系统式（10-12）和式（10-13）的离散模型为

$$\begin{bmatrix}\theta(k+1)\\ d_y(k+1)\\ b_y(k+1)\end{bmatrix}=\begin{bmatrix}1 & -\Delta t & -\Delta t\\ 0 & 1-\alpha_y\Delta t & 0\\ 0 & 0 & 1\end{bmatrix}\begin{bmatrix}\theta(k)\\ d_y(k)\\ b_y(k)\end{bmatrix}+\begin{bmatrix}(\omega_0(k)+g_y(k))\cdot\Delta t\\ 0\\ 0\end{bmatrix}+\begin{bmatrix}n_y(k)\\ n_{d_y(k)}\\ n_{b_y(k)}\end{bmatrix}$$

$$\theta_m(k+1)=[1\quad 0\quad 0]\begin{bmatrix}\theta(k+1)\\ d_y(k+1)\\ b_y(k+1)\end{bmatrix}+n_\theta(k+1)$$

利用陀螺和红外地球敏感器输出重构虚拟系统的状态，有

$$\begin{bmatrix}\hat{\theta}(k+1)\\ \hat{d}_y(k+1)\\ \hat{b}_y(k+1)\end{bmatrix}=\begin{bmatrix}1 & -\Delta t & -\Delta t\\ 0 & 1-\alpha_y\Delta t & 0\\ 0 & 0 & 1\end{bmatrix}\begin{bmatrix}\hat{\theta}(k)\\ \hat{d}_y(k)\\ \hat{b}_y(k)\end{bmatrix}+\begin{bmatrix}(\omega_0+g_y(k))\cdot\Delta t\\ 0\\ 0\end{bmatrix}+\begin{bmatrix}g_1\\ g_2\\ g_3\end{bmatrix}(\theta_m(k)-\hat{\theta}_m(k))$$

$$\hat{\theta}_m(k)=[1\quad 0\quad 0]\begin{bmatrix}\hat{\theta}(k)\\ \hat{d}_y(k)\\ \hat{b}_y(k)\end{bmatrix}$$

此时估计状态误差方程和输出残差分别为

$$\boldsymbol{e}(k)=\begin{bmatrix}e_\theta(k)\\ e_{dy}(k)\\ e_{by}(k)\end{bmatrix}=\begin{bmatrix}\theta(k)\\ d_y(k)\\ b_y(k)\end{bmatrix}-\begin{bmatrix}\hat{\theta}(k)\\ \hat{d}_y(k)\\ \hat{b}_y(k)\end{bmatrix}$$

$$=\begin{bmatrix}1-g_1 & -\Delta t & -\Delta t\\ -g_2 & 1-\alpha_y\Delta t & 0\\ -g_3 & 0 & 1\end{bmatrix}\begin{bmatrix}e_\theta(k-1)\\ e_{dy}(k-1)\\ e_{by}(k-11)\end{bmatrix}+\begin{bmatrix}n_y(k-1)\\ n_{d_y}(k-1)\\ n_{b_y}(k-1)\end{bmatrix}-\begin{bmatrix}g_1\\ g_2\\ g_3\end{bmatrix}n_\theta(k-1)$$

$$r(k)=\theta_m(k)-\hat{\theta}_m(k)=[1\quad 0\quad 0]\begin{bmatrix}e_\theta(k)\\ e_{dy}(k)\\ e_{by}(k)\end{bmatrix}+n_\theta(k)$$

对正常系统，只要保证矩阵

$$\begin{bmatrix}1-g_1 & -\Delta t & -\Delta t\\ -g_2 & 1-\alpha_y\Delta t & 0\\ -g_3 & 0 & 1\end{bmatrix}$$

的特征值均位于单位圆内，则误差方程是渐近稳定的，估计误差 $\boldsymbol{e}(k)$ 趋于零，估计状态趋近于真实状态。最后的输出残差只与系统噪声和测量噪声有关。

考虑陀螺和红外敏感器故障,俯仰通道故障模型为

$$\begin{bmatrix}\theta(k+1)\\d_y(k+1)\\b_y(k+1)\end{bmatrix}=\begin{bmatrix}1&-\Delta t&-\Delta t\\0&1-\alpha_y\Delta t&0\\0&0&1\end{bmatrix}\begin{bmatrix}\theta(k)\\d_y(k)\\b_y(k)\end{bmatrix}+\begin{bmatrix}(\omega_0+g_y(k))\cdot\Delta t\\0\\0\end{bmatrix}-\begin{bmatrix}f_y(k)\cdot\Delta t\\0\\0\end{bmatrix}+\begin{bmatrix}n_y(k)\\n_{d_y(k)}\\n_{b_y(k)}\end{bmatrix}\tag{10-14}$$

$$\theta_m(k+1)=[1\quad 0\quad 0]\begin{bmatrix}\theta(k+1)\\d_y(k+1)\\b_y(k+1)\end{bmatrix}+f_\theta(k+1)+n_\theta(k+1)\tag{10-15}$$

令

$$\boldsymbol{A}_y=\begin{bmatrix}1&-\Delta t&-\Delta t\\0&1-\alpha_y&0\\0&0&1\end{bmatrix},\boldsymbol{B}_y=\begin{bmatrix}\Delta t\\0\\0\end{bmatrix},\boldsymbol{C}_y=[1\quad 0\quad 0]。$$

可以看出,在此虚拟系统中,陀螺故障属于输入型故障,红外地球敏感器故障属于输出型故障(具体为执行机构故障)。因此根据第9章输入和输出型故障的检测和隔离方法,可以设计两个检测观测器。

(1) 观测器$\boldsymbol{G}_1=[g_{11}\quad g_{12}\quad g_{13}]^{\mathrm{T}}$,满足$\boldsymbol{A}_y-\boldsymbol{G}_1\boldsymbol{C}_y$的特征值位于单位圆内,且$\boldsymbol{C}_y\boldsymbol{G}_1\neq 0$。

(2) 观测器$\boldsymbol{G}_2=[g_{21}\quad g_{22}\quad g_{23}]^{\mathrm{T}}$,满足$\boldsymbol{A}_y-\boldsymbol{G}_2\boldsymbol{C}_y$的特征值位于单位圆内,且满足$\boldsymbol{C}_y\boldsymbol{G}_2=0$。由$\boldsymbol{C}_y$的形式可以得出,$\boldsymbol{G}_2=[0\quad g_{22}\quad g_{23}]^{\mathrm{T}}$。

可见,当红外地球敏感器和陀螺均正常时,两个状态观测器输出残差的统计均值都将趋向于零,且$r_1\sim N(0,\sigma_{r1}^2)$,$r_1\sim N(0,\sigma_{r2}^2)$。一旦红外地球敏感器和陀螺中任意一个发生故障时,都会导致输出残差失去零均值特性。红外地球敏感器和陀螺故障对两个观测器残差中的不同影响效应可以用于两者故障的隔离。因此,设计如下故障诊断逻辑来进行红外地球敏感器和陀螺的故障检测与隔离。

在检测窗口 N 内，分别计算两个观测器输出残差的均值：

$$L_i(k) = \left| \frac{1}{N+1} \sum_{j=k-N}^{k} r_{fi}(j) \right|, \qquad i = 1,2$$

故障检测律可取为 $L_1(k) \underset{H_1}{\overset{H_0}{\lessgtr}} \varepsilon$。

其中，H_0：无故障；H_1：有故障；ε 为检测阈值，可取略大于零的正数。

故障隔离逻辑如下：

① 若 $L_1(k)$ 和 $L_2(k)$ 均偏离正常值，且两者数值基本一致，则说明是俯仰陀螺故障；

② 若 $L_1(k)$ 和 $L_2(k)$ 均偏离正常值，但两者数值存在明显差异，则说明是俯仰红外地球敏感器发生故障。

2. 滚动－偏航通道

考虑到滚动红外、滚动陀螺和偏航陀螺的故障，可以对滚动－偏航通道建立如下故障模型：

$$\begin{bmatrix} \dot{\varphi} \\ \dot{\psi} \\ \dot{d}_x \\ \dot{d}_z \\ \dot{b}_x \\ \dot{b}_z \end{bmatrix} = \begin{bmatrix} 0 & \omega_0 & -1 & 0 & -1 & 0 \\ -\omega_0 & 0 & 0 & -1 & 0 & -1 \\ 0 & 0 & -\alpha_x & 0 & 0 & 0 \\ 0 & 0 & 0 & -\alpha_z & 0 & 0 \\ 0 & 0 & 0 & 0 & 0 & 0 \\ 0 & 0 & 0 & 0 & 0 & 0 \end{bmatrix} \begin{bmatrix} \varphi \\ \psi \\ d_x \\ d_z \\ b_x \\ b_z \end{bmatrix} + \begin{bmatrix} g_x \\ g_z \\ 0 \\ 0 \\ 0 \\ 0 \end{bmatrix} + \begin{bmatrix} f_x \\ f_z \\ 0 \\ 0 \\ 0 \\ 0 \end{bmatrix} + \begin{bmatrix} n_x \\ n_z \\ n_{d_x} \\ n_{d_z} \\ n_{b_x} \\ n_{b_z} \end{bmatrix} \tag{10-16}$$

$$\varphi_m = [1 \quad 0 \quad 0 \quad 0 \quad 0 \quad 0][\varphi \quad \psi \quad d_x \quad d_z \quad b_x \quad b_z]^{\mathrm{T}} + f_\varphi + n_\varphi \tag{10-17}$$

取采样间隔为 Δt（保证离散系统可观），系统式（10－16）和式（10－17）的离散形式为

$$\begin{bmatrix}\varphi(k+1)\\ \psi(k+1)\\ d_x(k+1)\\ d_z(k+1)\\ b_x(k+1)\\ b_z(k+1)\end{bmatrix}=\begin{bmatrix}1 & \omega_0\Delta t & -\Delta t & 0 & -\Delta t & 0\\ -\omega_0\Delta t & 1 & 0 & -\Delta t & 0 & -\Delta t\\ 0 & 0 & 1-\alpha_x\Delta t & 0 & 0 & 0\\ 0 & 0 & 0 & 1-\alpha_z\Delta t & 0 & 0\\ 0 & 0 & 0 & 0 & 1 & 0\\ 0 & 0 & 0 & 0 & 0 & 1\end{bmatrix}\begin{bmatrix}\varphi(k)\\ \psi(k)\\ d_x(k)\\ d_z(k)\\ b_x(k)\\ b_z(k)\end{bmatrix}$$

$$+\begin{bmatrix}g_x(k)\Delta t\\ g_z(k)\Delta t\\ 0\\ 0\\ 0\\ 0\end{bmatrix}+\begin{bmatrix}f_x(k)\\ f_z(k)\\ 0\\ 0\\ 0\\ 0\end{bmatrix}+\begin{bmatrix}n_x(k)\\ n_z(k)\\ n_{d_x}(k)\\ n_{d_z}(k)\\ n_{b_x}(k)\\ n_{b_z}(k)\end{bmatrix}$$

$$\varphi_m(k+1)=\varphi(k+1)+f_\varphi(k+1)+n_\varphi(k+1)$$

令

$$\boldsymbol{A}_{xz}=\begin{bmatrix}1 & \omega_0\Delta t & -\Delta t & 0 & -\Delta t & 0\\ -\omega_0\Delta t & 1 & 0 & -\Delta t & 0 & -\Delta t\\ 0 & 0 & 1-\alpha_x\Delta t & 0 & 0 & 0\\ 0 & 0 & 0 & 1-\alpha_z\Delta t & 0 & 0\\ 0 & 0 & 0 & 0 & 1 & 0\\ 0 & 0 & 0 & 0 & 0 & 1\end{bmatrix}$$

$$\boldsymbol{B}_{xz}=\begin{bmatrix}\Delta t & 0 & 0 & 0 & 0 & 0\\ 0 & \Delta t & 0 & 0 & 0 & 0\end{bmatrix}^{\mathrm{T}}$$

$$\boldsymbol{C}_{xz}=[1\quad 0\quad 0\quad 0\quad 0\quad 0]$$

为实现红外地球敏感器和陀螺的故障检测和隔离,设计两个状态观测器。

(1) 观测器 $\boldsymbol{G}_1=[g_{11}\quad g_{12}\quad g_{13}\quad g_{14}\quad g_{15}\quad g_{16}]^{\mathrm{T}}$,满足 $\boldsymbol{A}_{xz}-\boldsymbol{G}_1\boldsymbol{C}_{xz}$ 的所有特征值均位于单位圆内,且 $\boldsymbol{C}_{xz}\boldsymbol{G}_1\neq 0$;

(2) 观测器 $\boldsymbol{G}_2=[g_{21}\quad g_{22}\quad g_{23}\quad g_{24}\quad g_{25}\quad g_{26}]^{\mathrm{T}}$,满足 $\boldsymbol{A}_{xz}-\boldsymbol{G}_2\boldsymbol{C}_{xz}$ 的特征值均位于单位圆内,且满足 $\boldsymbol{C}_{xz}\boldsymbol{G}_2=0$,由 $\boldsymbol{C}_{xz}$ 的形式可得 $g_{21}=0$。

同样，红外敏感器故障和陀螺故障在两个观测器中的故障效应明显不同，因此，可以采用类似的诊断逻辑来实现滚动红外地球敏感器、滚动陀螺的故障检测和隔离。

对滚动－偏航通道，显然有 $\boldsymbol{C}_{xz}\boldsymbol{B}_{xz}=[\Delta t \quad 0]$，即 $\boldsymbol{C}_{xz}\boldsymbol{b}_{xz2}=0$，由第 9 章的结论可知，对应的输入部件－偏航陀螺的故障具有不可检测性。此时必须采用其它方法检测偏航陀螺故障。由于卫星滚动角与偏航角之间的运动是耦合的，因此可以利用滚动红外的测量值估计偏航角，并用于检测偏航陀螺的故障。

10.4.3 仿真实例

1. 俯仰通道

以某卫星为例，采样间隔取为 0.1s，根据上述方法，对俯仰通道式(10－14)和式(10－15)离线设计两个观测器：$\boldsymbol{G}_1=[g_{11} \quad g_{12} \quad g_{13}]^{\mathrm{T}}$，$\boldsymbol{G}_2=[g_{21} \quad g_{22} \quad g_{23}]^{\mathrm{T}}$。

一种情况从仿真时间 100s 开始为陀螺注入漂移增大故障，另一种情况为红外地球敏感器注入常值偏差增大故障。红外敏感器和陀螺的测量噪声都是正态分布白噪声，且互不相关。陀螺和红外敏感器均正常工作时，两个状态观测器的诊断曲线如图 10－19 所示，显然稳态输出残差都是零均值白噪声；陀

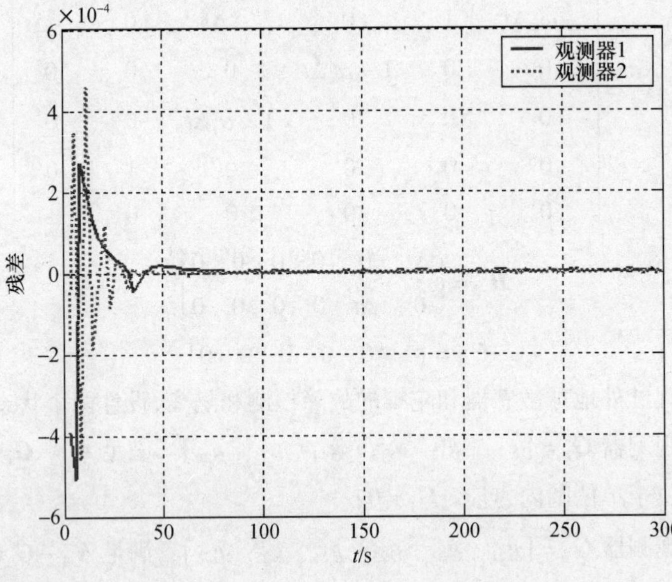

图 10－19　正常曲线

螺故障时,两个状态观测器的诊断曲线如图10-20所示,两个输出残差均偏离零均值,且偏离幅值几乎维持一致;红外地球敏感器故障时,两个状态观测器的诊断曲线如图10-21所示,可见两个输出残差有明显不同,两个观测器残差均偏离正常值,但两个观测器的偏离程度存在明显差异。因此可以根据通过对两个残差的比较确定是陀螺发生故障还是红外地球敏感器发生故障。

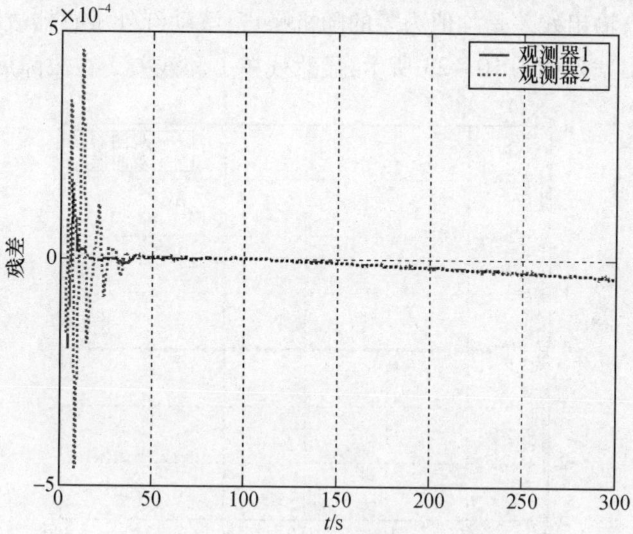

图10-20　俯仰陀螺漂移增大故障

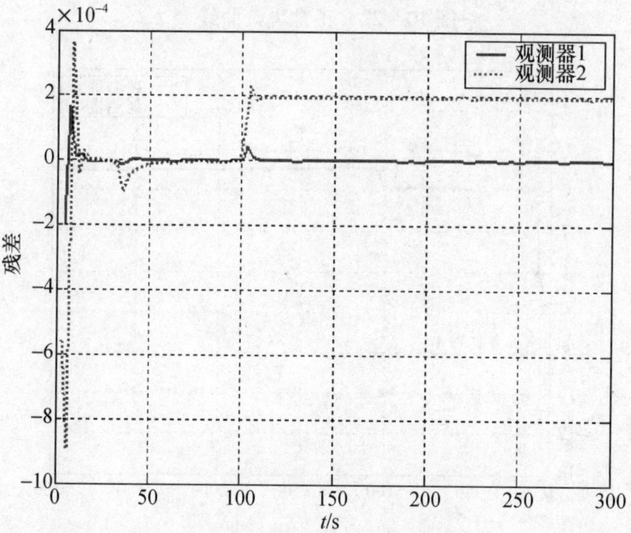

图10-21　俯仰红外偏差

2. 滚动－偏航通道

对滚动－偏航通道，采样间隔和检测窗口同俯仰通道，一种情况从仿真时间 100s 开始为滚动陀螺注入漂移增大故障，第二种情况为滚动红外地球敏感器注入常值偏差增大故障，第三种情况为偏航陀螺注入漂移增大故障。设计两个状态观测器，两种敏感器均正常时，两个观测器的输出残差如图 10－22 所示，稳态后，输出残差是均值为零的随机噪声；滚动红外敏感器故障时，两个观测器的输出残差如图 10－23 所示，显然残差 1 和残差 2 在故障后的反应有

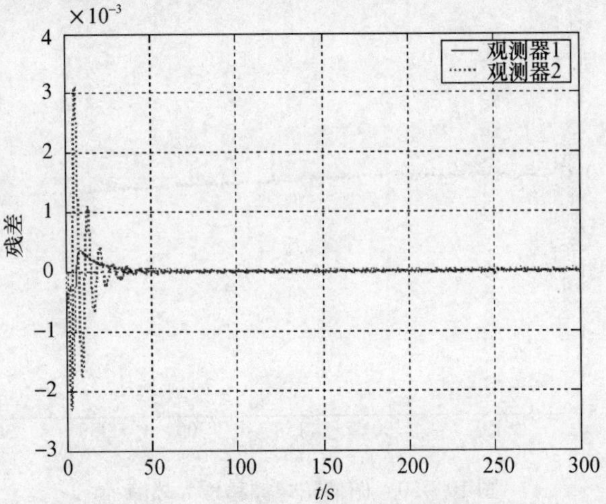

图 10－22　正常决策曲线

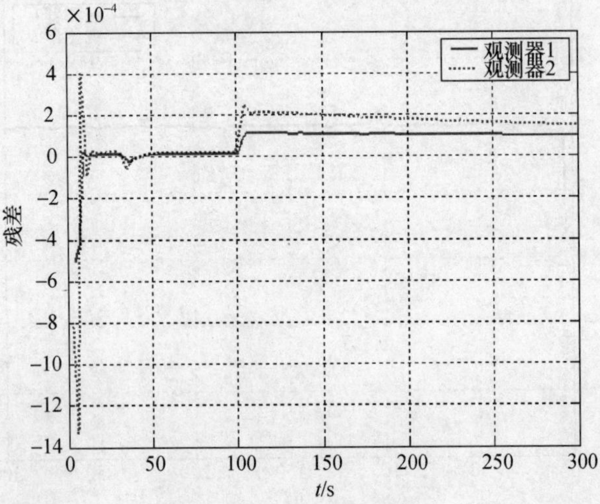

图 10－23　滚动红外偏差

明显差别;滚动陀螺故障时,两个观测器的输出残差如图 10－24 所示,残差 1 和残差 2 基本保持一致。因此根据两个输出残差的明显差异可以对滚动陀螺和滚动红外敏感器进行联合故障检测和隔离。

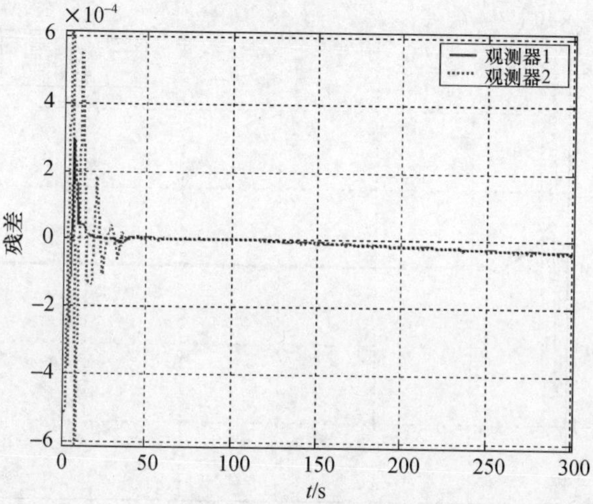

图 10－24　滚动陀螺漂移增大

由图 10－25 可以看出,偏航陀螺故障在残差中没有反映出来,即该方法对偏航陀螺故障具有不可检测性。

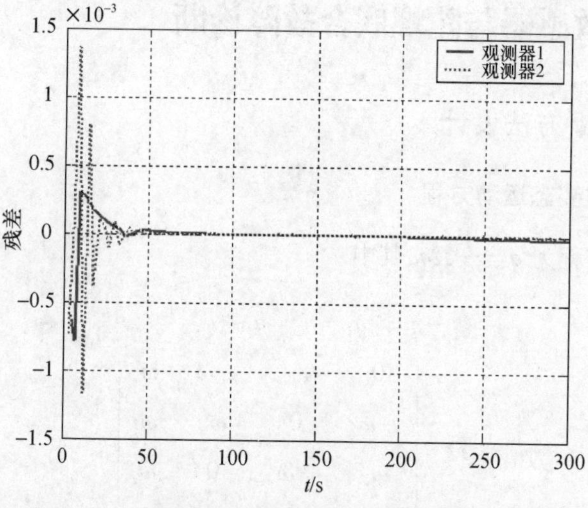

图 10－25　偏航陀螺漂移增大故障

该方法最大的优点是不受卫星闭环姿态控制系统中执行机构故障的影响，如图 10－26 所示，当俯仰飞轮发生故障时，俯仰通道的决策函数并没有偏离正常值，这样就避免了对执行机构和敏感器故障的误判。

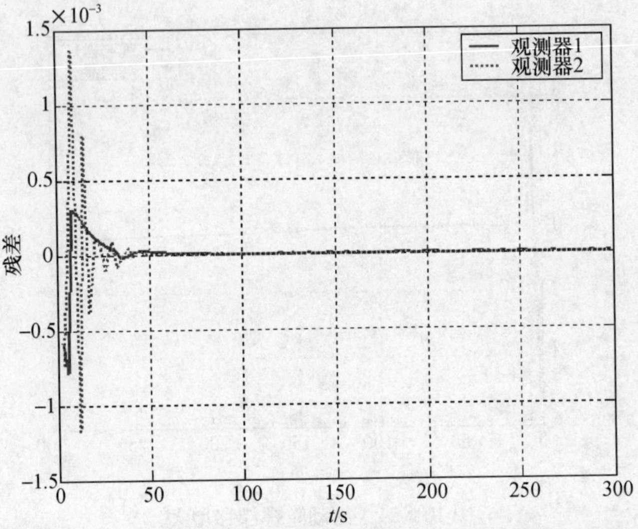

图 10－26　俯仰飞轮故障

10.5　星敏感器与陀螺联合故障诊断

10.5.1　诊断方法设计

1. 四元数姿态运动方程

四元数方程为 $\dot{q}=\frac{1}{2}\boldsymbol{\Omega}q$，其中

$$q=[q_1\quad q_2\quad q_3\quad q_4]^{\mathrm{T}}$$

$$\boldsymbol{\Omega}=\begin{bmatrix}0 & \omega_z & -\omega_y & \omega_x\\ -\omega_z & 0 & \omega_x & \omega_y\\ \omega_y & -\omega_x & 0 & \omega_z\\ -\omega_x & -\omega_y & -\omega_z & 0\end{bmatrix}$$

2. 星敏感器测量方程

星上一般采用双星姿态确定系统，星敏感器测量数据为星敏感器 A、B 的光轴在地心赤道惯性坐标系中的坐标。根据星敏感器矢量测量输出方程为

$$\begin{cases} Z_{SA,m} = Z_{SA} + \Delta Z_{SA} \\ Z_{SB,m} = Z_{SB} + \Delta Z_{SB} \end{cases}$$

星敏感器和陀螺的姿态确定过程包括两个部分：首先，基于惯性基准单元的测量数据，由姿态四元数积分计算得到卫星姿态的估计值；然后利用星敏感器的测量数据，对卫星姿态估计的误差进行校正，并且估计陀螺漂移。由此给出的卫星姿态是相对于惯性坐标系的姿态。

首先根据陀螺的输出进行姿态预估，有

$$\boldsymbol{q}(k+1) = \boldsymbol{q}(k) + \frac{1}{2}\boldsymbol{\Omega}(k)\dot{\boldsymbol{q}}(k)$$

$$\boldsymbol{b}(k+1) = \boldsymbol{b}(k)$$

将陀螺测量值代入上式的 $\boldsymbol{\Omega}(k)$ 中，然后利用星敏感器输出进行积分误差和陀螺漂移估计。取估计误差 δq、Δb 为状态变量，并忽略高阶小量，则滤波器的状态方程为

$$\frac{\mathrm{d}}{\mathrm{d}t}\delta\boldsymbol{q} = -\hat{\omega}^{\times}\delta\boldsymbol{q} - \frac{1}{2}\Delta\boldsymbol{b} - \frac{1}{2}n$$

$$\frac{\mathrm{d}}{\mathrm{d}t}\Delta b = n_b$$

利用两个星敏感器的光轴测量时，滤波器观测方程为

$$m = [\, m_{1,A} \quad m_{2,A} \quad m_{1,B} \quad m_{2,B} \,]^{\mathrm{T}} = \boldsymbol{H}\begin{bmatrix} \delta\boldsymbol{q} \\ \Delta\boldsymbol{b} \end{bmatrix} + v$$

$$\boldsymbol{H} = 2\begin{bmatrix} -X_{b,A} & Y_{b,A} & -X_{b,B} & Y_{b,B} \\ 0 & 0 & 0 & 0 \end{bmatrix}^{\mathrm{T}}$$

定义星敏感器的测量坐标系为 $O_sX_sY_sZ_s$，Z_s 为星敏感器光轴，X_sY_s 位于星敏感器的焦平面，X_s 为行扫描方向。上式中 $X_{b,A}$、$Y_{b,A}$、$X_{b,B}$、$Y_{b,B}$分别为星敏感器 A、B 的 X_s、Y_s 在本体坐标系 F_b 中的坐标。

最后将估计误差和漂移用来对估计姿态进行修正，有

$$\boldsymbol{q} = \hat{\boldsymbol{q}} + \begin{bmatrix} \hat{q}_4 + \hat{\boldsymbol{q}}^{\times} \\ -\hat{\boldsymbol{q}}^{T} \end{bmatrix}\delta\boldsymbol{q} \tag{10-18}$$

$$\boldsymbol{b} = \hat{\boldsymbol{b}} + \Delta\boldsymbol{b} \tag{10-19}$$

从式(10－18)和式(10－19)可以看出,由星敏感器和惯性敏感器的输出可以组成一个虚拟的状态－输出系统,星敏感器输出是该虚拟系统的测量输出,惯性敏感器输出构成系统矩阵。如图10－27所示。

图10－27　星惯姿态确定系统

因此星敏感器故障相当于该系统的输出故障,惯性敏感器故障则相当于系统模型参数变化,因此可以利用输入型和模型参数异常的检测和隔离方法对星敏感器和惯性敏感器进行联合故障诊断。

10.5.2　仿真实例

星敏感器A、B均安装在星体$+Y$面,星敏感器A与XOZ面夹角为15°,光轴ZSA在XOZ平面的投影与$+X$轴夹角为15°,与$-Z$轴的夹角为75°,星敏感器B光轴ZSB平行于星体OYZ平面,且与星体$-Z$轴夹角为30°。

按照9.3节的方法设计观测器$\boldsymbol{G}_1$、$\boldsymbol{G}_2$,满足$\boldsymbol{C}\boldsymbol{G}_2=0$。当星敏感器和陀螺均正常时,两个观测器的输出残差均收敛为零均值白噪声,如图10－28所示;

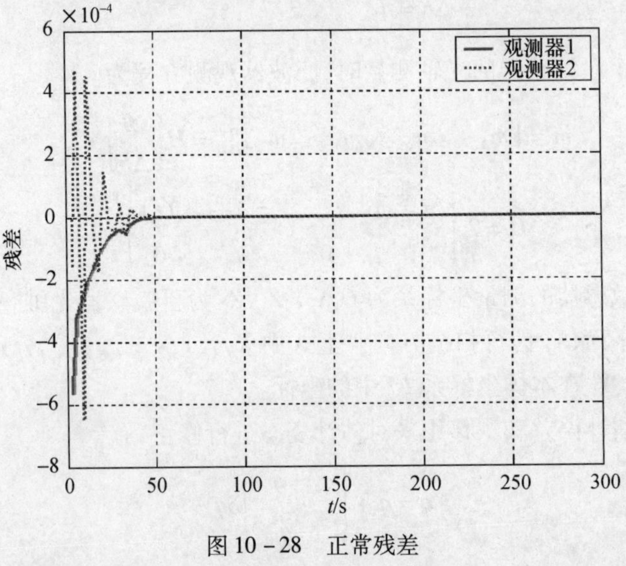

图10－28　正常残差

在仿真时间 100s 时给星敏感器 A 注入偏差故障，两个观测器的输出残差均偏离正常值，但偏离幅值有显著区别，如图 10－29 所示；给俯仰轴陀螺注入漂移增大故障，两个观测器的输出残差也都偏离正常值，但偏离幅值几乎相同，如图 10－30 所示。通过对两个观测器输出残差的比较，可以实现星敏感器和陀螺的故障隔离。

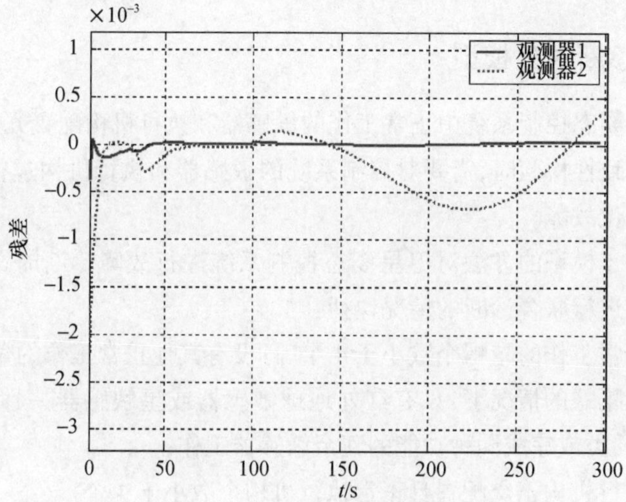

图 10－29　星敏感器故障残差

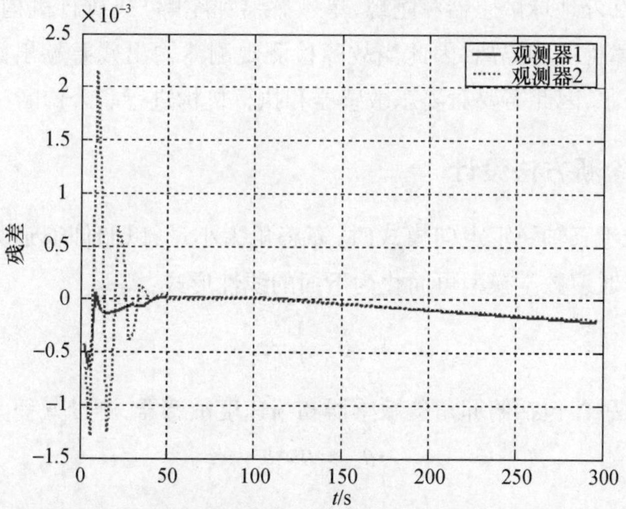

图 10－30　陀螺故障残差

采用这种方法,利用陀螺和星敏感器进行姿态确定的同时可以对这两种敏感器进行故障诊断,额外增加的计算量很少,可用于星上对星敏感器和惯性敏感器的自主故障诊断。仿真结果验证了该方法的有效性。

10.6 敏感器与执行机构联合诊断

10.6.1 诊断对象模型

当卫星姿态控制系统中正常工作的敏感器和执行机构配置冗余度小于1,不能实现一致性检验时,需要对控制系统的敏感器和执行机构进行联合诊断,才能准确定位故障。

采用基于模型的方法对卫星姿态控制系统进行故障诊断时,须对敏感器和执行机构进行联合诊断的情况包括:

(1) 正常工作的陀螺个数小于4个,且没有其他正常工作的角度敏感器;

(2) 无陀螺的情况下,只有红外地球敏感器或星敏感器一种光学敏感器在工作,无同类或完成同种功能的冗余敏感器工作;

(3) 执行机构正交配置且正常执行机构个数小于4个。

上述情况下,由于无法直接对同类敏感器(陀螺)、不同类而完成相同功能的敏感器(红外地球敏感器和陀螺、星敏感器和陀螺)或执行机构(推力器、飞轮)进行故障检测和隔离,因此当故障检测观测器输出残差超出阈值时,无法判断故障来源,因此需要对姿态敏感器和执行机构进行联合诊断。

10.6.2 诊断方法设计

卫星处于三轴稳定定向模式时,姿态角为小量,以俯仰通道为例,小角度时卫星俯仰通道数学模型可简化为下面的线性形式:

$$\ddot{\theta} = \frac{1}{I_y}\tau_y$$

测量敏感器包括俯仰角度敏感器和角速度敏感器,测量方程为

$$\begin{cases} \theta_{ym} = \theta + b + n \\ \omega_{ym} = \dot{\theta} - \omega_0 \end{cases}$$

式中:I_y 为 Y 轴的转动惯量;ω_0 为卫星的轨道角速度。取 $\boldsymbol{x} = \begin{bmatrix} \theta & \dot{\theta} \end{bmatrix}^{\mathrm{T}}$ 作为状态向量,则有

$$\begin{cases} \dot{\boldsymbol{x}} = \boldsymbol{A}\boldsymbol{x} + \boldsymbol{B}u + \boldsymbol{w} \\ \boldsymbol{y} = \boldsymbol{C}\boldsymbol{x} + \boldsymbol{D} + \boldsymbol{v} \end{cases}$$

其中

$$\boldsymbol{A} = \begin{bmatrix} 0 & 1 \\ 0 & 0 \end{bmatrix}, \boldsymbol{B} = \begin{bmatrix} 0 \\ \dfrac{1}{I_y} \end{bmatrix}, \boldsymbol{C} = \begin{bmatrix} 1 & 0 \\ 0 & 1 \end{bmatrix}, \boldsymbol{D} = \begin{bmatrix} 0 \\ -\omega_0 \end{bmatrix}$$

显然测量输出个数等于状态量个数,不满足故障隔离条件。采用扩展状态向量的方法进行处理。将惯性敏感器陀螺的常值漂移项 b 作为扩展状态,取

$$\boldsymbol{x}_e = \begin{bmatrix} \theta & \dot{\theta} & b \end{bmatrix}^{\mathrm{T}}, \boldsymbol{y} = \begin{bmatrix} \omega_{ym} & \theta_m \end{bmatrix}^{\mathrm{T}}, u = \boldsymbol{\tau}_y$$

则有

$$\begin{cases} \dot{\boldsymbol{x}}_e = \boldsymbol{A}_e\boldsymbol{x} + \boldsymbol{B}_e u + \boldsymbol{w} \\ \boldsymbol{y} = \boldsymbol{C}_e\boldsymbol{x} + \boldsymbol{v} \end{cases} \tag{10-20}$$

其中

$$\boldsymbol{A}_e = \begin{bmatrix} 0 & 1 & 0 \\ 0 & 0 & 0 \\ 0 & 0 & 0 \end{bmatrix}, \boldsymbol{B}_e = \begin{bmatrix} 0 \\ \dfrac{1}{I_y} \\ 0 \end{bmatrix}, \boldsymbol{C}_e = \begin{bmatrix} 1 & 0 & 1 \\ 0 & 1 & 0 \end{bmatrix}$$

常数项不会影响到状态估计输出残差,可以不考虑。

对式(10-20)表示的系统,可以按照定理9.1的方法,设计两个检测观测器,通过对残差的对比获得敏感器故障和执行机构故障的特征,从而可以实现故障检测和隔离。

10.6.3 仿真实例

在卫星控制系统中对上述敏感器和执行机构故障隔离方法进行仿真验证。对某卫星控制系统俯仰通道,分别设计两个观测器$\boldsymbol{G}_1$、$\boldsymbol{G}_2$,正常情况下,两个观测器的输出残差均趋于零均值,如图10-31和10-35所示;故障注入分

以下三种情况。

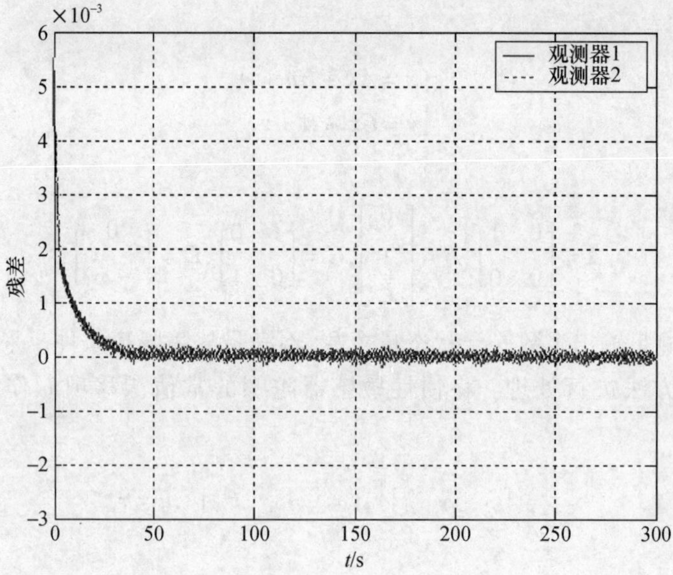

图 10－31　正常残差

第一种情况是在仿真时间 100s 时为俯仰轴惯性敏感器注入漂移增大故障，观测器 $\boldsymbol{G}_1$ 和 $\boldsymbol{G}_2$ 的输出残差曲线如图 10－32 所示；对残差曲线进行平滑后如图 10－36 所示，可见陀螺故障在两个观测器的输出残差均偏离正常值，但两个残差有明显差别。

第二种情况是在仿真时间 100s 时为俯仰红外地球敏感器注入偏差故障，两个观测器的输出残差曲线如图 10－33 所示，平滑后的曲线如 10－37 所示，显然作为输出部件，红外地球敏感器的故障同陀螺故障一样，在两个观测器输出残差中的反映有明显差异，这在残差均值曲线图 10－37 中表现得更加清楚。

第三种情况是在仿真时间 100s 时为俯仰飞轮注入摩擦力矩增大故障，两个观测器的输出残差如图 10－34 所示，平滑后的曲线如 10－38 所示。由图 10－34 和图 10－38 可以看出，飞轮故障虽然使得两个残差均偏离正常值，但两个残差变化曲线几乎重叠，无明显差别。

由仿真曲线可以看出，敏感器故障和执行机构故障在两个观测器输出残差上的反映有明显差别,因此可以很容易地隔离出敏感器和执行机构故障,即当出现如图10-32、图10-36或图10-33、图10-37的残差曲线时,可以判断系统的测量输出部件(敏感器)出现故障;反之,当出现如图10-34或图10-38的残差曲线时,可以判断系统的控制输入部件(执行机构)发生故障。仿真结果验证了双观测器方法隔离敏感器和执行机构故障的有效性。

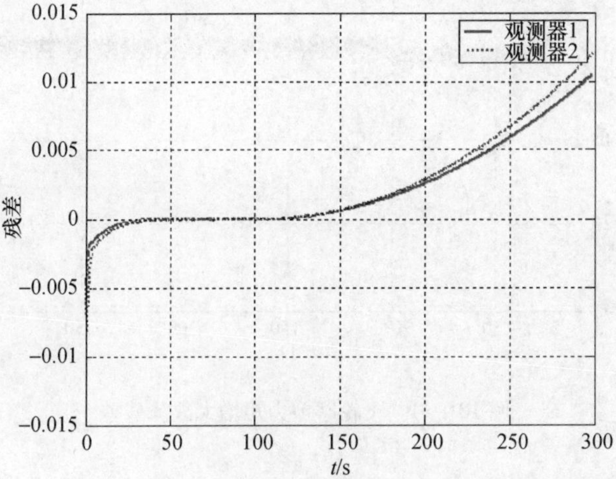

图10-32 陀螺漂移增大故障残差

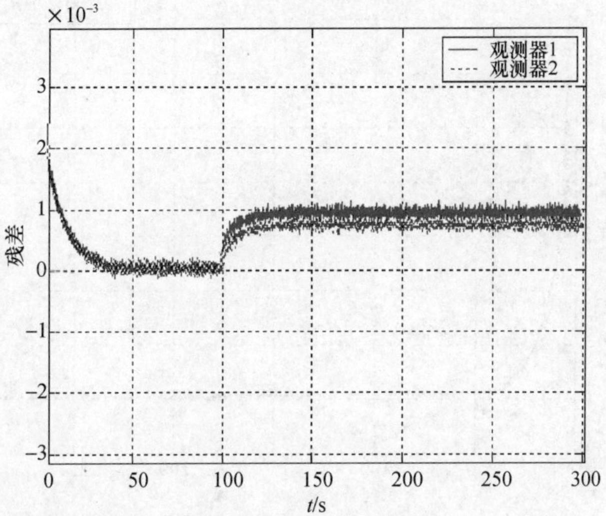

图10-33 红外偏差故障残差

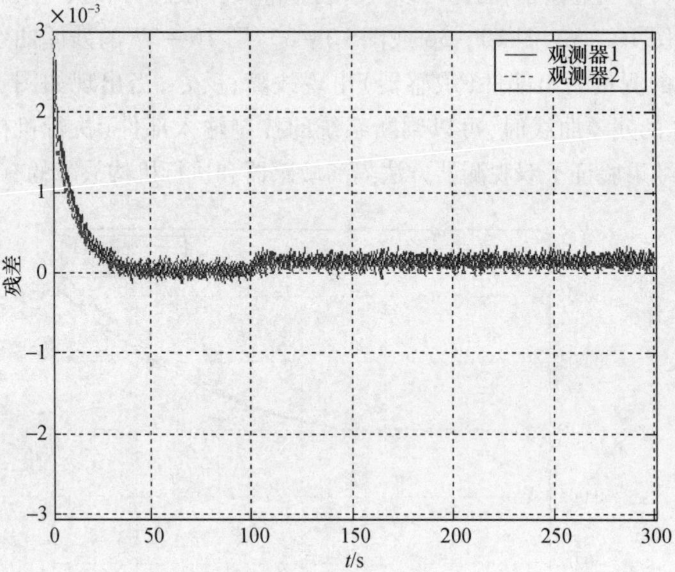

图 10－34　飞轮摩擦力矩增大故障残差

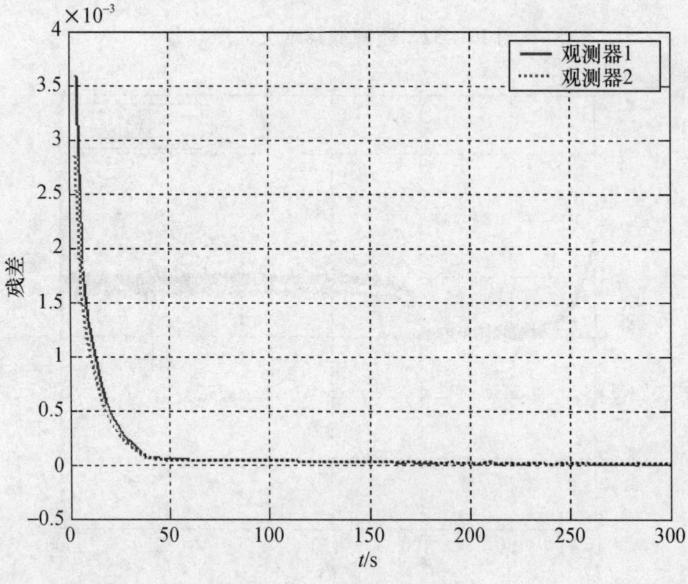

图 10－35　正常残差均值

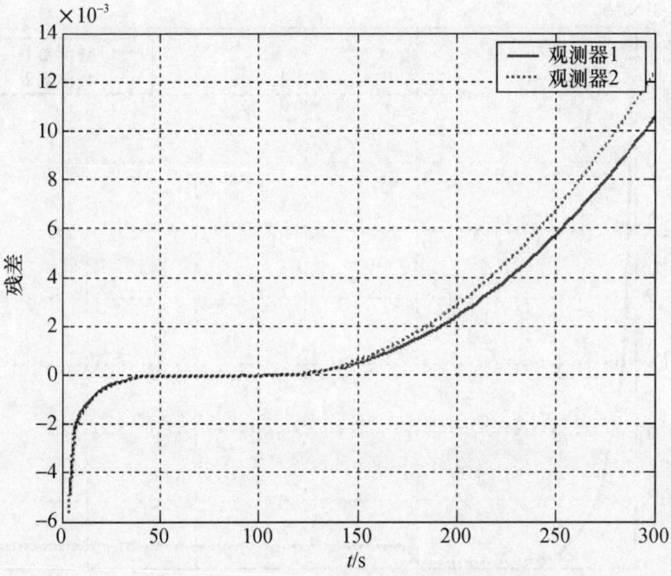

图 10－36　陀螺漂移增大残差均值

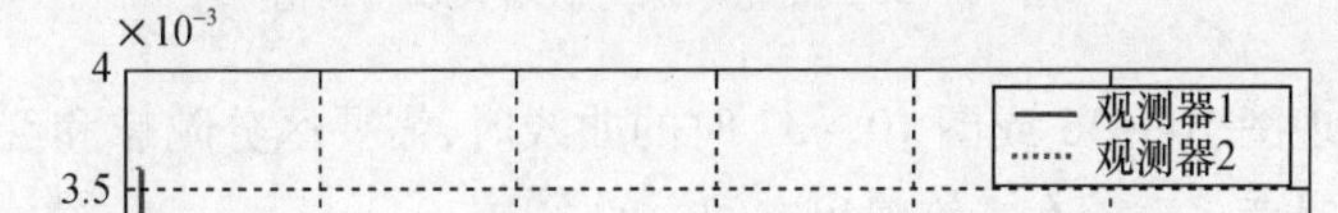

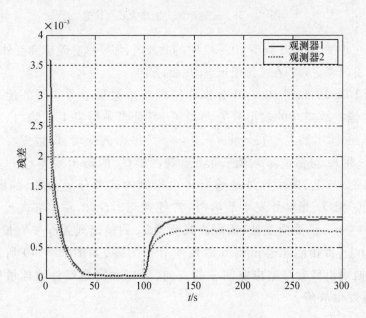

图 10－37　红外偏差残差均值

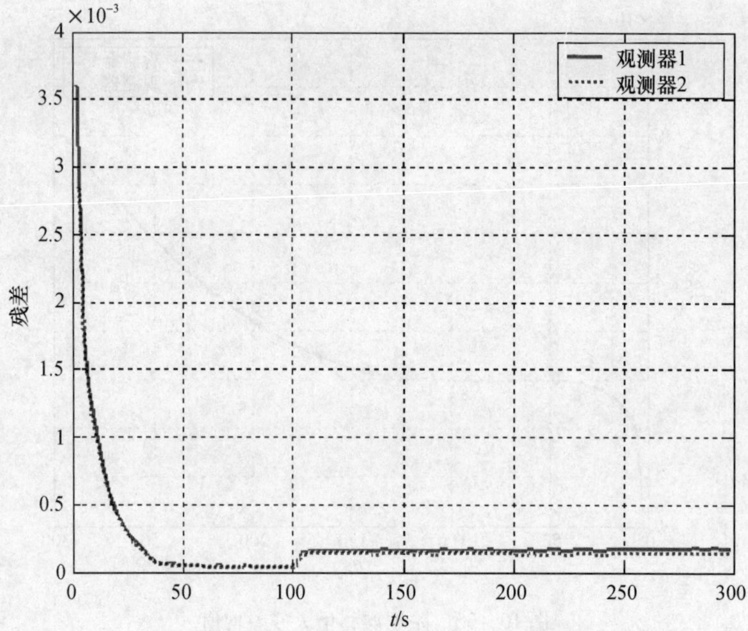

图 10－38　飞轮摩擦力矩增大残差均值

当出现图 10－36 或图 10－37 时的曲线时，需要区分陀螺和红外敏感器故障。此时考虑残差在二维输出空间中的方向。

图 10－39 和图 10－40 分别为陀螺发生漂移增大和红外地球敏感器发生偏差故障时的输出残差向量图，可见当陀螺发生故障时，常规观测器$\boldsymbol{G}_1$ 的输出残差$\boldsymbol{r}_1$ 在(res－y，res－ω_y)平面内变动，即残差$\boldsymbol{r}_1$ 的两个分量 r_{11}和 r_{12}均偏离零均值；而隔离观测器$\boldsymbol{G}_2$ 的输出残差$\boldsymbol{r}_2$ 一直位于(0，res－ω_y)上，即由红外敏感器输出得到的残差分量为零，如图 10－39 所示；相反，当红外发生故障时，常规观测器$\boldsymbol{G}_1$ 的输出残差$\boldsymbol{r}_1$ 在(res－y，res－ω_y)平面内变动，而隔离观测器$\boldsymbol{G}_2$ 的输出残差$\boldsymbol{r}_2$ 一直位于(res－y，0)上，即由陀螺输出得到的残差分量为零，如图 10－40 所示。这样，根据输出残差在输出空间中的方向，可以确定是红外地球敏感器还是陀螺发生故障。

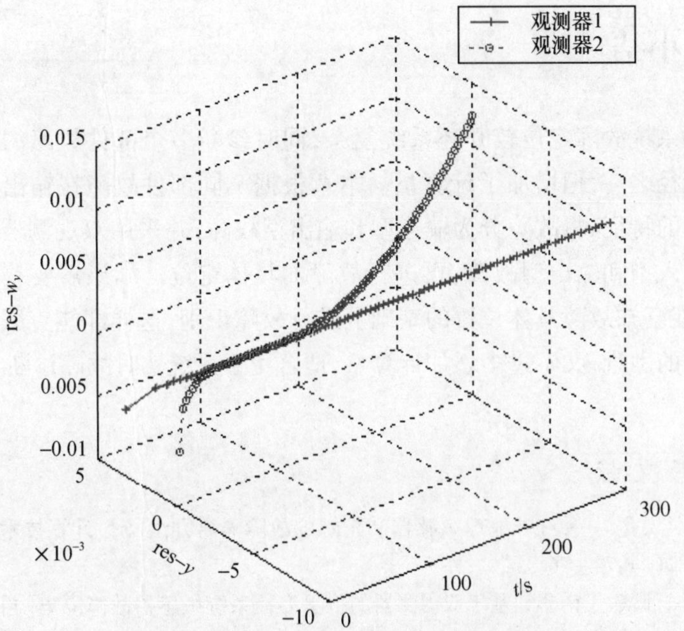

图 10 − 39　陀螺漂移增大故障残差三维图

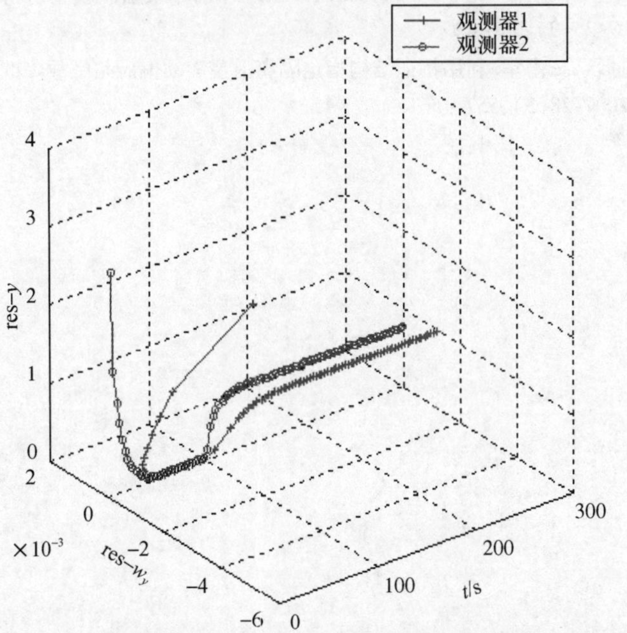

图 10 − 40　红外偏差残差三维图

10.7 小结

闭环系统故障定位较开环系统复杂,同时诊断多个部件故障的诊断方法是解决途径之一,但增加了计算量。本章根据不同部件故障在输出残差中的故障效应的特征,将故障分为输入型和输出型故障,并采用双观测器的方法首先隔离输入型和输出型故障,再进行故障的具体定位。如果需要获得故障大小,可以在已知故障具体位置的基础上进行故障识别,这样即能克服闭环系统故障定位的困难,又不过多增加计算量,适合用于系统实时故障诊断。

参考文献

[1] 邢琰,吴宏鑫.一种红外地球敏感器和陀螺的故障隔离方法[J].计算技术与自动化,2003,22(2):74-76.

[2] 江耿丰,邢琰,王南华.基于双观测器的卫星姿控系统敏感器故障隔离[J].中国空间科学技术,2007,5:8-13.

[3] 江耿丰,邢琰,王南华.利用奉献观测器诊断红外地球敏感器故障的新方法[J].航天控制,2007,25(3):38-42.

[4] 江耿丰,邢琰,王南华.利用特征结构指定隔离卫星滚动偏航陀螺故障的新方法[J].宇航学报,2007,28(3):557-561.

内容简介

现代化工程系统正朝着大规模、高投资、复杂化方向发展,系统传感器、执行机构以及内部元件故障的发生不可避免,这类系统一旦发生事故就可能造成人员和财产的巨大损失,甚至引发灾难性事故的发生,故障诊断系统已成为事关国家安全与国计民生的重大需求,为提高系统安全可靠性开辟了重要技术途径,是多年来国际控制界的热点研究领域。本书主要研究模型不确定控制系统鲁棒故障检测问题以及卫星姿态控制系统的故障诊断问题,共分为10章。其中:第1章简要概述了基于模型故障诊断技术与卫星姿态控制系统故障诊断技术的发展现状与本书内容章节安排,第2章简要介绍了鲁棒 H_∞ 故障检测的基本方法;第3章和第4章分别介绍了几类典型模型不确定系统的鲁棒故障检测方法,包括连续时间和离散时间线性定常系统,Polytopic 型不确定系统和随机乘性噪声影响的不确定性线性系统;第5章介绍了线性离散时变系统的鲁棒故障检测方法,第6章至第7章介绍了几类典型 Markov 跳跃系统的鲁棒故障检测方法;第8至第10章主要介绍基于解析模型故障诊断方法在卫星姿态控制系统中的应用研究,包括第8章卫星姿态控制系统及故障特性,第9章基于双观测器的卫星姿态控制系统故障诊断,第10章其他诊断方法在卫星姿态控制系统中的应用。书中研究成果为控制系统故障诊断开辟了重要技术途径,对现代化国防工程系统设计具有重要参考价值。

本书可作为从事导航、制导与控制系统故障诊断。容错控制等领域工程技术人员的参考书,也可作为高等学校相关学科研究生以及相关专业高年级本科生的专业课教材或者参考书。

This book focuses on some new design techniques of robust fault detection filter (FDF) for linear systems with uncertainties and applications to satellite attitude control systems. It contains ten chapters.

Chapter 1 begins with a brief review of model-based FD approaches, the development of robust FD for Markov jump system, and fault diagnosis of satellite attitude control systems. Chapter 2 presents the fundamental approaches of robust H_∞ FD for linear time invariant (LTI) systems with L_2 - (or l_2 -) norm bounded unknown inputs. In Chapter 3, the problem of robust FD for uncertain linear continuous time invariant systems is dealt with. Chapter 4 and Chapter 5 show some results of robust H_∞ FD for linear discrete time invariant systems with model uncertainties and linear discrete time varying (LDTV) systems, respectively. Chapter 6 and Chapter 7 deal with the problems of robust FD for Markov jump systems. In the last 3 chapters, FD method based on analysis models and its application in satellite attitude control system is discussed. Chapter 8 presents a brief introduction to satellite attitude control system and its fault characteristics. In Chapter 9, the technique of fault diagnosis via a pair of observers is shown. At the end, Chapter 10 gives some applications to fault diagnosis of satellite attitude control systems.

This book can be used as a reference book for engineers and artisan in the fields of navigation, guidance and control system fault diagnosis and fault - tolerant control. It can also be used as a specialized course material or reference book for undergraduates and relevant professional undergraduates.